Visual C# 2008
程序设计与项目实践

主　编：王改性　胡书敏

副主编：林登奎　葛　杰

電子工業出版社

Publishing House of Electronics Industry

北京·BEIJING

内 容 简 介

本书是目前流行的 Visual C#开发的入门教程，由浅入深，循序渐进地讲解了如何使用 C#语言进行项目开发。本书内容包括 C#开发环境的搭建，C#基本语言（数据类型、运算符、流程控制语句、方法和数组等），C#面向对象编程特性（对象、类、继承、接口、多态、委托等），Windows 窗体应用程序开发，Socket 网络编程，ASP.NET 应用程序的开发，C#程序连接与数据库以及 LINQ 的知识。最后通过在线考试管理系统和旅游网站系统来讲解如何使用前面所学进行项目开发。

本书讲解知识全面、重点突出。其中覆盖 C#开发中的各个方面，但是以应用最广的 Windwos 窗体应用程序开发为重点进行详细讲解。通过本书可以使 C#语言的初学者和大中专学生轻松入门，并且全面了解 C#的应用方向和掌握重点内容，从而为进一步学习 C#项目开发提供坚实基础。

本书 DVD 光盘内容丰富，包括 32 个小时的配套视频、PPT 教学课件、6 小时的开发工具讲解、超过 2000 页技术文档、本书源代码和上机题源码等内容。

图书在版编目（CIP）数据

Visual C# 2008 程序设计与项目实践 / 王改性，胡书敏主编. —北京：电子工业出版社，2011.6
ISBN 978-7-121-13759-4

Ⅰ. ①V… Ⅱ. ①王… ②胡… Ⅲ. ①C 语言－程序设计 Ⅳ. ①TP312

中国版本图书馆 CIP 数据核字（2011）第 104844 号

策划编辑：祁玉芹
责任编辑：鄂卫华
印　　刷：三河市鑫金马印装有限公司
装　　订：三河市鑫金马印装有限公司
出版发行：电子工业出版社
北京市海淀区万寿路 173 信箱　邮编　100036
开　　本：787×1092　1/16　印张：29.5　字数：755 千字
印　　次：2011 年 6 月第 1 次印刷
定　　价：68.00 元（含光盘 1 张）

凡所购买电子工业出版社图书有缺损问题，请向购买书店调换。若书店售缺，请与本社发行部联系，联系及邮购电话：（010）88254888。

质量投诉请发邮件至 zlts@phei.com.cn，盗版侵权举报请发邮件至 dbqq@phei.com.cn。

服务热线：（010）88258888。

为什么学习 C#

C#语言是.NET 框架下最重要的一门语言。.NET 框架支持多语言的独特性和通过中间语言执行的特点，使.NET 技术有着跨语言的强大优势。.NET 技术越来越强大，功能也越来越完善，同时也被越来越多的开发人员接受和使用。在微软强大的支持下，.NET 平台将在今后的软件领域中发挥更大的作用。

本书内容

第 1 章介绍了 C#语言的特点、C#语言与其他语言的区别以及对开发环境的使用，并以实例的形式介绍 C#语言控制台应用程序的创建，使刚接触.NET 技术的读者对 C#及开发环境有一定的了解。

第 2 章介绍了 C#程序的组成要素、数据类型、变量和常量以及运算符等基础知识。学完本章后，读者可以了解 C#语言的构成，认识 C#语言的编写规范，同时能够利用 C#做出简单的程序。

第 3 章介绍 C#语言结构化程序设计所涉及的 3 种流程，即顺序结构、选择结构和循环结构，以及这 3 种流程的使用方法和注意事项等。

第 4 章介绍了方法的定义与调用、一维数组、多维数组的声明和访问以及数组列表 ArrayList、枚举、结构的使用方法。

第 5 章简要地介绍了面向对象编程思想，学完本章使读者能够学到面向对象程序设计中的类、成员变量建立构造方法的特点和使用等。

第 6 章通过对类的继承、抽象类、多态及接口的介绍，使读者能够了解面向对象思想的核心部分，使用这些思想可以开发出面向对象的程序。

第 7 章介绍索引器、属性、委托和事件等知识，通过对委托和事件的讲解，使读者能够轻松地面对基于事件驱动下的编程方式，并对事件委托有着比较好的认识。

第 8 章介绍了泛型的使用和异常处理。使读者明白泛型是把指定类型的工作推迟到客户端代码声明，并实例化类或方法的时候进行。通过介绍异常处理和命名空间的知识，使读者能够处理在程序中出现的一些错误和异常，创建出更加健壮的应用程序。

第 9 章重点介绍在 Visual Studio 2008 中创建 Windows 窗体应用程序，并且讲解了常用控件的属性和方法的使用，达到快速开发窗体应用程序的目的。

第 10 章介绍了 Windows 应用开发高级功能，包括 Windows 应用程序中的菜单栏、工具栏、状态栏的创建及使用，讲解了在开发 Windows 应用程序时各种对话框的使用方法。

第 11 章介绍了使用 Windows Installer 技术和 ClickOnce 技术为开发的项目创建部署应用

程序，使读者可以学到 Visual Studio 2008 部署应用程序的常用方法。

第 12 章介绍了网络通信协议、套接字技术、TCP/UDP 助手类、网络流、多线程等网络编程的基础知识，使读者可以达到了解简单通信原理的目的，能够很好地掌握通过网络传输时所使用的编程技术。

第 13 章主要介绍了在 Web 开发中常用到的 Web 控件、HTML 控件和 ASP.NET 中的 Response 对象、Request 对象、Sessions 对象和 Cookie 对象等，读者可以达到熟悉使用 Web 开发环境和开发 Web 应用程序的能力。

第 14 章介绍了数据库的基本对象、数据库的创建、结构化查询语言等知识，以及 ADO.NET 中连接对象、操作对象等，使读者能够达到使用不同的方法创建、修改和删除数据库以及数据库对象的能力。

第 15 章从 LINQ 的概念和相关新特性开始讲解，然后讲解 LINQ 的查询语法、LINQ to SQL 操作数据库、LINQ to XML 操作 XML 文件，最后通过实训的形式演示了 LINQ 在项目开发中的应用。

第 16 章通过创建典型的 Windows 窗体应用程序项目，实现了在线考试系统中考生在客户端答题、教师在服务器端查看成绩与设置试题的功能。

第 17 章通过介绍旅游网站的开发，使读者深入了解数据库访问技术和 ASP.NET 应用程序在实际开发中的用法。

本书有哪些特点

1. 丰富的范例和详细的讲解：130 个范例手把手教学。
2. 细致实用的语法讲解：完整的代码整体说明+带行号的丰富的代码注释。
3. 丰富到位的作者心得：119 个作者的心得传授和开发经验。
4. 疑难解答和上机题的设置：144 个疑难解答帮助读者释疑解惑，138 道上机题帮助读者巩固复习。
5. 随书赠送丰厚的 DVD 光盘：25 多媒体教学视频，2000 页电子文档赠送。

本书适合哪些读者

- 从未接触过 C#开发的初学者。
- 有一定 C#开发技术基础，但还需要进一步提高的人员。
- 其他语言编程爱好者。

鸣谢

本书主要由王改性、胡书敏、林登奎、葛杰主持编写，参加本书编写工作的还有范秀平、庞永庆、卜炟、张联锋、沈毅、陈文臣、袁宝玺、许小荣、来羽、胡荷芬、张彬、闫书磊、张华杰、张永春、郭斌和申士爱等，在此，编者对以上人员致以诚挚的谢意！

作者力图使本书案例功能详实，并尽量使用关键编程技术进行程序设计和简化程序代码。但由于水平有限，书中错误、疏漏之处难免，欢迎广大读者、同仁批评斧正。

编著者

2011.5

第1章 Visual C# 2008简介

C#是微软开发的一门编程语言，C#语言 3.0 版本是官方发布的正式版的最新版本。该版本不仅继承了以前版本的C#语言优势，而且增加了很多新特性，使开发程序更加快捷和灵活。本章将介绍 C#语言的特点、C#与其他语言的区别，以及 C#语言的开发环境。最后，使用 C#语言在 Visual Studio 2008 中开发一个简单的控制台应用程序。

本章的学习重点

- C#语言的特点。
- C#语言与其他语言的关系与异同。
- Visual Studio 2008 及其 MSDN 的安装。
- Visual C# 2008 开发环境。
- 创建 C#应用程序。

1.1 C#语言概述

Visual C#是由微软公司开发的一种完全面向对象的程序设计语言，是微软.NET 软件开发平台下最重要的组成部分之一。本节将带领读者学习 C#语言特点，介绍 C#和其他语言之间的区别，以及 C#语言 3.0 的一些新特性。

1.1.1 C#语言的特点

C#语言作为一门新兴的语言，融入了 C、C++、Java 等语言的优点，并结合微软公司 Visual 系列开发语言的简单操作性，使其迅速流行，深受很多程序开发人员喜爱。作为.NET 框架下的主要语言，C#语言具有以下特点。

- 简洁的语法：C#是由 C、C++发展而来的，所以三者在语法风格上基本上一致，与 C、C++相比，C#的语法简单易懂。
- 完全的面向对象设计：C#语言拥有面向对象语言所具有的所有特性：封装、继承、多态，而且 C#是完全面向对象的程序设计语言。
- 与 Web 的紧密结合：现有的一些开发语言不能与 Web 紧密结合，但 C#语言解决了这一难题。XML 是网络中结构化数据传输送的标准，C#语言提供了对 XML 的良好支持，开发人员能够方便地开发 XML Web Service，有效地处理网络中的各种数据。

- 消除程序错误：程序中任何一个小的错误，就可能酿成难以预料的后果。.NET Framework 为使用 C#语言编写的应用程序提供了安全性保障和错误处理机制。C#利用.NET Framework 提供的垃圾回收器有效减轻了内存管理的负担。
- 版本处理技术：在程序的开发中，几乎所有的程序员都碰到过“DLL 地狱”问题，该问题是因为安装了相同名字的不同版本 DLL 文件造成的。但 C#中版本处理技术可以最好地解决这个问题，其内置的版本控制功能，为程序员保证版本控制成为可能。
- 灵活性：虽然 C#大量简化了语法，但并没有失去灵活性。由于其灵活性，使得 C#可以与 C、C++语言中需要传递参数的 API 进行交互操作。

1.1.2 C#与其他语言

微软公司是这样描述 C#的：C#是从 C 和 C++派生来的一种简单、现代、面向对象和类型安全的编程语言。C#语言继承了 C、C++语言系列的强大功能和灵活性，以前从事 C 或 C++等语言开发的编程人员会很快适应该语言。为了简化难度，C#语言不提倡使用指针，如果使用指针，必须将代码声明为不安全代码。这一点和 C、C++语言不同。

C#要求在引用变量值前，必须先声明该变量，并且进行初始化。C#是完全面向对象的语言（C++是基于对象的语言），不再使用全局方法。如果只有一个静态成员，那么程序中的每个方法都必须是类的一个成员。例如在 C++中，程序的入口 Main 方法是不属于任何类的，不过在 C#中这样是不可以的，该方法也是类中的成员方法。

另外，C#做到了像 Visual Basic 语言一样可以进行可视化操作，支持使用 Windows 快速开发的图形化用户界面，用户不必编写代码来处理 Click 等事件。

毫无疑问，Java 对 C#有着深刻的影响。C#是在 Java 之后开发的，融入了 Java 的优点。在语法上，C#要比 Java 强大。例如，在 C#中还可以在不安全代码中使用指针，这一点是 Java 所不具备的。

1.1.3 C# 3.0 新增功能

在 C# 3.0 中添加了新的语法特性，其所有变化都是由新的编译器来完成的。使用新语法可以使程序更加简洁，描述力更强，并且这些新增特性为语言集成查询——LINQ 提供了帮助。下面是新增的 C# 3.0 语言功能，如表 1-1 所示。

表 1-1 新增的 C# 3.0 语言功能

功　能	说　明
自动属性	对属性的改进，简化了操作，不需要再定义私有字段并且书写完整的属性读写器，只需要定义属性的名称与访问修饰符即可。
隐式类型局部变量	使用关键字 var，可以实现定义局部变量无需输入变量类型，编译器可以推测变量的类型。
对象与集合初始化器	对象与集合初始化器大大减少了代码的书写量，使代码更加清晰、易读。
匿名类型	使用匿名类型不需要建立完整的类定义代码，只需要指定所需属性名及初始化值即可。
扩展方法	可以对已经存在的类型注入方法，而无需修改已存在类型的源代码，使得程序更灵活，更容易扩展。
分部方法	可以使方法的定义与实现部分写在不同的源文件中，从而使定义与实现分离，这样可以使代码结构更加清晰，程序结构更灵活。
Lambda 表达式	Lambda 表达式是 C# 3.0 中添加的又一项全新的语法。使用 Lambda 表达式可以较为简单的方式定义匿名委托。
LINQ	语言集成查询，用来指定查询表达式中子句的查询操作符：Form 子句、Where 子句（可选）、排序子句（可选）、join 子句（可选）、select 或 group 子句、into 子句（可选）。

下面用新增的自动属性进行改写在.NET 2.0 中常用的属性。封装是面向对象的一大特性，程序员经常需要将一些私有变量的访问限制在类的内部，而对于外部的访问需要通过访问器来实现。而在 C#中，就可以通过属性（Property）来实现这一功能，以下为属性的声明，代码如下所示。

```
public class Person                    //自定义一个 Person 类，包含一个私用字段和公有属性
{
    private int _name;                 //类内部字段
    public int Name                    //对外开放的属性
    {
        get                            //读取属性
        {
            return _name;
        }
        set                            //设置属性
        {
            _name = value;
        }
    }
}
```

在 C# 3.0 中，自动属性（Auto Property）可以简化上面的代码。开发人员不需要再定义私有字段并且书写完整的属性读写器，只需定义属性的名称和访问修饰符即可，代码如下所示。

```
public class PersonUseAutoProperty     //定义 PersonUseAutoProperty 类，包括一个自动属性
{
    public string Name { set; get; }   //自动属性
}
```

C# 3.0 提供了一些新特性，使得开发者可以更轻松地完成一个程序员和架构设计师的工作，同时保持了程序语言的严谨和清晰的结构。

作者心得：

C#语言的年轻不仅是因为出生时间不长，更重要的是不断推出新特性，不断吸取其他语言的优点进行完善。而这些新特性的出现很大程度上减轻了程序员的工作量，提高了程序的质量，例如本书第 15 章介绍的 LINQ。

1.2　Visual Studio 2008 概述

简单了解 C#语言特点后，接下来介绍微软最新的集成开发工具——Visual Studio 2008。通过本节的学习，读者可以掌握 Visual Studio 2008 的发展历史，Visual Studio 2008 专业版和 MSDN（Microsoft Developer Network，微软提供的技术开发手册）的安装。

1.2.1　Visual Studio 发展历史

随着科学技术的迅速发展，计算机软件需求的不断增加，软件项目越来越庞大，软件开

发技术日渐成熟，一个功能强大且易用的开发工具越来越受到青睐。微软公司的 Visual Studio 开发平台是一套非常实用的开发工具。

在 2002 年，微软推出了 Visual Studio 2002，由于该版本有很多缺陷，微软紧接着又推出 Visual Studio 2003。随着.NET 的发展和改进，之后微软推出了 Visual Studio 2005。该版本比早期版本有了较大改进，其集设计、编码、测试、项目管理为一体，给开发人员带来了很大便利。

历经 3 年的时间，微软成功推出了.NET 3.5 和 Visual Studio 2008。与 Visual Studio 2005 相比，Visual Studio 2008 主要在易用性、方便性、应用程序类型上做了较大改进。Visual Studio 2008 中新增设置的迁移功能，可以将老版本的参数设置迁移到该版本中。相对于.NET 2.0，.NET 3.5 增加了 WPF、WCF、WF 和 WCS4 个组件，图 1-1 显示了.NET 3.5 的组件以及与.NET2.0 的关系。

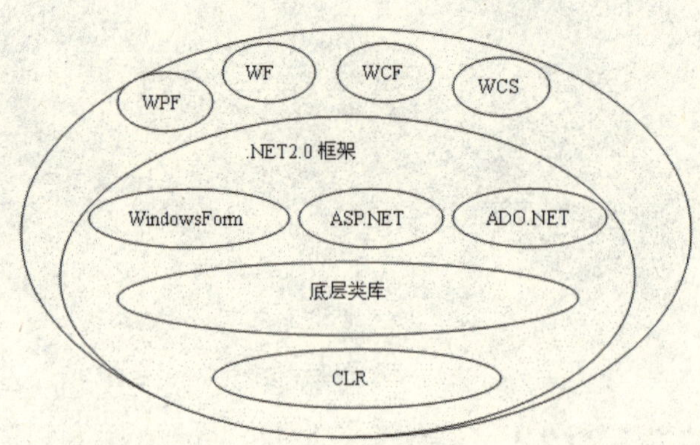

图 1-1 .NET 3.5 的组件

WPF 是一种新的界面解决方案，WCF 是一种新的通信技术，WF 是 OA 中的工作流，WCS 是一种新的身份标识。

1.2.2 Visual Studio 2008 简介

经过多年的发展，Visual Studio 在软件易用性和用户友好性方面取得重大突破。随着.NET 平台和 C#语言的不断发展，Visual Studio 2008 作为.NET 平台下应用程序开发的主要工具，以其简单友好的操作界面、方便快捷的编码方式、完整的调试环境等优势，给应用程序开发人员带来很大帮助。

Visual Studio 2008 是一个集成开发环境，可以利用该集成环境创建不同类型的应用程序。在 Visual Studio 2008 中可以开发 Visual C#、Visual C++、Visual Basic.NET 应用程序。按应用程序类型分为：Windows 项目、Web 项目、WPF 项目、WCF 项目、WWF 项目、数据库项目、测试项目、Office 项目、智能设备项目等类型的应用程序向导。

另外，Visual Studio 2008 的项目并不相互排斥，而是可以同时存在于一个解决方案中。解决方案可以理解成解决一个问题的方法，这个方法体现到软件代码上就构成了多个项目，不同的项目完成不同的功能。

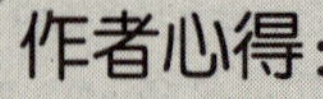

作者心得：

Visual Studio 2008 可以在微软 2009 年新推出的 Windows 7 操作系统上进行安装，另外还可以在 Microsoft Windows XP、Microsoft Windows Server 2003、Windows Vista 操作系统上安装。Visual Studio 2008 对系统要求较高，若想流畅运行，建议配置 CPU 不低于 2.2GHz，内存不低于 1GB。

1.2.3 Visual Studio 2008 的安装

通过对 Visual Studio 2008 的了解，下面将介绍其安装过程（本书以 Visual Studio 2008 专业版为例）。读者可以去微软官方网站下载试用版或者购买完整的 Visual Studio 2008 DVD 光盘，具体安装过程如下。

（1） 将光盘放入光驱，光碟会自动播放，并弹出图 1-2 所示的“Visual Studio 2008 安装程序”对话框界面，在该界面中包括“安装 Visual Studio 2008”、“安装产品文档”、“检查 Service Release”选择。

图 1-2 “Visual Studio 2008 安装程序”对话框

（2） 在图 1-2 所示的界面中选择“安装 Visual Studio 2008”按钮，将弹出图 1-3 所示的欢迎界面，在该界面中单击“下一步”按钮将打开如图 1-4 所示的注册对话框。

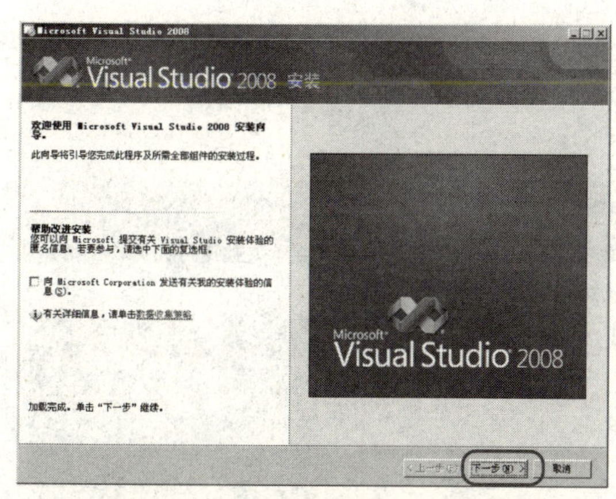

图 1-3 Visual Studio 2008 欢迎界面

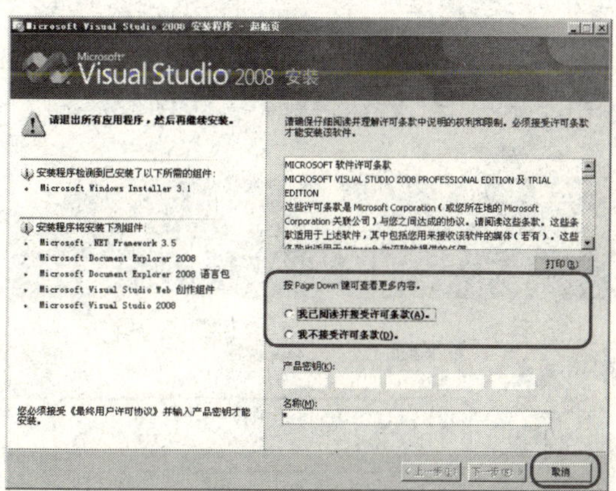

图 1-4 注册对话框

（3） 在注册对话框中选择单选按钮“已阅读并接受许可条款（A）”，然后输入用户名称和购买光盘所带的产品密钥。填写完毕“下一步”按钮将变成活动状态，单击该按钮即可进入图 1-5 所示的选择组件和安装目录界面。

（4） 选择所需安装的 Visual Studio 2008 组件及安装目录，此处选择默认选项。Visual Studio 2008 将被安装在“C:\Program Files\Microsoft Visual Studio 9.0”目录下，如图 1-5 所示。

单击“安装”按钮开始安装。

（5） 安装完毕，单击“完成”按钮，安装完成。返回“Visual Studio 2008 安装程序—完成页”对话框，如图 1-6 所示。

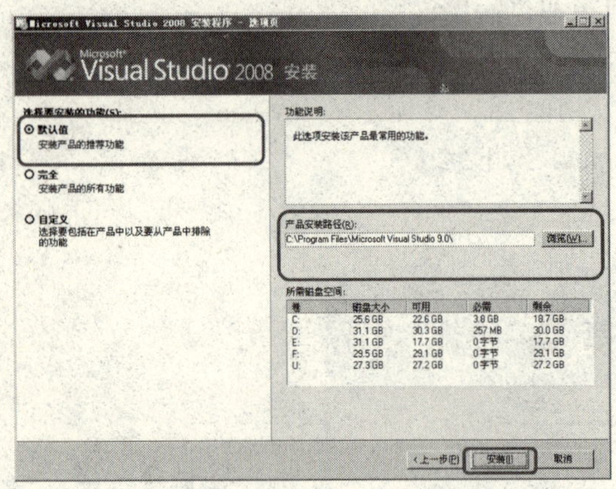

图 1-5 Visual Studio 2008 组件及安装目录的选择对话框

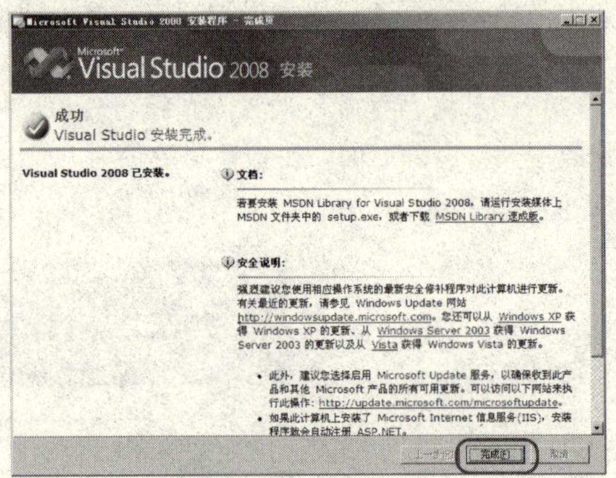

图 1-6 “Visual Studio 2008 安装程序—完成页”对话框

至此，Visual Studio 2008 的整个安装过程完成。

1.2.4 MSDN 的安装

MSDN 包含大量信息，是.NET 开发人员必不可少的帮助手册。随着 Visual Studio 2008 的问世，MSDN 也随之升级。读者可以随同 Visual Studio 2008 一同安装 MSDN，也可以单独安装该软件。下面介绍新版 MSDN 的安装过程。

（1） 因为已安装完成 Visual Studio 2008，所以单击“完成”按钮后，返回如图 1-7 所示的“安装程序”对话框，直接选择“安装产品文档”选项即可。

（2） 在弹出的如图 1-8 所示的“Microsoft MSDN Library for Visual Studio 2008”界面中，单击“下一步”按钮进行下一步操作。

图 1-7 “Visual Studio 2008 安装程序”对话框

图 1-8 Microsoft MSDN Library for Visual Studio 2008 界面

（3）在图 1-9 所示的“安装程序起始页”对话框中选择“我已阅读并接受许可条款（A）”单选按钮，然后单击“下一步”按钮将弹出如图 1-10 所示的选择安装 MSDN 的功能和安装目录对话框。

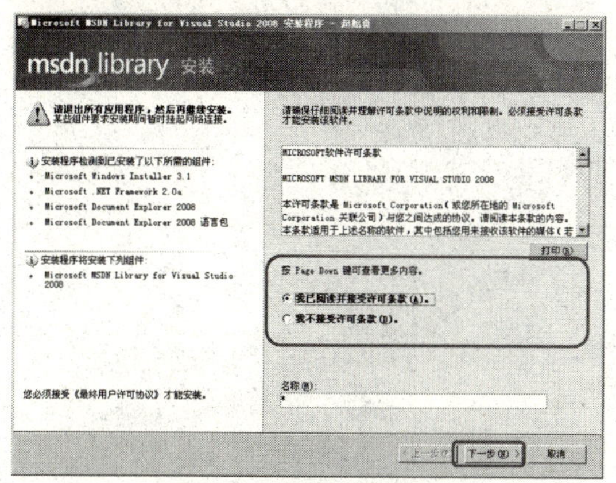

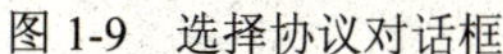

图 1-9 选择协议对话框

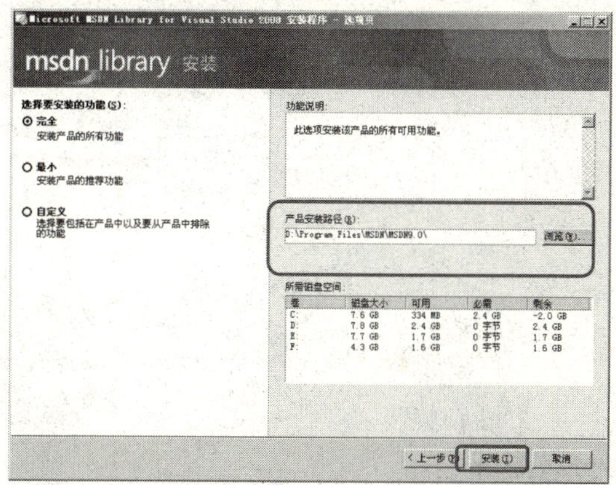

图 1-10 组件及安装目录的选择对话框

（4）“安装程序选项页”中选择所需安装的 MSDN Library for Visual Studio 2008 组件及安装目录，此处选择默认选项。

（5）单击“安装”按钮，MSDN Library for Visual Studio 2008 将被安装在指定目录下。

作者心得：

MSDN 是微软提供给开发者的一种信息服务，是.NET 程序员必备的大百科全书。作为初涉.NET 开发，尤其是对于首次接受编程的读者来说，上面的帮助可能有些微不足道，不过慢慢培养阅读 MSDN 的习惯、学会使用 MSDN 解决问题，将会是一笔很大的财富。

1.3 C#开发环境

本节将介绍第一次使用 Visual Studio 2008 时所选择的开发环境，和 Visual Studio 2008 中的菜单栏、标题栏、工具栏、代码编辑器、类视图窗口、属性窗口等。选择合适的开发环境是程序开发的前提，本节就来详细地介绍开发环境中的知识点。

1.3.1 启动 Visual Studio 2008

成功安装 Visual Studio 2008 后，首次运行该工具时需要对环境进行初始化设置。Visual Studio 2008 提供了多种开发环境，这里选择“Visual C# 开发设置”选项，如图 1-11 所示。

Visual Studio 2008 是一个功能强大的开发环境。创建 Visual C# 项目所需工具在 Visual C# IDE（集成开发环境）中。本书介绍 Visual C# 2008，所以选择“Visual C# 开发设置”项。单击“启动 Visual Studio”按钮，便可启动 Visual Studio 2008。

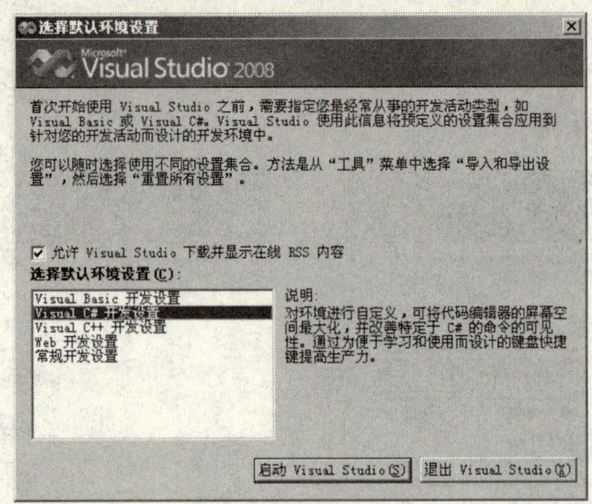

图 1-11　环境设置页

1.3.2 Visual C#的界面

Visual C# 开发界面包含菜单栏、标题栏、工具栏按钮、代码和文本编辑器、类视图窗口和解决方案资源管理器、属性窗口等内容，合理使用这些菜单和窗口将会大大提高编程开发效率。启动 Visual Studio 2008，进入集成开发环境，将打开如图 1-12 所示的起始页。

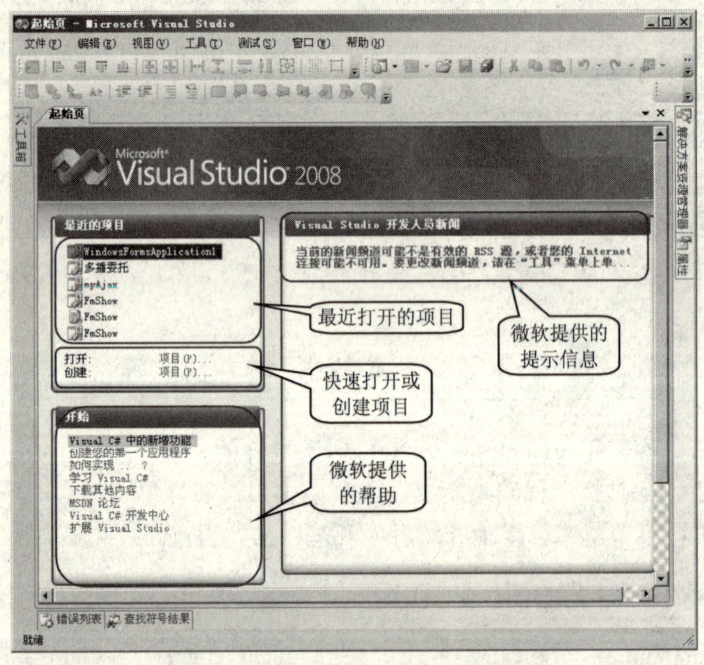

图 1-12　Visual C#.NET 2008 的起始页

在图 1-12 所示的起始页面左上方是最近打开的项目，默认显示 6 个，紧接着下面是快速打开和快速创建项目的选项。左侧下方是微软提供的在线帮助和 Visual Studio 相关新闻，中间区域是微软提供的提示信息。

选择最近打开的项目或者单击创建选项，将进入如图 1-13 所示的开发主界面。从界面窗口中，可以看到菜单栏、工具栏按钮、标题栏、解决方案资源管理器、属性窗口、工具箱等。

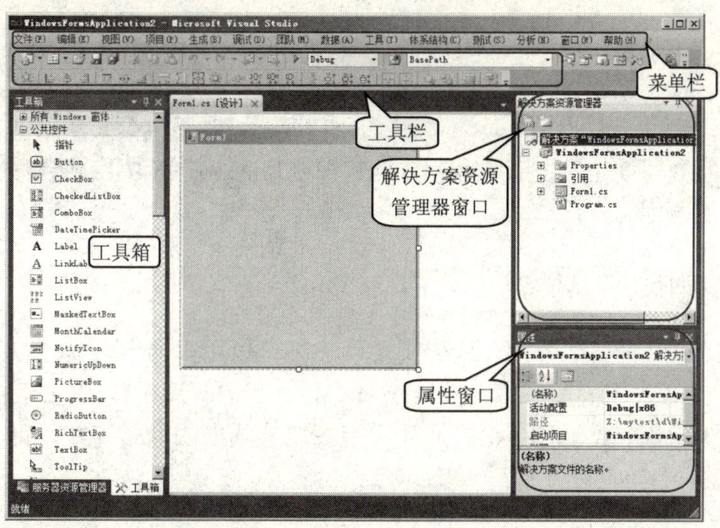

图 1-13 开发主界面

1.3.3 菜单栏和工具箱窗口

菜单栏中列出了 Visual C#开发环境的各个下拉菜单选项。单击某个菜单选项，便会显示出下拉菜单中的各个命令项。单击某个命令，就可以完成相应的操作。Visual C# 2008 包括以下常用菜单。

- 文件：该菜单主要包含新建、打开、保存、关闭等常用菜单项。
- 编辑：该菜单主要包含剪切、复制、粘贴、撤销、删除、全选等功能菜单项。这些命令在编辑文本时使用，一般都有对应的快捷键。
- 视图：该菜单下的命令主要是控制各个窗口的状态（显示、隐藏）。
- 项目：该菜单主要包含与项目相关的菜单项，如添加文件、项目设置等。
- 生成：该菜单主要包含项目生成相关菜单项。
- 调试：该菜单主要包含启动调试、运行相关菜单项。
- 测试：该菜单主要包含单元测试相关菜单项。
- 窗口：该菜单主要包含对窗口的拆分、新建等管理。
- 帮助：该菜单主要包含帮助相关命令，可以打开 MSDN、链接到 MSDN 论坛等。

与 Visual C# 2005 相比，Visual C# 2008 工具箱窗口包含了更加丰富的工具控件。要查看“工具箱”窗口，可以通过选择“视图”|“工具箱”命令来显示，如图 1-14 所示。

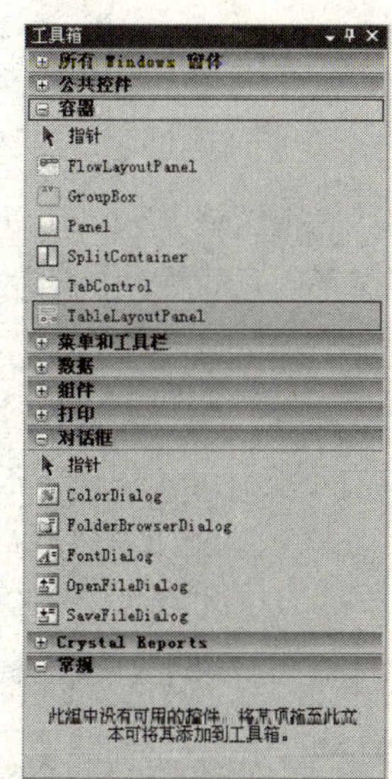

图 1-14 Windows 窗体编辑下的工具箱界面

从图 1-14 中可以看到工具箱中包含多个控件组，如公共控件组、容器控件组、菜单和工具栏控件组等，每个控件组中又包括很多控件，因为篇幅原因图中只打开了容器控件组和对话框控件组。要看更多控件读者可以从随书光盘的第 1 章视频中进行观看，也可以打开 Visaul Stuido 2008 进行查看。

作者心得：

学习到第 9 章的 Windwos 桌面应用程序开发时将会频繁使用工具箱，因为工具箱是可视化开发应用程序界面的重要方法。在第 9 章将会详细介绍常用控件的使用。

1.3.4 代码视图

代码视图是窗体的主要部分，在代码视图状态下可以用来输入、显示以及编辑代码。在图 1-13 所示的应用程序主界面中双击设计窗体将打开代码视图，代码视图如图 1-15 所示。在主窗体中可以打开多个代码视图，这些代码视图以选项卡的形式存在，每个选项卡的标签都标明代码所属的文件名称。

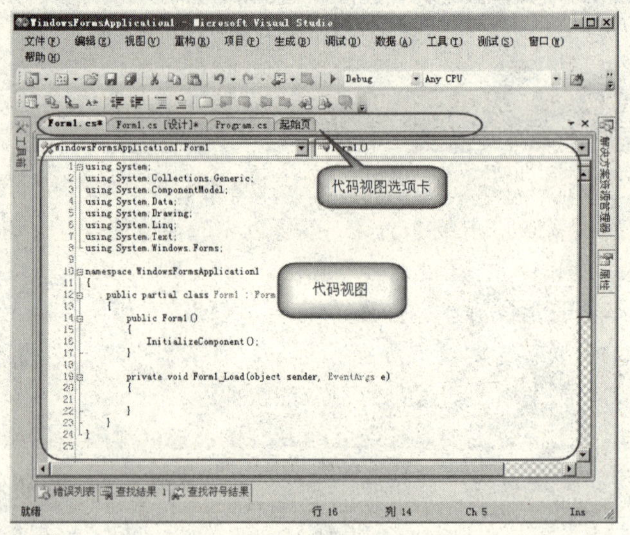

图 1-15 代码编辑器中的部分代码显示

代码视图就是一个代码编辑器。在该编辑器中，可以对代码进行常规的全选、复制、粘贴、撤销、查找等操作。

作者心得：

图 1-15 是控制台应用程序中的代码，代码视图是控制台应用程序中最重要的窗口。控制台应用程序简单、简洁，便于初学者掌握。本书前面的基础知识范例全是创建控制台应用程序。在 Windows 应用程序和 Web 应用程序下还可以将代码视图转换成设计视图，这在后面将会介绍。

1.3.5 解决方案资源管理器和类视图

“解决方案资源管理器”窗口和“类视图”窗口共同占用同一区域，可以通过窗口下的标签或者“视图”菜单下的命令进行切换。“解决方案资源管理器”窗口和“类视图”窗口是 C#开发环境的重要组成部分，很大程度上给开发人员提供了方便。

1. 解决方案资源管理器

使用 Visual Studio 2008 开发的每一个应用程序叫做解决方案。每一个解决方案可以包含一个或多个项目。一个项目通常是一个完整的程序模块，一般一个项目中包含多个文件，“解决方案资源管理器”窗口如图 1-16 所示。

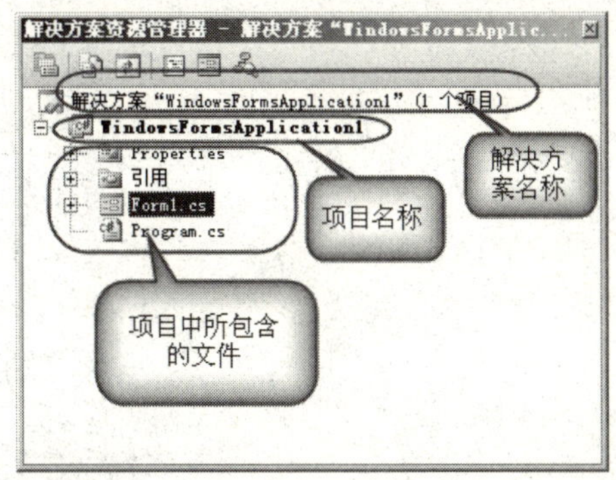

图 1-16　“解决方案资源管理器”窗口

“解决方案资源管理器”子窗口显示 Visual Studio 2008 解决方案的树形结构。在“解决方案资源管理器”窗口中可以浏览组成解决方案的所有项目和每个项目中的文件，可以对解决方案的各元素进行组织和编辑。

双击某个项目中的文件，将打开相应的视图，可以对该文件进行编辑。如双击窗体文件将打开设计器视图，双击代码文件将打开代码视图。在“解决方案资源管理器”窗口中，可以使用鼠标的右键进行操作。例如，右击“解决方案资源管理器”窗口中的“引用”选项，可以选择“添加引用”或“添加 Web 引用”命令进行操作。

当一个解决方案包含多个项目时，其中有且只能有一个项目作为默认的启动项目。该项目是程序运行的入口，启动项目的名称是以粗体显示的。项目和项目以及项目和解决方案之间的连接可以通过解决方案和命名空间（Namespace）来管理。命名空间用于组织系统，其提供了一种方法，用于向其他应用程序公开的编程元素进行分类和呈现。

2. 类视图

“类视图”窗口用于显示正在开发的应用程序中所定义、引用或调用的符号。可以在“视图”菜单中打开如图 1-17 所示的“类视图”窗口，“类视图”窗口以树形结构显示 Visual Studio 2008 当前项目中类和类型的层次信息。

在“类视图”窗口中，可以对类的层次结构进行浏览、组织和编辑。如果双击“类视图”中的某一个类名称，将打开该类定义的代码视图，并定位在该类定义的开始处。如果双击类中的某一成员，将打开该类定义的代码视图，并定位在该成员声明处。

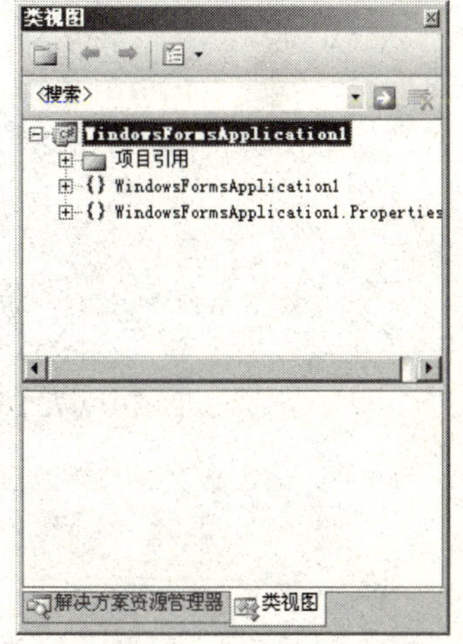

图 1-17　“类视图”窗口

从“类视图”窗口中可以访问用于“解决方案资源管理器”窗口中符号的所有命令。例如，可以访问“生成”、“重新生成”、“清理”和“发布”等命令，还可以设为启动项目，并在“类视图”中启动调试。在维护一个项目，特别是复杂的项目时，通过“类视图”查找某个类或某个功能模块的位置是比较方便的。

1.3.6 属性窗口

属性窗口主要用于显示选定对象的具体属性信息，利用属性窗口可以很方便地修改对象的属性。如图 1-18 所示，列举了 Button 按钮的相关属性。

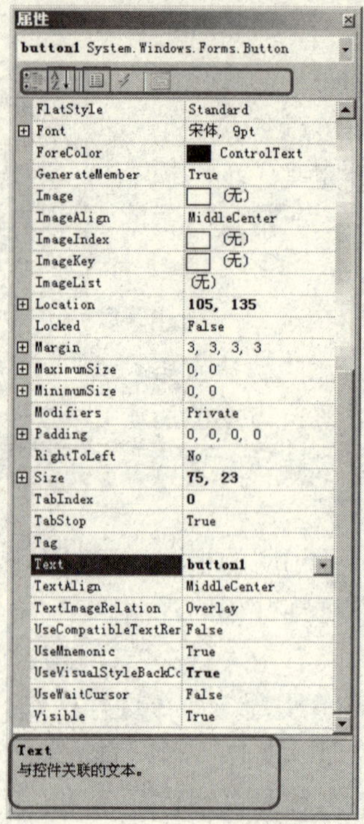

图 1-18 “属性”窗口

在属性窗口中，其上部是一个下拉列表框，框中显示当前被选中对象的名称和完整的类名。可以利用该下拉列表框对页面中的多个对象进行选择，进而查看相应控件的属性信息。下拉列表框的下面是一个工具栏，从左到右分别是：“按分类顺序”按钮，“按字母顺序”按钮，“属性”按钮和“事件”按钮。属性窗口中部是信息列表。所有与选定对象相关的属性或者事件信息等都显示在这个区域。在属性窗口的下部是对选中属性的说明区域。在属性信息列表中，单击任何属性时，信息说明区域将立刻显示该属性的简单说明。

作者心得：

属性窗口在可视化设计界面中才可以使用，用来设置窗体和控件的属性和事件。在本书第 9 章将会详细介绍属性窗口的使用。

1.4 第一个应用程序“HelloWorld”

在上面的章节中介绍了 C#语言的优点和 Visual Studio 开发环境。本节将创建一个完整的控制台应用程序。以经典的“HelloWorld”程序为例，介绍创建控制台应用程序的一般方法、程序的组成结构以及程序的编译运行效果。

1.4.1 创建控制台应用程序——“HelloWorld”

Visual Studio 2008 默认提供了多种开发模板，并运行使用第三方模板，其中控制台应用程序模板是最简洁的一种。控制台应用程序以字符界面为运行环境，字符界面即通常所说的DOS界面。创建控制台应用程序，只需按照以下步骤一步一步操作即可。

（1） 单击“开始”按钮，选择“所有程序”，选择“Microsoft Visual Studio 2008”，然后打开Microsoft Visual Studio 2008开发工具，进入主界面。

（2） 在主界面中选择“最近打开项目”框中的“创建项目”标签，或者通过选择“文件”|“新建”|“项目”命令，弹出如图1-19所示的“新建项目”对话框。

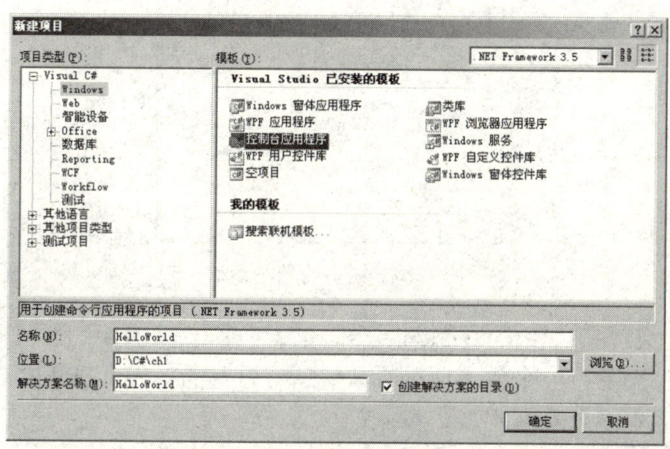

图1-19 “新建项目”对话框

（3） 在“新建项目”对话框左边的“项目类型”列表框中给出了项目模板的分类，这里选择“Visual C#”下的“Windows”节点。在右边的“模板”列表框中列出了现在本机已经安装的模板。在这里选择“控制台应用程序”模板。

（4） 在“名称”文本框中输入新项目的名称，项目名称通常是比较有实际意义的英文名。在这里输入“HelloWorld”，“解决方案名称”文本框中会自动出现在名称对话框中输入的“HelloWorld”，在“位置”下拉列表框中输入新项目要保存的目录，可以手动输入一个已有目录，还可以单击“浏览”按钮，选择一个已有目录。

（5） 单击“确定”按钮，进入主界面。在代码视图中将会显示如下代码。

```
using System;                                //系统默认添加的命名空间
using System.Collections.Generic;
using System.Linq;
using System.Text;
namespace HelloWorld                         //自己定义的命名空间“HelloWorld”
{
    class Program                            //默认生成的类 Program
    {
        static void Main(string[] args)      //主方法，也是程序的入口
        {
        }
    }
}
```

至此，就创建好了控制台应用程序基本框架。注意，在Visual Studio中可以创建基于.NET

2.0、.NET 3.0 和.NET 3.5 的 3 个框架版本的应用程序，本书全部采用.NET 3.5 框架。

在“解决方案资源管理器”中将会列出 Visual Studio 2008 自动生成一些程序文件和默认代码，默认的程序结构如图 1-20 所示。

图 1-20　默认的程序结构

- Properties 文件夹：该文件夹提供了本项目（此程序的项目是“HelloWorld”）的属性，该文件夹下有一个包含项目版本信息等内容的 AssemblyInfo.cs 文件，该文件包含项目的版本信息等内容。
- 引用文件夹：该文件夹包含该项目（此程序的项目是“HelloWorld”）中引用到的命名空间。
- Program.cs：该文件是项目的启动代码，在该文件中定义项目的启动入口。

注意，在 C#中，应用程序的入口方法命名为 Main，这和 C、C++中的 main 函数类似。

1.4.2 HelloWorld 编码和运行

上一节完成了控制台应用程序的框架，要实现不同的功能，只需在此基础上添加不同的代码即可。本程序要实现的是在控制台中输出“HelloWorld”。实现此功能的具体步骤如下所示。

（1） 找到文件 Program.cs，在 Main()方法中加入代码打印“HelloWorld”语句，添加代码后的程序如下所示：

```
01    static void Main(string[] args)                //主方法，也是程序的入口
02    {
03        Console.Writeline("HelloWorld");           //在控制台输出
04        Console.Read();                            //等用户输入
05    }
```

代码第 3 行和第 4 行是新增的，用来在控制台中显示“HelloWorld”，关于代码的整体结果和关键字的意义将在下一章进行介绍。

（2） 在工具栏中选择“启动调试”按钮或者按下 F5 键进行调试，会在输出窗口看到如图 1-21 所示的运行效果。

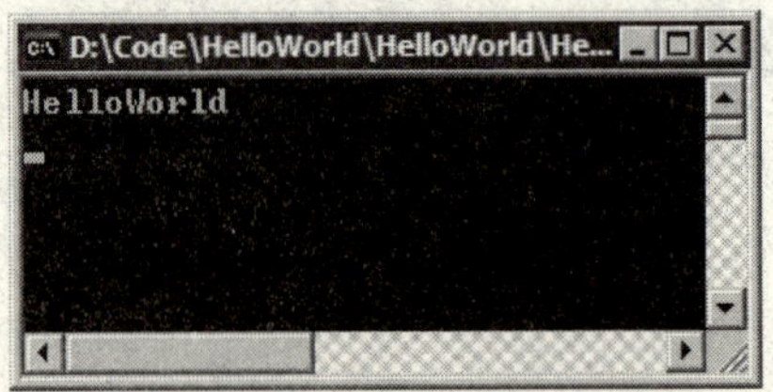

图 1-21　HelloWorld 程序运行效果

作者心得：

编译运行该程序后，将会在项目所在目录的\bin\Debug 目录下生成目标文件.exe，例如本例可执行文件位置为：HelloWorld\HelloWorld\bin\Debug\HelloWorld.exe。双击运行该可执行文件会看到和图 1-20 相同的效果。

“Console.Read()”表示等待用户输入一个字符，按下“Enter”键结束输入。为了让程序能够停下来，从而让用户可以看到输出，一般在控制台应用程序的最后都要加上此句。

本章简单介绍了 C#语言特点、Visual Studio 2008 开发工具和 MSDN 的安装以及开发环境界面，最后给出一个 HelloWorld 的程序。本章不要求读者能够看懂或者写出什么样的程序，这些技能将在后续的章节中慢慢培养。

现在的任务是按照本章介绍的步骤安装 Visual Studio 2008 和 MSDN。安装完毕打开 Visual Studio 2008 熟悉开发环境，熟悉上面介绍的各种窗体。

1.5 疑难解答

1. 我使用 Visual Studio 2005 开发的程序，在 Visual Studio 2008 中可以运行吗？

答：可以，Visual Studio 2008 会自动转换。但是使用 Visual Studio 2008 开发的应用程序在 Visual Studio 2005 不能运行。

2. Visual Studio 2008 编写的程序，可以在其他没有安装 Visual Studio 2008 的电脑上运行吗？

答：可以，但运行的机器上需要安装.NET Framework 3.5。使用 Visual Studio 2008 开发的程序，编译后的可执行文件不依赖开发工具。

3. 学习 Visual Studio 2008 前是不是应该学 Visual Studio 2005?

答：不需要，Visual Studio 只不过是个开发工具，没有必要学习老版本。

4. Visual Studio 2008 可以开发网站吗？

答：可以的，本书的 14 章会介绍 Web 应用程序的开发。使用 C#语言在 Visual Studio 2008 中不仅可以开发网站程序，还可以开发 Windows 桌面等应用程序。

5. 我需要使用 C#和 VB.NET，Visual Studio 2008 可以同时开发这两种语言的程序吗？

答：可以，Visual Studio 2008 是一个集成的开发环境，不仅可以开发这两种语言的程序，还可以开发 C++程序。

6. 由于我们公司使用 Visual Studio 2005 开发程序，我再安装一个 Visual Studio 2008 会发生冲突吗？

答：不会。这两个版本的工具各使用不同的.NET 框架，不会发生冲突。

7. Visual Studio 2008 占用空间太大了，可以使用其他应用程序开发 C#程序吗？

答：有，例如开源的 SharpDevelop 就是一款不错的开发 C#语言的工具，而且该工具是使用 C#语言开发的。其实所有的文字处理软件都可以，例如记事本，但是使用这样的程序开发效率太低。

8. C#语言可以开发什么样的应用程序？

答：除了一些底层应用程序外，几乎可以开发各种基于 Windows 平台的软件。例如 Windows 桌面应用程序、Web 应用程序甚至是移动设备上的应用程序。

9. 平时经常看到 C#和.NET 一块出现，他们有什么关系？

答：.NET 是一种平台，这种平台包括了很多类库，其他基于该平台的语言都可以调用.NET 平台的类库。C#是一种基于.NET 平台的编程语言，使用 C#开发的应用程序都必须在.NET 平台上才能运行。

10. 学习 C#语言都需要什么基础知识，我没有计算机基础，英文也不好可以吗？

答：可以的，C#语言是比较容易入门的一门语言，只要拿出一定的时间来学习，一段时间可以就入门。英文对中国的程序员来说虽然很重要，但是刚开始英文不好也没有关系。随着学习的深入，可以不断提高自己的英文水平。

1.6 问答题

1. 简述 C#语言的特点，并对每个特点进行简单的描述。
2. 分别回答 C#语言与 VB.NET、Java、C++语言的相似之处。
3. C#语言 3.0 有哪些新特性，并对每个特点进行简单的描述。
4. 简述 Visual Studio 的发展史。
5. MSDN 是什么？是用来做什么的？
6. 在首次使用 Visual Studio 2008 的时候，可以选择哪些默认开发环境？
7. 简述使用 Visual Studio 2008 如何创建应用程序的步骤。
8. 使用 Visual Studio 2008 创建应用程序后，在界面中可以看到哪些窗体，简单描述一下这些窗体的作用。
9. 创建应用程序后，在资源管理器窗口中可以看到不同的文件，简述包括哪些文件。
10. 使用 Visual Studio 2008 创建应用程序后，不编写任何代码，直接按 F5 键进行运行，观察看到的结果。

第2章 C#语法基础

C#语言的数据类型、变量和常量以及运算符和表达式是进行 C#程序设计的基础。本章将详细介绍 C#的基础知识。通过对本章学习，读者可以了解 C#语言的组成要素、认识 C#语言的编写规范，并能够利用 C#做出简单的程序。

本章的学习重点

- C#数据类型。
- 变量与常量。
- 类型转换。
- 装箱与拆箱。
- C#常用运算符。

2.1 C#程序设计

程序是用户用来指挥计算机进行特定操作，使计算机完成指定任务的指令序列。在进行程序开发前，需要了解一些基本知识。本节以第 1 章介绍的控制台应用程序为例，讲解 C#程序的组成要素和基本语法格式。

2.1.1 C#程序的组成要素

在第 1 章最后一节介绍了控制台应用程序的创建过程，并实现了在屏幕上输出“HelloWorld”的功能。本节将对该程序进行分析，请看 HelloWorld 范例项目。

范例 2.1
HelloWorld.sln

HelloWorld.sln 在这里我们演示了在 Visual Studio 中创建的控制台应用程序的运行效果，本程序将在控制台中输出“HelloWorld”。（光盘\code\ch2\ HelloWorld \ HelloWorld.sln）

```
using System;                               //默认使用的命名空间
using System.Collections.Generic;
using System.Linq;
using System.Text;
namespace HelloWorld                        //自己定义的命名空间“HelloWorld”
{
    class Program                           //默认生成的类 Program
    {
```

```
9           static void Main(string[] args)          //主方法
10          {
11              Console.WriteLine("HelloWorld");
12              Console.Read ();                     //等待用户输入
13          }
14      }
15 }
```

此程序的作用是在屏幕上输出“HelloWorld”，当用户按下 Enter 键时程序结束。该程序非常简单，但是包含 C#的基本组成要素：关键字、命名空间、类和方法、语句和分号、大括号。

1. 关键字

在代码中默认字体为蓝色的 using、namespace、class、static、void、string 为 C#语言中的关键字。关键字也叫保留字，是对 C#有特定意义的字符串。

2. 命名空间

命名空间实质上是一个集合，一个类和实例的集合，是为了更好地管理这些类和实例而定义的一个集合。本程序的前 4 行是以 using 开头的语句，说明本程序可以使用这些命名空间中的类。在创建控制台应用程序时，系统自动导入这 4 个命名空间，并且放在程序代码的起始处。在本程序中只用到 System 命名空间，该命名空间是 Visual Studio 2008 中最基本的命名空间。

在很多程序中多需要添加其他命名空间，只需要在文件开头使用 using 语句加命名空间名即可。

3. 类和方法

在本程序中出现的 Program 是类名。C#是完全面向对象的，每个应用都必须包含类。在该类中声明了一个 Main()方法，该方法是应用程序的入口。C#要求每个程序必须有且只有一个 Main()方法。

4. 语句和分号

程序中出现的分号（“;”，英文状态下输入的）是 C#应用程序中执行操作的指令。C#中的语句必须用分号“;”结束。可以在一行中书写多条语句，也可以将一条语句书写在多行上。

5. 大括号

程序中的大括号“{”和“}”是一种范围标志，是组织代码的一种方式，用于标识应用程序中逻辑上有紧密联系的一段代码的开始与结束。大括号可以嵌套，以表示应用程序中的不同层次。

这里只是简单指出一个 C#程序的组成要素，在后面的章节中将会详细介绍每一部分的具体作用。

2.1.2 C#程序的格式

在代码编写过程中，养成良好的习惯，可以做到事半功倍。在编程中代码按照一定的格式书写可以使代码层次清晰，从而提高程序的可读性，为团队开发减少麻烦。

1. 命名规范

C#是区分大小写的。例如，定义变量 Name 与 name，对于 C#来说是不同的变量。在 C#中，类名、方法名使用 Pascal 大小写形式，如 2.1.1 节程序的 Program 类中所示，第一个字母大写，其他字母小写。变量和方法参数使用 Camel 大小写形式。

作者心得：

Pascal 大小写形式：所有单词第一个字母大写，其他字母小写。Camel 大小写形式：除了第一个单词，所有单词第一个字母大写，其他字母小写。命名空间需按照标准的模式命名，文件名要和类名匹配。例如，对于类 HelloWorld，相应的文件名应为 helloworld.cs。

2. 缩进和间隔

在程序设计中，用统一的缩进格式可以清晰地表示程序的结构层次。例如 2.1.1 节的 HelloWorld 程序，命名空间的大括号作为最外层，顶格书写。类的大括号向里缩进一个制表位，类内部的方法和成员变量依次向里缩进。缩进使用 Tab 键，不用空格。缩进用于表示代码的结构层次，在程序中并非必需，但缩进可以清晰地表示程序的结构层次。在程序设计中，应该使用统一的缩进格式书写代码。

3. 良好的编程习惯

避免使用大文件。如果一个文件里的代码太长，必须考虑将代码分开到不同类中。如果一个方法代码行超过 25 行，应该考虑将其分解为不同的方法。为方法命名，最好做到见名知意。一个方法只完成一个任务。不要把多个任务组合到一个方法中，即使那些任务非常小。

关于变量的使用，最好不要几个方法用相同的变量，这样可能会造成混乱。例如，不容易确定该变量值什么时候发生了改变。如果在程序中使用固定值，例如圆周率，这时尽量使用常量代替。

4. 注释

代码的注释对代码起到解释说明的作用。在适当的位置进行注释，可增强代码的可读性，有利于阅读和维护，使不同开发者更快地理解代码。在编译运行程序时，将跳过程序的注释部分。C#中有两种基本注释，一是单行注释，二是多行注释。单行注释以双斜线“//”开始，不能换行。例如 2.1.1 节的注释，就是单行注释。多行注释以“/*”开始，以“*/”结束，可以换行。例如下面的注释就是多行注释。

```
/*
[修改标识]
[修改原因]
Visual C# 2008
多行注释
*/
```

注意，这种多行注释又叫做类注释，一般用于不在使用的代码和临时测试屏蔽某些代码。

这种方式的注释不允许嵌套。除此之外，C#还有一种特殊的注释方法，即用“///”注释后面的语句。请看使用该注释的程序代码：

```
/// <summary>
/// HelloWorld 类
/// </summary>
public class HelloWorld
{
    /// <summary>
    ///  控制台应用程序入口
    /// </summary>
    public static int Main(string[] args)
    {
        Console.WriteLine("HelloWorld");       //在屏幕上输出 HelloWorld
        Console.Read ();                       //从标准输入流读取下一行字符，即等待用户输入
    }
}
```

程序中的第一个注释是对下面的 HelloWorld 类说明，第二个注释是对主方法 Main 的说明。这种方式的注释可以为代码创建文档。

2.2　数据类型

数据类型是开发语言的基础，不同的开发语言，数据类型基本是相同的。在现实生活中举例，水杯用来盛水，酒杯用来盛酒。可以把水杯和酒杯看做不同的种类（类型）。与此类似，在 C#中数据类型是用来区分不同的数据。本节将系统地学习 C#语言提供的数据类型以及使用这些数据类型时的要点。在使用程序中每一个用于保存信息的变量时，开发人员都必须声明其数据类型。

2.2.1 C#的数据类型

数据类型定义了数据的性质、表示、存储空间和结构。C#语言的类型可以分为值类型、引用类型和指针类型，本章主要介绍前两种类型。值类型包括枚举类型和结构类型。其中，结构类型包括数值类型（例如 int 和 float）、布尔类型和用户自定义结构类型。引用类型包括类类型、接口类型、委托类型和数组类型等。指针类型为不安全类型使用很少，这里不做介绍。

作者心得：

在 C#中，内置的数据类型除了字符串类型和 object 类型外，其余的均为值类型。

值类型变量存储的是数据本身，数据存储在堆栈中。如果把一个值类型数据变量赋给另一个值类型变量，则相当于复制一份数据到另一个地方。此时存储相同数据的两个变量在内存中占用不同的位置，可以理解为，这两个变量除存储数据值相同外，没有任何联系。所以

把一个值类型变量赋给另外一个值类型变量后，修改任何一个值后对另外一个变量所存储的值都没有任何影响。

与值类型不同，引用类型变量本身不包含数据，只是存储对数据的引用，即储存数据的地址，数据保存在内存的其他位置。引用类型是将数据保存在堆上的存储方式。当一个数据给引用类型时，将被保存在堆上的变量中。引用类型的大小不固定，为了快速搜索引用类型数据的值，可以采取将其地址保存在堆栈上，从而找到数据真正的所在位置。所以，当两个引用类型同时指向同一个数据时，修改任何一个引用类型都会改变该数据。

2.2.2 整数类型

C#提供了一组已经定义的简单类型，整数类型、实数类型、字符类型和布尔类型共同组成了这一类型。其中，整数类型的变量用来存储值为整数的值类型，该类型最常用，包含的数据类型也最多。

需要注意的是，在数学中整数类型可以表示从负无穷大到正无穷大。然而由于计算机的存储空间有限，整数类型值的范围只限于一定范围之内。C#包含以下整数类型：sbyte、byte、short、ushort、int、uint、long 和 ulong。下面列出了这些整数类型所占用大小和数值范围。

- sbyte 类型：表示有符号整数占用 8 位，取值范围为-128～127。
- byte 类型：表示无符号整数占用 8 位，取值范围为 0～255。
- short 类型：表示有符号整数占用 16 位，取值范围为-32768～32767。
- ushort 类型：表示无符号整数占用 16 位，取值范围为 0～65535。
- int 类型：表示有符号整数占用 32 位，取值范围为-2 147 483 648～2 147 483 647。
- uint 类型：表示无符号整数占用 32 位，取值范围为 0～4294967295。
- long 类型：表示有符号整数占用 64 位，取值范围为-9 223 372 036 854 775 808～9223372036854775807。
- ulong 类型：表示无符号整数占用 64 位，取值范围为 0～18 446 744 073 709 551 615。

2.2.3 实数类型

在数学中用小数表示细微数据，而在 C#语言中使用实数类型来表示。C#语言中的实数类型包括浮点类型（单精度浮点 float 和双精度浮点 double）和货币类型。下面对这些类型进行介绍。

1. 浮点类型

C#支持两个浮点类型：float（单精度浮点）和 double（双精度浮点）。单精度浮点型数据范围是 1.5×10^{-45}～3.4×10^{38} 之间的数，占用 4B，可表示精度为 4 位。双精度浮点型数据范围是 5.0×10^{-324}～1.7×10^{308} 之间的数，占用 8B，可表示精度为 15 位～16 位。当这两种浮点型执行运算时，可以产生正数和负数、正无穷和负无穷、非数字值（Not-a-Number，缩写为 NaN）。

- 正零和负零：在大多数情况下，正零和负零与简单的零值相同，但是其使用有一些区别。
- 正无穷大和负无穷大：无穷大是由一个非零成员除以零的操作产生的。例如，1.0/0.0 产生正无穷大，而-1.0/0.0 产生负无穷大。

- 非数字值：通常缩写为 NaN。NaN 是无效的浮点数操作产生的。例如，0 除以 0。

作者心得：

当表达式中的一个值是浮点型时，所有其他的类型都要被转换成浮点型才能被执行。

2. 货币类型

货币类型（decimal）是一种 128 位数字类型，顾名思义，货币类型是对金融和货币数据进行计算。货币类型可以代表数值范围是从$\pm 1.0\times10^{-28}\sim\pm 7.9\times10^{28}$。货币类型比浮点类型有更高的精度，但是有更小的范围。这样，从浮点数类型转换到货币类型也许会产生溢出的异常，并且从货币类型转换到浮点数类型也许会有精度损失。如果希望实数被视为 decimal 类型，请使用后缀 m 或 M，例如下面所示。

```
decimal money = 1234.5m;                    //定义货币型变量 money
```

注意，如果没有后缀 m，数字将被视为 double 类型。

2.2.4 字符类型

在介绍字符类型数据之前，要学习一个重要的名词：Unicode 字符集。Unicode 是一种重要的交互和显示的通用字符编码标准，其覆盖了美国、欧洲、中东、非洲、亚洲的语言，以及古文和专业符号。Unicode 允许交换、处理和显示多语言文本以及公用的专业和数学符号。Unicode 字符集可以适用于所有已知的编码。Unicode 是继 ASCII（美国国家交互信息标准编码）字符码后的一种新字符编码。

字符型（char）的数据范围是 0～65535 之间的 Unicode 字符集中的单个字符，占用 2 个字节。字符型表示无符号 16 位整数，与 Unicode 字符集相对应。虽然字符型的表示形式与短整型相同，但意义不同。短整型代表的是数值本身，而字符型代表的则是一个字符。例如 A 的字符编码是 65，a 的字符编码是 97。

2.2.5 布尔类型

布尔类型（bool）是用来表示真和假这两个概念。虽然看起来很简单但实际应用非常广泛。众所周知，计算机实际上就是用二进制来表示各种数据的，即不管何种数据在计算机的内部都是采用二进制方式处理和存储的。布尔类型表示的逻辑变量只有两种取值：真或假，在 C#中分别采用 true 和 false 两个值来表示。

注意，和 C 或 C++不同的是，在 C#中布尔类型值不能被其他任何非零值所代替，在其他整数类型和布尔类型之间不存在任何转换。将整数类型转换成布尔型是不合法的。

例如，下面所示代码是错误的。

```
bool b1= 0;             //错误，不存在这种写法只能写成 b1=false;
bool b2 = 1;            //错误，只能写成 b2=true;
```

2.2.6 引用类型

和值类型相比，引用类型不存储实际数据，而是存储对象的引用，即地址。在 C#中提供了 6 种引用类型，分别为对象类型、类类型、字符串类型、接口类型、数组类型和代表类型。下面将对这些类型进行介绍。

1. 对象类型

对象类型是其他所有类型的基类，是其他一切类的根本。在 C#中，每种类型都是直接或间接从对象类型派生出来的。所以，开发人员在进行编程时，可以将其他任何一种类型的值赋给对象类型。例如，下面的两句代码。

```
object a=10;                                    //定义 object 类型变量 a 并初始化为 10
object str= "One World，One Dream"；             //定义 object 类型变量 str 并初始化为一个字符串
```

2. 类类型

一般地，类类型包括数据成员、方法成员以及嵌套类型。其中，方法成员包括方法、属性、索引、操作符、构造方法和构析方法。除此之外，类类型还支持继承，因为继承机制派生的类可以对基类进行扩展和特殊化。还可以使用对象创建表达式来创建类的实例。

3. 字符串类型

字符串类型是直接从对象类型派生出来的且已包装好的类类型，即字符串类型是一个密封的类类型。也就是说，在进行编程时，开发人员不能够再从字符串类型中派生出其他的子类。字符串类型的实例表示统一的字符编码与标准字符串，即表示 Unicode 字符串。

4. 接口类型

接口类型可以说是一个协定或是一个约定。实现了接口的类或结构必须遵守这个协定或者约定。接口类型可以从多个基类接口继承而来，类或结构也可以实现多个接口。例如，下面是一个接口示例。

```
using System;                              //导入用到的命名空间
public interface myInterface               //定义一个接口
{
    void study(string str);                //定义一个接口方法
}
```

5. 数组类型

数组是一种数据结构，一种包含了若干个变量的数据结构。开发人员可以通过数组名和下标来访问数组元素。数组类型的一个重要特征是数组中元素的变量必须是同一种数据类型。关于数组的更多知识将在本书第 5 章详细介绍。

6. 委托类型

委托类型是一种指向静态方法或者是对象实例、对象方法的数据结构。在 C 或 C++中，与委托类型起到相同功能的是函数指针。但指针只能指向静态函数，而委托类型可以指向静态和实例方法。委托类型不仅存储对于方法的入口点的引用，同时也存储对调用方法的对象实例的引用。

2.3 变量和常量

程序在处理数据时，必须将数据保存到计算机的内存中。保存在内存中的数据从可变性看，可以分为变量和常量。本节除了介绍变量和常量的定义和赋值外，还将介绍不同类型变量之间的转换以及装箱和拆箱。

2.3.1 变量

变量是程序中存放数据的临时场所，是在程序的运行过程中随时可以发生变化的量。变量是内存中用来存储数据的存储单元，可以存储各种类型的信息，如整型、字符型、浮点型等。程序对数据操作时，经常需要用到变量。比如要存放员工工资，并且员工工资是根据个人表现而定的，可以用声明一个货币类型的变量来存储。

C#是一种安全类型的语言。C#编译器保证存储在变量中的值总是具体的某个类型。通过赋值或使用++和--运算符可以改变存储在变量中的值。变量在使用时必须先定义后使用。可以在定义变量时为其赋值，也可以只声明不赋值，不过要确保在使用前赋值。

2.3.2 变量的命名规则

当开发人员需要访问存储在变量中的信息时，只需要使用变量的名称即可。在任何一种编程语言中，变量的命名都要按照一定的规则。C#语言有自己的命名规定，基本变量的命名规则如下所示。

- 变量名必须以字母或下划线开头。
- 变量名只能由字母、数字和下划线组成，而不能包含空格、标点符号、运算符等其他符号。
- 变量名不能与C#中的关键字名称相同。
- 变量名不能与C#中的库方法名称相同。

在命名变量时必须遵循以上规定。从 2.1 节介绍命名规范可知，命名变量是采用 Camel 大小写形式，即除了第一个单词，所有单词第一个字母大写，其他字母小写。与其他语言相比，C#有其独特之处，那就是允许在变量名前加上前缀“@”。加上“@”作为变量的名称，目的是为了与其他语言进行交互时避免冲突。因为前缀“@”实际上并不是名称的一部分，因此其他的编程语言就会将其作为一个普通的变量名。下面给出了一些合法和非法的变量名的例子。

```
int i;              //合法
int No.1;           //不合法，含有非法字符“.”
string _total;      //合法
char Main;          //不合法，与关键字名称相同
float @use;         //合法
char Name;          //合法但不符合命名规则，不提倡对变量这样命名。可以命名为 name
```

尽管符合上述要求的变量名便可以使用，但为了让写出来的程序便于理解，最好的方法是在给变量命名时，给出具有描述性质的名称。比如，一个消息字符串的名字就可以叫 strMessage，一个登录密码的名字叫 strPassword 等。

2.3.3 声明变量和使用变量

变量的使用非常广泛，每个代码块都会用到。变量有固定的数据类型，还有专门的作用域。声明变量时，必须指定变量的类型。变量名一般都是小写字母，如果变量的名字比较长，可将第二个单词的首字母大写。定义变量的语法如下所示。

```
int xPoint, yPoint;            //定义变量，可同时定义多个
int count = 0;                 //定义变量，可指定变量的初始值
```

下面的一个实例演示了如何声明并使用程序中的变量。使用前面介绍的创建控制台应用程序的方法，创建一个名为“TestVar”的控制台应用程序，请看 TestVar 范例项目。

范例 2.2
TestVar.sln

TestVar.sln 在这里我们演示了变量的声明和使用，实现了两个整形变量相加求和的功能，读者可以可以编译并运行这段代码。（光盘\code\ch2\ TestVar\TestVar.sln）

```
1 using System;                                                    //系统生成命名空间
2 using System.Collections.Generic;
3 using System.Linq;
4 using System.Text;
5 namespace TestVar                                                //自定义命名空间“TestVar”
6 {
7       class Program
8       {
9           static void Main(string[] args)                          //主方法，在下面添加代码
10          {
11              int x = 5, y = 8;
12              int z = 0;
13              z = x + y;                                        //求 x 和 y 的和
14              Console.WriteLine("两个数的和. {0}", z),              //输出结果
15              Console.Read();                                   //等待用户输入
16          }
17      }
18 }
```

运行程序，结果如图 2-1 所示。

图 2-1　运行效果图

第 11 行首先声明整型变量 x、y 并分别赋值为 5、8。第 12 行定义用来存储变量和的整型变量 z，赋初值为 0。第 13 行表达式“z=x+y;”表示变量 x 和变量 y 相加后得到的值赋给变量 z。注意，这里的符号“=”是赋值的意思。关于表达式的知识，本章后面将会介绍。第 14 行输出运算后的结果，变量 x 和变量 y 相加后的结果为 13，然后赋给变量 z。如图 2-1 中所示，运行结果为 13。

2.3.4 变量的类型和赋值

在 C#语言中，通常把变量分为 7 种类型：静态变量、非静态变量、数组参数、数值参数、引用参数、输出参数，以及局部变量。例如，下面的例子演示了不同变量的区别。

```
class Program                                   //自定义类 Program
{
    public static int x;                        //静态变量，不实例化类对象就可直接通过类来使用
    int y;                                      //非静态变量，类的数据成员
    void F(int[] arr, int a, ref int b, out int c) //分别为数组参数，数值参数，引用参数和输出参数
    {
        int i = 1;                              //局部变量，并赋初值
        c = a + b;                              //将变量 a 和 b 相加后赋给变量 c
    }
}
```

在声明变量 x 时，前面有修饰符 static，表示为静态变量。一旦静态变量所属的类被装载，静态变量将一直存在，直到包含该类的程序运行结束。另外，在使用静态变量时，不需要对其所在的类进行实例化就可以直接通过类来使用。后面的章节将详细讲解关于用 static 声明变量。y 是非静态变量，v 是数组元素，a 是数值参数，b 是引用参数，c 是输出参数，i 是局部变量。上述代码中的 int[] arr、ref 和 out 分别表示数组、引用和输出的含义。其具体知识将在后面陆续讲到。

C#规定变量必须赋值后才能引用。为变量赋值使用赋值号“=”。如在上面的程序中“int i = 1”，声明变量 i，并赋值为 1。定义变量也可以先声明再赋值，如以下代码所示。

```
int id;                 //定义整型变量 id
id = 1;                 //给整型变量赋值，赋值为 1
string name;            //定义字符型变量 name
name = “张三”;          //给字符型变量赋值，赋值为“张三”的字符串
```

还可以使用变量为变量赋值，如以下代码所示。

```
int a=1;                //定义整型变量 a，并初始化为 1
int b;                  //定义整型变量 b
b=2;                    //给整型变量赋值 2
a =b;                   //把 b 的值赋给变量 a，此时变量 a 的值为 2
```

可以为多个变量一同赋值，如以下代码所示。

```
int a ,b ,c;            //定义整型变量 a、b、c
a =b=c=5;               //连续给变量 a、b、c 赋为 5 的值
```

2.3.5 常量

常量就是在程序整个生命周期内值始终不变的量。从数据类型角度来看，常量的类型可以是任何一种值类型或引用类型。常量的声明，与变量声明一样，可以同时声明一个或多个给定类型的常量。常量声明的格式如下：

常量修饰符 const 数据类型 常量表达式

如定义圆周率常量，代码如下所示。

```
const double pi = 3.1415926;        //定义值为 3.1415926 的 double 类型的静态常量 pi
```

常量 pi 表示一个 double 类型值 3.1415926，而且在整个程序运行期间，这一值永远不会改变。常量的数据类型必须是以下所述的其中之一：sbyte、byte、short、ushort、int、uint、long、ulong、char、float、double、decimal、bool、string、枚举类型或引用类型。

作者心得：

常量在使用的过程中，不可以对其进行赋值操作，否则系统会自动报错。

2.4　类型转换

类型转换有两种形式：隐式转换和显式转换。如果执行转换的规则非常简单，可以让编译器进行，这种转换被称为隐式转换。如果转换的规则比较复杂，应进行某种类型的处理，这种转换被称为显式转换。例如，把瓶子中的水倒入缸中，可以非常简单地实现；而把缸中的水再次倒入瓶子中，较为复杂而且要借助漏斗等工具。可以把前者简单地理解为隐式转换，而后者就是显示转换。

2.4.1　隐式转换

隐式转换不需要用户做任何工作，也不需要编写任何代码，编译器可以自动执行。隐式转换是将窄数据类型转换为宽数据类型，这样做不会在转换的过程中丢失数据。正因为如此，隐式转换又被称为“扩展转换”。请看 TestConvert 范例项目。

范例 2.3
TestConvert.sln

TestConvert.sln 本程序里是将 int 类型变量隐式转换成 double 类型，读者可以编译并运行这段代码。

（光盘\code\ch2\TestConvert\ TestConvert.sln）

```
using System;                                   //系统生成命名空间
using System.Collections.Generic;
using System.Linq;
using System.Text;
namespace TestConvert                           //自定义命名空间“TestConvert”
{
    class Program                               //默认生成的 Program 类
    {
        static void Main(string[] args)         //主方法，在下面添加代码
        {
            int x = 5;                          //定义整型
            double z = x;                       //定义长整型，实现隐式转换
            Console.WriteLine("z=" + z );       //输出隐式转换后的值
            Console.Read();                     //等待用户输入
        }
    }
}
```

简单类型有许多隐式转换，bool 和 string 没有隐式转换，但数值类型有一些隐式转换。表 2-1 列出了编译器可以隐式执行的数值转换。

表 2-1　编译器可以隐式执行的数值转换

类　型	可以安全转换成的类型
byte	short、ushort、int、uint、long、ulong、float、double、decimal
sbyte	short、int、long、float、double、decimal
short	int、long、float、double、decimal
ushort	int、uint、long、ulong、float、double、decimal
int	long、float、double、decimal
uint	long、ulong、float、double、decimal
long	float、double、decimal
ulong	float、double、decimal
float	double
char	ushort、int、uint、long、ulong、float、double、decimal

2.4.2 显式转换

与隐式转换不同，显式转换不是自动转换的，需要编写代码。因为在显式转换过程中，需将宽类型转换成窄类型，这样在转换过程中可能导致数据丢失，因此显式转换又被称为“收缩转换”。在 C#中，需要使用强制转换运算符来执行显示转换。除此之外，.NET Framework 的 System.Convert 类中还提供了一些适合.NET 平台的通用转换方法来执行显式转换，请看 TestConvert2 范例项目。

范例 2.4
TestConvert2.sln

TestConvert2.sln 本程序的功能是将 double 类型的数据显示地转换成 int 类型，读者可以编译并运行这段代码。
（光盘\code\ch2\ TestConvert2\ TestConvert2.sln）

```
using System;                                    //系统生成命名空间
using System.Collections.Generic;
using System.Linq;
using System.Text;
namespace TestConvert2                           //自定义命名空间“TestConvert2”
{
    class Program                                //默认生成的 Program 类
    {
        static void Main(string[] args)          //主方法，在下面添加代码
        {
            double y = 25.505;                   //定义长整型
            int z = (int)y;                      //定义整型，实现显式转换
            Console.WriteLine("z=" + z );        //输出显式转换后的值
            Console.Read();                      //等待用户输入
        }
    }
}
```

上述两种转换类型的区别在于，在进行显式转换时，需要在代码中明确指出转换后的数据类型。在进行隐式转换时，不需要在代码中明确指出转换后的数据类型，系统会自动进行。

2.5　装箱和拆箱

在 C#的统一类型系统中，包括预定义类型、用户定义类型、引用类型和值类型的所有类型都是直接或间接从 object 类继承的。装箱和拆箱是数值类型和引用类型互相转换的过程，将数值类型的变量转换为对象类型的过程称为“装箱”。与装箱正好相反，将对象类型的变量转换为数值类型的过程称为“拆箱”。

2.5.1　装箱

装箱是指将一个数值类型隐式地转换成一个 object 类型，或者把这个数值类型转换成一个被该数值类型应用的接口类型。在现实生活中可以将白纸折成飞机、轮船等模型，同样也可以将模型转换为纸张。可以把装箱操作理解为把飞机等模型拆为纸张的过程。把一个数值类型的值装箱也就是创建一个 object 实例，并将这个值复制给这个 object，请看 TestBoxing 范例项目。

范例 2.5
TestBoxing.sln

TestBoxing.sln 在这里我们演示了将数值型进行装箱操作，实现了将 double 类型的数值转化成了 object 类型。
（光盘\code\ch2\TestBoxing\TestBoxing.sln）

```
1 using System;                                          //系统生成命名空间
2 using System.Collections.Generic;
3 using System.Linq;
4 using System.Text;
5 namespace TestBoxing                                   //自定义命名空间“TestBoxing”
6 {
7       class Program                                    //默认生成的 Program 类
8       {
9             static void Main(string[] args)            //主方法，在下面添加代码
10            {
11                  double A1 = 100.12;                  //定义值
12                  object B1 = A1;                      //装箱操作
13                  A1 = 200.44;                         //定义值
14                  Console.WriteLine("初始值为: {0}, 装箱后的值为{1}", A1, B1.ToString());
15                  Console.Read();                      //等待用户输入
16            }
17      }
18}
```

上述代码的运行结果如图 2-2 所示。

图 2-2　装箱运行结果

上述代码说明了如何使用装箱将 double 类型的变量 A1 转换为引用类型变量 B1，第 14 行代码的作用是将结果输出。被装箱的类型的值是作为一个复制赋给对象的。

2.5.2 拆箱

和装箱正好相反，拆箱转换是指将一个对象类型显式地转换成一个值类型或是将一个接口类型显式地转换成一个执行该接口的数值类型。与上面介绍的装箱例子类似，同样也可以把拆箱操作理解为将白纸折为飞机等模型的过程。拆箱的过程分为两步，首先检查这个对象实例看其是否为给定的数值类型的装箱值，然后把这个实例的值复制给数值类型的变量。请看 TestUnBoxing 范例项目。

范例 2.6
TestUnBoxing.sln

TestUnBoxing.sln 在这里我们演示了拆箱的过程，实现了将 object 类型的数值转换成 double 类型。

（光盘\code\ch2\ TestUnBoxing\ TestUnBoxing.sln）

```
using System;                                          //系统生成命名空间
using System.Collections.Generic;
using System.Linq;
using System.Text;
namespace TestUnBoxing                                 //自定义命名空间“TestUnBoxing”
{
    class Program                                      //默认生成的 Program 类
    {
        static void Main(string[] args)                //主方法，在下面添加代码
        {
            double A1 = 65.25;                         //初始值
            object B1 = A1;                            //转化为引用对象后的值
            double C1 = (double)B1;                    //将引用型对象拆箱 ，并返回值
            Console.WriteLine("引用类型的值为: {0}, 拆箱后的值为{1}", B1, C1);
            Console.Read();                            //等待用户输入
        }
    }
}
```

上述代码的运行结果如图 2-3 所示。

通过代码和运行结果，可以看出拆箱过程是显式地将引用类型 B1 转换回 double 类型变量 C1，其过程正好与装箱过程相反。需要注意的是，装箱转换和拆箱转换必须遵循类型兼容原则。

图 2-3　拆箱运行结果

作者心得：

装箱与拆箱的过程中只是为了说明两种类型之间在.NET 框架下的一种转换原理。在实际的程序开发中，读者可以根据实际情况选择使用不同方法实现类型之间的转换。

2.6　运算符

运算符用于对操作数进行特定的运算。表达式是由运算符和操作数组成的，单个的变量或常量是最简单的表达式。本节主要介绍算术运算符、自加自减运算符、逻辑运算符、关系运算符、赋值运算符、位运算符、条件运算符和字符串运算符。根据操作数的个数，运算符可以分为一元操作符、二元操作符和三元操作符，如下所示。

- 一元操作符：如 i++、-1 等。
- 二元操作符：如 a+b、c-5 等。
- 三元操作符：如（a>b）?a:b。

2.6.1　算术运算符

算术运算符是常见的数学运算符。在 C#中，用加（+）、减（-）、乘（*）、除（/）和取余（%）表示。下面是一个使用算术运算符的示例，打开 Visual Studio 2008，新建控制台应用程序。在新建工程的 Main()方法下加入以下代码。

```
static void Main(string[] args)                              //主方法，程序的入口
{
    int x, y;                                                //定义整型变量 x、y
    x = 5;                                                   //为变量 x 赋值为 5
    y = 10;                                                  //为整型变量 y 赋值为 10
    Console.WriteLine("两个数的和：{0}", x + y);             //输出和
    Console.WriteLine("两个数的差：{0}", x - y);             //输出差
    Console.WriteLine("两个数的积：{0}", x * y);             //输出积
    Console.WriteLine("两个数的商：{0}", x / y);             //输出商
    Console.ReadLine();                                      //等待用户输入
}
```

运行程序，结果如图 2-4 所示。

C#中的算术运算符和数学中的运算类似。运算符两边的操作数可以是单个变量或常量，也可以是表达式。

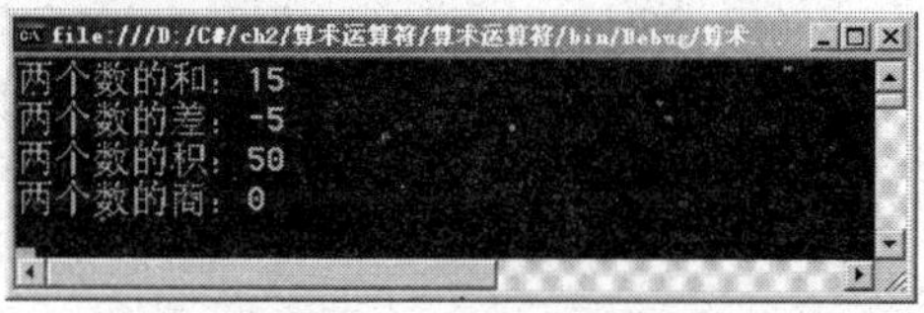

图 2-4　代码运行结果

2.6.2　自加和自减运算符

在 C#中用“++”和“--”表示自加运算和自减运算。其中，每个符号都有两种使用方法。若把自加或自减运算符放在变量之前，表示前递变，如++i。若把自加或自减运算符放在变量之后，表示后递变，如 i++。前递变和后递变表示的意义是不同的，自加自减运算符说明如表 2-2 所示。

表 2-2　自加和自减运算符

运 算 符	意　义	表 达 式	描　述
++	前自加	a=++i;	等价于 a=i+1;i=i+1;
--	前自减	a=--i;	等价于 a=i-1;i=i-1;
++	后自加	a = i++;	等价于 a=i;i=i+1;
--	后自减	a = i--;	等价于 a=i;i=i-1;

下面的程序演示了自加和自减运算符的功能，请看 TestOperator 范例项目。

范例 2.7
TestOperator.sln

TestOperator.sln 在这里我们演示了对整形变量进行自加和自减运算符的过程，读者可以编译并运行这段代码。
（光盘\code\ch2\ TestOperator\ TestOperator.sln）

```
1 using System;                                              //系统生成命名空间
2 using System.Collections.Generic;
3 using System.Linq;
4 using System.Text;
5 namespace TestOperator                                     //自定义命名空间 TestOperator
6 {
7       class Program                                        //默认生成的 Program 类
8       {
9           static void Main(string[] args)                  //主方法，在下面添加代码
10          {
11              int a = 0;                                   //定义变量
12              int i = 10;
13              Console.WriteLine("初始值：a={0},i={1}", a, i); //显示初始值，与下面的做比较
14              a = i++;                                     //后自加运算
15              Console.WriteLine("后自加运算");
16              Console.WriteLine("a={0},i={1}", a, i);      //输出结果为 a=10,i=11
17              a = i--;                                     //后自减运算
18              Console.WriteLine("后自减运算");
19              Console.WriteLine("a={0},i={1}", a, i);      //输出结果为 a=11,i=10
20              a = ++i;                                     //前自加运算
21              Console.WriteLine("前自加运算");
22              Console.WriteLine("a={0},i={1}", a, i);      //输出结果为 a=11,i=11
23              a = --i;                                     //前自减运算
24              Console.WriteLine("前自减运算");
25              Console.WriteLine("a={0},i={1}", a, i);      //输出结果为 a=10,i=10
26              Console.Read();                              //等待用户输入
27          }
28      }
29 }
```

运行程序，结果如图 2-5 所示。

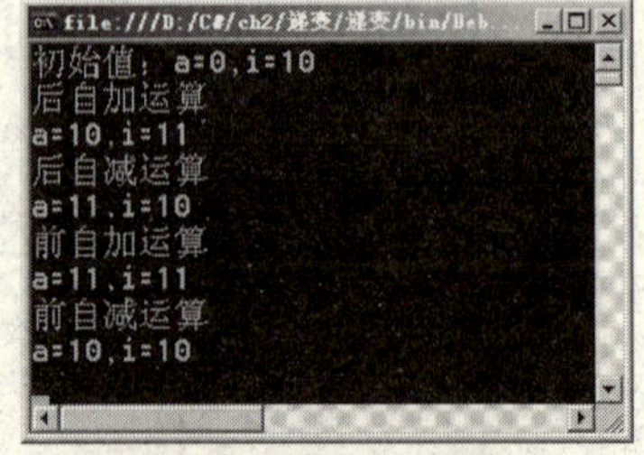

图 2-5　运行结果

从图 2-5 中可以看出，执行第 14 行代码后，a 的值为执行前 i 的值，i 的值为执行前 i 的值加 1。即可用下面的两句将其代替。

a = i;

i = i +1;

2.6.3 逻辑运算符

所谓逻辑运算符，就是指常说的“是”与“否”的操作，其操作数是布尔类型，运算结果也是布尔类型。逻辑运算符一般包括“与”、“或”、“非”，如表 2-3 所示。

表 2-3　逻辑表达式的类型

逻辑运算符	意　义	语法格式	描　述
&&	与	a&&b	当 a、b 都为真时，结果为真
||	或	a||b	当 a、b 中至少有一个为真时，结果为真
!	非	!a	取 a 的相反结果，即 a 为真时，结果为假；a 为假时，结果为真

下面的例子演示了逻辑表达式的使用方法，请看 TestOperator2 范例项目。

范例 2.8
TestOperator2.sln

TestOperator2.sln 在这里我们演示了与运算、或运算、非运算，读者可以编译并运行这段代码。

（光盘\code\ch2\ TestOperator2\ TestOperator2.sln）

```
using System;                                           //系统生成命名空间
using System.Collections.Generic;
using System.Text;
namespace TestOperator2                                 //自定义命名空间 TestOperator2
{
    class Program                                       //默认生成的 Program 类
    {
        static void Main(string[] args)                 //主方法，在下面添加代码
        {
            int x = 5;
            int y = 5;
            if (x == 5 && y == 5)          //与运算，如果 x == 5 和 y == 5 都为真，则为真
            {
                Console.WriteLine("x 和 y 相等");      //输出“x 和 y 相等”的提示信息
            }
            else
            {
                Console.WriteLine("x 和 y 不相等");   //输出“x 和 y 不相等”的提示信息
            }
            y = 10;                                     //给整型变量 y 重新赋值为 10
            if (x == 10 || y == 10)       //或运算，如果 x == 5 或 y == 5 都为真，则为真
            {
                Console.WriteLine("x 和 y 中有一个等于 10");   //提示信息
            }
            if (!(y == 5))                              //非运算
            {
                Console.WriteLine("y 不等于 5");        //
            }
            Console.Read();                             //等待用户输入
        }
    }
}
```

运行程序，结果如图 2-6 所示。

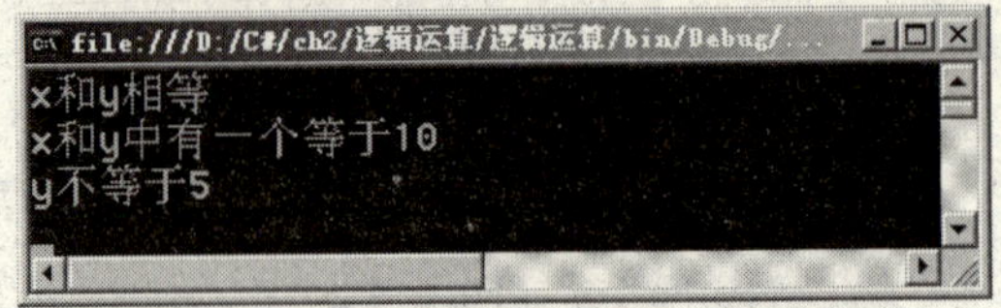

图 2-6　逻辑运算符示例的运行结果

第 10 行、11 行定义变量 x、y，并分别赋值为 5，所以“x==5”和“y==5”都为真。由此可知，“x == 5 && y == 5”为真。执行第 22 行代码前，给 y 赋值为 10。因为或运算的条件有一个为真结果为真，所以此表达式为真。“y==5”为假，则“!(y==5)”为真。

2.6.4　关系运算符

关系运算实际上是逻辑运算的一种，可以将其理解为一种“判断”。判断的结果要么是“真”，要么是“假”，所以关系表达式的返回值总是布尔型的值。常用关系运算符用以下 6 种，如表 2-4 所示。

表 2-4　C#语言中的关系运算符

关系运算符	意　义	表 达 式	描　述
>	大于	a>b;	a 大于 b
<	小于	a<b;	a 小于 b
>=	大于等于	a>=b;	a 大于等于 b
<=	小于等于	a<=b;	a 小于等于 b
==	等于	a==b;	a 等于 b
!=	不等于	a!=b;	a 不等于 b

以关系运算符的大于、等于和小于为例，演示关系运算符的用法，请看 TestOperator3 范例项目。

范例 2.9
TestOperator3.sln

TestOperator3.sln 在这里我们演示了关系运算符：大于（>）、小于（<）、等于（==）的使用，读者可以编译并运行这段代码。

（光盘\code\ch2\ TestOperator3\ TestOperator3.sln）

```
using System;                                   //系统生成命名空间
using System.Collections.Generic;
using System.Linq;
using System.Text;
namespace TestOperator3                         //自定义命名空间“TestOperator3”
{
    class Program                               //默认生成的 Program 类
    {
        static void Main(string[] args)         //主方法，在下面添加代码
        {
            int a = 1;                          //定义变量 a，用做第一个操作数
            int b = 2;                          //定义变量 b，用做第二个操作数
            if (a > b)                          //判断 a 是否大于 b，
            {
                Console.WriteLine("a 大于 b");  //a=1，b=2。即不满足 a>b，故不执行此句
```

```
            }
            else if(a==b)                              //判断 a 是否等于 b，a、b 之间两个等号
            {
                Console.WriteLine("a 等于 b");       //a=1，b=2。即不满足 a=b，故不执行此句
            }
            else if (a < b)                            //判断 a 是否小于 b
            {
                Console.WriteLine("a 小于 b");       //a=1，b=2。即满足 a<b，故执行此句
            }
            Console.ReadLine();                        //等待用户输入
        }
    }
}
```

运行程序，结果如图 2-7 所示。

图 2-7　关系运算符示例运行结果

上面的程序运行结果显示 a 小于 b。a 与 b 比较的表达式返回的值不是 true 就是 false。上面 if else 结构的作用是执行表达式为 true 的语句块，这在第 3 章将会详细讲解。关系运算符一般用于判断语句中。C#语言和数学中明显不同的是，判断两个数是否相等的运算符是“==”，而不是“=”。所有由两个符号构成的关系运算符，如“>=”、“<=”等，使用时两个符号之间不能有空格，否则将会出错。

关系运算符既可以用于数值也可以用于字符或字符串。用于字符串的关系运算符只有相等“==”与不等“!=”运算符。例如下面两个字符的比较，代码如下所示。

```
1 char a = 'a';                                //定义字符变量 a
2 char b = 'b';                                //定义字符变量 b
3 if(a==b)
4 {
5       Console.WriteLine("两个字符相等");
6 }
7 else if(a>b)                                 //判断 a 是否大于 b
8 {
9       Console.WriteLine("字符变量 a 大于 b");
10 }
11 else                                        //如果 a、b 不满足上面两种情况，则 a 小于 b
12 {
13      Console.WriteLine("字符变量 a 小于 b");
14}
```

第 3 行代码判断字符变量 a、b 是否相等。字符和字符进行比较的时候，实际上比较的是字符的 Unicode 值。“a”的 Unicode 值为 97，“b”的 Unicode 值为 98，所以字符变量 b 大于 a。

2.6.5 赋值运算符

赋值运算符包括“=”、“+=”、“-=”、“/=”等运算符。其中，最常见的就是“=”

运算符，该运算符可以为数值型类型、枚举类型、类类型等所有的类型赋值。使用赋值运算符的语法格式如下所示。

变量=值;

其中，表达式的左边为变量的名称，右边为固定值、已知的变量或新实例化的类。如下面的赋值语句所示。

```
int a;          //定义整型变量 a
int b;          //定义整型变量 b
a =3;           //把数值 3 赋给变量 a
b=a;            //把变量 a 的值赋给变量 b
```

除此之外，赋值运算符还包含复合赋值运算符如“+=”等，表示先计算再赋值。例如 i+=3，表示 i 先和 3 相加，然后再把结果赋给变量 i，等同于 i=i+3。常用的赋值运算符如表 2-5 所示。

表 2-5　赋值运算符

赋值运算符	意　义	表达式	描　述
=	赋予	a=3;	将数值 3 赋给变量 a
+=	相加后再赋值	a+=3;	等价于 a=a+3;
-=	相减后再赋值	a-=3;	等价于 a=a-3;
*=	相乘后再赋值	a*=3;	等价于 a=a*3;
/=	相除后再赋值	a/=3;	等价于 a=a/3;
%=	取余后再赋值	a%=3;	等价于 a=a%3;
^=	做位异或（XOR）运算后再赋值	a^=b;	等价于 a=a^b;
&=	做位与（AND）运算后再赋值	a&=b;	等价于 a=a&b;
|=	做位或（OR）运算后再赋值	a|=b;	等价于 a=a|b;
<<=	左移赋值运算	a<<=b;	等价于 a=a<<b;（a 向左移动 b 位）
>>=	右移赋值运算	a>>=b;	等价于 a=a>>b（a 向右移动 b 位）

下面的范例是对这几种赋值运算符的演示，请看 TestOperator4 范例项目。

范例 2.10
TestOperator4.sln

TestOperator4.sln 在这里我们演示了各个赋值运算符（=、+=、-=、*=、/=等）的使用，读者可以编译并运行这段代码。

（光盘\code\ch2\TestOperator4\TestOperator4.sln）

```
using System;                                   //系统生成命名空间
using System.Collections.Generic;
using System.Linq;
using System.Text;
namespace TestOperator4                         //自定义命名空间“TestOperator4”
{
    class Program                               //默认生成的 Program 类
    {
        static void Main(string[] args)         //主方法，在下面添加代码
        {
            int a = 5;                          //定义整型变量 a
            int b = 3;                          //定义整型变量 b
            a += b;                             //相加
            Console.WriteLine("a={0}", a);      //输出 a 的值，此时 a=8
```

```
15                a -= b;                                          //相减
16                Console.WriteLine("a={0}", a);                   //输出 a 的值，此时 a=5
17                a *= b;                                          //相乘
18                Console.WriteLine("a={0}", a);                   //输出 a 的值，此时 a=15
19                a /= b;                                          //相除
20                Console.WriteLine("a={0}", a);                   //输出 a 的值，此时 a=5
21                a %= 3;                                          //取余
22                Console.WriteLine("a={0}", a);                   //输出 a 的值，此时 a=2
23                a ^= b;                                          //位异或运算
24                Console.WriteLine("a={0}", a);                   //输出 a 的值，此时 a=1
25                a &= b;                                          //位与运算
26                Console.WriteLine("a={0}", a);                   //输出 a 的值，此时 a=1
27                a |= b;                                          //位或运算
28                Console.WriteLine("a={0}", a);                   //输出 a 的值，此时 a=3
29                a <<= b;
30                Console.WriteLine("a={0}", a);                   //输出 a 的值，此时 a=24
31                a >>= b;
32                Console.WriteLine("a={0}", a);                   //输出 a 的值，此时 a=3
33                Console.Read();                                  //等待用户输入
34            }
35        }
36}
```

运行程序，结果如图 2-8 所示。

上面的程序中用到了左移和右移操作，位移操作实际上是把数值转换成二进制后进行的操作。左移一位乘以 2，左移两位乘以 4，左移三位乘以 8。从图 2-8 中可以看出，程序中左移操作前变量 a 的值为 3，第 29 行代码即把 a 向左移动 3 位，结果为 24。右移操作是左移操作的逆运算，所以执行第 31 行代码后，a 的值为 3。

图 2-8　赋值运算符示例的运行结果

2.6.6 位运算符

位运算符在 C#中的应用并不广泛。所谓位运算符，是指对位进行运算和处理。在 C#中主要包括 6 种位运算符，分别是按位与、按位或、按位异或、取反、左移、右移。在前面介绍赋值运算符时，曾用到了位移的例子，其是对整型数进行的操作。请看 TestOperator5 项目代码：

范例 2.11　TestOperator5.sln

TestOperator5.sln 在这里我们演示了对字符执行的位移操作，读者可以编译并运行这段代码。

（光盘\code\ch2\ TestOperator5\ TestOperator5.sln）

```
using System;                                                  //系统生成命名空间
using System.Collections.Generic;
using System.Linq;
```

```
4 using System.Text;
5 namespace TestOperator5                                   //自定义命名空间“TestOperator5”
6 {
7     class Program                                         //默认生成的 Program 类
8     {
9         static void Main(string[] args)                   //主方法，在下面添加代码
10        {
11            char x = 'a', y = 'b';
12            int c;                                        //定义数值型数据
13            c = x;
14            Console.WriteLine("这时的 c 为：{0}", c);      //输出 c 的值，此时 c=97
15            c = (c << 5) & y;                             //进行按位与运算
16            Console.WriteLine("c 经过左移 5 位，再和 y 进行按位与后的结果是：{0}", c);
17            Console.Read();                               //等待用户输入
18        }
19    }
20 }
```

上述代码的运行结果如图 2-9 所示。

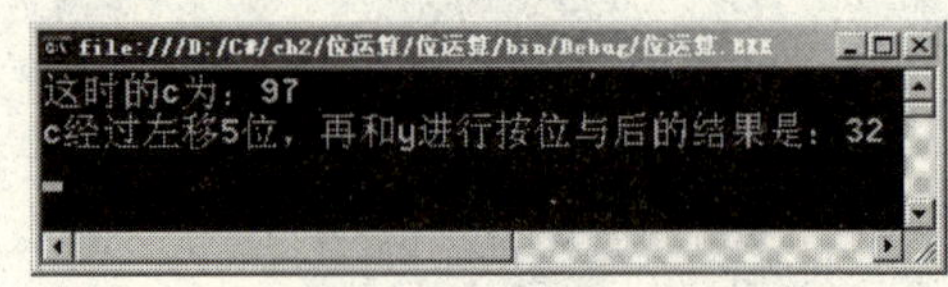

图 2-9　位运算的运行结果

第 11 行代码定义两个字符变量 x、y，并分别赋值“a”、“b”，第 12 行代码把字符变量 c 转换为整型，第 14 行将结果输出，结果为 97。第 15 行把整型变量 c 向左移动 5 位，再和 y 进行按位与运算，并输出结果，结果为 32。

2.6.7 条件运算符

“ ? : ”运算符被称为条件运算符，属于三目运算符。条件运算符（ ? :）根据布尔型表达式值的真（true）假（false）返回两个值中的一个。条件运算符的格式如下所示。

条件? 第一个表达式 : 第二个表达式;

如果条件为 true，则计算第一个表达式并以其计算结果为准；如果为 false，则计算第二个表达式并以其计算结果为准。下面是一个关于条件运算符的例子。

范例 2.12 TestOperator6.sln

TestOperator6.sln 在这里我们演示了条件运算符（? :）的使用，读者可以编译并运行这段代码。

（光盘\code\ch2\TestOperator6\ TestOperator6.sln）

```
using System;                                   //系统生成命名空间
using System.Collections.Generic;
using System.Linq;
using System.Text;
namespace TestOperator6                         //自定义命名空间“TestOperator6”
{
    class Program                               //默认生成的 Program 类
    {
        static void Main(string[] args)         //主方法，在下面添加代码
        {
            int a=0 ;
```

```
12              int b=10;
13              int max = a > b ? a : b;
14              Console.WriteLine(max);                    //输出 a、b 中的最大值，该值为 10
15              Console.Read();                            //等待用户输入
16          }
17      }
18}
```

运行程序，结果如图 2-10 所示。

在程序中，第 11 行、12 行定义两个变量 a、b 并分别赋值，第 13 行利用条件运算符求这两个数的最大值并赋给变量 max。该行代码表示判断 a 是否大于 b。如果 a 大于 b，则返回 a，否则返回 b。

图 2-10 条件运算符的运行结果

2.6.8 字符串运算符

字符串运算符是常用的运算符号，用在字符串和字符的处理上。在 C#中，字符串运算符最常用的是“+”和“[]”。“+”用来连接两个字符串，使用非常方便。“[]”用来以索引方式查找字符串数组中的值，被称为字符串的索引器。

范例 2.13
TestOperator7.sln

TestOperator6.sln 在这里我们演示了以上两种字符串运算符的使用方法，读者可以编译并运行这段代码。

（光盘\code\ch2\ TestOperator7\ TestOperator7.sln）

```
using System;                                           //系统生成命名空间
using System.Collections.Generic;
using System.Linq;
using System.Text;
namespace TestOperator7                                 //自定义命名空间“TestOperator6”
{
    class Program                                       //默认生成的 Program 类
    {
        static void Main(string[] args)                 //主方法，在下面添加代码
        {
            string str1 = "Hello";                      //定义字符串变量 str1,并初始化为 12 “Hello”
            string str2 = "World";                      //定义字符串变量 str2,并初始化为 14 “World”
            string[] strArray = { "Csharp", "Java", "C++", "C", "Basic" };   //定义字符串数组
            Console.WriteLine("用+连接字符串的结果：{0}", str1 + str2);   // +连接的字符串
            Console.WriteLine("数组中的第一个值：{0}", strArray[0]);   //输出数组中的第一个值
            Console.WriteLine("数组中的第二个值：{0}", strArray[1]);   //输出数组中的第二个值
            Console.WriteLine("数组中的第三个值：{0}", strArray[2]); //输出 C++
            Console.WriteLine("数组中的第四个值：{0}", strArray[3]); //输出 C
            Console.WriteLine("数组中的第五个值：{0}", strArray[4]); //输出数组中的 Basic
            Console.Read();                                        //等待用户输入
        }
    }
}
```

运行程序，结果如图 2-11 所示。

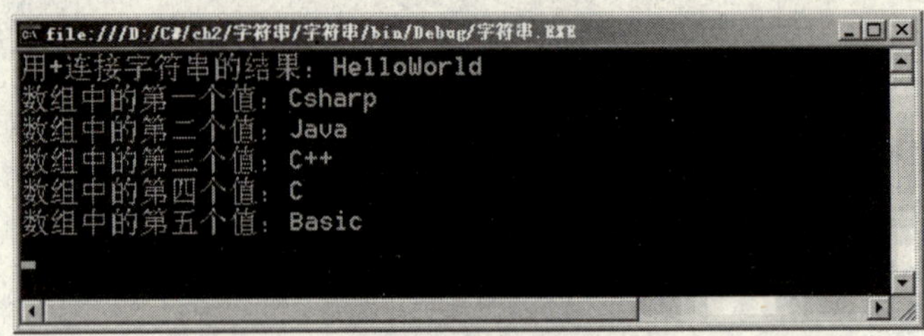

图 2-11　字符串运算的运行结果

第 15 行代码定义字符串数组使用直接赋值的方式。对数组进行访问时，是从 0 开始的。关于数组的知识将在后面的章节中介绍。

2.7　优先级与结合性

运算符的优先级与结合性本质上都是运算顺序问题，优先级是指当一个表达式中出现不同的运算符时，先进行何种运算。结合性是指当一个表达式中出现了两个以上的同级运算符时，是由左向右运算还是由右向左运算。

1.　优先级

表 2-6 显示了 C#运算符的优先级。表顶部的运算符有最高的优先级。

表 2-6　C#运算符的优先级

运算符类型	运算符符号
自增自减	++、--
逻辑非 算术正、负	!、+、-
算术运算	+、-、*、/
移位运算	>>、<<
关系运算符	==、!=、<、>、<=、>=
逻辑与 逻辑或	&&、‖
条件运算	?:
赋值运算	=、+=、-=

从表 2-6 中可以看出，运算符的优先级有以下特点。

- 一元运算符的优先级高于二元和三元运算符。
- 不同种类运算符的优先级有高低之分。算术运算符的优先级高于关系运算符；关系运算符的优先级高于逻辑运算符；逻辑运算符的优先级高于条件运算符；条件运算符的优先级高于赋值运算符。
- 有些同类运算符优先级也有高低之分。在算术运算符中，乘、除、求余的优先级高于加、减；在关系运算符中，小于、大于、小于等于、大于等于的优先级高于相等和不等；逻辑运算符的优先级按从高到低排列为非、与、或。

2.　结合性

在多个同级运算符中，赋值运算符与条件运算符是由右向左结合的，除赋值运算符以外的二元运算符是由左向右结合的。例如，x+y+z 是按（x+y）+z 的顺序运算的，而 x=y=z 是按 x=（y=z）的顺序运算的。

实训 2.1——定义学生结构体

在前面的讲解中，已经分别对 C#中的各种数据类型，变量，运算符等进行了讲解。在本实训中，将利用前面的知识来学习一下该如何根据实际需要来选择数据类型。

1. 需求描述

对于一个学生来说，通常具有学号、姓名、性别、年龄和班级等最基本的属性；学生还要进行考试，考试成绩也是一个学生必不可少的；在很多学校中，经常还要注明学生是否为本地生源。学生模型中的这些属性该使用什么数据类型就是本实训将要重点讲解的内容。

2. 数据类型使用分析

现在就来对上面提到的属性进行分析。首先是学号，学号通常都是整数的，所以可以肯定是采用整数类型，但是具体使用哪一种数据类型就要看具体的范围。每一个学生应该具有他特有的学号，而对于一个学校在多年中具有几万名学生或者几十万名学生是很正常的。short 类型的取值范围的最大值为 32767，所以建议采用比 short 类型范围更广的 int 类型，int 类型的最大值是几亿，所以是肯定没有问题的。

一个人的姓名是很少采用一个字的，所以姓名应该采用字符串类型，这是比较容易确定的。性别的选择也是比较容易的，不是“男”，就是“女”，只有一个字符，所以就可以使用字符类型。年龄和学号一样也应该为整数，byte 类型的最大值为 127，对于一个学生的年龄来说是足够了。对于学生的班级来说，虽然里面有数字，但是因为还有其他字符，所以应该采用字符串类型。

学生的考试成绩一定要考虑到 0.5 分的情况，所以考试成绩要采用浮点数类型，其中选择 float 类型，它的取值范围足够了。是否为本地生源，它的值只有两种情况，“是”和“不是”，这和布尔类型相似，所以我们采用布尔类型来表示学生是否为本地生源。

3. 开发模型代码

我们使用表 2-7 中的文件来实现“学生模型”代码。

表 2-7　学生模型的实现文件描述

文　件	功　能
Student.sln	采用合适的数据类型来定义学生模型中所有学生属性，并将学生属性信息显示出来。

程序清单 2.1-1：Student.sln

```
public class Student
{
    public static void Main(String[] args)
    {
        int ID=200801001;                //定义学生的学号
        string name="John";              //定义学生的姓名
```

```
7          char sex='男';                        //定义学生的性别
8          byte age=18;                          //定义学生的年龄
9          string classes="高三（8）班";          //定义学生的班级
10         float score=92.5F;                    //定义学生的考试成绩
11         bool bv=true;                         //定义学生是否为本地生源
12         Console.WriteLine("本学生的学号为"+ID+"\r\n"
13                            +"姓名为"+name+"\r\n"
14                            +"性别为"+sex+"\r\n"
15                            +"年龄为"+age+"\r\n"
16                            +"班级为"+classes+"\r\n"
17                            +"考试成绩为"+score+"\r\n"
18                            +"是否为本地生源"+bv);
19         Console.Read();
20     }
21 }
```

结合转义字符输出学生模型中的所有属性值

1 从第 5 行到第 11 行分别按照数据类型使用分析中得到的结论定义了学生模型的学号、姓名、性别、年龄、班级、考试成绩和是否为本地生源。

2 从第 12 行到 18 行是对学生模型中属性值的输出，这里用到了转义字符。查转义字符表可以看到‘\r’为回车，‘\n’为换行。从而在输出学生信息时，每输出一个学生属性，就进行回车换行。输出结果信息为：

本学生的学号为 200801001
姓名为 John
性别为男
年龄为 18
班级为高三（8）班
考试成绩为 92.5
是否为本地生源 true

和学生属性模型相似，现在要开发一个公司员工属性模型。首先要分析有什么属性需求，员工除了与学生的姓名、性别和年龄等几个相同的属性外，还通常有工作部门、工作时间、工作经验和工作报酬等属性，读者可以再考虑是否还有其他属性。

完成属性需求，也就是使用哪一种数据类型，要从两方面考虑。首先分析该属性值是数字还是文本，然后再分析取值的范围。取值范围的选择要合适，合适包括不能取大范围的类型，同样也包括不能取小范围的类型。

对于初学者而言，工作时间属性是比较难确定的，这里的工作时间要给出开始工作的时间点和下班的时间点。有些读者可能想使用字符串类型，其实在 C#中有一个表示时间的 Date 对象类型，通过该类型就可以直接定义时间，该知识点在后面将会讲解到。

2.8　疑难解答

1. 定义一个变量，使用表示符：_hight、20m、f4#、int，合法吗？

答：只有第一个合法，不能以数字开口，不能包含除字面数字下划线之外的字符，不能使用系统已经占用的关键字。

2.是否可以使用中文作为标识符？

答：可以，但是笔者建议不要使用中文标识符。因为程序都是基于英文字母的，标识符使用中文是不方便阅读的。并且在以后会学习到字符是具有编码的，当使用不同编码时，中文就会出现乱码。

3. 为何不将有的数值都声明为较大的数据类型，而是较小的数据类型？

答：虽然使用较大的数据类型是不会出错的，但这样做会浪费资源，效率不高。

4. 很多类型都可以表示数值，如何选择最适合的类型来表示数值？

答：要首先判断数值是小数还是整数，从而确定是使用浮点数类型还是整数类型。在每种类型中再判断数值在什么范围内。

5. 如何理解常量和变量的不同？

答：变量就是经常变化的内容，可以理解为一个盛放东西的容器，例如一个水杯可以放 100ml 水，也可以放 50ml 水。常量就是不会发生变化的内容，例如杯子的容量。

6. 引用类型和值类型的主要区别是什么？

答：定义实例时，值类型生成引用，引用类型直接生成实例。

7. double 类型的变量转换为 object 类型是装箱还是拆箱？

答：装箱，将数值类型的变量转换为对象类型的过程称为“装箱”，将对象类型的变量转换为数值类型的过程称为“拆箱”。

8. 运算符和运算符优先级的重要性？

答：几乎每一个应用程序都要用到运算符，类似于数学运算中的运算符，如果不了解运算符的优先级，往往得不到正确的结果。

9. 在表达式中该如何综合使用多种运算符？

答：在表达式中综合使用运算符时，会按照运算符的优先级的高低来判断先执行哪一部分。在复杂的表达式中最好使用括号以方便实现。

10. C#中的三目运算符怎么使用？

答：C#中只有一个三目运算符：“? :”表示条件满足执行第一个表达式，否则执行第二个表达式。使用此运算符可以简化程序，当然也可以使用其他方法替代此运算，例如第 3 章将要介绍的 if 语句。

2.9　上机题

1. 编写一个控制台应用程序，定义 sbyte、byte、short、ushort、int、uint、long 和 ulong 类型的数据，并用一个输出语句输出。

2. 编写一个控制台应用程序，定义两个整型变量分别赋值为 1 和 2，并输出这两个整型变量的和。

3. 编写一个控制台应用程序，定义两个字符串变量分别赋值为“Hello”和“World”，并将这两个字符串输出到屏幕。

4. 开发一个 byte 类型和 char 类型转换的程序，并分析为什么它们之间转换都需要强制类型转换。

5. 编写一个控制台应用程序，分别定义一个 int 型变量和 double 型变量，然后输出这两个变量的和。

6. 将 int 类型的 123 数值转换成 double 类型，将 double 类型的 12.3 数值强制转换为 byte 类型，并将转换后的结果输出。

7. 开发一个控制台应用程序，求出（12+34）*5 的值。

8. 将数值 112 执行两次右移操作，并分析计算结果和除法的关系。

9. 在控制台应用程序中定义一个初始值为 10 的变量 i，分别使用 i++和 i--来实现求出自加和自减运算后的值？

10. 编写一个基于控制台的计算器程序，在运行程序时提示用户输入第一个数，等用户输入完毕提示用户输入下一个数，等用户输入完毕，程序能够在后台完成计算两个数的和。

第3章 流程控制

C#是完全面向对象的程序设计语言，采用了事件驱动机制，但在程序设计时，仍然涉及到流程控制。结构化程序设计方法把程序的流程分为 3 种，即顺序结构、选择结构和循环结构。这 3 种结构在任何程序设计语言中的应用都非常广泛而且十分相似。如果读者有其他语言的基础，学习本章内容将会非常轻松。

本章的学习重点

- 顺序结构。
- 选择结构。
- 循环结构。
- 循环中断语句。

3.1 顺序结构程序设计

在此之前的程序都是从上到下顺序执行的。像这样按语句在程序中的先后顺序逐条执行的结构叫做顺序结构。顺序结构是程序设计中最简单的基本结构，语句之间的执行顺序是按照其书写次序一条接一条地顺序执行，是其他结构的基础。本节将讲解这种顺序结构。

3.1.1 赋值语句

C#语言中的赋值语句是由赋值表达式加上一个语句结束符号“;”构成的。由于 C#语言提供了丰富的赋值表达式形式，因此赋值语句也有多种形式。本节将对这几种赋值语句进行比较。

1. 简单的赋值语句

由一个赋值操作符构成的赋值语句称之为简单的赋值语句。其格式如下所示。

```
变量=表达式;
```

所谓变量，是指被赋值的对象。在上一章中已经介绍了关于变量的一些知识，由此可知变量可以是基本的数值型变量、字符型变量等，也可以是后面将要介绍的结构变量、枚举变量、对象变量。“=”称为“赋值号”，功能是把“表达式”的值赋给“变量”，而且是先计算再赋值。表达式可以是单个变量、常量，也可以是表达式。对几种不同的表达式进行赋值，代码如下所示。

```
int a=100;            //表达式为常量，把常量 100 赋给变量 a
int b = a;            //表达式为变量，把变值 a 的值赋给变量 b
int c = a+b;          //表达式“a+b”先进行计算，然后把运算结果赋给变量 c
```

2. 复合赋值语句

复合赋值语句以简单的赋值语句为基础，是使用+=、-=、*=、/=等运算符构成的赋值语句。这种语句首先需要完成特定的运算，然后再进行赋值操作。以下是两种复合赋值语句。

```
int x=100;            //定义整型变量 x，并赋值为 100
x+=200;               //复合赋值语句，执行此句后变量 x 的值为 300
string s="abc";       //定义字符串变量，并赋值为“abc”
s+="def";             //复合赋值语句，执行此句后变量 s 的值为“abcdef”
```

在上例中，“x+=200”首先要计算“x+200”，然后把计算结果赋给变量 x，此时变量 x 的值为 300。“s+="def";”首先要完成“s”与字符串“def”的连接操作，然后完成将运算结果“abcdef”赋给变量 s 的运算操作。

3. 连续赋值语句

连续赋值语句是在一条语句中使用多个赋值运算符进行赋值的语句。前面介绍了赋值符“=”右边为表达式，这个表达式也可以是一个赋值表达式。表达式为赋值表达式的格式如下所示。

```
变量=(变量=表达式);
```

这种语句可以一次为多个变量赋予相同的值，如下所示。

```
int a,b,c,d;          //定义整型变量 a、b、c、d
a=b=c=d= 5;           //连续赋值为 5
```

由于赋值运算符的右接合性，实际上等效于以下赋值操作。

```
d=5;                  //把 5 赋给变量 d
c=d;                  //把 d 的值赋给变量 c
b=c;                  //把 c 的值赋给变量 b
a=b;                  //把 b 的值赋给变量 a
```

作者心得：

笔者并不建议使用连续赋值的方式，虽然这样可以使程序看起来更少。另外需要注意的是在定义变量的时候，不允许连续给多个变量赋初值。例如，下述语句是错误的：int a=b=c=d=5。

3.1.2 控制台输入与输出

任何一个应用程序在进行数据处理的过程中，都离不开数据的输入与输出。控制台应用程序的输入、输出主要通过 Console 类中的 Write()、WriteLine()、Read()、ReadLine()等静态方法来实现。

1. 输入方法

Read()与 ReadLine()方法都是 Console 类提供的方法。两者的功能是接收从键盘上输入的数据。ReadLine()方法允许接收一连串的输入流，直到按下 Enter 键为止。Read()方法只能从输入流中接收一个字符。例如，下面的代码。

```
char c=(char)Console.Read( );                    //从键盘输入一个字符，并赋给字符变量 c
string s=Console.ReadLine( );                    //从键盘输入一个字符，并赋给字符串变量 s
int i=int.Parse(Console.ReadLine( ));            //从键盘输入一个字符，转换为整型后赋给整型变量 i
```

2. 输出方法

Write()和 WriteLine()都是 Console 类提供的方法。两者都是用来将输出流输出到设备（如屏幕），不同之处是，WriteLine()方法输出的不仅是字符串，还有换行字符。执行此语句之后，光标会移动到当前输出字符串的下一行。在控制台应用程序中编写以下代码。

```
Console.WriteLine("零基础学");          //用 WriteLine()方法输出
Console.WriteLine("C# 2008");
```

运行程序，结果如图 3-1 所示。

而用 Write()方法，输出一行数据后不换行，光标停在输出字符串的最后一个字符的后面。在控制台应用程序中写入以下代码。

```
Console.Write("零基础学");              //用 Write()方法输出
Console.Write("C# 2008");
```

运行程序，结果如图 3-2 所示。

图 3-1 使用 WriteLine()方法输出效果图

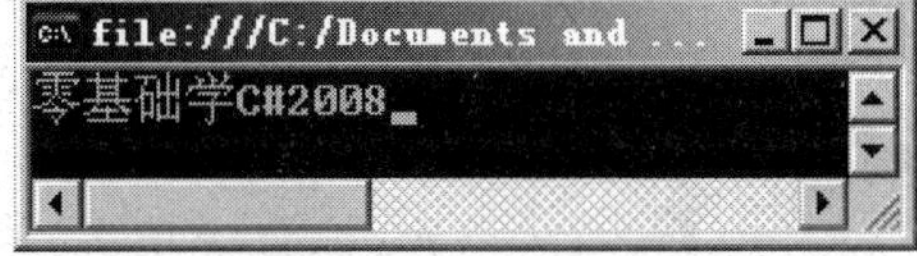

图 3-2 使用 Write()方法输出效果图

从图 3-1 和图 3-2 中可以看出，用 Write()方法输出的结果在一行显示，而使用 WriteLine()方法进行输出就会换行一次。Write()方法和 WriteLine()方法都支持格式化输出，这种方式和 C 语言类似，传入多个参数，后面是参数列表。参数是花括号中包含标记的字符串，表示要把后面的参数插入到文本中。每个标记都是从 0 开始的，用来表示后面列表中参数序列。例如{0}表示第一个参数，代码如下所示。

```
Console.WriteLine("第一个数是{0}",1);                          //在屏幕上输出“第一个数是 1”
Console.WriteLine("{0},{1},{2}",3,5,8);                        //在屏幕上输出“3，5，8”
Console.WriteLine("{0},{1},{2}","这两个数是：",10,30);         //输出“这两个数是：10，30”
```

3.1.3 编写顺序结构程序

顺序结构程序通常包括输入数据、数据处理和输出结果 3 部分。想要让计算机为用户处理数据，用户必须先输入要处理的数据。当要处理的数据输入到计算机后，根据用户需要计算机将进行相应的运算处理，最后把处理结果输出。在中学数学中经常见到方程：$ax^2+bx+c=0$。下面是一个示例程序——求方程的根，请看 RootOfFunction 项目。

范例 3.1
RootOfFunction.sln

RootOfFunction.sln 在这里演示了使用顺序结构实现对用户输入参数求方程根的过程。读者可以打开解决方案编译并运行本范例。（光盘\code\ch3\RootOfFunction\RootOfFunction.sln）

```
1 using System;                                                   //系统生成命名空间
2 using System.Collections.Generic;
3 using System.Linq;
4 using System.Text;
5 namespace RootOfFunction                                        //自定义命名空间“RootOfFunction”
6 {
7     class Program                                               //默认生成的 Program 类
8     {
9         static void Main(string[] args)                         //主方法，在下面添加代码
10        {
11            double a, b, c, disc, x1, x2;        //定义 double 类型的变量 a、b、c、disc、x1、x2
12            Console.WriteLine("请输入分别输入 a,b,c 的值（满足条件：b*b-4*a*c>0）：");
13            a = double.Parse(Console.ReadLine()); //分别输入 3 个数，并分别赋给 a、b、c
14            b = double.Parse(Console.ReadLine());
15            c = double.Parse(Console.ReadLine());
16            disc = b * b - 4 * a * c;                           //将判别式的值赋给 disc
17            x1 = (-b + Math.Sqrt(disc)) / (2 * a);              //用表达式表示出方程的第一个根
18            x2 = (-b - Math.Sqrt(disc)) / (2 * a);              //用表达式表示出方程的第二个根
19            Console.WriteLine("方程{0}x2 +{1}x+{2}=0 的两个根为：", a, b, c); //提示信息
20            Console.WriteLine("x1={0},x2={1}", x1, x2);       //将结果输出
21            Console.Read();                                      //等待用户输入
22        }
23    }
24 }
```

程序第 13 行、第 14 行和第 15 行都使用了 double.Parse(Console.ReadLine())，意思是把键盘输入的数转换成 double 类型，然后赋给变量 a、b、c。其中，Parse()是 double 类型的静态方法。代码第 17 行和第 18 行分别求出方程的两个根。运行程序，结果如图 3-3 所示。

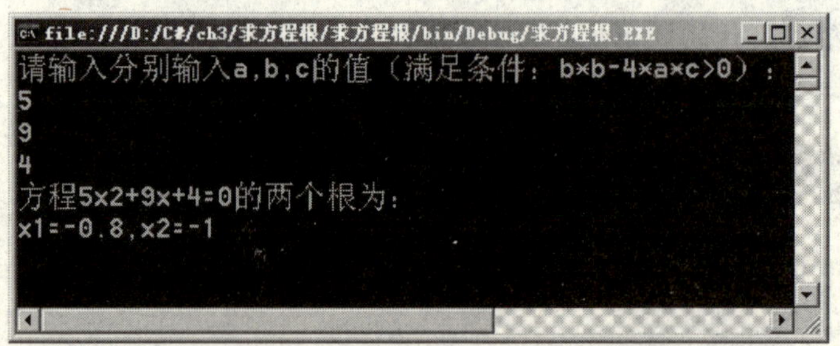

图 3-3　为方程求根示例的运行结果

作者心得：

上面的范例利用顺序结构，求出任意一个二元一次方程的两个根。在求方程根时，用到了数学函数 Sqrt()，其作用是返回参数开方后的值。

3.2 选择结构程序设计

一般来说，程序在运行的过程中，要求能够改变语句的执行顺序以实现某种特定的功能。其中，选择结构程序的设计就是一种能够满足上述要求的方法。在 C#中，有两种选择语句可以实现流程的改变，即 if 语句和 switch 语句。if 语句：用于判断特定的条件是否满足，用于单分支选择，也可以嵌套实现多分支选择；switch 语句：用于多分支选择。

3.2.1 单分支选择结构（if 语句）

当程序中的一个问题出现两个或多个不同的处理时，要根据具体情况进行解决，需要使用选择语句控制程序的流程实现。选择语句要根据布尔条件表达式的值选择执行的分支语句，进而实现流程控制。if 语句是程序设计中基本的选择语句，其功能是根据条件表达式的值选择执行后面的内嵌语句序列。一般用于简单选择，即选择项中有一个或两个分支。其格式如下所示。

```
if （表达式）
    语句 1;
//或
if （表达式）
    语句 1;
else
    语句 2;
```

if 后面的表达式必须为布尔型。在第一种只有 if 语句的情况下，如果程序“表达式”为真，则执行“语句 1”。执行完毕后，接着执行下面的语句。如果表达式为假，则不执行“语句 1”，直接执行后面的语句。第二种格式中，如果表达式为真，则和第一种情况相同，直接执行后面的语句。如果为假，则执行“语句 2”。

作者心得：

如果语句中有多个执行语句，则必须使用大括号将其组合为一个语句块。只有一条语句的时候可以不使用。不过笔者建议初学者使用大括号将其括起来，这样可以增加程序的可读性，使程序更加清晰。

下面的例子用不带 else 的 if 语句，比较输入的数与固定数之间的大小。在 Main()方法下输入以下代码即可。

```
static void Main(string[] args)                    //主方法，程序的入口
{
    Console.Write("请输入一个数：");
    int a = int.Parse(Console.ReadLine());         //从键盘输入一个数，并赋值给变量 a
    if (a > 5)
    {
        Console.WriteLine("输入的数大于 5！");
    }
    Console.Read();                                //等待用户输入
}
```

在上面的程序中，执行到 if 语句时，首先判断输入的数是否大于 5。如果大于 5，则在控制台上显示“输入的数大于 5！”。如果输入小于 5 的数，则没有任何提示。如果想得到不大于 5 的情况提示，则可以使用带 else 的 if 语句改写上面的程序，代码如下所示。

```
static void Main(string[] args)                    //主方法，程序的入口
{
    Console.Write("请输入一个数：");
    int a = int.Parse(Console.ReadLine());         //从键盘输入一个数，并赋值给变量 a
    if (a > 5)                                     //判断 a 是否大于 5
    {
        Console.WriteLine("输入的数大于 5！");      //如果大于 5，执行此句
    }
    else                                           //不大于 5 的情况
    {
        Console.WriteLine("输入的数不大于 5！");    //如果不大于 5，执行此句
    }
    Console.Read();                                //等待用户输入
}
```

如果输入的数不大于 5，则显示“输入的数不大于 5！”。如果输入的数等于 5，以上判断语句就无能为力了，3.2.2 节将解决这个问题。

3.2.2 嵌套 if 语句

3.2.1 节介绍了单分支 if 语句，可以实现简单的判断选择功能。if 语句可以嵌套使用，如果程序的逻辑判断关系比较复杂，通常会采用条件判断嵌套语句。例如下面的嵌套 if 语句。

```
if (表达式 1)
{
    if (表达式 2)
    { 语句 1; }
    else
    {语句 2; }
}
else
{
    if (表达式 2)
```

```
    {语句 3; }
    else
    {语句 4;}
}
```

作者心得：

需要注意的是，最里层的 else 语句总是和上面最近的未与其他 else 搭配的 if 语句搭配。如果不用大括号括起来，嵌套语句的可读性就非常差，如果用大括号括起来，则变得很简单。因为每个语句块都可以是一个 if 表达式，所以嵌套语句有很多种。

使用嵌套if语句，在3.2.1节中的问题便迎刃而解，请看下面使用嵌套if语句的范例TestIf。

范例 3.2
TestIf.sln

TestIf.sln 程序使用嵌套 if 语句，实现判断用户输入数大于、小于还是等于 5 的功能，读者可以打开解决方案编译并运行本范例。（光盘\code\ch3\TestIf\TestIf.sln）

```
1 static void Main(string[] args)                        //主方法，程序的入口
2 {
3     Console.Write("请输入一个数：");                     //提示信息
4     int a = int.Parse(Console.ReadLine());             //从键盘输入一个数，并赋值给整型变量 a
5     if (a > 5)                                         //判断 a 是否大于 5
6     {
7         Console.WriteLine("输入的数大于 5！");          //大于 5 时，输出提示信息
8     }
9     else                                               //不大于 5 的情况
10     {
11         if (a < 5)                                     //在不大于 5 的情况下，判断是否小于 5
12         {
13             Console.WriteLine("输入的数小于 5!");      //小于 5 执行此句
14         }
15         else                                           //不大于 5，不小于 5，就是等于 5
16         {
17             Console.WriteLine("输入的数等于 5!");      //输出等于 5 的信息
18         }
19     }
20     Console.Read();                                    //等待用户输入
21 }
```

第 4 行获取用户输入的数值，第 5 行代码先判断 a 是否大于 5，如果大于 5 输出提示信息。否则第 11 行代码再次判断是否小于 5，如果成立，则输出小于 5 的提示信息。如果变量 a 不大于 5 也不小于 5 那只有等于 5。

用上面的格式，会使程序缩进过快。每嵌套一次程序都会缩进一层。如果再多嵌套几次选择结构，程序就会变得不易读。这时可以用其他的嵌套格式，如阶梯式 if 语句。将上述代码第 5 行到第 19 行改为以下代码同样可以实现相同的功能。

```
01    if (a > 5)                                   //判断变量 a 是否大于 5
02    {
03        Console.WriteLine("输入的数大于 5！");      //大于 5 时输出的提示信息
04    }
05    else if (a < 5)       //不大于 5 的情况下，判断 a 是否小于 5。else 语句可以多次使用
06    {
07        Console.WriteLine("输入的数小于 5！");      //小于 5 时输出的提示信息
08    }
09    else if(a==5)         //在不符合上面两种条件的情况下，判断 a 是否等于 5
10    {
11        Console.WriteLine("输入的数等于 5！");      //输入 a=5 时的提示信息
12    }
13    else                              //表示以上情况都不会出现的情况下执行此语句
14    {
15        Console.WriteLine("这种情况不会出现！");
16    }
```

第 5 行和第 9 行出现的“else if”可以增加多个，从而达到多次判断。if 语句可以随意嵌套，相当灵活。同一个问题可以用很多格式表达。

3.2.3 多分支选择结构（switch 语句）

嵌套的 if 语句可以实现多分支选择，但是如果分支过多，程序的结构会很混乱、不易读而且不易跟踪。C#语言提供了一个专门解决多分支选择结构的 switch 语句。该语句格式如下所示。

```
switch (控制表达式)
{
    case 常量表达式 1:
        内嵌语句 1;
        break;
    case 常量表达式 2:
        内嵌语句 2;
        break;
    case 常量表达式 3:
        内嵌语句 3;
        break;
    default:
        内嵌语句 4;
        break;
}
```

其中，switch 语句后的控制表达式和 case 标签后的常量表达式的数据类型可以是 sbyte、byte、short、ushort、uint、long、ulong、char、string 或者枚举类型以及能够隐式转换成上述类型的任何类型。case 后可以使用字符串作为常量表达式，case 是一个标号。break 语句用于中断选择分支，使程序不再执行其后面的 switch 语句，也可以用 goto 替代，不过一般应避免这么做。在 switch 语句中，default 标签是可选的，其放在所有 case 语句的后面，用来处理不

满足所有 case 语句的值。下面是一个判断成绩级别的例子，请看 TestSwitch 范例。

范例 3.3
TestSwitch.sln

TestSwitch.sln 程序设定成绩满分为 100 分，按满分、优秀、及格和不及格分为 4 个级别，通过 switch 语句的多分支可以判断用户输入的成绩属于哪个级别。

（光盘\code\ch3\TestSwitch\TestSwitch.sln）

```
1 using System;                                          //系统生成命名空间
2 using System.Collections.Generic;
3 using System.Linq;
4 using System.Text;
5 namespace TestSwitch                                   //自定义命名空间“TestSwitch”
6 {
7       class Program                                    //默认生成的 Program 类
8       {
9           static void Main(string[] args)              //主方法，程序入口
10          {
11              int x;                                   //用来保存成绩
12              Console.WriteLine("请输入你的成绩(0-100):");
13              x = int.Parse(Console.ReadLine());           //从键盘输入一个成绩
14              switch (x=x/10)                              //成绩对 10 取整
15              {
16                  case 10:                                 //为 10 的情况
17                      Console.WriteLine("恭喜，满分！");   //此时表示 x=100，输出该信息
18                      break;                               //跳出
19                  case 9:                                  //为 9 时不执行任何操作
20                  case 8:                                  //为 8 时
21                      Console.WriteLine("优秀");
22                      break;                               //跳出
23                  case 7:                                  //为 7 的情况
24                  case 6:                                  //为 6 的情况
25                      Console.WriteLine("及格");           //此时表示 x 在 80～100 之间
26                      break;                               //跳出
27                  default:                                 //不是以上情况时
28                      Console.WriteLine("不及格", x);      //提示信息 60 分以下的情况
29                      break;
30              }
31              Console.ReadLine();                          //等待用户输入
32          }
33      }
34 }
```

从控制台输入成绩保存到变量 x 后，进入 switch 语句。在 switch 语句中，对控制表达式求值，即对输入的成绩取整，得到的数应该是 0 到 10 之间的数。如果为 10，执行第 17 行代码，输出“恭喜，满分！”，然后跳出 switch 语句。如果不是 10，则向下执行，直到找到和 case 后相匹配的常量表达式。如果没有找到，则执行后面的 default 标签内的内嵌语句。

作者心得：

C#中的 switch 语句和 C/C++等语言有些不同，应该注意以下几点。一、switch 语句后面必须用括号括起来。二、case 标签后面的内嵌语句如果不为空，则后面必须有跳出语句 break。三、如果表达式的值不满足 case 标签，则执行 default 标签内的内嵌语句。如果没有 default 标签，则执行 switch 后面的语句。四、两个以上 case 标签中的常量表达式值不可以相同。

3.3 循环结构程序设计

循环是实现程序特定功能的一种机制，在程序设计中起着非常重要的作用。使用循环结构，可以实现一个程序模块的重复执行，进而使一些复杂的问题简单化。C#提供了 4 种基本循环语句，分别是 for 语句、foreach 语句、while 语句和 do-while 语句。本节将介绍这几种循环语句构成的循环结构以及循环的嵌套。

3.3.1 for 循环语句

for 循环语句是 C#中使用最为频繁的循环语句。它用于测试表达式是否满足特定条件。如果满足，则进入循环，否则退出循环。在事先知道循环次数的情况下的，使用 for 语句是比较方便的。for 循环的语法格式如下所示。

```
for (初始化表达式；循环条件表达式；循环控制表达式)
{
    循环语句;
}
```

其中，“初始化表达式”为循环控制变量做初始化。循环控制变量可以有一个或多个（用逗号隔开），如“int i,int j”。“循环条件表达式”也可以有一个或多个语句。“循环控制表达式”按规律改变循环控制变量的值，如“i++”。下面是一个典型的 for 循环的例子，代码如下所示。

```
for (int i = 0; i < 10; i++)
{
    Console.WriteLine(i);
}
```

上述代码，打印输出数字从 0 到 9。工作流程是，先计算“初始化表达式”（int i = 0;）的值，本例中是为变量 i 赋初值。然后判断“循环条件表达式”（i<10;）是否为真，如果条件为真，则执行循环体内的语句（Console.WriteLine(i);）。执行循环体内的语句后，执行控制循环次数的“循环控制表达式”（i++;）。最后再次判断“循环条件表达式”（i<10;）是否为真。本程序每执行一次，变量 i 都要自加 1。当执行到 i 值为 9 时，回到循环控制表达式，然后再判断，此时（i<10）已经不成立，结束循环。

作者心得：

循环语句多用在为了实现循环执行某操作的情况下，例如遍历集合中的元素、计数器等。但需要注意的是如果循环条件表达式始终为真，则会出现死循环的情况。笔者提醒大家一定要注意，防止程序进入死循环。

初始化表达式、循环条件表达式、循环控制表达式都是可选的。如果忽略了条件，就产生一个死循环，只有用跳转语句（break 或 goto）才能退出。关于跳转语句后面将会介绍。使用 for 循环可以很方便地求出一组规律数的运算，请看 SeriesSum 范例项目。

范例 3.4 SeriesSum.sln

SeriesSum.sln 程序使用 for 循环实现了求指定长度的数列之和，用户输入一个整数后，程序可以求从 1 到该整数的和。

（光盘\code\ch3\ SeriesSum \ SeriesSum.sln）

```
using System;                                          //系统生成命名空间
using System.Collections.Generic;
using System.Linq;
using System.Text;
namespace SeriesSum                                    //自定义命名空间“SeriesSum”
{
    class Program                                      //默认生成的 Program 类
    {
        static void Main(string[] args)                //主方法，程序入口
        {
            int sum = 0;                               //声明并初始化 sum
            Console.WriteLine("求数列 1～n 的和，请输入 n 的值：");
            int n = int.Parse(Console.ReadLine());     //从键盘输入一个数，并赋给变量 n
            for (int i = 1; i <= n; i++)               //for 循环语句
            {
                sum += i;                              //将循环结果赋给 sum
            }
            Console.WriteLine("从 1 到{0}的和为:{1}", n,sum);   //输出 sum 的值
            Console.ReadLine();                                 //等待用户输入
        }
    }
}
```

运行程序，结果如图 3-4 所示。

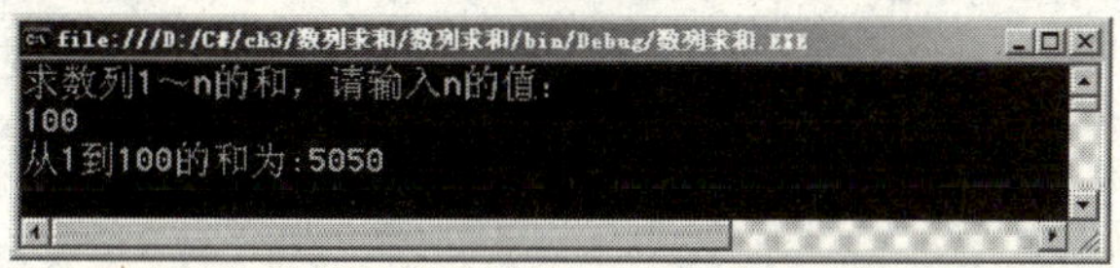

图 3-4 程序的运行结果

运行程序后，屏幕提示输入 n 的值，然后求出从 1 到 n 的累加和。笔者输入 n 的值为 100，

系统输出“从 1 到 100 的和为：5050”。for 循环的关键在于对循环的控制上。结合上述例子，在每次执行 for 循环时，都要判断是否满足循环条件。若满足，则执行循环体，否则，结束循环。

作者心得：

用来保存数列和的变量 sum 是整型，所求数列和如果超出整型范围，请采取其他措施。这是一个经常出现错误的地方，例如，求 1 到 100 的积，或者更大，如果数据类型不够大将会出现意外情况。

3.3.2 foreach 循环语句

foreach 语句是在 C#中新引入的。C 和 C++中没有这个语句，而以前用过 Visual Basic 的开发人员应该对其不会陌生。foreach 语句用来遍历一个集合中的各元素。foreach 语句的语法格式如下所示。

```
foreach(类型 标识符 in 集合类型表达式)
{
    内嵌语句;
}
```

其中，类型和标识符用来声明循环变量，表达式对应集合每执行一次内嵌语句循环变量就依次取集合中的一个元素代入其中。下面是一个演示示例，将在屏幕上输出数组中的所有元素。用 foreach 遍历数组里面的元素，代码如下所示。

```
static void Main(string[] args)                    //主方法，程序入口
{
    int[] array = new int[] { 0,1,2,3,4,5,6};     //声明一个整型数组
    foreach (int i in array)                       //使用 foreach 循环
    {
        Console.WriteLine(i);                      //输出数组中的数
    }
    Console.ReadLine();                            //等待用户输入
}
```

作者心得：

foreach 语句多用在解决数组的问题上，与 for 语句的使用有相似之处。需要特别注意的是，foreach 语句中的 in 后面一定为集合类型的表达式，如数组。foreach 语句循环应用范围没有 for 语句循环广泛，但相对 for 语句来说较为简单。

3.3.3 while 循环语句

与 for 语句一样，while 语句也是实现循环功能的语句。一般 while 语句用来实现不知道

循环次数的情况，是典型的当型循环结构。即当表达式为真时，才执行循环体。while 语句的语法格式如下所示。

```
while (布尔表达式)
{
      内嵌语句;
}
```

while 语句根据布尔表达式的值，来确定内嵌语句执行的次数。循环体中的语句可以是简单语句、复合语句，也可以是任意一种结构控制语句。因此，while 语句可以嵌套自身或其他的循环语句。while 循环的执行顺序如下所示。

（1） 计算布尔表达式的值。

（2） 当布尔表达式的值为真时，执行一遍内嵌语句，程序转至第 1 步。

（3） 当布尔表达式的值为假时，while 循环结束。

作者心得：

在 while 语句中可以使用 break 语句结束循环，进而执行后续语句。也可用 continue 语句来结束内嵌语句的执行，然后再进行 while 循环。while 和 for 都是用来实现循环功能的语句，很多时候是可以通用的。

第 3.3.1 节求数列和的例子，同样也可以用 while 语句实现，请看 SumByWhile 范例项目。

范例 3.5
SumByWhile.sln

SumByWhile.sln 程序使用 while 语句实现求指定长度的数列之和，用户输入一个整数后，程序可以求从 1 到该整数的和。

（光盘\code\ch3\ SumByWhile \ SumByWhile.sln）

```
using System;                                        //系统生成命名空间
using System.Collections.Generic;
using System.Linq;
using System.Text;
namespace SumByWhile                                 //自定义命名空间“SumByWhile”
{
    class Program                                    //默认生成的 Program 类
    {
        static void Main(string[] args)              //主方法，程序入口
        {
            Console.WriteLine("求数列 1～n 的和，请输入 n 的值：");
            int n = int.Parse(Console.ReadLine());   //将输入值赋给整型数 n
            int sum = 0;                             //整型数 sum 用来存放和
            while (n!=0)                             //当 n!=0 为真时，执行循环体
            {
                sum += n;                            //倒序相加
                n--;                                 //变量 n 自减
            }
            Console.WriteLine("此数的阶乘为：{0}", sum); //输出数列的和
```

```
20              Console.Read();                             //等待用户输入
21          }
22      }
23 }
```

代码第 12 行获取用户输入的数组，代码第 14 行表示只要表达式的值为真，即 n 的值不为 0，就执行循环体。代码第 17 行表示每次循环 n 自减 1，直到 n 为 0 时，才退出循环体。

对于有固定循环次数的循环，更适合使用 for 语句。对于直到输入的数等于固定数才结束循环的情况，虽然 for 语句也可以实现，但 while 语句更方便，请看 GuessNumber 范例项目。

范例 3.6
GuessNumber.sln

GuessNumber.sln 程序让用户输入一个 0～100 的数字，如果不等于默认值，程序会告诉用户输入的值是大了还是小了，直到用户输入的值和默认值相等为止。读者可以打开解决方案编译并运行本范例。（光盘\code\ch3\GuessNumber\ GuessNumber.sln）

```
using System;                                           //系统生成命名空间
using System.Collections.Generic;
using System.Linq;
using System.Text;
namespace GuessNumber                                   //自定义命名空间“猜数字”
{
    class Program                                       //默认生成的 Program 类
    {
        static void Main(string[] args)                 //主方法，程序入口
        {
            int x=0;                                    //保存输入的数
            int s=0;                                    //用于记录输入次数的变量
            while (x != 20)                             //等于 20，跳出循环
            {
                Console.Write("请输入一个 1～100 的数：");
                x = int.Parse(Console.ReadLine());      //从键盘输入
                if (x < 20)                             //大于 20 的情况
                {
                    Console.WriteLine("输入的数小了。");//提示输入的数太小
                }
                if (x > 20)                             //小于 20 的情况
                {
                    Console.WriteLine("输入的数大了。");//提示输入的数太大
                }
                s++;                                    //每次执行到此处，s 自加 1
            }
            Console.WriteLine("恭喜你输入对了！一共输入了{0}次。",s);
            Console.Read();                             //等待用户输入
        }
    }
}
```

运行程序，结果如图 3-5 所示。

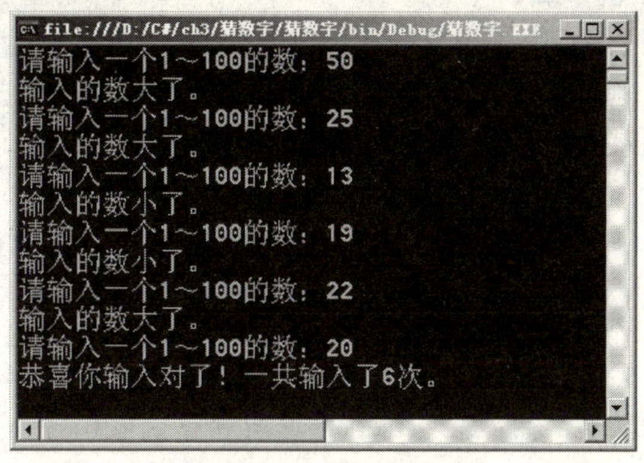

图 3-5 运行结果

代码第 16 行使用变量 x 保存用户输入的数值，代码第 17 行到第 24 行判断输入的数值与 20 的大小关系，代码第 25 行使用 s 自加，来记录输入的次数。每次输入一个数，系统都会和固定数 20 比较，并显示比较结果。

本范例是和固定的数比较。如果程序换成和随机数比较，将会更有意义。只需在循环前面加入一个生成的随机数，然后用输入的数和随机数比较即可，在第 12 行代码后面加入以下代码。

```
Random ra = new Random();                    //定义一个随机数
int n =ra.Next(1, 100);                      //随机数的取值范围
```

把第 13 行代码改为：

```
while (x != n)
```

ra.Next(1, 100)的意思是返回一个 1～100 之间的随机数。其中，ra 是 Random 类的对象。Random 类是.NET Framework 中提供的专门产生随机数的类。该类默认情况下已被导入，编程过程中可以直接使用。

3.3.4 do-while 循环语句

do-while 语句也是用于循环的语句，可以实现直到型循环结构。与 while 语句不同的是，do-while 在执行时首先要无条件地执行内嵌语句一次，然后再判断表达式是否为真，如果表达式为真，再次执行循环体，否则终止循环。do-while 语句的语法格式如下所示。

```
do {
        内嵌语句;
} while (布尔表达式);
```

do-while 语句根据其布尔表达式的值，有条件地执行其循环体语句一次或者多次。循环体中的语句可以是简单语句、复合语句，也可以是任意一种结构控制语句。

作者心得：

Do-while 语句可以嵌套其他的循环语句。首先执行内嵌语句一遍，然后计算布尔表达式的值，若为 true 回到第一步，否则终止循环。

在 do-while 循环语句中同样用 break 语句和 continue 语句，实现与 while 语句中相同的功能。下面是实现身份验证的一种方法，请看 TestDowhile 范例项目。

范例 3.7
TestDowhile.sln

TestDowhile.sln 程序使用 do-while 语句实现类似于一个登录程序的功能，直到用户输入的密码和默认值相等为止。读者可以打开解决方案编译并运行本范例。

（光盘\code\ch3\ TestDowhile\TestDowhile.sln）

```
using System;                                               //系统生成命名空间
using System.Collections.Generic;
using System.Linq;
using System.Text;
namespace TestDowhile                                       //自定义命名空间“TestDowhile”
{
    class Program                                           //默认生成的 Program 类
    {
        static void Main(string[] args)                     //主方法，程序入口
        {
            string passWord = "sa";                         //设置原始密码
            string isNext = "";                             //是否继续的标准
            Console.WriteLine("请输入你的姓名:");           //提示用户输入姓名
            Console.ReadLine();
            do
            {
                Console.WriteLine("请输入密码:");           //提示用户输入密码
                string str_passwd = Console.ReadLine();     //输入一个密码
                if (str_passwd != passWord)                 //如果输入的和原始密码不相符
                {
                    Console.WriteLine("密码不正确,是否继续?Y/N");
                }
                else
                {
                    Console.WriteLine("密码正确！");        //密码正确时的提示信息
                }
                isNext = Console.ReadLine();                //获取用户输入的是否继续的信息
            } while (isNext.ToUpper() == "Y");              //如果输入的是 Y 或 y 就循环
            Console.Read();                                 //等待用户输入
        }
    }
}
```

代码第 13 行提示用户输入自己的姓名，第 14 行获取用户输入的字符串。第 15 行到第 28 行使用 do-while 循环让用户输入密码，直到用户输入结束标志。第 28 行代码中的 ToUpper()是字符串类的一个静态方法。其作用是将字符串中的字符转换成大写。这样，在程序中，即使用户输入小写“y”也能实现该效果。运行程序，结果如图 3-6 所示。

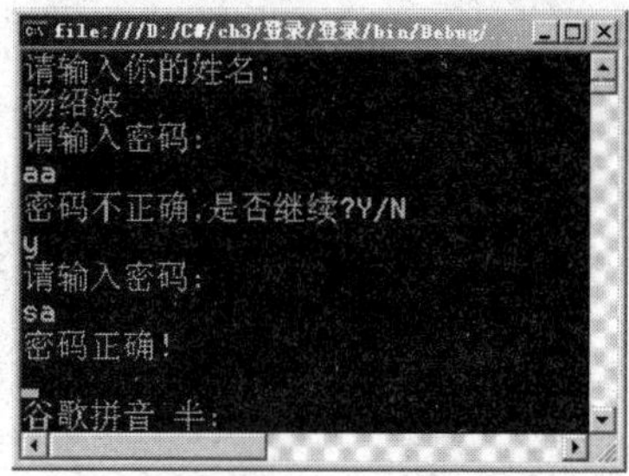

图 3-6 运行结果

do-while 循环和 while 循环不同之处在于，前者要执行一次循环条件语句，然后再进行判断。从本程序的运行效果中可以看出，当执行 do-while 循环语句时，提示用户输入密码。如果输入错误，程序提示“密码不正确，是否继续？Y/N”，此时需要对循环条件进行判断。如果满足条件，便再次循环，否则，退出循环。

3.3.5 循环的嵌套

所谓循环嵌套，是指一个循环体内包含另一个循环。前面介绍的 3 种循环都可以互相嵌套，这就是多重循环。但要注意循环层次要清楚，不能交叉。九九乘法表是一个典型的循环结构程序设计的示例，用循环嵌套将其实现，请看 MulTable 范例项目。

范例 3.8 MulTable.sln MulTable.sln 程序利用双重 for 循环，外层控制列，内层控制行，实现了输出九九乘法表的功能。

（光盘\code\ch3\ MulTable\ MulTable.sln）

```
using System;                                           //系统生成命名空间
using System.Collections.Generic;
using System.Linq;
using System.Text;
namespace MulTable                                      //自定义命名空间“MulTable”
{
    class Program                                       //默认生成的 Program 类
    {
        static void Main(string[] args)                 //主方法，程序入口
        {
            int i, j;                                   //定义两个整型变量
            Console.WriteLine("循环嵌套示例——九九乘法表");
            for (i = 1; i < 10; i++)                    //外层 for 循环，控制行数
            {
                for (j = 1; j <= i; j++)                //内层 for 循环，控制列数
                {
                    Console.Write("{0}*{1}={2}\t ", i, j, i * j);   //输出乘法表
                }
                Console.WriteLine();                    //换行
            }
            Console.ReadLine();                         //等待用户输入
        }
    }
}
```

代码第 12 行提示一行信息，说明下面显示的内容。第 13 行到第 20 行使用双重 for 循环，输出乘法表的内容。运行程序，结果如图 3-7 所示。

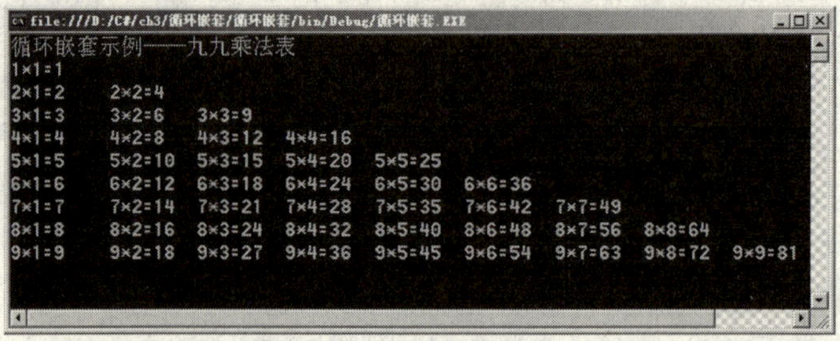

```
file:///D:/C#/ch3/循环嵌套/循环嵌套/bin/Debug/循环嵌套.EXE
循环嵌套示例——九九乘法表
1×1=1
2×1=2    2×2=4
3×1=3    3×2=6    3×3=9
4×1=4    4×2=8    4×3=12   4×4=16
5×1=5    5×2=10   5×3=15   5×4=20   5×5=25
6×1=6    6×2=12   6×3=18   6×4=24   6×5=30   6×6=36
7×1=7    7×2=14   7×3=21   7×4=28   7×5=35   7×6=42   7×7=49
8×1=8    8×2=16   8×3=24   8×4=32   8×5=40   8×6=48   8×7=56   8×8=64
9×1=9    9×2=18   9×3=27   9×4=36   9×5=45   9×6=54   9×7=63   9×8=72   9×9=81
```

图 3-7　九九乘法表

程序的外循环控制行数，共循环 9 次，打印 9 行。当 i 等于 10 时，循环终止。外循环的每次循环都会执行内循环。在外循环的每次循环中，内循环的循环次数都不相同。因为内循环的条件是“j<=i”，外循环的每次循环 i 都增加 1。

3.4　循环中断

在 3.3 节中，介绍了循环结构和有关实现循环的关键字。本节将要介绍跳出循环的方法，即循环中断。所谓循环中断，就是指在循环结束前采用某个语句跳出循环。与循环中断有关的关键字有 break、return、continue 和 goto。

3.4.1　break 终止循环语句

break 语句终止循环，循环体内其余的代码将不再被执行。它用于循环结构中，也可用于 switch 语句中。其作用是结束所在的结构语句，即退出最近的封闭 switch、while、do、for 或 foreach 语句等。下面是一个简单的例子，请看 TestBreak 范例项目。

范例 3.9
TestBreak.sln

TestBreak.sln 程序使用 break 语句在 i=10 时，中断从 1 到 100 的 for 循环。读者可以打开解决方案编译并运行本范例。
（光盘\code\ch3\ TestBreak \ TestBreak.sln）

```
using System;                                   //系统生成命名空间
using System.Collections.Generic;
using System.Linq;
using System.Text;
namespace TestBreak                             //自定义命名空间“TestBreak”
{
    class Program                               //默认生成的 Program 类
    {
        static void Main(string[] args)         //主方法，程序入口
        {
            for (int i = 1; i <= 100; i++)      //使用 for 循环语句
            {
                if (i == 10)                    //判断条件
```

```
14                  {
15                      break;                              //满足条件时退出循环体
16                  }
17                  Console.WriteLine(i);                   //输出变量 i 的值
18              }
19              Console.ReadLine();                         //等待用户输入
20          }
21      }
22 }
```

代码第 11 行到第 18 行使用 for 循序语句，从 1 循环到 99，第 13 行判断当前循环标志是否等于 10，如果等于 10 则执行第 15 行代码，直接跳出。运行结果如图 3-8 所示。

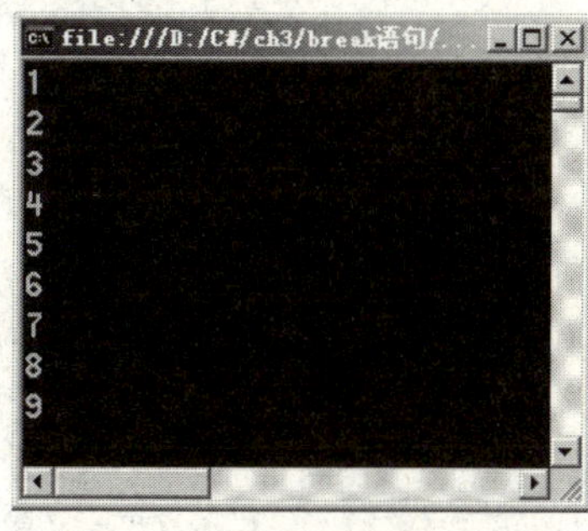

图 3-8　break 语句示例运行结果

从图 3-8 中可以看出，break 语句可以跳出循环体，即提前跳出循环。循环中断是循环的一部分，很多问题是需要中断循环来解决的。根据程序的要求，需在适当的位置将循环中断。通常情况下，开发人员使用 break 进行循环中断。

3.4.2 return 返回指定值语句

return 中断当前循环的同时，也中断当前方法的执行，一般用于返回运算结果。也可以在循环中使用该语句，用于终止循环。不过 return 语句更多的是和方法（本书将在第 4 章介绍方法）一起使用，用于将指定的数据返回到方法调用处。return 语句的一般格式如下所示。

return 表达式 ;

下面的程序演示了调用 Max 方法（求 3 个数最大值）的过程，请看 TestReturn 范例项目。

范例 3.10
TestReturn.sln

TestReturn.sln 程序使用 return 语句，实现了求出用户输入的 3 个数中的最大值的功能。读者可以打开解决方案编译并运行本范例。
（光盘\code\ch3\ TestReturn \ TestReturn.sln）

```
using System;                                           //系统生成命名空间
using System.Collections.Generic;
using System.Linq;
using System.Text;
namespace return TestReturn                             //自定义命名空间"TestReturn"
{
    class Program                                       //默认生成的 Program 类
    {
        static void Main(string[] args)                 //主方法，程序入口
        {
            Console.WriteLine("请输入三个整数：");       //提示用户输入
            int x = int.Parse(Console.ReadLine());      //从键盘输入一个整数，并赋给变量 x
            int y = int.Parse(Console.ReadLine());      //从键盘输入一个整数，并赋给变量 y
            int z = int.Parse(Console.ReadLine());      //从键盘输入一个整数，并赋给变量 z
```

```
15              Console.WriteLine("输入的最大数是：  {0}",Max(x,y,z));
16              Console.ReadLine();                          //等待用户输入
17          }
18          static int Max(int a, int b, int c)              //静态方法，用来求最大值
19          {
20              if (b > a)                                   //判断 b 是否大于 a
21              {
22                  a = b;                                   //将大数赋值给 a
23              }
24              if (c > a)                                   //判断 c 是否大于 a
25              {
26                  a = c;                                   //将大数赋值给 a
27              }
28              return a;                                    //经过两次比较，a 为最大数
29          }
30      }
31 }
```

代码第 18 行到第 29 行定义静态方法 Max()，用于判断输入参数中最大数，第 28 行将最大数返回到方法调用处，第 15 行代码调用 Max()方法，并且使用用户输入的值作为参数。运行程序，结果如图 3-9 所示。

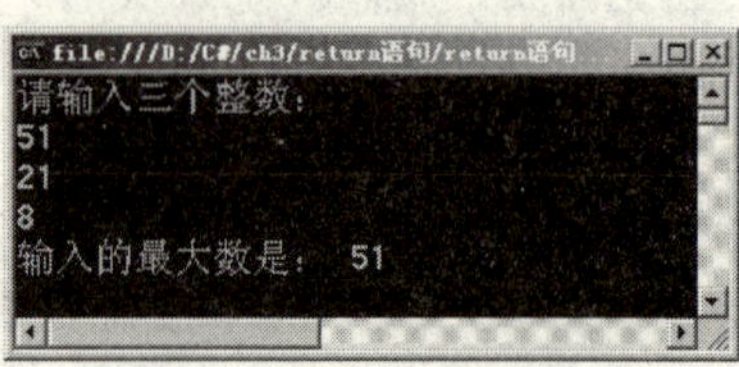

图 3-9　return 语句程序示例运行结果

作者心得：

return 语句用于返回方法的调用值，退出类的方法。如果方法有返回值类型，应使用该返回类型的值。如果没有返回类型，应使用没有表达式的 return 语句。

3.4.3 continue 停止当前循环语句

continue 语句用来结束本次循环，但并不跳出循环，而是继续进行下一次是否执行循环体的判定。continue 语句只用在循环中，常与 if 语句配合使用。下面是一个使用 continue 的例子，请看 TestContinue 范例项目。

范例 3.11
TestContinue.sln

TestContinue.sln 程序使用 continue 语句和 for 循环语句，实现了只输出 20 以内的奇数，偶数跳过的功能。

（光盘\code\ch3\ TestContinue\ TestContinue.sln）

```
using System;                                    //系统生成命名空间
using System.Collections.Generic;
using System.Linq;
using System.Text;
namespace TestContinue                           //自定义命名空间“TestContinue”
```

```
6 {
7      class Program                                         //默认生成的 Program 类
8      {
9          static void Main(string[] args)                   //主方法，程序入口
10         {
11             for (int i = 1; i <= 20; i++)                 //使用 for 循环语句
12             {
13                 if (i %2==0)                              //判断条件
14                 {
15                     continue;                             //结束本次循环，不退出循环体
16                 }
17                 Console.WriteLine(i);                     //输出 i
18             }
19             Console.ReadLine();                           //等待用户输入
20         }
21     }
22 }
```

代码第 11 行到第 18 行使用 for 循环语句，每循环一次都要执行第 13 行的 if 语句。判断条件（i%2==0）表示变量对 2 取余。满足该条件就执行第 15 行的 continue 语句，即结束本次循环，转向执行下一次循环，直到循环结束。运行程序，结果如图 3-10 所示。

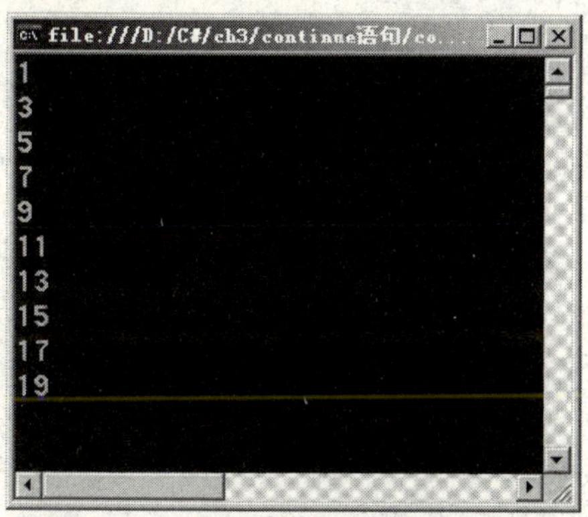

图 3-10　continue 语句程序的运行结果

作者心得：

continue 语句是结束本次循环继续执行循环体的语句。即仅从当前的循环迭代中退出，然后执行下一次迭代循环。注意，这一点和 break 不同。

3.4.4 goto 跳转语句

goto 语句是无条件跳转语句，跳转到由其后面标号注释的语句。在程序设计中，不提倡使用 goto 语句，因为完全可以不必使用就能够完成所有工作。适度地使用 goto 语句会使程序变得简洁。不过，若滥用会导致程序的维护和阅读的难度大大增加。goto 语句的作用是跳转到指定的语句，然后继续往下执行。使用 goto 语句时首先在想要跳往的语句前面加个标签和

冒号即可。

toHere: Console.WriteLine("跳转到此处！");

然后，当想跳转到该条语句时，使用"goto 标签名;"即可。代码如下所示。

goto toHere;

下面是使用 goto 语句求工资的例子。请看 TestGoto 范例项目。

范例 3.12
TestGoto.sln

TestGoto.sln 程序的功能是求公司员工工资，用户输入工龄后，程序自动算出该员工工资。如果某公司入门工资为 2000 元，工作每增加一年，在原来的基础上增加 20%。

（光盘\code\ch3\ TestGoto\ TestGoto.sln）

```
1 using System;                                         //系统生成命名空间
2 using System.Collections.Generic;
3 using System.Linq;
4 using System.Text;
5 namespace TestGoto                                    //自定义命名空间"TestGoto"
6 {
7       class Program                                   //默认生成的 Program 类
8       {
9             static void Main(string[] args)           //主方法，程序入口
10            {
11                 Console.WriteLine("工作每增加一年，工资（初始 2000 元）增长 20%。");
12                 Console.Write("请输入你的工龄：");
13                 string s = Console.ReadLine();       //从键盘输入工龄
14                 int y =int.Parse(s);                 //转换为整型
15                 double m = 2000;                     //工资初始值
16                 switch (y)
17                 {
18                       case 1:                        //工作一年的工资
19                             m *= (1+0.2);
20                             break;
21                       case 2:                        //工作两年的工作
22                             m *= (1 + 0.2);
23                             goto case 1;             //跳转到 case 1 的标签
24                       case 3:
25                             m *= (1 + 0.2);
26                             goto case 2;             //跳转到 case 2 的标签
27                       default:
28                             Console.WriteLine("公司仅成立 3 年");
29                             m = 0;                   //出错的时候工资置为 0
30                             break;
31                 }
32                 Console.WriteLine("工资为：{0}",m);  //输出工资
33                 Console.ReadLine();                  //等待用户输入
34            }
35      }
36 }
```

代码第 11 行和第 12 行输出用户提示信息，第 13 行获取用户输入的年龄。第 16 到第 31

行使用 switch 语句判断计算用户工资，其中第 23 行和第 26 行使用 goto 语句。运行程序，结果如图 3-11 所示。

运行程序，笔者输入 2，结果显示工资为 2880。本次执行 case 2 语句最后的 goto 语句后，又转到 case 1 的地方去执行。如果输入其他非指定的数字，则提示错误，工资显示 0 元。

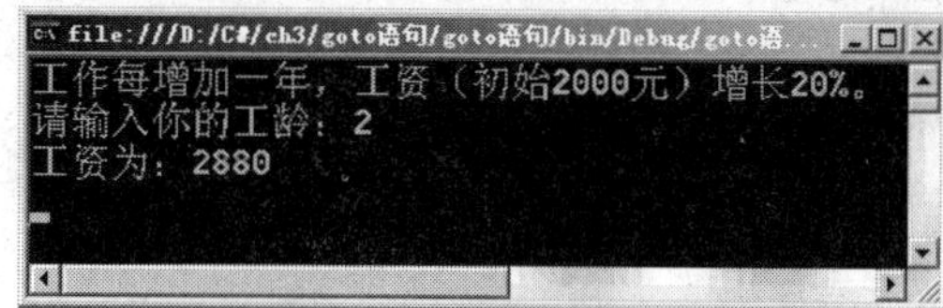

图 3-11 goto 语句示例

作者心得：

由于 goto 语句改变了程序的正常流程，使得程序特别容易混乱，除非万不得已，否则不要使用 goto 语句。而且用 goto 语句实现的循环完全可以用循环语句实现，因此，goto 语句很少被用到。

实训 3.1——常用的排序算法

算法在编程中是必不可少的，排序算法是最常用的算法之一。在本实训中，我们就来学习常用的排序算法：冒泡排序法、插入排序法和选择排序法算法。

1. 冒泡排序法概述

冒泡排序法是一种典型的排列数据的算法，可以把一个数组看成一连串的泡泡。如果下面的泡泡比上面的大，就让下面的泡泡升上来，小的泡泡将沉下去。冒泡排序法可以使泡泡有规律地排列起来。冒泡排序法的排序规律，如图 3-12 所示。

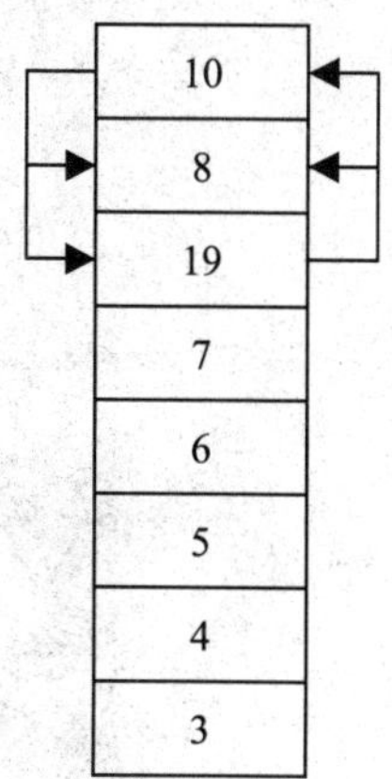

按照由大到小的数排列，19 在第 3 个方格。为了让 19 排在最上面，19 就需要先和 8 交换位置，再和 10 交换位置。为了排列第一的位置，一共交换了两次位置。19 这个数就像不停向上冒出的泡泡一样。

图 3-12 冒泡法排序过程实例图

2. 冒泡法开发模型代码

下面的例子演示了一个冒泡法排序数的过程，代码如下所示。

表 3-1 冒泡排序法实现文件描述

文　件	功　能
TestSort.sln	使用数组和双重 for 循环，采用冒泡排序法实现了对数组中数值由大到小的排序，并将排序后的结构显示出来。

程序清单 2.1-1：TestSort.sln

```
01  using System;                                   //系统生成命名空间
02  using System.Collections.Generic;
03  using System.Linq;
04  using System.Text;
05  namespace  TestSort                             //自定义命名空间“TestSort”
06  {
07      class Program                               //默认生成的 Program 类
08      {
09          static void Main(string[] args)         //主方法，程序入口
10          {
11              int[] myArray = new int[] { 10, 8, 3, 5, 6, 7, 4, 6, 9 };
12              for (int j = 1; j < myArray.Length; j++)
13              {                    //循环整个数组长度
14                  for (int i = 0; i < myArray.Length - 1; i++)
15                  {
16              //如果 myArray[i] < myArray[i+1] ，则 myArray[i] 下沉一位
17                      if (myArray[i] < myArray[i + 1])     //判断相邻数的大小
18                      {
19                          int temp = myArray[i];           //将较小的数存入临时变量
20                          myArray[i] = myArray[i + 1];     //将大数存进小的数中
21                          myArray[i + 1] = temp;           //将较小的数存入大数中
22                      }
23                  }
24              }
25              for (int i = 0; i < myArray.Length; i++)     //遍历数组的所有元素
26              {
27                  Console.WriteLine(myArray[i]);           //输出排序后的内容
28              }
29              Console.ReadLine();                          //等待用户输入
30          }
31      }
32  }
```

代码第 12 行取长度最长的词组，开始冒泡排序法。将第 17 行代码 if (myArray[i] < myArray[i + 1])中的小于号（<）符号修改为大于号（>）就可以进行反向排序。现在代码 if (myArray[i] < myArray[i + 1])的作用是进行从大向小排列，修改后就是从小到大进行排列。运行程序，结果如图 3-13 所示。

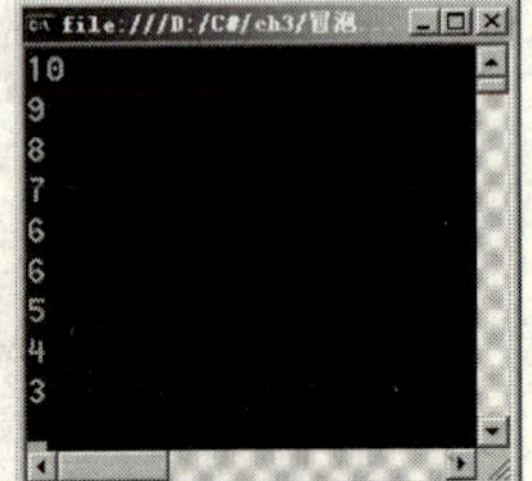

图 3-13 排序后的数组

3. 使用插入排序法实现

插入排序法和冒泡排序法一样也是一种简单常用的排序方法。所谓插入排序法是指将一个数插入其占据的位置，从名字中可知本算法的大体含义。对

几个数使用插入法排序的图解如图 3-14 所示。

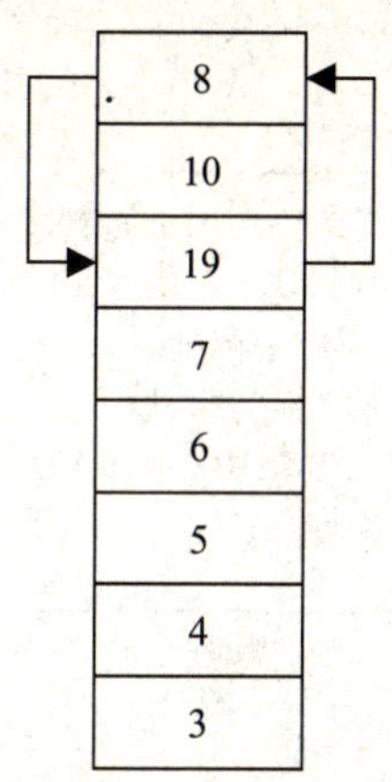

按照由大到小的顺序排列，19 在第 3 个方格。为了让 19 排在最上面，从开始位置找出比 19 小的数字，进行位置的交换就可以了。

图 3-14　插入法排序过程

如果要使 19 排在最上面的格子，用冒泡法至少需要交换两次以上的位置。而插入排序法，只需要一步便可完成。将上述程序的第 11 行到第 28 行改为如下代码即可实现使用插入法进行排序。

```
01  int[] list = new int[] { 1, 13, 3, 6, 10, 55, 98, 2, 87, 12, 34, 75, 33, 47 };
02  for (int i = 1; i < list.Length; i++)
03  {    //循环整个数组,从 1 开始
04       int t = list[i];                            //数组 i 中的数存入变量 t
05       int j = i;                                  //数组索引 i 存入 j
06       while ((j > 0) && (list[j - 1] > t))
07       {
08            list[j] = list[j - 1];                 //将 list[j - 1]的值赋给 list[j]
09            --j;                                   //不满足条件 j，继续执行
10       }
11       list[j] = t;                                //将 t 的值赋给数组的最后一个元素，
12  }
13  for (int m = 0; m < list.Length; m++)            //遍历数组
14  {
15       Console.WriteLine("{0}", list[m]);          //输出排序后的数组
16  }
```

代码第 6 行中循环如果 j（索引）>0 和 j−1 的数>t（前面得到的数字），则双方交换位置。将上述代码中大于号修改为小于号后，就可以进行反向排序。现在是进行从小向大排列，修改后 while ((j < 0) && (list[j − 1]< t))就是从大到小排列。

实训分析了冒泡排序法和插入排序法，下面来分析一下选择排序法。选择排序法首先找出最大的或者最小的数，将这个数放在数组最上方。依此类推，一步一步完成，如图 3-14 所示。

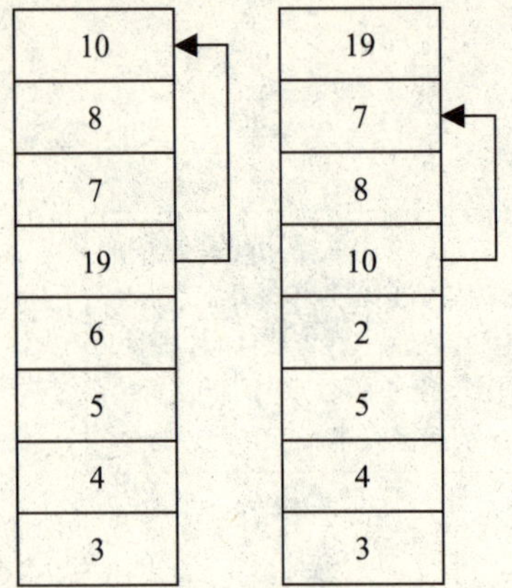

按照由大到小的数排列，首先找到最大的数，这里是 19，19 在第四个方格，把 19 直接放在最上面。然后找到除 19 以外最大的数 10，放在 19 下面，依此类推。

图 3-15　选择排序过程

读者根据前面介绍的冒泡排序法和插入排序法的实现过程，和上面对选择排序法的讲解，独立完成选择排序法的代码实现。

3.5　疑难解答

1. if 语句可以使用多个 else 吗？

答：if 语句是非常灵活的条件判断语句，可以使用多种格式实现。当然可以有多个 else，不仅如此，还可以多重嵌套等。在使用时一定要注意层次关系。

2. switch 多分支语句中每条分支后面都要加一句 break 语句吗？

答：是的，每一条分支的后面必须加入 break 语句，如果不加 break 语句的话，程序将会出错。这和一些语言有差别。

3. 在实际开发中，当进行条件判断时，如何在 if 条件语句和 switch 分支语句之间选择？

答：这没有绝对的界限，swicth 是多分支判断语句，而 if 是比较灵活的判断语句。一般情况下当需要判断的条件非常多时，就用多分支语句 switch。当条件比较少时，就应该使用 if 条件语句。

4. for 循环语句中具有三个表达式，它们的执行顺序是什么样的？

答：首先执行第一个表达式进行初始化，然后执行第二个表达式进行判断，如果判断结果为 true，则执行 for 循环语句中的代码，最后执行第三个表达式。

5. for 语句和 foreach 语句该怎么选择？

答：for 语句比较灵活，所以经常用到，而 foreach 语句在操作数组集合等方面较方便，但是并不能替代 for 语句，而且效率不如 for 语句高。

6. while 语句循环结构和 do-while 语句循环结构的区别是什么？

答：do-while 循环先执行循环体，后判断条件表达式是否成立，而 while 语句先判断条件表达式然后再决定是否执行循环体。

7. for 循环体中只有一句代码，可以不使用大括号吗？

答：可以，从语法上说没有错误。这样虽然简化了代码但是程序直观性下降，为了方便阅读代码，笔者建议即使只有一行代码时也同样使用大括号括起来。

8. 在前面学习中，讲解到 for 循环具有嵌套形式，那其他循环语句是否也具有嵌套形式？

答：所有的循环语句都是有嵌套形式的，而且不同循环语句之间也可以嵌套，例如在 do-while 循环语句中再使用 for 循环语句。

9. break 中断语句和 continue 继续语句有什么区别？

答：break 中断语句是终止当前循环语句的执行，continue 继续语句是终止当次循环的执行，在后面继续执行下一次循环。例如循环从 1 到 100，在第 10 次时执行 break，则后面的 11 到 100 就不执行了，如果在第 10 次执行 continue，则立即转向第 11 次循环执行。

10. 除了这些控制语句，还有其他的吗？

答：有。例如 try、catch、finally 以及 throw 等。try、catch、finally 一般一块使用，使用 try 语句对可能发生异常的程序进行监视，使用 catch 语句可以对异常做出相应的处理，在 finally 中的代码是程序始终需要指定的。throw 语句的作用是抛出异常。

3.6 上机题

1. 分析并运行下面的代码，在控制台中输入 2，观察程序的运行结果。

```
static void Main(string[] args)
{
    int a;
    Console.WriteLine("请输入 a 的值：");
    a = int.Parse(Console.ReadLine());
    switch (a)
    {
        case 1:
            Console.Write(" 1 ");
            break;
        case 2:
            Console.Write(" 2 ");
            break;
        default:
            Console.Write(" ? ");
            break;
    }
    Console.ReadLine();
}
```

运行结果是：2。

2. 使用 if 语句改写上面的程序，使之功能相同。

3. 开发一个控制台应用程序，使用 switch 语句创建一个判断学生成绩的程序，当用户输入的成绩在 0～60 之间时提示不及格，当用户输入的成绩在 60～80 之间时提示及格，当用户输入的成绩在 80～100 之间时提示优秀。

4. 编写应用程序，使用 for 循环求出 1 到 10 之间所有整数的和。

5. 使用 if 条件语句创建一个选择交通工具的程序，当路程大于 1000 里时，乘坐飞机；

当路程在 100 到 1000 里之间时，乘坐火车；当路程在 10 到 100 里之间时，乘坐汽车；当路程在 0 和 10 里之间时，步行。

6. 编写一个控制台应用程序，完成在屏幕上输出九九乘法表的功能。

7. 使用 while 循环语句或 do-while 循环语句改写上面的程序，并比较那种方式更方便。

8. 使用 if 条件语句模拟网站登录，当用户是教师时，可以进行登录；当用户是其他角色时，禁止登录。

9. 有一个绳子 10000 米，每天剪去一半，使用 for 循环语句求经过多少天后，绳子的长度低于 100 米。

10. 将从 1 到 100 之间的偶数输出，并求出这些偶数的和。

第4章 方法、数组和自定义数据类型

本书的前 3 章，所涉及到的代码大都是以单个代码块形式出现的，所有的工作都在 Main()方法中实现。但有些情况下需要重复执行某段代码，当重复次数确定或有规律时，可以使用循环结构实现。但在无规律的重复执行某段程序或者某较大的程序时，就需要使用方法。

在实际的应用当中，往往需要处理成批的数据，而且这些数据之间存在着一定的联系，或者需要将一些类型和内容不同的数据放在一块处理。使用前面所介绍的简单基本类型处理这些数据就非常困难。本章将要介绍的数组、数组列表、结构和枚举，都可以轻松地处理以上问题。

本章的学习重点

- C#中的方法。
- 数组和数组列表。
- 枚举类型。
- 结构体的使用。

4.1 用户自定义方法的定义、调用与说明

方法是有一定功能的逻辑代码段，可以执行特定的操作。方法使用广泛且方便，能够使程序更加灵活。本节将介绍方法的定义、调用、重载和递归调用等特性。通过本节的学习，读者可以达到定义和使用方法的目的。

4.1.1 一个方法调用的例子

介绍方法前首先看一个不使用方法实现的例子。如果要求出表达式：(n!)/((n-m)!*m!)的值。其中，m 和 n 通过键盘输入。利用前面介绍的流程控制语言，实现该功能，请看 Function 范例项目。

范例 4.1
Function.sln

Function.sln 在这段代码里，在主方法中使用流程控制实现了求(n!)/((n-m)!*m!)值的功能，读者可以打开解决方案编译并运行本范例。（光盘\code\ch4\Function\Function.sln）

```
using System;                                          //系统生成命名空间
using System.Collections.Generic;
using System.Linq;
using System.Text;
namespace Function                                     //自定义命名空间“Function”
{
    class Program                                      //默认生成的 Program 类
    {
        static void Main(string[] args)                //主方法，程序入口
        {
            int m, n, i;                               //定义变量
            long s1 = 1, s2 = 1, s3 = 1, s;            //定义变量，用来保存运算结果
            do
            {
                Console.WriteLine("请输入 m 的值：");    //提示用户输入信息
                m = int.Parse(Console.ReadLine());     //将输入的数赋给变量 m
                Console.WriteLine("请输入 n 的值(如果 n 不比 m 大，重新输入)：");
                n = int.Parse(Console.ReadLine());     //将输入的数赋给变量 n
            } while (n <= m);        //判断输入 m 和 n 的大小，如果 n 不比 m 大，重新输入
            for (i = 1; i <= m; i++)                   //求 m 阶乘！
            {
                s1 = s1 * i;                           //依次相乘，直到 i 等于 m
            }
            for (i = 1; i <= n; i++)                   //求 n!
            {
                s2 = s2 * i;                           //依次相乘，直到 i 等于 n
            }
            for (i = 1; i <= n - m; i++)               //求(n-m)!
            {
                s3 = s3 * i;                           //依次相乘，直到 i 等于 n-m
            }
            s = s2 / (s3 * s1);                        //求出(n!)/((n-m)!*m!)
            Console.WriteLine("结果为{0}", s);          //输出 s 的值
            Console.ReadLine();                        //等待用户输入
        }
    }
}
```

运行程序，结果如图 4-1 所示。

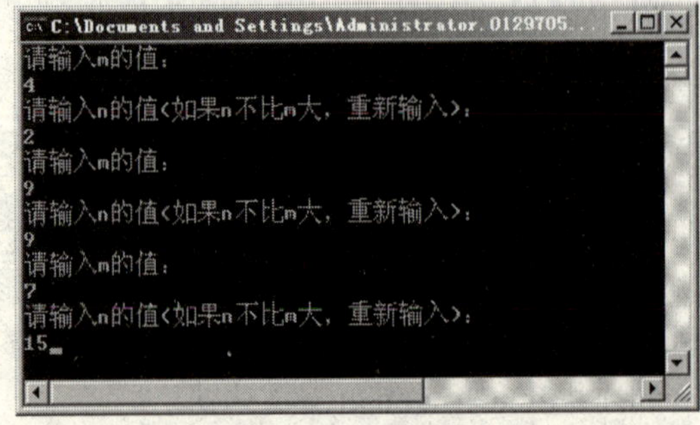

图 4-1　运行结果

程序第 10 行到第 19 行首先要定义变量，然后利用循环让用户输入符合要求的两个数，即 n 大于 m。之后利用 3 个循环，分别求出 3 个阶乘的值。最后利用这 3 个阶乘的值求出结果。在本程序中求阶乘的代码段类似，并且重复出现。如果在更多的地方出现求阶乘的运算，程序将会很繁杂。这种情况下可以使用方法来实现，请看 Function2 范例项目。

范例 4.2
Function2.sln

Function2.sln 在这段代码里，在主方法中调用自定义求阶乘方法 fac()，实现了求(n!)/((n-m)!*m!)值的方法。

（光盘\code\ch4\Function2\Function2.sln）

```
1 using System;                                            //系统生成命名空间
2 using System.Collections.Generic;
3 using System.Linq;
4 using System.Text;
5 namespace Function2                                      //自定义命名空间“Function2”
6 {
7       class Program                                      //默认生成的 Program 类
8       {
9           static void Main(string[] args)                //主方法，程序入口
10          {
11              int m, n;                                  //定义变量
12              long    s;                                 //定义长整型变量 s
13              do
14              {
15                  Console.WriteLine("请输入 m 的值：");//提示用户输入 m 的值
16                  m = int.Parse(Console.ReadLine());     //从键盘输入一个数，并赋给变量 m
17                  Console.WriteLine("请输入 n 的值(如果 n 不比 m 大，重新输入)：");
18                  n = int.Parse(Console.ReadLine());     //从键盘输入一个数，并赋给变量 n
19              } while (n <= m);                          //实现输入 m、n 的值
20              s = fac(n) / (fac(n-m)*fac(m));            //求出(n!)/((n-m)!*m!)的值
21              Console.WriteLine("结果为{0}", s);          //输出 s 的结果
22              Console.ReadLine();                        //等待用户输入
23          }
24          static long    fac(int x)                      //自定义一个方法用来求 x 阶乘
25          {
26              int i;                                     //定义一个整型变量 i
27              long s = 1;                     //定义一个长整型变量 s，用于存放 x 的阶乘值
28              for (i = 1; i <= x; i++)                   //从 1 循环到 x
29              {
30                  s = s * i;                             //将 1 到 x 的值依次相乘
31              }
32              return s;                                  //返回 s 的值
33          }
34      }
35  }
```

第 24 行定义方法 fac()来求输入参数的阶乘，在第 20 行处调用三次该方法。在后面的几节中将详细讲解方法的定义和使用。注意：在求阶乘的方法 fac()中，为了使程序简洁，并没

有实现对 0 求阶乘的功能，读者可以在循环开始前加上一个判断。如果输入的是 0，返回 1（return 1;）即可。

作者心得：

对比上面两个范例，可以看出使用方法 fac()实现了程序的模块化，可以使程序结构更为清晰。通过调用方法可以实现一个功能程序模块的多次重复使用。

4.1.2 定义方法

所谓方法是把一些相关的语句组织在一起，用于解决某一特定问题的代码块。方法都有返回值，除了返回值为空（void）的方法外，都需要在方法的结尾处使用 return 语句返回指定类型的值。定义方法的格式如下所示。

修饰符 返回值类型 方法名（参数） { 语句 }

任何一种 C#的数据类型都可以作为方法的返回值，并可以将该返回值赋给变量，以便在程序的其他地方使用。可以将数据传递给方法，也可以从方法中返回数据。用大括号把方法体括起来，大括号中的语句是方法的功能。例如求阶乘的方法，代码如下所示。

```
static long   fac(int x)  //方法首部，此方法为静态方法，返回值类型是 long 型，有一个输入参数
{
    int i;                        //方法体的声明部分
    long s = 1;                   //定义一个长整型变量 s，用于存放 x 的阶乘值
    for (i = 1; i <= x; i++)      //循环求阶乘
    {
        s = s * i;
    }
    return s;                     //返回 s 的值
}
```

其中，static 是修饰符，long 是返回值类型，fac()是自定义的方法名，参数 x 是一个整型变量。大括号内部的代码即方法的实现功能代码。

作者心得：

关于修饰符将在后面的课程中讲解。方法名是唯一的，可以被程序调用，为了让代码变得更容易理解和记忆，在对方法进行取名时，尽量与将所要进行的操作联系起来。

4.1.3 方法返回值

返回值就是通过方法的调用得到一个确定的值。方法可以利用返回值进行数据交换。在方法内部，通过一些指定的指令进行运算，并将运算结果通过返回值的形式返回到方法的调用处。这种方式与在表达式中使用变量计算效果相同。返回值和变量一样也有数据类型。

例如上面的 fac()方法，“return s;”是返回 s 到主调方法中去。return 是关键字，return

后面的值也可以是一个表达式。可以通过方法中的 return 语句来获取方法的返回值。return 语句的作用是将被调用方法中的一个确定值带回主调方法中去。方法是有返回值的，该值属于某一个确定的类型，应当在定义方法时指定方法值的类型。下面定义几种不同返回类型的方法，代码如下所示。

```
int max(int x,inty);                    //返回值为整型
string getString();                     //返回值为字符串型
void showString(string s);              //返回值为空类型
```

当方法返回一个值时，可以用下面方法将其修改。要在方法声明中指定返回值的类型，但不为空类型。使用关键字 return 结束方法的执行，并把值传给调用代码。在 Main()方法中调用 fac()方法，代码如下所示。

```
int s;
s = fac(n);
```

上述例子都是把 return 放到方法代码的最后一行，这只是习惯而已，并非必须这样做。当方法执行到 return 语句时，调用方法会立即结束并把值返回到调用代码处，其后的代码就不再被执行。例如下面的代码。

```
static int getvall(int x)
{
    if(x<5)             //如果输入的参数小于 5，执行下面的语句
        return 6;
    return7;            //如果执行了 return 6，就不会执行这一句，相反就会执行这一句
}
```

return 语句可以用在通过 void 关键字声明的方法中，其表示没有返回值。新建一个控制台应用程序，用来演示返回值类型为 void 方法的调用，请看 Function3 范例项目。

范例 4.3
Function3.sln

Function3.sln 在这段代码里，定义返回值为 void showString()方法，通过在主方法中调用，实现了在屏幕中直接输出方法中输出信息的功能。（光盘\code\ch4\Function3\Function3.sln）

```
using System;                                   //系统生成命名空间
using System.Collections.Generic;
using System.Linq;
using System.Text;
namespace Function3                             //自定义命名空间“Function3”
{
    class Program
    {
        static void Main(string[] args)
        {
            Console.WriteLine("\n 以下是调用方法 showString 的结果：\n ");//提示信息
            showString();
        }
        static void showString()                //定义一个方法，返回值类型为空
```

```
15            {
16                Console.WriteLine("返回值为空的 showString 方法。");//提示信息
17            }
18        }
19    }
```

代码第 14 到第 17 行定义返回值为空的方法 showString()，代码 16 行输出一行标志信息。代码第 12 行调用自定义方法 showString()。因为在本方法中没有返回值，所以不用像第 4.1.1 节介绍的方法那样赋给变量值（s = fac(n);）。运行程序，结果如图 4-2 所示。

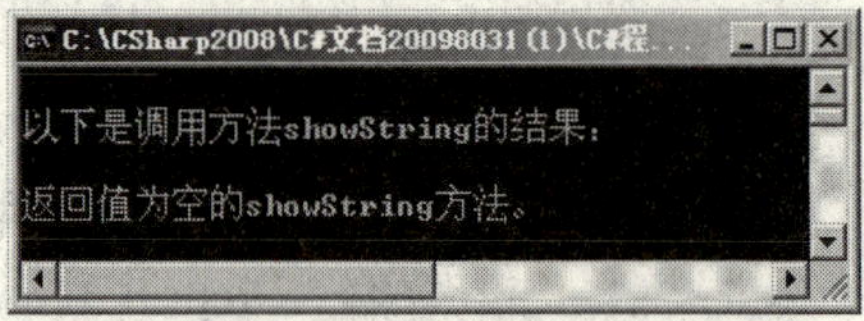

图 4-2　调用 void 类型方法的运行结果

作者心得：

必须确保所有的处理路径都会执行到 return 语句，编译器能够检查出是否每条处理路径都会执行 return 语句。若不是，就抛出一个"并不是所有的处理路径都返回一个值"的错误。

4.1.4 方法的调用

在第 4.1.1 节中演示第一个方法示例和第 4.1.3 节介绍 void 类型返回值时已经用到了方法的调用。本节将系统地介绍方法的调用。在 C#语言中，一般定义的方法是被用来重复调用的。但 Main()方法不能被调用。所谓方法调用就是在执行程序的时候，转去执行被调方法。被调方法执行完后，再回到原来的调用处，继续执行程序。方法调用的一般形式如下所示。

方法名([实参列表]);

如果是调用无参数的方法，则实参列表可以没有，但括号不能省略。如果实参列表包含多个实参，则各参数间需用逗号隔开。实参的个数与形参的个数要相等，类型应该相同或者赋值相兼容。实参与形参在顺序上要对应，要一对一地进行数据的传递。但需要注意的是，如果实参列表包含多个实参，那么对实参求值的顺序并不是确定的。按照方法在语句中的作用来分，可以有如下 3 种方法的调用方式。

1. 方法语句

不要求方法带回一个值，而是把方法调用单独作为一个语句，只是需要方法完成一定的操作。如上节显示星号的方法，代码如下所示。

```
showString();
```

2. 方法表达式

方法出现在一个表达式中，这时要求方法带回一个确定的值参加表达式的运算。如 4.1.1 节求阶乘，代码如下所示。

```
s = fac(n) / (fac(n-m)*fac(m));
```

3. 方法参数

方法调用作为一个方法的实参。利用 4.1.1 节的 fac()方法，如下所示。

```
s = fac(fac(n));
```

其中，fac(n)是方法调用，用来求 n 的阶乘。其值作为外层 fac()方法调用的一个实参，相当于求 n 的阶乘的阶乘。

作者心得：

在调用方法时，需要注意以下问题。一、方法要先定义，后使用。二、调用方法时，方法名必须和定义时的方法名完全相同，实参和形参的类型、个数、顺序也必须一一对应。三、调用方法时，每个实参应该有确定的值。

4.1.5 方法的递归调用

在 C#语言中，除 Main()方法以外的所有方法都允许调用其他方法或被其他方法调用，也可以调用本身。方法的递归调用即方法调用方法本身。例如前面定义的求阶乘方法的例子。

在那个例子中用到一个 for 循环，从 1 开始循环到 x，依次相乘，实现求递归调用的功能。用递归调用也可实现此功能，且代码更简捷。

```
static long fac(long n)                    //自定义一个方法用来求阶乘，该方法使用递归思想
{
    if (n == 0)                            //判断参数是否等于 0
        return 1;                          //等于 0 返回 0!的值 1
    else                                   //如果参数不等于 0
        return n * fac(n - 1);             //n>0 时，进行递归调用
}
```

在上面的用递归调用求阶乘的方法中，一直到有方法 fac()本身，每次调用的参数都比上一次调用的参数小 1，直到参数减小到 0 为止。关于递归调用，更为经典的例子——斐波那契数列。意大利数学家列昂纳多・斐波那契通过兔子的繁殖来引入这样一个数列：1，1，2，3，5，8，13，21…这个数列从第三项开始，每一项都等于前两项之和。用 C#语言通过递归方式可以非常简单地实现，请看 Function4 项目范例。

范例 4.4
Function4.sln

Function4.sln 在这段代码里，利用方法的递归调用实现了对斐波那契数列求值的功能，读者可以打开解决方案编译并运行本范例。

（光盘\code\ch4\Function4\Function4.sln）

```
using System;                                  //系统生成命名空间
using System.Collections.Generic;
using System.Linq;
using System.Text;
namespace Function4                            //自定义命名空间“Function4”
{
    class Program                              //默认生成的 Program 类
```

```
8       {
9           static void Main(string[] args)                    //主方法，程序入口
10          {
11              Console.Write("请输入数列长度：");               //提示用户输入数列长度
12              long n = long.Parse(Console.ReadLine());       //输入数列长度
13              Console.WriteLine(fibonacci(n));               //调用方法
14              Console.ReadLine();                            //等待用户输入
15          }
16          static long fibonacci(long n)                      //求递归的方法
17          {
18              if (n == 1|| n == 2)                           //判断数值
19                  return 1;                                  //当 n=0 或 n=1 时，值为 1
20              else
21                  return fibonacci(n - 1) + fibonacci(n - 2); //调用该方法本身，实现递归调用
22          }
23      }
24 }
```

运行程序，结果如图 4-3 所示。

图 4-3　斐波那契数列程序运行结果

代码第 16 行到第 22 行定义了一个递归求斐波那契的方法，因为数列从第三项开始，每一项都等于前两项之和。所以在第 18 行到第 19 行指定前两项数值，即前两个都为 1，从第三项开始调用该方法本身，实现递归调用。第 13 行在主方法中调用 fibonacci()方法，运行程序时笔者输入的 n 值为 8，输出结果为 21。

作者心得：

一般递归调用用很简单的代码便可以解决一些复杂的问题。但在实现递归时，系统要为每一次调用中的变量开辟存储单元，要记住每一次调用后的返回点。方法的递归调用会降低程序的运行效率，读者在使用时要慎重考虑。

4.2　参数的传递方式

return 语句返回零个或一个值。若在调用方法时需要一次能返回两个或两个以上的值，return 语句就无法实现。可以使用引用类型和输出参数实现返回多个值。本节除了介绍上面用到的传值调用外，还将介绍引用调用和输出参数等方面的知识。

4.2.1　传值调用

到目前为止，前面介绍的所有方法的参数传递方式全是值传递。除了返回值为空的方法外全都返回一个值。下面的程序定义一个返回值为空的 swap()方法，是一个典型的值传递的例子，请看 Function5 范例项目。

范例 4.5
Function5.sln

Function5.sln 在这段代码里定义了静态方法 swap(int x,int y)，实现了传值调用的功能，读者可以打开解决方案编译并运行本范例。（光盘\code\ch4\Function5\Function5.sln）

```
1 using System;                                              //系统生成命名空间
2 using System.Collections.Generic;
3 using System.Linq;
4 using System.Text;
5 namespace Function5                                        //自定义命名空间“Function5”
6 {
7       class Program                                        //默认生成的 Program 类
8       {
9           static void Main(string[] args)                  //主方法，程序入口
10          {
11             int a = 10, b = 20;
12             Console.WriteLine("调用方法前：a={0}   ,b={1}", a, b); //输出 a、b 的值
13             swap(a, b);                                   //调用 swap()方法
14             Console.WriteLine("调用方法后：a={0}   ,b={1}", a, b);//输出调用方法 swap()后的值
15             Console.ReadLine();                           //等待用户输入
16          }
17          static void swap(int x, int y)                   //自定义方法
18          {
19               int t;                     //定义整型变量 t，交换数据时作为中间变量
20               x = 1;                                      //为第一个参数赋值
21               y = 2;                                      //为第二个参数赋值
22               Console.WriteLine("这是在被调方法内部，交换前的：x={0}   ,y={1}", x, y);
23               t = x;                                      //变量 x、y 交换数据
24               x = y;
25               y = t;
26               Console.WriteLine("这是在被调方法内部，交换后的：x={0}   ,y={1}", x, y);
27          }
28      }
29}
```

运行程序，结果如图 4-4 所示。

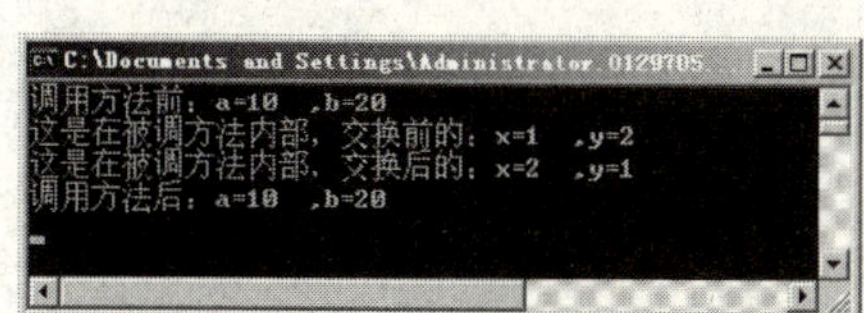

图 4-4 传值调用示例运行结果

程序从第 9 行的 Main()方法开始执行，第 11 行定义两个变量并赋值，第 12 行将其输出到屏幕。第 13 行调用 swap()方法，在执行 swap()方法时，定义两个变量，然后交换。交换前后都将变量值输出到屏幕。最后回到 Main()方法，再次输出变量 a 和 b 的值。从执行结果可以看到，在方法 swap()内部值实现了交换，但没有传递出来。这种传递是单向的，即只能从实参传递给形参，在被调方法中对形参值的改变不会影响到相应的实参。

调用方法 swap()时，Main()方法中的实参 a，b 值会复制一份给方法 swap()中对应的形参。由于 Main()方法和 swap()方法的参数并不占用相同的内存地址，方法 swap()的参数在执行中改变时，并不会影响 Main()方法中参数 a，b 的值。参数仅在调用时由实参向形参传递，而不能由形参向实参传递，这种参数传递方式称为传值调用。

作者心得：

swap()方法的参数传递方式适合方法内的结果不影响该方法外的变量的情况下使用。这样可以有效地保护变量不被修改。传值调用中，实参可以为变量、常数或表达式。

4.2.2 引用调用

在 4.2.1 节的例子中，调用方法 swap()时，若希望将方法 swap()的执行结果传回给主方法，使用传值调用是无法实现的。如果实参和形参占用相同的内存地址，那么形参一有改变，对应的实参也会跟着改变，便可将方法 swap()执行的结果回传给主方法，这种调用方式称为引用调用。引用调用的实参必须要使用变量，而且使用变量前必须赋值。引用调用的格式是在实参和形参中每个参数前加上 ref 即可。将 4.2.1 中的程序，改为引用调用，请看 Function6 范例项目。

范例 4.6 Function6.sln

Function6.sln 在这段代码里，在主方法种调用参数为 ref 类型的静态方法，实现交换将变量 a、b 值的功能。

（光盘\code\ch4\Function6\Function6.sln）

```
using System;                                           //系统生成命名空间
using System.Collections.Generic;
using System.Linq;
using System.Text;
namespace Function6                                     //自定义命名空间“Function6”
{
    class Program                                       //默认生成的 Program 类
    {
        static void Main(string[] args)                 //主方法，程序入口
        {
            int a = 10, b = 20;                         //定义变量
            Console.WriteLine("调用方法前：a={0}  ,b={1}", a, b);
            swap(ref a,ref b);                          //调用是参数前面加 ref
            Console.WriteLine("调用方法后：a={0}  ,b={1}", a, b);
            Console.ReadLine();                         //等待用户输入
        }
        static void swap( ref int x,ref int y)          //指明调用方式
        {
            int t;                                      //t 在交换数据时，用作中间变量
            x = 1;                                      //为第一个参数赋值
            y = 2;                                      //为第二个参数赋值
            Console.WriteLine("这是在被调方法内部，交换前的：x={0}  ,y={1}", x, y);
            t = x;                                      //交换 x、y 的值，t 作为中间变量
            x = y;
            y = t;
            Console.WriteLine("这是在被调方法内部，交换后的：x={0}  ,y={1}", x, y);
        }
    }
}
```

运行程序，结果如图 4-5 所示。

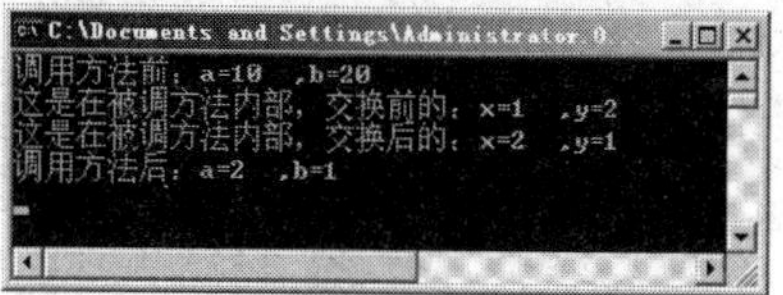

图 4-5　引用调用示例运行结果

代码第 17 行定义返回值为空的 swap()方法，其中参数使用 ref 修饰，说明是引用调用。第 13 行调用该方法，传入的参数是在第 11 行定义的 a，b。从运行结果中可以看到调用 swap()方法后，变量 a，b 的值发生了改变。

作者心得：

引用调用和传值调用在格式上的区别就是引用调用在调用方法和被调用方法的参数列表中的参数前面加上 ref。引用调用就是让输入参数 a、b 分别与被调用方法 swap()的参数 x、y 共用同一内存地址。所以无论 a 或 x 哪一个值发生改变，另一个值都会跟着改变。

4.2.3 输出参数

在 4.2.2 节中介绍的引用调用的实参和形参占用相同的内存地址，输出参数与此类似。两者主要差别是输出参数的参数变量不必赋初值即可用作参数传递，而 4.2.2 节介绍的引用参数必须先设定初值才能传递参数。声明 out 方法也可以实现返回一个或多个值。具体操作是将输出参数在调用语句和被调用方法的参数列表中的参数前加上 out 即可。out 方法会将变量清空，即使变量已经赋值。在退出方法时，所有 out 引用的变量都要赋值，请看 Function7 范例项目。

范例 4.7
Function7.sln

Function7.sln 在这段代码里，演示了调用使用关键字 out 的输出参数的方法过程。读者可以打开解决方案编译并运行本范例。

（光盘\code\ch4\Function7\Function7.sln）

```
using System;                                              //系统生成命名空间
using System.Collections.Generic;
using System.Linq;
using System.Text;
namespace Function7                                        //自定义命名空间“Function7”
{
    class Program                                          //默认生成的 Program 类
    {
        static void Main(string[] args)                    //主方法，程序入口
        {
            int a ,b;                                      //定义未赋初值的变量
            Console.WriteLine("调用方法前：未对变量 a,b 赋值。");
            swapOut(out a,out b);                          //调用是参数前面加 out
            Console.WriteLine("调用方法后：a={0}　,b={1}", a, b);
            int c = 10, d = 20;                            //定义赋初值变量
            Console.WriteLine("\n\n 调用方法前：c={0}　,d={1}", c,d);
            swapOut(out c, out d);                         //调用 swapOut()方法，交换数据
```

```
18              Console.WriteLine("c={0};d={1}", c, d)          //输出交换后的数据
19              Console.ReadLine();                             //等待用户输入
20          }
21          static void swapOut( out int x,out int y)           //自定义方法，指定参数为输出参数
22          {
23              int t;                                          //t 在交换数据时，用作中间变量
24              x = 1;                                          //为第一个参数赋值
25              y = 2;                                          //为第二个参数赋值
26              Console.WriteLine("这是在被调方法内部，交换前的：x={0}    ,y={1}", x, y);
27              t = x;                                          //交换 x、y 的值，t 作为中间变量
28              x = y;
29              y = t;
30              Console.WriteLine("这是在被调方法内部，交换后的：x={0}    ,y={1}", x, y);
31          }
32      }
33}
```

运行程序，结果如图 4-6 所示。

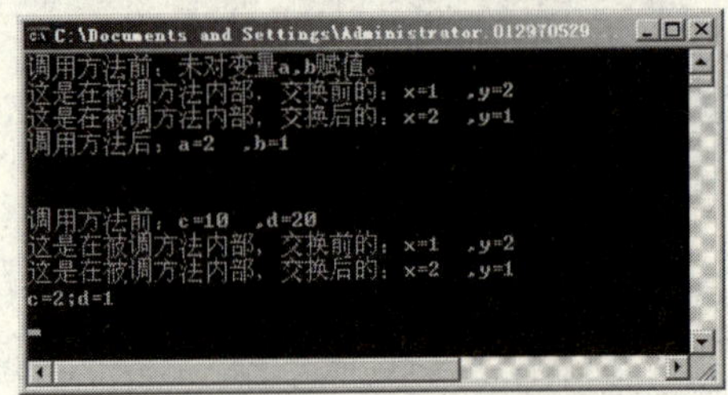

图 4-6 输出参数示例运行结果图

代码第 11 行定义两个未赋初值的变量 a、b。在第 13 行调用 swapOut()方法时，传入的参数没有进行初始化。在方法 swapOut()内部首先对参数赋值，然后进行交换操作，在 Main()方法中得到的数值是已交换的结果。第 15 行定义变量 c、d 是用来与变量 a、b 作比较，调用 swapOut()方法后，c、d 的值变为 2、1，与原值无任何关系。

作者心得：

调用 swapOut()前，为输入参数赋值与否不影响后面的结果。但是若在方法返回之前不为 out 参数赋值，程序将出错。

4.3 方法的其他主题

本章前面介绍了方法的定义、调用和递归调用，以及方法参数的传递方式：传值调用、引用调用和输出调用。除了前面介绍的方法以外，本节还将介绍 Main()方法——所有程序的入口点，方法的重载——使程序更加灵活。

4.3.1 Main()方法

C#程序的入口点是 Main()方法，Main()方法执行完毕，应用程序也就结束了。可以从前面的例子中看到，每个应用程序都有且只有一个 Main()方法。该方法在类或结构的内部声明必须为静态方法，不能被调用，而且不是公共方法。用 Visual Studio 2008 创建控制台应用程序，自动生成的代码中包含 Main()方法，如下所示。

```
static void Main(string[] args){}
```

前面创建的控制台应用程序都没有修改 Main()方法的返回值和参数。如上面的代码所示，返回值为 void 类型，即不需要使用 Main()的返回值。除此之外，Main()方法返回值还可以为 int 型（整型）。返回的整数值用来表示应用程序状态信息，如应用程序如何终止，一般用于错误提示。通常返回值为“0”，表示应用程序正常结束。

作者心得：

对于 Main()方法的声明，可以使用参数，也可以不使用参数。自动生成的 Main()方法默认参数 string[] args 表示命令行参数的 string 数组，可以从零开始建立索引，读取参数。在 C 和 C++中，程序的名称会被当作第一个命令行参数，而 C#则不会把程序的名称当作第一个命令行参数。

4.3.2 重载方法

所谓方法的重载，是指在面向对象的语言中允许在同一个类中用同一方法名定义多个方法。这些方法的参数个数和参数类型不相同，同名的方法用来实现不同的功能，即一个方法名多用。根据以上定义，可以总结出决定方法是否构成重载的以下 3 个条件。

- 位于同一个类中。
- 方法名相同。
- 参数列表不同。

通过对方法进行重载，可以创建几个同名的方法。这些方法都有不同的形参列表，每一个都接收一组不同个数的参数或不同数据类型的参数。具体地讲，参数列表的不同可以概括为以下两大类。

- 参数类型相同，参数个数不同。
- 参数个数相同，参数类型不同。

首先介绍第一种情况，如以下代码所示。

```
static void Show(string s, string t)                    //静态方法 Show()
{
    Console.WriteLine(s+t);                             //将两个参数连接一块输出
}
static void Show(string r)                              //重载 Show()方法
{
    Console.WriteLine(r);                               //输出字符串类型的参数
}
```

调用 Show()方法时，如果有两个参数则调用第一个方法，如果有一个参数则调用第二个方法。下面是一个简单的实现方法重载的 C#程序范例，请看 Function8 范例项目。

范例 4.8
Function8.sln

Function8.sln 在这段代码里，定义两个同名的方法，一个方法只接收整数参数 a 和 b；另一个方法接收小数参数 a 和 b，并且都返回 a 与 b 的乘积。

（光盘\code\ch4\Function8\Function8.sln）

```
1 using System;                                          //系统生成命名空间
2 using System.Collections.Generic;
3 using System.Linq;
4 using System.Text;
5 namespace Function8                                    //自定义命名空间“Function8”
6 {
7       class Program                                    //默认生成的 Program 类
8       {
9             static void Main(string[] args)            //主方法，程序入口
10            {
11                  int a1 = 2, b1 = 3;                  //初始化 a1、b1
12                  Console.WriteLine("两 int 类型的乘积为：" + fun(a1, b1));  //调用方法并输出
13                  double a2 = 2.0, b2 = 3.14;          //初始化 a2、b2
14                  Console.WriteLine("两 double 类型的乘积为：" + fun(a2, b2));//调用方法并输出
15                  Console.ReadLine();                  //等待用户输入
16            }
17            static int fun(int a, int b)               //自定义静态方法 fun()
18            {
19                  int c = a * b;                       //将两个整型参数相乘后赋给变量 c
20                  return c;                            //将整型 c 返回到调用处
21            }
22            static double fun(double a, double b)      //重载方法 fun()
23            {
24                  double c = a * b;                    //将两个长整型参数相乘后赋给变量 c
25                  return c;                            //将长整型 c 返回到调用处
26            }
27      }
28 }
```

运行程序，结果如图 4-7 所示。

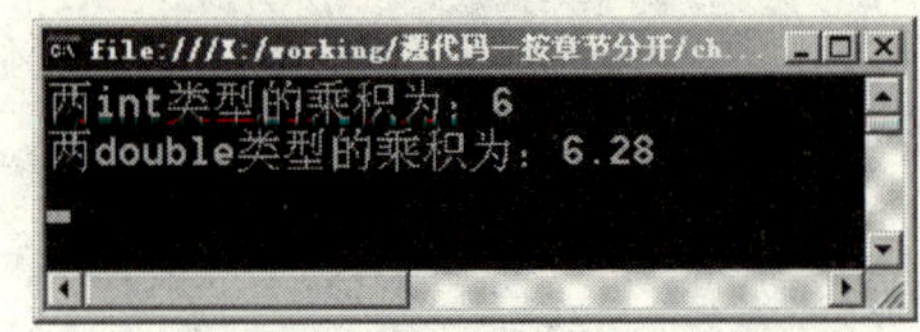

图 4-7　参数个数相同类型不同示例运行结果

代码第 17 行定义了求两个整数乘积的方法，第 22 行重载该方法，求两个 double 的乘积。第 12 行调用 fun()方法实现了求两个整数的积，第 14 行实现了求两个 double 类型的积。通过这种方式定义的方法，就可以对其重载实现不同类型的输出，这就是方法重载所带来的好处。

作者心得：

方法的重载可以根据参数的不同，而由程序判断具体的调用，各个重载方法之间可以自行调用，从而实现了一个方法名可以完成多个功能，减少了定义多个方法时的繁琐。

4.4　数组概述

如果对有 40 人的班级的一些数据进行操作，如求总成绩的平均分、按总成绩由高到低进

行排序等。用简单变量存储这些数并进行处理，当然可以声明一些变量如 s1、s2、…、s40。甚至声明更多可能用到的变量。显然，这样处理起来很不方便。如果要处理整个学校学生的数据，仍要使用这种方法，其复杂程度可想而知。有了数组，就可以用相同名字引用一系列变量，从而使问题得到方便地解决。

4.4.1 数组与数组元素

数组是一组具有相同类型的数据，按照一定顺序组成的集合。数组中的每一个数据都可以通过数组名及唯一索引号（下标）来存取。所以，数组是用于存储和表示既与取值有关又与位置有关的数据。在 C#中，把一组具有相同名称、不同下标的变量称为数组。下标又称索引（Index），用来指出某个数组元素在数组中的位置。

在一个数组当中，可以含有若干个数组元素。在默认的情况下，数组中第一个元素的下标为 0，即第一个元素对应的下标为 0，第二个元素的下标为 1，依次递增。所以数组元素的最大下标比数组元素个数少 1，即如果某一数组有 n 个元素，则其最大下标为 n-1。另外注意，数组的下标必须是非负值的整型数据。若只需要一个下标就能确定某个数组元素在数组中的位置，则称这样的数组为一维数组。或者说，由具有一个下标的下标变量所组成的数组称为一维数组。如下所示的数组 A 就是一维数组。

```
A[40];            //有 40 个元素的数组 A
```

参照一维数组的概念，有两个或多个下标的下标变量所组成的数组称为二维数组或多维数组。多维数组元素的下标之间用逗号分隔，如 A[0,1]表示一个二维数组中的元素，A[1,2,3]表示一个三维数组中的元素。数组是引用类型，数组的操作实质上是通过下标对数组元素的引用。数组元素可以用相同名字引用一系列变量，并可用下标将其识别。数组元素在内存空间上是连续的，且数组元素是有限的、有序的。

作者心得：

C#中的数组类型可以对应任何数据类型，但数组中的元素在类型上是一致的。另外，数组是一种固定长度的集合类型，可以根据其类型来存储一维或者多维的数据。

4.4.2 数组（Array）类

C#通过.NET 框架中的 System.Array 类来支持数组（Array），因此，可以使用该类的属性与方法操作数组。数组（Array）类提供创建、操作、搜索和排序数组的方法。一个元素就是数组中的一个值，数组的长度是可包含的元素总数。数组类常用属性如下所示。

- Length：返回一个整型数，用来表示数组中的元素个数。如果是一个多维数组，该属性会返回所有阶的元素个数。在一维数组中，如果数组包含的元素个数超出了 32 位 int 值的取值范围，就需要使用 LongLength 属性来获得元素总数。
- Rank：用于获得数组的维数。

数组类的常用方法如下所示。

- Clear()：清空为默认值操作，如果整型数组用此方法，将把所有元素值设为 0，布尔型则为 false。具体取决于元素类型。

- CopyTo()：复制当前一维数组中所有元素到另一个一维数组中。
- GetLength()：获取一维数组中的元素个数。
- GetValue()：获取数组中指定元素的值。
- Reverse()：将一维数组中部分指定元素顺序反转。
- SetValue()：给数组中指定元素赋指定值。
- Sort()：对一维数组中的元素进行排序。

4.5 声明与访问数组

数组和前面介绍的其他基本数据类型一样，使用前必须先声明。声明数组后，可以对数组中的某个元素或全部元素进行访问，即对数组中的元素进行赋值和读取操作。本节主要介绍一维数组的声明、访问以及多维数组的声明。

4.5.1 声明一维数组

声明数组的过程包含两个环节，即声明数组变量与数组变量的实例化。一维数组以线性方式存储固定数目的项，只需一个索引值即可标识任意一个项。在C#中，数组声明中的方括号不能放在变量名称之后，而且一定要位于数据类型的后面。声明数组的语法如下所示。

访问修饰符 类型名称 [ ]数组名;

关于访问修饰符将在后面介绍。声明一个名为 A 的整型数组，代码如下所示。

```
int [ ]A;
```

数组在声明后必须实例化才可以使用，实例化数组的格式如下所示。

```
数组名称=new 类型名称[无符号整型表达式];
```

给上面已经声明的整型数组 A 进行实例化，使数组包含 5 个元素，代码如下所示。

```
A=new int[5];
```

声明数组过程中，声明变量与实例化变量这两个环节可以用一条语句完成，代码如下所示。

```
int [ ]A=new int[5];
```

数组一旦实例化，其元素即被初始化为相应的默认值。常用基本数据类型初始化的默认值如表 4-1 所示。

表 4-1 基本数据类型初始化的默认值表

类 型	默 认 值
数值类型（int、float、double）	0
字符型（char）	' '（空格）
字符串型（string）	null（空值）
布尔类型（bool）	false

指定数组元素个数的“无符号整型表达式”，可以是一个常量表达式，也可以是一个变量表达式。用变量表示数组下标，代码如下所示。

```
int Size=5;
int [ ]A=new int[Size];
```

数组在实例化时，可以为元素指定初始化值，其格式如下所示。

```
数组名称=new 类型名称[无符号整型表达式]{值 1,值 2…};
```

利用上面的格式，实例化包含 5 个元素的整型数组，代码如下所示。

```
int [ ]A= new int[5]{1,2,3,4,5};
```

如果为数组指定初始化值，可以省略对元素个数的说明，代码如下所示。

```
int [ ]A= new int[ ]{1,2,3,4,5};
```

可以将以上语句简化为如下所示的格式。

```
int [ ]A= {1,2,3,4,5};
```

如用基本变量操作对 5 个变量赋值，必须分别赋值。在数组中也可以为数组元素分别赋值，这种操作与以上几种方法效果相同，代码如下所示。

```
A[0]=1;                    //给数组第 1 个元素赋值为 1
A[1]=2;                    //给数组第 2 个元素赋值为 2
A[2]=3;                    //给数组第 3 个元素赋值为 3
A[3]=4;                    //给数组第 4 个元素赋值为 4
A[4]=5;                    //给数组第 5 个元素赋值为 5
```

为数组指定的初始化值也可以是变量表达式，代码如下所示。

```
int x=1,y=2;                                  //定义整型变量 x、y
int [ ]A= new int[5]{x,y,x+y,y+y,y*y+1};      //为数组赋值
```

注意，一旦要为数组指定初始化值，就必须为数组的所有元素指定初始化值。指定值的个数既不能多于数组的元素个数，也不能少于数组的元素个数，否则将会出现错误。

4.5.2 访问一维数组

实例化数组后，就可以对数组进行访问。访问数组就是访问数组中的元素，对数组中元素的访问一般分为两种情况：一是对单个元素的访问，二是对所有元素的访问。打开 Visual Studio 2008，新建控制台应用程序。在 Main()方法中添加如下程序。

```
1 int[] a1 = new int[10];                 //声明包含 10 个元素的整型数组 a1
2 for (int i = 0; i < 10; i++)            //利用循环给每个元素赋值，并在屏幕上输出
3 {
4       a1[i] = i;                        //给数组循环赋值
5       Console.Write(a1[i] + " ");       //输出数组元素的值，并用空格隔开
6 }
7 Console.Read();                         //等待用户输入
```

运行程序，结果如图 4-8 所示。

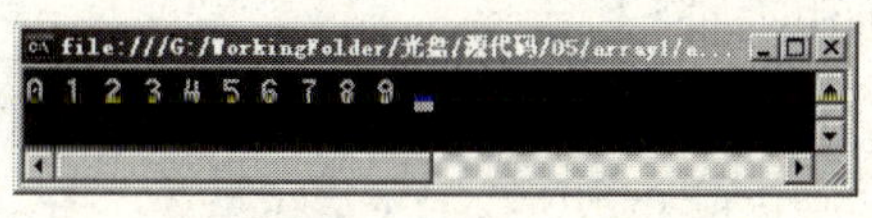

图 4-8　运行结果

程序第 1 行声明一个长度为 10 的整型数组，第 2 行到第 6 行利用 for 循环给每个元素赋值，并将值显示出来。从程序中可以看出，数组 a1[i]根据 i 的不同，分别代表从 a1[0]到 a1[9]。数组名与下标可以唯一确定数组中的某个元素，从而实现对该元素的访问。

作者心得：

在访问数组元素时，不要使下标越界，C#语言中数组下标是从“0”开始的，这和 Visual Basic 等一些语言不同。注意，下标越界在程序编译时是无法检测的，但在程序运行时将会发生异常。

如果在上面的例子中 i 是从 1 到 10 而不是从 0 到 9 进行循环，将会发生下标越界错误。错误提示如图 4-9 所示。

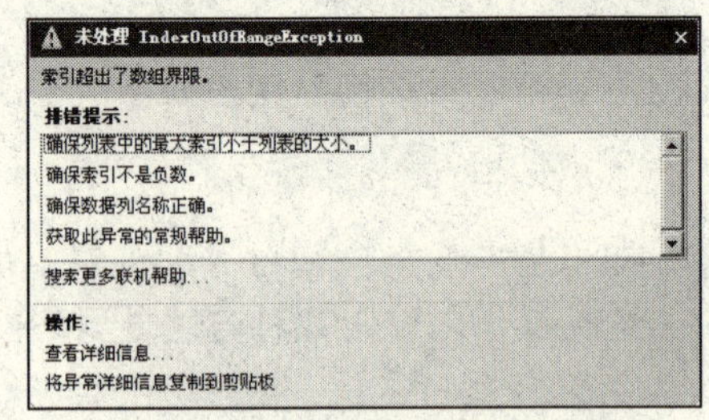

图 4-9　数组越界的错误提示

C#专门提供了一种用于遍历数组的 foreach 循环语句。foreach 循环语句的格式如下所示。

```
foreach(类型名称  变量名称  in  数组名称){循环体}
```

语句中的“变量名称”是一个循环变量。在循环中，该变量依次获取数组中各元素的值。因此，对于依次获取数组中各元素值的操作，使用这种循环语句就很方便。要注意，变量名称的类型必须与数组的类型一致。上面的例子可以用 foreach 语句改写，实现相同的功能。更改后的 Main()方法下的代码如下所示。

```
int[] a1 = new int[10];                    //声明包含 10 个元素的整型数组 a1
for (int i = 0; i < 10; i++)               //利用循环给每个元素赋值
{
    a1[i] = i;                             //将变量 i 赋给数组 a1[i]
    //Console.Write(a1[i] + " ");          //下面的 foreach 实现此语句的功能
}
foreach (int i in a1)                      //实现遍历数组
{
    Console.Write(i + " ");                //输出数组的元素
}
Console.Read();                            //等待用户输入
```

在上面程序中 foreach 实现了遍历数组的功能。需要注意的是，for 循环内部定义的变量 i 代表整型数组的下标，而 foreach 循环内部定义的变量 i 代表数组元素。正是因为这样，所以在有些时候 foreach 循环用起来很方便，但其功能受一定的限制。例如在上例中，如果想为数组各元素依次有规律赋值，foreach 循环就无能为力了。

4.5.3 声明多维数组

前面介绍了一维数组的使用，本节介绍多维数组及其声明。在多维数组中，比较常用的是二维数组。声明二维数组与声明一维数组格式类似，声明并实例化一个 2 行 2 列的二维数组代码如下所示。

```
int [ , ]array2D=new int[2,2]{{1,2},{3,4}};
```

声明并实例化一个三维数组，代码如下所示。

```
int [ , , ] array3D = new int[3,3,3];
```

注意，声明多维数组时用逗号表示维数，一个逗号表示二维数组，两个逗号表示三维数组，依此类推。可以在声明多维数组时将其初始化。下面以二维数组为例，介绍多维数组的初始化。在声明数组时将其初始化，代码如下所示。

```
int[,] array1 = new int[,] { { 1, 2 }, { 3, 4 }, { 5, 6 }};
```

初始化数组但不指定级别，代码如下所示。

```
int[,] array2 = { { 1, 2 }, { 3, 4 }, { 5, 6 }};
```

在选择声明一个数组变量但不将该数组变量初始化时，就必须使用 new 运算符为其开辟空间，并且在开辟空间后为数组赋值。代码如下所示。

```
int[,] array3;
array3 = new int[,] { { 1, 2 }, { 3, 4 }, { 5, 6 }};
```

访问多维数组需要用多个下标唯一确定数组中某个元素。对数组的赋值与取值操作，代码如下所示。

```
int [ , ] array2D =new int[2,2];            //声明一个 2 行 2 列的二维数组
array2D[0,1]=15;                            //为第 1 行第 2 列的元素赋值
int a=Ar[1,2];                              //用第 2 行第 3 列的元素为其他变量赋值
```

要访问二维数组中的所有元素可以使用双重循环来实现。通常外循环控制行，内循环控制列。

作者心得：

C#中的数组虽然可以声明为多维，但如果声明三维以上的数组，操作起来就会非常复杂。一般可以使用其他方式解决使用多维数组可以解决的问题，所以一般三维以上的数组很少使用。

4.6　数组列表（ArrayList）

通过前面的介绍可以处理一些问题，如果要用到数组元素可变，这时数组就无能为力了，不过可以使用数组列表来处理。数组列表（ArrayList）是对数组（Array）的增强。其提供许多优点，如动态地增加和减少元素，实现了 ICollection 和 IList 接口，可以灵活地设置数组的大小等。

4.6.1　声明数组列表

数组的大小是固定的。如果元素个数是动态的，就应使用数组列表类。由数组列表类声明的对象可以当作数组来使用。ArrayList 类属于 System.Collections 命名空间，所以声明 ArrayList 类对象必须引用该命名空间。ArrayList 类常用属性如下所示。

- Capacity：获取或设置数组列表中包含的元素数。
- Count：获取数组列表中目前实际包含的元素数。
- IsFixedSize：获取该数组列表是否具有一个固定大小标识值。
- Item：获取或设置在指定索引处的元素。
- SyncRoot：获取可用于同步数组列表访问的对象。

ArrayList 类常用方法如下所示。

- Add()：将对象添加到数组列表的最后。
- BinarySearch：检索数组列表中的元素，如果找到，返回该元素，否则返回一个负数。
- Clear()：清除数组列表中所有的元素。
- Contains()：确定数组列表中是否含有该元素。
- CopyTo()：将数组列表中全部或部分数组元素复制到另一个一维数组中。
- IndexOf()：返回数组列表中第一个符合指定对象的索引值。若找不到，则返回-1。
- Insert()：将对象元素插入到数组列表指定索引处，其后的元素依次向后移。
- Remove()：从数组列表中删除第一个符合指定条件的元素。
- RemoveAt()：删除数组列表指定索引处的元素。
- Reverse()：将数组列表中指定范围内元素的顺序反转。
- Sort()：对数组列表中指定范围内的元素进行排序。

因为数组列表可以动态添加元素，所以在不确定数组类别中元素的个数时可以声明为一个空的数组列表。例如下面的声明方式。

```
ArrayList studentList = new ArrayList();        //声明实例化一个空数组列表对象 studentList
```

如果在声明 ArrayList 类对象时，想使该对象包含数组那样的元素个数，可以用一个已经实例化的数组来初始化。其格式如下所示。

```
ArrayList  名称=new ArrayList(数组名称);
```

其中，“数组名称”为已经实例化的数组，代码如下所示。

```
int [ ] array=new int[5];                       //声明并实例化数组
ArrayList arrayL=new ArrayList(array);          //声明并实例化数组列表
string [ ]sArray =new string[4];                //声明并实例化字符串型数组
ArrayList sArrayL=new ArrayList(sArray);        //声明并实例化数组列表
```

4.6.2 用数组列表操作学生信息

4.6.1 节介绍了数组列表的相关属性和方法。本节将利用上面的方法和属性创建一个示例。首先打开 Visual Studio 2008，创建一个控制台应用程序，然后在文件开头添加“using System.Collections;”语句，完成对数组列表所在命名空间的引用。只需在 Main()方法内部添加代码，代码如下所示。

范例 4.9
TestArrayList.sln

TestArrayList.sln 在这段代码里，使用 ArrayList 类的添加、插入、排序、查找等方法实现了对用户输入的学生进行排序的功能。

（光盘\code\ch4\TestArrayList\ TestArrayList.sln）

```
static void Main(string[] args)
{
    ArrayList studentList = new ArrayList();        //创建一个可变长度数组列表
    object studentName;                             //创建一个 object 类对象
    int i, count;                                   //i 为循环变量，count 为数组元素个数
    //以下是新增操作,向数组列表中添加数据
    string isGo = "Y";                              //是否继续的标志
    while (isGo.ToUpper() == "Y")                   //把输入转换为大写后，判断是否为 Y
    {
```

```
        Console.Write("请输入学生姓名：");        //提示用户输入学生姓名
        studentName = Console.ReadLine();         //将输入的值保存到变量 studentName 中
        studentList.Add(studentName);             //向列表中添加数据
        Console.Write("是否继续输入？（Y/N）：");  //询问用户是否继续输入
        isGo = Console.ReadLine();                  //获取用户输入的信息
        Console.WriteLine();                      //输出一个空行
    }
    Console.WriteLine();                          //输出一个空行
    //以下用来显示 studentList 中所有的数组元素
    Console.Write("输入的所有数据：");             //提示信息
    count = studentList.Count;                    //获得数组元素个数
    for (i = 0; i <= count - 1; i++)              //循环输出保存的学生姓名
    {
        Console.Write(studentList[i] + "     ");
    }
    Console.WriteLine();                          //利用空行隔开
    //将 studentList 数组内的元素做递增、递减排序
    studentList.Sort();                           //将数组元素递增排序
    Console.Write("递增排序结果");                 //提示信息
    for (i = 0; i <= count - 1; i++)              //循环输出排序后的结果
    {
        Console.Write(studentList[i] + "     ");  //输出元素信息
    }
    Console.WriteLine();                          //利用空行隔开
    studentList.Reverse();                        //将数组中的所有元素翻转
    Console.Write("递减排序结果");                 //提示后面输出的是递减排序后的结果
    for (i = 0; i <= count - 1; i++)              //循环输出递减排序后的结果
    {
        Console.Write(studentList[i] + "     ");  //输出元素信息
    }
    Console.WriteLine();                          //利用空行隔开
    //检索数据操作，以前有的话，询问是否删除，没有的话询问是否添加
    Console.Write("请输入要查询学生的姓名："); //提示用户输入查询学生的姓名
    studentName = Console.ReadLine();             //保存输入信息到 studentName
    Console.WriteLine();
    int index;                                    //定义整型变量 index，用于保存学生的序号
    index = studentList.BinarySearch(studentName); //检索输入数据
    string isYesNo = "N";
    if (index >= 0)                               //判断是否有此学生信息
    {
        Console.WriteLine("第{0}为学生的数据是：{1}", index + 1, studentList[index]);
        Console.WriteLine();
        Console.Write("是否删除该数据？（Y/N）：");         //询问用户是否继续查询
        isYesNo = Console.ReadLine();                      //获取用户输入的信息
        if (isYesNo.ToUpper() == "Y")                      //判断用户输入的是否为 Y
            studentList.Remove(studentName);               //移除操作
    }
    else                                                   //如果没有要查询学生信息
    {
        Console.WriteLine("无此学生信息！");               //提示信息
        Console.Write("是否插入该学生信息？（Y/N）：");//提示是否插入该学生信息
        isYesNo = Console.ReadLine();                      //获取用户输入的信息
        if (isYesNo.ToUpper() == "Y")
```

```
63                 studentList.Insert(count, studentName);             //插入数组的尾部
64             }
65             Console.WriteLine();
66             //显示最后结果，包括显示元素个数，操作后的元素列表
67             Console.WriteLine("显示数组的最后结果。");                //提示信息
68             count = studentList.Count;                                  //获得数组元素个数
69             Console.Write("当前数组内共有元素个数为：{0}",count);   //输出数组中元素数目
70             Console.WriteLine();
71             Console.WriteLine("数组的最后元素为：");                  //显示数组最后面的顺序
72             for (i = 0; i <= count - 1; i++)                           //依次显示数组元素
73             {
74                 Console.Write(studentList[i] + "      ");               //输出学生姓名，用空格隔开
75             }
76             Console.ReadLine();                                         //等待用户输入
77 }
```

运行程序，根据提示信息，输入数据。结果如图 4-10 所示。

代码第 3 行建立一个数组列表对象 studentList，用来存放学生姓名，第 5 行定义整型 count 用来存放数组列表元素的总个数。第 12 行调用列表对象的 Add()方法添加学生姓名，第 27 行调用 Sort()方法对数组列表中的学生名进行排序，第 34 行将列表中元素翻转。第 55 行调用 Remove()方法移除列表对象，第 63 行插入新元素到列表对象的尾部。

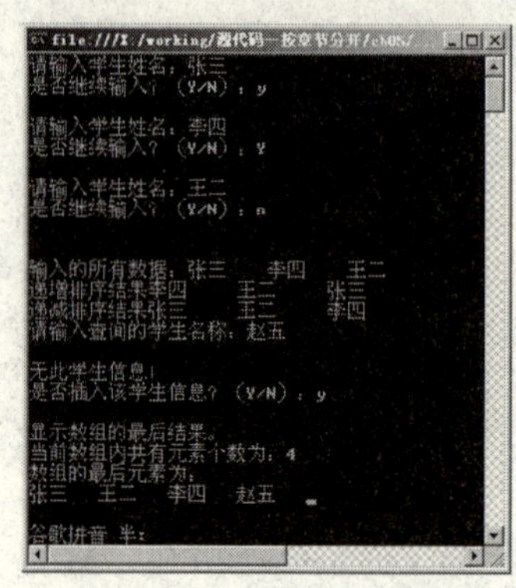

图 4-10　ArrayList 示例运行结果图

4.7　使用枚举类型

如果变量只有几种可能的值，可以定义为枚举类型。例如，在某个程序中如果需要使用变量来表示每周的 7 天，就可以使用枚举来表示。枚举类型是由用户定义的一组整型符号常量。使用枚举可以将一组相关的有限常量组织在一起，保证变量只能具有预定的值。本节主要介绍枚举类型的定义和访问，最后以一个实例的形式详细介绍枚举类型的各种用法。

4.7.1　定义枚举类型

枚举类型是一组由用户定义的整型符号常量。由于每个常量都有名称，所以易于辨认，从而提高了程序的可读性。枚举类型使用关键字 enum 定义，定义枚举类型的一般格式如下所示。

```
修饰符 enum　枚举类型名称
{
        符号常量 1,
        符号常量 2,
        …
};
```

关于修饰符后面将会介绍，这里可以先忽略这个问题。枚举类型的成员均为符号常量，

常量名用符号分开。用 enum 关键字定义一个枚举类型 weekday，代码如下所示。

```
enum weekday{ sun, mon,tue,wed,thu,fri,sat};
```

在上面的代码中，sun、mon、tue、wed、thu、fri、sat 称为枚举常量或枚举元素。默认情况下，第一个枚举值是 0，以后依次递增。在此枚举中，枚举常量值分别为 0、1、2、3、4、5、6。枚举数可以重新设置默认值的初始值，例如下面的例子。

```
enum weekday{ sun=1, mon,tue,wed,thu,fri,sat};
```

在上面的枚举中，强制枚举常量从 1 开始，向后依次递增。声明枚举数据类型后，便可以在声明枚举类型的类中存取数据。

4.7.2 声明与访问枚举变量

上一节介绍了枚举类型的定义，本节介绍枚举类型的声明。声明枚举变量与声明基本类型变量的格式相同。在上面的定义枚举类型 weekday 的基础上，声明枚举变量。代码如下所示。

```
weekday day1;                          //声明一个枚举变量 day1
```

可以在声明枚举变量的同时为变量赋值。枚举变量的值必须是枚举成员。枚举成员需要用枚举类型引导，如下所示。

```
weekday day1= weekday.sun;             //为枚举变量赋值
```

对枚举变量的访问与对基本类型变量的访问一样。获得枚举变量 day1 的值，如下代码可以实现。

```
int Num=(int)day1;                     //将 day1 的值赋给整型变量 Num
```

枚举类型可以使一些变量更直观，利用枚举类型可以很方便地处理一些数据。从下面的例子中，可以看到更多关于枚举类型的操作，请看 EnumWeekday 范例项目。

范例 4.10
EnumWeekday.sln

EnumWeekday.sln 在这段代码里，使用枚举实现了对一周工作计划的安排，并实现了调用任意一天计划内容的功能。读者可以打开解决方案编译并运行本范例。

（光盘\code\ch4\ EnumWeekday \ EnumWeekday.sln）

```
using System;                                   //系统生成命名空间
using System.Collections.Generic;
using System.Linq;
using System.Text;
namespace EnumWeekday                           //自定义命名空间“EnumWeekday”
{
    class Program                               //默认生成的 Program 类
    {
        public enum Weekday
        {
            Sun, Mon, Tue, Wed, Thu, Fri, Sat   //枚举值
        }
        static void Main(string[] args)         //主方法，程序入口
        {
            Console.WriteLine("每周有以下几天："); //提示信息
            //使用枚举类型的 GetNames()方法
```

```
17              foreach (string s1 in Weekday.GetNames(typeof(Weekday)))
18              {
19                  Console.Write(s1 + " ");              //输出星期信息从 Sun 到 Sat
20              }
21              Console.WriteLine("");                    //用空行隔开
22              Weekday wd1 = Weekday.Mon;                //用枚举类型 Weekday 声明变量并赋初值
23              Console.WriteLine("每周的工作日从{0}开始", wd1);//输出 Weekday 类型的变量值
24              Weekday wd2 = Weekday.Fri;                /     /对枚举的操作
25              Console.WriteLine("到{0}结束", wd2);         //枚举类型的输出
26              // 枚举类型变量用于计算，从周一到周五共有 5 天，即 wd2 - wd1+1
27              Console.WriteLine("每周有{0}个工作日", wd2 - wd1+1);
28              Console.WriteLine();
29              string[] workday = new string[7];            //定义字符串类型的数组
30              Weekday[] day = new Weekday[7];              //定义枚举类型的数组
31              Console.WriteLine("请为每一天安排工作任务：");
32              for(int i =0;i<7;i++)
33              {
34                  Console.Write("请输入星期{0}的任务：  ",i);
35                  workday[i] = Console.ReadLine();         //为每一天赋值
36              }
37              Console.Write("今天是星期几? ");              //提示用户输入今天是星期几
38              int a = int.Parse(Console.ReadLine());       //从命令行读取枚举类型变量的值
39              if (a > 6)                                   //判断是否输入大于 6 的数
40              {
41                  a = 0;                                   //输入大于 6 的数，显示星期天的任务
42              }
43              Console.WriteLine("今天的任务是："+workday[a]);//显示用户输入当天任务
44              Console.ReadLine();                          //等待用户输入
45          }
46      }
47 }
```

运行程序，结果如图 4-11 所示。

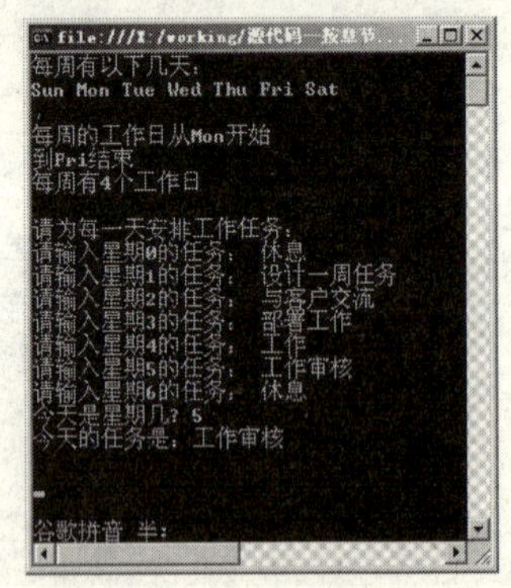

图 4-11　枚举示例运行结果

第 9 到第 12 行声明一个枚举类型 Weekday。第 17 行使用枚举类型的 GetNames()方法取得每个枚举元素的名字，在控制台打印输出。第 23～27 行的功能是提示工作日从 Mon 开始到 Fri 结束和工作日的天数。代码第 22 行用枚举类型 Weekday 声明变量并赋初值。

本示例展示了对枚举类型的常用操作，并用到前面所学数组，定义字符串数组和 Weekday 类型的数组用来保存和处理用户输入的一周任务（用 day[i]和 workday[i]来表示同一天）。核心的地方就是让用户输入一周内每天的任务安排，并能根据用户输入的当前日期自动显示当天任务。

作者心得：

从定义的枚举型 Weekday 可以看出枚举是一种事先定义好的集合类型，可以通过枚举来实现常用变量与值之间的一种映射关系。

4.8　使用结构类型

在数据处理过程中，有时需要将类型不同内容相关或数据类型一致、取值范围有限的一组相关数据放在一起处理。例如要处理学生成绩信息的数据：一个班级中学生的学号、姓名和成绩等信息，用基本数据类型处理起来很麻烦。这时可以使用自定义数据类型的结构体来处理这些问题。

4.8.1 定义结构

结构类型用来处理一组类型不同但内容相关的数据。结构体的定义与上一节介绍的枚举类型的定义相似，不同的是结构的定义需使用 struct 关键字。结构体定义格式如下所示。

```
struct　结构类型名称
{
    public  类型名称 1　结构成员名称 1;
    public  类型名称 2　结构成员名称 2;
    ...
}
```

“结构类型名称”是用户自定义新数据类型的名称，可以像基本数据类型名称一样用来定义变量。结构体内部，一对大括号之间是定义的结构成员。“结构类型名称”可以是基本数据类型，也可以是另一个已定义好的结构类型。例如，定义一个 date 的结构体。

```
struct date                              //定义一个日期类型的结构体
{
    public int year, month, day;
}
struct student                           //定义一个学生类型的结构体
{
    public string name;
    public string number;
    public bool sex;
    public int score;
    public date birthday;                //用上个结构体定义日期类型
}
```

上面的代码，首先定义一个日期类型的结构体。该结构体包含年、月、日 3 个结构成员。然后定义一个学生类型的结构体，除了包含姓名、学号、性别、成绩外，还包括一个前面定义的日期类型的结构成员，用来表示出生日期。

作者心得：

需要注意的是结构体名是结构体类型的名称，遵循标识符命名规则，结构体成员名同样遵循标识符命名规则。

4.8.2 声明和访问结构变量

定义结构后，一个新的数据类型就产生了，可以像使用基本数据类型那样，用结构来声明变量。例如，使用上面定义好的 student 结构体声明一个该结构体对象变量 stuZhangsan，代码如下所示。

```
student stuZhangsan;                    //声明一个结构对象 stuZhangsan
```

一般对结构变量的访问都转换成对结构中成员的访问。因为结构中的成员都依赖于一个结构变量，所以在使用结构中的成员时，必须指出访问的结构变量。在结构变量和成员之间通过运算符“.”连接在一起。即结构变量名.成员名。示例代码如下所示。

```
student stu1,stu2;              //声明两个结构变量
stu1.name = "李四";              //依次访问第一个结构变量中成员
stu1.number = "002";
stu1.sex = true;
stu1.score =100;
stu1.birthday.year = 1990;      //结构体中包含结构的访问方式
stu1.birthday.month = 1;
stu1.birthday.day = 1;
stu2 = stu1;                    //将结构体变量赋给另一个变量
```

以上代码，首先声明两个结构变量 stu1 和 stu2。然后依次访问 stu1 中的成员并赋值。stu2 = stu1 是将结构体变量 stu1 赋给结构体变量 stu2。

实训 4.1——按成绩对学生排序

在前面的讲解中，已经分别对 C#中的方法、数组、枚举和结构体等进行了讲解。在本实训中，将利用前面的知识来学习如何根据实际需要解决相应问题。

1. 需求描述与分析

在实训 2.1 中定义了学生模型包括学号、姓名、性别、年龄、班级、是否是本地生源和成绩等最基本的属性。本实训为了简化操作，只使用了学号、姓名和成绩字段。本实训主要是使用前面介绍的方法（writeStu（student s）和 ReadStu()）、数组（stu[]）和结构体（student）实现对学生进行按成绩排序的功能。

2. 程序设计分析

现在就来对使用到的方法数组和结构体进行分析。按照成绩对学生进行排序，如果学生有重名的，就需要按照学号进行操作，对每个学生进行操作就涉及到三种甚至更多种类型，这样处理起来很麻烦，如果使用结构体这些问题就可以大大简化。

每个班级学生数量可能都不一样，一般每个班级几十个学生，如果对这些学生进行排序，需要声明很多变量用来存储。这样的程序会变得非常庞大，即使是一个对学生成绩进行排序的小程序。如果对全校学生进行排序，定义的变量将会更加庞大，使用数组可以大大化简。

定义一个数组变量就可以存放所有学生信息。

程序需要对每个学生信息进行输入、读取。使用方法可以将这些代码封装到一块，这样每次只需调用方法就可完成对学生信息的输入和读取。

3. 开发模型代码

我们使用表 4-2 中的文件来实现学生成绩信息排序代码。

表 4-2　学生模型的实现文件描述

文　件	功　能
StudentApp.sln	采用数组、方法、结构体等知识来实现按照输入的学生成绩信息进行从高分到低分的排序操作，并将排序后的信息显示出来。

程序清单 4.1-1：StudentApp.sln

```
using System;                                           //系统生成命名空间
using System.Collections.Generic;
using System.Linq;
using System.Text;
namespace StudentApp                                    //自定义命名空间“StudentApp”
{
    class Program                                       //默认生成的 Program 类
    {
        struct Student                                  //定义学生结构体
        {
            public string name;                         //用于设置或获取学生姓名
            public string number;                       //用于设置或获取学生学号
            public int score;                           //用于设置或获取学生成绩
        }
        static void Main(string[] args)                 //主方法，程序入口
        {
            Console.Write("请输入学生人数：");           //提示信息
            int n = int.Parse(Console.ReadLine());      //获得学生人数
            Student[] stu = new Student[n];             //定义结构体类型的数组
            for (int i = 0; i < n; i++)                 //循环输入学生信息
            {
                Console.WriteLine("请输入的第{0}个学生的信息。", i + 1);
                stu[i] = readStu();                     //输入学生信息
              Console.WriteLine("输入的第{0}个学生的信息如下所示。", i + 1);
                writeStu(stu[i]);                       //显示出刚输入的信息，用来确认
            }
          Console.WriteLine("按分数由高到低排序，排序后的列表如下所示。");
            //用冒泡法，按照分数由高到底排序
            for (int i = 0; i < n-1; i++)               //共扫描 n-1 遍
            {
                for (int j = 0; j < n - 1 - i; j++)
                {
                    if (stu[j].score < stu[j + 1].score)
                    {
                        Student temp;                   //定义结构体变量，作为中间变量
                        temp = stu[j];                  //将 stu[j]放到 temp 中
```

```
                        stu[j] = stu[j + 1];        //把数据 stu[j+1]的数据赋给 stu[j]
                        stu[j + 1] = temp;          //把数据赋给 stu[j+1]
                    }
                }
            }
            for (int i = 0; i < n; i++)             //输出排序后的学生信息
            {
                writeStu(stu[i]);                   //调用方法 writeStu()
            }
            Console.Read();
        }
        static Student readStu()                    //自定义静态方法，用来输入信息
        {
            Student stu;                            //定义结构体变量 stu
            Console.Write("请输入姓名：");          //提示输入姓名
            stu.name = Console.ReadLine();
            Console.Write("请输入学号：");          //提示用户输入学号
            stu.number = Console.ReadLine();
            Console.Write("请输入成绩：");          //提示用户输入成绩
            stu.score = int.Parse(Console.ReadLine());
            return stu;                             //返回包含用户输入信息的 stu
        }
        static void writeStu(Student s)             //自定义方法，用来显示信息
        {
            Console.WriteLine("姓名：" + s.name);    //输出结构体的姓名字段
            Console.WriteLine("学号：" + s.number);  //输出学号
            Console.WriteLine("成绩：" + s.score);   //输出成绩
        }
    }
}
```

运行程序，屏幕上显示“请输入学生人数：”的提示。输入一个整型变量后，程序会依次让用户输入每个学生的姓名、学号、成绩。并在用户输入完毕后，显示输入信息，让用户来确认。在本程序中依次输入 3 个学生的信息后，运行结果如图 4-12 所示。

等用户输入最后一个学生的信息完毕，按下 Enter 键屏幕上将会显示按分数由高到低排序后的名单。排序后的效果如图 4-13 所示。

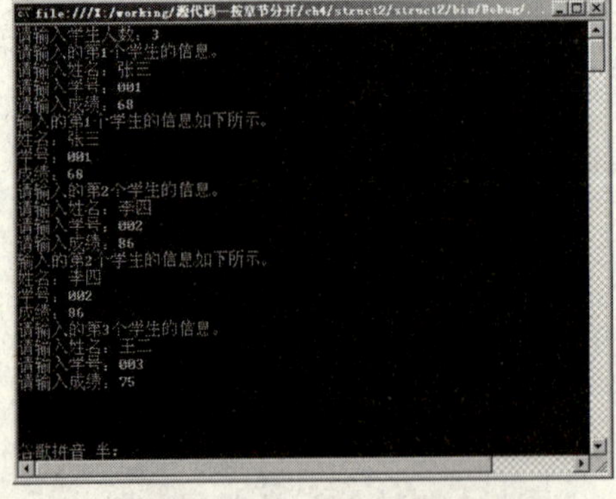

图 4-12　输入信息后的效果图

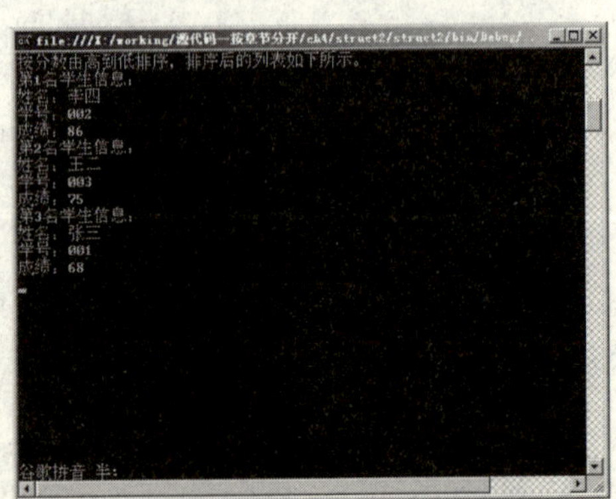

图 4-13　排序后的结果

在本程序中，首先定义了一个结构体，用来存储学生的姓名、学号、成绩等信息。因为本程序多次对学生信息进行操作，所以把读写学生信息的功能代码分别封装在方法 readStu()和 writeStu()里面。在 Main()方法中，首先定义一个学生结构体数组，用来存放学生信息。根据输入的学生人数，确定数组大小。然后用 for 循环依次为每个学生填写相关信息，之后用冒泡法根据学生的成绩进行由高到低的排序。最后将排序后的信息显示出来。程序第 33 行表示如果 stu[j].score 小于 stu[j + 1].score，则交换顺序。第 52 行获取用户输入的信息，保存在结构体 stu.name 中。第 54 行获取用户输入的信息，保存在 stu.number 中。第 56 行获取用户输入的信息，保存在 stu.score 中。

和学生模型相似，现在要开发一个对公司员工进行按工资排序的模型。首先要分析有什么需求，员工的基本信息除了姓名、工资等还需要员工编号，这样可以避免重名带来的混乱。除此之外读者还需要考虑哪些属性，例如：年龄、工作部门、工作时间、工作经验等，读者可以再考虑是否要用到这些属性。

完成员工结构需求后，再考虑本单位员工人数，确定选用什么样的数据类型进行存储。考虑哪个过程是重复执行的，例如输入员工信息，显示员工信息等。这些问题都确定以后就可以进行开发，实现类似于学生排名的程序。

除此之外，读者还可以添加其他功能。例如将员工信息录入以后求出指定年份进入公司的员工，然后再对其进行排序等。读者做到这里就基本上掌握本章介绍的知识了。

4.9 疑难解答

1. 声明方法需要注意哪些问题？

答：定义的方法名首先符合命名规则，并且方法必须有返回值类型，如果返回值类型不为空，还需要在结尾使用 return 语句返回结果。

2. 方法传递过程中值参数和引用类型参数有什么不同？

答：值类型不用其他修饰符修饰其在内存开辟空间，调用过程传递的是值。引用类型使用 ref 修饰，并不在内存开辟新的内存区域，调用时传递的是地址。

3. 输出参数和引用参数有什么异同？

输出参数和引用参数都不在内存开辟空间，不同的是引用参数调用前不需对变量进行初始化，输出参数需要返回数据。

4. 创建数组时有哪些注意点？

答：在创建数组时，必须要给出数组的长度，也就是数组中能够放多少个数组元素，通过它来为数组元素分配放置位置。创建数组时要给出数组类型，要和声明数组类型相同。

5. 实例化一个数组，确定了长度，能不能再增加数组长度。

答：数组长度一旦确定就不可以更改，如果需要使用可变长度的数组，可以使用数组列表（ArrayList）。

6. 如何理解多维数组？

答：多维数组可以说是数组的数组，也就是在数组中的数组元素仍然是数组。也可以说多维数组是一种嵌套形式。

7. 当对二维数组进行数组元素输出时，嵌套的两层 for 循环各完成什么功能？

答：外层 for 循环是对二维数组进行循环，从而得到二维数组元素，也就是一维数组。内层循环就是对里面的一维数组进行再循环操作，从而得到一维数组中的具体值。

8. 对数组的基本操作了解后，如何理解数组这种数据结构呢？

答：可以把数组看作是一个容器，对数组进行操作，就是对容器中的事物进行设置和获取。

9. 枚举是值类型还是结构类型，结构体呢？

答：当变量被声明为枚举时，是值类型，实质上值是存放在枚举变量中的。结构体是值类型，正是因为这样，结构体的效率比较高。

10. 我虽然知道了枚举类型的定义和使用方法，但是为什么要使用枚举类型呢？

答：使用枚举速度快、方便、直观，例如定义一个一周的枚举，enum Days {Sat=1, Sun, Mon, Tue, Wed, Thu, Fri};如果在程序中想表示星期一时可以直接写成 Days.Mon 比较直观而不是用数字来表示，方便以后维护。

4.10 上机题

1. 创建 TwoMax()方法，用来求两个数中的较大数，该方法返回类型为整型，并且具有两个整型参数。

2. 创建一个重载的 TwoMax()方法，该方法的参数和返回值都是 double 类型，从而实现求两个浮点数中的较大数。

3. 定义一个引用方法，用来交换传入参数的值。

4. 创建一个具有 5 个元素的整型数组，每一数组元素的值等于数组下标的乘方，循环输出数组的每一个元素。

5. 创建一个 ArrayList 对象，初始化时向其添加三个表示学生名称的数组元素，然后再完成向数组列表对象中添加其他学生的信息。

6. 使用 for 循环语句对一个数组{{1,2},{3,4},{5,6}}进行遍历，得到数组的每个元素并将其输出。

7. 创建一个长度为 20 的 double 类型的数组，并将数组中下标为偶数的元素放到另一个数组中。

8. 某班有 10 名学生，创建一个数组列表用来保存每个学生的成绩，并实现按照学生成绩由高到低进行排序。

9. 创建一个包含 7 种颜色的枚举对象，7 种颜色分别为：赤、橙、黄、绿、青、蓝、紫。

10. 创建一个结构体，用来表示公司员工信息，该结构体中包括员工编号、员工姓名、员工工资、员工所属部门信息。

第5章 面向对象编程简介

随着软件工程的发展，软件的规模迅速增大，面向过程的软件开发遇到了很多问题。例如，程序越来越难以控制、错误不容易排除等。以前开发的版本或组件很难用在新开发的程序中，不能充分利用团队开发优势等。面向对象的开发在这种情况下应运而生。C#作为一门新兴的语言，通过类、对象、继承、多态等机制形成了一个完善的面向对象的编程体系。本章将学习 C#语言面向对象编程的基础。

本章的学习重点

- *面向对象编程思想。*
- *对象与集合初始化器。*
- *访问修饰符。*
- *静态成员。*
- *构造方法。*

5.1 面向对象编程概述

从 20 世纪 90 年代起，面向对象便成为软件开发的主流，至今已有很大发展。面向对象不仅仅指面向对象的编程实现（OOP，Object Oriented Programming），其涉及到软件开发的各个方面。如面向对象的分析（OOA，Object Oriented Analysis）和面向对象的设计（OOD，Object Oriented Design）。面向对象的应用，已超越了程序设计和软件开发，扩展到很宽的范围。如数据库系统、交互式界面、应用结构、应用平台、分布式系统、网络管理结构、CAD 技术、人工智能等领域。

面向对象模拟现实生活中处理问题的一些思路，使编程与实际更加接近。就像在现实生活中，对象包括其属性和动作（方法）。客观世界中的每个事物都可以看作一个对象（object）。对象可以是具体物体，如计算机、篮球、运动员等，也可以是抽象的名词，如国家、团队、家等。一个对象可以包含很多对象，例如，一个国家是一个对象，一个国家可以包含很多家庭，每个家庭是一个对象，一个家庭又包含几口人，每个人又是一个对象。

家庭中具体的个人，如爸爸、妈妈、孩子都具有人的特性，所以都属于人类。一些具有相同或相似特征的对象的抽象就是类（Class）。一个人作为一个类的具体对象有两个要素：一是人的一些固有特征，如姓名、性别、职业等，这种特征称为属性（Property）；二是人的行为特征，如吃饭、跑步等，这种动作行为特征叫做行为，在程序设计中类似于方法（Method）。

以上利用客观世界的一些事物来介绍面向对象的基本概念。在后面的几节中将会介绍这些概念在编程中的应用。

5.2 定义类和声明对象

所有同一类的事物共同抽象成一个类。例如，人类是一个抽象的概念，而其中的个体，就是具体的，如张三、李四等，可以将其看做一个对象。对于面向对象语言而言，类本质上是一种数据类型，用法与前面介绍的基本数据类型 int、float 等基本相同，只是基本数据类型是特殊的类。用类类型和用基本数据类型一样，可以声明定义对象。用类声明的对象叫做类的实例或类的对象。

5.2.1 定义类

类是一种数据结构。在 C#中，类这种数据结构类型可以分为两种：一种是由系统提供预先定义的，这些类在.NET 框架类库中；另一种是由用户定义的数据结构。在创建对象之前，必须先定义该对象所属的类，然后由类声明对象。在.NET 公共类库中包含大量预定义的类，利用这些类可以简单、高效地创建应用程序。

任何一种类型都要先声明再使用。在学习 C#的过程中，之所以能够直接使用 int、double、string 之类的基础类型，是因为在.NET 基础类库中已经对其进行了声明。一个类一旦被成功地声明，就可以当作一种新的类型来使用。C#使用关键字 class 来声明类，定义形式如下。

访问修饰符 class 类名称

```
{
    //构造方法
    //变量
    //方法
    //属性
    …
}
```

上面代码中“类名”是一个合法的 C#标识符，表示数据类型（类类型）名称。类名最好能体现类的含义和用途。类体以一对大括号开始和结束，其中包括成员对象。在一对大括号后面可以跟一个分号，也可以省略分号。

注意：在同一个命名空间内，类名不能重复。下面用 class 关键字声明一个 Student 类，代码如下所示。

```
class Student              //用 class 关键字定义一个 Student 类。此处为类头，下面代码行是类体
{
    string number;         //定义字符串型成员变量 number
    string name;           //定义字符串型成员变量 name
    int score;             //定义整型成员变量 score
}
```

上面的代码，和前面定义的学生结构体除了关键字不同外，其他地方都相同。正如类型上的相似，功能上也有些类似，后面还将讨论两者之间的异同。关键字 class Student 是类头，

关键字 class 定义了一个名为 Student 的类。大括号及其大括号之间的代码行是类体。类体中包括 number、name 和 score 均为类中的字段，即类的成员变量。一个类中还可以包括其他成员，成员可以用修饰符修饰。关于如何声明类的其他成员，请看范例 TestClass。

范例 5.1
TestClass.sln

TestClass.sln 在本程序中通过定义 Student 类，演示了 C#类中常见的成员的定义和使用方法，例如：成员变量、构造方法、属性和公有方法。

（光盘\code\ch5\TestClass\TestClass.sln）

```
1 public class Student                        //用 class 关键字定义一个 Student 类
2 {
3       public Student()                      //构造方法，方法名和类名一致
4       {
5           number = "001";                   //为字段 number 赋值为 001
6           name = "姓名";                    //为字段 name 赋值为“姓名”
7           score = 0;                        //为字段 score 赋值为 0
8       }
9        private string number;               //定义私有成员成员变量，用来存放学号
10       public string name;                  //定义公有成员变量，用来存放姓名
11       private int score;                   //定义私有成员变量，用来存放成绩
12       public int Score                     //定义属性 Score
13       {
14           get { return score; }            //获取属性
15           set { score = value; }           //设置属性
16       }
17       public void display()                //定义成员方法，用来输出 Score 属性值
18       {
19           Console.WriteLine("分数是：{0}",Score);
20       }
21 }
```

代码第 1 到 21 行定义了 Student 类，类体中包括第 3 行到第 8 行的构造方法、第 9 到第 11 行的成员变量、第 12 到第 16 行的属性和第 17 到第 20 行的成员方法。本实例演示了 C#类中常见成员，其中成员变量和方法前面已经介绍。本章第 6 节将介绍构造方法。第 7 章介绍类的属性。

构造方法是在创建对象后，对该对象进行初始化的。每次创建类对象时，都会调用此方法。名字必须和类名相同，上例中 Student()为构造方法。字段是类定义中的数据，也叫类的变量。在上例中定义的 number、name 和 score 均为类中的字段。如果需要在类定义的多个方法中使用某个变量，该变量应该声明为字段。

属性用于读取和写入字段值，属性是字段的自然扩展。对用户而言，属性等同于字段本身。对程序员而言，属性是一种读写字段的特殊方法。在上例中定义的 Score 为属性。方法通常用于对字段进行计算和操作，即对类中的数据进行操作，以实现特定的功能。在上例中定义的方法 display()用来显示属性 Score 的值。

作者心得：

后面将会详细阐述关于构造方法、属性等成员的相关知识，此处只做了解即可。类体一般包括类中的所有数据及对数据的操作，面向对象程序设计将数据与对数据的操作作为一个整体，以类的形式进行定义。在类体中，所有数据及对数据操作的集合叫类成员。

5.2.2 声明和使用对象

定义类之后，可以用定义的类声明对象，声明对象后可以访问对象成员。每一个类对象均具有该类定义中的所有成员。通常，对象的创建和初始化总是一起完成的。声明对象的格式如下所示。

```
类名  对象名;
```

下面是用上一节声明的类来定义一个对象 s1，代码如下所示。

```
Student   s1;                        //声明对象 s1
```

声明一个对象就是在栈中为对象名开设空间，而对象名所含的值，是一个空引用。所以对象声明后，需用 new 关键字将对象实例化，这样才能为对象在内存中分配保存数据的空间。对于一个已声明的对象来说，将其初始化的格式如下所示。

```
对象名 = new 类名（初始化参数列表）;
```

为上面已定义的 Student 类的对象 s1 初始化，代码如下所示。

```
s1= new Student();                   //为对象 s1 分配空间
```

从 5.2.1 节的例子可知，类名和构造方法名是一样的。上面的“类名（初始化参数列表）”可以理解为构造方法的调用，关键字 new 根据类名和初始化列表创建并初始化了一个对象，new 表达式返回这个对象的引用。声明和初始化对象可以一步完成，声明并初始化对象的语句，格式如下所示。

类名 对象名 = new 构造方法（初始化参数列表）;

可以对上面声明后又分配空间的对象 s1，用下面的一句代码替代。

```
Student s1 = new Student();          //声明并实例化对象 s1
```

访问对象实质是访问对象成员，对象变量成员的访问使用“.”运算符，如以下代码所示。

s1.name="张三";

使用对象变量为另一对象变量整体赋值，如以下代码所示。

```
Student s2= s1;                      //与“Student s2;s2=s1;”效果一样
```

可以使用对象中的某一成员为变量赋值，如以下代码所示。

```
string sName=s1.Name;
```

以前的程序，一般都是把代码写在 Main()方法或 Main()方法默认所在的类 Program 中，但本节介绍的程序需要自定义一个类。因为自定义的 Student 类和 Main()方法默认所在的类 Program 是同一级别，所以在程序中处于并列位置。请看 TestClass 项目代码。

范例 5.2
TestClass.sln

TestClass.sln 在这里演示了如何定义类、声明对象、访问类成员，以及使用类对学生成绩进行操作等。读者可以打开解决方案编译并运行本范例。

（光盘\code\ch5\TestClass\TestClass.sln）

```
using System;                                                    //系统生成命名空间
using System.Collections.Generic;
using System.Linq;
using System.Text;
namespace TestClass                                              //自定义命名空间“TestClass”
{
    class Program                                                //默认生成的 Program 类
    {
        static void Main(string[] args)                          //主方法，程序入口
        {
            Student s1 = new Student();
            s1.name = "张三";                                     //给成员变量的 name 字段赋值
            s1.Score = 99;                                       //给属性赋值
            Console.WriteLine("学生{0}的成绩是：{1}", s1.name, s1.Score);
            Student s2 = s1;                                     //对象变量 s1 为对象变量 s2 整体赋值
            s2.name = "李四";                                     //修改成员变量的值
            Console.WriteLine("学生{0}的成绩也是：{1}", s2.name, s2.Score);
            Student s3 = new Student();                          //定义 Student 类型的对象 s3
            s3.name = "王二";                                     //给对象 s2 的 name 字段赋值
            s3.Score = s1.Score;                                 //使用对象s1 中的成员属性为变量赋值
            Console.Write("学生{0}的成绩用成员方法 display 输出 ", s3.name);
            s3.display();                                        //调用成员方法
            Student s4 = new Student();                          //声明对象 s4
            Console.WriteLine("学生{0}的成绩是：{1}", s4.name, s4.Score);
            Console.Read();                                      //等待用户输入
        }
    }
    public class Student                                         //用 class 关键字定义 Student 类
    {
        public Student()                                         //构造方法
        {
            number = "001";                                      //为字段 number 赋值为 001
            name = "姓名";                                        //为字段 name 赋值为“姓名”
            score = 0;                                           //为字段 score 赋值为 0
        }
        private string number;                                   //成员私用成员变量
        public string name;                                      //定义公用成员变量
        private int score;
        public int Score                                         //属性
        {
            get { return score; }                                //获取属性
            set { score = value; }                               //设置属性
        }
        public void display()                                //定义成员方法，用来输出 Score 属性值
```

```
45            {
46                Console.WriteLine("分数是：{0}", Score);
47            }
48        }
49}
```

运行程序，结果如图 5-1 所示。

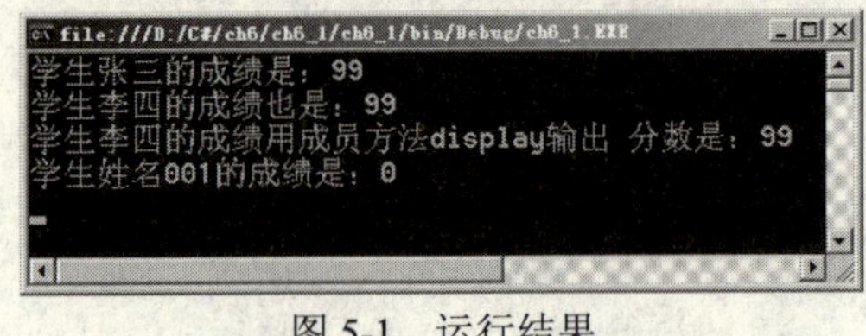

图 5-1　运行结果

在第 9 行到第 27 行的 Main()方法中，可以看到用不同的方法对成员进行访问。第 11 到第 13 行定义并初始化变量 s1，直接对成员变量 name 和属性 Score 赋值，第 14 行输出赋值后的信息。第二个对象 s2，使用对象 s1 为其整体赋值，然后修改 name 的信息。第三个对象 s3，声明并初始化后，调用成员方法输出成绩。

作者心得：

在 C#中，如果对象的成员没有在构造时被初始化，那么就被赋以默认值。对于第四个类对象 s4，声明并初始化后，并没有显式地赋值，但输出的 name 的值是“姓名 001”，属性 Socre 的值是 0。其实在实例化默认构造方法时，已经为其赋默认值。关于默认值，是在构造方法中设置的，如果不明确赋值，就采用默认值。

5.3　对象初始化器

在面向对象的编程过程中，实例化一个对象后往往需要对其成员赋初值进行初始化。而这些工作在 C# 3.0 之前的版本中都需要多行的代码来完成，而对象与集合初始化器使创建对象并初始化对象中的属性在一行代码中完成，从而提高编程效率。本节将介绍对象初始化器的使用方法。

通常情况下，对一个拥有众多属性的对象进行初始化，要对属性进行逐一赋值，或者通过构造方法进行初始化值。但有时类不允许修改，况且属性多的情况下，构造方法的重载版本也会变得相当多，使代码十分冗长，例如下面的代码。

```
class Program
{
    static void Main(string[] args)
    {
        Person p = new Person("Tom");          //初始化对象
        p.Sex = Sex.Male;                      //设置属性
        p.Age = 23;
        p.Address = "Home Address";
    }
}
public class Person                            //定义 Person 类
```

```
{
    public string Name { get; set; }                    //自动属性 Name
    public int Age { get; set; }                        //自动属性 Age
    public Sex Sex { get; set; }                        //自动属性 Sex
    public string Address { get; set; }                 //自动属性 Address
    public Person(string name)                          //构造方法
    {
        Name = name;
    }
}
```

C# 3.0 中新的对象初始化方法称为“对象初始化器”。“对象初始化器”可以用更少的代码行数使对象的属性进行初始化工作。具体方法是将类中公有属性或字段赋值为某一值的表达式，由逗号分隔，并包含在一对大括号“{}”中，紧接在对象初始化表达式后。如果构造方法无参数，则可以省略构造方法的括号。用“对象初始化器”对上述代码进行重写，重写后的代码如下所示。

```
class Program
{
    static void Main(string[] args)
    {
        //使用对象初始化器进行初始化字段
        Person p = new Person("Tom") { Sex = Sex.Male, Age = 23, Address = "Home Address" };
    }
}
```

或者使用无参数的构造方法，代码如下所示。

```
class Program
{
    static void Main(string[] args)
    {
        //使用无参数的构造方法，可以省略括号
        Person p = new Person { Name = "Tom", Sex = Sex.Male, Age = 23, Address =
            "Home Address" };
    }
}
```

从上面的代码中可以看到，对象与集合初始化器的使用使初始化的过程更为直观。

5.4　访问修饰符

在 5.2.2 节的程序中，定义 Student 类的对象 s1 后，在编辑器中输入 s1.，Visual Student 2008 的智能感应功能将会弹出一个界面。界面如图 5-2 所示。

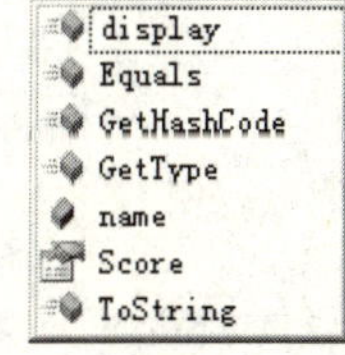

图 5-2　对象 s1 下的成员

其中，包括在 Student 类中定义的成员变量 name、属性 Score 和方法 display()。但定义的成员变量 number、score 并不包括在其中。这是因为在定义时，设置的访问权限为 private。前面多次用到的 private 和 public 等称为成员访问修饰符。访问修饰符使类与类之间的成员，因范围的不同而导致可见性的不同，其用于实现数据和代码的隐藏。在声明类型或成员时可以使用多种修饰符，如表 5-1 所示列出的访问修饰符。

表 5-1　访问修饰符及其意义

访问修饰符	意　义
public	访问不受限制，可以被任何外部类访问
private	只能在本类内部访问该成员
protected	除了自身的类可以访问之外，该类的派生类也可以访问
internal	成员作用范围只在本程序集内
protected internal	限于当前项目或从该项目的类继承的类才可以存取

在前面定义的成员很多没有指定任何访问修饰符，程序也可以正常运行，这说明 C#允许不显示的指定访问修饰符。在类内声明的成员，如果没有使用任何访问修饰符，则默认是私有的（private）。私有访问不允许在类定义外访问。5.2 节中在 Student 类定义的成员变量 number、score 被显式地指明为私有，所以在 Main()方法所在的类中不能访问。在 Student 类中定义的成员变量 name、属性 Score 和方法 display()被显式地指明为公有，所以可以在 Main()方法中访问。

作者心得：

需要注意，直接在命名空间中声明类的结构等，如果在定义中不指定访问修饰符，则系统就默认为 internal。

一般在定义成员变量时，为确保不被其他类随意访问，声明为私用（private）或受保护（protected），从而实现数据隐藏。而对于其他类型的成员，如属性、方法等，为实现对成员变量的操作，一般将其声明为公用（public）。下面对以上几种访问修饰符逐个进行介绍。public 是类、类成员的访问修饰符。对访问没有限制，可以任意地被访问，例如下面的代码。

```
class Employee                    //定义 Employee 类
{
    public int x;                 //声明 Employee 类的公有变量 x
}
```

在下面的示例中，声明了两个类：Employee 和 MainClass。直接从 MainClass 访问 Employee 的公共成员 x 和 y。

```
using System;                          //引用命名空间
class Employee                         //定义 Employee 类
{
    public int x;                      //声明 Employee 类的公有变量 x
    public int y;                      //声明 Employee 类的公有变量 y
}
class MainClass                        //程序的入口在 MainClass 类中
{
    static void Main()                 //主方法
```

```
        {
            Employee E = new Employee ();                    //实例化 Employee 类的对象 E
            E.x = 10;                                         //访问 Employee 类的公有变量 x
            E.y = 15;                                         //访问 Employee 类的公有变量 y
            Console.WriteLine("x = {0}, y = {1}", E.x, E.y); //输出对象 E 的成员变量 x 和 y
        }
    }
```

private 关键字是一个成员访问修饰符。英文解释为私有的。也就是说，除了在声明类中，其他地方都不允许访问，如以下代码所示。

```
class Employee                              //定义 Employee 类
{
    private int x;                          //声明 Employee 类的私有变量 x
    private int y;                          //声明 Employee 类的私有变量 y
}
```

通过将刚才例子中的 public 修改成为 private 后，其成员变量不能在类外访问。例如下面的代码是错误的。

```
Employee E = new Employee();                //实例化 Employee 类别名为 E
E.x = 10;                                   //访问私有变量，错误
E.y = 15;                                   //访问私有变量，错误
```

上述例子中就无法使用 x 和 y 的字段了，因为这两个字段被隐藏了起来，只能在 x 和 y 声明类 Employee 中使用。protected 关键字是一个成员访问修饰符，它的权限是介于 private 和 public 之间的。private 不能为其他任何类使用，public 可以被任何类使用，而 protected 则是可以被声明类和其子类使用。如以下代码所示。

```
using System;                               //引用命名空间
class Employee                              //定义 Employee 类
{
    protected int x = 123;                  //声明受保护的变量
}
class MyClass : Employee                    //定义 MyClass 类，继承 Employee 类
{
    static void Main()                      //主方法，程序的入口
    {
        MyClass my = new MyClass ();        //定义 MyClass 类的对象 my
        my.x = 10;                          //可以访问基类受保护成员
    }
}
```

因为 MyClass 继承了 Employee 这个类，所以通过实例化 MyClass 就可以直接使用 x 这个字段。如果换成 private，则会因为权限不够而不能通过编译。

internal 是类型、类型成员的访问修饰符。只有在同一程序集的文件中，内部类型或成员才是可访问的，如下例所示。

```
public class Employee                          //定义 Employee 类
{
    internal static int x = 0;                 //声明内部 internal 的静态整型变量
}
```

内部访问通常用于基于组件的开发，因为它使一组组件能够以私有方式进行访问，而程序其他模块则不可以访问。以下示例包含两个文件，第一个文件包含内部基类 Employee。在第二个文件中，尝试实例化 Employee 将产生错误。代码如下所示。

```
internal class Employee                        //定义 Employee 类
{
    public static int x = 0;                   //声明公有静态变量
}
class MyClass                                  //定义 MyClass 类，该类包括主方法
{
    static void Main()                         //主方法，程序的入口处
    {
        Employee myBase = new Employee ();     //实例化，将产生错误
    }
}
```

在此示例中，将 Employee 的可访问性级别更改为 public。还将成员 x 的可访问性级别更改为 internal。在下例中，可以实例化类，但不能通过实例化的类对象访问内部成员。

```
public class Employee                          //定义 Employee 类
{
    internal static int x = 0;                 //定义 internal 静态整型变量 x，并赋值为 0
}
class MyClass                                  //定义 MyClass 类，该类包括主方法
{
    static void Main()                         //主方法，程序的入口处
    {
        Employee E = new Employee ();          //定义 Employee 类的对象 E
        E.x = 11;                              //直接给 internal 静态整型变量 x 赋值，将会出现错误
    }
}
```

上面讲解了各种修饰符的权限范围，读者可以自己做一下练习，掌握这几种权限修饰符的作用范围和区别，方便今后的学习。

5.5 静态成员

在前面的例子中，有些程序在一个类中定义的成员变量或成员方法，在另一个类中没有实例化类的对象却可以直接用类名进行访问，这是因为定义的成员变量是静态的（static）。本节将介绍静态成员和静态方法的相关知识。

5.5.1 静态数据成员

在非完全面向对象的程序设计语言中，为了实现数据共享，可使用全局变量。由于在程序中可以自由访问全局变量，其安全性得不到保证。另外，C#是完全面向对象的程序设计语

言，不存在全局变量。若要实现数据共享，可以使用静态数据成员。声明静态成员需要使用 static 修饰符，例如在学生类中，把所有对象共有的数据成员声明为静态。代码如下所示。

```
class Student                               //Student 类
{
    public static int studentNumber;        //声明为静态数据成员，用来设置或获取学生学号
    public static int studentGrade;         //声明为静态数据成员，用来设置或获取学生所在班级
    public string name;                     //声明为非静态数据成员，用来设置或获取学生姓名
    public int score;                       //声明为非静态数据成员，用来设置或获取学生分数
}
```

在 Student 类中，用 studentNumber 来统计学生数量，这个数据成员表示全体学生对象的特征。如果班级变动，用 grade 来表示所有学生的更改情况。所以以上两个数据成员声明为静态。学生姓名和成绩每个学生都不一样，所以声明为非静态变量。

以上面的 Student 类为例，静态数据成员 grade 不属于任何一个特定的对象，而是属于 Student 类。或者说属于全体对象，是被全体对象共享的数据。静态成员与非静态成员的不同在于，静态成员属于类，而非静态成员则总是与特定的对象实例相关联。请看 TestStatic 项目代码。

范例 5.3
TestStatic.sln

TestStatic.sln 在这里演示了静态数据成员和非静态数据成员的区别，以及使用静态数据成员显示和修改班级信息的方法。

（光盘\code\ch5\ TestStatic\ TestStatic.sln）

```
using System;                                        //系统生成命名空间
using System.Collections.Generic;
using System.Linq;
using System.Text;
namespace TestStatic                                 //自定义命名空间"TestStatic"
{
    class Program                                    //默认生成的 Program 类
    {
        static void Main(string[] args)              //主方法，程序入口
        {
            Student s1 = new Student();              //实例化对象 s1
            s1.name = "学生 s1";                      //为 s1 的成员变量 name 赋值
            Student s2 = new Student();              //实例化对象 s2
            s2.name = "学生 s2";                      //为对象 s2 的 name 字段赋值
            Console.Write("输入学生班级信息：");       //提示用户输入班级信息
            Student.studentGrade = Console.ReadLine(); //为静态变量赋值
            s1.display();                            //显示 s1 所在班级
            s2.display();                            //显示 s2 所在班级
            Console.WriteLine("更改学生班级：");       //提示用户输入更改后的班级信息
            Student.studentGrade = Console.ReadLine(); //更改静态变量的值
            s1.display();                   //调用 display 方法显示更改后的所在班级信息
            s2.display();                   //调用 display 方法显示更改后的所在班级信息
            Console.ReadLine();             //等待用户输入
        }
    }
    class Student                           //声明 Student 类
    {
```

```
28          public static int studentNumber; //声明为静态数据成员，用来设置或获取学生学号
29          public static int studentGrade;  //声明为静态数据成员，用来设置或获取学生所在班级
30          public string name;              //声明为非静态数据成员，用来设置或获取学生姓名
31          public int score;                //声明为非静态数据成员，用来设置或获取学生分数
32          public void display()            //显示班级信息的方法
33          {
34              Console.WriteLine("{0}所在班级：{1}", name, studentGrade);//输出班级信息
35          }
36      }
37 }
```

运行程序，结果如图5-3所示。

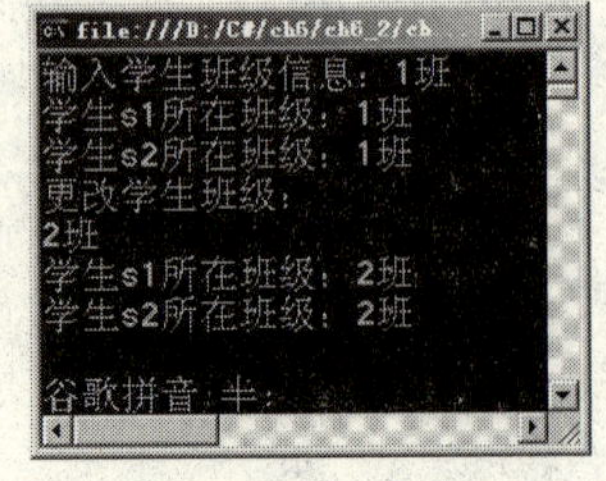

图5-3　静态数据成员示例运行结果

代码第26到第36行定义一个Student类。其中包括第28行和第29行定义的两个静态数据变量studentNumber、studentGrade，第30行和第31行定义的两个非静态数据变量name、score和第32行到第35行定义的一个用于显示班级信息的display()方法。

在主方法中声明并实例化了两个对象并分别给其name属性赋值。从键盘输入一个字符串为静态数据变量studentGrade赋值。可以看出，静态数据变量可以直接用类名访问。对象s1、s2输出的班级更改前后相同，说明共有同一内存空间。无论Student类创建了多少个实例，一个静态成员在内存中只占有一块区域。对象s1、s2可以访问非静态变量name、score，但不能访问静态变量。类可以直接访问静态变量，但不能访问非静态变量。

```
s1.studentGrade;        //实例对象访问静态数据变量，错误
Student.name;           //类访问非静态变量，错误
```

5.5.2 静态方法

如果某个方法使用时并不需要与具体的对象相联系，方法操作的数据并不是某个具体对象的数据，而是表示全体对象特征的数据，甚至方法操作数据与对象数据根本无关，这时可以将方法声明为静态方法。静态方法同样使用修饰符static声明，只能使用类调用，不能使用对象调用。

班级是一个集合抽象出来的类，每个人是班级类的对象。也可以说，张三所在班级的人数，李四所在班级的人数。这样表达容易产生混乱，而且不明确。如果用静态成员，可以直接说这个类包含的人数，即直接用类来访问。请看TestStatic项目代码。

范例5.4
TestStaticFunction.sln

TestStaticFunction.sln对上一节的例子进行修改，使用静态方法统计全班人数。读者可以打开解决方案编译并运行本范例。
（光盘\code\ch5\ TestStaticFunction\ TestStaticFunction.sln）

```
using System;                         //系统生成命名空间
using System.Collections.Generic;
using System.Linq;
using System.Text;
namespace TestStaticFunction          //自定义命名空间“TestStaticFunction”
```

```
6 {
7       class Program                                   //默认生成的 Program 类
8       {
9           static void Main(string[] args)             //主方法，程序入口
10          {
11              Student s1 = new Student();             //实例化对象 s1
12              Student s2 = new Student();             //实例化对象 s2
13              Student s3 = new Student();             //实例化对象 s3
14              Console.Write("学生人数为：{0}",Student.GetNumber());
15               Console.ReadLine();                    //等待用户输入
16          }
17      }
18      class Student                                   //声明 Student 类
19      {
20          public static int studentNumber;            //声明静态数据成员
21          public static string studentGrade;          //用来表示所在班级
22          public string name;                         //声明为非静态数据成员，用来表示学生姓名
23          public int score;                           //声明为非静态数据成员，用来表示学生分数
24          public Student()                            //构造方法
25          {
26              studentNumber++;                        //每次声明对象，自加 1
27          }
28          public static int GetNumber()               //静态方法，用来返回学生人数
29          {
30              return studentNumber;                   //返回静态变量值
31              //return score;                         //错误语句
32          }
33      }
34 }
```

运行程序，结果如图 5-4 所示。

图 5-4　运行结果

第 24 到 27 行定义了构造方法。第 26 行的意思是每次声明并实例化对象都执行此句代码，从而利用其每次自增 1，自动统计学生人数。程序中声明了 4 个对象，但运行结果时人数显示 3，说明第 4 个声明没有实例化的对象并没有调用此处。也就是说，构造方法在实例化的时候调用。关于构造方法的更多知识将在 5.6 节介绍。

第 14 行代码中出现 Student.GetNumber()，说明静态方法 GetNumber()是有类直接调用的。如果用对象调用，如 s1.GetNumber。则会显示无法访问的错误。在定义 GetNumber()的时候，有一行注释的错误语句“return score;”，其含义为若把静态数据成员改为非静态数据成员，将会出错。说明静态方法，只能调用静态数据成员。

作者心得：

在上一节的程序中，可以看到非静态方法 display()可以访问静态数据成员 studentGrade。通过以上范例可以看出，静态方法只能访问类的静态字段，而非静态方法可以访问类的静态字段和非静态字段。

5.6 构造方法

在前面已经介绍，对象是一个实体，其反映了客观事物的属性。每个对象都应该有用来描述其本身的确定值。在建立对象时，一般需要对其初始化。构造方法就是用来对对象进行初始化的。本节将介绍构造方法的声明与使用，以及构造方法的重载。

5.6.1 使用构造方法

类是引用类型，不占用内存空间（静态类和数据成员除外），所以在定义类的时候不能为数据成员赋值。如下所示错误地将类的数据成员在声明类时初始化。错误代码如下所示。

```
class Student                          //定义学生类
{
    public string name="张三";         //不能在类中对数据成员初始化
    public string number="001";        //在类中对数据成员初始化，错误
    public int score=100;              //在类中对数据成员初始化，错误
}
```

当然可以像前面的结构体一样，在定义对象时对数据成员进行初始化，前提是数据成员是公用的。代码如下所示。

```
class Student                          //定义学生类
{
    public string name;                //定义字符串型成员变量 name
    public string number;              //定义字符串型成员变量 number
    public int score;                  //定义整型成员变量 score
}
Student s1;                            //声明 Student 类的对象 s1
s1.name = "张三";                      //为对象 s1 的字段 name 赋值为“张三”
s1.number = "001";                     //为对象 s1 的字段 number 赋值为 001
s1.score = 100;                        //为对象 s1 的字段 score 赋值为 100
```

上面的方法可以为对象的数据成员进行初始化。如果 Student 类的数据变量的数量很多，或者需要定义多个对象时，程序就会显得很臃肿。当然还有另一种方法解决这个问题，那就是构造方法。构造方法是一种特殊的成员方法，与普通成员方法不同。在创建对象时，会自动执行构造方法，以后便不能再被调用。构造方法名必须和类名相同，不具有任何类型也没有返回值。构造方法只能实现初始化功能，请看 TestConstructFunction 项目代码。

范例 5.5 TestConstructFunction.sln

TestConstructFunction.sln 通过该程序来演示构造方法的定义方式，以及创建对象时自动执行构造方法的现象。

（光盘\code\ch5\TestConstructFunction\TestConstructFunction.sln）

```
using System;                                  //系统生成命名空间
using System.Collections.Generic;
using System.Linq;
using System.Text;
namespace TestConstructFunction                //自定义命名空间“TestConstructFunction”
{
```

```
    class Student                              //定义学生类
    {
        public Student()                       //构造方法，与类名相同。
        {
            name = "张三";                     //对成员变量初始化
            number = "001";                    //为字段 number 赋值为 001
            score = 100;                       //为字段 score 赋值为 100
        }
        public string name;                    //定义字符串型成员变量 name
        public string number;                  //定义字符串型成员变量 number
        public int score;                      //定义整型成员变量 score
    }
    class Program                              //默认生成的 Program 类，主方法在该类中
    {
        static void Main(string[] args)        //主方法，程序入口
        {
            Student s1 = new Student();        //声明并初始化对象 s1
            Console.WriteLine("初始化学生的姓名：{0}", s1.name);//输出学生 s1 的姓名
            Console.WriteLine("学号：{0}", s1.number);        //输出 s1 的学号
            Console.WriteLine("成绩：{0}", s1.score);         //输出学生 s1 的成绩
            Console.Read();                                   //等待用户输入
        }
    }
}
```

运行程序，结果如图 5-5 所示。

上面的程序中，首先建立声明并实例化对象 s1，在实例化时调用构造方法，对 s1 的数据成员赋值。然后输出对象 s1 的各数据成员。从结果中可以看到，输出对象 s1 的数据成员就是构造方法中对数据成员赋的值。

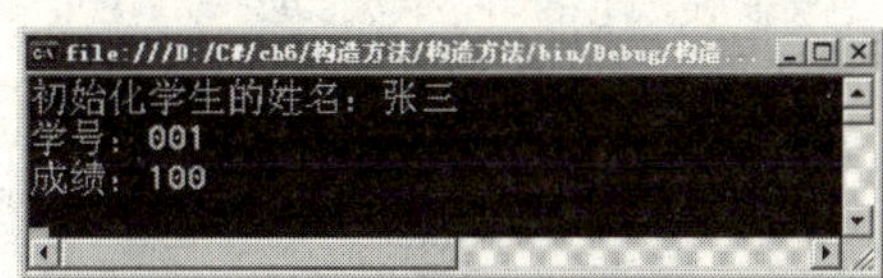

图 5-5　构造方法实例运行结果

在构造方法中，并不是在声明类时直接对数据成员赋初值。前面已经多次提到，类是引用类型，不占用内存空间。同样，构造方法也不例外。赋值语句写在构造方法体中，调用构造方法（声明并实例化对象）时执行赋值语句。

作者心得：

构造方法是类成员中非常重要的一部分，在使用构造方法时需要注意以下几点。构造方法没有返回值，不需要在定义构造方法时声明返回类型。构造方法在初始化对象时自动调用，不需要用户调用。其实，前面介绍的类没有自定义构造方法，也可以正常运行。那是因为系统自动生成一个空的构造方法，不执行任何操作。

5.6.2 重载构造方法

在类中可以定义多个构造方法，用来满足创建对象时的不同需求。而构造方法名必须和类名相同，可以用构造方法的重载来实现。构造方法的重载就是具有相同的名字，但参数的

个数或类型不同。例如，在用 Student 创建对象时，有时只需要初始化姓名，像成绩等成员变量在考试成绩公布以后再添加。创建对象时可能成绩已经公布，这时就需要为其赋值，这样就可以在上一个构造方法的基础上再重载一个初始化姓名和成绩的构造方法，请看 TestConstructFunction 项目代码。

范例 5.6
TestConstructFunction.sln

TestConstructFunction.sln 本范例演示了重载构造方法所带来的便利和灵活。读者可以打开解决方案编译并运行本范例。（光盘\code\ch5\TestConstructFunction\TestConstructFunction.sln）

```
using System;                                   //系统生成命名空间
using System.Collections.Generic;
using System.Linq;
using System.Text;
namespace OverrideConstructFunction             //自定义命名空间“OverrideConstructFunction”
{
    class Student                               //定义学生类
    {
        public Student(string n)                //只有一个参数的构造方法
        {
            name = n;                           //输入参数为对成员变量 name 赋值
            score = 0;                          //默认值
        }
        public Student(string n, int s)         //重载构造方法
        {
            name = n;                           //输入参数为对成员变量 name 赋值
            score = s;                          //输入参数为对成员变量 score 赋值
        }
        public string name;                     //声明公有成员变量
        public int score;
    }
    class Program                               //默认生成的 Program 类，主方法在该类中
    {
        static void Main(string[] args)         //主方法，程序入口
        {
            Student s1 = new Student("张三");              //定义对象，只有一个输入参数
            Console.WriteLine("考试前学生信息：");          //提示信息
            Console.WriteLine("姓名：{0}", s1.name);       //输出对象 s1 的姓名
            Console.WriteLine("成绩：{0}", s1.score);      //输出对象 s1 的成绩
            Student s2 = new Student("李四", 99);          //定义对象，有两个输入参数
            Console.WriteLine("考试后学生信息：");
            Console.WriteLine("姓名：{0}", s2.name);       //输出对象 s2 的姓名
            Console.WriteLine("成绩：{0}", s2.score);      //输出对象 s2 的成绩
            Console.Read();                               //等待用户输入
        }
    }
}
```

运行程序，结果如图 5-6 所示。

上述程序，在 Student 类中定义了两个构造方法。第一个构造方法有一个参数，可以对数

据成员 name 赋值，第二个构造方法有两个参数，对数据成员 name 和 score 赋值。在 Main()方法中定义并实例化对象 s1 时，调用的是只有一个输入参数的构造方法。从图 5-6 的输出信息中可以看到，定义对象 s1 的字段 name 输入参数“张三”，而字段 score 是在构造方法中默认赋的初值。而在实例化对象 s2 的时候，自动找到具有两个输入参数的构造方法，完成调用。

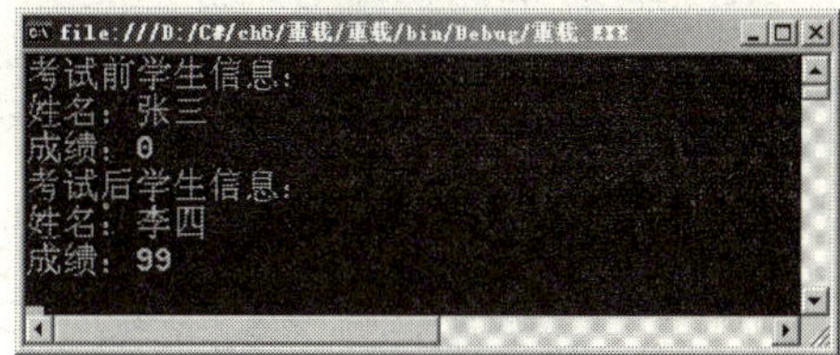

图 5-6　运行结果图

作者心得：

从上面的例子可以看出，构造方法的重载可以很方便地实现对类的对象的多种初始化方式，满足了在程序设计中初始化对象的不同需求，使创建对象更加灵活。

实训 5.1——网站用户注册登录模型

本章讲解了面向对象的思想、类的定义和使用等知识。在面向对象编程中将最基本的现实问题转化成面向对象的编程模型。在本实训中，我们就来学习一下该如何将网站用户转换面向对象的模型。

1. 需求描述与分析

为了更好的为用户服务，提高服务质量，了解用户需要，很多网站都提供注册和登录功能。注册时，对于一个用户来说，用户名和密码是必须有的，除此之外还有很多信息，例如联系电话、电子邮件、住址、找回密码问题、找回密码答案、爱好以及得知本站方法等。登录时，一般只需要用户根据自己的用户名和密码进行登录。

以上信息是每个用户都需要填写的，也就是说这些用户都使用同一个“模板”。我们可以将用户看做一个类，而与用户相关的信息看做用户的属性。用户 C#的属性还没有讲解，我们可以先使用字段来实现。在本程序中为了使程序更加简洁只为用户类定义了用户名和密码两个必须的字段。

2. 开发代码模型

使用表 5-2 中的文件来实现“学生模型”代码。

表 5-2　网站用户注册登录实现的文件描述

文　件	功　能
userClass.sln	通过定义用户类，实现了为用户提供注册和登录的功能，并在给每个注册和登录成功的用户发一个网站公告信息。

程序清单 5.1-1：userClass.sln

```
01    class User
02    {
03        private string userName;                //定义私有的变量，用来保存用户名
04        private string passWord;                //定义私有的变量，用来保存密码
05        public User(string name,string pass)//构造方法
06        {
07            userName = name;
08            passWord = pass;
09        }
10        public void showMessage()               //提示信息方法
11        {
12            Console.WriteLine("欢迎" + userName + "，今日有奖，请向管理员索取！");
13        }
14    }
15    class Program
16    {
17        static void Main(string[] args)
18        {
19            Console.WriteLine("欢迎光临：1 为注册，2 为登录请选择。");
20            string option = Console.ReadLine();
21            string user = "";                       //定义字符串变量，用来存放用户名
22            string password = "";                   //定义字符串变量，用来存放密码
23            if (option == "1")                      //判断是否为注册
24            {
25                Console.WriteLine("欢迎注册。");
26                Console.WriteLine("请填写注册用户名和密码");
27                user = Console.ReadLine();          //获取用户输入的用户名
28                password = Console.ReadLine();  //获取用户输入的密码
29                User joinUser = new User(user, password);//实例化对象
30                joinUser.showMessage();             //调用提示信息方法
31            }
32            if (option == "2")                      //判断是否为登录
33            {
34                Console.WriteLine("请输入登录用户名和密码");
35                user = Console.ReadLine();          //获取用户输入的用户名
36                password = Console.ReadLine();  //获取用户输入的密码
37                User loginUser = new User(user, password);//实例化对象
38                loginUser.showMessage();            //调用提示信息方法
39            }
40            Console.Read();
41        }
42    }
```

代码第 1 行到第 14 行定义 User 类，第 5 行定义该类的构造方法，在实例化的时候直接为用户和密码赋值。第 10 行定义 showMessage()方法，用于向用户提示信息。

第 19 行提示用户操作，第 20 行获取用户操作选项，第 25 行到第 30 行根据用户的选择完成注册，其中第 29 行使用用户输入的用户名和密码实例化对象。第 30 行调用提示信息。第 34 行到第 38 行完成了登录功能。

运行程序，根据提示输入 1 后再根据提示输入用户名“张三”和密码 123 后系统提示欢迎信息。结果如图 5-7 所示。

运行程序后，如果用户选择登录，并输入用户名和密码，运行结果如图 5-8 所示。

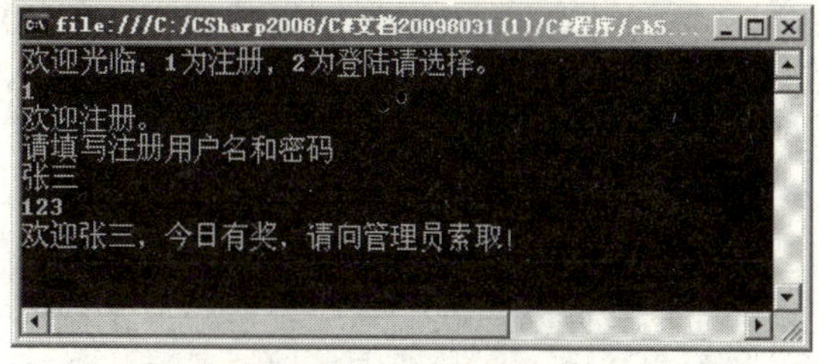

图 5-7 注册运行结果

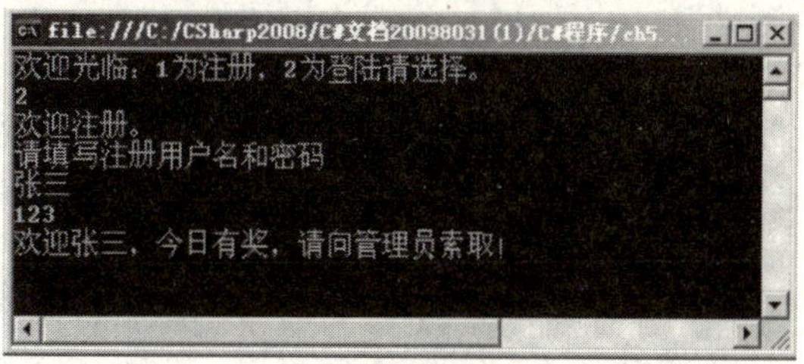

图 5-8 登录运行结果

以上完成了用户注册登录的功能，读者可以根据上面的程序继续完善。注册不只是需要用户填写用户名和密码，还需要填写邮箱、电话、爱好等信息。这样就需要用户在 User 类中添加相应的字段。

因为还没有学到对数据库和文件的操作，不能保存用户信息，如果需要在登录时验证密码是否正确，可以设置一个默认密码，或者需要在自己的用户名后面加个字符串作为密码。

然后读者增加一个管理员类，管理员登录时不提示中奖信息，而是提示今天的日期和计划信息。

5.7 疑难解答

1. 为什么我的脑中形成不了面向对象的编程思想？

答：这是因为我们在实际生活中并不是以对象的思维考虑事情。例如驾车这件事，首先想到的是怎么去、到哪里，而不会想到它是人和车这两种对象之间的操作。对于初学者，不能深入理解是非常正常的。通过今后的学习和大量实践，将会逐渐理解面向对象的编程思想。

2. 面向过程编程和面向对象编程的区别是什么？

答：面向过程和面向对象最明显的区别就是，面向过程是按照解决某一问题的步骤来实现的，而面向对象是按照完成的功能来实现的。面向过程更看重的是完成问题的过程，而面向对象更看重的是功能，是通过各种功能模块的组合来解决问题。

3. 类除了自定义的类外还有其他的吗？

答：类可以分为两种：一种是由系统提供的预先定义的，在.NET 框架类库中，利用这些类可以简单、高效地创建应用程序；另一种是根据用户需要自定义的。

4. 如果想在不同的类中实现数据共享，应该怎么做？

答：C#是完全面向对象的程序设计语言，不存在全局变量，不过可以使用静态成员实现数据共享。声明静态成员需要使用 static 修饰符。

5. 静态修饰符可以修饰哪些对象？

答：变量、方法、常量、内部类等。但是构造方法不能被静态修饰符修饰，而且不能被所有的非访问修饰符修饰。一定要将构造方法和成员方法区分开。

6. 不同的类可以放到一个文件中吗？

答：完全可以，一般是一个类放一个文件中，但是也可以将多个类放到一个文件中，甚至可以将一个类放到两个文件中。

7. 构造方法和其他方法有什么区别？

答：构造方法是在创建对象后，对该对象进行初始化的。每次创建类对象时，都会调用此方法，名字必须和类名相同。其他方法是可以被调用的，而构造方法是不可以被调用的。

8. 创建对象有固定格式吗？

答：严格而言，创建对象没有固定格式。在学习完构造方法后我们知道创建对象是调用构造方法。如果不创建构造方法，则直接使用默认的无参构造方法创建。使用对象初始化器可以更简洁地创建对象为属性赋值。

9. 是否可以使用对象初始化器替代以前的赋值方式？

答：对象初始化器是 C#3.0 新增的新特性，对传统的赋值操作提供了另外一种更简单的解决方式，读者可以自由选择。

10. 通过前面的学习，感觉类和结构体都可以实现某项功能，他们有什么区别吗？

答：类和结构体有本质的区别，类使用 class 定义是引用类型，在堆上分配内存，结构体使用 struct 定义是值类型，在栈上分配内存。还需注意的是结构没有默认的构造方法，但可以对其添加构造方法，另外使用结构体实例化对象时可以不使用运算符 new。类有默认的构造方法，定义使用对象必须使用 new 初始化。

5.8 上机题

1. 将吃饭这件事，从面向对象编程思想的角度，写成 C#程序。

2. 编写员工模型，公司中每个员工都有收入属性，执行发工资方法后，每一个员工收入属性值增加。

3. 编写一个程序，将现实生活中动物写成一个简单的类，要求至少有动物的名字、呼吸方式、生活年龄字段。

4. 定义一个用户类，该类中包括用户名、登录密码、用户权限字段和一个登录方法，用来模拟网站登录系统。

5. 编写一个应用程序，定义一个动物类，分别使用 public、private、protected 定义 3 个字段，在另一个类中进行访问，比较哪些可以访问成功，哪些访问失败。

6. 创建一个圆形类，包括半径字段，并将其定义为静态字段，在主方法中进行访问。

7. 创建一个圆形类，包括静态的半径字段，和静态的求面积的方法，在主方法中求一个圆的面积。

8. 所有汽车具有排量属性和开车动作，定义一个汽车类，将排量定义为公有字段，定义 Driver()方法，实现根据排量求出开车速度。

9. 创建一个应用程序，定义一个矩形类，并且为该类定义两个构造方法。第一个构造方法有一个参数，用于为长赋值；第二个有两个参数，用于为长和宽赋值。

第6章 继承、抽象类、多态及接口

继承、抽象类、多态及接口，都是面向对象思想的重要组成部分。而封装、继承和多态是面向对象最为重要的特征。可以将抽象类和接口看作是完成继承和封装的手段。本章将讲解继承、封装和多态等特性的应用。

本章的学习重点

- 类的继承。
- 抽象类。
- 多态。
- 接口。

6.1 继承简介

继承是面向对象中不可或缺的一部分。在现实生活中，会遇到将一类东西分为不同的子类的情况。比如，猪、羊、牛等动物都具有哺乳动物的特征，可以说猪、羊、牛继承了哺乳动物的特性。这里的动物继承关系和 C#语言中的继承类似。本节将会讲解在 C#语言中的继承以及继承的应用。

6.1.1 继承的应用

继承是允许重用现有类去创造一个新类的过程。分类的原则是：一个类派生出来的子类具有这个类的所有公共属性。比如交通工具中的汽车，汽车中有卡车、轿车等，都具有诸如车轮、发动机、方向盘和可以行驶的属性。此外，子类还具有自身的特性。例如卡车提供装货空间，轿车提供载人空间。所以轿车和卡车都可以称为是汽车的子类。

对于一类事务，在其所属的大类已经定义好的前提下，可以根据所属的大类将其定义，而且不用具体描述其所属大类的特性。比如要描述“学生”这个类，知道“学生”已经属于“人类”这个类了，就不用描述“学生”有两只眼睛、两只耳朵等，只需要描述“学生”本身特有的属性，比如，上课、学习等。同样，在编程中也一样，继承遵循代码重用的原则。“教师”和“学生”都是继承自“人类”这个大类中，继承关系如图 6-1 所示。

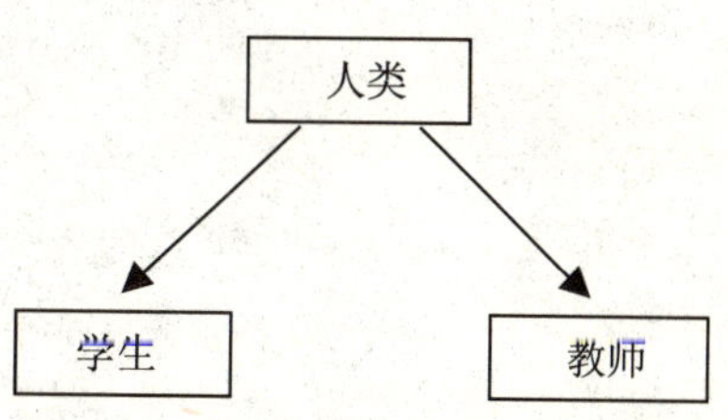

图 6-1 继承关系图

根据图 6-1 的继承关系，范例 6.1 使用 C#语言进行了描述。

范例 6.1
TestInherit.sln

TestInherit.sln 在这里演示了继承的使用过程，首先定义一个 Person 类，然后定义一个 Student 类继承 Person 类。

（光盘\code\ch6\ TestInherit\ TestInherit.sln）

```
using System;                                   //系统生成命名空间
using System.Collections.Generic;
using System.Linq;
using System.Text;
namespace TestInherit                           //自定义命名空间“TestInherit”
{
    public class Person                         //人类
    {
        private String _name;                   //人的名字
        public String Name                      //名字属性
        {
            get { return _name; }
            set { _name = value; }
        }
        private int _age;                       //人的年龄
        public int Age                          //年龄属性
        {
            get { return _age; }
            set { _age = value; }
        }
        public void Getinfo()                   //输入年龄和姓名的方法
        {
            Console.WriteLine("请输入姓名和年龄");
            _name = Console.ReadLine();
            _age = Convert.ToInt32(Console.ReadLine());
        }
        public void Printinfo()                 //输出年龄和姓名的方法
        {
            Console.WriteLine("姓名：{0}，年龄是{1}", _name, _age);
        }
    }
    public class Student : Person           //继承自人类
    {
        private String _school;
        public String School                //学生的学校属性
        {
            get { return _school; }
            set { _school = value; }
        }
        private int _num;
        public int Num                      //成绩属性
        {
            get { return _num; }
```

```
44                 set { _num = value; }
45             }
46             public void GetMaks()              //输入成绩和学校的方法
47             {
48                 Console.WriteLine("请输入学校和成绩");
49                 _school = Console.ReadLine();
50                 _num = Convert.ToInt32(Console.ReadLine());
51             }
52             public void PrintMaks()             //输出成绩和学校的方法
53             {
54                 Console.WriteLine("学校名字：{0}，成绩是{1}", _school, _num);
55             }
56         }
57         class Program                          //默认生成的 Program 类，主方法在该类中
58         {
59             static void Main(string[] args)    //主方法，程序入口
60             {
61                 Student stu = new Student();//实例化学生类
62                 stu.Getinfo();                 //调用父类的输入方法
63                 stu.GetMaks();                 //调用子类的输入方法
64                 stu.Printinfo();               //调用父类的输出方法
65                 stu.PrintMaks();               //调用子类的输出方法
66                 Console.Read();                //等待用户输入
67             }
68         }
69}
```

运行程序，根据图中的提示依次输入相关内容后，运行结果如图 6-2 所示。

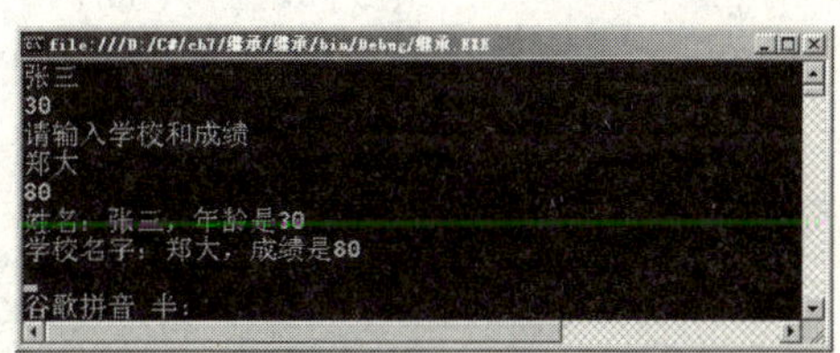

图 6-2　学生类运行效果

代码第 7 到 31 行定义 Person 类，第 32 到 56 行定义 Student 类，并继承 Person 类。可以通过实例化子类调用父类的方法和属性看出 Student 类是从 Person 派生出来的。Person 具有 Getinfo()和 GetMaks()方法，第 61 行创建了 Student 类对象 stu。通过这个对象就可以来访问 Person 的 Getinfo()和 GetMaks()方法，因为 Student 继承自 Person。

作者心得：

从上面的范例中可以看到，Student 类只继承了 Person 类。注意，C#不支持多重继承，也就是说在 C#中，每次只能继承一个父类，这与 C++等语言不同。

6.1.2 基类和派生类

在上一小节中介绍了继承的概念，即一个新类从已有类继承一些特性。从另一个角度看，已有类就是通常所说的基类或父类，产生出一个新类也就是所说的子类的过程叫做派生。通过下面的讲解来充分理解基类和派生类之间的关系。

1. 基类和派生类的一些基本概念

前面已经介绍把已有类作为基类，派生出的类为子类。例如下面的代码，类 A 作为已有类，类 B 作为类 A 的派生类，而类 C 为类 B 的派生类。请看以下代码示例。

```
class A{}                    //声明类 A
class B : A{}                //类 B 继承类 A
class C : B{}                //类 C 继承类 B
```

对以上代码说明如下。

- A 是基类，派生出类 B，同时类 C 充当类 B 的派生类。
- 一个类最多只允许从一个类中派生。即一个类只能有一个基类。
- 继承总是隐式为 public 的，System.Object 是所有类的基类。
- 编译器会把类 A 编译成 class A : System.Object{}。

2. 定义派生类和创建派生类对象

在.NET 类库中，有许多类可以作为基类，这些基类可以被其他类继承，产生派生类。例如，当创建一个应用程序时，在窗体设计器中显示的窗体就是一个派生类，这个窗体就是 Form 的派生类，而代码窗口则是这个派生类的定义。在这个类定义中，很多代码都是由集成开发环境自动生成的。而 C#程序设计者所要做的是在这个派生类定义中添加自己的代码，实现所需的功能。派生类定义的语法格式如下：

```
public class 派生类名称：基类名称{类体}
```

其中，public 是访问控制修饰符。访问控制修饰符可以是 public、protected 和 private。通常都使用 public 以保证类的开放性，并且 public 可以省略，因为类定义的访问控制默认值是 public。其中的基类名称就是该派生类所要继承的类。

作者心得：

现在读者已经知道什么是派生类什么是基类了，难点是怎么去设计。从上一节的例子中可以看到，在程序中我们想使用学生类，而且以后有可能增加教师类、领导类甚至其他职业类。这些对象都具有人类的特征，因此将每个人都具有的姓名和年龄作为基类（Person）的成员，将学生类自己拥有的特征放在派生类 Student 中定义。这样设计的程序以后可维护性就特别高，例如已经定义好学生类、教师类、领导类，现在想对每个类增加民族属性，只需在 Person 类中增加一个民族成员即可。如果不使用继承特性设计，那么就需要对每个类进行更改。

3. 基类派生类对象之间的关系

在上一小节的范例中用到 Student 类的对象直接调用 Person 类的 Getinfo()方法和 Printinfo()方法，但是反过来如果 Person 类调用 Student 类的方法，是不可以的。这就像现实世界中，父亲的特征儿子可以继承，儿子的独有的特征父亲是没有办法获取到的。在定义对象时，可以使用基类的对象指向子类的对象，例如下面的代码：

```
class A{}                    //声明类 A，作为基类
class B : A {}               //类 B 继承类 A
class C: A {}                //类 C 继承类 A
B b = new B();               //实例化 B 类的对象 b
A a = b;                     //定义类 A 的对象 a，并赋值为 B 类的对象。这样写是正确的
```

注意，C c = b；这样写是错误的，因为类型不同。B b = new A();这样也是错误的。基类派生类之间的关系，概括地讲，基类的对象名可以指向子类的对象，子类的对象可以赋给基类。反之，就是错误的。

6.1.3 调用基类构造方法

base 关键字用于从派生类中访问基类成员。即使基类的方法已在派生类中重写，仍可以使用 base 关键字调用。在创建派生类的实例时，可以使用 base 关键字调用基类的构造方法。使用 base 关键字只能访问基类的构造方法、实例方法或实例属性，不能访问基类的静态方法。向基类构造方法传递参数的格式如下：

public 派生类构造方法名称（形参列表）：base（向基类构造方法传递的实参列表）{}

例如定义动物类（Animal）和猫类（Cat），其中动物类中包括年龄（age）成员变量，和为年龄赋值的构造方法。猫类继承自动物类，包括成员变量猫的昵称（petName）。在猫类中不用再定义年龄字段，但是想初始化时为年龄赋值，就可以使用关键字 base 调用基类的构造方法。代码如下所示。

```
public Cat(int age,string petName) : base(age)//猫类构造方法
```

下面使用范例进行详细的演示，请看 TestInherit2 中代码。

范例 6.2
TestInherit2.sln

TestInherit2.sln 在这里演示了构造方法是如何对类的继承发生作用的，本范例是对上一节范例进行修改，调用基类构造方法来实现的。（光盘\code\ch6\ TestInherit2\ TestInherit2.sln）

```
using System;                                   //系统默认生成命名空间
using System.Collections.Generic;
using System.Linq;
using System.Text;
namespace TestInherit2                          //自定义命名空间“TestInherit2”
{
    public class Person                         //定义人 Person 类
    {
        private string _name;                   //定义_name 用来设置或保存人的名字
        public string Name                      //定义公有的名字（Name）属性
        {
            get { return _name; }               //获取属性
            set { _name = value; }              //设置属性
        }
        private int _age;                       //人的年龄
        public int Age                          //年龄属性
        {
```

```
            get { return _age; }                    //获取属性
            set { _age = value; }                   //设置属性
        }
        public Person(string name, int age)         //构造方法，可以初始化 name 和 age 字段
        {
            _age = age;                             //为私有字段_age 赋值
            _name = name;                           //为私有字段_name 赋值
        }
        public void Printinfo()                     //定义公有方法 Printinfo 用来输出年龄和姓名
        {
            Console.WriteLine("姓名：{0}，年龄是{1}", _name, _age); //输出年龄和姓名
        }
    }
    public class Student : Person                   //定义 Student 类，继承人类
    {
        public Student(string school, int num, string name, int age) : base(name, age)//构造方法
        {
            _school = school;                       //用来为_school 初始化
            _num = num;                             //用来为_num 初始化
        }
        private string _school;                     //定义私有变量_school
        public string School                        //定义共有属性 School，封装_school 字段
        {
            get { return _school; }                 //获取属性
            set { _school = value; }                //设置属性
        }
        private int _num;                           //定义私用的_num 变量
        public int Num                              //定义 Num 属性，用来封装_num 字段
        {
            get { return _num; }                    //获取属性
            set { _num = value; }                   //设置属性
        }
        public void PrintMaks()                     //输出成绩和学校的方法
        {
            Console.WriteLine("学校名字：{0}，成绩是{1}", _school, _num);
        }
    }
    class Program                                   //默认生成的 Program 类，包含主方法
    {
        static void Main(string[] args)             //主方法，程序入口
        {
            Student stu = new Student("清华", 99, "李四", 22);//实例化学生类
            stu.Printinfo();                        //调用父类的输出方法
            stu.PrintMaks();                        //调用子类的输出方法
            Console.ReadLine();                     //等待用户输入
        }
    }
}
```

运行程序，结果如图6-3所示。

笔者在21到25行增加了Person类的构造方法，在33到37行增加了Student类的构造方法，可以看出，Student的构造方法虽然定义了name和age的参数，但没有为其赋值，而是使用base关键字调用基类的构造方法，将name和age给基类构造方法赋值。在第59行进行调用Student类的构造方法时直接把姓名、年龄当作参数传递即可。系统会自动找到Student类的构造方法，再由base关键字找到基类的构造方法。

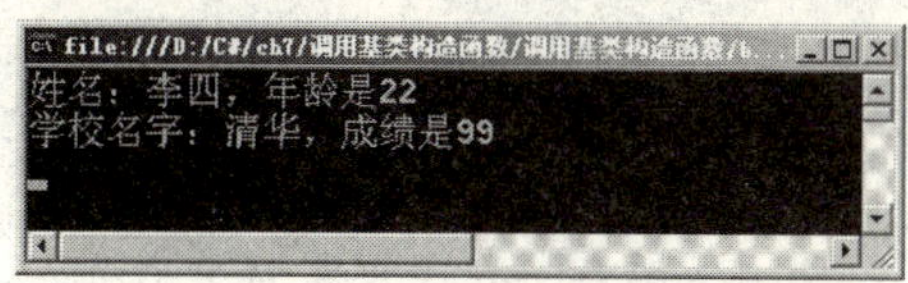

图6-3 运行结果

作者心得：

调用构造方法的顺序是先调用基类的构造方法，再调用派生类的构造方法，以完成为数据成员分配内存空间并进行初始化的工作。

6.1.4 虚方法和重写方法

在通常情况下，派生类继承基类的方法。在调用对象继承方法时，调用和执行的是基类的实现。但有时需要对派生类中的继承方法有不同的实现。假设动物类有“跑”的方法，但是兔子和马的跑是各不相同的。因此，同一方法需要有两种不同的实现，这就需要重新编写基类中的方法。

“重写”基类方法就是修改实现或者在派生类中对基类方法进行重新编写。虚方法和重写方法是对应的，在基类中使用关键字virtual来修饰的方法就是虚方法。在派生类中对应的使用关键字override修饰的同名方法就是重写方法。

在基类中定义虚方法的格式如下所示。

```
[访问修饰符] virtual  [返回类型] 方法名 （[参数]）
{
    //实现方法
}
```

例如下面的例子。

```
public virtual void print()                         //基类的虚方法
```

上述例子重写之后的代码如下所示。

```
public override void print()                        //子类的重写方法
```

修改上一节代码内容，基类方法如下所示。

```
public virtual  void  Print ()                      //输出年龄和姓名的方法
{
    Console.WriteLine("姓名：{0}，年龄是{1}", _name, _age);
}
```

子类方法重写基类方法的代码如下所示。

```
    public override    void    Print ()                           //输出成绩和学校的方法
    {
        Console.WriteLine("学校名字：{0}，成绩是{1}", _school, _num);
    }
```

调用子类方法的代码如下所示。

```
Student stu = new Student("清华",99,"刘翔",22);            //实例化学生类
stu.Prin ();                                              //调用重写的输出方法
```

运行程序，将会在屏幕上出现如下信息。

学校名字：清华，成绩是 99

作者心得：

重写方法是实现多态性的一种手段。在基类中声明虚方法，在派生类中声明其同名方法，即在派生类中重写方法。还可以用另一种关键字 new 来修饰方法。new 关键字可以用作运算符或访问修饰符。new 访问修饰符用于显式地隐藏继承自基类的成员。即如果派生类成员的名称与基类成员名称相同，new 会将派生类成员识别为一个全新的成员。注意：在一个方法中同时使用 new 和 override 将会出错。

6.2 抽象类

在面向对象的概念中，所有的对象都是通过类来描绘的，反之则不然，并不是所有的类都是用来描绘对象的。如果一个类中没有包含足够的信息来描绘一个具体的对象，这样的类就是抽象类。例如，计算平面图形面积不可能有具体实现的方法，只有计算具体某一平面图形的方法。如矩形、圆、三角形的面积可以计算，而平面图形的面积无法计算，因为其是抽象的。抽象类往往用来表示在对问题领域进行分析、设计中得出的抽象概念，是对一系列看上去不同但本质上相同的具体概念的抽象。

6.2.1 为什么要使用抽象类

如果要开发一个图形编辑软件，就会发现绘制图形包括圆、三角形这样一些具体图形是不同的，但这些图形又都属于形状这个概念。形状这个图形是不存在的，形状就是一个抽象概念。正是因为抽象的概念在问题领域没有对应的具体概念，所以用以表征抽象概念的抽象类是不能够实例化的。

抽象类是解决问题的一种途径。抽象类是指，在基类中声明不包含任何实现代码的方法，实际上就是一个不具有任何具体功能的方法。这样做就是为了实现多态性。

声明一个抽象类后，可以在派生类中重写，进而实现特定的功能。抽象类是包含一种或多种抽象方法的类，其本身不需要构造实例。定义抽象类后，其他类可以对其进行扩充并且通过实现其中的抽象方法，使抽象类具体化。只要类体中包含一个抽象方法，该类就称之为抽象类。抽象类的好处在于，其可以很好地组织类的结构。例如，人类作为一个抽象类，将

其共有的特性在抽象类中实现。而不同群体人的不同特质，可以通过派生类来体现。

抽象类主要用来进行类型隐藏。可以构造出一组固定行为的抽象描述，但这组行为却能够有任意个可能的具体实现方式。这个抽象描述就是抽象类。而这些实现方式则表现为所有可能的派生类。模块可以操作一个抽象体。由于模块依赖于一个固定的抽象体，因此不允许修改。通过从这个抽象体派生，可扩展此模块的行为功能。

6.2.2 声明抽象类

一个抽象类必须用关键字 abstract 明确地声明。声明一个抽象类非常简单，甚至不需要任何抽象方法。通过 abstract 的声明就等于告诉子类在功能上是不完整的，所以不能创建实例。声明抽象类的格式如下所示。

```
public abstract class 类名称
{
    public abstract 返回类型 方法名称（参数列表）;
}
```

需要注意的是，抽象方法不是一般的空方法。在声明抽象方法时，没有方法体，只有方法头，最后面是一个分号。例如下面的代码，定义一个平面图形抽象类。

```
public abstract class PlaneGraphics                 //抽象类
{
    protected float x;                              //定义受保护的成员变量
    protected float y;
    public PlaneGraphics(float xx,float yy)         //构造方法
    {
        x=xx;
        y=yy;
    }
    public abstract double Area();                  //抽象方法
}
```

注意，在 PlaneGraphics 抽象类中声明了一个 Area()抽象方法。该方法不提供任何功能，即没有方法体和方法体中的代码。

作者心得：

根据前面所述，可以概括抽象类具有以下特性。一、抽象类不能实例化。二、抽象类可以包含抽象方法和抽象访问器。三、不能用 sealed 修饰符修改抽象类，这意味着抽象类不能被继承。四、从抽象类派生的非抽象类必须包括继承的所有抽象方法和抽象访问器的实现。五、在方法或属性声明中，使用 abstract 修饰符仅仅指示方法或属性而不包含具体功能的实现。

6.2.3 实现抽象类

因为抽象类是不能产生实例的类，所以不能使用 new 关键字对其进行实例化。要实现抽象类中的抽象方法，就必须在派生类中重载抽象方法。特别要强调的是，抽象类的派生类必须无

条件实现抽象方法。重载抽象类方法必须使用 override 关键字。重载抽象方法的格式如下所示。

```
public override 返回类型 方法名称（参数列表）{}
```

方法名称与参数列表必须与抽象类中的抽象方法完全一致。

作者心得：

抽象方法与虚方法的区别在于，虚方法在子类可以不用写，而抽象方法则必须要求子类声明此方法（即便没有实现内容）。关键字 new 与 override 的区别是 new 关键字不保存父子的继承关系，而 override 则可以保存这种关系。

鸟类都有飞行的方法，但每种鸟实际飞行都不一样，请看范例 6.3 如何实现抽象类的。

范例 6.3
TestOverride.sln

TestOverride.sln 本范例通过抽象类和抽象方法，为每种鸟具体定义实际的飞行方法。读者可以打开解决方案编译并运行本范例。（光盘\code\ch6\ TestOverride\ TestOverride.sln）

```
using System;                                  //系统默认生成命名空间
using System.Collections.Generic;
using System.Linq;
using System.Text;
namespace TestOverride                         //自定义命名空间“TestOverride”
{
    public abstract class FlyingBird           //定义抽象类 FlyingBird
    {
        public abstract void Fly();            //该类只包含抽象方法
    }
    class Pigeon : FlyingBird                  //定义 Pigeon 类
    {
        public override void Fly()             //方法重写
        {
            Console.WriteLine("鸽子: flying home!");   //输出该类标志信息
        }
    }
    class Robin : FlyingBird                   //定义 Robin 类
    {
        public override void Fly()             //方法重写
        {
            Console.WriteLine("知更鸟: Finding a shady tree!"); //输出该类标志信息
        }
    }
    class Seagull : FlyingBird                 //定义 Seagull 类
    {
        public override void Fly()             //方法重写
        {
            Console.WriteLine("海鸥: Searching for water!"); //输出该类标志信息
        }
    }
```

```
32      class Flying                           //定义 Flying 类
33      {
34          public virtual void Fly()          //虚方法 Fly()，子类要重写此类
35          {
36              Console.WriteLine("This shouldnot be called!");   //输出该类标志信息
37          }
38      }
39      class Program                                         //默认生成的 Program 类
40      {
41          static void Main(string[] args)                   //主方法，程序入口
42          {
43              FlyingBird flyingBirdCage = new Pigeon();     //实例化对象
44              flyingBirdCage.Fly();                         //调用虚方法
45              flyingBirdCage = new Robin();
46              flyingBirdCage.Fly();                         //执行 Robin 类中的 Fly()方法
47              flyingBirdCage = new Seagull();
48              flyingBirdCage.Fly();                         //执行 Seagull 类中的 Fly()方法
49              Console.Read();                               //等待用户输入
50          }
51      }
52  }
```

程序第 7 行到第 10 行定义抽象类 FlyingBird，第 11 到第 31 行分别定义继承抽象类 FlyingBird 的 Pigeon 类、Robin 类、Seagull 类，第 32 行到第 38 行定义 Flying 类，第 44 行、第 46 行和 48 行都调用 FlyingBird 类的 flyingBirdCage 对象的 Fly()方法。

运行程序，结果如图 6-4 所示。

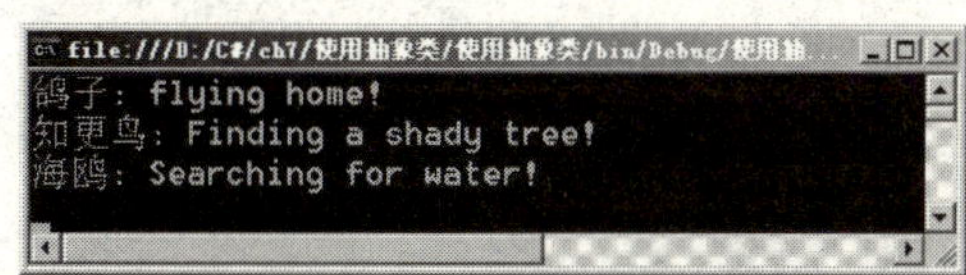

图 6-4　抽象类演示效果

从运行结果中可以看到“鸽子:flying home!”、“知更鸟: Finding a shady tree!”和“海鸥:Searching for water!”。从这里可以看到对抽象类中的方法进行重载，可以实现执行调用相同名字的方法完成不同的事件处理。这就是第 6.3 节将要学习的多态。

6.3　多态

多态是面向对象编程的重要特点之一。继承的多态性需要通过 6.2 节介绍的抽象类、抽象方法以及虚方法来实现。在编程开发中，如果派生类需要对基类中定义的方法增加其他功能，可以在派生类中重新定义原本继承自基类中的方法。可以这样理解多态，好比一个父亲有多个儿子，每个儿子都继承了父亲皮肤白的特性，不过每个儿子高矮胖瘦各不相同，即有多种形态。

在类的继承中，派生类可以继承基类的方法成员，也可以声明新的方法成员以实现派生类所具有的特殊功能，从而使基类的功能在派生类中得到扩展。C#中的多态可以分为两种，即编译时的多态性和运行时的多态性。在现实生活中，假设动物类有“跑”的方法，兔子和马的跑各不相同，这样的不同就是多态。

C#的多态性主要体现在类的继承上：在派生类继承基类时，可能出现同名方法定义的情

况，所以在派生类中会将原方法覆盖，实现自身的要求。例如一个公司有两种员工，一种是正式员工每月可以领取5000元工资，一种是实习员工没有薪水，在下面的范例中使用多态来实现发工资。

范例 6.4 TestPolymorphism.sln

TestPolymorphism.sln 在这里演示了多态的使用，实现了为公司不同身份的员工发薪水。

（光盘\code\ch6\ TestPolymorphism \ TestPolymorphism.sln）

```
01  using System;                                          //系统默认生成命名空间
02  using System.Collections.Generic;
03  using System.Linq;
04  using System.Text;
05  namespace TestPolymorphism                             //自定义命名空间“Test Polymorphism”
06  {
07      class Program
08      {
09          static void Main(string[] args)                //主方法，程序入口
10          {
11              Employee employee1 = new Employee();       //实例化 Employee 类
12              employee1.Payoff();                        //调用方法 Payoff()
13              Employee employee2 = new InternStudent();  //定义员工对象，实例化为 InternStudent
14              employee2.Payoff();
15              InternStudent s = new InternStudent();     //定义 InternStudent 类的对象 s
16              s.Payoff();                                //调用该类重载的虚方法 Payoff()
17              Console.Read();                            //等待用户输入
18          }
19      }
20      class Employee                                     //定义 Employee 类
21      {
22          virtual public void Payoff()                   //虚方法
23          {
24              Console.WriteLine("发工资：5000￥");
25          }
26      }
27      class InternStudent : Employee                     //继承实习生类
28      {
29          override public void Payoff()                  //重载抽象方法
30          {
31              Console.WriteLine("实习生没有工资");
32          }
33      }
34  }
```

代码第20行到第26行定义员工类，并在22行定义发工资的方法。代码第27行到第33行定义实习生类，该类继承员工类，在第29行对基类的Payoff()方法进行重写。代码第11行和12行定义员工对象并调用员工类，第13行是定义Employee类的对象并使用InternStudent类进行实例化。其中new InternStudent()是在内存中开辟一个InternStudent类的空间，声明的Employee类对象employee2指向这块空间。代码第15行定义并实例化实习生类，第16行调

用发工资方法。

图 6-5 运行结果图

运行程序，结果如图 6-5 所示。

从运行结果中可以看到，员工 employee1 发了 5000 元的工资，实习生没有发工资，有意思的是 employee2 也没有发工资，这是因为实例化的时候使用的是实习生类。可以看作该员工没有完成任务，和实习生一样的待遇。

注意，在 C#中，父类的对象名可以指向子类的对象，子类的对象可以赋给父类。重载是多态的一种实现方式，前面在介绍方法的时候已经介绍过方法的重载，就是用于在给定了参数列表和一组候选方法成员的情况下，选择一个最佳方法成员来实施调用。例如下面对 test()方法的重载。

```
public void test(int x,int y){}
public void test(int ref int y){}
public void test(int x,int y,string a){}
```

作者心得：

重载的特征可以概括为以下几点。一、方法名必须相同。二、参数列表必须不同，与参数列表的顺序无关。三、返回值类型可以不相同。

6.4 接口

C#中的接口是一种约定，实现该接口就应该遵循该约定。通过前面几节的学习，可以知道一个子类不仅可以继承父类的方法，而且可以实现父类方法的功能。但是在 C#中，一个类不允许从多个类中继承。如果要完成某男性教师既继承男人类特性同时又继承教师类特性的话，使用前面的类继承没有办法完成，这时可以把男人和教师被同时继承的特性通过接口实现。实际上接口起到了多继承的作用。

一个接口就相当于一个抽象类，但是不能包含任何实现方法。一个类对接口的实现跟派生类实现基类相似，只是派生类中要实现接口的所有的方法。接口有时可以看成是类的模板，指明一个类应该提供哪些内容。用于定义的接口语法如下所示。

```
[属性]  [修饰符] interface [接口名]
{
    //接口内容
}
```

作者心得：

声明接口时需要注意以下几点。一、接口主题只限于对方法、索引器以及属性的声明。二、接口中不能包含字段、构造方法和常量。三、接口成员是隐式公开的，如果对其显示指定访问级别，就会出现编译错误。四、在接口中不能实现任何方法、属性或者索引器。五、在制定方法时，只需给出返回类型、名称和参数列表，然后以分号结束。

需要注意的是，接口命名时始终以字母 I 为首字母，即为接口英文单词（interface）的第一个字母。如下代码所示定义一个司机的接口 Idriver。

```
interface Idriver
{
      void Todrive ();
}
```

上面示例中定义了一个名为 Idriver 的接口。这个接口中声明了一个名为 Todrive()的不带参数和返回值的方法，下面代码说明如何实现一个接口。

范例 6.5
TestInterface.sln

TestInterface.sln 在这里首先定义一个接口 Idriver，然后定义 Student 类继承该接口。读者可以打开解决方案编译并运行本范例。（光盘\code\ch6\TestInterface\TestInterface.sln）

```
1 using System;                              //系统默认生成命名空间
2 using System.Collections.Generic;
3 using System.Linq;
4 using System.Text;
5 namespace TestInterface                    //自定义命名空间"TestInterface"
6 {
7       interface Idriver                    //定义一个接口 Idriver
8       {
9             void Todrive();                //接口中定义的方法
10      }
11      public class student : Idriver       //继承了司机的接口
12      {
13            public void Todrive()          //定义 Todrive()方法
14            {
15                  Console.WriteLine("一个学生在开车");//输出 student 类的标志信息
16            }
17      }
18      class Program                        //默认生成的 Program 类
19      {
20            static void Main(string[] args)  //主方法，程序入口
21            {
22                  Idriver dri = new student(); //为 Idriver 接口实例化一个学生类
23                  dri.Todrive();   //调用 Todrive 方法，因为实例化的学生类，所以输出学生信息
24                  Console.Read();              //等待用户输入
25            }
26      }
27 }
```

运行程序，结果如图 6-6 所示。

图 6-6　接口示例运行结果

代码第 7 行到第 10 行定义接口 Idriver，第 9 行代码定义一个没有方法体的空方法。第 11 行代码，定义 student 类，并继承接口。第 22 行代码，定义 Idriver 接口对象并使用 student 类实例化。

作者心得：

在使用接口时需要注意以下问题。一、用于实现接口的语法与实现继承一样，也同样使用冒号。二、实现接口的方法与派生类实现基类方法的重写一样。三、在大括号内定义了接口中方法的实现。四、与抽象类不同，不需要写 override 关键字。五、可以和实例化类一样进行实例化。

实训 6.1——多重接口的实现

在前面的讲解中，已经分别对 C#中的继承、抽象类、多态和接口等有了一定的了解。在本实训中，将利用前面的知识来学习一下该如何根据实际需要解决相应的问题。

1. 需求描述与分析

C#不允许多重类继承，也就是一个类不能同时派生自多个类。但 C#允许多重接口的实现，这意味着一个类可以实现多个接口。很多情况都用到多重继承接口。例如作为一个司机，只需要知道是不是有驾驶证，会不会开车。会开车并有驾驶证的就可以称为司机。学生和教师，都继承自人类，一类是教师，另一类是学生。如果教师考到了驾驶证，可以称教师为司机。如果学生也考到了驾驶证，也可以称为司机。那学生和教师都拥有了双重身份，这种双重身份就可以使用多重接口的继承来实现。关系结构如图 6-7 所示。

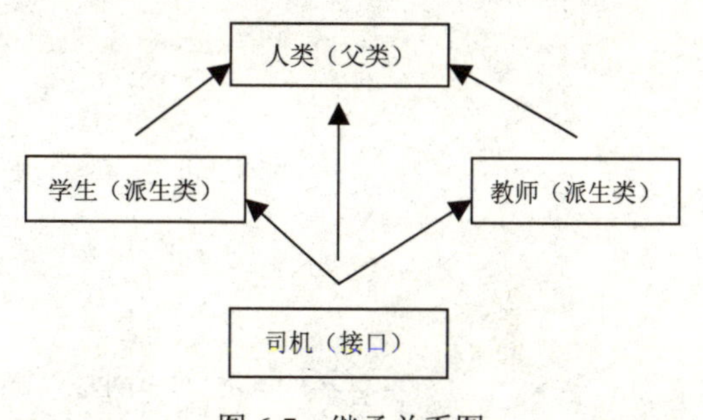

图 6-7　继承关系图

2. 开发模型代码

可以用编程来描述这种关系，例如以下代码。

表 6-1　多重接口的实现文件描述

文　件	功　能
MulInterface.sln	通过定义教师类和学生类分别继承多个接口，实现教师类和学生类具有多个接口的功能。

程序清单 6.1-1：MulInterface.sln

```
using System;                                        //系统生成命名空间
using System.Collections.Generic;
using System.Text;
namespace MulInterface                               //自定义命名空间“MulInterface”
{
    class Program
    {
        public class person                          //定义 person 类
```

```
09          {
10              public string name;                          //定义公有的姓名字段
11              public int age;                              //定义公有的年龄字段
12              public person(int age, string name)          //构造方法
13              {
14                  this.name = name;                        //为 name 字段赋值
15                  this.age = age;                          //为 age 字段赋值
16              }
17          }
18          interface Idriver                                //定义接口
19          {
20              void Todrive();                              //定义接口中的方法
21          }
22          public class student : person, Idriver           //继承了人类和司机的接口
23          {
24              public student(int age, string name) : base(age, name)
25              {
26              }
27              public void Todrive()                        //定义 Todrive 类
28              {
29                  Console.WriteLine(name + ":学生在开车");     //输出该类标志信息
30              }
31          }
32          public class teacher : person, Idriver           //继承了人类和司机的接口
33          {
34              public teacher(int age, string name): base(age, name)
35              {
36              }
37              public void Todrive()                        //定义 Todrive 类
38              {
39                  Console.WriteLine(name + ":教师在开车");     //输出该类标志信息
40              }
41          }
42          static void Main(string[] args)                  //主方法，程序入口
43          {
44              Idriver driver = new student(20, "小明");//为接口实例化学生类
45              driver.Todrive();
46              driver = new teacher(30, "老张");//为 Idriver 接口实例化一个教师类
47              driver.Todrive();    //调用 Todrive()方法，显示的是教师类信息
48              Console.Read();                              //等待用户输入
49          }
50      }
51  }
```

代码第 8 行到第 17 行定义一个 person 类，第 18 到第 21 行定义一个接口，第 22 行到第 31 行定义学生类并且继承 person 类和接口，其中 24 行定义构造方法并继承基类构造方法。运行程序，结果如图 6-8 所示。

图 6-8　多重接口示例运行结果

通过以上代码示例可以发现学生和教师都拥有了双重身份。因为学生和教师都有驾驶执照，所以都可以进行开车这一个动作。区别是教师开车的方式和学生开车的方式是不同的，

所以继承了司机这个接口后，教师和学生要完成各自的开车方法。

如果教师和学生都做了一手好饭，也可以把教师和学生都称作为厨师。类似现实中的兼职，如果教师和学生有很多的兼职，那么在C#不允许继承多个父类的情况下，就要通过继承多个接口来实现。

```
public class teacher : person, Idriver, Icook                    //继承了司机、厨师的接口
{
    public teacher(int age, string name): base(age, name)        //此类构造方法继承基类构造方法
    {
    }
    public void Todrive()                                         //实现了司机的方法
    {
        Console.WriteLine(name+":教师在开车");
    }
    public void cooking()                                         //实现了厨师做饭的方法
    {
        //实现方法
    }
}
```

接口在软件程序中是一个非常重要的内容，在很多设计模式中，接口是必不可少的一项。可以通过以上代码片段，举一反三。将cooking()方法补充完整，然后再定义一个学生类，并继承person类、Idriver接口和Icook接口。

6.5 疑难解答

1. 开发什么样的程序需要使用继承？

答：当两个类之间存在“是”关系时，就可以在两个类之间使用继承了。例如，狗是动物、汽车是交通工具，这些都可以使用继承来表达。需要注意的是，电视和鹦鹉虽然都有name属性，但是它们是不应该具有继承关系的。

2. 抽象方法一定在抽象类中吗？

答：不是，抽象方法还可能在接口中，接口中的方法全部都是抽象方法。当抽象放在一个类中时，这个类一定是抽象类。

3. 抽象类中一定具有抽象方法吗？

答：不一定，一个类中具有抽象方法一定是抽象类，但在抽象类中不是必须有抽象方法。

4. 从第4章我学到了重载，和这里的重写都是定义多个重名方法，他们有区别吗？

答：重写是指子类重新定义父类的虚方法的做法。而重载是指在同一个类中存在多个同名方法，而这些方法的参数不同。其实重载和重写没有什么关系，不要因为名字差不多就进行联系。

5. 是否可以重写基类中所有的方法？

答：不是。在派生类中对基类的方法进行重写时，派生类必须能够继承基类中的方法。

如果基类中的方法使用 private 声明，则派生类不能对其重写。

6. 如果在两个类中具有相同名称的方法，这两个方法之间有关系吗？是否为重写关系？

答：不是，这两个方法之间没有关系。读者不要混淆重写最重要的前提，即方法所在的类为父类和子类的关系。

7. 父类和子类之间可以进行类型转换吗？

答：在 C#语言中，子类可以转化为父类，父类不能转化为子类。

8. C#可以像 C++那样同时继承多个类吗？

答：不能，C#是单重继承语言，一个类只能有一个父类。正是因为 C#单重继承的特性，大大简化了 C#程序的开发。

9. 接口和类有很多相似的地方，为什么要定义接口的概念呢？

答：前面介绍了在 C#中是不允许类的多重继承，也就是一个类不能继承多个父类。但是这样有时候不能很好地解决问题，例如某个人既有司机技能又有厨师技能，如果不使用接口，很难使用面向对象的方式进行描述。

10. 通过前面的学习，我感觉接口和抽象类很相似，能再讲一下吗？

答：接口中只能声明方法、属性、事件、索引器。而抽象类中可以有方法的实现，也可以定义非静态的类变量。抽象类是类，所以只能被单继承，但是接口却可以一次实现多个继承。这些只是最基本的，读者不需要刻意去记忆这些东西，在以后的开发中接触多了自然就了解了。

6.6 上机题

1. 汽车和货车都属于交通工具，都具有 Driver 动作和排量属性，定义一个交通工具的基类，并派生出汽车类和货车类。

2. 定义下面的类，包括图形类、椭圆类、圆类、平行四边形类、矩形类、正方形类，注意它们之间的继承关系。

3. 定义一个公司类，该类包含一个构造方法，能够输出公司名称。再定义一个技术部类，该类继承公司类，技术部类中的构造方法能够输出技术部名称。

4. 开发一个继承程序，在父类无参构造方法中循环输出从 1 到 10，在子类构造方法中循环输出从 10 到 100。

5. 定义一个表示家具的抽象类，并定义橱柜类和板凳类继承家具抽象类。

6. 每种动物都具有跑的动作，通过定义抽象类和抽象方法，定义狗、猫、鸡具体跑的方法。

7. 在现实生活中，有一些老师在学校教书，开车回家，在家里是孩子的父亲。通过定义教师接口、司机接口和父亲接口，实现让这一类人去继承教师接口、司机接口和父亲接口。

8. 定义一个用户类，在该类中定义一个登录方法，实现跳转到网站首页。再定义一个管理员类，使管理员继承用户类，并对登录方法进行重写。管理员的登录方法实现跳转到网站后台管理界面。

9. 定义交通工具接口，在其中定义启动和刹车方法。再定义汽车类和飞机类实现交通工具接口。在 Main()方法中使用交通工具接口引用调用启动和刹车方法。

10. 下课铃一响，老师向大家布置课下作业，同学们记录。编写程序，使用 C#语言中多态模拟下课事件。

第7章 索引器、属性、委托和事件

前面介绍了两章面向对象编程的基本知识，有这些知识只能了解面向对象编程的思想。如果想开发出实用的应用程序，可能会遇到很多问题，那就需要更多面向对象的特性。本章将要讲解面向对象中常用的属性、索引器、委托和事件。

本章的学习重点

- 索引器。
- 属性。
- 委托。
- 事件。

7.1 索引器

第 4 章讲解了数组，知道数组可以对一些简单类型的数据进行索引，例如数组可以对 100 个整数创建索引，但是数组并不能对类或结构体的实例进行索引。而本节将要介绍的索引器具有对类或结构体的实例进行索引的功能。例如在某师生人数达几千人的学校，假如老师需要一份学员名单，用于更新资料或了解一些信息，可以不定义传统的方法来获取学员记录，而是在类中提供一个索引器，从而省去繁琐的选择使用哪个方法的步骤。

7.1.1 定义索引器

索引器的语法比较特殊，可以使用[ ]运算符进行访问，而不是常规的 get 和 set 方法调用。这与传统访问方法相比，主要优点是索引器客户端代码更加简洁。索引器使用 set 访问器写入，使用 get 访问器读取。定义索引器结构的语法格式如下所示。

```
[访问修饰符] 数据类型 this [数据类型 标识符]
{
    get
    {
        //代码
    }
    set
    {
        //代码
    }
}
```

由上述语法可知，定义索引器的 this 关键字是必须的，其实 this 在这里作为索引器的名称。一个类可以有多个索引器，可以通过指定不同的索引类型来实现访问类的数组元素。使用索引器时需要在对象名称后说明数组名称，然后指定数组的索引器，最后赋值。

索引器使用 set 和 get 设置和获取对象的数据，下一节将要介绍的属性设置和获取字段也使用 set 和 get 关键字。这就决定了索引器访问对象的数据和属性访问字段类似，不同的是索引器访问对象可以使用下标，而这一点和数组访问元素类似。数组的使用和索引器也有很多差别，例如数组的下标类型只能是整数，表示访问数组的第几个元素，而索引器的下标不受限为整数。

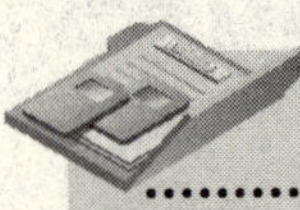

作者心得：

索引器和数组只是使用样式上比较相似但本质是不同的，索引器不是一个变量并没有直接对应数据存储的地方，而数组则是对一组变量的引用。

7.1.2 使用索引器的例子

上一节介绍了索引器的知识，本节以一个例子来说明索引器的使用。例如，一个班级中有很多的学生，可以把班级视为一个集合。班级和学生的关系很适合使用索引器的例子。下面的例子主要定义一个 classes 类并在该类中定义班级和学生类型的索引器，在主方法中实现读写操作。请看 TestIndex 中代码。

范例 7.1
TestIndex.sln

TestIndex.sln 本范例演示了定义索引器以及对索引器的读写操作过程，实现了对学生编号和姓名的赋值与编辑功能。

（光盘\code\ch7\ TestIndex\ TestIndex.sln）

```
using System;                                   //系统生成命名空间
using System.Collections.Generic;
using System.Linq;
using System.Text;
namespace TestIndex                             //自定义命名空间“TestIndex”
{
    class student                               //定义学生类
    {
        public string Name;                     //定义字符串变量 Name 用于保存姓名
        public int Number;                      //定义整型变量 Number 用于保存学号
    }
    class classes                               //定义班级类
    {
        student[] stus;                         //定义学生类数组
        public classes(int index)               //构造方法
        {
            stus = new student[index];
        }
        public student this[int index]          //设置一个索引器以 student 为返回类型。
        {
```

```
                get
                {
                    if (index < 0 || index >= stus.Length)      //判断索引大小是否在范围中
                    {
                        Console.WriteLine("索引大小错误");//如果不是输出错误
                        return null;
                    }
                    return stus[index];                         //返回指定索引的数据
                }
                set
                {
                    if (index < 0 || index >= stus.Length)      //判断索引大小是否在范围中
                    {
                        Console.WriteLine("索引大小错误");
                        return;
                    }
                    stus[index] = value;                    //返回指定索引的数据
                }
            }
            public student this[String name]                //设置一个索引器以 student 为返回类型
            {
                get
                {
                    foreach (student stu in stus)           //遍历 stus 这个对象，搜索制定学生名称
                    {
                        if (stu.Name == name)               //判断是否和输入的内容相同
                        {
                            return stu;                     //返回指定索引的数据
                        }
                    }
                    Console.WriteLine("没有这个人");
                    return null;
                }
            }
        }
        class Program
        {
            static void Main(string[] args)                 //主方法，程序的入口
            {
                classes Class = new classes(5);             //实例化 classes 指定索引大小
                student stu = new student();                //实例化 student 并赋值
                stu.Name = "张三";
                stu.Number = 20081212;
                Class[0] = stu;                             //给索引器赋值
                stu = new student();                        //实例化 student 并赋值
                stu.Name = "李四";
                stu.Number = 20078877;
                Class[1] = stu;                             //给索引器赋值
                stu = new student();                        //实例化 student 并赋值
                stu.Name = "王二";
```

```
71              stu.Number = 20067895;
72              Class[2] = stu;                         //给索引器赋值
73              stu = Class["李四"];                    //查找李四的 student 对象
74              Console.WriteLine(stu.Name + " 的编号是 " + stu.Number);//输出李四的相关内容
75              Console.Read();
76          }
77      }
78}
```

第 12 行定义班级类，在该类中定义了两个索引器，一个是第 19 到第 39 行用来设置和返回指定索引的学生对象，一个是第 40 到第 54 行根据学生名对象获取学生对象。索引器中使用了 get 和 set 关键字，可以对索引器进行读/写操作。第 40 到第 54 行建立一个用于搜索相关内容且带有 string 参数的只读索引器。运行程序，结果如图 7-1 所示。

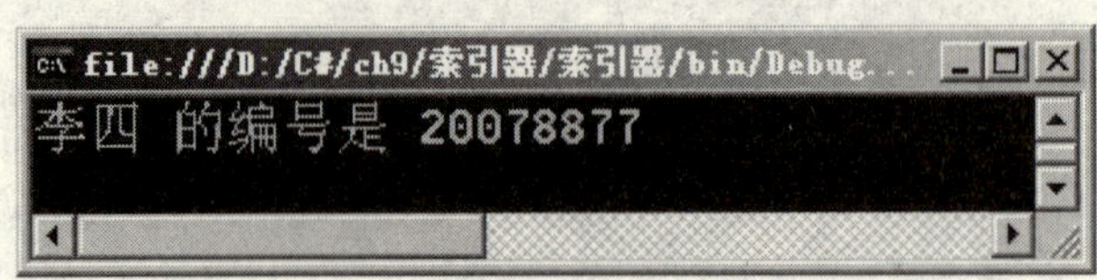

图 7-1　索引器示例运行结果图

在第 19 行中，使用 int index 作为[]括号的参数，int index 就是这个类数组 student[]stus 的索引。代码第 37 行为索引器存入对象时调用 set 写入器。这里的 value 代表传入的对象，C#的内部机制保证传入的正确性。传入的 index 就是数组 student[] stus 的一个索引值，通过传入的 index 索引给 stus[index]对象进行赋值，可以实现对该对象的读取。

索引器[]中的参数也可以是其他类型。例如，只读索引器 public student this[String name] 中的，name 为 stus 对象中的 name 值。通过 foreach (student stu in stus)进行遍历，查找匹配的对象，然后返回。

作者心得：

以上演示的读/写和只读索引器，都是程序中最常用到的。读/写索引器是用来赋值和显示的，而只读只能用来显示数据。注意，只读索引器不能够赋值，否则会出现编译错误。

7.2　属性

属性是对事务特征的描述。例如，冰箱的高度、颜色、价格、产地等是用来描述这台冰箱特征的，这些都是冰箱的属性。又如按钮控件的名称、显示的文字、背景色以及背景图片等。大多数控件都具有的属性称为公共属性，如名称、标题、背景色、前景色等。本节将介绍如何把现实中的属性转换为软件编程的代码和思想。

7.2.1 属性概述

根据面向对象编程的封装性原则要求，外部程序是不可以直接访问类中的数据成员的。外部程序调用前必须充分了解类的实现细节。这有悖于隐藏设计细节的思想，不利于代码的重用性和维护性，很有可能有意或无意地破坏对象中的数据，导致程序难以调试的缺陷。所以，将数据成员的访问方式都设定为私有，使用公有属性访问这些私有字段，可以很好地解决这个问题。

属性和索引器类似，定义属性时，也使用 get 和 set 访问器。从 7.1 节可以知道，使用索引器不是创建一个名称，而是使用关键字 this 引用对象实例。定义属性时，需要指定属性的名称。属性提供灵活的机制来读取、编写或计算私有字段的值。可以像使用公共数据成员一样使用属性，实际上属性是称为“访问器”的特殊方法。这使得数据在可被轻松访问的同时，仍能提供方法的安全性和灵活性。可以发现属性是对私有字段的一种封装，提供灵活安全的访问机制。可以认为属性是一个具有 set 和 get 访问器的字段。定义代码如下所示。

```
[访问修饰符] 数据类型 属性名称
{
    get
    {
        return 字段名;
    }
    set
    {
        字段名=value;
    }
}
```

作者心得：

需要注意的是，数据类型必须与字段名的数据类型一致。get 完成对数据值的读取，return 用于返回读取的值。set 完成对数据值的设置，关键字 value 表示要设置的数据值。属性的 get 访问器没有参数，属性的 set 访问器包含 value 的隐式参数。

命名属性时，一般是用其封装的字段名然后将第一个字母大写。例如字段 name，对应的属性名为 Name。在定义书写属性时，可以利用工具加速写代码的时间。下面的内容简述了利用工具书写属性的过程。

（1） 首先用鼠标选中需要封装的字段，例如下面的代码。

```
public int _age;
```

（2） 按下 Ctrl+r 后，再按下 e 键，会出现一个“封装字段”对话框，如图 7-2 所示。

（3） 单击“确定”按钮，出现一个预览窗口，如图 7-3 所示。

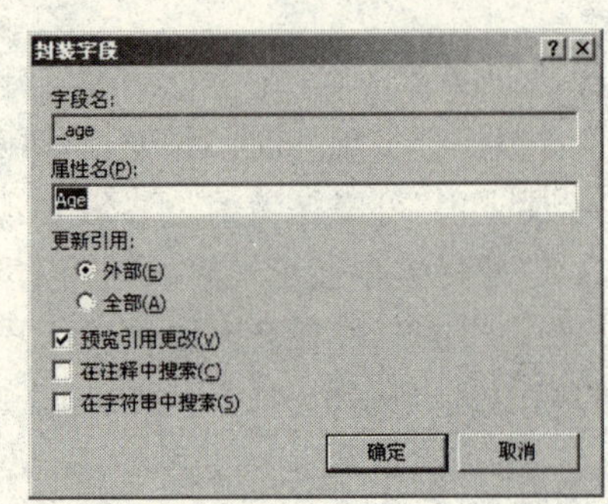

图 7-2 “封装字段”对话框

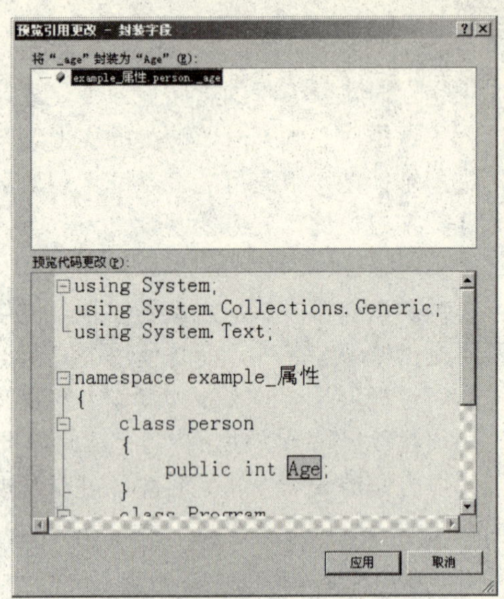

图 7-3 预览窗口

（4） 单击“应用”按钮，Visual Studio 会自动生成_age 字段的属性，如下代码所示。

```
public int Age
{
    get { return _age; }
    set { _age = value; }
}
```

也可以在编辑器中输入 prop，然后一直按下“Tab”键，直到出现图 7-4 所示界面。

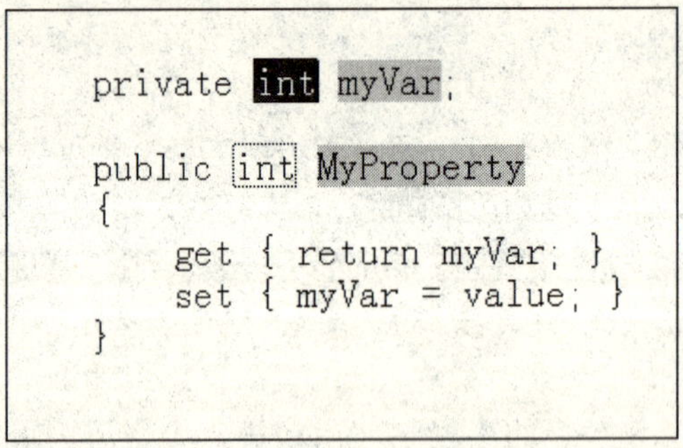

```
private int myVar;

public int MyProperty
{
    get { return myVar; }
    set { myVar = value; }
}
```

图 7-4 利用 prop 快速输入属性

出现上面所示的效果后，可以输入相应的数据类型以及属性名。这种方式也可以实现快速输入的目的。

7.2.2 属性类型

C#中属性分为不同类型，主要有读/写属性、只读属性、只写属性、静态属性。读/写属性就是指可以读取数据，也可以存入数据的属性。只读属性是指可以读取数据的属性。只写属性是指可以存入数据的属性。静态属性是指可以读取数据，也可以存入数据的静态属性。

1. 读/写属性

读/写属性带有关键字 get 和 set，例如下面所示的代码。

```
[访问修饰符] 数据类型 属性名称
{
    get
    {
        return 字段名;
    }
    set
    {
        字段名=value;
    }
}
```

利用上述格式，可以定义具有读/写功能的 Age 属性。代码如下所示。

```
public int Age                          //定义属性 Age
{
    get { return _age; }                //读
    set { _age = value; }               //写
}
```

2. 只读属性

只读属性只带有 get 访问器，如下面代码所示。

```
[访问修饰符] 数据类型 属性名称
{
    get
    {
        return 字段名;
    }
}
```

利用上述格式，可以定义具有只读功能的 Age 属性。代码如下所示。

```
public int Age
{
    get { return _age; }
}
```

3. 只写属性

只写属性只带有 set。代码如下所示。

```
[访问修饰符] 数据类型 属性名称
{
    Set
    {
        字段名=value;
    }
}
```

利用上述格式，可以定义具有只写功能的 Age 属性。代码如下所示。

```
public int Age
{
    set { _age = value; }
}
```

4. 静态属性

静态属性带有 static 标识符。代码如下所示。

```
[访问修饰符] static  数据类型  属性名称
{
    get
    {
        return  字段名;
    }
    set
    {
        字段名=value;
    }
}
```

利用上述格式，可以定义静态的 Age 属性。代码如下所示。

```
Public static int Age
{
    get { return _age; }
    set { _age = value; }
}
```

上面已经演示了各种属性的写法，每种类型的属性都适用于某种环境。读者在以后的编程过程中，将会频繁地遇到。

7.2.3 使用属性

在很多程序中需要用户输入自己的年龄，人的年龄一般都在 0～150 岁左右。在一个程序中如果出现小于 0 岁或大于 150 岁的人都是软件质量的一种缺陷。使用属性可以有效判断和管理用户的输入。

范例 7.2
TestProperty.sln

TestProperty.sln 通过定义年龄属性对不符合逻辑的年龄进行判断，实现获取正确年龄的功能。

（光盘\code\ch7\ TestProperty\ TestProperty.sln）

```
using System;                              //系统生成命名空间
using System.Collections.Generic;
using System.Linq;
using System.Text;
namespace TestProperty                     //自定义命名空间“TestProperty”
{
    class person                           //定义 person 类
    {
        private int _age;                  //私有字段，用来存储年龄
```

```
        private String _name;              //私有字段，用来存储姓名
        public String Name                 //Name 属性，用来封装_name 字段
        {
            get { return _name; }          //读出对象
            set { _name = value; }         //写入对象
        }
        public int Age                     //定义 Age 属性
        {
            set
            {
                if (_value > 0 && _ value < 150) //判断是否符合年龄的要求
                {
                    _age = value;          //符合正常年龄（0～150 岁），则返回年龄值
                }
                else
                {
                    Console.WriteLine("年龄输入不正确");        //输出不正确的提示
                    _age = 0;              //不符合正常年龄，则返回 0
                }
            }
            get { return _age; }           //写入对象
        }
    }
    class Program
    {
        static void Main(string[] args)                                  //程序的入口
        {
            person p = new person();                                     //实例化 person 类
            Console.WriteLine("请输入你的姓名");
            p.Name = Console.ReadLine();                                 //给人名赋值
            Console.WriteLine("请输入你的年龄");
            p.Age = Convert.ToInt32(Console.ReadLine());                 //给年龄赋值
            Console.WriteLine("{0}的年龄是{1}", p.Name, p.Age);           //输出年龄和姓名
            Console.Read();                                              //等待用户输入
        }
    }
}
```

运行程序，按照程序提示信息，输入正确的姓名和年龄。本例输入的姓名是张三，年龄是 30。运行结果如图 7-5 所示。如输入错误的年龄，程序将会提示输入错误。笔者输入张三的年龄 1111，显然是错误的。程序提示错误，并输出默认 0，代表输入错误。运行结果如图 7-6 所示。

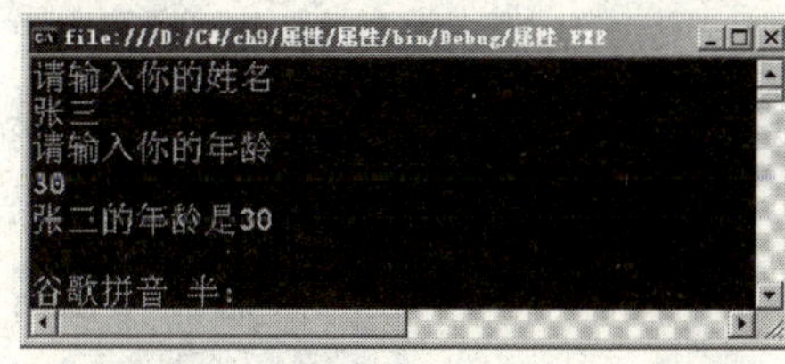

图 7-5　输入正确后的显示效果

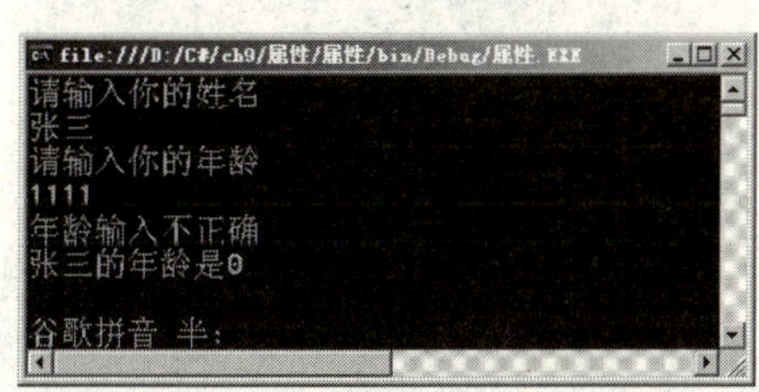

图 7-6　输入不符合规定的数值后的显示效果

通过以上代码可以发现，程序的关键在于定义 Age 属性。在 get 得到值时，加入判断，提示输入的值不符合要求。这样的写法就是属性定义的好处之一，通过判断就能发现是否符合规定，不符合规定的输出“年龄输入不正确”，且年龄自动返回 0。

作者心得：

在注册帐户、提交用户体验等过程中经常会遇到使用户输入信息的情况。数据的准确性非常重要，在对数据进行智能分析时，错误、不符合逻辑的数据带来了很大的障碍。为了后期操作更方便更准确，在数据第一次录入时就要确保准确性。

7.2.4 自动属性

在 C#3.0 中引入了自动属性，解决定义属性带来的繁琐。有效地利用自动属性，可以令代码更加简洁，编写效率更高。使用前面介绍的属性定义 Name 属性，代码如下所示。

```
public class Person
{
    private int _name;                          //类内部字段
    public int Name                   //对外开放的属性
    {
        get                                    //读取属性
        {
            return _name;
        }
        set                                    //设置属性
        {
            _name = value;
        }
    }
}
```

这段代码就是 C#中使用属性的典型代码。当属性本身十分简单，只是直接赋值与取值时，这种写法显然过于繁琐。当需要大量声明这样的属性时，开发人员便可能感到头疼。在 C#3.0 中，自动属性（Auto Property）为开发人员解决了这一问题，开发人员不需要再定义私有字段、书写完整的属性读写器，只需要定义属性的名称与访问修饰符即可。请看下面的语法示例。

```
public class PersonUseAutoProprty
{
    public string Name { set; get; }              //自动属性
}
```

这段代码与前面使用传统方式写属性的定义效果是完全一样的。开发人员可以方便地访问自动属性。如下所示为访问自动属性的代码。

```
class Program
{
    static void Main(string[] args)
```

```
        {
            PersonUseAutoProprty p = new PersonUseAutoProprty();
            p.Name = "Tom";                         //设置属性
            Console.WriteLine(p.Name);              //获取属性
        }
    }
```

显然，自动属性与传统属性在本质上没有区别，但可以使程序代码更加简洁。在使用上自动属性与传统的属性有所不同。由于私有字段是在编译时生成的，编译前不存在私有字段，所以对其访问必须通过属性，因此属性不允许设置成只读或只写。下面的代码将引发编译错误。

```
public class PersonUseAutoProprty
{
    public string Name { get; }                         //只读，错误
    //public int Name { set; }                          //同样只写，也是错误的
}
```

如果需要对属性的访问进行限制，如只允许对象内部写入或只允许外部读取等，则可以写成如下所示的代码。

```
public string Name { private set; get; }                //自动属性，外部只读，内部可写
```

这样便可以使属性拥有所需要的访问权限。

7.3 委托

回调（callback）方法是 Windows 编程的一个重要部分。回调方法实际上是方法调用的指针，也称为方法指针，是一个非常强大的编程特性。.NET 以委托的形式实现方法指针的概念。委托和事件提供了一种用来反映现实世界中保持对象之间交换能力、允许对象之间相互独立的机制。与前面介绍的类和接口一样，委托也是引用类型，本节将介绍委托在编程开发中的使用。

7.3.1 声明委托

C#中的委托与 C 语言中的函数指针类似，都是指向方法。不同的是 C#语言中的委托类型是安全的，C 语言中的函数指针是不安全的。既然是和函数指针类似，那么就是说可以“指向”方法，C#中叫做将方法加入到委托。首先看一下声明委托的语法格式。

```
[访问修饰符] delegate 返回类型 委托名(参数);
```

委托使用关键字 delegate 声明，参数是加入委托的方法名，这些加入委托的方法返回值类型必须和声明委托时使用的返回值类型兼容。例如声明委托的返回值类型是 void 类型的，加入委托的方法返回值类型也必须是 void 类型。

委托将名称与方法的定义连接起来，也就是说将方法的实现都绑定在委托中，这样就可以使用该名称调用特定的方法。加入委托的方法返回值类型要一致，参数类型和数量也要一致，这样就可以将这些方法看着是具有相同参数和返回类型的一类方法。而委托像一个具有通用名称的方法。例如，有两个方法，一个是相加，另一个是相减，代码如下所示。

```
public int sum(int a,int b)                //两个数相加的方法
public int lessen(int a,int b)             //两个数相减的方法
```

上述方法都具有两个相同类型的参数，而且都有一个 int 类型的返回值。定义一个委托，该委托用于引用 sum()和 lessen()方法。委托的定义示例代码如下所示。

```
public delegate int call(int a,int b);
```

根据以上内容，可以发现除了没有实现方法之外，定义委托与定义方法相似，但没有方法体，定义的前面要加上关键字 delegate。因为定义委托是定义一个新类，所以可以在定义类的任何地方定义委托。既可以在另一个类的内部定义，也可以在任何类的外部定义，还可以在命名空间中把委托定义为顶层对象。根据定义的可见性，可以在委托定义上添加一般的访问修饰符，如 public、private 和 protected 等。在调用委托时将调用加入到委托的所有方法。

作者心得：

委托派生于 System. Multicast Delegate 类，System.MulticastDelegate 又派生于基类 System.Delegate。C#编译器知道并会使用这个类的委托语法，因此不需要了解这个类的具体执行情况。

7.3.2 实例化委托

定义好委托后，就可以创建实例，用来存储特定方法的细节。实例化委托意味着指向某一个方法。定义委托后，需要对其进行实例化才能被调用。要实例化调用一个委托，就要调用该委托的构造方法，并将与该委托关联的方法作为参数传递。

委托的一个特征是类型安全，可以确保被调用的方法签名是正确的。但有趣的是，委托不关心在什么类型的对象上调用该方法，甚至不考虑该方法是静态方法，还是实例方法。给定委托的实例可以表示任何类型的任何对象上的实例方法或静态方法——只要方法的签名匹配于委托的签名即可。首先定义一个委托，代码如下所示。

```
public delegate int call(int a, int b);                //定义委托
```

然后定义委托可应用的方法，代码如下所示。

```
class Math
{
    public int sum(int a, int b)
    {
        //实现方法
    }
    static int less(int a,int b)                       //静态相减方法
    {
        //实现方法
    }
}
```

实例化这个委托并调用，代码如下所示。

```
static void Main(string[] args)
{
    Math math = new Math();                  //实例化 Math 类
    call objcall = new call(math.sum);       //实例化委托
    int temp = objcall(5, 3);                //调用方法一样，调用委托
}
```

作者心得：

一般在使用委托的时候首先定义，然后实例化最后使用。注意：实例化委托的时候，将委托需要引用的方法名称传入委托的构造方法中。

7.3.3 委托推断

在 C#中，用委托推断扩展委托的语法，只需用委托实例就可以传送地址名称。例如上一节介绍的 call 委托，代码如下所示。

```
Math math=new Math();
call objcall = new call(math.sum);
```

只要用变量把方法名传送给实例化名称 objcall，就可以编写出作用相同的代码，代码如下所示。

```
call objcall = math.sum;
```

C#编译器创建的代码是一样的，编译器会用 objcall 检测需要的委托类型。因此创建 call 委托类型的一个实例，用对象 math.sum 把方法的地址传送给构造方法。之前的 Main()方法代码可以修改成如下所示。

```
static void Main(string[] args)              //主方法，程序入口
{
    Math math = new Math();                  //实例化 Math 类
    call objcall = math.sum;                 //实例化委托 ,注意只是指定的方法签名
    int temp = objcall(5, 3);                //和调用方法一样，调用委托
    Console.WriteLine("5+3="+temp);          //输出结果
    objcall = less;                          //应用静态方法
    temp = objcall(8,2);                     //调用委托
    Console.WriteLine("8-2="+temp);          //输出结果
}
```

在上面的程序中，不能调用 math.sum 方法把其传送给委托变量。调用 math.sum 方法会返回一个不能赋予委托变量的字符串对象，只能把方法的地址赋予委托变量。注意，委托推断可以在需要委托实例的任何地方使用。

可以使用关键字 delegate 实例化对象。使对象可以作为指向方法、静态方法或实例方法的引用。下面的程序使用委托实现对数据的运算。

范例 7.3 TestDelegate.sln　TestDelegate.sln 在本程序中定义了一个 Math 类，包括用于求和的 sum()方法和用于求差的 lessen()方法，另外又定义了一个静态方法用来比较他们之间的使用异同。

（光盘\code\ch7\ TestDelegate\ TestDelegate.sln）

```
using System;                                              //系统生成命名空间
using System.Collections.Generic;
using System.Linq;
using System.Text;
namespace TestDelegate                                     //自定义命名空间“TestDelegate”
{
    class Program
    {
        public delegate int call(int a, int b);            //声明委托
        class Math                                         //定义 Math 类
        {
            public int sum(int a, int b)                   //方法 sum()，实现两个数相加功能
            {
                return a + b;
            }
            public int lessen(int a, int b)                //方法 lessen()，实现两个数相减功能
            {
                return a - b;
            }
        }
        static int less(int a, int b)                      //静态相减方法
        {
            return a - b;
        }
        static void Main(string[] args)                    //主方法，程序的入口
        {
            Math math = new Math();                        //实例化 Math 类
            call objcall = new call(math.sum);
            int temp = objcall(5, 3);                      //调用方法一样，调用委托
            Console.WriteLine("5+3=" + temp);
            objcall = new call(less);                      //应用静态方法
            temp = objcall(8, 2);                          //调用委托
            Console.WriteLine("8-2=" + temp);
            Console.Read();                                //等待用户输入
        }
    }
}
```

运行程序，结果如图 7-7 所示。

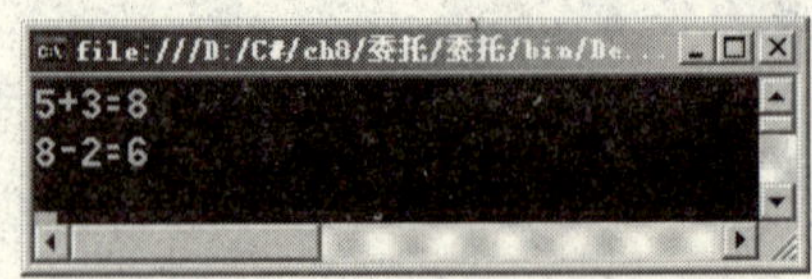

图 7-7　运行结果图

第 9 行代码定义委托，第 10 到 20 行定义了 Math 类，第 21 到 24 行定义了静态求差方法。第 28、29 行，是将方法加入委托并调用，第 31 行重新给委托指定在不同实例上执行不同的方法，甚至可以指定静态方法，只要每个方法的签名匹配于委托定义即可。

7.3.4 多播委托

前面使用的每个委托都只包含一个方法调用，被称为单播委托。一个委托可以包含多个方法，这类委托被称为多播委托。使用“+=”运算符可以将方法加入到委托链中，使用“-=”运算符可以将方法从委托链中进行删除。请看范例 7.4 多播委托的示例程序。

范例 7.4
TestDelegate2.sln

TestDelegate2.sln 在本程序中演示了委托的定义和如何将多个方法加入委托链，从而实现了调用一次委托实例可以调用多个方法。
（光盘\code\ch7\ TestDelegate2\ TestDelegate2.sln）

```
1 using System;                                   //系统生成命名空间
2 using System.Collections.Generic;
3 using System.Linq;
4 using System.Text;
5 namespace TestDelegate2                         //自定义命名空间“TestDelegate2”
6 {
7       class Program
8       {
9           public delegate void call();            //声明一个委托
10            class Math                            //定义 Math 类
11            {
12                public static void sum()          //声明一个静态方法 sum()
13                {
14                    Console.WriteLine("调用了 sum 这个方法");
15                }
16                public static void less()         //声明一个静态方法 less()
17                {
18                    Console.WriteLine("调用了 less 这个方法");
19                }
20            }
21            static void Main(string[] args)       //主方法，程序的入口
22            {
23                call c = new call(Math.less);  //实例化一个委托，并封装 call 类中的一个方法 less
24                //在原有的封装了一个 less 方法的委托实例中再封装进一个新的方法 sum
25                c = c + Math.sum;                 //或者写成 c += Math.sum;，两者的效果是一样的
26                c += Math.less;                   //该委托实例封装第 3 个方法
27                c();                              //调用该委托实例，执行封装进去的 3 个方法
28                Console.Read();                   //等待用户输入
29            }
30      }
31 }
```

运行程序，结果如图 7-8 所示。

代码第 25、26 行分别用不同的方式将 sum、less 方法加入委托链，把方法加入委托可以

有上面的两种格式。使用了叠加的方式，将委托的方法加载到一个多播委托中。如果使用多播委托，就应注意对同一个委托调用方法链的顺序并未正式定义，因此应避免编写依赖于以特定顺序调用方法的代码。

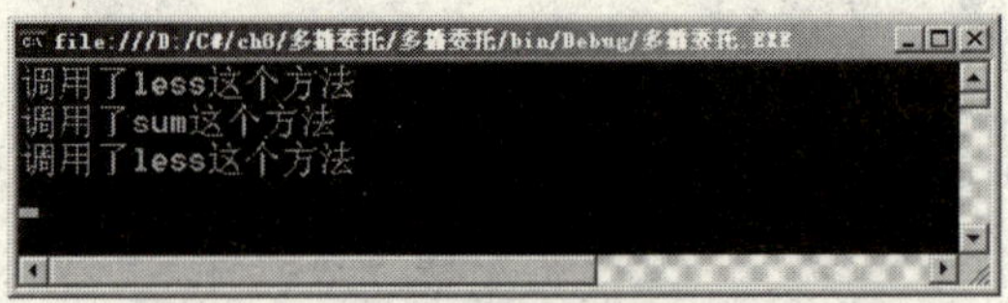

图 7-8　多播委托示例效果图

作者心得：

多播委托包含一个逐个调用的委托集合。如果通过委托调用的一个方法抛出异常，整个顺序调用就会停止。修改前面的示例代码，在第 18 行代码后面加入 throw new Exception("出错了...."); 再次运行程序，系统将会出现异常，指出新加代码中的 Exception 没有处理。由此可知委托只调用了第一个 less()方法，该方法抛出了异常，委托的调用在此停止，不再调用其他方法。

7.4　事件

事件是委托的一种特殊形式，只要将前面的委托理解了，学习事件就是水到渠成的事情了。事件和 7.3 节介绍的委托有很大的相似性，实际上事件处理可以看作是一种具有特殊签名的委托，通过本节的学习可以看到这一点。

在现实生活中，以电视台的节目为例子，有一个节目是回答问题的形式。主持人宣布请听题，就是宣布了一个事件。参加节目比赛的选手就会认真的听题，并思考解答问题。因为比赛选手都订阅了答题这个事件，而主持人就是事件的来源。C#中的事件处理也需要类似的方式进行管理。C#中的事件允许一个对象将发生的事件或修改通知订阅到这个事件的对象中。通知订阅者的对象，称为发布者。

如果一个事件有多个订阅者，当引发该事件时，会同步调用多个订阅者的事件处理方法。在.NET Framework 类库中，事件是基于 EventHandler 委托和 EventArgs 基类的。C#处理事件可以分为以下几个步骤。

（1） 定义事件。

（2） 订阅事件。

（3） 通知订阅事件的对象。

事件具有以下几个特点。

- 发行者引发事件，订阅者根据通知引发事件的执行。
- 每个事件都可以有多个订阅者。
- 事件只在需要的时候被调用。
- 事件通常用于通知订阅者操作。例如，图形用户界面中的按钮单击或菜单选择操作。

可以把事件编程简单地分成两个部分：事件发生的类（又叫做事件发生器）和事件接收处理的类。事件发生的类是在此类中触发一个事件，但该类并不知道哪个对象或方法将会收到并处理其触发的事件。所需要的是在发送方和接收方之间存在一个媒介，该媒介在.NET Framework 中就是委托（delegate）。在事件接收处理的类中，需要有一个处理事件的方法。

如果要使用事件，就要提到委托。事件其实就是一个特殊签名的委托，可以从发行者类中调用。如果其他类或结构订阅该事件，则当发行者类引发该事件时，就会调用事件处理程序方法。在定义委托对象时加上 event 关键字表明这个委托是事件。定义事件语法如下所示。

修饰符 event 关键字 委托类名 事件名；

定义事件时，必须首先定义一个委托，然后根据委托定义事件。代码如下所示。

```
public delegate void mydelegate();            //定义一个委托
public event mydelegate myevent;              //定义一个事件
```

事件的修饰符可以是 new、public、protected、internal、private、static、virtual、sealed、override 和 abstract。事件的声明中可以包含事件访问说明，或者依靠编译器自动提供一个访问器，也可以省略事件访问说明，一次定义一个或多个事件。

作者心得：

需要注意的是使用 abstract 修饰符的抽象事件中必须省略事件访问说明，否则编译器将会提示错误。这和定义抽象方法类似。

建立一个只有一个按钮的 Windows 桌面应用程序。双击该按钮，设计器会在 Form1.Designer.cs 中自动生成一行代码（Windows 桌面应用程序将在第 8 章详细说明），代码如下所示。

```
this.button1.Click += new System.EventHandler(this.button1_Click);
```

这就是一个事件的订阅，通过上面的代码，可以发现“+=”这个特殊的运算符。如果一个类或结构的程序文字外面包含一个事件成员声明，这个事件成员就只能被作为“+=”和“-=”操作符。这些操作符被用来为事件成员附加或去掉事件，这个事件成员的访问操作符控制操作在其中被执行的上下文。因为“+=”和“-=”是唯一可以在声明事件成员的类型外的事件上使用的操作。外部代码可以添加或去掉一个事件，但是不能通过任何其他途径获得或修改基本事件域或事件属性的数值。

可以将自定义事件的实现归结为以下几步。

（1） 定义 delegate 对象类型，其有两个参数，第一个参数是事件发送者对象，第二个参数是事件参数类对象。

（2） 定义事件参数类，此类应当从 System.EventArgs 类派生。如果事件不带参数，这一步可以省略。

（3） 定义事件处理方法，应当与 delegate 对象具有相同的参数和返回值类型。

（4） 用 event 关键字定义事件对象，其同时也是一个 delegate 对象。

（5） 用+=操作符添加事件到事件队列中（-=操作符能够将事件从队列中删除）。

（6） 在需要触发事件的地方，调用委托对象，从而触发加入委托的事件和方法。

实训 7.1——回答问题闯关节目实例

在前文里，我们讲述了索引器、属性、委托和事件的一些知识，这里，我们将闯关节目作为实例，讲述委托和事件在实际项目里的使用方法。

1. 需求描述与分析

某电视台录制一个问题闯关节目，主持人提问参赛者抢答。主持人宣布：“请听题”。参赛者进行抢答，并且抢答灯点亮。参赛者回答完问题，主持人进行点评回答问题的对与错，观众对于参赛者也作出相应的反应。

根据以上背景，我们可以分析出本节目主要涉及到主持人、参赛者和观众，通过前面所学的面向对象思想，可以为这三类人定义对应的类。使用委托和事件实现关联主持人的问题、参赛者的应答和观众的评价。

2. 开发模型代码

我们使用表 7-1 中的文件来实现回答问题闯关节目中所发生的事件代码。

表 7-1 问题闯关节目实现文件描述

文 件	功 能
综合示例.sln	使用事件和委托模拟出电视台回答问题类节目中主持人的出题、参赛者的回答以及观众的评价功能。

程序清单 7.1-1：综合示例.sln

```
using System;                          //系统生成命名空间
using System.Collections.Generic;
using System.Linq;
using System.Text;
namespace Program                      //自定义命名空间“Program”
{
    class Program
    {
        class Participant                        //参赛者类
        {
            public void answer()                 //定义由于回答问题的方法 answer()
            {
                Console.WriteLine("参与者正在思考.......");
                Console.WriteLine("是否回答 ： 1.是 2.否");
                int a = Convert.ToInt32(Console.ReadLine()); //获取用户输入
                if (a == 1)              //判断是否回答==1，为回答
                {
                    Console.WriteLine("请说出答案。");
                    String str = Console.ReadLine();        //等待输出答案
                    Calldecide(str);        //调用 Calldecide 事件查看观众
                }
```

```
        }
    }
    class Responder                                          //答题灯类
    {
        public void activation()                             //事件调用的方法
        {
            Console.WriteLine("灯已经亮了，可以抢答。");
        }
    }
    class Emcee                                              //主持人类
    {
        public void decide(String str)                       //判断答案的方法
        {
            if (str == "万里长")
            {
                Console.WriteLine("主持人：回答正确+10 分");
            }
            else
            {
                Console.WriteLine("主持人：回答错误了。");
            }
        }
        public void question()
        {
            Console.WriteLine("主持人：请回答。万里长城有多长？");
            CallQuestion();
        }
    }
    class Spectators                                 //观众类
    {
        public void decide(String str)               //观众听到答案的反应的方法
        {
            if (str == "万里长")                     //判断是否为正确答案
            {
                Console.WriteLine("观众：真厉害啊");
            }
            else                                             //不正确则执行以下内容
            {
                Console.WriteLine("观众：回答错误这么简单我都会");
            }
        }
    }
    public delegate void Callpant();                 //定义委托
    public static event Callpant CallQuestion;//定义回答及灯亮的事件
    public delegate void objDecide(String str);      //定义委托
    public static event objDecide Calldecide;//定义主持人和观众的反应事件
    static void Main(string[] args)
    {
        Participant pant = new Participant();                //实例化抢答者
        Responder rd = new Responder();                          //实例化答题灯
```

```
72                  CallQuestion += new Callpant(rd.activation);    //订阅指示灯
73                  CallQuestion += new Callpant(pant.answer);           //订阅出题事件
74                  Emcee cee = new Emcee();                             //实例主持人
75                  Spectators sp = new Spectators();                    //实例观众
76                  Calldecide += new objDecide(cee.decide);//订阅主持人判断事件
77                  Calldecide += new objDecide(sp.decide);         //订阅观众判断事件
78                  cee.question();                                          //调用出题的方法
79                  Console.Read();
80              }
81          }
82      }
```

代码第9行到第23行定义了参赛者对象类，其中第11行定义了该类的唯一方法answer()，用来完成回答问题。第24到第30行定义了指示灯类，用来提示参赛者进行相关操作。第31到第49行定义了主持人类，该类中包括提问问题和会对问题进行判断的方法。第50到第63行定义了观众类，用来对参赛者的问题进行评价。

第64行定义提问问题的委托，第65行定义回答问题及指示灯事件，第66行定义回答问题的委托。第72行和第73行分别将指示灯和问题方法加入到委托中。第76行和第77行将主持人判断和观众判断方法加入到委托中。

运行程序，当提示是否回答问题时，输入 1，即回答问题，这时让用户输入答案，程序判断输入的结果是否正确。如果输入 2（因为没有对其他情况做处理，所以对其他情况都按照不回答问题处理），则退出程序。输入 1 后，运行效果如图 7-9 所示。

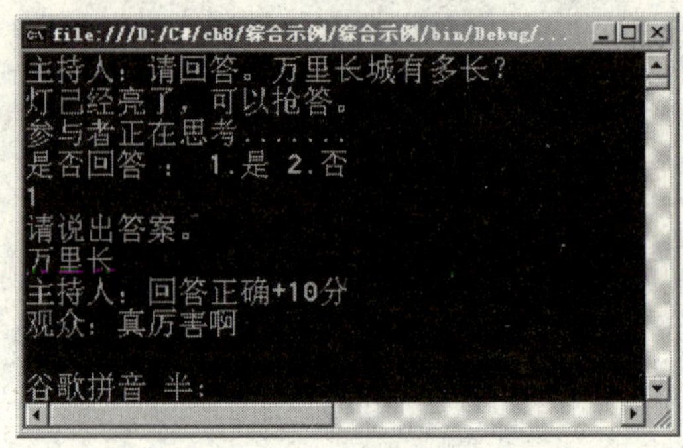

图 7-9　运行效果图

随堂实训7.1

根据代码可以发现，每个事件和委托都在事件发生前进行定义和实例化，而事件的触发却只在正确使用时触发。例如，在主持人提出问题时，就触发提问事件 CallQuestion。触发这个事件就意味着抢答灯亮了，答题者正在思考中。等到答题者回答完问题，主持人就要评论是不是正确的答案，并且观众也会有相应的评论。

现在是只有一个问题且答案都是固定的，观众的评价也是固定的，读者可以将其完善一下，实现更多功能。例如，主持人随便生成一个 1 到 100 的数，参赛者进行猜测，观众比较哪个参赛者的回答更接近。

7.5 疑难解答

1. 看到索引器后面的“[]”，使我想到了数组，而且索引器和属性都使用 get/set 访问器，他们有什么关系吗？

答：索引器的样子和数组比较相似，后面都有一个“[]”，但是索引器是一类特殊的属性，通过索引器就可以像引用数组一样引用自己的类。

2. 本章我了解了变量，之后又接触到了成员字段和属性就有点糊涂了。

答：C#的字段就是指私有域，是变量的另一种说法。为了实现面向对象的封装性，将成员变量封装起来就成了属性。如果抛开面向对象编程，前面的范例都可以使用成员变量替代属性。

3. 属性一定要定义为公有的吗？

答：不是，但是属性的出现就是为了让外部类可以访问，所以一般都是定义为公有的。

4. 属性使用 get 和 set 关键字，感觉有些繁琐可以简写吗？

答：C#3.0 中可以对属性定义进行简化，例如定义 Name 属性可以写为：public string Name{get;set}。

5. 既然 C#3.0 中出现的自动属性可以简化书写，是否可以替换掉传统写法？

答：不可以，C#3.0 中的自动属性，虽然使代码更加简洁，提高了开发效率，但是自动属性不运行只读或只写操作，这时必须使用传统定义属性的方法。

6. 看了上面的讲解，对委托有了初步的认识，能再说一下吗，或者该怎么提高？

答：委托是 C#中使用频率很高的技术，而且真正了解委托需要一个过程。现在再举一个简单的例子，例如你“委托”闹铃每天早上六点钟开启，每天六点就会触发响铃这件事，到周末你可以取消闹铃，这叫做解除委托。

7. 多播委托就是同时调用多个方法吗，在哪些情况下使用？

答：可以这么理解，看来读者基本了解了多播委托。在 C#中经常需要同时调用多个方法，例如同时求两个数的和、差、积、商，可以使用一个委托将求和、差、积、商的方法加入到委托中，这就是多播委托。

8. 可以给一个委托指定多个方法，那么可以给事件指定多个事件处理程序吗？

答：可以。事件也是一种特殊的委托，所以可以指定多个事件处理程序，学到第 9 章 Windows 程序设计的时候将会频繁接触到这一点。

9. 在事件中怎么使用委托的？

答：和使用委托相似，例如：事件+=new 委托名(方法名)。

10. 看完了本章，可不可以这么理解委托，例如我委托快餐店每天 12：00 给我送一份快餐，以后每天 12：00 就会触发这件事，如果我自己可以做饭了，就解除委托？

答：可以，关于委托在编程中使用一段时间后会有一个更深刻的认识，这里建议读者多上机练习。

7.6 上机题

1. 定义员工类，在该类中定义两个属性，其中 Name 属性为只读，年薪属性为可读可写。

2. 定义一个考试答题类，该类中包括答案属性，使用 set 筛选答案，将除了 A、B、C、D 以外的所有回答都视为错误。

3. 定义一个学生类，并在该类中使用自动属性定义姓名、学号、成绩属性，在主方法中实例化学生对象，并为学生的成绩属性赋值。

4. 使用 delegate 声明一个委托，该委托有两个参数，并且定义一个求两个数中较大值的方法加入到该委托实例中。

5. 在第 6 章讲解多态的时候，举了这么一个例子，下课铃响了，老师和学生同时执行不同的事件。现在使用 C#中的委托知识进行描述。

6. 某人一直委托朋友在月底替自己缴纳电费，由于此人外出，再次委托朋友缴纳水费和话费，使用 C#语言将该事件进行描述。

7. 定义一个数据类，该类在包括一个对数组序列进行升序排序的方法后声明一个委托，将这个方法加入到委托中。

8. 定义一个对数组进行降序排列的方法，使用“+=”运算符将该方法加入到已有委托中。

9. 有一个委托实例，已经加入对数组进行升序和降序排序的方法，使用“-=”运算符将升序排序的方法从委托实例中移除。

10. 在编程中有一个非常经典的案例：猫大叫一声，所有的老鼠都开始逃跑，主人被惊醒。请使用 C#语言中的委托和事件进行描述。

第8章 C#其他特性

泛型是一种特殊的类型，能够把指定类型的工作推迟到在实例化类或方法的时候进行，这在程序开发中非常的实用。读者在前面的练习中可能因为操作失误而引发一些错误和异常，这些都是正常的。如果使用异常处理这些问题都会迎刃而解。本章将介绍泛性、异常代码的捕获与处理，以及自定义异常类等内容。下面进入本章的学习。

本章的学习重点

- 泛型概述。
- 使用泛型。
- 异常的语法。
- 异常的捕获和处理。
- 异常类和自定义异常类。

8.1 泛型概述

在C#中泛型使用T来表示所有的类型。泛型可以使每种类型都拥有相对应的位置，能够确定每个位置放置什么内容。也可以这样理解泛型，例如有专门盛蔬菜的篮子，也有专门盛水果的篮子，而泛型就相当于一个既可以盛蔬菜又可以盛水果的篮子，但是需要注意的是一旦盛放水果就不能再盛放蔬菜，反之亦然。

8.1.1 泛型概述

要创建一个灵活的类或方法，但该类或方法在编译期间不知道使用什么类型，就必须以Object类型为基础。而Object类在编译期间没有类型安全性，因此必须进行强制类型转换。另外，Object类在赋值和取值时会进行装箱和拆箱操作，在此过程中将会有性能损失。

C#语言从2.0版本中开始引入泛型特性，泛型允许灵活地创建处理多种特定类型对象的类型。通过泛型可以定义类型安全的数据类型，例如应用于创建集合类，可以约束集合类内的元素类型。.NET Framework提供了多个泛型集合类。概括地说，使用这些泛型集合类，具有以下优点。

- 高性能：由于泛型类型降低了对变量或对对象进行装箱、拆箱和类型的强制转换的需要，因此其性能优于普通系统类型。

- 类型安全：泛型的另一个优点是安全。泛型对所存放的数据行进了类型约束，不被允许的类型无法添加。
- 可重用性：可定义一个泛型类型在多种情况下使用，而不需要对代码进行任何更改。

8.1.2 使用泛型集合

泛型集合类位于命名空间 System.Collections.Generic 中，创建控制台应用程序时将自动添加对本命名空间的引用。泛型集合不用进行拆箱和装箱操作所以效率较高，另外泛型集合可以定义一次，用许多不同的类型进行实例化。不但可以用 int、string 等基本类型，还可以使用 student 等自定义的类型实例化。例如下面的代码。

```
List<T> listItem = new List<T>();                    //定义泛型列表对象
```

上面的代码定义了泛型列表对象 listItem，T 代表各种数据类型，相当于占位符。如果 T 为 int 类型则定义了 int 类型的集合，如果 T 为 string 则定义了 string 类型的集合。

使用泛型集合的 Count 属性可以获取泛型集合中元素项的个数，使用 Capacity 属性可以获取集合中包含元素项的个数。泛型集合类中包含大量的方法用来操作集合中的元素，常用方法如下所示。

- Add(T item) 参数表示一个待插入元素，该方法将参数传入的对象添加到集合中。
- AddRange(IEnumerable<T>) 参数表示多个元素的集合，该方法将把多个对象插入到集合中。
- Clear() 清除集合中所有的元素
- Contains(T item) 参数表示一个元素，该方法用来判断参数所指定的元素是否在集合中。
- IndexOf(T item) 参数表示一个元素，该方法用来获取参数元素在集合中的索引，如果不包含在集合中则返回-1。
- Remove(T item) 参数表示一个元素，该方法实现移除与参数指定元素相匹配的第一个元素。
- RemoveAt(int index) 参数表示元素的索引，该方法实现将指定索引的元素项移除。
- Sort() 对集合中的所有元素进行排序。

下面的范例使用泛型集合类的 Count 属性和 Add()方法对泛型集合进行操作。

范例 8.1
ListDemo.sln

ListDemo.sln 在本范例使用泛型集合存储学生对象，实现了对学生姓名和成绩进行输出的功能。

（光盘\code\ch8\ ListDemo\ListDemo.sln）

```
using System;                                   //系统生成命名空间
using System.Collections.Generic;                                  //包含泛型类的命名空间
using System.Linq;
using System.Text;
namespace ListDemo                                                 //自定义命名空间“ListDemo”
{
    class Program
    {
        class Student                                              //定义 student 类
        {
```

```
                private string _name;                         //成员变量
                private int _score;
                public string Name                            //定义 Name 属性
                {
                    get                                       //返回姓名值
                    {
                        return _name;
                    }
                    set                                       //设置姓名
                    {
                        _name= value;
                    }
                }
                public int Score                              //定义成绩属性
                {
                    get                                       //返回成绩
                    {
                        return _score;
                    }
                    set                                       //设置成绩
                    {
                        _score = value;
                    }
                }
            }
            static void Main(string[] args)
            {
                Student stu = new Student();                  //实例化对象
                stu.Name = "王强";                            //设置第一个同学姓名
                stu.Score = 99;                               //设置成绩
                Student stu2 = new Student();                 //实例化对象
                stu2.Name = "李凡";                           //设置第二个同学姓名
                stu2.Score = 20;                              //设置成绩
                List<Student> listStudents = new List<Student>();
                listStudents.Add(stu);                        //把 Student 对象加入 List
                listStudents.Add(stu2);
                Console.WriteLine("listStudents 中包含学生数：" + listStudents.Count +
                        " 学生成绩分别为：");                 //输出提示信息
                for (int i = 0; i < listStudents.Count; i++)  //遍历所有元素
                {
                    Console.WriteLine("姓名：" + listStudents[i].Name +
                        " 成绩："+listStudents[i].Score); //输出学生姓名和成绩
                }
            Console.Read();
            }
    }
}
```

代码第 9 行到第 35 行定义普通的 Student 类，该类包括学生姓名、成绩变量和属性。代码第 38 行到第 43 行定义了两个 Student 类对象，并为对象的姓名和成绩属性赋值。代码第 44 行定义 List 集合并指定约束类型为<Student>第 45 行和第 46 行使用 Add()方法将 Student 对象添加到泛型集合中，第 47 行使用集合类的 Count()方法获取集合中学生数量，第 49 行到第 53 行遍历所有的元素，并将学生姓名和成绩输出到控制台中。

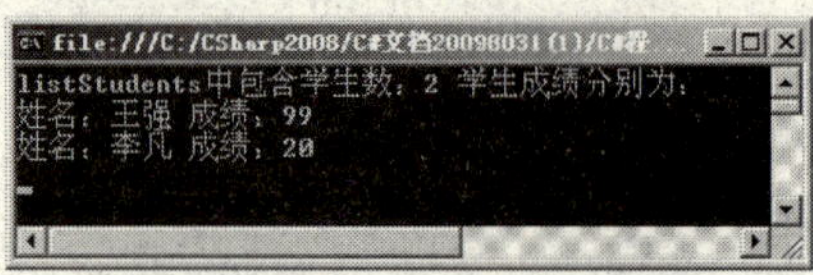

图 8-1　泛型示例效果图

运行程序，结果如图 8-1 所示。

作者心得：

泛型需要 System.Collections.Generic 命名空间的支持，Visual Studio 2008 默认加入了该命名空间。

8.1.3 定义泛型类

到目前为止读者应该对类的声明非常熟悉，泛型类声明也遵循普通类声明的规则，与声明普通类相似，不过需要在类名后面加上形参。当使用该泛型类实例化对象时，需要指定该类形参的具体类型。泛型类可以定义一次，用许多不同的类型进行实例化。例如，下面的语法定义名称为：A<T>泛型类。

```
public class A<T>
{
}
```

上面定义了泛型类 A，后面的 T 是传入的形参，相当于占位符，使用该类实例化对象时可以使用具体类型代替占位符 T。例如使用泛型类 A<T>实例化对象 str，并定义泛型对象为字符串类型。

```
A<string> str = new A<string>();
```

下面的例子说明在程序中如何定义泛型类，体现使用泛型类在可重用性方面的优势，请看范例 8.2 中的代码。

范例 8.2 TestList.sln　　TestList.sln 本范例通过自定义泛型类中的 Temp()方法，实现了对字符串类型的学生姓名、整型类型的学生成绩等多种数据类型进行交互的功能。

（光盘\code\ch8\ TestList \ TestList.sln）

```
using System;                                       //系统生成命名空间
using System.Collections.Generic;
using System.Linq;
using System.Text;
namespace TestList                                  //自定义命名空间“TestList”
{
    class Program
```

```
8      {
9          static void Main(string[] args)                    //主方法，程序的入口
10         {
11             string str1 = "李林";
12             string str2 = "李林威";
13             Console.WriteLine("初始化学生 str1 为：" + str1 + "    str2 为：" + str2);
14             ListData<string> strTemp = new ListData<string>();//定义泛型对象为字符串类型
15             strTemp.Temp(ref str1,ref str2);                  //调用泛型方法
16             Console.WriteLine("调用泛型类中的 Temp 方法后 str1 为:"+str1+ " str2 为:" +str2);
17             int score1 = 100;
18             int score2 = 60;
19             Console.WriteLine("初始化整型 score2 为：" + score1 + "    score2 为：" + score2);
20             ListData<int> intTemp = new ListData<int>();//定义泛型对象为整数类型
21             intTemp.Temp(ref score1, ref score2);            //调用泛型方法
22             Console.WriteLine("调用泛型类中的 Temp 方法后 score2 为：" + score1 +
23                     "    score2 为：" + score2);
24               Console.Read();
25         }
26     }
27     public class ListData<T>                               //定义泛型类 ListData
28     {
29             public void Temp(ref T t1,ref T t2)            //定义 Temp()方法用于交换参数的值
30             {
31                     T temp = t1;
32                     t1 = t2;
33                     t2 = temp;
34             }
35     }
36 }
```

第 27 行到第 35 行定义了名为 ListData 的泛型类，其中“T”表示泛型类的形参。在该泛型类中定义用来交互变量类型的方法 Temp()，该方法实现了交互各种数据类型的功能。例如第 15 行调用泛型方法实现了交互字符串类型变量的值，第 21 行调用泛型方法实现了交互整型变量的值。

运行程序，结果如图 8-2 所示。

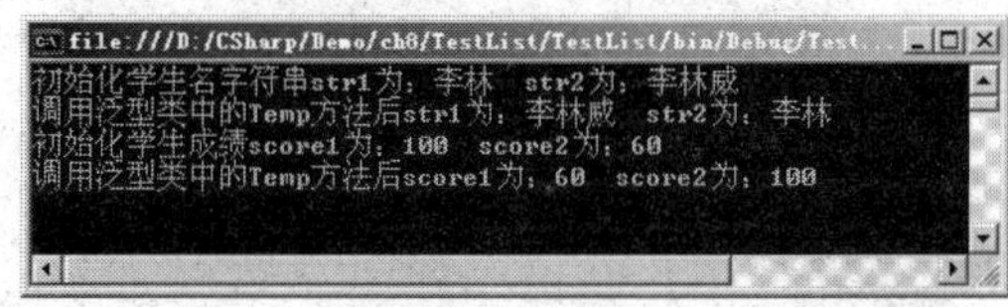

图 8-2　泛型可重用性示例效果图

作者心得：

在区分泛型类型和非泛型类型时，遵守命名约定会有一定的帮助。泛型类型的命名一般以字母 T 作为前缀。如果没有特殊的要求，泛型类型允许用任意类替代，只使用一个泛型类型就可以用字符 T 作为泛型类型的名称。如果对泛型类型有特定的要求（例如，必须实现一个接口或派生于基类），以及使用两个或多个泛型类型，则应当给泛型类型使用描述性的名称。

8.2 异常处理

到目前为止，读者应该编写了不少应用程序，在运行的过程中一定发生了很多意外情况而使程序中断。例如求两个整数的和，如果用户不小心输入字母或其他字符，这时就会发生错误。本节就来介绍异常处理，学习如何对程序中经常出现的意外情况进行处理。

8.2.1 异常处理语法

在程序开发中，数据流按照一定的规律进行传输。假如用户和程序之间的交互完全按照预定的规范运行，程序就不会出现问题。但现实中不能对数据安全抱有理想化的想法，因为运行过程中往往会出现其他情况。为了系统的安全，就需要异常处理机制处理存在的隐患。

在 C#语言中，用来处理异常的关键字有 try、catch、throw 和 finally。try 用于检查程序是否发生了异常。throw 关键字用来主动抛出异常，如果出现异常则执行对应的 catch 语句。catch 语句可以获取异常的详细信息，程序中可以有多个 catch 子句。finally 语句是 try 语句或者 catch 语句执行完毕后将要执行的内容，无论是否出现异常，finally 语句都要被执行。异常处理的语法如下所示。

```
try
{
    //可能出现异常的代码段
    throw new Exception("没有实现该方法.");
}
catch（Exception e）
{
    //处理异常的代码段
}
finally
{
    //try 语句或者 catch 语句执行完毕后将要执行的代码段
}
```

作者心得：

进行异常处理时一般会使用 try、catch、finally 三个关键字组合，也可以使用 try、catch 组合或使用 try、finally 组合，但是不能只使用 try 关键字或不使用 try 关键字。

8.2.2 异常的捕获和处理

本书第 3.2.3 节的范例 3.3 根据用户输入的学生成绩完成判断该学生所处的等级。在运行程序时如果输入“用户的得分是 89.5”或者是“王阳的得分是 89.5”，这时运行将会终止，并提示“输入字符串的格式不正确”。这样的程序显然不友好。

上一节介绍了用于对程序的异常进行捕获和处理的关键字 try 和 catch，try 程序块中运行可能会抛出异常的程序，catch 程序块在 try 程序块后，声明能捕捉到的异常类型和处理方法。

对上面的程序我们知道用户输入是最容易出错的地方，套用上面的解释，我们可以将用户输入的代码放入到 try 程序块中，例如下面的代码。

```
try
{
    int x;                                              //用来保存成绩
    Console.WriteLine("请输入你的成绩(0-100):");
    x = int.Parse(Console.ReadLine());                  //从键盘输入一个成绩
}
```

在上面的程序中使用了 try 关键字，这样如果执行到 try 块里面的语句发生异常，也不会立即终止程序的运行。对异常捕获以后要进行处理，使用 catch 语句可以执行发生异常后的情况。下面的范例使用 try 和 catch 程序块对异常进行捕获。

范例 8.3
TestException1.sln

TestException1.sln 在这里我们向大家展示了如何使用异常的方法，演示了通过 try-catch 语句处理异常。该程序实现了对用户输入的整数进行求立方值的功能。

（光盘\ch8\TestException1\TestException1.sln）

```
01  using System;                                       //系统生成命名空间
02  using System.Collections.Generic;
03  using System.Linq;
04  using System.Text;
05  namespace TestException1                            //自定义命名空间“TestException1”
06  {
07      class Program
08      {
09          static void Main(string[] args)             //主方法
10          {
11              Console.WriteLine("本程序用来求整数的立方（m^3）值");
12              Console.WriteLine("请输入一个整数：");
13              int x = 0;                              //定义整型变量
14              try                                     //捕获下面的代码可能出现的异常
15              {
16                  x = int.Parse(Console.ReadLine());  //从键盘输入一个成绩
17                  int y = 0;
18                  y = x * x * x;                      //求立方值
19                  Console.WriteLine( x + " 的立方值为：" + y);
20              }
21              catch                                   //如果有异常发生将执行下面的代码
22              {
23                  Console.WriteLine("出错啦！请检查输入的数值！");
24              }
25              Console.ReadLine();
26          }
27      }
28  }
```

代码第 14 行使用 try 语句块，该语句块包括第 16 行到第 19 行，在运行的时候如果有一行发送异常，则直接进入下面的 catch 块中，执行第 23 行代码。例如在第 16 行用户出现错误，第 17 行到第 19 行则不再执行。

运行程序，在控制台中输入数字 8，然后按回车键，屏幕将会提示“8 的立方值为：512”。运行结果如图 8-3 所示。

如果在程序中输入的不是整数，则提示出错信息，运行结果如图 8-4 所示。

图 8-3　求立方值的运行结果

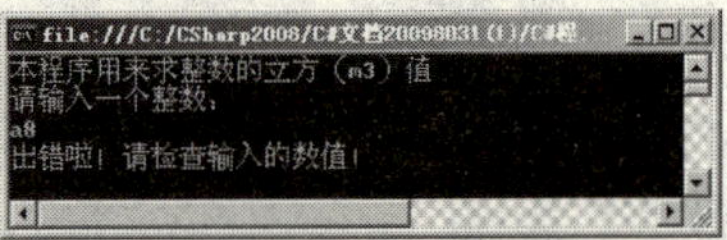

图 8-4　输入非整数的运行结果

从运行结果中可以看出，catch 块中的语句并不总是执行，而是 try 语句捕获到异常的时候才执行。这也符合正常的逻辑，读者在使用的时候要注意哪些语句可能不会执行。

8.2.3 捕获和清除异常

finally 语句块中的代码总是可以执行，不论 try 语句块中是否发生异常。因此常用 finally 语句清除 try 代码块中分配的资源。例如，占用资源较大的数据库连接对象、文件读写器、画图对象等都经常在 finally 块中进行释放。finally 不仅可以单独和 try 语句一块使用，也可以和 try-catch 语句一块使用。

本书第 4 章介绍了数组，如果对数组操作不慎是非常容易出现异常的。下面的范例实现了对数组元素越界进行捕获的功能。

范例 8.4
TestException2.sln

TestException2.sln 在这里我们演示了通过 try-catch-finally 语句处理异常，实现求数组中前 5 个元素的平方值。

（光盘\ch8\TestException2\TestException2.sln）

```
using System;                                   //系统生成命名空间
using System.Collections.Generic;
using System.Linq;
using System.Text;
namespace TestException2                        //自定义命名空间“TestException2”
{
    class Program
    {
        static void Main(string[] args)                 //主方法
        {   //声明包含 10 个元素的整型数组
            int[] intArr1 = new int[10] { 1, 4, 5, 8, 9, 10, 16, 24, 32, 36 };
            foreach (int n in intArr1)                  //遍历第一个数组
            {
                Console.Write(n + "   ");
            }
            Console.WriteLine("\n 求上面数组中前 5 个元素的平方。");
            Console.WriteLine("计算中...");
            try                                 //捕获下面的代码可能出现的异常
            {
                int[] intArr2 = new int[5];   //定义用来保存平方值的数组
                for (int i = 0; i < 5; i++)   //利用循环给每个元素赋值，并在屏幕上输出
                {
```

```
23                    intArr2[i] = intArr1[i] * intArr1[i];//求平方
24                    Console.WriteLine(intArr1[i] + " ");//输出数组元素的值，并用空格隔开
25                }
26            }
27            catch                         //如果有异常发送将执行下面的代码
28            {
29                Console.WriteLine("出错啦！");
30            }
31            finally                       //清除资源
32            {
33                intArr1 = null;           //释放第一个数组
34                Console.WriteLine("欢迎使用！");
35            }
36            Console.ReadLine();           //等待用户输入
37        }
38    }
39 }
```

代码第 11 行到第 15 行定义一个数组并将该数组中所有元素输出。第 18 行使用 try 捕获异常，第 20 行定义一个新数组，第 21 行到第 25 行求第一个数组中前 5 个元素，并对这些元素求平方值。代码第 31 行使用 finally 将数组 intArr1 进行释放。该范例模拟对一个大数组中其中一部分元素进行处理，然后将大数组进行释放的模型。

运行程序，运行结果如图 8-5 所示。

使用数组时不注意的话就可能发生异常，例如第 21 行代码如果书写成 i <= 5 的话，这时就会发生数组下标越界的提示，如果没有使用异常处理将会终止程序。读者可以将异常处理的代码屏蔽掉，然后运行观察结果。使用了异常处理就不会致使程序崩溃，例如将第 21 行 for 循环条件改为 i <= 5，再运行程序，结果如图 8-6 所示。

图 8-5　求数组元素的平方值

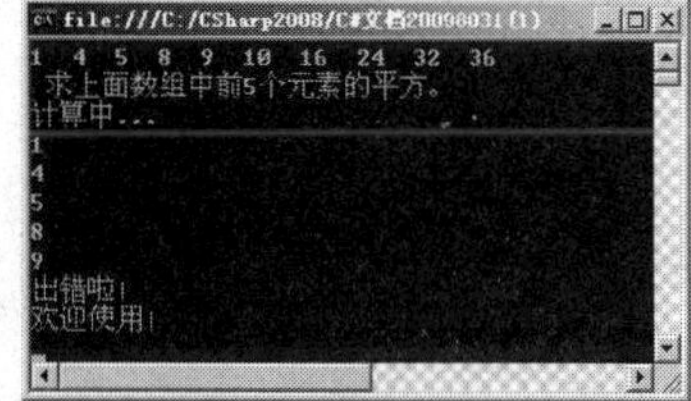

图 8-6　异常处理数组越界的运行结果

作者心得：

在出现异常时，会立即中断当前正常流程，跳转到 catch 语句中处理异常。所以，如果在 try 语句里编写“必须要执行”的代码时需要慎重，避免因出现异常而无法执行的情况。一般来说，可以把这些语句放置到后文里提到的 finally 从句里。

8.2.4 使用异常处理类

.NET 提供了许多的异常处理，可以用来描述不同类型的异常。所有的异常都继承自

Exception 类。Exception 类是用来描述应用程序运行时所引发的错误。异常出现后，由异常处理程序对异常进行处理，并将程序代码分配到 try 块中，同时将异常处理代码分到 catch 块中。一个 try 块可以有一个或多个的 catch 块，而每个 catch 块都可以处理不同的特定异常信息和异常处理代码。

Exception 类包含了异常的代码位置、异常的类型和异常的原因等内容，但是由于该类包含的范围太广，所有该类又派生了很多子类，不容易判断触发异常的因素。从基类 Exception 继承常见的异常类如表 8-1 所示。

表 8-1　常见异常类

异 常 类	描　述
SystemException	该类定义公共语言运行库的异常，是运行时异常类的所有基类。
IndexOutOfRangeException	当数组下标越界时触发的异常类。
ArrayTypeMismatchException	为数组赋值，添加数组元素等操作时，由于数组类型不匹配而引发的异常类。
NullReferenceException	引用空对象时触发的异常类。
FormatException	对数据类型进行显式转换失败时触发的异常类。
DivideByZeroException	在算术运算中被零除时触发的异常类。
InvalidCastException	从基类型到派生类型的显式转换失败时触发的异常类。
NotFiniteNumberException	当浮点数太大、太小或数字不合法时引发的异常。

对简单程序进行处理使用基本的 try-catch 就可以了，但是如果代码块中有多个引发异常的因素，而且需要确定到底是哪个因素引发的异常，这时就需要对异常进行判断处理了。例如求表达式 $\frac{1}{a[i]}$ 的值，其中 a[*i*]是一个整型数组。这时如果发生异常有多个因素，例如，x 如果等于 0 将触发一个异常，因为数组下标越界就会触发 IndexOutOfRangeException 类的异常，如果数组中的值是用户输入的，那么还有可能触发 FormatException 类异常，如果数组中包含 0，还将触发 DivideByZeroException 类异常。

下面的范例使用多个 catch 语句，实现对可能引发异常的多个因素进行判断和定位。

范例 8.5
TestException3.sln

TestException3.sln 在这里我们演示了通过 try-catch-finally 语句结合多个异常类，实现为 $y=\frac{1}{x}$ 进行求值的功能，并且对可能出现的异常进行分别捕获。

（光盘\ch8\TestException3\TestException3.sln）

```
using System;                                    //系统生成命名空间
using System.Collections.Generic;
using System.Linq;
using System.Text;
namespace TestException3                         //自定义命名空间“TestException3”
{
    class Program
    {
        static void Main(string[] args)          //主方法
        {
            Console.WriteLine("求 1～N 对应方程的值，请输入 N：");
            int num = 0;
```

```
13              try                                 //捕获下面的代码可能出现的异常
14              {
15                  num = int.Parse(Console.ReadLine());
16                  int[] intArr = new int[num];
17                  for (int i = 0; i <= num; i++) //利用循环给每个元素赋值，并在屏幕上输出
18                  {
19                      intArr[i] = i;              //为数组赋值
20                      Console.Write(intArr[i] + " ");//输出数组元素的值，并用空格隔开
21                  }
22                  Console.WriteLine("对应的值分别为：");
23                  foreach (int x in intArr)                //遍历所有数组元素
24                  {
25                      Console.WriteLine(x + "：  " + 1 / Convert.ToDouble(x));//输出结果
26                  }
27              }
28              catch (FormatException e)               //判断类型是否转换成功
29              {
30                  Console.WriteLine("出错啦！请输入一个整数  ---" + e.ToString());
31              }
32              catch (IndexOutOfRangeException e)   //数组越界
33              {
34                  Console.WriteLine("出错啦！数组越界  ---" + e.ToString());
35              }
36              catch (DivideByZeroException e)        //分母为 0
37              {
38                  Console.WriteLine("出错啦！分母不能为 0 ---" + e.ToString());
39              }
40              catch (Exception e)                          //最后使用通用的异常类
41              {
42                  Console.WriteLine("出错啦！其他异常  ---" + e.ToString());
43              }
44              finally                                      //清除异常
45              {
46                  intArr = null;                           //清空数组
47                  Console.WriteLine("欢迎使用！");
48              }
49              Console.ReadLine();                          //等待用户输入
50          }
51      }
52  }
53  }
```

代码第 13 行到第 27 行使用 try 语句对代码块可能发送的异常进行捕获。第 15 行是接受用户输入的数值，作为数组的长度。第 17 行到第 21 行循环为每个元素进行赋值。第 23 行到第 26 行遍历所有元素，并将表达式的值输出。第 28 行到第 43 行使用了 4 个 catch 语句，分别处理不同类型的异常。第 44 行使用 finally 清除异常。

运行程序，如果输入的值不是整数将出现如图 8-7 所示的结果。

从运行结果中的提示信息可以看出，所触发的异常是在第 28 到第 31 行定义的 FormatException 类异常，因此可以得知程序是在将用户输入的数组转换成整数失败时而触发。再次运行程序，输入整数类型的值，例如输入数字 5，运行结果如图 8-8 所示。

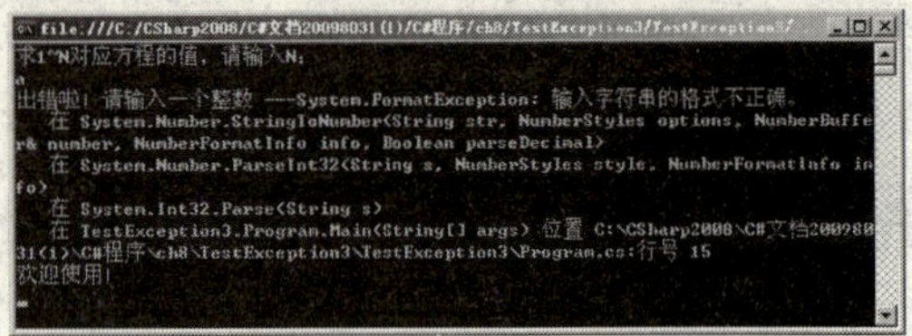

图 8-7 输入错误引发的异常

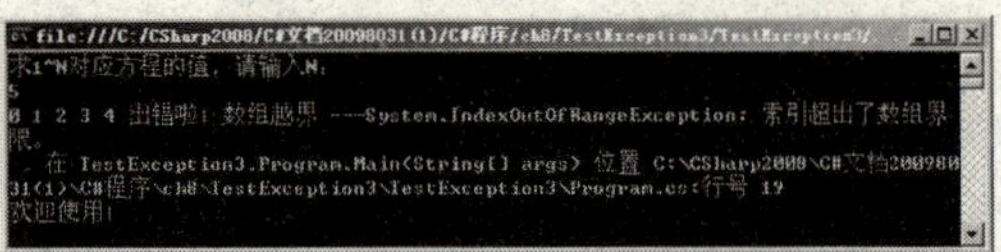

图 8-8 数组越界时运行结果

从运行结果中可以看出是数组越界，所触发的异常是在第 32 行到第 35 行定义的 IndexOutOfRangeException 类异常，因此可以得知程序中数组的使用有误。检查程序发现第 17 行 for 循环的条件设置错误，将其修改为 i < num 后再次运行程序，运行结果如图 8-9 所示。

从程序中可以看出是 0 作为分母而引发的 DivideByZeroException 异常。分析程序可以知道，数组是从 0 下标开始的，但是 0 不可以作为分母，而且题目要求是从 1 开始。修改程序的第 17 行，使变量初始值为 1，判断条件改为 i<=num。修改第 19 行和第 20 行的数组为 intArr[i-1]。这时再次运行程序，运行结果如图 8-10 所示。

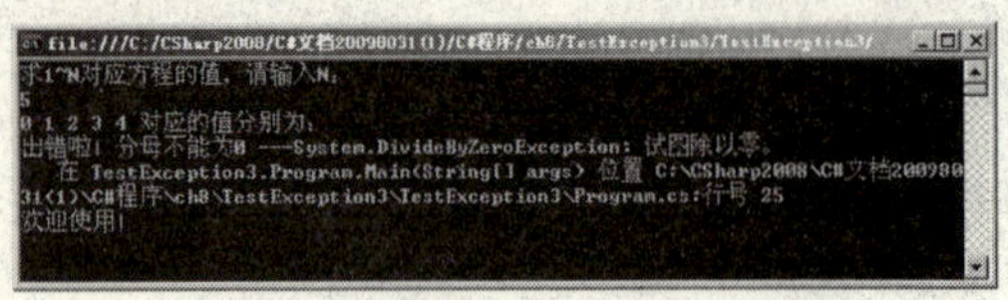

图 8-9 程序除以 0 时运行结果

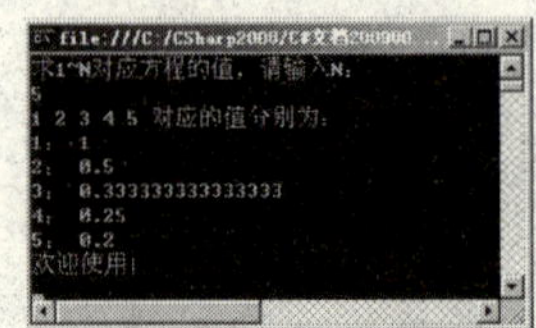

图 8-10 修改后的程序运行效果图

通过上面的分析可以看出，合理利用异常类可以很准确地定位触发异常的因素。异常处理类较多，读者不用刻意去记忆，使用次数多了自然能够灵活应用。

作者心得：

注意，在引发或处理异常时，会消耗较多的系统资源和执行时间。所以在可预知的事件或程序控制中尽量不使用引发异常的方式。

8.2.5 自定义异常

虽然.NET 中定义了丰富的异常类，但是在实际开发中创建自己的异常处理类将会更加方便，更加有针对性。自定义异常类时可以一般继承某个异常类，所以命名的时候一般都是以 Exception 结尾。例如自定义用来处理时间的异常类 TimeException。

异常类一般都有无参数构造方法和有一个字符串类型参数的构造方法。定义异常类的方法如下所示。

```
class NotHourException :Exception
{
        public NotHourException()
                : base()                          //自定义异常的不带参构造方法
        { }
        public NotHourException(string message)
                : base(message)          //包含异常信息内容的构造方法
        { }
}
```

上面完成了定义异常类，并对构造方法进行了重载，其中第 2 个构造方法参数表示触发该异常所提示的消息。可以在构造方法中编写触发该类时所需要执行的代码。下面我们来通过一个示例来说明自定义异常的用法。

范例 8.6 TimeExceptionDemo.sln

TimeExceptionDemo.sln 本范例自定义异常处理类 NotHourException，实现了时间点不在 1 到 24 之间就抛出自定义异常的功能。

（光盘\ch8\TimeExceptionDemo\TimeExceptionDemo.sln）

```
using System;                                    //系统生成命名空间
using System.Collections.Generic;
using System.Linq;
using System.Text;
namespace TimeExceptionDemo                      //自定义命名空间“TimeExceptionDemo”
{
    class Program
    {
        static void Main(string[] args)
        {
            MyTime mt = new MyTime();        //初始化 MyTime 对象
            Console.WriteLine("mt 是 MyTime 类的对象.");
            try
            {
                mt.SetHour(25);              //在 try 语句里，故意引入异常
            }
            catch (NotHourException e) //使用自定义的异常类
            {
                mt.SetHour(0);               //再次使用合法的参数调用 SetHour()方法
                Console.WriteLine(e.ToString());
            }
            Console.Read();
        }
    }
    class NotHourException :Exception            //自定义异常类
    {
        public NotHourException()
            : base()                             //自定义异常的不带参构造方法
        { }
        public NotHourException(string message)
            : base(message)                      //包含异常信息内容的构造方法
        {
            Console.WriteLine("错误！触发了自定义异常类");
        }
    }
    class MyTime                                 //定义处理时间的类
    {
        int hour;                                //包含小时属性的变量
        public MyTime()                          //默认的构造方法
        {
            this.hour = 0;                       //设置 hour 变量为 0
```

```
42              }
43              public void SetHour(int i)          //在 SetHour()的方法里，需要抛出自定义异常
44              {
45                  if (i >= 24 || i < 0) //如果 i 变量不符合规范，抛出带参的 NotHourException 异常
46                  {
47                      throw new NotHourException("时间点： " + i.ToString() +" 不合法。");
48                  }
49                  this.hour = i;                      //设置合法时间点
50              }
51          }
52      }
```

在上述代码里，第 15 行调用 MyTime 类的 SetHour()方法传入的参数是 25，因为 25 不符合正常的时间点，在第 43 行和第 49 行定义的 SetHour()方法中将触发自定义 NotHourException 类的异常。该异常类在第 25 行到第 35 行定义。

运行程序运行结果如图 8-11 所示。

从图 8-11 中可以看出，首先显示在 NotHourException 类的构造方法中所设置的提示信息，然后显示参数 message 传递过来的信息。通过上面的提示信息可以定位错误位置。

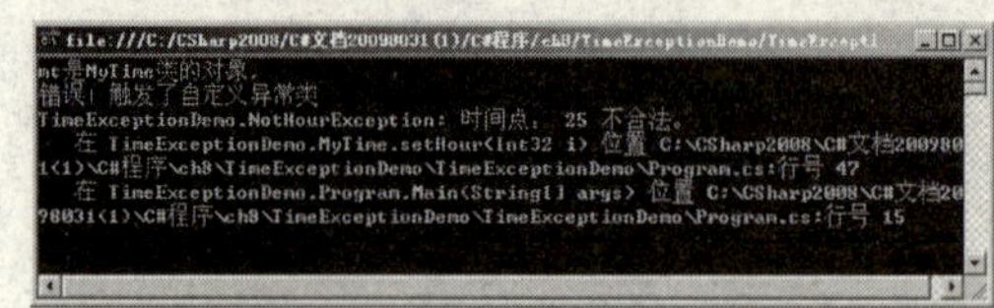

图 8-11　自定义异常类运行效果图

实训 8.1——异常处理在判断正确年龄中的使用

本章已经介绍了泛性和异常处理这两部分知识。这些知识在编程开发中非常重要，尤其是异常处理，几乎每个程序都需要使用。本实训利用前面的知识完成一个对年龄范围进行筛选的程序。

1. 需求描述与分析

数据的正确性十分重要，例如如果获取到一个人的年龄是“sa80”、获取到职业是“88922”等，这样的数据不仅没有任何价值，而且影响程序的运行效果，为人工智能分析数据带来了麻烦。如果要杜绝这些数据需要在获取的时候就做好判断。一个人的年龄我们认为从 0 岁到 150 岁之间，其他类型、其他格式都认为不正确。在处理的时候还必须考虑到用户体验，不能因为数据输入的不合法而影响程序的运行等。这就需要对程序使用异常处理。

异常处理是按照自上而下的顺序执行，即先执行紧挨着 try 块的程序，然后依次往下执行。所以在使用多个 catch 的时候，需要将派生类放到上面，基类放在下面。这样保证了错误先触发更精确的异常类。例如捕获类型转换的异常，先使用 FormatException 类处理然后再使用 Exception 处理。这样做可以将类型不正确的类优先被 FormatException 类处理，如果有其他 FormatException 类不能处理的异常则使用所有异常的基类 Exception 类处理。

2. 代码实现

我们用如下表 8-2 的文件，来实现判断年龄数值的代码。

表 8-2　登录界面的实现文件描述

文　件	功　能
ExceptionDemo.sln	使用自定义异常类和异常处理，实现了对年龄数值的有效判断，筛选不合法数据的功能。

程序清单 8.1-1：ExceptionDemo.sln

```
using System;                          //系统生成命名空间
using System.Collections.Generic;
using System.Linq;
using System.Text;
namespace ExceptionDemo         //自定义命名空间“ExceptionDemo”
{
    class Program
    {
        public class AgeClass  //自定义类
        {
            private int _age; //定义一个私有字段，限制类外面访问
            public int Age    //公有属性，对私有字段进行访问并提供灵活控制
            {
                get              //取值访问器
                {
                    return this._age;
                }
                set              //赋值访问器
                {
                    if (value <= 0 || value >= 150)
                    {   //抛出异常实例
                        throw new AgeRangeException(
                        "年龄应该在 0-150 岁之间，请核对输入数据！");
                    }
                    else
                    {
                        this._age = value;
                    }
                }
            }
            //定义一个异常类，继承系统 FormatException 异常类
            public class AgeRangeException : System.FormatException
            {
                public AgeRangeException(): base(){    }
                public AgeRangeException(string exmessage)
                    : base(exmessage){ }
            }
        }
        static void Main(string[] args)    //程序的入口，静态 Main();
        {
            string strIsY;
            while (true)     //死循环。
            {
                try          //try 语句块，该语句块中可能会发生异常
                {
                    int tempage;
                    AgeClass strOut = new AgeClass();
```

```
48                  Console.Write("请输入你的年龄：");
49                  tempage = Convert.ToInt32(Console.ReadLine());
50                  strOut.Age = tempage;
51                  Console.WriteLine("年龄为：" + strOut.Age);
52              }
53              //根据系统 FormatException 异常类捕捉异常情况
54              catch (FormatException FE)
55              {
56                  Console.WriteLine(FE.Message);
57              }
58              //根据系统 OverflowException 异常类捕捉异常情况
59              catch (OverflowException OFE)
60              {
61                  Console.WriteLine(OFE.Message);
62              }
63              catch (Exception E)//根据系统 Exception 异常类捕捉异常情况
64              {
65                  Console.WriteLine(E.Message);
66                  Console.WriteLine("发生异常了，请与管理员联系处理");
67              }
68              finally                    //finally 语句块总会执行的
69              {
70                  Console.Write("按 Y 键退出，否则重新输入");
71              }
72              strIsY = Console.ReadLine().ToLower(); //获取用户输入
73              if (strIsY == "y")                         //判断输入是否为 y
74              {
75                  break;
76              }
77          }
78      }
79  }
80  }
```

程序第 9 行到第 38 行定义 AgeClass 类，用于处理年龄值。AgeClass 类在第 32 行到第 37 行定义用于异常处理的内部类 AgeRangeException，该类继承 FormatException 类。前面我们已经介绍，FormatException 用于在数据类型显式转换失败后所触发。继承 FormatException 类比继承 Exception 类更适合处理类型转换时引发的异常。

第 39 行到第 78 行是程序的主方法，该方法中第 42 行定义 while 循环，如果在循环中没有明显的跳出循环的标志，“while(true)”表示一直循环。第 46 行到第 51 行放在 try 语句块中，因为这几句有可能发生异常。第 54 行到 71 行定义 3 个 catch 语句，可以处理不同的异常，这在程序设计中是必要的，因为这样可以向用户提供更详细的错误信息。

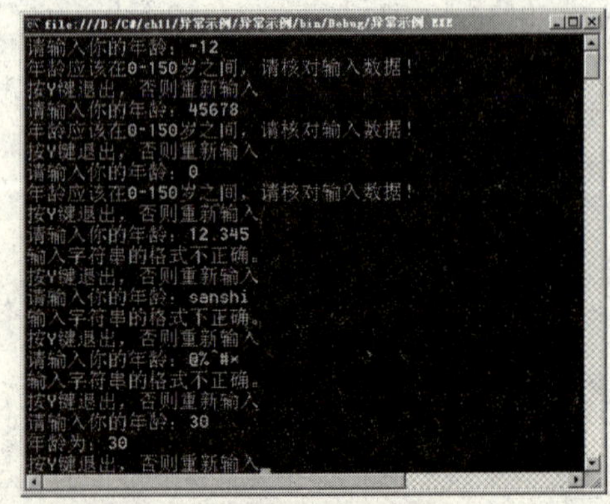

图 8-12　运行结果图

运行程序，结果如图 8-12 所示。

从运行结果图中可以看出，用户输入了各种非正确年龄程序都能正常运行，并且提示相关信息。如果在程序中不加异常处理代码，在程序编译时可以通过，但是在运行时，如果用户不小心输入不正确的年龄格式，则程序将会报错并终止运行。

对年龄数值进行判断处理与其他数据类似，例如实现对学生成绩的处理，也需要对学生成绩的格式和数值进行捕获处理。除了对数值型异常处理外还有电子邮件、电话号码、用户注册名等，这些的异常处理和数值基本类似，只是使用的类不同而已。

现在要求读者，开发一个自己的异常类，能够处理常见的异常，例如数组越界、分母为0、调用方法错误、大于最大浮点数小于最小的负浮点数等。定义异常类前面已经多次使用，定义方式如下所示。

```
class ClassException :Exception
{
        public ClassException ()
                : base()                        //自定义异常的不带参构造方法
        { }                                     //写入异常处理代码
        public NotHourException(string message)
                : base(message)                 //包含异常信息内容的构造方法
        { }                                     //写入异常处理代码
}
```

8.3 疑难解答

1. 定义发行类时，参数必须使用T吗？

答：不是，十几年来，开发人员一直在使用字母T作为类型化参数的名字，这样可以非常直观地区别其他自定义类型。就如定义接口时是以“I”开头一样，这是一种习惯而已。

2. 本章所讲解的泛型和第四章讲解的ArrayList都可以用作数据列表，区别是什么？

答：最主要的在ArrayList中存取数据需要进行类型转换，而泛型则不需要，所以泛型效率较高。另外泛型可以对其所存放的数据进行类型约束，不允许的类型无法添加进入，这样在编程时就可以发现错误，而ArrayList做不到。

3. 错误和异常有关系吗？

答：可以把异常看作错误的一种。但是错误不都是异常，例如将关键字写错，这种就是书写错误，不能算作异常。编写的程序逻辑错误，这也不能算异常。

4. 进行异常处理的代码一定有异常发生吗？

答：不是这样的，异常好比加了个保险，没有异常则正常运行，如果有异常则使用对应的catch块处理。如果肯定该代码发生异常，那就应该直接对代码进行改动。

5. 进行异常处理的目的是什么？

答：异常处理的日的就是增加程序的健壮性不至丁崩溃，运行时发生异常还可以告诉用户或者程序员哪些地方出现了问题，方便确定问题的出处。

6. 一个try可以有多个catch块，是什么意思？为什么要使用多个catch块呢？

答：一个代码段中有几个地方都有可能发生异常，发生异常的类型也不一样。为了确定是哪里发生了什么异常，使用不同的 catch 块进行捕获。一般最后都使用通用 catch 块“catch(Exception)”，它可以捕获所有类型的异常。

7. 上面说了一个代码段中有几个地方都有可能发生异常，有没有可能运行多个 catch 语句？

答：这是不可能的。虽然有多个地方可能发生异常，但是只要有一个地方发生异常，后面的代码就不再执行，而是直接执行对应的 catch 块。一旦执行了一个 catch 块，就不可能在执行其他的 catch 块。

8. finally 语句是必须的吗？在什么时候使用？

答：不是必须的。当有些代码必须执行时，就可以放在 finally 语句中，该语句紧跟最后一个 catch 语句。在 Java 的开发中，最常用 finally 语句的地方就是关闭资源。因为程序员拿到操作资源用来使用时，不管是否使用成功，该资源都要给别人继续使用。

9. 什么是捕获异常？什么是未捕获异常？它们之间有什么区别。

答：这两个名词的确是不太好记忆的，这也是对英文文档翻译不得体造成的。如果对原词直译，则捕获异常可以翻译成必须处理异常；而未捕获异常可以翻译成不必须处理异常。这也是它们之间的区别。

10. 使用异常基类可以捕获所有异常，为什么要创建自定义的异常类呢？

答：在开发中，可能有自己特殊的要求。要求更精确更具体地知道用户执行哪些操作而触发了异常。例如，普通员工越权操作，要触发自定义的越权异常类。

8.4 上机题

1. 定义一个用于存储员工对象的泛型集合，实现对员工对象进行添加和删除操作。

2. 创建一个控制台应用程序，用来求用户输入数的平方值。观察使用 try-catch 语句和不使用该语句的运行效果。

3. 创建一个控制台应用程序，在程序中执行 100/0，观察运行结果。然后使用异常处理机制改写程序，使用异常处理类 DivideByZeroException 进行处理发生的异常。

4. 开发一个程序使用多个 catch 语句进行异常处理，并分析为什么最后一个 catch 语句要处理 Exception 异常。

5. 定义求全班学生成绩平均值的方法，要求成绩在 0 和 100 之间，如果不在这个范围内就抛出异常。

6. 编写程序，定义一个长度为 10 的员工数组。现在又新进一名员工，将新员工存入到“第 11 个位置”观察发生的异常信息，然后修改程序使用 IndexOutOfRangeException 类进行捕获。

7. 自定义年龄异常，在学生类中，判断当年龄小于 18 岁时，抛出自定义年龄异常。

8. 开发一个自定义价格异常，规定当价格低于 0 时抛出该异常。在家具类中创建设置价格和获取价格的方法，并在设置价格方法上抛出价格异常。

9. 编写一个模拟登录系统的程序，该程序中包括用户类和自定义的异常类。在主方法中实现当用户连续登录三次就抛出自定义异常类的处理方法提示用户今天不可以再登录了。

第9章 Windows应用程序开发基础

前面讲解的程序全是控制台应用程序，从本章起开始讲解 Windows 窗体应用程序的开发。通过讲解 Windwos 窗体应用程序的创建、控件的使用以及设计计算器等实训，读者可以达到使用 Visual Studio 2008 独立开发 Windows 应用程序的能力。

本章的学习重点

- 开发 Windows 窗体应用程序。
- 学会使用工具箱和属性等窗体。
- Windows 常用控件。
- 自定义控件。

9.1 创建 Windows 窗体

Windows 窗体应用程序主要包括窗体、控件和相关事件等。本节将介绍 Windows 窗体应用程序的创建，然后通过改变窗体外观等操作讲解窗体的一些常用属性，为开发功能强大的 Windows 应用程序打下基础。

9.1.1 第一个 Windows 窗体应用程序

通过前面章节的学习，想必读者已经非常熟悉创建控制台应用程序的步骤，创建 Windows 应用程序与创建控制台应用程序是有区别的。本程序主要是创建一个空的 Windows 应用程序，下面是创建一个 Windows 应用程序的步骤。

（1） 启动 Visual Studio 2008 程序。

（2） 在 Visual Studio 2008 的“文件”菜单下，选择“新建”|“项目”命令，打开“新建项目”对话框。

（3） 在该对话框的“项目类型”列表框中，选择“Visual C#项目”选项。在“模板”列表框中，单击“Windows 应用程序”图标。Visual Studio 2008 为开发 Windows 应用程序设置好了开发环境。

（4） 在“名称”文本框中输入“HelloWorld”。

（5） 单击“确定”按钮，便在 Visual Studio 中创建了“HelloWorld”新项目。

（6） 运行，窗体界面如图 9-1 所示。

现在没有写任何代码，一个简单窗体已经创建成功，在 Visual Studio 2008 中生成这个示例。Visual Studio 2008 利用.NET Framework 的部分类特性，把设计器生成的代码放在 Form1.Designer.cs 文件中。

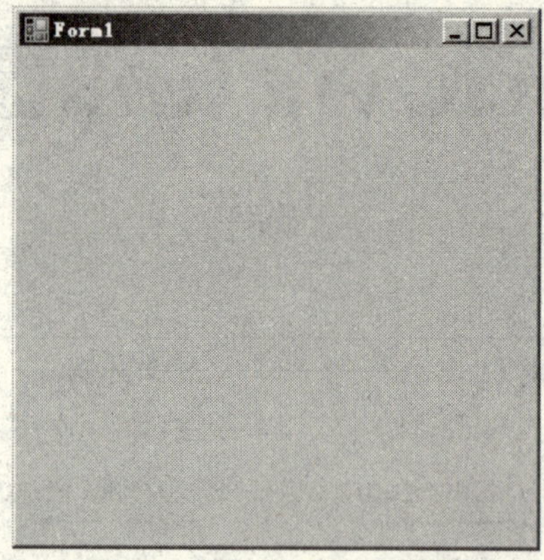

图 9-1　显示的是一个窗体

范例 9.1
HelloWorld.sln

HelloWorld.sln 在这里演示了最基本的 Windows 应用程序的创建过程，完成了显示一个普通窗体的功能。

（光盘\code\ch9\HelloWorld\HelloWorld.sln）

```
1 using System;                                    //系统生成命名空间
2 using System.Collections.Generic;
3 using System.ComponentModel;
4 using System.Data;
5 using System.Drawing;
6 using System.Text;
7 using System.Windows.Forms;
8 namespace HelloWorld                             //默认的命名空间"HelloWorld"
9  {
10       public partial class Form1 : Form         //Form 类在 System.Windows.Forms 命名空间中
11       {
12            public Form1()                       //构造方法
13            {
14                 InitializeComponent();          //初始化方法
15            }
16       }
17}
```

第 1 到 7 行包含系统自动生成命名空间，在本例中用到 System.Windows.Forms。第 10 行定义的 Form1 类是本程序的窗体类，从 Form 类继承。类名由窗体的 Name 属性决定，如果不指定类名则默认为 Form1。构造方法中唯一的方法——InitializeComponent()方法。从名字上可以看出，这个方法起到初始化的作用。右击 InitializeComponent()方法，在弹出的快捷菜单中选择“转到定义”命令。在打开的 Form1.Designer.cs 中有以下代码。

```
private void InitializeComponent()               //初始化方法
{
     this.components = new System.ComponentModel.Container();
     this.AutoScaleMode = System.Windows.Forms.AutoScaleMode.Font;
     this.Text = " Form1";                       //窗体标题栏上显示的文本
}
```

作者心得：

这是基本的初始化代码，该方法与 Visual Studio 的设计器相关联。使用设计器修改窗体时，这些改动会在 InitializeComponent()方法中反映出来，每次修改窗体控件都会重新生成 InitializeComponent()方法。注意，文件 Form1.Designer.cs 里的代码是自动生成的。

9.1.2 设置窗体标题栏

9.1.1 节介绍了一个最简单的 Windows 窗体，接下来将介绍一些窗体常用的属性。在介绍窗体属性前首先学习一下在 Visual Studio 2008 中使用属性窗口设置控件属性的方法。新建窗体后将在窗体右下看到属性窗口。如图 9-2 所示。

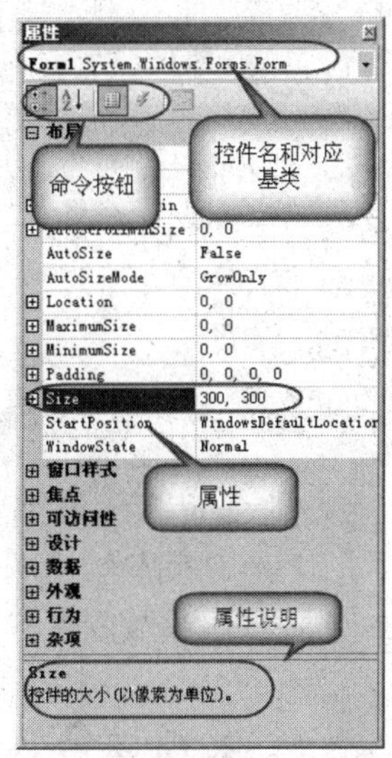

图 9-2 属性窗口设计图

属性窗口的最上端是一个下拉列表框，用于显示用户选择的控件名和对应的基类。紧接着下面的一行按钮是控制属性窗体显示的命令按钮，鼠标移动到按钮上将会有提示，从左到右分别是："按分类顺序"按钮，"按字母顺序"按钮，"属性"按钮和"事件"按钮。图 9-2 中可以看到把所有属性进行了分类，单击类名前的加号按钮可以展开属性，这种是按分类顺序进行排列的。后面的"按字面顺序"将所有属性按照字面的显示属性排列；"属性"按钮，用于显示所选控件的属性，图 9-2 所示的属性窗口就是显示的控件属性；"事件"按钮，用于显示选择控件的所有事件。

在图 9-2 中选择 Size 属性后，可以在后面的文本框中输入要设置的数值，在属性窗体的底部将显示该属性的介绍。在设置窗体、控件属性前需要先单击窗体或控件，属性窗口将显示对应的属性。

如果读者留意，可以发现窗体的标题栏，有的窗体没有最大化和最小化按钮，有的窗体没有关闭按钮，有的窗体甚至没有标题栏，这在 C#中非常容易实现。下面列出了窗体类的部分属性。

- ControlBox：决定是否显示控制按钮。
- HelpButton：决定窗体的标题栏是否出现帮助按钮，仅当 ControlBox 为 True，MaximizeBox 和 MinimizeBox 为 False 时才会显示。
- MaximizeBox：决定是否包含最大化按钮，仅当 ControlBox 为 True 时才会显示。
- MinimizeBox：决定是否包含最小化按钮，仅当 ControlBox 为 True 时才会显示。
- Icon：指示窗体的图标。这在窗体的系统菜单框中显示，以及当窗体最小化时显示。
- Text：窗体标题栏显示文本。

可以通过设置窗体属性来实现各种各样的标题栏，下面是一个没有标题栏的窗体的设置步骤。

范例 9.2
TestForm.sln

TestForm.sln 在这里演示了通过设置窗体属性，实现显示一个没有标题栏、边框以及关闭按钮的窗体。

（光盘\code\ch9\ TestForm\TestForm.sln）

（1） 按照 9.1.1 节的步骤新建一个窗体。

（2） 选中窗体，在属性窗口中选择 ControlBox 属性并将其设置为 false。

（3） 此时关闭按钮和控制按钮都将被隐藏。然后在属性窗口中将窗体的 Text 属性设置为空。

（4） 运行程序，运行结果如图 9-3 所示。

图 9-3 没有标题栏的窗体

该窗体没有关闭按钮，这时可以按下 Alt+F4 组合键关闭当前窗体，也可以在“调试”菜单上单击“停止调试”命令，进入编辑状态。

在属性窗口设置控件属性时，有的属性是布尔型或枚举型，在属性后面的文本框中单击将会出现下拉列表，在下拉列表框中选中想要的值，有的属性是数值型或者字符串型，则只需在后面的文本框中输入相应的信息即可。

作者心得：

从上面的介绍，读者可能对其有个模糊的认识，建议读者对这几个属性进行反复组合操作，这样不仅能够达到对这几个属性认识的目的而且能够达到对设置属性熟练操作的效果。

9.1.3 设置窗体大小和起始位置

通过前面的学习，读者应该对属性窗口有了新的认识，本节将介绍窗体第一次加载时的大小、在屏幕上的坐标、窗体的可调节尺寸等相关知识。有关窗体的常用属性如下所示。

- Location：窗体在屏幕上的坐标，其中包括属性 X、Y，表示在屏幕上 X、Y 的坐标值。
- MaximumSize：窗体最大化时的大小，属性 Width、Height 表示窗体的宽和高。
- MinimumSize：窗体可以调节到最小时的大小。
- Size：窗体初始化时的大小，包含宽、高两个属性。
- StartPosition：确定窗体第一次出现时的位置，可以取值包括 Manual（位置和大小取决于起始位置）、CenterScreen（位于屏幕中央）、WindowsDefaultLocation（位于默认位置，大小取决于指定的大小值）、WindowsDefaultBounds（位于默认位置）、CenterParent（位于父窗体的中央）。
- WindowsState：窗体首次加载时的可视化状态。其值可以取 Normal、Minimized、Minimized，分别表示窗体的默认大小、最小化状态和最大化状态。

有了上面的知识就可以轻松地设置常见的大多数窗体的大小、起始位置和起始状态。下面完成如下题目：窗体最大能调到 800×800 像素，最小能调至 200×200 像素，第一次加载时大小为 500×500 像素，位于屏幕的正中央。

创建上面要求的窗体只需要在属性窗口中设置窗体的 MaximumSize 的 Width、Height，分别为 800、800。MinimumSize 的 Width、Height，分别为 200、200。Size 的 Width、Height，分别为 500、500。选择 StartPosition 属性的 CenterScreen 选项和 WindowState 属性的 Normal 选项即可。属性窗体设置如图 9-4 所示。

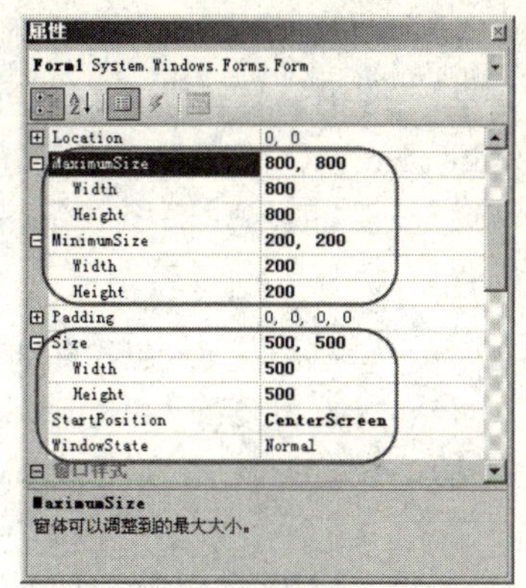

图 9-4　属性窗体设计图

9.1.4 设置窗体的颜色和背景

通过设置窗体的背景色或者让一幅漂亮的图片作为窗体背景，可以使界面非常美观。要设置窗体的背景色，只需将窗体的 BackColor 属性设置为相应的颜色值。将一幅图案作为窗体的背景图案，方法是将 BackgroundImage 属性设置为一幅图像。下面在 9.1.3 节程序的基础上接着操作，具体操作如下：选中窗体，选择“属性”窗口中窗体的 BackgroundImage 属性。单击“省略号”按钮，打开“选择资源”对话框。然后单击“导入”按钮，打开“打开文件”对话框。从本地选择一幅图片作为背景，选完以后，单击“确定”按钮即可。

9.1.3 节创建的窗体最大可以调到 800×800 像素，如果读者选择的图片大小大于这个值那么就不能把图片完全显示。如果读者导入的图片大小小于窗体大小，图片只显示在窗体左上角。如果这些不是读者想要的效果，那么可以通过设置 BackgroundImageLayout 的属性达到自己想要的效果。

BackgroundImageLayout：用于组件的背景图像布局，可以取值包括 Center（图像居中显示）、None（图像沿控件的矩形工作区顶部左对齐）、Stretch（图像沿控件的矩形工作区拉伸）、Tile（图像沿控件的矩形工作区平铺）、Zoom（图像按自身的比例在控件的矩形工作区中放大或缩小）。

9.1.5 设置窗体边框

控制边框不仅影响窗体的外观，还将决定窗体的大小是否可以改变。要修改边框，可以将 Form 类的 BorderStyle 属性设置为枚举 FormBorderStyle 属性的值之一。

FormBorderStyle 属性用来设置窗体的边框、标题栏的外观及行为的属性，可以取值包括 None（没有边框，这是另一种设置没有标题栏窗体的方法）、FixedSingle（固定的单线边框）、Fixed3D（固定的三维边框）、FixedDialog（固定的厚边框）、FixedToolWindow（大小不可改变的工具窗口边框）、Sizable（大小可变）、SizableToolWindow（大小可变的工具窗口边框）。属性 SizeGripStyle 的枚举值：Auto（需要时会自动显示指示器）、Hide（指示器总是隐藏）、Show(指示器总是显示)。

结合前面几节的知识，创建一个用于显示图片的窗体。创建步骤如范例 9.3 所示。

范例 9.3
WindowsApplication2.sln

WindowsApplication2.sln 在这里通过设置窗体属性，实现显示一个可以自适应窗体大小的背景图片。

（光盘\code\ch9\WindowsApplication2\WindowsApplication2.sln）

（1） 按照 9.1.1 节的步骤新建一个新窗体。

（2） 选中窗体，设置 MaximumSize 的 Width、Height，分别为 500、500。MinimumSize 的 Width、Height，分别为 300、500。Size 的 Width、Height，分别为 500、500。选择 StartPosition 属性为 CenterScreen，选择 WindowState 属性为 Normal。

（3） 选择一副背景图片，大小为 512×512，并设置窗体 BackgroundImageLayout 属性为 Zoom，背景颜色为 LightSeaGreen。

（4） 设置窗体的 FormBorderStyle 属性为 Sizable，表示大小可以调节。

（5） 设置窗体的 SizeGripStyle 属性为 Show，该属性决定窗体包含一个大小调整的指示器，如图 9-5 中右下角所标出的。

（6） 运行程序，运行结果如图 9-5 所示。将窗体调节到最小，如图 9-6 所示

图 9-5 加载背景图片的窗体

图 9-6 调到最小后的效果

通过运行结果可以看出图片为了适应窗体而缩小了。通过设置窗体，确定窗体的可以调节范围，可以避免图像太大而失贞，太小又影响显示效果。

作者心得：

到目前为止编写的 Windows 应用程序还没有写一行代码，不过笔者建议每次对窗体进行修改后打开代码从 InitializeComponent()方法中仔细观察一下代码，这对以后的学习很有帮助。

9.2 Windows 窗体基本控件

Windows 窗体基本控件是最为常用的窗体对象之一，每种控件都有其对应的属性集、方法以及事件，没有任何控件的空窗体是没有任何用处的，控件使创建 Windows 应用程序变得更简单。学习完本节读者可以发挥自己的想象力创造出十分有趣的应用程序。

9.2.1 所有控件的基类——Control 类

窗体类和所有的控件都是继承 Control 类，所以很多控件的属性和事件都很相似。上面用了较大篇幅介绍窗体 Form 类的一些属性，本节不再单独介绍 Control 类的属性，重点介绍相

关事件。通过响应控件的各种事件可以很好地达到与用户的交互操作，Control 类定义了很多事件，以下是一些常用的鼠标事件。

- Click：单击控件时触发该事件。
- DoubleClick：双击控件时触发该事件。
- MouseDown：当鼠标光标在控件之上，如果按下鼠标按钮引发该事件。
- MouseUp：当鼠标光标在控件之上，如果释放鼠标按钮引发该事件。
- MouseEnter：如果鼠标光标进入控件区域触发该事件。
- MouseLeave：如果鼠标光标离开控件区域触发该事件。
- MouseHover：当鼠标光标在控件区域上时，触发该事件。

以上事件处理鼠标和控件的交互操作，如单击鼠标、鼠标按下或移动。Click 和 DoubleCllick 事件与 MouseDown 和 MouseUp 事件不同，前者的事件参数是 EventArgs 类的对象，而后者的事件参数是 MouseEventArgs 类的对象。从字面上可以看出，MouseEventArgs 类比 EventArgs 类多一个“Mouse”，即包含与鼠标相关的信息。例如，单击的是左键还是右键、按钮被单击的次数，以及鼠标的当前 X、Y 坐标。这些信息有时是非常重要的，在后面的例子中将会用到这些信息。键盘事件的工作方式与此类似，以下是一些常用的键盘事件。

- KeyDown：键盘按下时触发。
- KeyUp：键盘松开时触发。
- KeyPress：键盘按下时触发。

以上处理与键盘相关的事件，KeyPress 事件接收的事件参数是 KeyPressEventArgs 类对象，而 KeyDown 和 KeyUp 事件接收的事件参数是 KeyEventArgs 类对象。KeyPressEventArgs 类包含按键的字符值 KeyChar。KeyEventArgs 中的属性包括修饰符键是否被按下，用来检测是不是按下 Ctrl、Alt 或 Shift 键（这几个键与其他字母键、数字功能键组合起来用，又称为修饰符键）。键盘事件触发顺序：KeyDown、KeyPress、KeyUp，下面通过一个例子来掌握鼠标事件。

范例 9.4
WindowsApplication1.sln

WindowsApplication1.sln 本范例通过使用鼠标的按下、移动、弹起事件，完成了使用鼠标在窗体上画线的功能。

（光盘\code\ch9\WindowsApplication1\ WindowsApplication1.sln）

（1） 新建一个 Windows 应用程序。

（2） 在代码视图中 public partial class Form1:Form 的下面加入一行：bool showPaint= false；定义 bool 型变量。

（3） 切换到设计视图，在属性窗口中单击“事件”按钮，选择“MouseDown 事件”项并使用右键双击，将打开代码视图。在默认位置加入代码：showPaint=true，表示按下鼠标时设置控制绘制变量为 true。

（4） 按照步骤（3），添加 MouseUp 事件和 MouseMove 事件，在 MouseUp 事件中添加 showPaint=false；在 MouseMove 事件中添加的内容将在下面给出的代码中显示，请看 WindowsApplication1 中代码。

```
using System;                          //系统生成命名空间
using System.Collections.Generic;
using System.ComponentModel;
```

```
04  using System.Data;
05  using System.Drawing;
06  using System.Text;
07  using System.Windows.Forms;
08  namespace WindowsApplication1        //自定义的命名空间“WindowsApplication1”
09  {
10      public partial class Form1 : Form
11      {
12          bool showPaint = false;                //第一步：自定义一个布尔型变量
13          public Form1()                         //窗体类的构造方法
14          {
15              InitializeComponent();             //初始化方法
16          }
17          private void Form1_MouseDown(object sender, MouseEventArgs e)//鼠标按下事件
18          {
19              showPaint = true;   //第二步：当鼠标按下时，设置 showPaint 的值为 true
20          }
21          private void Form1_MouseUp(object sender, MouseEventArgs e)//鼠标松开事件
22          {
23              showPaint = false;         //第三步：当释放鼠标时，设置 showPaint 的值为 false
24          }
25          private void Form1_MouseMove(object sender, MouseEventArgs e)//鼠标移动事件
26          {
27              //第四步：在窗体上绘画
28              if (showPaint)                //当 showPaint 的值为 true 时，才绘画
29              {
30                  Graphics g = CreateGraphics();                //创建画布
31                  g.FillEllipse(new SolidBrush(Color.Red), e.X, e.Y, 5, 5);//填充每一个椭圆点
32              }
33          }
34      }
35  }
```

代码第 12 行定义一个布尔型变量，用来标志用户的鼠标是按下还是弹起。第 19 行鼠标按下的时候将其赋值为 true，第 23 行鼠标弹起时将标志设置为 false。运行程序，按住鼠标在窗体上移动即可画图，如图 9-7 所示。

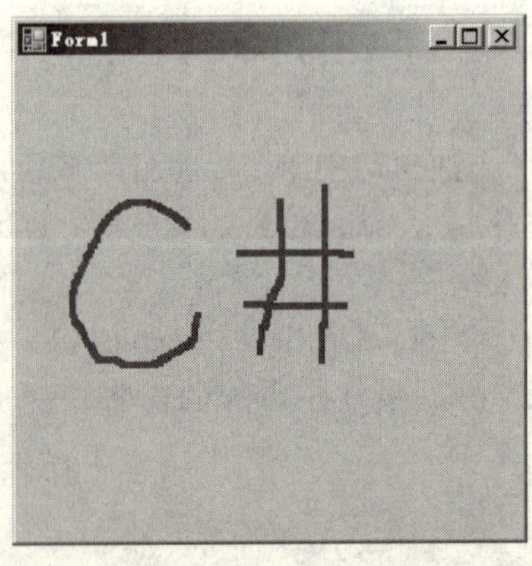

图 9-7　按住鼠标画图

作者心得：

这是最简单的画图程序，后面会完善此程序。本程序中先定义 showPaint 变量，该变量用于判断是否在窗体上画图。MouseMove 中的代码是绘制代码，读者只需知道代码第 30 行和第 31 行代码具有绘制功能即可。

9.2.2 使用按钮

开发大多数 Windows 应用程序时最常用的窗口除了上面介绍的窗体设计窗口和属性窗口，还有工具箱窗口。Visual 系列开发工具的最主要优势就是可以快速设计，使用工具箱中提供的控件可以快速搭建界面。Visual C#开发环境工具箱默认在窗体左边，工具栏的界面如图 9-8 所示。

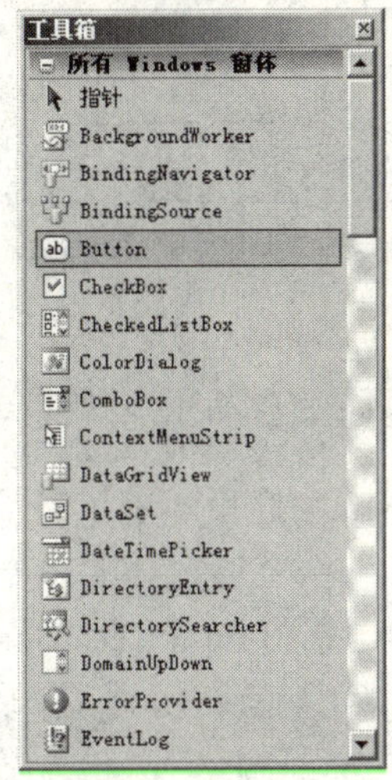

图 9-8　工具栏界面

创建用户界面时，把控件从工具箱拖放到窗体上，或者在工具箱中双击要添加的控件，这时控件就会显示到窗体中，然后按照自己想实现的效果在窗体中自由拖放控件。通过这种方式就可以创建和使用控件。

作者心得：

工具箱在设计视图下默认停靠在左边，如果不小心将工具箱关掉，可以从“视图”菜单上选择“工具栏”按钮，让其重新显示。同样其他窗口也可使用同样的方法找到。

按钮（button）通常用来向程序发送命令。单击按钮可以触发一个事件，通常需要用事件处理程序去捕获。双击按钮会创建一个控件最常用的单击（Click）事件。新建一个 Windows 应用程序，在窗体上添加一个按钮，设置其 Text 属性上输入“第一个按钮”。从 InitializeComponent()方法中可以看到生成关于按钮的代码。

```
this.button1 = new System.Windows.Forms.Button();                //实例化一个按钮
this.button1.Location = new System.Drawing.Point(600, 200);      //按钮的坐标
this.button1.Name = "button1";                                   //按钮的名字
this.button1.Size = new System.Drawing.Size(100, 30);            //按钮大小
this.button1.TabIndex = 0;                                       //按钮获得焦点的顺序
this.button1.Text = "第一个按钮";                                 //在按钮上显示的文本
this.button1.UseVisualStyleBackColor = true;                     //可以使用视觉样式绘制背景
```

此时已经在窗体上添加一个控件，运行程序，结果如图 9-9 所示。

图 9-9　单击按钮之前的窗体

以上这些代码都是自动生成的，有些时候需要动态生成而不是在初始状态下显示。若要动态生成，则必须用代码添加，根据以上自动生成的代码，我们可以进行模仿和改进。

范例 9.5
TestButton.sln

TestButton.sln 在这里演示了最基本的 Windows 应用程序的创建过程，完成了显示一个普通窗体的功能。

（光盘\code\ch9\ TestButton \ TestButton.sln）

```
01  public partial class Form1 : Form
02  {
03      private static int count=0;                                          //定义整型变量
04      private void button1_Click(object sender, EventArgs e)
05      {
06          Button newButton = new Button();                                 //生成按钮实例
07          count++;                                                         //自加运算
08          newButton.Location = new System.Drawing.Point(20 * count, 20 * count);
09          newButton.Name = "button"+count.ToString();
10          newButton.Size = new System.Drawing.Size(100, 20);   //大小
11          newButton.TabIndex = count;                                      //按钮获得焦点的顺序
12          newButton.Text = "按钮" + count.ToString();                      //按钮的名字
13          Controls.Add(newButton);                                         //把新生成的按钮添加到窗口中
14      }
15  }
```

代码第 3 行定义静态整型变量，用来记录添加按钮的个数。第 6 行定义一个按钮实例，第 8 行到第 12 行设置按钮的属性，第 13 行将定义的按钮添加到控件集合中。运行程序，结果如图 9-10 所示。

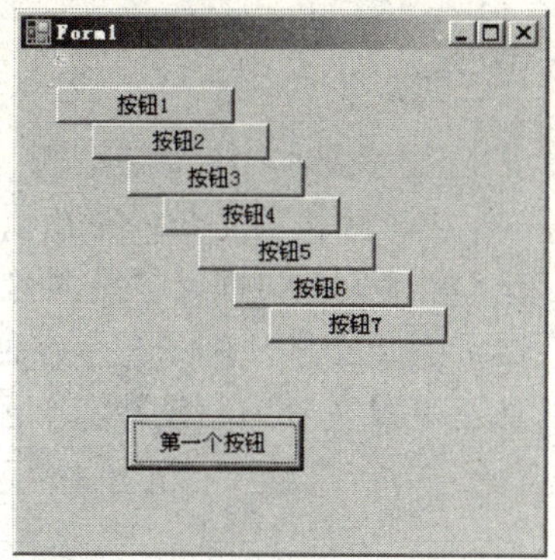

图 9-10　单击按钮之后的窗体

每单击一次“第一个按钮”按钮，就产生一个新的按钮，并对产生的新按钮进行编号，定位依次递增，实现了动态添加按钮的功能。读者可以尝试给不同的按钮设置不同的定位和大小。

9.2.3 设置文本框

文本框（TextBox）是一个用户可以在其中输入文本或者显示文本的区域，在与用户交互方面起到了很大的作用。文本框和窗体、按钮等控件都是继承自 Control 类，所以有一些相同的属性。下面是文本框的常用属性。

- AcceptsReturn：指示在多行编辑控件中是否允许输入回车符。
- Multiline：文本框是否显示多行，默认值为 False，即只能显示单行。
- PasswordChar：使文本框成为密码文本框，指示将为单行编辑控件的密码输入显示的字符。
- ReadOnly：文本框是否只读，默认值为 False，如果设置为 True，则不能向文本框中输入信息。
- WordWrap：如果文本框设为可以显示多行，该属性指示在向文本框中输入信息时是否自动换行。

利用文本框创建程序，界面设置如图 9-11 所示。

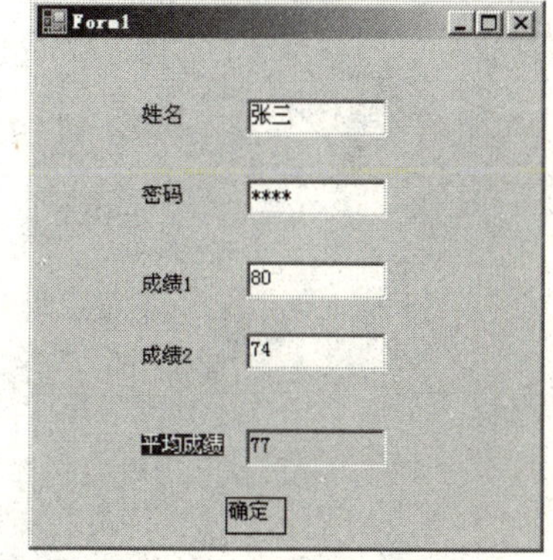

图 9-11　程序运行结果

该程序的控件全是文本框。当然窗体中的“姓名”、“密码”等更适合用标签来表示。笔者通过设置其外观属性，让用户看起来像是标签。密码文本框 PasswordChar 的属性设为“*”，所以用户输入的任何值都是以“*”来代替。本程序唯一的功能就是通过单击“确定”按钮，把输入的“成绩 1”和输入的“成绩 2”的平均分在“平均成绩”后的文本框中显示，此文本框的 ReadOnly 属性为 true。下面两行代码是经常用到处理输入数据的代码。

```
int avg = int.Parse(txtS1.Text) + int.Parse(txtS2.Text);     //把输入的值转换成整型，然后相加
txtAvg.Text = (avg/2).ToString();                             //把平均值转换成字符串型，然后输出
```

“int.Parse()”，可以把里面的参数转换成 int 型，在文本框中输入的内容默认为字符串型。如果想对其进行运算，则必须转换成数值型。(avg/2).ToString()的意思是把括号里面的数值转换成字符串型输出。

9.2.4 使用标签来显示文本

标签（Lable）是窗体上一个用来显示文本的域，在程序运行时用户不能修改文本内容。标签控件从 Control 类继承，很多外观属性和上面介绍的其他控件类似。标签的 AutoSize 属性默认为 true，即不能拖动其大小，标签大小根据标签里内容占的大小自动调节。

标签最常用的就是在窗体上显示提示文字，例如在登录窗口中使用标签来提示用户在哪个文本框中输入用户名，除此以外还可以在代码中设置。下面通过一个范例结合按钮和文本框来掌握标签的这两种使用方式。

范例 9.6
TestTextboxLable.sln

TestTextboxLable.sln 本范例使用两个文本框、三个标签和两个按钮完成了应用程序登录窗体的功能。

（光盘\code\ch9\ TestTextboxLable\ TestTextboxLable.sln）

（1） 新建一个 Windows 应用程序。

（2） 在窗体中添加三个标签，前两个标签的 Text 属性分别设置为“用户名”、“密码”，第三个标签的 Name 属性设置为 lblShow。在代码中设置第三个标签的 Text 属性来显示执行登录后的操作信息。

（3） 添加两个文本框，给用户提供输入用户名文本框和密码文本框。其中密码文本框的 PassWordChar 属性设置为“*”。

（4） 添加两个按钮，Text 属性分别设置为“登录”和“取消”。

（5） 添加登录按钮单击事件和取消按钮单击事件，请看 TestTextboxLable 中代码。

```
private void button1_Click(object sender, EventArgs e)                      //登录事件
{
    if(textBox1.Text =="username" && textBox2.Text =="password")  //判断文本框内容
    {
        lblShow.Text ="登录成功";                                  //设置标签显示信息
    }
    else if (textBox1.Text == "")                                  //判断第一个文本框是否为空
    {
        lblShow.Text = "请输入用户名！";                           //设置标签显示信息
    }
    else if (textBox2.Text == "")                                  //判断第二个文本框是否为空
    {
        lblShow.Text = "请输入密码！";                             //设置标签显示信息
    }
    else
    {
        lblShow.Text = "用户名密码错误，请重新输入！";             //设置标签显示信息
    }
}
private void button2_Click(object sender, EventArgs e)                      //取消事件
{
    textBox1.Text = "";                                                    //清空文本框
    textBox2.Text = "";                                                    //清空文本框
}
```

代码第 1 行到第 19 行定义了登录按钮的单击事件。第 3 行使用用户在文本框中输入的信息和指定的用户名、密码进行比较。第 5 行、第 9 行、第 13 行和第 17 行设置标签的 Text 属性，根据不同的操作提示相关信息。运行程序，笔者输入错误的用户名密码，第三个标签显示“用户名密码错误，请重新输入！”，如图 9-12 所示。

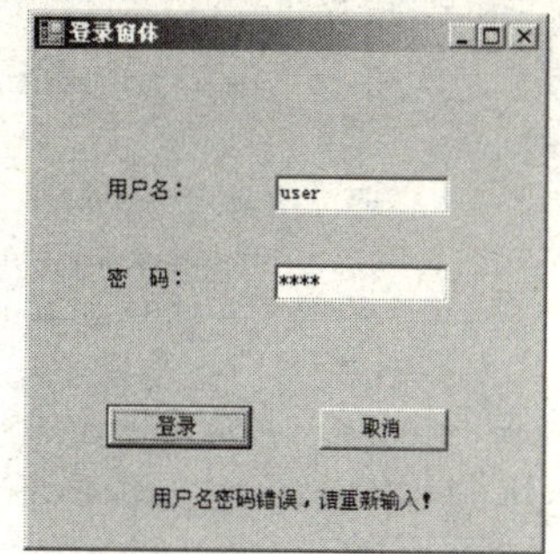

图 9-12　登录界面

前面介绍了 C#开发编码规范和 C#命名规范，但不包括对控件类的命名规范。每个控件都有一个 Name 属性，是唯一标识该控件的属性，所有对控件的操作都是以 Name 的值为依据进行传递的，所以给控件的 Name 属性取值是非常重要的。

一般给窗体的 Name 属性取值的时候前面加 frm，后面加上该窗体信息，按钮、文本框、标签前缀分别为：btn、txt、lbl。例如，用 frmMain 表示主窗体，用 btnOK 确定按钮，用 txtName 表示输姓名的文本框，用 lblDataTime 表示显示当前时间的标签，这些都能起到见名知意的作用。

实训 9.1——设计自己的计算器

通过前面的学习，读者了解了按钮、标签和文本框控件，利用这三种基本控件就可以创建一个简单的计算器。本实训就来实现这样一个计算器的功能。

1. 计算机需求描述及界面设计

传统计算器有 0 到 9 十个数字键、小数点和四个运算符，以及等号，使用 16 个按钮表示数字键、运算符键以及小数点。

显示的数值在文本框的右边，默认只显示 0。所以添加一个文本框，用来显示用户输入和操作结果，并设置文本框的 TextAlign 属性为 Right。

为了能向用户提示一些不可能完成的错误操作，例如除数为“0”时的操作。在窗体上面加入标签用来显示提示信息，设置标签的字体颜色为蓝色，使提示信息更醒目，并且设置标签的初始 Text 属性为空。

设计计算器界面如图 9-13 所示。

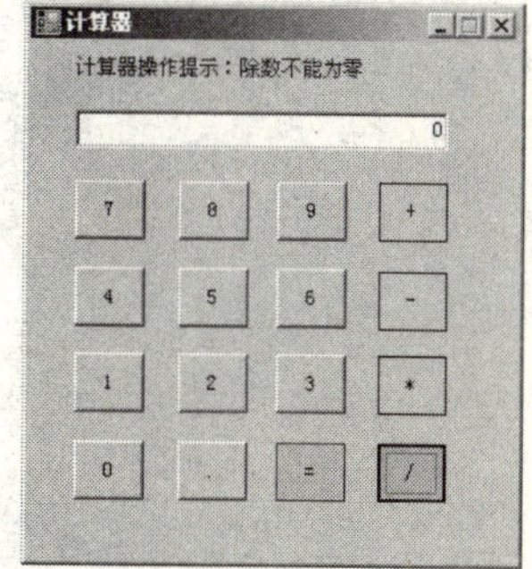

图 9-13　计算器界面

2. 开发计算器功能代码

下面使用表 9-1 中的文件来实现计算器的功能。

表 9-1　计算器的实现文件描述

文　件	功　能
frmMian.cs	包含数字键按钮的单击事件、四个运算符的单击事件以及等号运算符按钮的单击事件，实现简单的运算和连算功能。

程序清单 9.1.1：frmMian.cs

```
public partial class frmMian : Form
{
    private double op1;                //用来保存第一个操作数
    private double op2;                //用来保存第二个操作数
    private double sum;                //用来保存运算结果
    private int isOp;                  //用来表示按下了哪个运算符
    //数字按钮的单击事件，全部相同，此处只列举 1 的单击事件。
    private void button1_Click(object sender, EventArgs e)
    {
        Button btn = (Button)sender;       //定义按钮
        if (txtOutput.Text == "0")         //判断是否已经有数值输入
        {
            txtOutput.Text = btn.Text;     //显示按钮上的数值
        }
        else
        {   //把按钮上的数值加入到已输入的字符串中
            txtOutput.Text += btn.Text;
        }
    }
    private void button11_Click(object sender, EventArgs e)//小数点的单击事件
    {
        string st = txtOutput.Text;//把文本框显示的内容保存在局部变量 st 中
        int i = st.Length - 1;
        bool a = false;            //a 作为标识小数点的记号
        for (; i >= 0; i--)
        {
            if (st[i] == '.')      //对字符串进行遍历，判断是否包含小数点。
            {
                a = true;          //a=true 标志含有小数点
            }
        }
        if (a == true)             //如果含有小数点，则提示已输入小数点，
        {
            lblMessage.Text = "已经有小数点";
        }
        else
        {
            txtOutput.Text += "."; //如果不含有小数点，则在后面加入小数点
        }
    }
    private void btnDeng_Click(object sender, EventArgs e)//等号单击事件
    {
        op2 = double.Parse(txtOutput.Text);      //把第二个操作数保存在 op2 中。
        switch (isOp)                            //根据 isOp 的值判断进行哪个运算
        {
            case 1:                              //加
                op1 += op2;
                break;
```

```
49                    case 2:                        //减
50                        op1 -= op2;
51                        break;
52                    case 3:                        //乘
53                        op1 *= op2;
54                        break;
55                    case 4:                        //除
56                        if (op2 == 0)          //判断除数是否为零,
57                        {  在标签上显示出错信息
58                            lblMessage.Text = "计算器操作提示：除数不能为零";
59                        }
60                        else
61                        {
62                            op1 /= op2;     //把运算结果保存在 op1 中
63                        }
64                        break;
65                }
66                txtOutput.Text = op1.ToString();//在文本框中显示运算结果
67            }
68            private void btnAdd_Click(object sender, EventArgs e)//操作符单击事件
69            {
70                isOp = 1;  //规定加号 isOp=1，减 isOp=12，乘 isOp=3，除 isOp=4
71                op1 = double.Parse(txtOutput.Text);//把文本框中内容转换成 double 型
72                txtOutput.Text = "0";//重新把文本框内容置“0”，等待输入下一个数。
73            }
74        }
```

第 8 到第 19 行是一个数字按钮的单击事件，首先判断当前文本框是否有值，如果没有输入则直接将当前值加入到按钮中。第 68 行到第 73 行是操作符的单击事件，用来保存用户单击的操作符。

第 20 行到第 40 行，是小数点的单击事件，如果文本框中不含小数点则在后面添加小数点，如果已经有小数点则提示用户包含小数点。

第 40 行到第 67 行是等号运算符的单击事件，首先从运算符标志中判断当前运算符，然后将其对应操作。并将运算结果显示到文本框中。

上面的实训实现了简单的计算器，现在需要对计算器进行改进，使用户输入的所有数值和操作符都显示在文本框中，当用户按下等号按钮时进行计算。例如用户输入：5+3*2 时，可以在文本框中显示，而且按下等号按钮时，能够计算出结果。

需要注意的是，在上面实训中最基本的是当按下数字按钮时，在上面的文本框中能够显示出来，如单击数字按钮“1”时，在文本框中能够显示。按下一个数字按钮后再按一个能够正确显示，如单击“1”按钮，文本框中显示“1”，再单击“2”按钮，文本框显示“12”，而不是“2”。

除此之外的难点就是对文本框中显示的表达式进行处理，如：5+3*2，需要先计算后面的

2*3 再使用结果和 5 进行求和。如果做到这一点需要对表达式进行处理，验证表达式是否有效，一个数字后跟一个操作符，最后是数字。然后对所有表达式进行递归处理从开始变量找到运算符优先级最高的操作符，然后将两边的数进行运算，使用结果替换已完成的运算的表达式。

读者还可以发挥想象，自己动手让界面更好看一些，或者添加一些更实用的功能。

9.3 Windows 窗体常用控件

前面介绍了所有控件的基类 Control 类以及最常用的按钮、文本框、标签控件。因为所有控件都继承自 Control 类，所以很多控件的属性都很相似。本节将介绍单选按钮控件、复选框控件、图片框控件、图片列表框控件、列表视图控件和树视图控件的使用，除此之外还有些控件会在后面的章节、范例和实训中使用和讲解。Windows 窗体常用控件如表 9-2 所示。

表 9-2 Windows 窗体常用控件

控件名称	中文名称	描　述	示例效果
RadioButton	单选按钮	向用户提供一组单选按钮，用户可以选择其中一项。	红色
CheckBox	复选按钮	向用户提供多个可选项。	下划线
PictureBox	图片框	用来显示图片的控件。	
ImageList	图片列表框	图片容器，保存设计者在程序中使用的图片。	图片容器，不在窗体上显示。
ListView	列表视图	列表视图控件功能非常强大，用列表的形式显示一组数据，每条数据作为一项，用户可以选择其中的一项或多项。	如图 9-19 所示。
TreeView	树视图	树视图控件，可以为用户显示节点层次结构，例如 Windows 资源管理器。	如图 9-26 所示。
RichTextBox	富文本框	提供比文本框（TextBox）控件编辑功能更强大的控件，例如段落格式、字体样式等。	如图 10-21 所示的文本区域。
Panel	面板	容器控件，对控件进行分组。经常用在为单选按钮分组中。	
GroupBox	分组框	容器控件，对控件进行分组，比 Panel 控件多一个提示标签。	分组控件，如图 9-14，使用 GroupBox 将单选按钮分成一组。
ListBox	列表框	列表框控件，显示一组选择项，可供用户选择一项或多项。	
ToolStip	工具栏控件	替换了早期的 ToolBar 控件，增强了用户体验，使开发者可以轻松设计出用户体验更好的工具栏。	如图 10-7 所示。
StatusStrip	状态栏	在窗体底部区域显示，用来显示程序的各种状态信息。	如图 10-9 所示。
MenuStrip	菜单	使用菜单控件可以轻松设计出类似与 Word 程序中的菜单栏。	如图 10-2 所示。
ContextMenuStrip	右键菜单	右键菜单又叫快捷菜单，一般和其他控件一块使用，又来提示当前操作。	如图 10-5 所示。
Dialog	对话框控件	包括打开文件对话框、字体对话框、颜色对话框、保存文件对话框等，将在本书第 10 章讲解。	对话框包含多个控件，详见本书第 10.5 节。
DataGridView	网格	用于显示一个二维表格，通常作为显示数据库数据的控件。	如图 16-7 所示。
DataSet	数据集	表示数据在内存中的缓存，例如将数据表读取的 DataSet 中。	在内存中存储数据，在窗体上不显示。

9.3.1 单选按钮控件

单选按钮（RadioButton）控件可以显示文本或图像，也可以同时显示文本和图像。单选按钮一般用来提供给用户在一组选择项中选择一项。在一个控件容器中的所有单选按钮视为一组，直接在窗体 Form 上放置的单选按钮将自动成为一组，这时窗体就是容器。

使用单选按钮时往往伴随着使用 GroupBox 控件或 Panel 控件，这两个控件非常简单，在窗体上表现为一个矩形区域，作为单选按钮的容器将不同组的单选按钮分开。设计一个 Windows 应用程序，使程序能够通过单选按钮更改字体颜色，创建步骤如下所示。

范例 9.7
FontShow.sln

FontShow.sln 本范例使用单选按钮和文本框，实现了设置文本框中字体样式的功能。

（光盘\code\ch9\ FontShow \ FontShow.sln）

（1） 创建 Windows 应用程序项目。在窗体设计器视图中添加一个文本框控件、一个分组框控件和两个单选按钮控件。

（2） 各控件属性设置如表 9-3 所示。

表 9-3 控件属性设置表

控件对象名称	属性名称	属 性 值	描 述
radioButton1	Checked	false	未选中
	Font	黑体	黑字体
radioButton2	Checked	false	未选中
	Font	黑体	黑字体
textBox1	Font	宋体，18pt	宋体，小二
GroupBox	Text	字体设置	单选按钮的容器

（3） 添加单选按钮的默认事件 CheckedChanged，事件的代码如下。

```
01  private void radioButton1_CheckedChanged(object sender, EventArgs e)//改变单选按钮 1 值时触发
02  {
03      if (radioButton1.Checked == true)            //判断是否选中
04      {
05          textBox1.ForeColor = Color.Red;          //设置颜色为红色
06      }
07  }
08  private void radioButton2_CheckedChanged(object sender, EventArgs e)///改变单选按钮 2
09  {
10      if (radioButton2.Checked == true)            //判断是否选中
11      {
12          textBox1.ForeColor = Color.Green; //设置颜色为绿色
13      }
14  }
```

代码第 1 行到第 7 行是第一个单选按钮的改变事件，第 3 行判断是否被选中，如果被选中则设置字体颜色为红色。第 8 行到第 14 行是第二个单选按钮的改变事件，第 10 行判断第二个单选按钮是否被选中。运行程序，结果如图 9-14 所示。

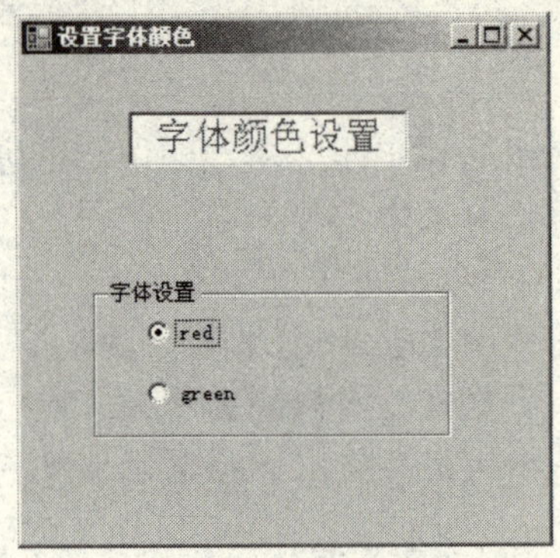

图 9-14　通过单选按钮设置字体颜色

程序使用 GroupBox 控件作为单选按钮的容器。在这一组单选按钮中，如果把其中一个单选按钮的 Checked 属性值设为 true，那么另外的单选按钮的 Checked 属性值自动变为 false。

作者心得：

需要注意的是添加控件的默认事件时，只需双击控件然后在该事件中添加处理程序即可，若直接在代码视图输入以上代码，编译会报错，因为没有将事件加入到委托链中。

9.3.2 复选框控件

复选框（CheckBox）和单选按钮（RadioButton）控件的功能相似，允许用户从选项列表中进行选择。不同之处在于，复选框可以同时选定多个 CheckBox 控件。9.3.1 节的程序通过选择单选按钮完成了字体颜色的设置，在此基础上添加两个复选按钮，使此程序能够使用复选框更改字体样式。

范例 9.8 FontShow.sln　　FontShow.sln 范例使用单选按钮和复选按钮组合实现了设置文本框字体颜色、粗体样式和下划线样式的功能。

（光盘\code\ch9\FontShow\FontShow.sln）

（1） 在 9.3.1 节项目的基础上，添加 1 个分组框和两个复选框，复选框控件属性设置如表 9-4 所示。

表 9-4　复选框控件属性设置表

控件对象名称	属性名称	属 性 值	描　述
checkBox1	Checked	false	未选中
	Font	宋体，9pt，style=Bold	粗体
checkBox2	Checked	false	未选中
	Font	宋体，9pt，style=Underline	下划线

（2） 添加复选框的默认事件 CheckedChanged，代码如下所示。

```
private void checkBox1_CheckedChanged(object sender,EventArgs e)//改变第一个复选框时触发
{
```

```
03          if (checkBox1.Checked)                            //选中粗体
04          {
05              if (checkBox2.Checked)                        //选中粗体又选中下划线选项
06              {
07                  textBox1.Font = new Font(textBox1.Font, FontStyle.Bold | FontStyle.Underline);
08              }
09              else                                          //选中粗体没有选中下划线选项
10              {
11                  textBox1.Font = new Font(textBox1.Font, FontStyle.Bold);
12              }
13          }
14          else                                              //没有选中粗体
15          {
16              if (checkBox2.Checked)                        //没有选中粗体但选中下划线选项
17              {
18                  textBox1.Font = new Font(textBox1.Font, FontStyle.Underline); //设置具有下划线
19              }
20              else                                          //两项都没有选择
21              {
22                  textBox1.Font = new Font(textBox1.Font, FontStyle.Regular);
23              }
24          }
25      }
26      private void checkBox2_CheckedChanged(object sender, EventArgs e)//改变第二个复选框时触发
27      {
28          if (checkBox2.Checked)                            //选中下划线选项
29          {
30              if (checkBox1.Checked)                        //选中下划线又选中粗体选项
31              {
32                  textBox1.Font = new Font(textBox1.Font, FontStyle.Underline | FontStyle.Bold);
33              }
34              else                                          //选中下划线但没有选中粗体选项
35              {
36                  textBox1.Font = new Font(textBox1.Font, FontStyle.Underline);
37              }
38          }
39          else                                              //没有选择下划线选项
40          {
41              if (checkBox1.Checked)                        //没有选中下划线但选中粗体选项
42              {
43                  textBox1.Font = new Font(textBox1.Font, FontStyle.Bold);
44              }
45              else                                          //两项都没有选择
46              {
47                  textBox1.Font = new Font(textBox1.Font, FontStyle.Regular);//常规字体
48              }
49          }
50      }
```

代码第 7 行这种字体为粗体并带有下划线，代码第 11 行只设置字体为粗体，第 22 行设置文本框内的字体为常规，代码第 36 行设置文本框内的字体具有下划线，第 43 行代码设置

文本框内的字体为粗体，运行程序，结果如图 9-15 所示。

通过设置复选框的选择改变事件，这样就可以实现在 C#中更改字体样式。字体对象的属性是无法修改的，要改变字体字型等属性，只能以新的属性创建字体。

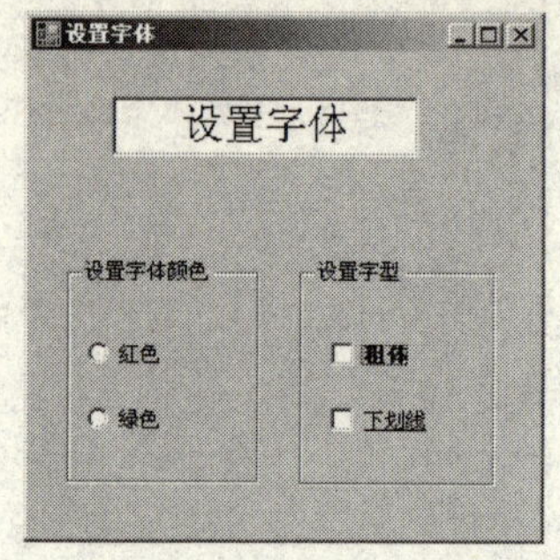

图 9-15　通过复选框设置字体样式

9.3.3 使用图片框

图片框（PictureBox）控件用来在控件上显示一张图片。通常使用图片框来显示 BMP、ICON、JPEG、GIF、PNG 等文件中的图形。可以通过设置图片框的 Image 属性来显示图片，还可以通过设置图片框的 SizeMode 属性来控制图片的显示模式，属性 SizeMode 的枚举值如下所示。

- AutoSize：图片框控件调整自身大小，使图片正好能完全显示在图片框中。
- CenterImage：如果图片框比图像大，则图像将居中显示。如果图像比图片框大，则图片将居于图片框中心，而外边缘将被剪裁掉。
- Normal：图像被置于图片框的左上角。如果图像比图片框大，则该图像将被剪裁掉。
- StretchImage：拉伸或收缩图片框中的图片，以适合图片框的大小。
- Zoom：控制图片大小按原有的大小比例扩大或减小。

可以通过设置图片框的 BorderStyle 属性来设置图片框的边框样式。属性 BorderStyle 枚举值如下所示。

- None：表示没有边框。
- FixedSingle：表示单线边框。
- Fixed3D：表示立体边框。

可以通过创建一个 Bitmap 实例并将其赋值给图片框控件的 Image 属性来实现图片显示。下列语句使用 Bitmap 实例，将存放在 C 盘目录下的图片文件 p1.bmp 显示到图片框中。

```
PictureBox1.Image=new Bitmap("c:\\bmp\\p1.bmp");
```

作者心得：

程序中出现的路径“c:\\bmp\\p1.bmp”中的\\表示一个反斜杠，如果转义字符开头前面就加一个\，路径也可以这样表述：“@c:\bmp\p1.bmp”。

还可以通过 Image 类的静态方法 FromFile()获取图像文件，并将其赋值给图片框控件的 Image 属性来实现显示图片。下列语句使用 FromFile()方法将存放在 C 盘的图片文件 p1.bmp 显示到图片框中。

```
pictureBox1.Image = Image.FromFile("c: \\bmp\\p1.bmp");
```

默认情况下，图片框控件在显示时没有任何边框。即使图片框不包含任何图像，仍可以使用 BorderStyle 属性提供一个标准或三维的边框，以便使图片框与窗体的其余部分区分。图片框不是可选择的控件，这意味着该控件不能接收输入焦点。

9.3.4 使用图片列表框控件

图片列表框（ImageList）控件不是用来显示图片而是用来保存图片文件的，相当于一个图片容器，其本身并不显示在窗体上，通常由其他控件使用，如 Label、Button、ListView、TreeView、ToolBar 等。一般将 BMP、JPG、ICON 等图片文件添加到 ImageList 控件中，其他控件在需要时直接调用这些图像，而无需从文件中查找。

作者心得：

在.NET 中，也可以不使用图片列表框让每个控件在其内部保存图像，但这样效率很低，因为不允许多个控件访问同一张图片——每个需要图像的控件都必须自己保存图像。

图片列表控件的常用属性如下所示。

- Images：ImageList 中所有图片组成的集合。
- ImageSize：ImageList 中每张图片的大小，有效值在 1～256 之间，默认值 16×16。
- ColorDepth：标识图片每个像素占用几个二进制位，值越大，图片质量越好，占用的存储空间越大。
- TranparentColor：用来指定某个颜色为透明色，默认值为白色。

建立图片列表控件首先从工具箱把 ImageList 添加到窗体，选中 ImageList 控件后在“属性”窗口中选择 Images 属性并单击后面的链接按钮，将弹出“图像集合编辑器”窗口，如图 9-16 所示。

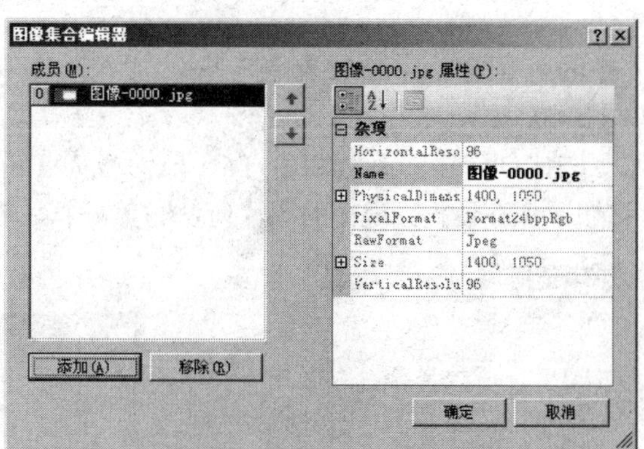

图 9-16 图像集合编辑器

单击“添加”按钮，在弹出的“打开”窗口中，选取图像文件。图像集合编辑器的右边栏为目前所选取图片的信息。这样就将图片添加到图片列表框中了。图片列表框的作用并不在于此控件本身所提供的属性和方法，而在于其能够被其他控件所链接，使其他控件可以访问图片列表框中所存储的图片。9.3.5 节将讲解列表视图控件访问图片列表框里图片的方法。

9.3.5 使用列表视图控件

列表视图（ListView）控件用列表的形式显示一组数据，每条数据作为一项，用户可以选择其中的一项或多项。例如，Windows 资源管理器右边的面板就是一个列表视图。资源管理器的列表视图主要显示选项有缩略图、平铺、图标、列表、详细信息。这些对应于列表视图控件的 View（显示）属性的各个值。下面列举 View 属性的显示模式。

- Large Icons（大图标）：每条数据都用一个带有文本的大图标表示。
- Small Icons（小图标）：每条数据都用一个带有文本的小图标表示。
- List（列表）：提供 ListItems 对象视图。
- Details（详细列表）：每条数据由多个字段组成，每个字段各占一列。

列表视图是常见且功能强大的控件，通常用来显示对数据库的查询结果。现在，从工具箱添加 ListView 控件到窗体中。在“属性”窗口选择视图列表框的 SmallImageList 属性，从下拉列表框中选择 9.3.4 节讲的 ImageList 附加到控件上。

列表视图控件允许链接到两个 ImageList 控件。一个用于大图像（32×32 像素）通过 LargeImageList 属性设置，一个用于小图标（16×16 像素）通过 SmallImageList 属性设置。ImageList 中 ImageSize 属性默认是 16×16 的小图像。而 9.3.4 节 ImageList 控件的 ImageSize 属性用的是默认值。

将 View 属性改为 Details 时，控件顶部将出现一个空的表头。表头的内容由 Columns 集合中所定义的列决定。在列表视图控件中创建列，执行范例 9.9 中的步骤即可。

范例 9.9 TestListView.sln

TestListView.sln 范例演示了 ListView 控件的常用操作，完成了使用 ListView 显示图片和文章等信息的功能。

（光盘\code\ch9\ TestListView \ TestListView.sln）

（1） 选中列表视图控件后，在“属性”窗口中选择 View 属性，从下拉列表框中选择 Detalis 项，然后选择 Columns 属性，单击出现在后面的“生成”按钮。将显示“ColumnHeader 集合编辑器”窗口。

（2） 单击“添加”按钮，创建一个新的表头（默认显示为 columnHeader1），并将其 Text 属性改为 Name，如图 9-17 所示。

（3） 再单击“添加”按钮创建第二列，将其 Text 属性改为 TelePhone。

（4） 单击“确定”按钮，保存设置。现在的图片列表框有两个命名的列，如图 9-18 所示。

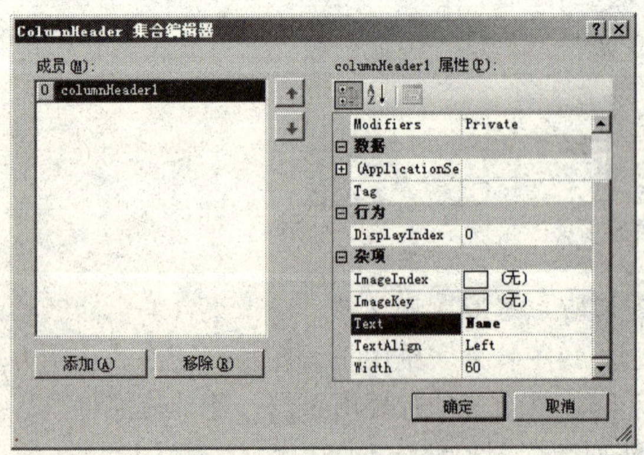

图 9-17 列集合编辑器

图 9-18 视图列表框显示多列的列表

再执行以下步骤，添加两个元素到视图列表框中。

（5） 在列表视图“属性”窗口中选择 Items 属性，然后单击出现的“生成”按钮，将显示“ListViewItem 集合编辑器”对话框。

（6） 单击“添加”按钮创建一个新项，并将其 Text 属性改为张三。

（7） 打开 ImageKey 属性的下拉列表，注意列表中包含了所链接的图片列表框控件中的图片。

（8） 在“ListViewItem 集合编辑器”对话框中，选择 SubItems 属性，然后单击出现的“生成”按钮，将弹出“ListViewSubItem 集合编辑器”对话框。

（9） 单击“添加”按钮，创建一个新的子元素，并将其 Text 设为 12345678。

（10） 单击“确定”按钮，返回到“ListViewItem 集合编辑器”对话框。

（11） 完成之后，单击“确定”按钮，将关闭“ListViewSubItem 集合编辑器”对话框。

（12） 按下 F5 键运行项目，运行结果如图 9-19 所示。

图 9-19 添加项目后的运行效果

在“ListViewItem 集合编辑器”对话框中，元素的 Text 属性决定了元素在列表视图框中所显示的文本。如果 View 属性设置为 Details 并且定义了多列，则 Text 属性值出现在第一列。之后列的值由 SubItems 集合决定。

9.3.6 使用树视图控件

树视图（TreeView）控件可以为用户显示节点层次结构，就像在 Windows 操作系统的 Windows 资源管理器功能的左窗格中显示的文件和文件夹一样。树视图中的各个节点（Nodes）可以包含其他节点，把这些节点称为“子节点”，同样“子节点”也可以有自己的“子节点”。可以让所有节点以复选框选项的形式显示，只需设置树视图的 CheckBoxes 属性即可。TreeView 控件的主要属性如下所示。

- CheckBoxes：控制节点旁是否显示复选框，默认不显示。
- ImageIndex：用来设置树视图中节点前的默认图像。
- ImageList：所使用的图像对象的图片列表框。
- LabelEdit：是否可以对显示的节点文本进行编辑，默认不可编辑。
- Nodes：包含树视图中第一级的节点列表，就像视图列表框（ListView）中的元素存储在 Items 集合中一样。
- SelectedNode：表示当前选中的树节点，一般在编程中常用。

树视图中最常用的事件是 AfterSelect，该事件发生在选择树视图中的节点后。树视图控件有许多属性、事件和列表视图控件类似。前面用向导的方式讲解了列表视图控件的使用方法。本节以创建资源管理器为例介绍如何在代码中对树视图进行操作。

范例 9.10
TestTreeView.sln

TestTreeView.sln 范例使用 TreeView 创建类似于资源管理器的界面，实现了对本地磁盘文件进行遍历的功能。

（光盘\code\ch9\TestTreeView\TestTreeView.sln）

（1） 新建一个 Windows 窗体应用程序并命名为 TestTreeView。

（2） 在窗体中添加一个 TreeView 控件，在属性窗口中设置 TreeView 控件的 Dock 属性为 Left，表示设置 TreeView 控件在窗体的左边停靠，高度随窗体改变而改变。

（3） 在窗体上添加一个文本框，设置 Multiline 属性为 true，表示设置文本框可以显示多行。设置 Dock 属性为 Full，表示文本框将占满窗体剩余空间。使用文本框的目的是显示用户所选择文件夹名。

（4） 在窗体的加载事件中显示本地磁盘，并且可以单击查看所有文件，代码如下所示。

```
01  private void Form1_Load(object sender, EventArgs e)            //窗体加载事件
02  {
03      TreeNode CountNode = new TreeNode("我的电脑");//初始化 TreeView 控件添加总结点
04      treeView1.Nodes.Add(CountNode);                           //将节点添加到 treeView1 中
05  }
06  private void TreeViewShow(TreeNode NodeDir)//初始化 TreeView 控件
07  {
08      if (NodeDir.Nodes.Count == 0)                             //判断是否有节点
09      {
10          if (NodeDir.Parent == null)//如果结点为空显示硬盘分区。获取当前节点的父节点
11          {
12              foreach (string DrvName in Directory.GetLogicalDrives())//检索逻辑驱动器名
13              {
14                  TreeNode aNode = new TreeNode(DrvName);
15                  aNode.Tag = DrvName;              //设置包含树节点有关数据的对象
16                  NodeDir.Nodes.Add(aNode);         //将节点添加到树中
17              }
18          }
19          else                                      //显示子文件夹
20          {
21              foreach (string DirName in Directory.GetDirectories((string)NodeDir.Tag))
22              {
23                  TreeNode aNode = new TreeNode(DirName);
24                  aNode.Tag = DirName;
25                  NodeDir.Nodes.Add(aNode);         //将节点添加到树中
26              }
27          }
28      }
29  }
30  private void treeView1_AfterSelect(object sender, TreeViewEventArgs e)//选择节点事件
31  {
32      TreeViewShow(e.Node);                         //调用自定义方法，加载子节点
33      textBox1.Text = "选择的是：" + e.Node.Text;    //提示信息
34  }
```

代码第 1 行到第 5 行是窗体的加载事件，其中第 3 行定义“我的电脑”节点作为树的总结点。代码第 30 行到第 34 行是节点的选择事件，其中在第 32 行调用自定义方法 TreeViewShow()，显示子文件夹。第 33 行提示用户选择的节点文件夹信息。运行程序，结果如图 9-20 所示。

要删除节点，调用 Nodes 集合的 Remove()方法。Remove()方法接受一个有效的节点作为参数，因此必须指定要删除哪个节点。删除当前选中的节点，可以用下面这条语句。

```
treeView1.Nodes.Remove(treeView1.SelectedNode);
```

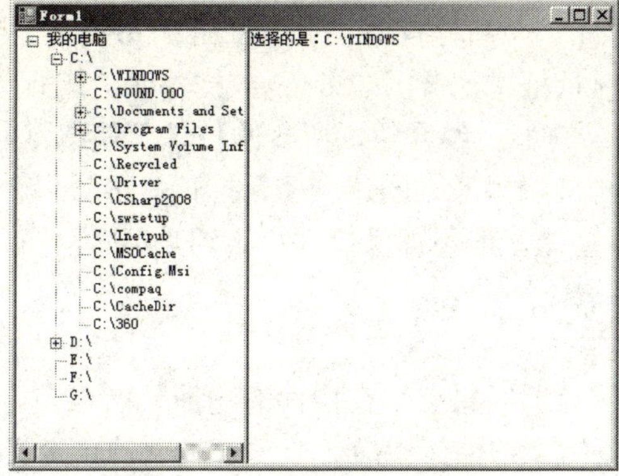

图 9-20　用代码添加的树视图

如果在没有节点被选中的情况下调用此语句，那么将会产生错误。因为如果对象变量没有引用对象，其等价于关键字 Nothing。这样，可以在调用前加个判断语句，代码如下所示。

```
if(!(treeView1.SelectedNode ==null))
{
        treeView1.Nodes.Remove(treeView1.SelectedNode);
}
```

删除父节点的同时，将会删除其下所有子节点。要清除树视图中的所有节点，调用 Nodes 集合的 Clear()方法即可，如下所示。

```
treeView1.Nodes.Clear();
```

作者心得：

列表视图控件和树视图控件是显示结构化数据，用来构建高端界面的两个控件，其功能强大，用处广泛。若想要灵活运用，需要花时间多做练习。

9.4　自定义控件

虽然 Visual Studio 2008 附带了大量的控件，但仍不能满足各个应用程序的特殊要求。因此，除了 Windows 应用程序本身提供的控件之外，用户还可以自己添加一些根据自己需要特制的控件，即自定义控件。本节将介绍自定义控件以及如何创建自定义控件。

9.4.1　自定义控件概述

Windows 窗体支持 3 种方法开发的自定义控件，即从 Windows 窗体控件继承、从 UserControl 类继承和从 Control 类继承。下面是对这 3 种方法的介绍。

- 从 Windows 窗体控件继承：开发人员可以从现有的 Windows 窗体控件继承出新的控件，其保留了 Windows 窗体控件的所有功能，然后根据实际的需要来添加自定义属性、方法或事件来扩展这些功能。
- 从 UserControl 类继承：UserControl 是用户控件，有时被称作复合控件。当需要将若干个控件的功能合成一个新控件时，可以从 UserControl 类继承。可以从 Visual Studio 2008 的新建项目对话框中选择“Windows 控件库”进行创建。

- 从 Control 类继承：前面已经介绍，所有的控件都是继承自 Control 类。当然，编程人员也可以从 Control 类继承，创建一个新控件。需要注意的是，Control 类提供了控件所需的所有基本功能，但不提供控件特定的功能。

9.4.2 创建自定义控件

自定义控件可以抽象或者扩展原有基类控件的功能，所以自定义控件在大型开发项目中使用得非常广泛。下面的范例介绍如何使用一个复合类型的自定义控件。

范例 9.11 TestUserControl.sln 演示了用户自定义控件的创建和使用，实现了登录窗体的功能。

TestUserControl.sln

（光盘\code\ch9\ TestUserControl\TestUserControl.sln）

（1） 创建一个新的项目，该项目的类型为“Windows 窗体控件库”，将其命名为 CustomControlDemo，如图 9-21 所示。

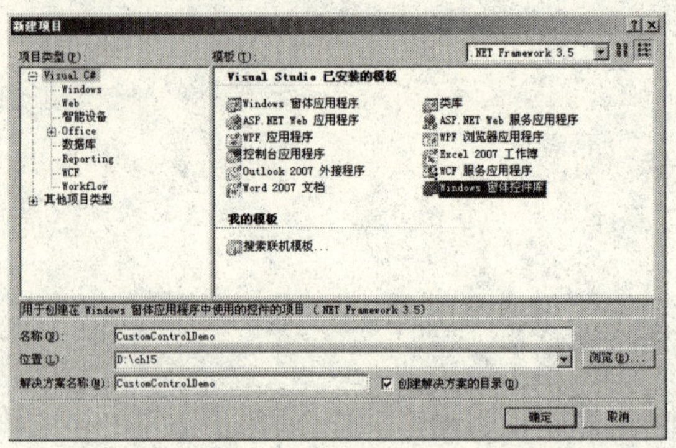

图 9-21 创建 Windows 控件库项目

（2） 项目创建完成之后，会自动生成一个 UserControl1.cs 的自定义控件类，即控件设计器，如图 9-22 所示。

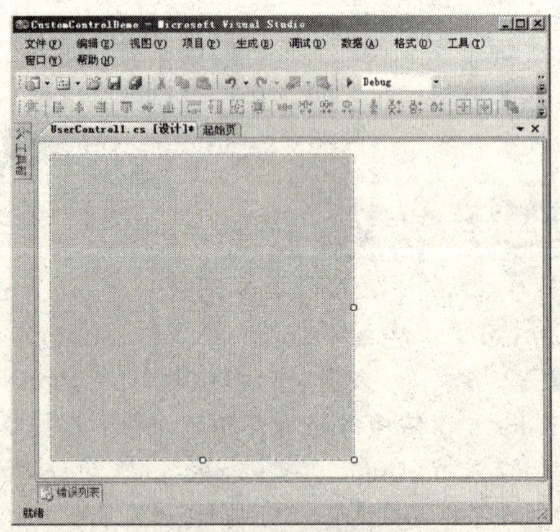

图 9-22 控件设计器

（3） 在其设计视图下，添加两个 Label 控件、两个 TextBox 控件和一个 Button 控件。设置 5 个控件的属性如表 9-5 所示。

表 9-5 控件的属性设置

控 件	属 性	值
Label1	Name	lblUser
	Text	用户名：
Label2	Name	lblpwd
	Text	密码：
TextBox1	Name	txtUser
TextBox2	Name	txtpwd
Button1	Name	btnOK
	Text	登录

双击“Button”按钮，添加如下所示的代码。

```
private void btnOK_Click(object sender, EventArgs e)                //登录按钮的单击事件
{
    if (txtUser.Text == "admin" && txtpwd.Text == "1234")  //如果用户名和密码输入正确
    {
        MessageBox.Show("登录成功！");                              //提示登录成功
    }
    else
    {
        MessageBox.Show("登录失败！");                              //否则，登录失败
    }
}
```

（4） 右击该项目，在弹出的快捷菜单中选择“生成”命令，完成该控件项目的编译。

（5） 创建一个 Windows 项目，将项目的名称命名为 UserControlTest，用于添加该控件。此自定义控件位于工具箱的上部，如图 9-23 所示。

（6） 将自定义好的控件拖拽至新建项目的窗体上，将新建的 Windows 项目设为启动项目。运行该项目，得到如图 9-24 所示的结果。

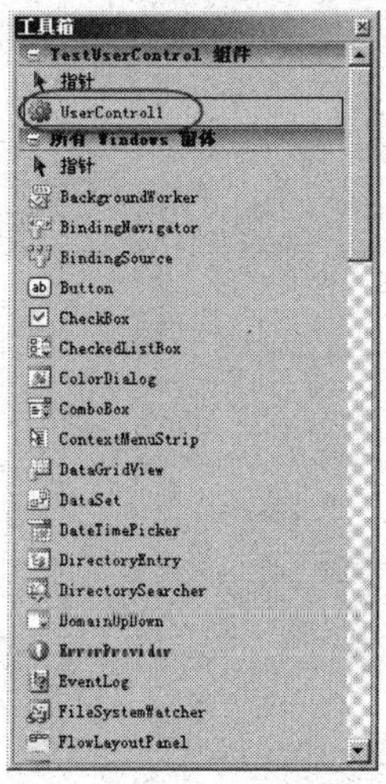

图 9-23 工具箱中自定义工具

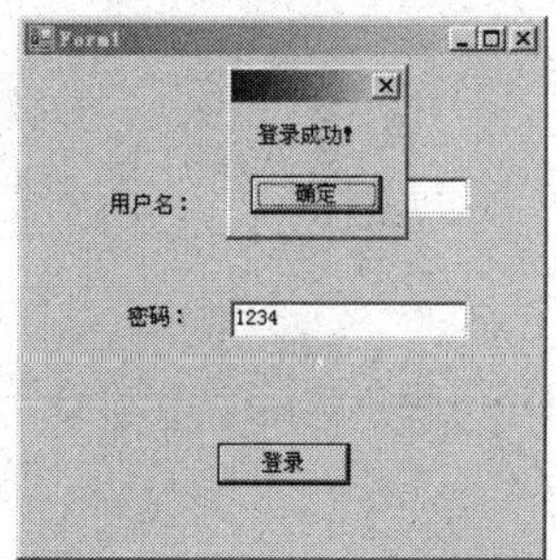

图 9-24 项目的运行效果

运行程序后，在用户名和密码文本框中填上设计程序时的默认值，即 admin 和 1234。然后单击“登录”按钮。弹出对话框，提示登录成功，说明自定义控件创建成功。

作者心得：

自定义控件创建完毕以后，将会出现在工具箱中，如图 9-23 所标出的用户自定义控件。与工具箱中其他的控件一样，可以直接拖动使用。

实训 9.2——员工管理系统

通过前面的学习，读者基本了解了 Windows 应用程序的开发流程，因为 Visual C#的可视化操作界面在开发企业办公软件上有很大的优势，本实训就来实现一个简单的员工管理系统的设计。

1. 员工管理系统需求描述

员工管理系统是企业管理员工的信息化管理手段，依靠简单的操作界面实现快速管理员工信息的功能。员工管理系统主要涉及增加新员工、修改员工信息、删除已有员工。几乎所有的管理系统都离不开数据库的开发，因为只有将信息存储到数据库中，才能实现对数据的管理。由于还没有学习数据库知识，所以本实训初始化时生成员工信息、部门信息和公司信息。等学习了数据库知识，只需将数据库作为树视图的数据源即可。

为了更好地显示员工信息，本节使用树视图按照部门显示员工信息，用户点击员工节点可以查看详细的员工信息，并可以有增加新员工、删除已有员工等操作。

新建 Windows 窗体应用程序，在窗体上添加 1 个 TreeView 控件并设置初始值，在属性窗口中单击 Node 属性后面的按钮，将弹出“TreeNode 编辑器”对话框，在该对话框中设置每个树节点的 Tag、Text、Name 属性，设计界面如图 9-25 所示。

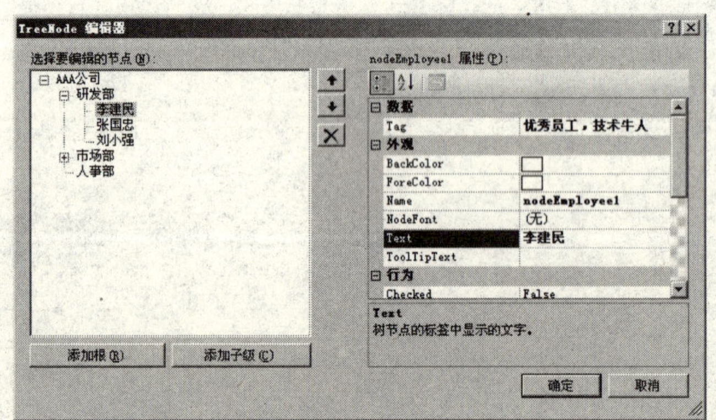

图 9-25　设置树节点

添加完毕节点信息，单击“确定”按钮，即可完成对树节点的设置，然后设置树视图的

Dock 属性为 Left，让其停靠在窗体左边。

添加 4 个 Lable 用来提示用户界面显示的信息。添加 4 个文本框，用来显示员工对应的信息，添加 3 个按钮，单击事件分别执行添加、编辑、删除员工信息操作。界面设置如图 9-26 所示。

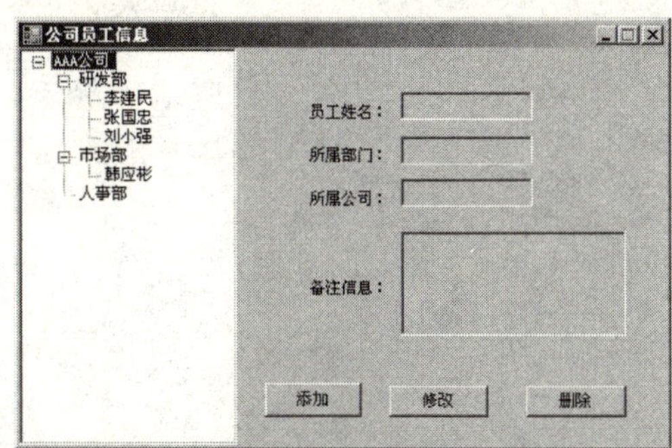

图 9-26　界面设计图

2. 开发计算器功能代码

下面使用表 9-6 中的文件来实现员工管理的功能。

表 9-6　员工管理实现文件描述

文　件	功　能
CompanyUI.sln	1. 该文件实现了对员工树形菜单的填充以及选择相应员工节点后显示详细信息的功能。 2. 实现了对员工信息的添加、删除等功能。

程序清单 9.2-1：CompanyUI.sln

```
TreeNode tn = new TreeNode();
private void treeView1_AfterSelect(object sender, TreeViewEventArgs e)
{
    tn = e.Node;                         //用来保存当前选择节点
    TreeViewShow(e.Node);    //调用自定义方法，读取节点信息
}
private void TreeViewShow(TreeNode treeNode)//读取员工信息
{
    if (treeNode.Level == 2)     //说明级别为 2，即为员工节点
    {
        txtName.Text = treeNode.Text;                         //员工姓名
        txtDepartment.Text = treeNode.Parent.Text;  //所属部门
        txtCompany.Text = treeNode.Parent.Parent.Text;   //公司名称
        txtOtherInfo.Text = treeNode.Tag.ToString(); //备注信息
    }
}
private void Form1_Load(object sender, EventArgs e)     //窗体加载事件
{
    treeView1.ExpandAll();                                        //展开所有节点
    txtName.Enabled = false;    //设置姓名等文本框为不可活动状态。
    txtDepartment.Enabled = false;
    txtCompany.Enabled = false;
```

```
23        txtOtherInfo.Enabled = false;
24    }
25    private void btnAdd_Click(object sender, EventArgs e)          //添加按钮单击事件
26    {
27        if (btnAdd.Text == "添加")                                  //判断当前按钮显示值
28        {
29            if (tn.Level == 1)                                      //判断是否为部门节点
30            {
31                txtName.Enabled = true;
32                txtDepartment.Enabled = true;
33                txtOtherInfo.Enabled = true;
34                btnAdd.Text = "保存";
35                btnEdit.Enabled = false;
36                btnDelete.Enabled = false;
37            }
38            else
39            {
40                MessageBox.Show("请选择部门");
41            }
42        }
43        else
44        {
45            TreeNode tnadd = new TreeNode(txtName.Text);            //定义节点
46            tnadd.Tag = txtOtherInfo.Text;                          //设置备注信息
47            tn.Nodes.Add(tnadd);                                    //添加到树形菜单
48            btnAdd.Text = "添加";
49            btnEdit.Enabled = true;
50            btnDelete.Enabled = true;
51            txtName.Enabled = false;
52            txtDepartment.Enabled = false;
53            txtOtherInfo.Enabled = false;
54        }
55    }
56    private void btnDelete_Click(object sender, EventArgs e)       //删除按钮单击事件
57    {
58        if (tn.Level == 2)                                          //判断是否选择的是员工节点
59        {
60            tn.Remove();                                            //移除该节点
61        }
62    }
```

代码第 1 行定义全局的变量，用来传递选择的节点信息。代码第 17 到第 24 行是窗体加载事件，其中第 19 行是展开所有节点，第 20 到第 23 行设置文本框处于不可编辑状态，这样用户只可以查看不可以编辑。

第 2 行到第 6 行，是树菜单被选中后的时间，其中第 5 行调用自定义的 TreeViewShow() 方法，该方法在第 7 行到第 16 行实现，完成了将员工节点的信息显示到文本框中。

第 25 行到第 55 行是“添加”按钮单击事件，完成了添加员工的功能。当单击“添加”按钮后，文本框状态处于可编辑状态，该按钮显示为“保存”，其他按钮不可操作，这样再单击本按钮就完成了保存功能。

代码第 56 行到第 62 行完成了删除员工信息的功能，该事件非常简单，在第 58 行判断是否是员工节点，如果是则执行移除节点的方法。

运行程序，选择员工节点，在右边的文本框中将显示该员工的姓名、所属部门、所属公司、备注信息。单击“添加”按钮如图 9-27 所示。

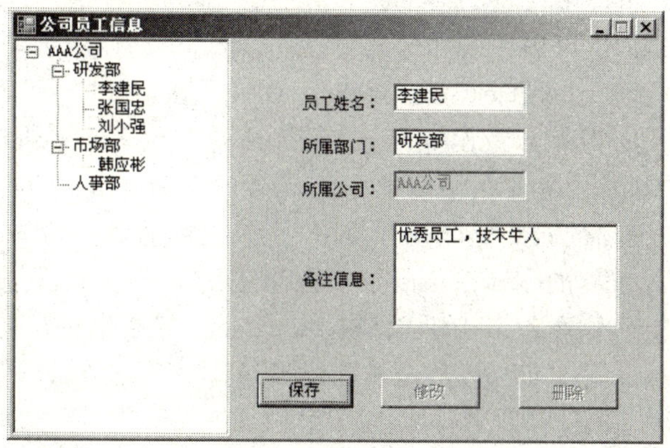

图 9-27　添加员工界面

在窗体中输入要添加的员工姓名和备注信息等，单击“保存”按钮，将把新增员工保存到树菜单中，如图 9-28 所示。

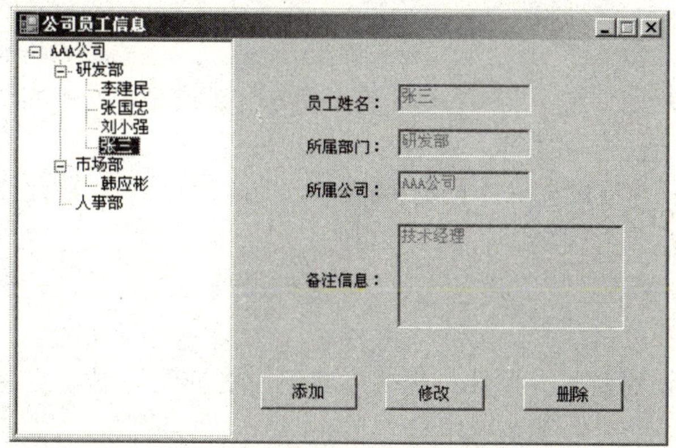

图 9-28　添加员工后的界面

上面的实训实现了员工信息的显示和添加删除功能，而修改员工信息只是将界面设计出来，在代码中并没有实现。读者根据添加员工信息的实现自己完成修改员工信息的功能。

提示：修改员工信息和添加类似，首先判断用户选择的树节点是否为员工，判断该节点的级别即可。例如，添加功能中使用 tn.Level==1 判断节点是否为部门，同样如果 tn.Level==2 说明是员工节点。修改员工信息不用重新定义员工节点，在原有节点的基础上修改 Text 属性和 Tag 属性即可。

9.5 疑难解答

1. 设置窗体属性必须在属性窗口中设置吗？

答：不是，在属性窗口中设置的值都会在对应的*.Designer.cs 文件中找到，可以从这个文件中进行设置或修改，也可以在事件代码中设置。例如，当用户单击按钮时设置窗体背景颜色为蓝色，设置代码为：this.BackColor = Color.Blue。

2. 前面介绍的知识中保存 Color.Blue、Color.Red 等，这里的 Color 是类吗？

答：不是，是结构体，读者在编辑器中将鼠标放在 Color 关键字上将会显示：struct system.Drawing.Color，表示 Color 是结构体类型。

3. 前面介绍了设置窗体的 StartPosition 属性为 CenterScreen，可以将窗体显示到屏幕中央，如果把程序放到其他不同分辨率的计算机上，会不会还在中央位置？

答：会的，Windows 窗体布局虽然是按照像素计算的，但是如果设置居中的话，不论在什么分辨率下都是居中，不受开发者计算机的影响。

4. 在编辑器的设计模式下，双击窗体将添加事件，而双击按钮却添加的是单击事件，请问是怎么回事？

答：Visual Studio 设置控件中最常用的事件为默认事件，双击控件将创建该事件。而每个控件最常用的事件不同，所以双击控件创建的事件也不同。读者可以根据这个道理查看其他控件的最常用事件。

5. 在本章中看到创建的按钮全是使用按钮的单击事件，除此之外还有其他事件吗？

答：有，因为按钮控件继承自 Control 类，继承了 Control 类中的所有事件，例如按钮的双击、鼠标移入、鼠标移出事件等，但是对应按钮来说大部分都只使用单击事件。

6. 在第 9.2.3 节中看到设置文本框的 PasswordChar 为“*”，在代码中获取文本框的 Text 属性可以获取到用户输入的值吗？

答：可以，用户输入值时看到的是“*”，这样做是为了保护用户的敏感信息，不会影响代码的获取，这个读者可以放心。

7. 在第 9.3 节中看到很多的控件，怎么才能记住这些控件呢？

答：前面说了所有的控件都是继承自 Control 类，所有这些控件都有很多的相似性。结合本书后面的介绍，多操作几次，就能达到灵活使用的目的了。

8. 单选按钮和复选按钮都必须放到不同的容器中吗？

答：复选框可以不放在容器控件中。如果有多组单选按钮的话，必须将单选按钮放到不同的容器中。但是一般为了让用户看到更直观清晰的界面，单选按钮都是放到不同的容器中的。

9. 使用列表视图控件可以开发出与 Windows 文件夹类似的效果吗？

答：可以的，列表视图控件中的 View 属性包括大图标、小图标、列表、详细列表，正好对应文件夹中的平铺、图标、列表、详细信息。通过设置 View 属性可以显示不同的样式。

10. 本章介绍了 TreeView 控件，通过范例和实训看到该控件功能挺强大的，使用难吗？

答：不难，通过实训和范例读者也可以看到，只需要基本和很少的代码就可以完成一定的功能。刚开始接触控件的使用可能有些陌生，多练习几次就会熟悉了。

9.6 上机题

1. 使用 Visual Studio 2008 创建一个应用程序，设置在标题栏显示“我创建了一个 Windows 窗体应用程序”，设置效果如图 9-29 所示。

2. 创建一个应用程序，设置窗体宽和高都是 300 像素，窗体首次加载时在中央显示。

3. 在窗体中添加一个按钮和一个标签，每单击一次按钮都会在标签上显示用户单击了多少次，界面如图 9-30 所示。

图 9-29 设置标题效果

图 9-30 用户单击效果图

4. 创建 Windwos 应用程序，在窗体的加载事件中设置窗体的背景颜色为红色，程序运行效果如图 9-31 所示。

5. 创建应用程序，在窗体中添加按钮、标签、文本框各一个，当用户在文本框中输入姓名后，单击按钮在标签中显示欢迎用户信息，运行效果如图 9-32 所示。

图 9-31 窗体背景颜色为红色

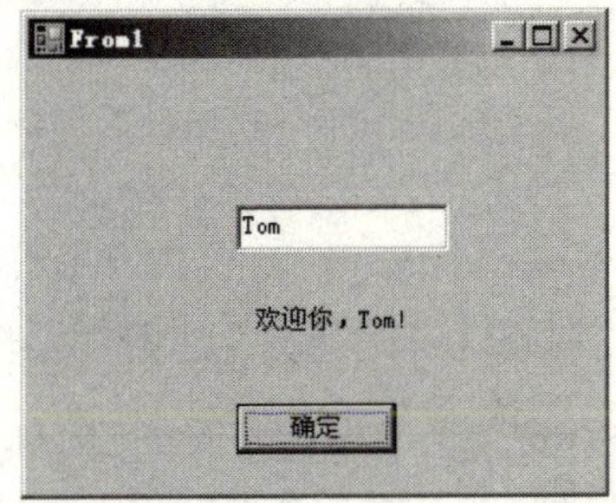

图 9-32 显示欢迎信息

6. 模仿俄罗斯方块，用户单击方向按钮，可以控制方块的移动位置。方块移动前的界面如图 9-33 所示，向下移动后界面如图 9-34 所示。

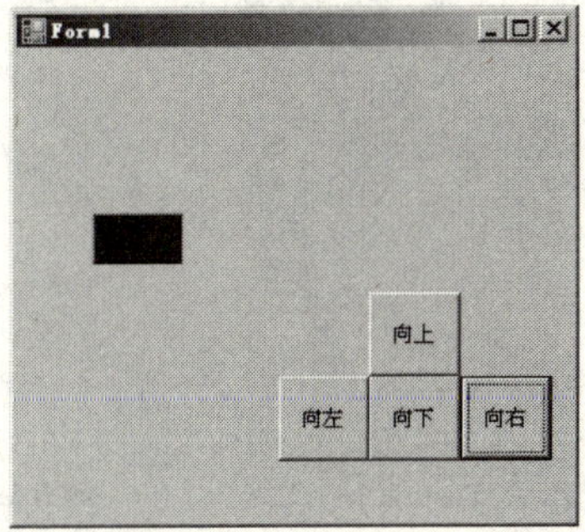

图 9-33 方块移动前

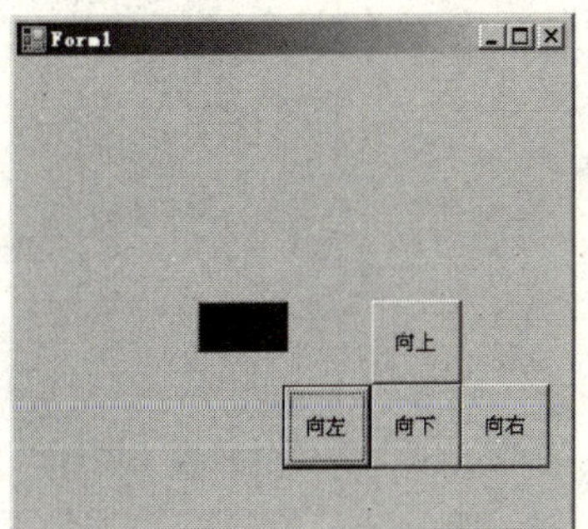

图 9-34 方块下移后

7. 创建应用程序，模仿用户注册时选择性别的功能，在窗体中添加单选按钮和标签，用户选择不同的单选按钮后，标签中将显示用户所选择的结果，运行效果如图 9-35 所示。

8. 创建应用程序，在窗体中添加一个图片框，使用图片框显示一副图片，并且设置图片大小适应图片框大小，程序的运行效果如图 9-36 所示。

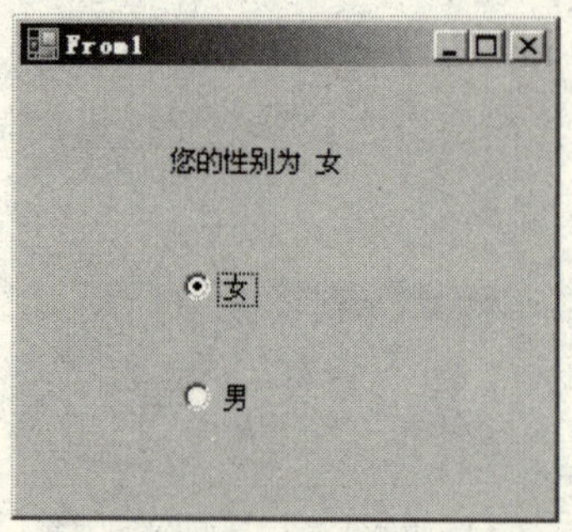

图 9-35 用户选择性别后的效果图

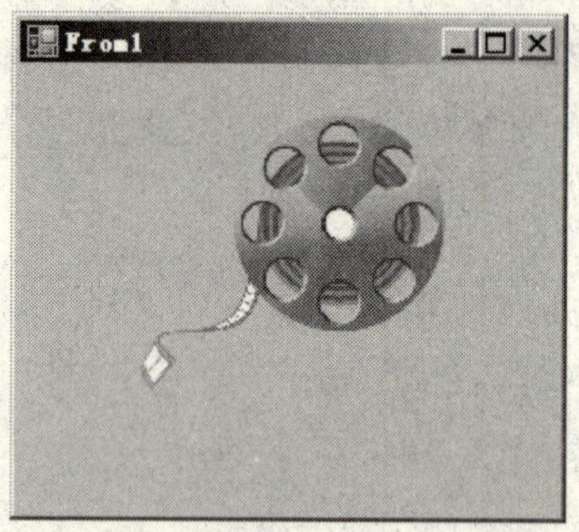

图 9-36 使用图片框的效果图

9. 开发一个员工管理系统应用程序，在登录界面中用户需要输入用户名和密码，登录界面如图 9-37 所示。如果输入正确，可以可以查看公司员工信息列表，界面如图 9-38 所示。

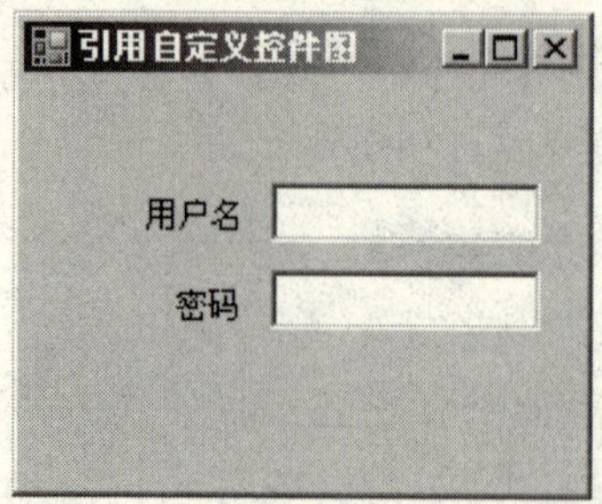

图 9-37 用户登录界面效果图

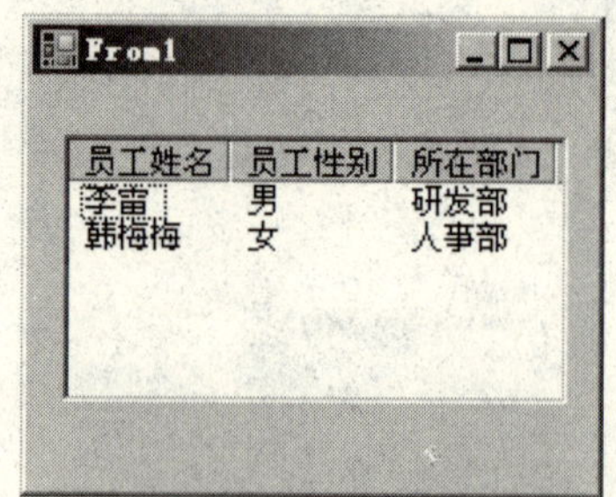

图 9-38 员工列表效果图

10. 开发一个学生管理系统的 UI，实现可以对学生信息进行添加、保存、删除操作，并能够在树形列表中进行查看，界面如图 9-39 所示。

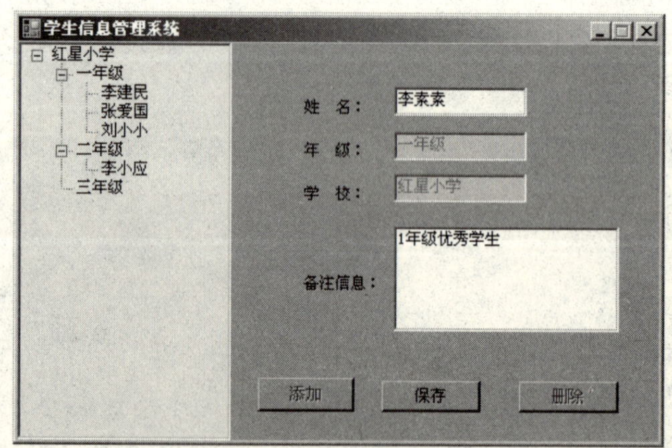

图 9-39 学生信息管理系统

第10章　Windows应用开发高级功能

通过对第 9 章的学习，读者应该对 Windows 窗体应用程序有了一定了解，可以创建简单的 Windows 窗体应用程序。本章将讲解 Windows 应用程序中的菜单栏、工具栏、状态栏和通用对话框。通过本章的学习，读者可以掌握以下内容。

本章的学习重点

- *创建实用的菜单。*
- *创建工具栏。*
- *创建状态栏。*
- *使用常用对话框。*

10.1　创建菜单

使用图形用户界面（GUI）与程序进行交互并对程序进行导航，是 Windows 的优秀特性之一。菜单是组成用户界面至关重要的一部分，可以表达出一个软件基本的功能和风格。使用 Visual C# 2008 可以非常简单地为应用程序创建菜单。C#中菜单程序设计主要有主菜单、弹出式菜单。通过工具箱的菜单制作控件，开发人员可以非常方便地设计出具有 Windows 风格的菜单。

10.1.1　设计主菜单

主菜单用于在应用程序的顶部提供一个菜单栏。MenuStrip 控件是 MainMenu 控件的替代品，其支持多文档界面及菜单合并、工具提示和溢出。开发人员可以通过添加快捷键、访问键、图像、选中标记和分隔条来增强菜单的可用性和可读性。使用 MenuStrip 控件可以非常轻松地创建类似 Microsoft Office 的菜单。

菜单是用户界面的一个极其重要的组成部分，从菜单中可以大致看出一个软件的主要功能和风格。因此，创建好菜单，是判断一个软件开发是否成功的重要依据和标准。请看范例 10.1 创建菜单的步骤。

范例 10.1　MenuDemo.sln　　MenuDemo.sln 本范例通过使用 MenuStrip 控件，创建了具有菜单栏的窗体，并且通过菜单项可以设置窗体的背景图片和背景颜色。

（光盘\code\ch10\MenuDemo\MenuDemo.sln）

（1） 新建一个 Windows 应用程序，在工具箱中双击 MenuStrip 控件或者用鼠标将其拖放到窗体上，控件被添加到窗体设计器底部的面板中。选中该控件在属性窗口中将其 Name 属性修改为 mnuMainMenu。在窗体的顶部将添加一个菜单，出现“请在此处键入”字样，如图 10-1 所示。

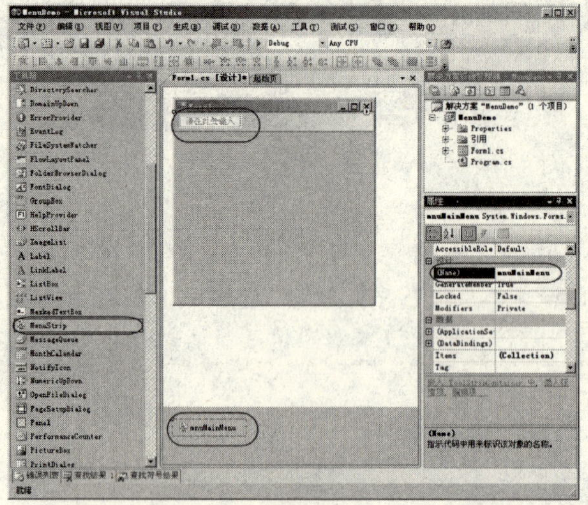

图 10-1　在窗体中添加 MenuStrip 后的界面

添加不在窗体中直接显示的控件后，将会在窗体设计器的底部出现，例如：图片列表框控件、Timer 控件、MenuSrtip 控件等，选中这样的控件后，在属性窗口中可以直接设置属性。

（2）　单击“请在此处键入”文本框，输入“窗体设计(&F)”，建立文件子菜单项，然后在该菜单项的下方显示一个标注为“请在此处键入”区域，读者可以选择区域继续添加。依次添加子菜单项“背景图片(&I)”、“背景颜色(&C)”、“-”、“退出(&X)”，如图 10-2 所示。

（3）　在菜单中选中“背景图片”菜单项，然后在属性窗口的 Image 属性中选择一副图片。选中“背景颜色”菜单项，在后面出现的“请在此处键入”文本框中输入“红”、“蓝”。如图 10-3 所示。

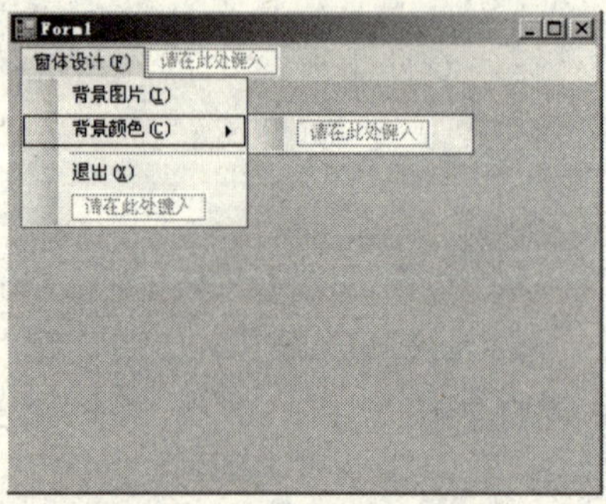

图 10-2　添加菜单项后的界面

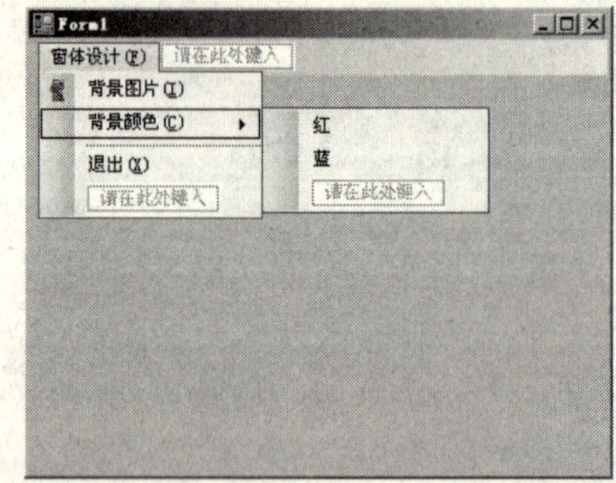

图 10-3　设置菜单图片和添加子菜单项后的界面

（4）　菜单的作用就是快速引导用户找到想要的功能，一般在编程中只使用单击事件。双击菜单项即可添加菜单的单击事件。以上菜单的单击事件代码如下所示。

```
private void 背景图片 IToolStripMenuItem_Click(object sender, EventArgs e)
{
    this.BackgroundImage = Image.FromFile(@"C:\ima.png");     //设置背景图片
}

```

```
06    private void 红 ToolStripMenuItem_Click(object sender, EventArgs e)
07    {
08        this.BackColor = Color.Red;                    //设置背景颜色为红色
09    }
10
11    private void 蓝 ToolStripMenuItem_Click(object sender, EventArgs e)
12    {
13        this.BackColor = Color.Blue;                   //设置背景颜色为蓝色
14    }
15
16    private void 退出 XToolStripMenuItem_Click(object sender, EventArgs e)
17    {
18        this.Close();                                  //关闭
19    }
```

代码第 3 行直接将 C 盘下的 ima.png 图片设置为背景图片，等学完本节的打开对话框就可以让用户自己设置背景图片了。运行程序前必须保证指定位置有指定图片。代码第 8 行和第 13 行设置背景图片的颜色，Color 是颜色结构体，Red 和 Blue 是该结构体的成员。

（5） 运行程序，然后单击菜单项“背景图片”和菜单项“背景颜色”下的“红”菜单项。如图 10-4 所示。

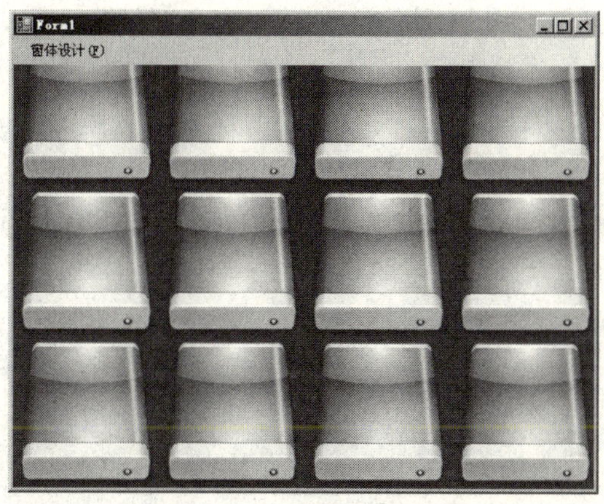

图 10-4　运行效果图

每输入一个文本就创建了一个新的菜单项。每个菜单项都是一个对象，Visual C#默认将菜单命名为“文本名+快捷键+ToolStripMenuItem”。例如，背景图片菜单项的 Name 属性为：背景图片 IToolStripMenuItem。

作者心得：

在上面的程序中，输入“文件(&F)”，只显示“文件(F)”。当“&”字符用在菜单项的文本中时，实际上是要给其之后的字符加上下划线。对于顶级的菜单项，加下划线的字符表示快捷键。按下 Alt 和快捷键可以打开菜单，这与用户单击一样。子菜单项“-”描述为分隔符。

要移动一个菜单项，首先选中对应的菜单项，并用鼠标将菜单项拖动到相应的位置即可。同样的道理，要删除一个菜单项，首先右击对应的菜单项，在弹出的快捷菜单中，选择“删除”命令，即可完成删除。

10.1.2 创建弹出式菜单

弹出式菜单，也叫右键菜单或快捷菜单。用户右击窗体上的对象时弹出快捷菜单，弹出式菜单可以更加灵活地为用户提供更为便捷的操作。弹出式菜单的创建与普通菜单的创建类似。ContextMenuStrip 控件用来创建弹出式菜单，其是早期版本 ContextMenu 控件的升级版。开发人员可以将 ContextMenuStrip 与任何控件相关联，右击会自动显示快捷菜单。也可以通过使用 Show 方法，以编程的方式显示 ContextMenuStrip 控件。本程序实现了在项目中创建一个自定义上下文菜单的功能。

范例 10.2 TestContextMenu.sln

TestContextMenu.sln 本范例通过使用 ContextMenuStrip 控件，创建了具有右键菜单的窗体，实现了查看窗体属性的功能。
（光盘\code\ch10\TestContextMenu \ TestContextMenu.sln）

（1） 新建一个 Windows 应用程序，在工具箱中双击 ContextMenuStrip 控件，将其 Name 属性修改为 mnuContext。

（2） 当选中 ContextMenuStrip 控件时，靠近窗体的顶部将出现一个可供编辑的上下文菜单。在“请在此处键入”文本框中单击，输入“窗体属性”文本，然后按下回车键，这样就创建了一个菜单项。

（3） 将弹出式菜单绑定。本实例要实现在窗体上右击弹出快捷菜单。选中窗体，在窗体 ContextMenuStrip 属性的下拉框中选择 mnuContext 属性。

（4） 在窗体中添加一个 Lable，用来显示窗体属性。双击创建的“窗体属性”菜单项在代码视图中添加以下代码。

```
private void 窗体属性 ToolStripMenuItem_Click(object sender, EventArgs e)
{
        label1.Text = "窗体标题："+this.Text;
        label1.Text += "窗体宽度：" + this.Size.Width;
        label1.Text += "窗体高度：" + this.Size.Height;
}
```

运行程序，右键单击窗体，将会弹出右键菜单，然后单击“窗体属性”菜单项，将会在窗体中显示本窗体的一些属性，如图 10-5 所示。

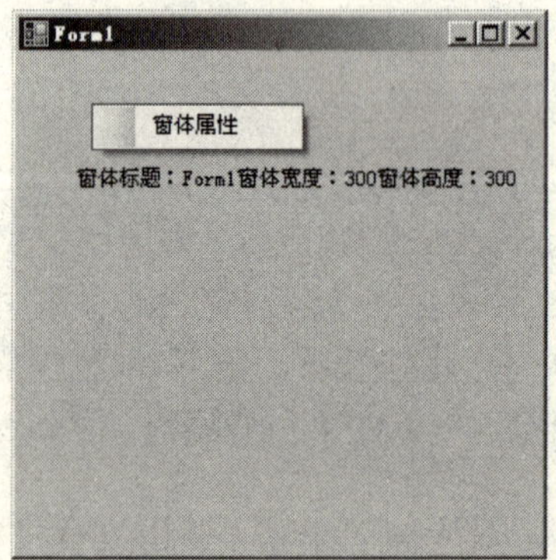

图 10-5 弹出式菜单示例

上面的步骤实现了给窗体添加右键菜单的功能。右键菜单用处非常广泛，合理使用将会给用户带来很大的便利。

作者心得：

一般情况下，弹出式菜单不会单独使用，因为单独使用并不能体现出弹出式菜单的作用。需要与其他的控件和事件结合使用，例如在 Word、文件夹、桌面等对象中使用。

10.2　工具栏

工具栏在 Windows 应用程序中极为常见，能够通过按钮的单击事件快速执行相应的功能。通过使用工具栏，可以改善软件界面的布局，达到快速实现相应功能的目的。在新的 Windows 窗体应用程序中，可使用 ToolStrip 及其相关的类来创建工具栏。这些工具栏具有 WindowsXP、Office、InternetExplorer 或自定义的外观和行为。

10.2.1　创建工具栏

与早期的 ToolBar 控件相比，ToolStrip 控件添加了部分功能，可以更好地实现工具栏的设计。正是有了这些控件，在项目中创建一个包含工具栏的 Windows 应用程序就变得十分简单。下面是创建包含工具栏的 Windows 应用程序的步骤。

范例 10.3
TestToolStrip.sln　TestToolStrip.sln 本范例通过使用 ToolStrip 控件，创建了具有工具栏的窗体。

（光盘\code\ch10\ TestToolStrip \ TestToolStrip.sln）

（1） 新建一个 Windows 应用程序，在工具箱中双击 ToolStrip 控件，这样便添加了一个新的工具栏到窗体的顶部。把工具栏的 Name 属性改为 tbrTest。

（2） 在属性窗口中选择 Items 属性，然后单击出现的“生成”按钮，将弹出“项集合编辑器”对话框，如图 10-6 所示。

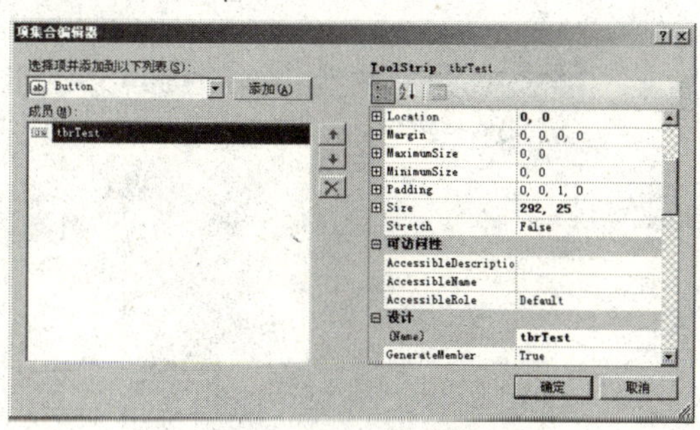

图 10-6　项集合编辑器

（3） 在“选择项并填加到以下列表”下拉列表框中选择 Button 选项，然后单击“添加”按钮，创建一个新的按钮，设置其属性如表 10-1 所示。

表 10-1　属性设置表

属　性	值
Name	tbbOpen
Text	打开文件
TooltipText	打开文件

（4）　在“成员”列表框中选择 tbbOpen 的 Image 属性，然后单击“生成”按钮。在弹出的“选择资源”对话框中，单击“导入”按钮，选择一个图像，选择完毕后，单击“确定”按钮，该图像保存到按钮中。

（5）　按下 F5 键运行程序，运行结果如图 10-7 所示。

在创建工具栏时，工具栏中的按钮通常是与图像相结合的，因此在创建的时候需要与存放图像的 ImageList 控件相结合。特别要注意的是，出现项集合编辑器以后，要注意对添加列表的选择，选择无误后单击“添加”按钮即可。

图 10-7　添加工具栏按钮示例

10.2.2　对工具栏进行编程

工具栏的编程与菜单栏的编程很相似。在上面的程序中添加一个标签，用来指示用户触发了工具栏的哪些事件，只需执行下面的步骤就可以看到工具栏所发挥的作用了。

范例 10.4　TestToolStrip2.sln　TestToolStrip2.sln 本范例通过使用 ToolStrip 控件，创建了具有菜单栏的窗体，并且实现单击工具栏按钮，出现提示信息。
（光盘\code\ch10\ TestToolStrip2\ TestToolStrip2.sln）

（1）　在工具栏中双击 tbbOpen 按钮，将访问 Click 事件。

（2）　在 Click 事件中添加如下代码。

```
label1.Text="单击了工具栏上的打开文件按钮";
```

（3）　到目前为止，已经对工具栏上的按钮添加单击事件，保存项目，按下 F5 键运行程序，运行结果如图 10-8 所示。

图 10-8　对工具栏编程的运行结果

运行程序后，在工具栏的按钮上单击，触发该按钮的单击事件。窗体上显示“单击了工具栏上的打开文件按钮”。这个程序没有什么意义，只是为了测试工具栏上按钮的单击事件。此处的工具栏按钮可以结合后面将要介绍的打开文件对话框创建出实用的打开文件按钮。

10.3　状态栏

状态栏用来显示应用程序的一些状态。StatusStrip 控件是早期版本 StatusBar 控件的扩展控件，相比 StatusBar 控件，StatusStrip 控件新增了一些功能，可以显示正在窗体上查看对象的相关信息、对象的组件或与该对象在应用程序中的操作等相关的上下文信息。

状态栏通常用状态条来显示操作状态，如菜单提示等信息。StatusStrip 控件上通常有 ToolStripStatusLabel 控件，其用于显示指示状态的文本或图标。另外，StatusStrip 控件还可包含用来在 ToolStripProgressBar 控件、ToolStripDropDownButton 控件和 ToolStripSplitButton 控件等，这些控件的作用如下所示。

- ToolStripProgressBar 控件：用来在状态栏中显示一个进度条。
- ToolStripDropDownButton 控件：作用是显示下拉按钮，例如 Word 中选择颜色的下拉按钮。
- ToolStripSplitButton 控件：是将按钮和下拉按钮功能进行组合。

本程序实现了在项目中创建一个包含状态栏的 Windows 应用程序的过程，执行步骤如下所示。

范例 10.5　TestStatus.sln　TestStatus.sln 本范例通过使用 StatusStrip 控件，创建了具有菜单栏的窗体。

（光盘\code\ch10\ TestStatus \ TestStatus.sln）

（1）建立一个 Windows 应用程序，在工具箱中双击“StatusStrip”控件，这样便添加了一个新的状态栏在窗体的底部。

（2）在状态栏上单击下拉箭头并选择“StatusLabel”控件。这样将创建一个新的状态栏标签，将其 Text 属性改为“状态栏显示信息”。

（3）保存项目，按下 F5 键运行程序，运行结果如图 10-9 所示。

图 10-9　状态栏的运行结果

从运行结果中可以看出，窗体最下面是状态栏，其中显示的文本“状态栏显示信息”是状态栏标签的 Text 属性值。本例只演示了状态栏的基本功能，读者可以自己实现状态栏中包含的下拉列表按钮、分隔条和进度条等功能。

10.4　SDI 和 MDI

一般可以将 Windows 应用程序分为基于对话框的应用程序、基于单文档（SDI）的应用程序和基于多文档（MDI）的应用程序。基于对话框的应用程序是所有应用程序中最简单的一种，例如打开文件对话框、颜色对话框、属性对话框和上一章讲解的计算器等。现在很多应用程序都是基于单文档的开发模式，例如Windows自带的记事本、画图工具等，这些单文档窗体一般都具有菜单栏和工作区域，例如画图程序，如图10-10所示。

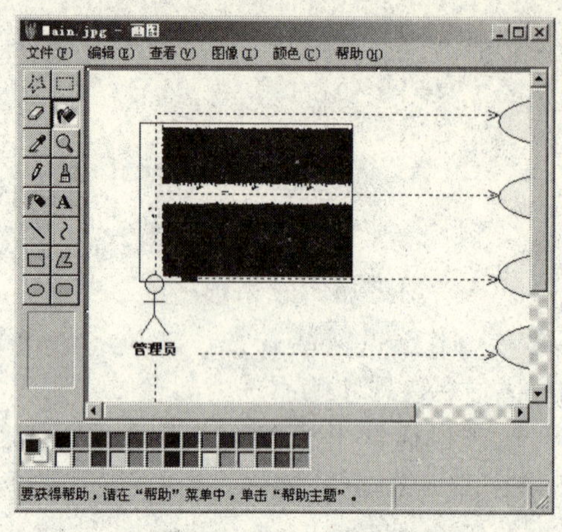

图10-10 单文档程序界面

一些功能比较强大的应用程序大多是基于多文档，例如Visual Studio开发工具、UltraEdit编辑工具、Dreamweaver网页开发工具。单文档和多文档程序最大的不同是单文档一次只能打开一个窗口，而多文档可以同时打开多个窗口，这样用户使用更方便。例如：现在主流浏览器一般都从单文档转到多文档形式，用户可以在一个界面中打开多个窗口。

在Windows窗体设计器中以及用编程方式创建MDI父窗体都很容易。MDI应用中的应用程序窗口称为父窗口，应用程序内部的窗口称为子窗口。父窗口和子窗口通常提供不同的功能。例如，在一个多文档编辑器中，父窗口一般提供最常用的通用功能，包括新建一个文档、打开一个文档、平铺或层叠所有打开的文档等。子窗口则提供与编辑相关的一些功能，如删除、复制、粘贴、剪切、保存文档等功能。

一个MDI应用可以有多个子窗口，但每个子窗口只能有一个父窗口。处于活动状态的子窗口数不能超过一个，子窗口本身不能成为父窗口，而且不能移动到它们的父窗口区域之外。除此之外，子窗口的行为与任何其他窗口一样，可以最大化、最小化、移动等。

Visual Stdio 2008可以很方便地创建多文档对话框。新建Windows应用程序，把窗体的IsMdiContainer属性设为True，即可创建一个空的多文档窗体。在已有的项目上进行操作，在“解决方案资源管理器”窗口中，右击解决方案或项目，在弹出的快捷菜单中依次选择“添加”|“新建项”命令，在弹出的“添加新项”对话框中选择“MDI父窗体”选项，如图10-11所示。

然后单击“添加”按钮，把刚添加的多文档窗体设为启动项，一个多文档窗体已经创建，并且包含常用的菜单栏和窗体栏。运行程序，结果如图10-12所示。

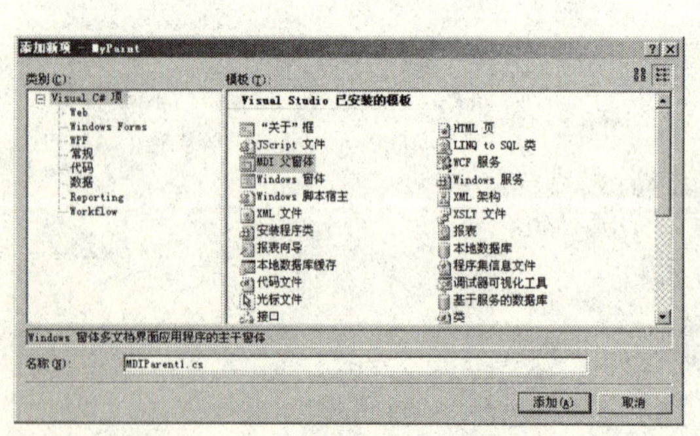

图10-11 “添加新项”对话框

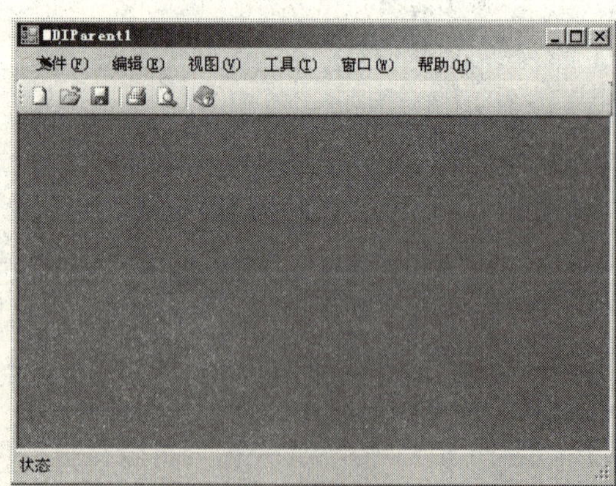

图10-12 多文档窗体

作者心得：

开发人员只需把窗体的 IsMdiContainer 属性设置为 True，就可以设计出与 Windows 系统下其他的多窗体应用程序类似的界面。利用该模板，可以快速创建实用的多文档窗体。

10.5 通用对话框

对话框是一个窗口，不但可以接收信息，也可以被移动和关闭，还可以在客户区中进行绘图操作。.NET 中提供了一些类描述 Windows 应用程序中各种对话框的实现。通过使用对话框能够使程序的用户界面更友好。

10.5.1 模式对话框和非模式对话框

Windows 应用程序使用两种对话框类型，一种是模式对话框，另一种是非模式对话框。两种对话框的区别是：当对话框打开时，是否屏蔽主窗口的操作。模式对话框打开时防止用户影响应用程序，因此其屏蔽了与主窗口的交互。例如，“打开文件”标准对话框（OpenFileDialog)就是一个典型的模式对话框。当用户打开该对话框时就不能再和应用程序进行其他交互，直到用户选择了一个文件并关闭该对话框。

非模式对话框打开时与主窗口并存，不屏蔽与主窗口的交互，用户可以在非模式对话框和主窗口之间切换。一般编辑器中的“查找/替换”对话框就是一个典型的非模式对话框。当用户打开该对话框时，可以在该对话框中输入要查找或被替换的单词，也可以切换到主编辑窗口中修改文本而无需关闭“查找/替换”对话框。在 C#的 Form 类中，使用 Show()方法实现非模式窗体的显示。通常情况下，窗体的显示为非模式状态。如显示非模式窗体 From2，代码如下所示。

```
Form2 frm=new Form2();
frm.Show();
```

模式窗体的显示通过 ShowDialog()方法实现，如在程序运行过程中，以下代码实现窗体的模式显示。

```
Form2 frm=new Form2();
frm.ShowDialog();
```

10.5.2 消息框

消息框（MessageBox）一般用于程序运行过程中显示提示信息。在 Windows 应用程序中，有不同格式的消息框，为提高与用户的交互能力，可以使用大量的消息框。在 C#中可以通过 MessageBox 类实现消息框的定义。MessageBox 类提供的 Show()方法，用来显示消息框，该方法是静态方法。另外，Show()方法有多种重载方式，对应多种实现消息框的显示。下面介绍几种常用的消息框。

1. 用于显示指定文本的消息框

用于显示指定文本的消息框格式如下：

```
public static DialogResult Show(string);
```

显示一个消息框，该消息框包含消息并返回结果。包含的消息是参数 string 所描述的文本，返回的结果是是否单击了消息框中显示的“确定”按钮。在程序中编写代码如下。

```
MessageBox.Show(“同一个世界，同一个梦想”);
```

运行程序，结果如图 10-13 所示。

2. 显示指定文本和标题的消息框

显示指定文本和标题的消息框格式如下：

```
public static DialogResult Show(string,string);
```

第一个参数 string 用于显示文本信息，第二个参数 string 用于显示消息框的标题。该方法的功能是显示一个消息框，该消息框包含消息和标题栏标题。在程序中编写代码如下。

MessageBox.Show(“同一个世界，同一个梦想” ,"HelloWorld");

运行程序，结果如图 10-14 所示。

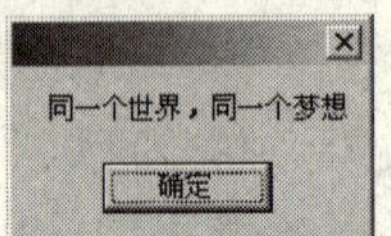

图 10-13　显示指定文本的消息框

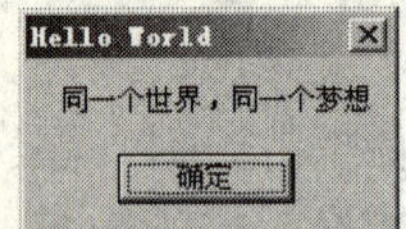

图 10-14　显示指定文本和标题的消息框

3. 显示具有指定文本、标题和按钮的消息框

静态方法 Show()可以显示具有指定文本、标题和按钮的消息框代码，格式如下所示。

```
public static DialogResult Show(string,string,MessageBoxButtons);
```

第一个参数 string 用于显示文本信息，第二个参数 string 用于显示消息框的标题，第三个参数 MessageBoxButtons 用于描述显示的按钮，值为 MessageBox 类中按钮枚举类型中的一个。该构造方法实现显示一个消息框，该消息框包含消息、标题栏标题和按钮，并且返回结果。枚举类型的按钮如表 10-2 所示。

表 10-2　按钮的枚举类型

成员名称	说　明
None	如果对话框返回了 Nothing，则对话框继续运行
OK	当返回值是 OK 时，表示单击了确定按钮
Cancel	当返回值是 Cancel 时，表示单击了取消按钮
Abort	当返回值是 Abort 时，表示单击了“中止”按钮
Retry	当返回值是 Retry 时，表示单击了“重试”按钮
Ignore	当返回值是 Ignore 时，表示单击了“忽略”按钮
Yes	当返回值是 Yes 时，表示单击了“是”按钮
No	当返回值是 No 时，表示单击了“否”按钮

定义方法 Show()的返回类型是 DialogResult，需要使用 DialogResult 类型的变量从 MessageBox.Show()方法接收消息对话框的返回值。Show()方法可以对显示的按钮进行设置，在相应事件中添加如下代码。

```
DialogResult result=MessageBox.Show("您要离开本窗体吗？","请买票",
    MessageBoxButtons.YesNoCancel);        //显示 3 个按钮的对话框，并把返回值保存到 result 中
if (result == DialogResult.Yes)            //保存在 result 中的结果是不是“是”按钮
{
    MessageBox.Show("用户选择离开","提示信息");
    //欲执行其他代码段
}
```

运行程序，结果如图 10-15 所示。

在使用弹出对话框时，除非使用 Show()方法的重载来指定所有窗口。否则，消息框由当前处于活动状态的窗口所有。

图 10-15　显示指定文本、标题和按钮的消息框

10.5.3 字体对话框

字体对话框（FontDialog）在文字处理中经常涉及到。字体的显示要使用一定的风格，在 C#中使用 Font 类对各种字体进行了封装。因此，在编写程序的过程中，不仅可以使用 Windows 自带的标准字体，还可以定义一些新的字体。字体对话框常用属性如下所示。

- ShowColor：颜色选项，该属性为布尔型。如果设为 true，表示显示选择颜色列表框。
- AllowScriptChange：设置字体的字符集，该属性为布尔型，如果设为 true，表示显示字符集。
- Font：设置对话框字体。
- AllowVerticalFonts：设置垂直字体。
- Color：选择颜色对话框。
- FontMustExist：设置检测当前系统是否有设置的字体。
- MaxSize：最大的字号。
- MinSize：最小的字号。
- ScriptsOnly：弹出排除 OEM 和 Symbol 字体。
- ShowApply：显示“应用”样式按钮。
- ShowEffects：下划线、删除线、字体颜色等内容的选项。
- ShowHelp：带有“帮助”样式的按钮。

新建一个 Windows 应用程序，然后在窗体设计器上添加一个 Button 控件和一个 RichTextBox 控件，将按钮的 Text 属性设为“字体设置”，并在其单击事件中添加如下所示的代码。

范例 10.6
TestFontDialog.sln

TestFontDialog.sln 本范例通过使用 FontDialog 控件，实现了设置文本框字体颜色、样式等功能。

（光盘\code\ch10\ TestFontDialog\TestFontDialog.sln）

```
private void button1_Click(object sender, EventArgs e)          //按钮 1 的单击事件
{
```

```
03          FontDialog fontDialog = new FontDialog();                    //定义字体对话框
04          fontDialog.AllowScriptChange = true;                         //设置显示字体的字符集
05          fontDialog.ShowColor = true;                                 //设置显示颜色选项
06          if (fontDialog.ShowDialog() == DialogResult.OK)              //如果选择确定按钮
07          {
08              richTextBox1.SelectionFont = fontDialog.Font;            //将当前选定的文字改变字体
09              richTextBox1.SelectionColor = fontDialog.Color;          //将文字颜色设置为选定颜色
10          }
11      }
```

代码第 3 行定义了字体对话框对象，第 6 行判断用户选择的是否为确定按钮，第 9 行设置文本框中的字体为对话框中设置的样式。运行程序，单击“字体设置”按钮，弹出“字体”对话框，运行结果如图 10-16 所示。

在副文本框中输入“利用字体对话框，设置字体的字号、样式和颜色后的效果”，并通过字体对话框做出相应设置，设置后的效果如图 10-17 所示。

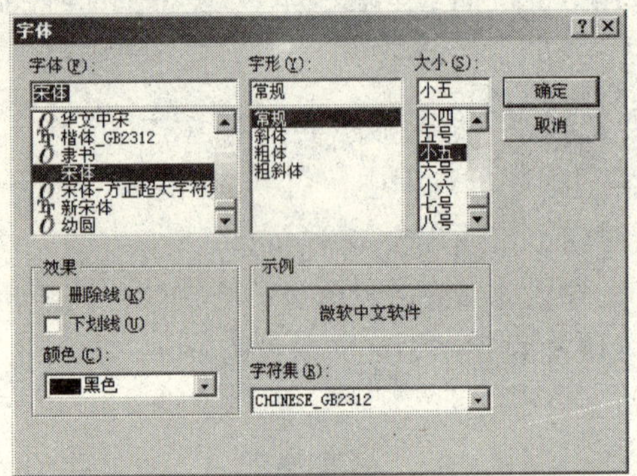

图 10-16 “字体”对话框的运行效果

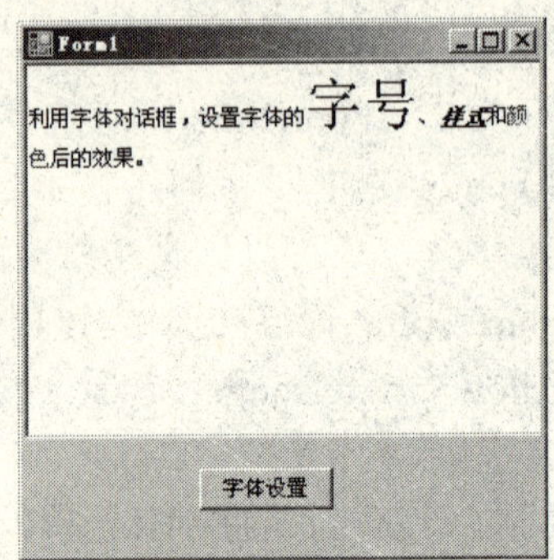

图 10-17 利用字体对话框设置字体后的运行效果

作者心得：

字体对话框是一种非常普遍的对话框，通过上述代码及其所运行的结果不难看出，字体对话框可以对文字进行字体、字体颜色等相关设置。这样，就可以使文字变得更加生动活泼。

10.5.4 打开文件对话框

打开文件对话框（OpenFileDialog）用于选择驱动器、浏览文件路径、选择文件并打开文件。OpenFileDialog 控件允许由对话框中选择要打开的文件、一次是否可以选择多个文件、筛选文件类型等功能，这些功能由相应的属性和方法控制。打开文件对话框（OpenFileDialog）常用属性如下所示。

- InitialDirectory：该属性值确定打开文件对话框时的默认初始目录。
- Filter：文件筛选器，该属性值确定在对话框中可以显示的文件类型。
- FilterIndex：通过该属性可以设置对话框中默认显示文件筛选器的索引。
- RestoreDirectory：设置是否重新回到关闭此对话框时的当前目录。

- FileName：用来获取或设置对话框中选择的文件名称。
- ShowHelp：设置在对话框中是否显示帮助按钮。
- Title：用来获取或设置打开文件对话框中标题栏的字符。

新建一个 Windows 应用程序，然后在窗体设计器上添加一个 Button 控件。在按钮的单击事件中添加如下所示的代码。

范例 10.7
TestOpenFileDialog.sln

TestOpenFileDialog.sln 本范例通过使用 OpenFileDialog 控件，实现了选择本地文件的功能。
（光盘\code\ch10\TestOpenFileDialog\TestOpenFileDialog.sln）

```
01  private void button1_Click(object sender, EventArgs e)          //按钮的单击事件
02  {
03      OpenFileDialog openFile1 = new OpenFileDialog();         //创建一个 OpenFileDialog 对象
04      openFile1.Filter = "文本文件(*.txt)|*.txt|所有文件（*.*）|*.*";//定义文件筛选器
05      openFile1.FilterIndex = 1;                           //对话框中默认显示的文件筛选器索引
06      openFile1.InitialDirectory = @"C:\";                 //对话框初始目录
07      if (openFile1.ShowDialog() == DialogResult.OK)      //单击了“打开”按钮
08      {
09          MessageBox.Show("单击了“打开”按钮");//弹出对话框，提示单击了“打开”按钮
10      }
11  }
```

代码第 3 行使用打开文件对话框类定义对象，第 4 行设置对话框选择文件时的筛选条件。第 7 行判断用户在弹出对话框中单击的命令按钮。运行程序，结果如图 10-18 所示。

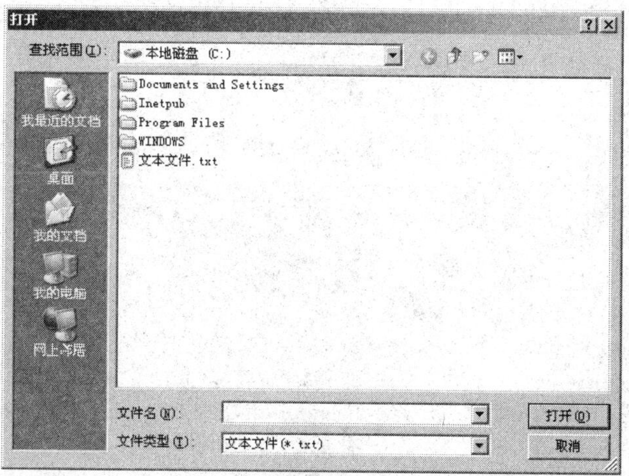

图 10-18　打开文件对话框的运行效果

作者心得：

上述代码讲述了一个字体对话框的设计过程。其中需要读者注意的是，在创建 OpenFileDialog 对象之后要定义文件筛选器，然后根据默认的文件筛选器索引和目录选择并打开相应的文件。

在本章范例中介绍记事本应用程序时还会用到打开文件对话框，并介绍选择文件后加载文件时的具体操作。

10.5.5 保存文件对话框

保存文件对话框（SaveFileDialog）用来提示用户将文件保存到指定位置。在 Windows 应用程序中用处非常广泛，尤其是在用来编辑文字、图像、网页等应用程序中。保存文件对话框控件的常用属性如下所示。

- Filter：文件筛选器，该属性值确定在保存对话框中可以显示的文件类型。例如，“文本文件(*.txt)|*.txt|所有文件(*.*)|*.*”。
- FilterIndex：通过该属性可以设置对话框中默认显示的文件筛选器的索引，如果默认选择第一项该值就设为 1。
- RestoreDirectory：设置是否重新回到关闭此对话框时的当前目录。
- AddExtension：该属性为布尔型，确定是否自动添加默认扩展名。
- CheckPathExists：在保存文件之前，检查当前指定的路径是否存在。
- FileName：用来获取或保存对话框中要保存的文件名称。
- InitialDirector：该属性值确定保存文件对话框时的默认初始目录。
- ShowHelp：设置在对话框中是否显示“帮助”按钮。
- Title：用来获取或设置保存文件对话框标题栏中的字符。
- ValidateNames：控制对话框检查文件名中是否含有无效的字符或序列。

新建一个 Windows 应用程序，然后在窗体设计器上添加一个 Button 按钮和一个 RichTextBox 控件，在按钮的单击事件中添加如下所示的代码。

范例 10.8 TestSaveFileDialog.sln

TestSaveFileDialog.sln 本范例通过使用 SaveFileDialog 控件，实现了调用另存为对话框的功能。

（光盘\code\ch10\TestSaveFileDialog\TestSaveFileDialog.sln）

```
01 private void button1_Click(object sender, EventArgs e)                    //按钮的单击事件
02 {
03     string currentFN;                                                     //定义变量
04     SaveFileDialog saveFile = new SaveFileDialog();                       //创建 SaveFileDialog 对象
05     saveFile.AddExtension = true;                                         //自动添加扩展名
06     saveFile.Filter = "文本文件(*.txt)|*.txt|所有文件(*.*)|*.*";          //筛选
07     if (saveFile.ShowDialog() == DialogResult.OK)                         //如果单击“保存”按钮
08     {
09         currentFN = saveFile.FileName;                                    //获取当前文件名
10         //保存文件，RichTextBox 控件提供的 SaveFile 属性可以实现保存文本文件功能
11         richTextBox1.SaveFile(saveFile.FileName, RichTextBoxStreamType.PlainText);
12     }
13 }
```

代码第 3 行定义字符串变量用来保存当前文件名，第 4 行定义保存文件对话框对象，第 7 行判断用户在弹出对话框中单击的命令按钮。运行程序，结果如图 10-19 所示。

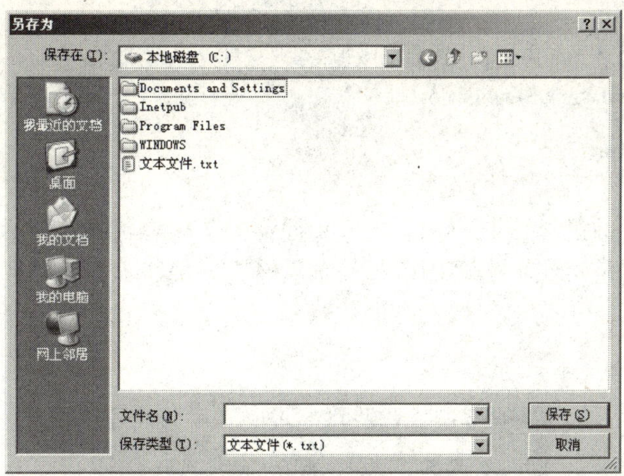

图 10-19 保存文件对话框的运行效果

作者心得：

根据上述代码及其运行结果不难看出，保存文件对话框可以对文件的有效性、文件是否存在、文件路径是否存在等进行检查。使用保存文件对话框控件主要有两种情况：保存和另存为。

10.5.6 颜色对话框

颜色对话框（ColorDialog）是用来显示可用的颜色和允许用户自定义颜色的控件。在图形图像处理等应用程序中应用非常广泛。设计颜色对话框的常见属性如下所示。

- AllowFullOpen：用来禁止和启用“自定义颜色”按钮。
- FullOpen：表示是否最先显示对话框的“自定义颜色”部分。
- ShowHelp：表示是否显示“帮助”按钮。
- Color：表示在对话框中显示的颜色。
- AnyColor：用来显示可选择任何颜色。
- CustomColors：表示是否显示自定义颜色。
- SolidColorOnly：表示是否只能选择纯色。

新建一个 Windows 应用程序，然后在窗体设计器上添加一个 Button 控件，将其 Text 属性设为“窗体背景颜色设置”。

范例 10.9 TestColorDialog.sln 本范例通过使用 ColorDialog 控件，创建了具有颜色对话框的窗体。

TestColorDialog.sln

（光盘\code\ch10\ TestColorDialog \ TestColorDialog.sln）

```
private void button1_Click(object sender, EventArgs e)    //按钮的单击事件
{
    ColorDialog colorDialog = new ColorDialog();
    colorDialog.AllowFullOpen = true;        //用户是否可以使用该对话框自定义的颜色
    colorDialog.FullOpen = true;             //自定义颜色控件在第一次打开对话框时可见
```

```
06        colorDialog.ShowHelp = true;               //显示“帮助”按钮
07        colorDialog.Color = Color.Black;           //初始化当前文本框中的字体颜色
08        colorDialog.ShowDialog();                  //调用 ShowDialog()方法，弹出颜色对话框
09        this.BackColor = colorDialog.Color;        //设置窗体背景颜色
10    }
```

代码第 3 行定义颜色对话框的对象，第 4 行到第 7 行设置颜色对话框的属性，第 8 行打开颜色对话框。主要是实现单击“窗体背景颜色设置”按钮，弹出“颜色”对话框。然后选择相应的颜色后，单击“确定”按钮，窗体背景变为所选颜色。运行程序，效果如图 10-20 所示。

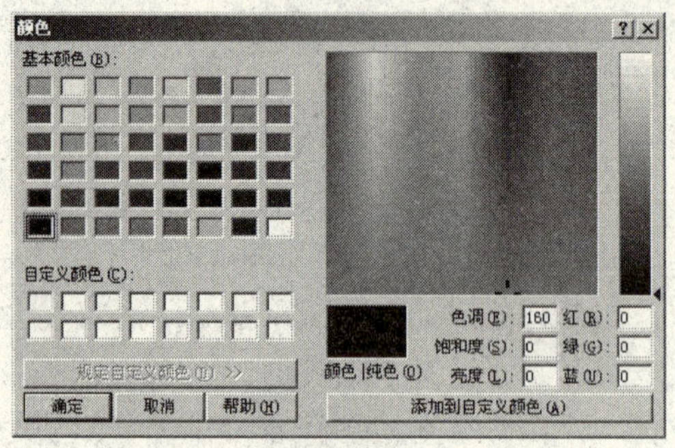

图 10-20　颜色对话框的运行效果

在实际的应用中，颜色对话框是既常用又实用的一类对话框。通过对颜色对话框的设置，可以得到自己所需要的颜色。

10.5.7 自定义对话框

在 Windows 编程过程中，往往出现要求显示信息量大或特定样式的对话框，这些需要自定义完成。所谓自定义对话框，是指用户根据需要所创建的含有控件的窗体。上述控件可以包括命令按钮、单选按钮、复选框和文本框等。创建自定义对话框时，可以通过设置窗体控件的属性值来定义窗体的外观。对话框的窗体与一般的窗体在外观上是有区别的。对话框的窗体没有控制菜单栏及最大化和最小化的按钮，因此不能对其进行改变大小的设置。在应用程序中添加自定义的对话框步骤如下所示。

（1） 添加 Windows 窗体。

（2） 修改该窗体的属性和名称。修改窗体的 FormBorderStyle 属性为 FixedDialog，设置 Contral、MinimizeBox、MaximizeBox、ShowInlaskar 的属性为 False。

（3） 添加“确定”与“取消”按钮，实现对话框按钮的功能。

作者心得：

一般情况下，对话框至少应该包含一个退出该对话框的“命令”按钮。通常情况下，是用两个命令按钮。其中，一个按钮用来执行动作，另一个按钮用来关闭该对话框而不做任何改变。通常将上述两个按钮的 Text 属性设置为“确定”与“取消”。

实训 10.1——打造自己的记事本

通过前面所学的知识，读者可以使用菜单栏、文本框等控件创建类似于 Windsows 自带记事本的程序。本节将详细讲解利用前面所学知识创建记事本应用程序的开发过程。

1. 需求分析和界面设计

读者应该对记事本非常熟悉，其界面包括菜单栏和文字编辑区域。可以用刚学的 MenuStrip 来创建菜单，下面的编辑区域可以用文本框（TextBox）来实现，不过选用富文本框（RichTextBox）更适合。富文本框和文本框都是从 TextBoxBase 继承而来。富文本框控件提供比标准 TextBox 控件更高级的格式设置功能。与字处理应用程序（如 MicrosoftWord）类似，它通常用于提供文本操作和显示功能。

富文本框控件能够对选定的文本设置字体和颜色，比文本框的功能要强大许多，其本身封装了装载文件和将其内容写入文件的方法，支持 OLE 对象的剪贴板和 OLE 拖放操作。富文本框控件支持三种格式的文件：纯文本、UniCode 纯文本和 RTF 格式。创建一个类似于记事本程序的应用程序界面，如图 10-21 所示，创建步骤如下所示。

（1） 新建项目，打开 Visual Studio 2008 应用程序。在“文件”菜单中选择“新建”|“项目”命令，打开“新建项目”对话框。选择“Visual C#项目”选项，在“模板”列表框中，选择“Windows 应用程序”选项，并在名称文本框中输入项目的名称 MyNotepad。

（2） 从工具箱中拖一个 MenuStrip 和一个 RichTextBox 控件到窗体。

（3） 把 richTextBox1 的 Dock 属性设为 Fill。MenuStrip 的各菜单项属性设置如表 10-3 所示。

表 10-3 控件属性设置表

菜单项名称	属性名称	属 性 值	说 明
toolStripMenuItem1	Name	文件 FToolStripMenuItem	一级菜单
	Text	文件(&F)	菜单项的文本显示
toolStripMenuItem2	Text	新建(&N)	菜单项的文本显示
	ShortcutKeys	Ctrl+N	快捷键
toolStripMenuItem3	Text	打开(&O)	菜单项的文本显示
	ShortcutKeys	Ctrl+O	快捷键
toolStripMenuItem4	Text	保存(&S)	菜单项的文本显示
	ShortcutKeys	Ctrl+S	快捷键
toolStripMenuItem5	Text	另存为(&A)	菜单项的文本显示
toolStripMenuItem6	Text	页面设置(&U)	菜单项的文本显示
toolStripMenuItem7	Text	打印(&P)	菜单项的文本显示
	ShortcutKeys	Ctrl+P	快捷键
toolStripMenuItem8	Text	退出(&X)	菜单项的文本显示

以上添加了文件菜单项中各菜单项的属性。其他的菜单项属性设置与此相同，读者可以根据 Windows 自带记事本或光盘源代码中的菜单项自己添加。注意，修改了菜单项的 Text 属性以后，其 Name 属性自动更改。如文件菜单项，将其 Text 属性设为“文件”后，其 Name

属性自动更改为文件 FToolStripMenuItem。运行程序，运行结果如图 10-21 所示。

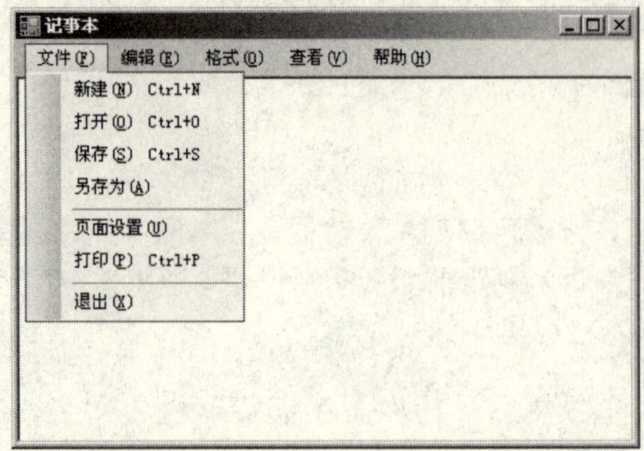

图 10-21　添加文件菜单项界面的运行效果

从图 10-21 中可以看到文件菜单的子菜单：新建、打开、保存、另存为、页面设置、打印和退出。这些功能是一般文本编辑器所必需的，也是本程序主要实现的。在后面两节中将介绍该程序功能的实现方法。

2. 实现文件菜单下各菜单项功能

完成了记事本界面的设计后，为程序添加相应代码，从而实现文件菜单下各菜单项功能。在程序的开始需要声明本程序用到的全局变量，如标示文本是否发生变化的变量。

在记事本中，用户执行“新建”、“保存”、“另存为”、“关闭”时，都要先检查编辑框中的内容是否改变。为了提高代码利用率，菜单“新建”、“打开”、“保存”、“另存为”、“退出”的单击事件可以重复利用保存文本内容和获取文件名的代码，将保存代码写到一个方法里面，代码如下所示。

表 10-4　文件菜单下的功能实现文件描述

文　件	功　能
MyNotepad.sln	设计完成记事本中的菜单“新建”、“打开”、“保存”、“另存为”的功能。

程序清单 10.1-1：MyNotepad.sln

```
private string currentFN;              //保存文件名
private bool needToSave;    //标识文本内容是否发生变化
 “打开”菜单单击事件的代码如下：
OpenFileDialog openFile1=new OpenFileDialog();//创建一个 OpenFileDialog 对象
openFile1.Filter="Text Files|*.txt";        //设置筛选器
//如果单击“打开”按钮，把选择的文件加载到 richTextBox1 中
if(openFile1.ShowDialog()==System.Windows.Forms.DialogResult.OK)
{
    OpenFile();
}
private void OpenFile() //打开
{
    try
    {
        richTextBox1.LoadFile(currentFN, RichTextBoxStreamType.PlainText);
        this.Text =    currentFN + " - MyNotepad";
```

```
        }
        catch (Exception e)
        {
            MessageBox.Show(e.Message);
        }
    }//文本框内容发生改变时将触发此事件
    privatevoidrichTextBox1_TextChanged(objectsender,EventArgse)
    {
        needToSave=true;                                    //标识文本内容是否发生变化
    }
    private void 另存为 AToolStripMenuItem_Click(object sender, EventArgs e)
    {
        string file = GetSaveFile();                    //自定义方法，用来获取文件名
        if (file == null)                               //判断文件名是否为空
        {
            return;                                     //如果为空，直接返回
        }
        else
        {
            currentFN = file;                           //如果不为空，获取当前文件名
            richTextBox1.SaveFile(currentFN, RichTextBoxStreamType.PlainText);
            FileInfo f = new FileInfo(currentFN);       //创建 FileInfo 类的实例
            this.Text =  f.Name + " - 文本编辑器 MyNotepad";
            needToSave = false;                         //将状态改变为 false，即不需要保存
        }
    }
    private string GetSaveFile()                                //自定义获取文件名的方法
    {
        SaveFileDialog saveFile = new SaveFileDialog();     //实例化保存文件对话框
        saveFile.AddExtension = true;                       //自动添加扩展名
        saveFile.Filter = "文本文件 (*.txt)|*.txt|所有文件 (*.*)|*.*";//过滤文件类型
        if (saveFile.ShowDialog() == DialogResult.OK)       //判断是否单击“确定”按钮
        {
            return saveFile.FileName;                   //返回文件名
        }
        else                                                //如果单击的不是“确定”按钮
        {
            return null;                                    //返回空信息
        }
    }
    private void 保存 SToolStripMenuItem_Click(object sender, EventArgs e)//“保存”
    {
        if (currentFN == null)                          //检查是否已经给文件命名了
        {
            另存为 AToolStripMenuItem_Click(sender, e);//调用另存为代码
        }
        else
        {                                                   //如果命名了，直接保存即可
            richTextBox1.SaveFile(currentFN,RichTextBoxStreamType.PlainText);
        }
        needToSave = false;                 //把是否需要保存标志设为 false
    }
```

代码第 15 行加载文件使用 RichTextBox 类的 LoadFile()方法，该方法的第一个参数 openFile1.FileName 表示要加载到控件中的文件名称和位置。第二个参数是指定用于加载和保存 RichTextBox 控件数据的输入流和输出流的类型。

第 57 行到第 68 行完成了保存文件的功能，单击“文件”菜单下的“保存”命令时，如果还没有给文本文件命名，必须提示用户给文本文件命名。这和另存为事件相同，可以利用“另存为”代码。

在此基础上“新建”、“打开”、“退出”的代码就十分简洁了。如果检查到需要保存，即 needToSave 的值为 ture，只需调用保存事件代码即可。

3. 其他功能的实现

前面完成了对文件操作功能的设计，下面主要完成“撤销”、“剪切”、“复制”、“粘贴”、“删除”、“全选”等编辑功能的设计，代码如下所示。

表 10-5　多重接口的实现文件描述

文　件	功　能
MyNotepad.sln	在上面的基础上完成“撤销”、“剪切”、“复制”、“粘贴”、“删除”、“全选”等编辑功能的设计

程序清单 10.1-2：MyNotepad.sln

```
private void 撤销ToolStripMenuItem_Click(object sender, EventArgs e) //“撤销”
{
    if (richTextBox1.CanUndo == true)              //判断是否需要执行撤销操作
    {
        richTextBox1.Undo();                       //撤消最近一次操作
        richTextBox1.ClearUndo();  //从撤消缓冲区中清除关于最近操作的信息
    }
}
private void 剪切ToolStripMenuItem_Click(object sender, EventArgs e) //“剪切”
{
    if (richTextBox1.SelectedText != "")           //判断是否已选择内容
    {
        richTextBox1.Cut();                        //剪切
    }
}
private void 复制CToolStripMenuItem_Click(object sender, EventArgs e) //“复制”
{
    if (richTextBox1.SelectionLength > 0)          //判断选择文本长度是否大于 0
    {
        richTextBox1.Copy();                       //复制操作
    }
}
private void 粘帖ToolStripMenuItem_Click(object sender, EventArgs e) //“粘帖”
{
    //判断剪贴板中的数据是否为文本格式
    if (Clipboard.GetDataObject().GetDataPresent(DataFormats.Text) == true)
    {
        if (richTextBox1.SelectionLength > 0)   //判断选择文本长度是否大于 0
        {
            DialogResult result;          //用于保存 DialogResult 类型的变量
```

```
31                  result = MessageBox.Show("你想覆盖掉选择的文本吗?",
32                              "覆盖确认", MessageBoxButtons.YesNo);
33                  if (result == DialogResult.No)        //如果选择的是“否”
34                  {
35                      richTextBox1.SelectionStart = richTextBox1.SelectionStart +
36                              richTextBox1.SelectionLength;
37                  }
38              }
39              richTextBox1.Paste();                    //粘贴
40          }
41      }
42      private void 删除 ToolStripMenuItem_Click(object sender, EventArgs e) //“删除”
43      {
44          richTextBox1.SelectedText.Remove(0, richTextBox1.SelectionLength);//删除
45          richTextBox1.SelectedText = "";              //同时选择区域为空
46      }
47      private void 全选 ToolStripMenuItem_Click(object sender, EventArgs e) //“全选”
48      {
49          richTextBox1.SelectAll();                                    //全选
50      }
```

代码第 5 行调用富文本框类的 Undo()方法，完成撤销操作，代码第 6 行调用富文本框类的 ClearUndo 方法清除缓冲区中关于最近操作的信息。

代码第 13 行调用富文本框类的 Cut()方法完成剪切功能，第 20 行使用 Copy()完成复制功能。第 39 行使用 Paste()方法完成粘贴功能。

RichTextBox 控件在编辑文本方面的功能非常强大，“撤销”、“剪切”、“复制”、“粘贴”、“删除”、“全选”只需一个方法即可实现，使得本程序设计更加简单。

截止到此，记事本便可以运行了，以上只是介绍了记事本基本功能的实现。弹出式菜单在程序中非常重要，在本程序中之所以没有加其代码是因为弹出式菜单的功能代码和“编辑”菜单下的各菜单项相同，前面已经介绍弹出式菜单的编程，读者可以自己动手添加这部分功能。在 Windows 自带的记事本中，“编辑”菜单下的选项，根据实际情况，有时处于不活动状态。如在没有选中文本内容的时候，菜单项“复制”应该处于不活动状态，只需设置其 Enabled 属性为 false 即可。

以上所述是本实训设计事本比标准记事本缺少的东西。当然，读者可以根据自己的需要尝试添加相应功能。例如，可以设计记事本为多文档、给记事本增加相应的背景颜色、增加状态栏、显示记事本相应的信息、增加工具栏，以及使用户可以快速操作。以上功能都可以从前面的介绍中找到答案。

10.6　疑难解答

1. 在设计菜单栏的时候，我设置菜单栏显示属性为“编辑(E)”，为什么运行的时候快捷键不可以访问？

答：这样设置菜单的快捷键是不正确的，需要设置成“编辑(&E)”，“&”是个特殊的符号，表示后面的字符是快捷字符。这样在运行的时候就可以使用快捷键了。

2. 我添加了一个右键菜单，为什么在运行的时候右击窗体不显示呢？

答：设置右键菜单后，还必须指定为哪个控件创建的右键菜单。如果想右击窗体时显示，则需要将右键菜单名赋给窗体的 ContextMenuStrip 属性。

3. 添加的工具栏是否只能在最上面显示？

答：不是，可以设置工具栏的布局属性来控制，不过一般都是让工具栏显示到顶端。另外如果窗体中已经添加了菜单栏，工具栏则显示在菜单栏下面。

4. 我从范例 10.3 中看到设置工具栏按钮的图片，这和设置其他背景图片有区别吗？

答：没有区别，在上一章中我们就讲解了控件都是继承自控件基类，使用比较类似。这里的设置图片和设置窗体背景图片、图片框显示图片没有什么区别。

5. 我基本知道状态栏怎么使用了，状态栏使用广泛吗，都是用在什么地方？

答：状态栏使用比较广泛，尤其对一个比较成熟的软件来说。一般用来提示当前状态，例如 Windows 文件夹下面提示文件夹信息的状态栏、Word 下面提示页数行号的状态栏等。

6. 我看到关于多文档窗体和单文档窗体的讲解，我在开发程序的时候应该怎么选择？

答：这没有固定的模式，一般按照窗体的多少和各个窗体的管理来确定，例如本章实训中介绍的记事本，界面非常简单，只需一个窗体就使用单文档窗体。如果开发一套管理系统，这就需要很多窗体，而且这些窗体间没有必然联系，就应该使用多文档窗体。

7. 使用 ShowDialog()显示的模式窗体显示在最上端，如果出现两个这样的窗体谁在最上端？

答：同一个应用程序中，使用 ShowDialog()方法显示的模式窗体显示在最上端，如果不处理该窗体就不可以进行其他操作。只有在该模式窗体中再次调用一个模式窗体才可能出现两个模式窗体，这样就按照先后顺序，最后被调用的显示在最上端。

8. 消息框是模式对话框还是非模式对话框？

答：是模式对话框，虽然调用的是 MessageBox 的 Show()方法，因为 MessageBox()类中没有 ShowDialog()方法。消息框用在需要用户马上处理的地方，所有消息框都是模式对话框。

9. 本章介绍了 3 种消息对话框，那一种比较常用？

答：这要根据实际开发中的需要。在调试程序时，程序员自己为了观察结果使用只有一个参数的重载形式即可。如果给用户显示提示信息，使用有两个参数的重载形式，如果需要用户做出选择，则需要使用有三个参数的重载形式。

10. 通用对话框中包括好几种对话框，使用这些对话框有什么技巧吗？

答：虽然对话框种类比较多，包括字体对话框、打开对话框、颜色对话框等，但是他们的使用方法类似，所有熟悉使用一个后再使用其他的对话框都是水到渠成的事。

10.6 上机题

1. 创建一个可以控制窗体大小的程序，在窗体中添加一个菜单栏，该菜单中包括一个“控制窗体大小”和三个子菜单项，如图 10-22 所示。

2. 创建一个可以控制窗体背景颜色的程序，在程序中添加一个 ContextMenuStrip 控件，为该控件添加菜单项，使每个菜单项都可以设置窗体显示不同的颜色。运行程序后，在窗体上右击鼠标后的效果图如图 10-23 所示，单击第一个菜单项后窗体效果如图 10-24 所示。

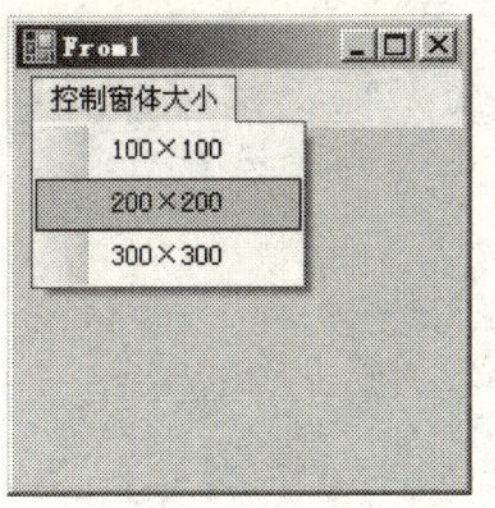

图 10-22 控制窗体大小界面

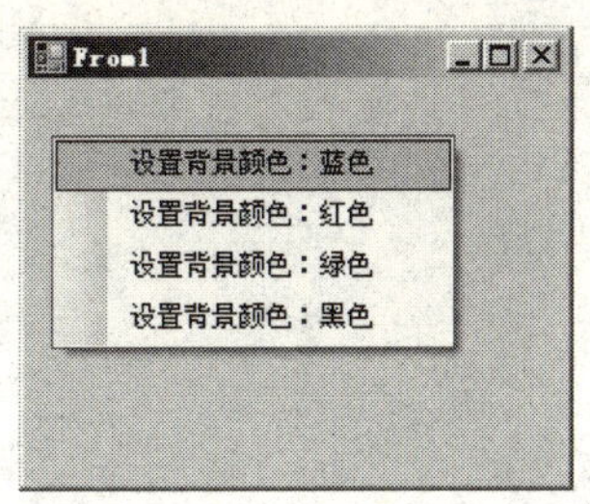

图 10-23 显示右键菜单

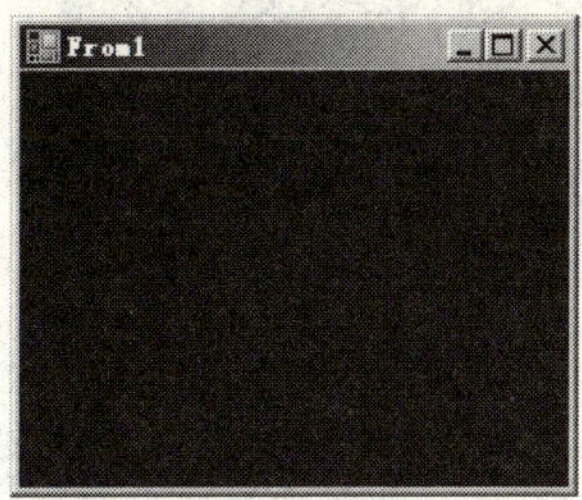

图 10-24 设置后的窗体颜色

3. 创建一个应用程序，在状态栏中显示鼠标当前位置，运行后的效果如图 10-25 所示。

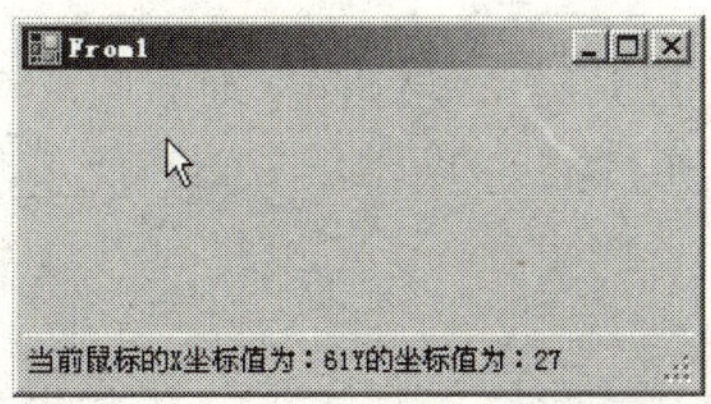

图 10-25 显示鼠标位置的效果图

4. 创建一个模仿 Word 工具栏的应用程序，在新建的窗体中添加工具栏，该工具栏中包括新建、打开、保存、打印、打印预览、帮助六个按钮，运行效果如图 10-26 所示。

5. 使用多文档窗体创建一个图书管理系统的主界面，该界面中包括系统设置、图书信息、借阅管理、帮助四组菜单，界面如图 10-27 所示。

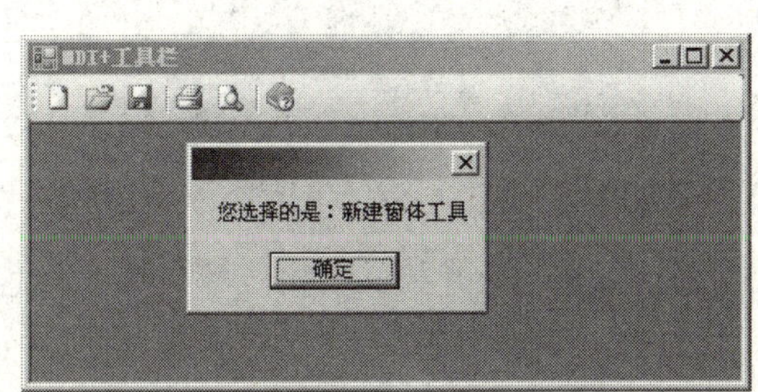

图 10-26 模仿 Word 工具栏的界面

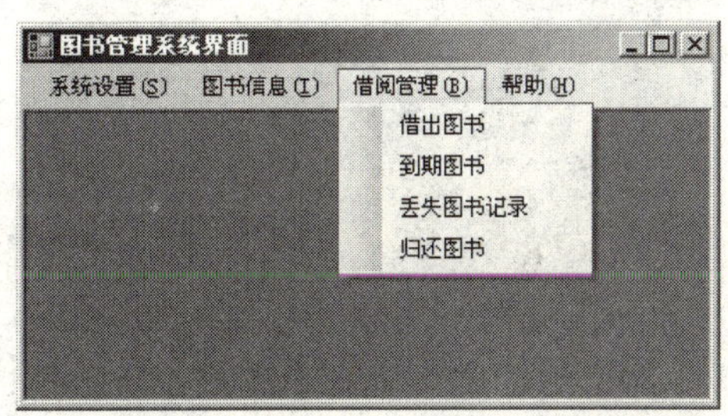

图 10-27 图书管理界面效果图

6. 创建应用程序，使用消息框来提示用户进行的操作。当用户单击窗体时提示用户单击了窗体，效果如图 10-28 所示，当用户单击按钮时提示用户单击了按钮，效果图 10-29 所示。

图 10-28 用户单击窗体的效果图

图 10-29 用户单击按钮的效果图

7. 创建应用程序，当用户关闭窗体时，弹出提示对话框。如果用户选择“否”则不关闭

窗体，如果用户单击“是”则提示关闭窗体。对话框界面如图 10-30 所示

8. 创建一个应用程序，使用字体对话框设置窗体中标签的字体为宋体、粗体、二号字，设置后的效果如图 10-31 所示。

图 10-30　关闭前的提示信息对话框

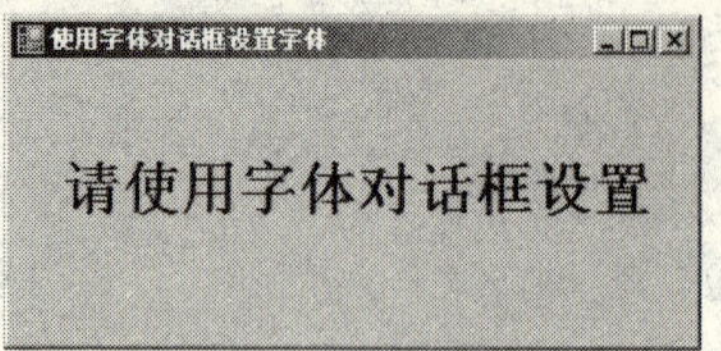

图 10-31　设置字体样式效果图

9. 创建一个应用程序，使用打开对话框选择本地的图片文件，并将该图片设置为窗体背景颜色。运行程序，单击打开按钮后的效果如图 10-32 所示，选择图片后的效果如图 10-33 所示。

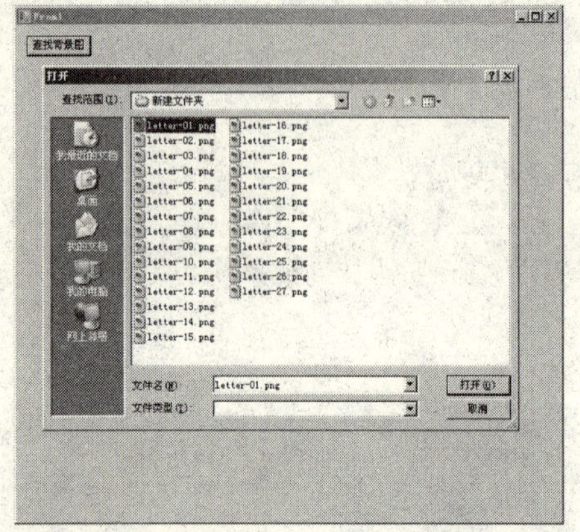

图 10-32　显示打开对话框

图 10-33　设置后的效果图

10. 开发一个类似于颜色拼图的程序，在程序中使用四个按钮表示四块区域，单击按钮时弹出颜色对话框，可以为按钮设置不同的颜色。运行程序如图 10-34 所示，为按钮选择不同颜色后界面如图 10-35 所示。

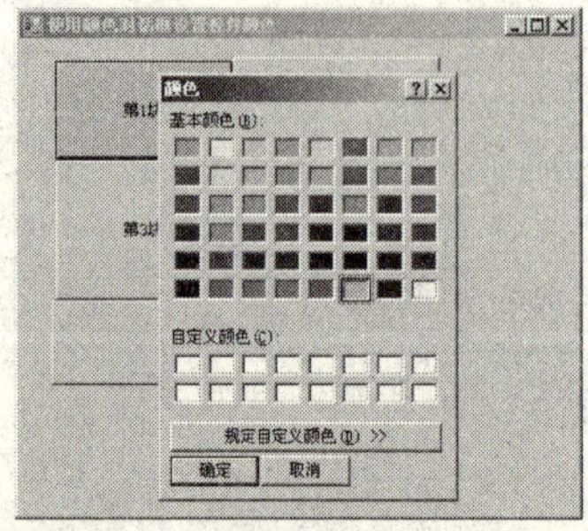

图 10-34　打开颜色对话框的界面

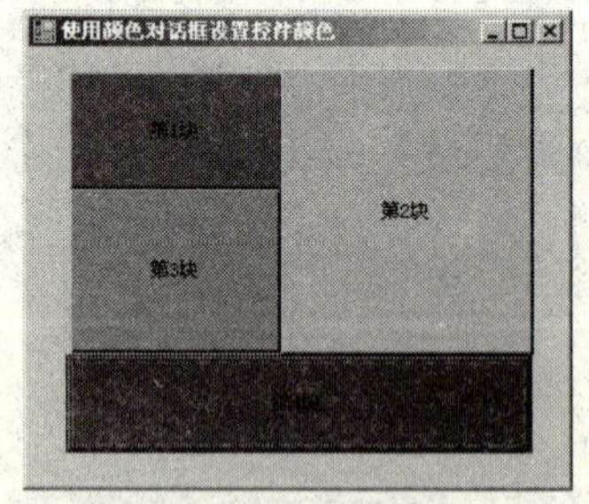

图 10-35　设置颜色后的效果图

第11章 部署Windows应用程序

> 读者有时会遇到前面所做的程序在自己的计算机上可以运行，而移植到其他没有安装.NET Framework的计算机上就不能运行的情况。本章将学习 Windows Installer 部署技术及使用 Windows Installer 技术发布程序、ClickOnce 部署技术及使用 ClickOnce 部署技术发布应用程序，进而解决上述问题。

本章的学习重点

- Windows Installer 部署技术。
- 使用 Windows Installer 部署应用程序的步骤。
- ClickOnce 部署技术。
- 使用 ClickOnce 部署技术发布程序的步骤。

11.1 部署概述

在.NET 之前，开发人员发布安装程序必须使用第三方软件。之后微软引进了 Windows Installer 部署技术部署应用程序。从.NET Framework 2.0 开始引进了 ClickOnce 部署技术。现在 Windows Installer 部署技术和 ClickOnce 部署技术在.NET Framework 3.5 中得以增强，成为两个主要的部署方式。除了.NET Framework 3.5 中包含的部署工具外，还有如下几种部署方法。

- “复制项目”命令：复制项目是针对 Web 部署的一种简便方法，只是简单地将项目内容复制到 Web 服务器，而不是部署项目。
- Xcopy 命令：与上面的“复制项目”命令相似，Windows 中的 Xcopy 命令允许把程序集成或程序集成组件复制到应用程序文件夹中。由于是直接复制，所以不会在注册表中注册。
- 第三方安装工具：在发布.NET 之前，微软没有提供给用户自己的部署软件。用户从第三方供应商那里获取支持 Windows Installer 的安装工具，如 Wise 和 InstallShield 等工具。

11.2 Windows Installer 部署

Windows Installer 第一版随微软的 Office 2000 发布，Windows Installer 的 1.1 版本和 Windows 2000 一起发布，该版本新增了对 COM+组件的支持。版本 1.2 增加了保护机制，版

本 2.0 增加了对.NET 程序集和 Windows 64 位版本的支持，版本 3.5 使创建、分发和管理应用程序的工作更轻松、高效，同时增加了对 Windows Vista 的支持。

11.2.1 Windows Installer 的部署

Windows Installer 部署技术与传统的安装和部署有很大差别，Windows Installer 部署不创建基于脚本的安装程序，而是利用微软 Windows Installer 技术创建安装过程完全可控的安装程序。Windows Installer 的部署有以下优点。

- 通知功能。应用程序会在首次使用时通知用户是否安装其他功能。
- 如果安装后的应用程序损坏，可以通过 Windows Installer 软件包的修复功能进行自动恢复。
- 安装应用程序时如果安装失败，安装程序会自动回滚。所有内容均会保持安装前的原样，不会对注册表进行修改，也不会增删文件。
- 卸载功能。使用卸载功能可以彻底删除应用程序以及相关的所有文件，同时注册表也可以恢复到安装前的状态。

Windows Installer 的部署主要分为设置安装项目相关属性和使用部署编辑器添加部署元素等步骤。Visual Studio 中使用 Windows Installer 部署，通过向解决方案中添加安装项目，可以创建要发布的安装程序包，然后用户通过向导来运行安装文件并执行安装步骤，即可安装应用程序。部署编辑器包含 6 个编辑器，主要用于指定和自定义部署的各个方面。

- 文件系统编辑器：用于指定组成应用程序的文件和程序集部署到指定位置。
- 文件类型编辑器：用于建立文件和应用程序之间的关联。
- 注册表编辑器：用于在目标机器上创建注册键。
- 用户界面编辑器：用于设置在目标计算机上安装程序过程中显示的对话框属性。
- 启动条件编辑器：在目标计算机上运行安装程序之前必须满足一些条件。
- 自定义操作编辑器：用于安装结束时在目标计算机上执行的附加操作。

11.2.2 创建部署

为了更好地理解和使用 Windows Installer 部署技术，从本节开始将介绍使用 Windows Installer 技术，为第 11 章创建的画图应用程序创建部署安装程序，创建步骤如下所示。

（1） 打开前面创建的 MyPaint 项目，单击“文件”|“添加”|“新建项目”命令，弹出图 11-1 所示的“添加新项目”对话框。在该对话框的项目类型列表框中选择“其他项目类型”下的“安装和部署”选项，从模板里面选择“安装项目”选项，命名为 MyPaintSetup。

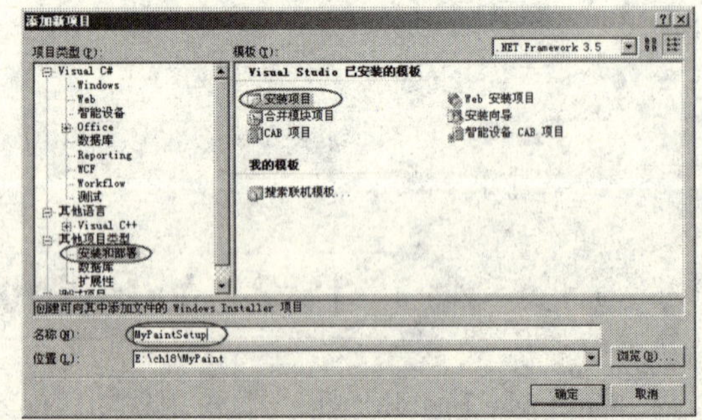

图 11-1 “添加新项目”对话框

（2） 在“添加新项目”对话框单击“确定”按钮，即创建了一个用于文件的安装解决方案“MyPaintSetup 项目”，此时就可以对需要安装的文件进行打包处理。一般在完成打包工作之前，先对工程属性进行配置。通常情况下用默认设置即可。

（3） 在菜单栏上选择“项目”|“MyPaintSetup 属性”命令，将弹出如图 11-2 所示的

“MyPaintSetup 项目属性页”对话框。

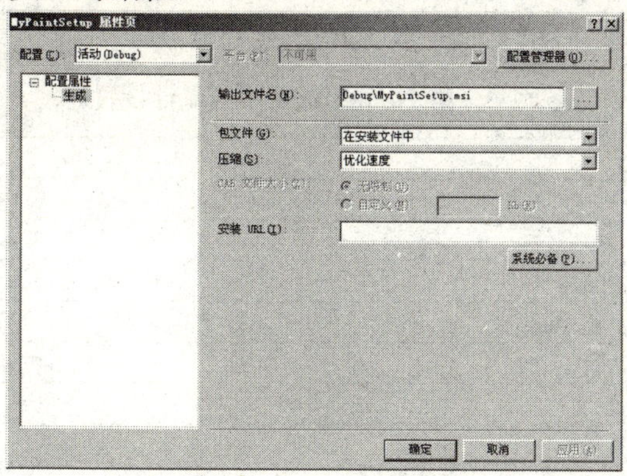

图 11-2 “MyPaintSetup 项目属性页”对话框

（4） 在“MyPaintSetup 项目属性页”对话框中，文本框“输出文件名”表示最后生成安装程序的名称及路径。文件名为 MyPaintSetup.msi，msi 格式的文件是启动安装的数据包。默认生成路径是当前工程的 Debug 文件夹下。在“包文件”下拉列表框中有 3 个选项，可以定义打包要安装的文件。包文件下拉列表中的选项如下所示。

- 以松散的未压缩文件的形式：指不对数据文件和程序进行任何操作，而是将其原样存储，通常用于打包文件较少的情况。
- 在安装文件中：指除个别文件（如 Readme.txt 文件）外，将绝大多数文件合并压缩到 MSI 文件中。
- 在压缩文件中：MSI 文件仅用于加载和安装 CAB 文件。其中，CAB 文件是一种压缩格式的文件。使用 CAB 文件可以设置文件的大小。

在“压缩”中有 3 个选项，选项说明如下所示。

- 优化速度：指对文件进行压缩以便更快的安装，通常会导致生成的压缩文件较大。
- 优化大小：指对文件大小进行压缩，通常情况下会导致安装速度较慢。
- 无：不采取任何操作，既不优化速度，也不优化大小。

（5） 在打包文件的过程中，还需要考虑系统支持的问题。在“MyPaintSetup 项目属性页”对话框中单击“系统必备”按钮，将弹出图 11-3 所示的“系统必备”对话框。在该对话框中显示了安装应用程序所需的组件。

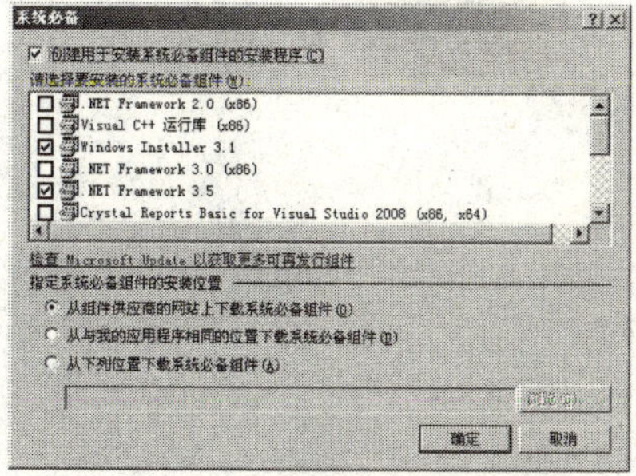

图 11-3 “系统必备”对话框

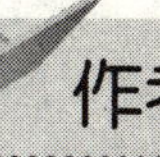

作者心得：

应用程序是在.NET Framework 3.5 环境下创建的，如果要在目标计算机上运行，目标计算机必须安装.NET Framework 3.5。另外 Windows Installer 3.1 组件也是必需的，不过在 XP 和 Windows Server 2003 操作系统中，自带了 Windows Installer 3.1 组件。

（6） 在资源管理器中选中安装项目后，在属性窗口将列出关于安装项目的所有属性，设置项目的开发者和描述项目属性，具体设置如表 11-1 所示。

表 11-1 MyPaintSetup 项目属性设置表

属　性	值
Author	**开发者
Description	画图程序
Product Name	MyPaint
RemovePreviousVersions	True
Title	MyPaint 的安装示例
Version	1.0.0

在安装应用程序的时候需要检查一下早期版本，并将其移除。设置属性 RemovePreviousVersions 的值为 True 即可，指定安装程序在安装期间移除其早期版本。

11.2.3 文件系统编辑器

Visual Studio 2008 安装项目中包含 6 个编辑器，其中文件系统编辑器主要用于将输出文件、程序集和其他文件等添加到部署项目的特定目录，同时指定应用程序在目标计算机上的安装位置。在菜单栏中选择“视图”|“编辑器”|“文件系统”命令，将打开如图 11-4 所示的文件系统窗口。

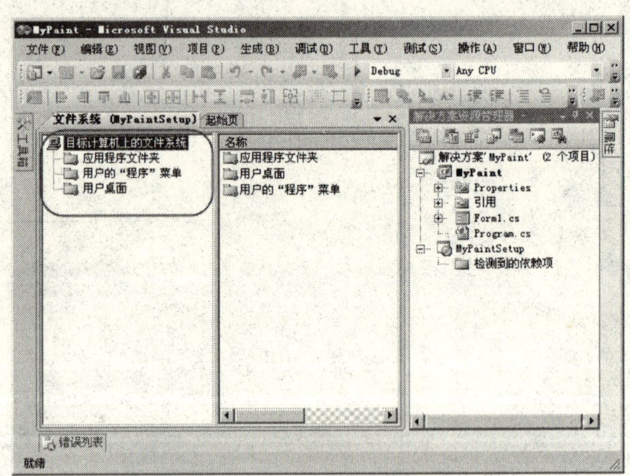

图 11-4 文件系统界面

文件系统包括 3 个默认特定文件夹，说明如下所示。

- 应用程序文件夹：用于存放可执行文件和库，其默认路径（DefaultLocation）为 C:\Program Files\[Manufacturer]\[ProductName]。[Manufacturer] 是定义属性 Manufacturer 时决定的，Manufacturer 属性表示开发该软件的公司名称。[ProductName] 是定义 ProductName 属性时决定的，ProductName 属性表示软件名称。例如：百度工具条的安装路径 C:\Program Files\Baidu\Toolbar。
- 用户的“程序”菜单：表示所在目标计算机上的“开始”|“程序”菜单中的位置。
- 用户桌面：表示保存桌面项目的位置，设置在桌面上放置的图标。

在上一节部署的基础上执行以下步骤，进行设置安装文件的相关属性。

（1） 在文件系统栏右击应用程序文件夹，在弹出菜单中选择“添加”命令，将弹出图 11-5 所示的“添加项目输出组”对话框。在该对话框的列表框中选择“主输出”选项，该选项表示程序中主输出项目中的可执行文件。然后单击“确定”按钮，应用程序文件夹的主输出项目设置完毕。

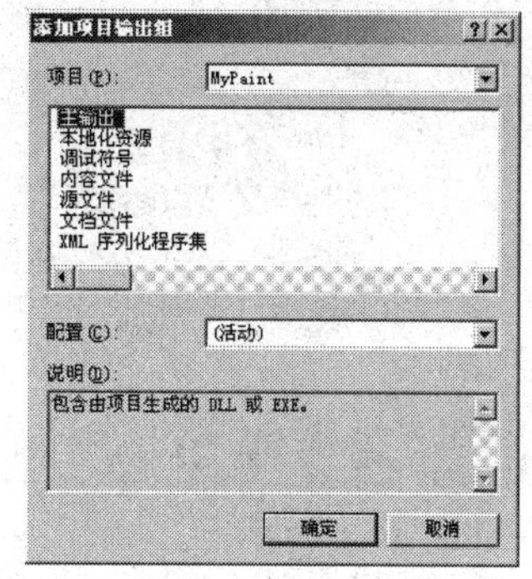

图 11-5 “添加项目输出组”对话框

（2） 在文件系统栏右击应用程序文件夹，选择“添加”|“文件夹”命令，将新建一个文件夹，命名为“安装文件”。建立该文件夹的目的是用来存放一些附加文件，如标志、自述文件、许可协议文件和一些安装时可能遇到的资源等。

（3） 右击新建的“安装文件”，在弹出的快捷菜单中选择“添加”|“文件”命令，将准备好的 License.rtf、Banner.bmp、Readme.rtf、Readme.txt 文件添加到该文件夹。其中，License.rtf 是安装过程中的许可文件，Banner.bmp 在安装对话框中显示图像，Readme.rtf 安装过程在自述文件对话框中显示，Readme.txt 文件在安装程序前供用户阅读。一般应用程序都含有这些文件，本书附带的光盘中也含有这些文件。

（4） 添加输出文件后，输出文件目录将显示在文件系统主出口中，选择每个文件后分别在属性窗口中设置输出文件属性，属性设置如表 11-2 所示。

表 11-2 文件属性设置表

文件属性	License.rtf 文件	Banner.bmp 文件	Readme.rtf 文件	Readme.txt 文件
Exclude	False	False	False	False
Hidden	True	True	True	False
Permanent	True	True	True	False
TargetName	License.rtf	Banner.bmp	Readme.rtf	Readme.txt
PackageAs	vsdpaDefault	vsdpaDefault	vsdpaDefault	vsdpaloose

（5） 在文件系统界面中选择“用户的‘程序’菜单”选项，右击右边的空白处，在弹出的快捷菜单中选择“创建新的快捷方式”命令，将弹出“选择项目中的项”对话框。然后定位到“应用程序文件夹”下的“主输出来自 MyPaint”项。单击“确定”按钮，添加完毕。添加后的文件系统界面如图 11-6 所示。这一步可以把应用程序添加到“开始”|“程序”菜单中。

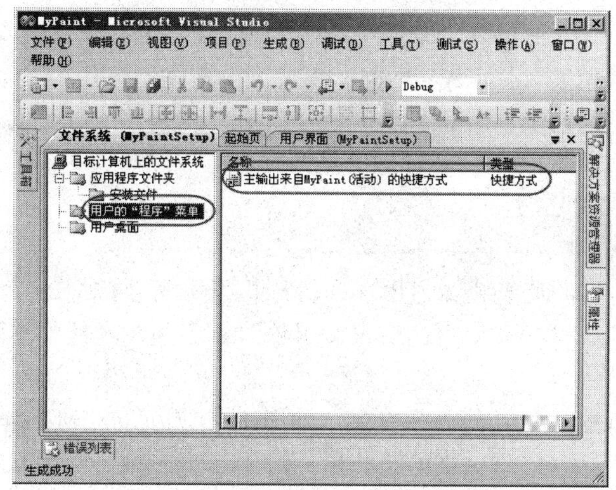

图 11-6 为主输出程序创建快捷方式

（6） 在文件系统界面中选择“用户桌面”选项，右击右边的空白处，在弹出的快捷菜单中选择“创建新的快捷方式”命令，弹出“选择项目中的项”对话框，然后定位到“应用程序文件夹”下的“主输出来自 MyPaint”项。这一步可以为应用程序创建桌面快捷方式。

作者心得：

使用以上步骤设置应用程序的部署属性后，在客户端进行安装应用程序，将会在“开始”|“程序”命令和桌面上生成程序的快捷方式。

11.2.4 文件类型编辑器

文件类型编辑器用于建立文件和应用程序之间的联系。如果应用程序使用了定制文件类型，并注册了文件扩展名，那么用户双击带有该扩展名的文件时就可以启动应用程序。为项目添加一个定制文件扩展名的步骤如下所示。

（1）在菜单栏中选择“视图”|“编辑器”|“文件类型”命令，将打开图 11-7 所示文件类型界面，在该页面中右键单击“目标计算机上的文件类型”命令，在弹出的快捷菜单中选择“添加文件类型”命令，将添加一个“新文档类型#1（无扩展名）”节点，该节点在图 11-7 中处于选中状态。

（2）在图 11-7 所示的界面中选择“新文档类型#1（无扩展名）”选项，然后在属性窗口设置该项的属性，如表 11-3 所示。

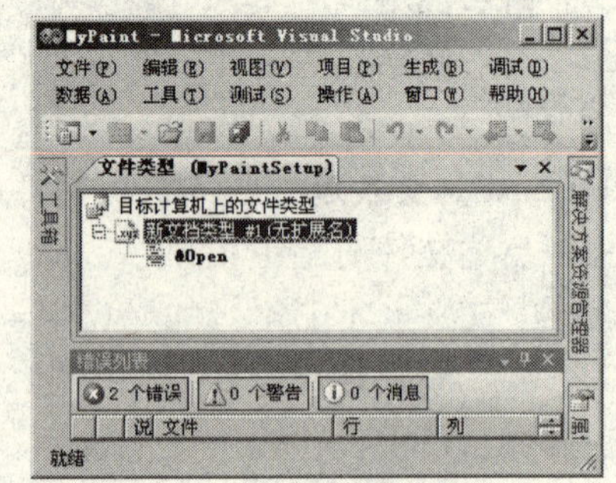

图 11-7 文件类型编辑器界面

表 11-3 属性设置表

属　性	值	描　述
(Name)	MyPaint	描述类型的有效名词，在文件类型编辑器中显示并添加到注册表
Command	主输出来自 MyPaint(活动)	指定可执行文件。当用户打开此类型的文件时，就会启动可执行文件
Description	自定义文档	对选定文件的说明
Extensions	aaa	与选定文件类型关联的文件扩展名

在图 11-7 中可以看到，添加“新文档类型#1（无扩展名）”选项时，同时增加了“&Open”项。“&Open”项表示文件类型的动作为打开，该项具有 3 个属性，Name 属性表示选定文件类型的名称，Arguments 属性表示传递给应用程序的参数，Verb 属性表示将要发生的动作。默认情况下为 open，表示“打开”动作。此处不对“&Open”项的属性进行设置，采用默认值即可。

11.2.5 注册表编辑器

注册表编辑器用于在目标机器上为要部署的应用程序创建注册键。在使用注册表编辑器时，会显示一组标准的主键，该主键包含了部署项目的一些信息。在菜单栏中选择“视图”|“编辑器”|“注册表”将显示如图 11-8 所示的注册表编辑界面。

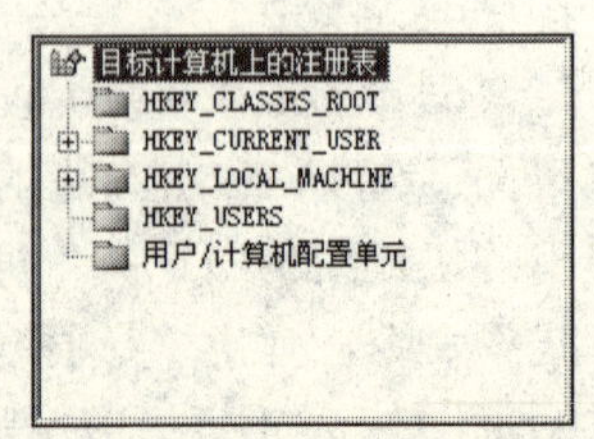

图 11-8 注册表编辑器

若要添加其他键和值，选中一个主键，然后从菜单栏中选择“操作”|“新建键”命令即可。本实例部署非常简单，没有涉及到对注册表的修改。值得注意的是，操作注册表是很危险

的，操作前应先备份，以免操作不当引起系统崩溃等后果。

11.2.6 用户界面编辑器

用户界面编辑器用于设置在安装程序的过程中显示的对话框的属性。例如在安装过程中要求用户提供注册码等更多的信息，这时用户界面编辑器可以解决此类问题。在前面部署的基础上，执行以下步骤可以完成配置安装应用程序时显示的对话框。

（1） 在解决方案资源管理器中选中安装项目，然后在菜单栏上选择“视图”|“编辑器”|“用户界面”命令，将显示图 11-9 所示的用户界面编辑器。

使用用户界面编辑器可以为预定义的对话框设置属性。图 11-9 显示了自动生成的对话框的两个安装模式：标准安装和管理员安装。标准安装在目标计算机上安装的是常用模式，管理员安装主要用于在网络上安装应用程序。本程序只需要普通的安装即可。每种安装模式都包括 3 个部分：启动、进度和结束。下面以标准模式为例进行介绍，标准模式包括的对话框如下所示。

- 欢迎使用对话框：该对话框的作用是显示欢迎使用的信息。
- 安装文件夹对话框：安装程序时可以在该对话框中选择应用程序的安装路径。
- 确认安装对话框：应用程序开始安装之前，弹出该对话框询问用户是否确定安装。
- 进度对话框：应用程序的安装过程中，显示安装进度的对话框。
- 已完成对话框：安装结束后显示的对话框，一般用于提示用户操作完毕。

（2） 上面的五 5 个对话框是 Visual Studio 2008 默认提供的对话框。在启动、进度和结束的每个过程中都可以添加更多的对话框。例如，在启动过程中添加对话框，在图 11-9 所示的“用户编辑器”界面中右击“启动”选项，在弹出的右键菜单中选择“添加对话框”命令，弹出如图 11-10 所示的“添加对话框”界面。

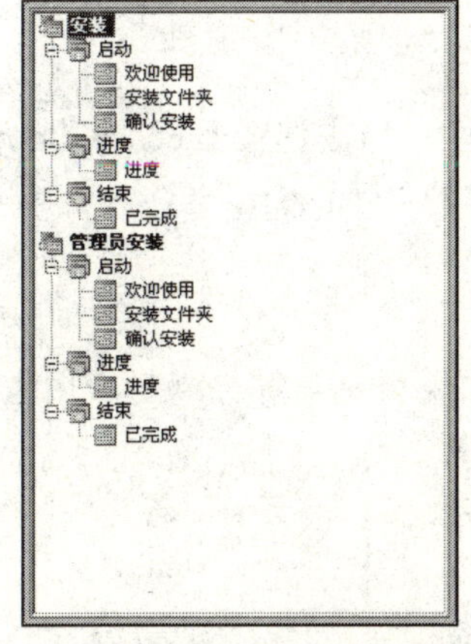

图 11-9 用户界面编辑器

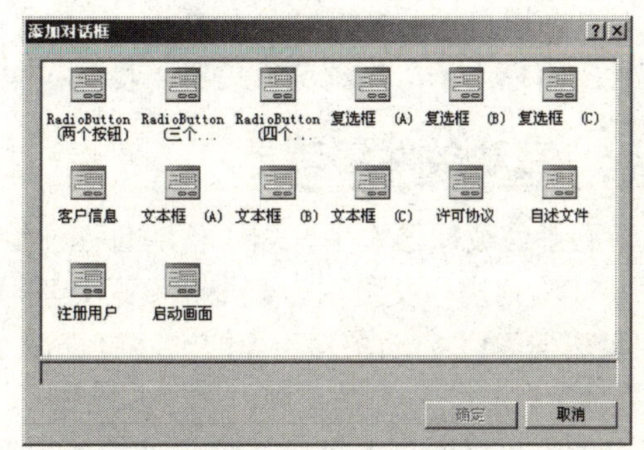

图 11-10 添加对话框

从添加对话框中可以看到多个列表选项，其中前面 6 项和文本框 A、文本框 B、文本框 C 项表示窗体中只有简单的单选按钮、复选框、文本框控件，用户可以使用这些界面配置安装程序。除了这几项外，其他界面更常用到，下面列出了这些界面和界面相应的解释。

- 客户信息：用于用户填充自己的名字、公司和序列号等信息。
- 许可协议：用户安装之前读到的协议，一般用户同意后才能继续安装。
- 自述文件：在安装之前要读者看到的信息，即 Readme.rtf 文件内容。

- 注册用户：有些时候要求只有先注册才能继续。
- 启动画面：在刚启动安装程序时显示的画面，如打开 word 前显示的页面。

（3） 在本安装项目中添加许可协议、自述文件和复选框选项，添加后编辑器界面如图 11-11 所示。

（4） 在部署安装程序时，各对话框使用了默认值。可以对这些默认值进行修改，以达到用户想要的效果。在用户界面编辑器中右击“欢迎使用”选项，在属性窗口中可以设置该界面窗体属性。其中 BannerBitmap 属性是选择文件系统编辑器中添加的图片，CopyrightWarning 属性是显示在该对话框的版权文本，WelcomeText 属性是显示在该对话框的欢迎文本。在本部署程序中这三个属性采用默认值。

（5） 在用户界面编辑器中右击“自述文件”选项，在属性窗口中选择 ReadmeFile 属性，在该属性文本框中单击“浏览”按钮，找到在文件系统中添加的 Readme.rtf 文件，浏览界面如图 11-12 所示。单击“确定”按钮即可完成对自述文件的设置。

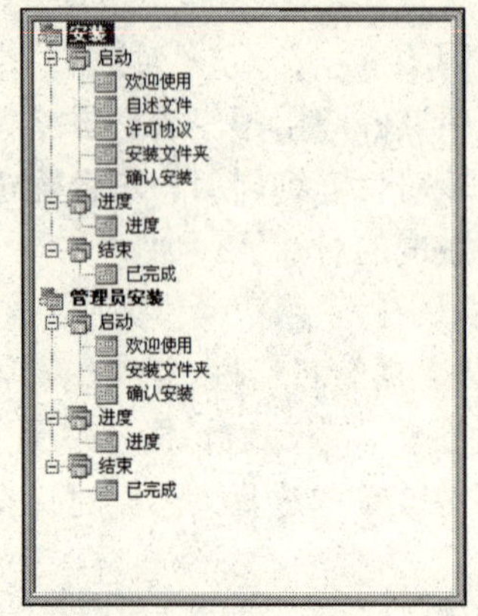

图 11-11 添加对话框后的用户界面编辑器

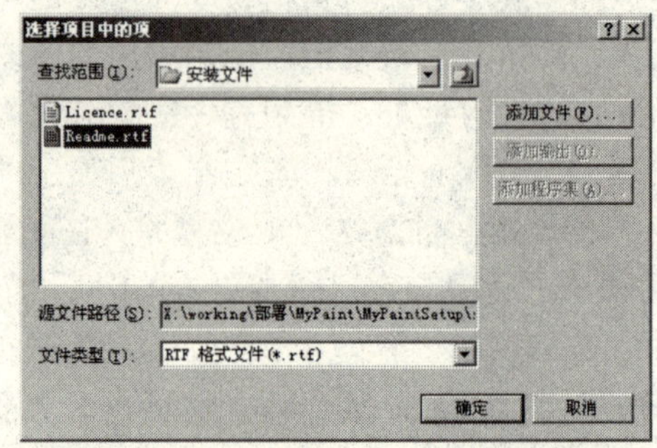

图 11-12 “选择项目中的项”对话框

（6） 在用户界面编辑器中右击“许可协议”选项，在属性窗口中选择 LicenseFile 属性，在该属性文本框中单击“浏览”按钮，找到在文件系统中添加的 License.rtf 文件。

11.2.7 启动条件编辑器

“启动条件编辑器”主要用于检测目标计算机的环境。如果目标计算机满足应用程序所需的安装环境则进行安装，否则退出安装。在菜单中选择“视图”|“编辑器”|“启动条件”命令，将打开图 11-13 所示的启动条件界面。

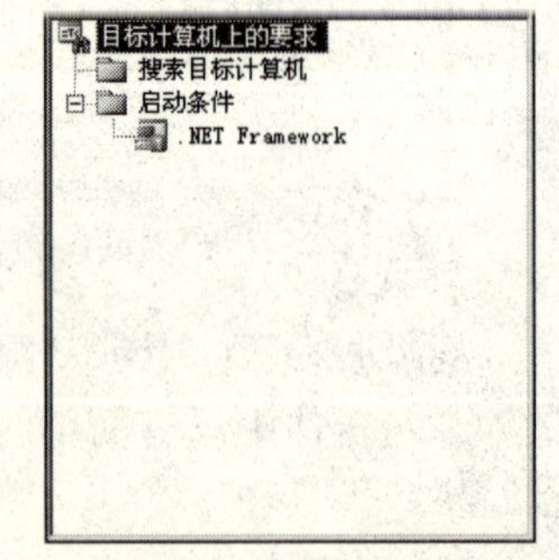

图 11-13 启动条件界面

从上图中可以看到“目标计算机上的要求”节点下有“搜索目标计算机”和“启动条件”两项。在“启动条件”节点下可以看到只包含.NET Framework。启动条件还包括其他类型，右击单击“启动条件”在弹出菜单中选择“目标计算机上的要求”选项，可以看到：添加文件启动条件、添加注册表启动条件、添加 Windows Installer 启动条件、添加.NET Framework 启动条件、添加 Internet 信息服务启动条件，各项说明如下所示。

- 文件启动条件：可以在目标计算机上查找已安装的文件。

- 注册表启动条件：在安装应用程序之前对注册表进行查找。
- Windows Installer 启动条件：在安装应用程序之前检查 Windows Installer 是否存在。
- .NET Framework 启动条件：在安装之前，目标计算机上必须有.NET Framework。因为用 Visual Studio 开发的应用程序，必须在.NET Framework 下才能运行。
- Internet 信息服务启动条件：如果安装应用程序需要使用网络，则需要检查 IIS 是否已经安装。

11.2.8 自定义操作编辑器

自定义操作编辑器用于安装结束时在目标计算机上执行的附加操作。在菜单中选择“视图”|“编辑器”|“自定义操作”命令，将弹出如图 11-14 所示界面。

从自定义操作编辑器中看到自定义操作有“安装”、“提交”、“回滚”、“卸载”4 个选项，在设置部署应用程序时可能需要更高级的操作，可以在该编辑器中对安装、提交、回滚、卸载四个过程进行控制。

图 11-14　自定义操作编辑器界面

11.3 ClickOnce 部署

ClickOnce 部署方式是 Visual Studio 2008 的另一种重要部署方式，ClickOnce 技术可以使部署桌面应用程序像部署 Web 应用程序一样便利。本节将介绍 ClickOnce 部署技术，并使用该技术部署第 10 章实训中创建的记事本程序。

11.3.1 ClickOnce 的技术概要

使用 Windows Installer 方式部署的应用程序必须将安装包在每台客户机上进行安装，而使用 ClickOnce 技术部署的应用程序只需在服务器端部署即可，由此可以看出 ClickOnce 技术为桌面应用程序提供了类似于部署 Web 应用程序的功能。

使用 ClickOnce 技术部署的应用程序可以自动更新，不是每次应用程序更新时用户都必须重新安装整个应用程序。另外，使用 ClickOnce 技术部署的应用程序更新时，只有应用程序被更改过的部分才会被下载，而使用 Windows Installer 技术部署的应用程序更新时，必须下载完整的新版本，不能够只更新一部分。

使用 Windows Installer 部署应用程序时可能需要共享一些组件，如果一个应用程序删除了共享组件或者安装了不兼容的组件版本，则可能破坏其他应用程序的正常使用。而在使用 ClickOnce 技术部署应用程序时，每个应用程序都是相对独立的，修改或删除该应用程序不会干扰其他应用程序的使用。

作者心得：

ClickOnce 部署不要求用户具有管理员权限。使用 Windows Installer 部署应用程序，用户必须拥有管理员权限。ClickOnce 应用程序可以使用 3 种方式进行安装：通过网页、通过网络文件共享或通过 CD-ROM 等媒体。

11.3.2 使用 ClickOnce 部署应用程序

本节使用 ClickOnce 技术为第 10 章创建的记事本应用程序进行部署，读者在这里可以比较和使用 Windows Installer 技术部署应用程序的区别。使用 ClickOnce 技术部署应用程序的步骤如下所示。

（1） 打开第 10 章创建的 MyNotepad 程序，在“解决方案资源管理器”中右击项目名称，在弹出的快捷菜单中选择“属性”命令，将弹出“属性设置”窗口，在该窗体的“发布”标签中可以看到如图 11-15 所示的界面。

（2） 在图 11-15 所示的界面中单击右下角的“发布向导”按钮，将显示图 11-16 所示的“发布向导”对话框。该窗体用于指定用户要在什么地方创建 ClickOnce 部署。

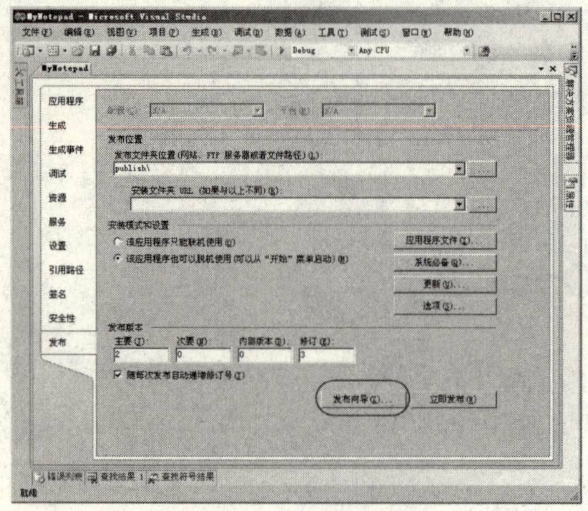

图 11-15 属性设置

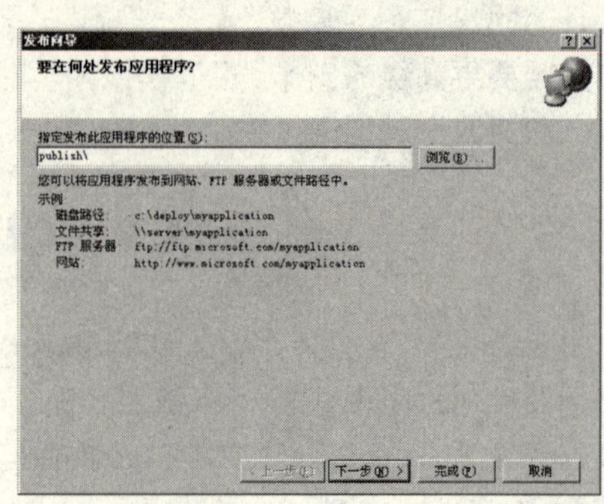

图 11-16 用于创建 ClickOnce 程序的发布向导页面图

（3） ClickOnce 安装文件的默认位置是放在“publish\”文件夹下。也可以单击“浏览”按钮，弹出“打开网站”对话框，如图 11-17 所示。在该对话框中，可以指定文件系统的路径、本地 IIS、FTP 站点或远程站点。

（4） 本例使用默认路径，然后单击“下一步”按钮，将弹出如图 11-18 所示的“发布向导”的下一页。在该窗体中指定用户要使用的程序安装方式，本例选择的是“CD-ROM 或 DVD-ROM”。

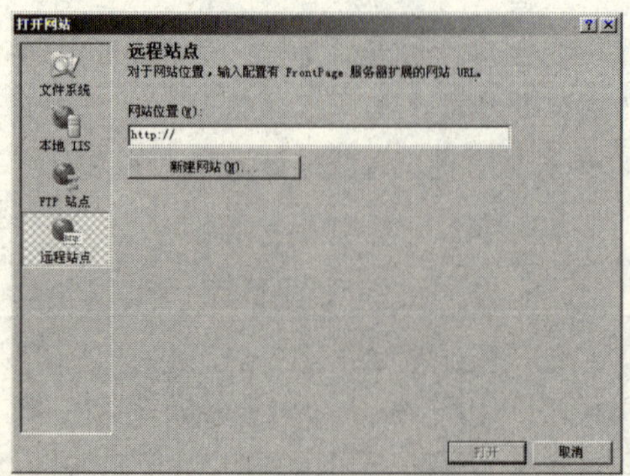

图 11-17 选择位置和路径

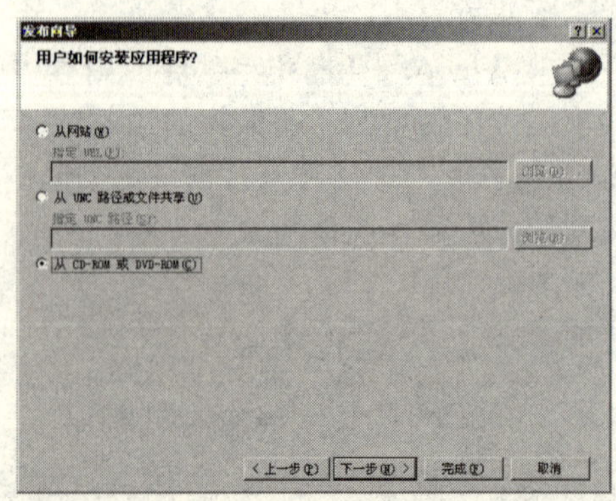

图 11-18 选择安装方式页面

（5） 选择了安装方式以后，单击“下一步”按钮，弹出如图 11-19 所示的“发布向导”的第三个页面，该窗体中询问应用程序是否检查更新。在本例中，选择的是“该应用程序不检查更新”单选按钮。

（6） 在图 11-19 所示的界面中单击“下一步”按钮，将弹出如图 11-20 所示的“发布向导”的第四个页面，此页面用来确认上述一系列选择是否正确。

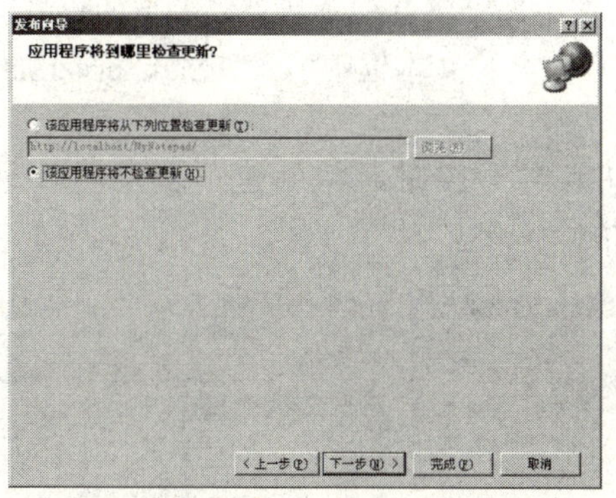

图 11-19 选择是否将应用程序检查更新界面

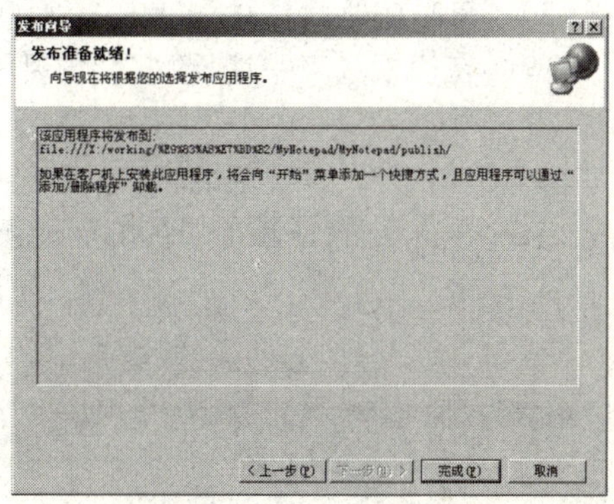

图 11-20 确认信息页面

（7） 在图 11-20 中单击“完成”按钮，即创建完 ClickOnce 程序。

实训 11.1——部署在线考试系统

本章讲解了Windows Installer部署技术和ClickOnce部署技术，使用这些部署技术可以方便地部署应用程序，本实训使用这两种技术分别为考试系统的客户端和服务器端进行创建部署程序。

1. 需求分析

第19章的在线考试系统分为客户端和服务器端，考生使用客户端进行答题，教师使用服务器端设置考试环境、查看考生信息。服务器端主要是教师使用，这里使用Windows Installer方式进行部署即可。为了教师方便打开应用程序，需要在安装的时候同时创建桌面快捷方式，并且在“开始”|“程序”中创建一个快捷方式。

很多考生可以同时参加考试，所有就需要有多个客户端。如果使用Windows Installer方式部署客户端的话需要在每个客户端上进行安装，一旦客户端应用程序发生更改则需要重新安装。由此可见这种方式比较麻烦，所以客户端使用ClickOnce技术进行部署，无论客户端程序进行多少次更新都不用重新去安装。

2. 为服务器端创建部署程序

服务器端只有教师使用，为了方便教师打开服务器端，所以需要在桌面上创建应用程序的快捷方式。考试系统的服务器端需要连接数据库，连接数据库的信息在配置文件中，如果连接方式发生更改，在配置文件中重新设置连接字符串即可。创建服务器端安装程序的步骤如下所示。

（1） 使用 Visual Studio 打开第 19 章创建的 ExamServer 项目（ExamServer.csproj）。

（2） 在资源管理器中右击解决方案，在弹出菜单中选择“添加”|“新建项目”菜单项，将弹出图 11-21 所示的添加新项目对话框。

（3） 在添加新项目对话框中的项目类型列表框中选择“其他项目类型”下的“安装和部署”选项，在模板列表中选择“安装项目”选项，然后在名称文本框中填入“ExamServerSetup”名称。

（4） 在“添加新项目”对话框中单击“确定”按钮，将创建一个用于安装的 ExamServerSetup 项目，添加后的界面如图 11-22 所示。

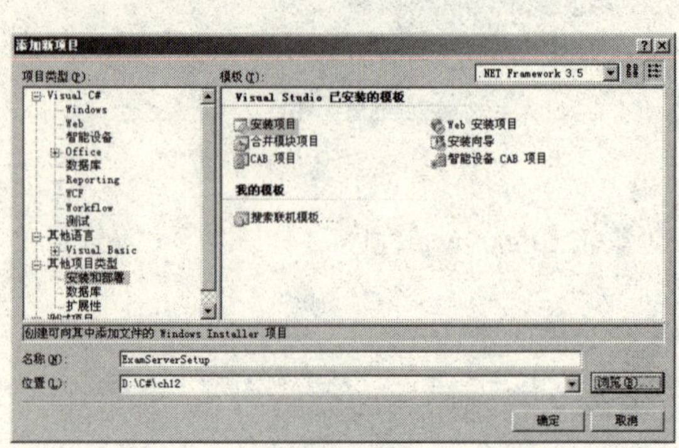

图 11-21 “添加新项目”对话框

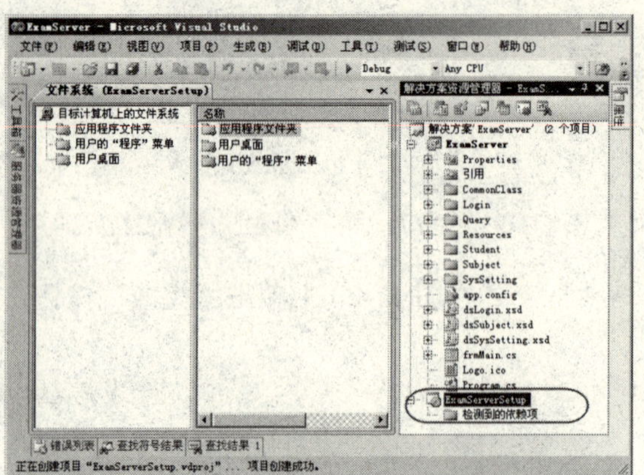

图 11-22 添加 ExamServerSetup 项目后的界面

（5） 在图 11-22 所示界面中，选择“应用程序文件夹”节点，然后右击该节点，在弹出菜单中选择“添加”|“项目输出”命令，将弹出图 11-23 所示的“添加项目输出组”对话框。在该对话框的列表框中选择“主输出”选项，然后单击“确定”按钮，将回到主界面。

（6） 在文件系统界面中选择“用户的桌面”选项，右击右边的空白处，在弹出的快捷菜单中选择“创建新的快捷方式”命令，将弹出图 11-24 所示的“选择项目中的项”对话框。然后定位到“应用程序文件夹”下的“主输出来自 ExamServer”项。单击“确定”按钮，将回到主界面中。这样就完成了在桌面上添加快捷方式的作用。

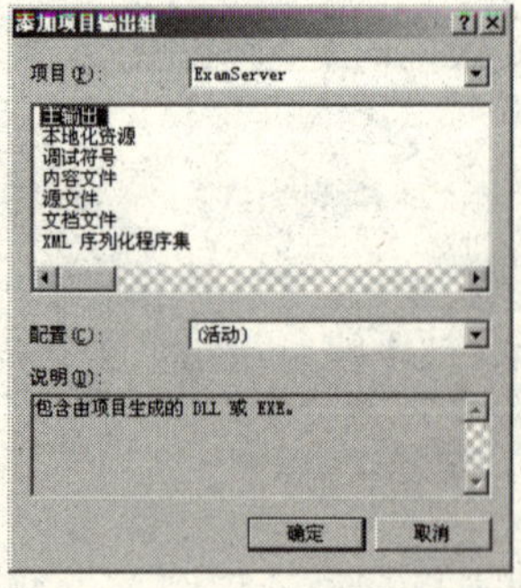

图 11-23 “添加项目输出组”对话框

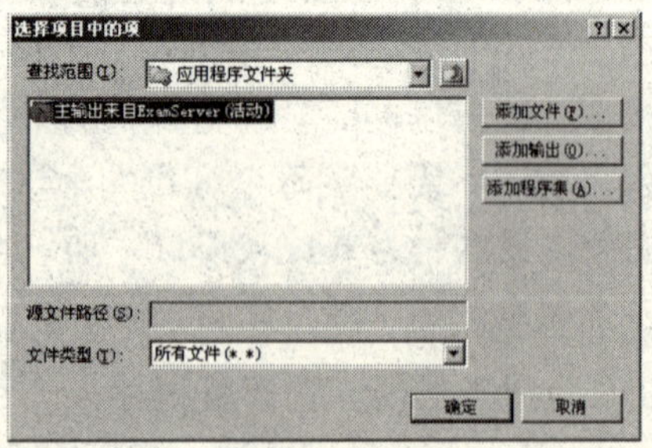

图 11-24 “选择项目中的项”对话框

（7） 在文件系统界面中选择“用户的‘程序’菜单”选项，右击右边的空白处，在弹出的快捷菜单中选择“创建新的快捷方式”命令，将弹出“选择项目中的项”对话框。然后定位到“应用程序文件夹”下的“主输出来自 ExamServer”项，并将其命名为“ExamServer”，单击“确定”按钮，将回到主界面中。这样就完成了在开始菜单中显示程序的快速启动项。

（8） 在解决方案资源管理器中右击 ExamServerSetup 项目，在弹出的快捷菜单中选择“生成”命令，将完成考试系统服务器端部署文件的创建。此时在 ExamServerSetup\Debug 文件夹下将看到安装包 ExamServerSetup.msi，双击打开即可完成部署。

如果服务器端没有本系统使用的数据库，在使用服务器端之前请先将数据库附加到服务器端数据库中，如果服务器端的数据库连接方式发生更改，请从安装目录找到 ExamServer.exe.config 文件，在该文件中更改连接字符串即可。安装完毕将在桌面上看到快捷方式，双击即可运行服务器端程序。

3. 为客户端创建部署程序

因为在线考试系统的客户端需要多台电脑上安装，所以使用ClickOnce技术进行部署，使用ClickOnce技术部署客户端应用程序的步骤如下所示。

（1） 使用 Visual Studio 打开第 19 章创建的 ExamClient 项目（ExamClient.csproj）。

（2） 在解决方案资源管理器中右击 ExamClient 项目，在弹出的快捷菜单中选择“属性”命令，将打开“属性设置”窗口，在该窗体的“发布”标签中可以看到如图 11-25 所示的界面。

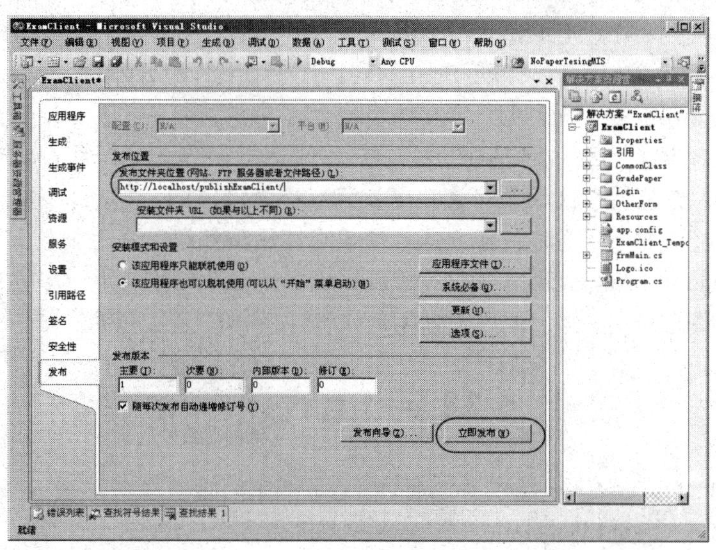

图 11-25　属性设置页面

（3） 在图 11-25 所示界面的发布文件夹位置文本框中输入：http//localhost/publishExamClient/。然后单击右下角的“立即发布”按钮，将完成发布任务。

（4） 完成发布后，将会在项目文件夹下的生成一些文件，打开项目文件夹下面的：\http\localhost\publishExamClient\ExamClient.application 文件，即可进行安装。安装完菜单“开始”|“程序”中将会出现客户端的考试系统，打开即可运行。

客户端可以使用第 4 步的安装方式，也可以从指定的 URL 中进行下载。如果以后客户端应用程序有更新的话，系统将会自动更新。

随堂实训11.1

本章介绍了使用 Windows Installer 技术和 ClickOnce 技术部署应用程序，并在实训中使用这两种技术完成安装在线考试系统的服务器端和客户端。现在读者需要使用这两种技术为第 17 章的项目进行安装程序的创建。

11.4 疑难解答

1. 我安装了部署后的应用程序，怎么删除？

答：选择“开始”|“设置”|“控制面板”命令，打开“控制面板”窗口。然后在该窗口中，双击“添加或删除程序”图标，将打开“添加或删除程序”窗口，在该窗口中找到安装的应用程序后，单击删除按钮即可完成删除。

2. 我部署程序时没有设置默认路径，安装时将安装在什么地方？

答：安装时的默认路径是：C:\Program Files\公司名\产品名，安装时用户可以更改该路径。

3. 如果我想让我开发的程序在别人的电脑上运行，必须创建安装包吗？

答：不是必须的，如果你开发的程序没有使用其他资源或者其他插件，将编译后的应用可执行文件放到安装.NET Framework 的目标计算机上即可。

4. C#安装部署程序在没有装.NET Framework 的机上能不能运行？

答：是不可以的，C#程序在.NET Framework 的基础上进行开发的，如果目标计算机上没有安装.NET Framework 是不可以运行的。

5. 为什么我部署了一个不到 1MB 的程序，生成的安装包却有好几百 MB 呢？

答：这是因为你将项目依赖项包含在了安装包中而造成的。如果你不想安装包这么大的话，在部署到系统必备对话框时，你选择将依赖组件从服务商网站上下载即可。

6. 使用 Windows Installer 部署和使用 ClickOnce 技术部署的应用程序安装效果一样吗？

答：安装程序的过程不同，但用户使用应用程序的体验是相同的。

11.5 上机题

1. 使用 Windows Installer 技术为本书第 17 章的旅馆管理系统创建一个部署程序，将默认路径设置为 D:\Program Files\Hello Windows Installer\。

2. 使用 Windows Installer 技术为本书第 17 章的旅馆管理系统创建一个部署程序，当用户安装时可以在用户桌面上和开始程序中添加快捷方式。

3. 使用 Windows Installer 技术为酒店管理系统创建一个部署程序，并在设置系统必备组件时，选择将必备组件打包到应用程序中，并观察打包后的安装包大小。

4. 使用 ClickOnce 技术为酒店管理系统创建部署程序，创建位置为自己公司网站的某个目录下，并实现用户可以自动安装和更新。

第12章 网络编程

TCP/IP 作为一种网络互联的工业标准，应用非常广泛。网络编程是基于 TCP/IP 协议的，例如现在常用的网络即时聊天工具 MSN、QQ 等，下载工具迅雷、电驴等都属于网络应用程序。本章首先从 TCP/IP 协议讲起，然后介绍关于网络套接字技术、网络中传输数据的通信流，以及多线程的基本知识，最后以实训的形式总结本章知识点。

本章的学习重点

- 网络通信协议。
- Socket 技术编程。
- 使用套接字助手类。
- 网络流在通信中的使用。
- 多线程设计应用程序。

12.1 网络通信协议

网络通信协议如同人与人之间交流用的语言符号一样，是网络通信的基础。网络协议也是网络编程中最重要的，网络协议就像是规定通信双方进行通信的语言。而 IP 地址是确定目标计算机的唯一标识。在网络通信前，必须先得到对方的 IP 地址。本节就来讲解网络通信、IP 地址和端口号的基础知识。

12.1.1 网络通信概述

TCP/IP 是个协议族，包括了许多丰富的协议，例如 IP、ICMP、TCP、UDP、DNS、FTP 等。由于 IP 协议和 TCP 协议的重要性，所以用 TCP/IP 协议来指代整个协议族。TCP/IP 协议具有以下特点。

- 协议标准开放，所有人都可免费使用。
- 不依赖于特定的网络硬件，并独立于操作系统，可以运行在局域网、广域网，更适用于互联网中。
- 统一分配网络地址，这样在网络中的所有 TCP / IP 设备都具有唯一的 IP 地址。
- 实现了高层协议的标准化，可以提供给用户多种可靠的服务。

TCP/IP 由 4 层构成：网络接口层、网络层、传输层、应用层。各层中常用协议如下所示。

- 应用层：HTTP、FTP、SMTP、POP 等。
- 传输层：TCP、UDP。
- 网络层：IP 等。
- 网络接口层：LAN、WAN 等。

1. 应用层

应用层是 TCP/IP 协议的最高层，用来解决程序应用过程中的问题。应用层直接面对用户的具体应用。应用层包含应用程序执行通信任务所需要的协议和功能，如利用 FTP、SMTP、POP 等协议进行电子邮件和文件的传输等。该层为网络应用程序提供了两个接口：Windows Sockets 和 NetBIOS。

HTTP（Hyper Text Transport Protocol）称为超文本传输协议，是用于从 Web 服务器传输超文本协议到本地浏览器。该协议使浏览器更加高效，减少网络传输量。FTP（File Transfer Protocol）称为文件传输协议，可以实现一个系统向另一个系统传输文件。FTP 可提高文件的共享性，使数据可靠高效地传送。SMTP（Simple Mail Transport Protocol）称为简单邮箱传输协议，可以实现邮件高效可靠地传输。

2. 传输层

传输层提供端到端的通信，该层使用了 TCP 和 UDP 协议来支持数据的传送。TCP（Transmission Control Protocol）称为传输控制协议，是一种面向连接的、无消息边界的、保证数据传输不丢失的、按发送顺序重新装配的协议。UDP（User Datagram Protocol）称为用户数据报协议，是一种无连接的、有消息边界的、不保证数据传输不丢失的、不一定按发送顺序重新装配的协议。

3. 网络层

网络层主要实现报文在网络主机间的传输。把传输层分组生成 IP 数据报的形式按照 IP 数据表选择的路径，将其从源主机发到目的主机。在网络层最常用的协议是 IP 协议。IP（Internet Protocol）称为网际协议，通过路由的方式传递分组，IP 协议能确保信息正确达到目的地。

4. 网络接口层

网络接口层的主要功能是如何在不可靠的物理线路上进行数据的可靠传输，即完成的是网络中相邻结点之间可靠的数据通信。

12.1.2 IP 地址

IP（Internet Protocol）协议位于网络层。网络层负责数据包的路由，而 IP 地址则是数据包在整个网络环境中路由时，确认目标计算机的唯一标识。IP 地址由两部分组成：一部分用于区分不同的网络，另一部分用于区分该网络上的不同设备。为了在硬件设备上方便处理，IP 编址采用 32 位二进制地址进行识别，常见的形式是将 32 位的 IP 分成 4 段，每段一个字节，4 个字节换成十进制便于人们记忆，中间用圆点分隔。前面讲到 IP 地址由网络部分和主机部分构成，根据网络部分表示范围的不同将 IP 地址划分五类。

- A 类：1.0.0.0～127.0.0.0。
- B 类：128.0.0.0～191.255.0.0。

- C 类：192.0.0.0～223.255.255.0。
- D 类：224.0.0.0～239.255.255.255。
- E 类：240.0.0.0～255.255.255.254。

C#的 System.Net 命名空间中，提供了两个专门处理 IP 地址信息的类：IPAddress 类和 IPEndPoint 类。IPAddress 类用于表示 IP 地址。例如，使用 Parse()方法创建一个 IPAddress 的实例。代码如下所示。

IPAddress ip=IPAddress.Parse(“192.168.1.1”);

上述代码的作用是将 IP 地址字符串转化为 IPAddress。IPAddress 中提供了 4 个只读字段，用来表示程序中使用到的特殊 IP 地址类型。

- Any：表示本地系统中可用的任意 IP 地址。
- Broadcast：表示本地网络的 IP 广播地址。
- Loopback：表示系统的回环地址。
- None：表示系统上没有可用的网络接口。

System.Net 名称空间中包含一个 Dns 类。利用该类的 GetHostName()方法可以获得本地系统的主机名，然后利用 GetHostAddresses()方法获取主机 IP 地址。在即时聊天工具、网络游戏甚至很多网站都用到了获取客户端 IP 地址的功能，下面的程序演示了如何获得主机名和 IP 地址，代码如下所示。

范例 12.1
GetUserIP.sln

GetUserIP.sln 本范例使用 Dns 类的静态方法实现了获取本地主机名和 IP 地址的功能，并且演示了 IPAddress 类中特殊的 IP 地址类型。（光盘\code\ch12\GetUserIP\GetUserIP.sln）

```
using System;                                                    //系统默认生成命名空间
using System.Collections.Generic;
using System.Linq;
using System.Text;
using System.Net;                                                //IP 地址等类用到的命名空间
namespace GetUserIP                                              //自定义命名空间“GetUserIP”
{
    class Program
    {
        static void Main(string[] args)                          //程序的入口
        {
            string hostName = Dns.GetHostName();        //获取主机名
            Console.WriteLine("本地主机名：" + hostName);         //输出主机名
            // 由主机名 hostName 得到对应的 IP 地址
            IPAddress[] meIP = Dns.GetHostAddresses(hostName);
            foreach (IPAddress ip in meIP)                       //遍历所有 IP 地址
            {
                Console.WriteLine("本地 IP 地址" + ip.ToString());  //输出本机 IP 地址
            }
            IPAddrcss ip4 = IPAddrcss.Any;                       //本地可用 IP 地址
            IPAddress ip3 = IPAddress.Broadcast;                 //本地网络的广播地址
            IPAddress ip2 = IPAddress.Loopback;                  //本地环回地址
            IPAddress ip1 = IPAddress.None;                      //指定不使用任何网络接口
            Console.WriteLine("None address:{0}", ip1); //输出不使用任何网络接口的 IP
```

```
25                  Console.WriteLine("Loopback address :{0}", ip2);//输出本地环回地址
26                  Console.WriteLine("Broadcast address:{0}", ip3); //输出本地网络的广播地址
27                  Console.WriteLine("Any address:{0}", ip4);        //输出本地可用 IP 地址
28                  Console.Read();                                   //等待用户输入
29              }
30          }
31      }
```

运行程序，结果如图 12-1 所示。

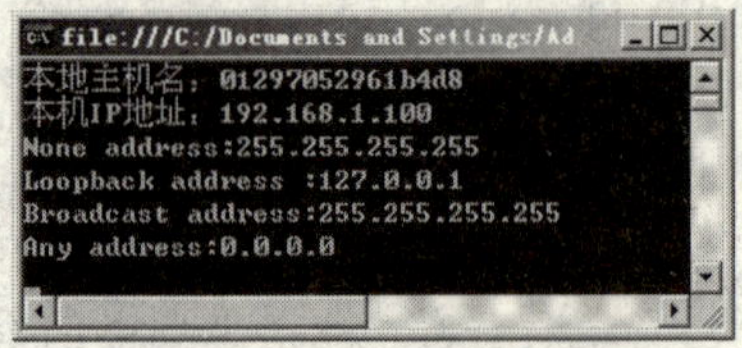

图 12-1 输出的 IP 地址信息

代码第 5 行引用 System.Net 命名空间，此命名空间包括 IP 地址等类，在网络编程中几乎都会用到该命名空间。第 12 行使用 Dns 类的 GetHostName 方法获取本地主机名，第 15 行根据主机名获取本地的 IP 地址。

作者心得：

运行结果中显示的本地主机名“01297052961b4d8”和本机 IP 地址“192.168.1.100”，这都是笔者在自己的计算机上运行的结果，在不同计算机上运行的结果不同。

12.1.3 端口号

有了 IP 地址只能确认目标主机，而实际上网络中通信的实体是系统中的进程，而标识进程的就是端口号。端口号是一个 16 进制的无符号整数，其范围是 0～65535，共有 65536 个。端口 0～1023 是保留端口，用于常用的服务，例如 HTTP 的 80、Telnet 的 23、DNS 的 53 等。

在 Internet 中，一个网络地址和一个服务器端口来标识唯一的设备。一个应用程序必须至少有一个端口。端口是应用程序向系统申请的，所有的端口由操作系统统一管理。应用程序得到某端口的使用许可后，操作系统会将该端口绑定到相应的应用。当该端口有数据传递过来时，操作系统便将数据转发给相应的应用处理。

System.NET 名称空间下的 IPEndPoint 类用于处理 IP 地址和端口的组合，其构造方法如下所示。

IPEndPoint(IPAddress address,int port);

第一个参数是 IPAddress 实例，第二个参数是端口号。该类常用的属性如下所示。

- Address：得到或者设置 IP 地址。
- AddressFamily：得到 IP 地址系列。
- Port：获取或者设置 TCP 或者 UDP 端口号。

下面的例子演示了 IPEndPoint 类的使用方法。

范例 12.2 TestIPEndPoint.sln

TestIPEndPoint.sln 本范例通过使用 IPAddress 类对象创建 IPEndPoint 对象，演示了设置和获取 IP 地址、IP 地址所属系列属性，以及端口号的取值范围。

（光盘\code\ch12\TestIPEndPoint\TestIPEndPoint.sln）

```
01  using System;                                      //系统默认生成命名空间
02  using System.Net;                                  //Ip 地址等类用到的命名空间
03  namespace TestIPEndPoint                           //自定义命名空间“TestIPEndPoint”
04  {
05      class Program
06      {
07          static void Main(string[] args)            //程序的入口
08          {
09              IPAddress ip = IPAddress.Parse("127.0.0.1");      //创建一个 IP 地址
10              IPEndPoint iep = new IPEndPoint(ip, 8000); //创建一个 IPEndPoint 类实例
11              Console.WriteLine("The IPEndPoint is :{0}", iep.ToString());//以字符串形式输出 iep
12              Console.WriteLine("The Address is{0}", iep.Address);  //输出 IP 地址
13              Console.WriteLine("The Address Family is:{0}", iep.AddressFamily);//iep 所属系列
14              Console.WriteLine("The max port number is:{0}", IPEndPoint.MaxPort);//最大端口
15              Console.WriteLine("The min port number is:{0}", IPEndPoint.MinPort);//最小端口
16              Console.Read();                                   //等待用户输入
17          }
18      }
19  }
```

代码第 2 行引入网络命名空间，第 9 行创建一个 IP 地址对象，第 10 行使用 IP 地址创建一个 IPEndPoint 对象。第 11 行到第 13 行分别将 IPEndPoint 对象、IP 地址以及 IP 地址所属系列输入，第 14 行和第 15 行将最大端口号和最小端口号输出。运行程序，结果如图 12-2 所示。

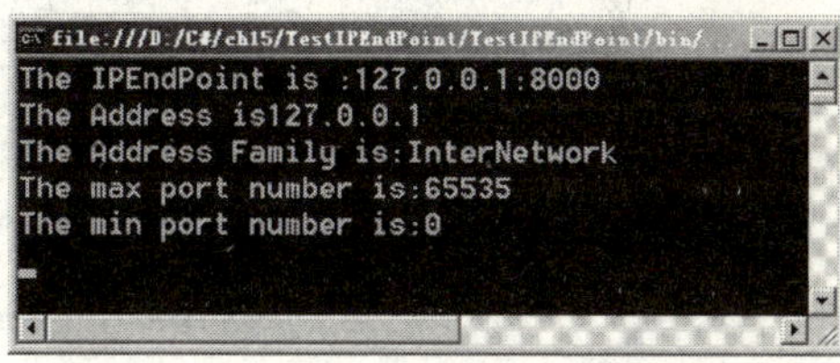

图 12-2　运行结果图

作者心得：

从运行结果可以看出，IPEndPoint 类实例 iep 包含 IP 地址和端口号两部分，其属性 MaxPort 表示端口号最大值。MinPort 表示端口号最小值，即所有端口号的取值范围在 0～65535 之间。

12.2　网络套接字技术

套接字（Socket）是网络编程的核心，用于描述 IP 地址和端口，在网络编程中应用极为广泛，应用程序一般通过套接字与其他网络上的主机进行通信。本节主要介绍套接字基础，以及面向连接的套接字和面向无连接的套接字的通信过程。

12.2.1　套接字基础

套接字类在命名空间 System.Net.Sockcts 中，其提供了与底层 API 的接口。套接字是引用网络连接的特殊文件描述符，由 3 个基本要素组成：网络类型、数据传输类型、采用的网络协议。Socket 是开发网络应用程序的核心元素，常用构造方法如下所示。

Socket(AddressFamily, SocketType, ProtocolType);

上述套接字构造方法的形式是使用指定的网络类型（AddressFamily）、套接字类型（SocketType）和网络协议（ProtocolType）初始化 Socket 类的实例，这种是最常用的初始化 Socket 类实例的形式。对于网络上的 IP 通信来说，参数 AddressFamily 使用的是该类的枚举值。AddressFamily 类枚举值包括 InterNetworkV4（IPv4 地址）、InterNetworkV6（IPv6 地址）等的成员。SocketType 参数和 ProtocolType 参数配合使用。SocketType 的成员列表，如下所示。

- Dgram：数据报式套接字，提供无连接数据传输服务。
- Raw：原始套接字，支持较底层协议的直接访问。
- Rdm：支持可靠但不保证数据报有序的套接字类型。
- Seqpacket：提供了面向连接且可靠的双向传输服务。
- Stream：流式套接字，提供了面向连接的、可靠的数据传输服务。
- UnKnown：未知的 Socket 类型。

上述 Socket 类构造方法的第三个参数是 ProtocolType 的枚举值，表示指定 Socket 类支持的协议。ProtocolType 的枚举值包括 IP（Internet Protocol 协议）、Tcp（Transmission Control Protocol 协议）、Udp（User Datagram Protocol 协议）等。弄清楚构造方法和参数的含义就可以很容易的创建套接字的实例了。下面的代码是创建一个套接字的实例。

```
Socket socket = new Socket(AddressFamily.InterNetwork, SocketType.Stream, ProtocolType.Tcp);
```

其中，参数 AddressFamily.InterNetwork 表示 IPv4 地址，即现在普遍使用的 IP 地址方式。第二、三个参数一般组合在一块使用，这里表示该套接字实例支持双向、可靠且基于字节流的 TCP 连接，请看下面代码。

范例 12.3
TestSockets.sln

TestSockets.sln 本程序使用套接字的 Blocking 属性和 Connected 属性实现判断套接字状态是否阻塞、与远程主机是否进行连接的功能。（光盘\code\ch12\TestSockets\TestSockets.sln）

```
using System;                                   //系统默认生成命名空间
using System.Collections.Generic;
using System.Linq;
using System.Text;
using System.Net;                               //IPAddress 等类所在命名空间
using System.Net.Sockets;                       //Socket 类所在命名空间
namespace TestSockets                           //自定义命名空间“TestSockets”
{
    class Program
    {
        static void Main(string[] args)         //程序的入口
        {
            IPAddress ip = IPAddress.Parse("127.0.0.1");//将 IP 字符串转化为 IPAddress 对象
            IPEndPoint iep = new IPEndPoint(ip, 8000);  //实例化一个 IPEndPoint 类对象 iep
            Socket socket = new Socket(AddressFamily.InterNetwork,
                    SocketType.Stream, ProtocolType.Tcp);      //实例化一个套接字对象
            Console.WriteLine("Blocking: {0}", socket.Blocking);      //输出是否阻塞
            Console.WriteLine("Connected: {0}", socket.Connected);    //输出是否连接
            socket.Bind(iep);                                  //与一个本地终结点相关联
            // LocalEndPoint 属性是获取本地终结点
            Console.WriteLine("Local EndPoint: {0}", socket.LocalEndPoint.ToString());
```

```
22                  Console.Read();                         //等待用户输入
23              }
24          }
25      }
```

代码第 5 行和第 6 行引入命名空间，其中 System.Net.Sockets 命名空间中包含套接字类。第 13 行使用 IPAddress 类创建一个回环地址，第 14 行使用创建的 IP 地址对象创建 IPEndPoint 对象，第 15 行和第 16 行创建套接字对象，第 17 行输出套接字对象是否阻塞，第 18 行输出是否连接，第 19 行使用 Bind()方法将 IPEndPoint 对象关联。运行程序，结果如图 12-3 所示。

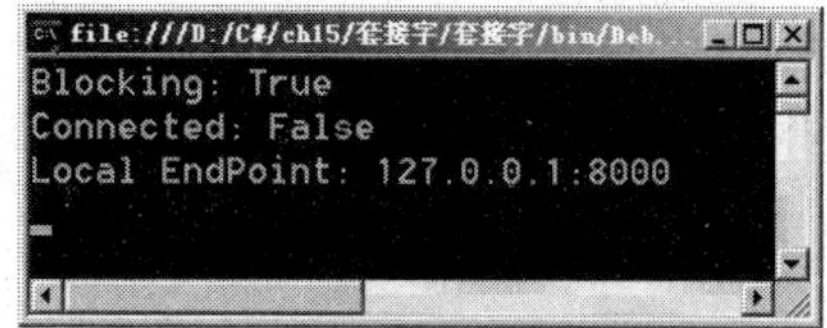

图 12-3　Socket 实例运行结果图

上述程序用到了套接字的 Bind()方法。该方法使 Socket 与一个本地终结点相关联。参数 iep 为 IPEndPoint 类的实例对象，LocalEndPoint 属性是获取本地终结点。本程序输出的终结点为 127.0.0.1：8000。

12.2.2 利用面向连接的套接字实现客户端和服务器通信

套接字主要分为两种，面向连接的套接字和面向无连接套接字。TCP 协议就是持续连接的一种协议。TCP 建立连接后只有在不通信时才可以关闭。就像是生活中打电话一样，拿起电话接通以后才能够说话。相对于计算机而言在网络中传输的是并不能直接看到的二进制数据。TCP 协议传输的数据必须在打开连接与关闭连接之间完成。就像打电话时必须在接通之后与挂电话之前把话说完。面向连接的套接字通信步骤，如图 12-4 所示。

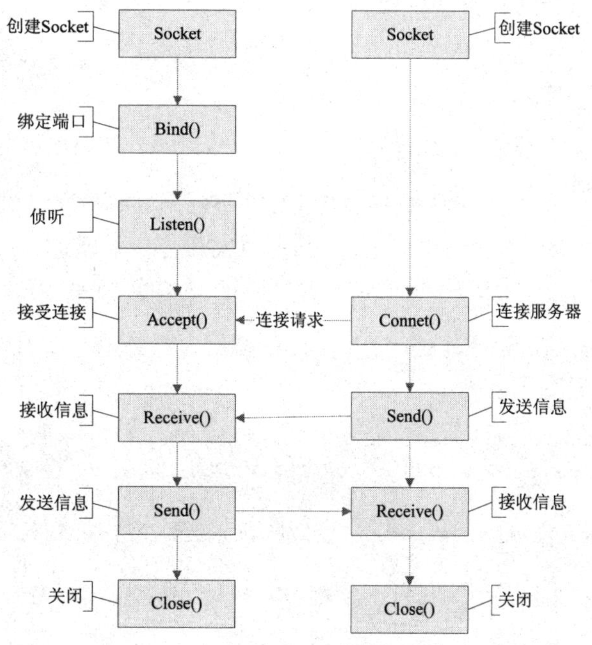

图 12-4　面向连接的套接字通信步骤

由于客户端和服务器进行通信中用到的网络流等知识还没有讲解，这里先介绍将客户端和服务器通信的大体框架。服务器端创建 Socket 通信有以下几个步骤。

（1） 创建一个 Socket 类实例，用来侦听网络中的连接请求。前面已经介绍了关于创建 Socket 实例的方法，以及参数的意义，下面就可以是创建 Socket 实例。

```
Socket s = new Socket(AddressFamily.InterNetwork,SocketType.Stream,ProtocolType.Tcp);
```

（2） 建立套接字以后，必须将其绑定到本地 IP 地址和端口上。在本书 12.2 节的示例中已经用到 Bind()方法，代码如下所示。

```
s.Bind(IPEndPoint address);
```

（3） 服务器端准备好以后就可以开始侦听，可以接收客户端发来的连接尝试。用 Socket 类的 Listen 方法即可侦听，代码如下所示。

```
s.Listen(int backlog）;
```

其中，参数 backlog 代表允许连接客户端的最大连接数。

（4） 当收到客户端的请求后，即可建立连接。然后服务器与客户端就可以进行通信。用 Socket 类里面的 Accept()方法可以接收客户端发出的请求。

```
Socket s2=s.Accept();
```

此时，s2 可以调用 Socket 类的 Receive()、Send()方法进行数据的收发，代码如下所示。

```
s2.Receive(message);                                    //接收信息
s2.Send(message);                                       //发送信息
```

程序执行到 Accept()方法时会处于暂停状态，直到有客户机请求连接，如果有客户端连接上服务器，Socket 实例对象 s2 将包含与客户端通信的所有连接信息。而第一个 Socket 对象仍然绑定到原来的 IP 地址和端口号，故仍可以继续接收其他客户端的连接请求。

（5） 关闭服务器与客户端的连接。

```
s.Close();                                              //关闭连接
```

以上完成了服务器端的创建，创建客户端的步骤如下。

（1） 创建一个客户端 Socket 类实例。

```
Socket s = new Socket(AddressFamily.InterNetwork,SocketType.Stream, ProtocolType.Tcp);
```

（2） 通过服务器的主机名和端口，向服务器发送连接请求。

```
s.Connect(IPEndPoint iep);                              //向服务器发送连接请求
```

其中，Connect()方法是 Socket 类的方法。其中参数为服务器端的 IP 地址和端口号。Connect 有 4 种构造形式，如下所示。

```
Connect(EndPoint remoteEP);              //建立与远程主机的连接，参数为 EndPoint 类的对象
Connect(IPAddress address,int port);     //参数由 IP 地址类和端口号组成，指定远程主机的 IP 地址和
端口号
Connect(IPAddress[] address,int port);   //参数由 IP 地址类数组和端口号组成，指定远程主机的 IP 地
址和端口号
Connect(string host,int port);           //建立与远程主机的连接，参数由主机名和端口号组成
```

此处用到的是第一种形式。注意 EndPoint 为 IPEndPoint 的父类。Connect 和服务器端的 Accept 类似，在程序执行到此处，会处于暂停状态，直到与服务器建立连接。

（3） 向服务器发送连接请求后，如果服务器端正处于侦听状态，即可建立连接。连接成功后，可以调用 Socket 类的 Receive()、Send()方法与服务器进行数据的交互。这和服务器

端发送、接收数据的方法相同。客户端发送与接收信息的代码如下所示。

```
s.Receive(message);                    //接收服务器发送来的信息
s.Send(message);                       //发送信息
```

（4） 通信完毕后，先调用 ShutDown()方法停止会话，再关闭自身的 Socket 实例，代码如下所示。

```
s.ShutDown(SocketShutDown.Both);       //停止会话
s.Close();                             //关闭 Socket 实例
```

SocketShutDown 的枚举值有以下 3 种。

- SocketShutDown.Both：停止此套接字实例发送并且停止接收信息。
- SocketShutDown.Receive：停止此套接字实例接收数据。
- SocketShutDown.Send：停止发送数据，在所有存放在缓冲区的数据发送出以后，将发出一个 FIN 信号。

这样就可以建立最简单的服务器与客户端通信的例子。第 12.5.3 节和 12.5.4 节将在这部分的基础上进行扩展，创建一个聊天程序。

12.2.3 利用面向无连接的套接字实现点到点的通信

无连接的套接字不需要在网络上、设备与设备之间发送连接信息。如果一个设备在等待远程设备的信息，套接字必须用 Bind()方法绑定到一个本地地址/端口上。完成绑定之后，该设备就可以利用套接字接收数据了。由于客户端设备没有建立到特定服务器地址的连接，所以不需要 Connect()方法。无连接套接字程序通信顺序如图 12-5 所示。

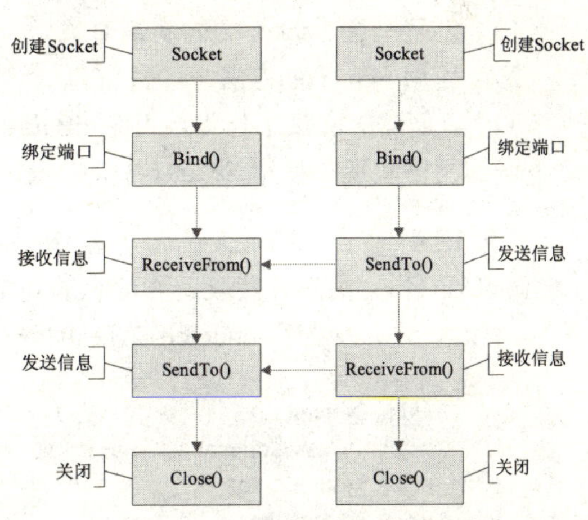

图 12-5 无连接套接字工作次序

由于不存在确定的连接，可以直接使用 SendTo()方法和 ReceiveFrom()方法发送和接收数据。在两个设备之间的通信结束之后，应使用 Shutdown()和 Close()方法将套接字关闭。

作者心得：

如果要使用 ReceiveFrom()方法接收数据，必须使用 Bind()方法将套接字绑定到一个本地地址/端口对上，如果只发送而不接收，则不需要。

由于 UDP 不需要建立连接，因此可以在任何时候直接向网络中的任意主机发送 UDP 数据包。可以直接用 SendTo()方法将数据发送到指定的终点。将创建的套接字与本地 IPEndPoint 进行绑定后，也可以用 ReceiveFrom()方法接收远程主机发来的数据。SengTo()方法和 ReceiveFrom()方法有下列几种重载的形式。如表 12-1 所示。

表 12-1　SengTo()方法和 ReceiveFrom()方法的重载形式

重载方法	描　述
SendTo(byte[] data,EndPoint remote);	data 是自己数组，remote 表示套接字。将数据 data 发送到指定的终点（remote）。
SendTo(byte[] data,SocketFlags flags, EndPoint remote);	SocketFlags 表示套接字标志，使用指定的套接字标准将数据发送到指定的终点。
SendTo(byte[] data,int size, SocketFlags flags,EndPoint remote);	size 表示字节数，使用指定的 SocketFlags 将指定字节数的数据发送到指定的终点。
SendTo(byte[] data,int offset,int size, SocketFlags flags,EndPoint remote);	Offset 表示缓冲区的指定位置，从缓冲区中的指定位置开始将指定字节数的数据发送到指定的终点。
ReceiveFrom(byte[] data , ref EndPoint remote);	将数据接收到数据缓冲区并存储到指定的终点。
ReceiveFrom(byte[] data, SocketFlags flags , ref EndPoint remote);	使用指定的 SocketFlags 将数据报接收到数据缓冲区并存储到指定的终点。
ReceiveFrom(byte[] data, int size, SocketFlags flags ,ref EndPoint remote);	使用指定的 SocketFlags 将指定的字节数接收到数据缓冲区并存储到指定的终点。
ReceiveFrom(byte[] data, int offset,int size, SocketFlags flags ,ref EndPoint remote);	将指定字节数的数据接收到数据缓冲区的指定位置并存储到指定的终点。

需要注意的是，ReceiveFrom()方法传递的是 EndPoint 对象的引用。以下是基于无连接的套接字传输数据的步骤。

（1） 创建一个 Socket 类的实例对象。

（2） 使用 SengTo()方法发送数据包。

（3） 将创建的套接字与本地 IPEndPoint 进行绑定，然后使用 ReceiveFrom 接收数据包。

下面的程序实现了使用 SendTo()和 ReceiveFrom()进行绑定的功能，代码如下所示。

范例 12.4
TestUdp.sln

TestUdp.sln 本范例使用无连接的套接字，实现向指定 IP 的主机发送消息并获取返回信息的功能。

（光盘\code\ch12\TestUdp\TestUdp.sln）

```
using System;                              //系统默认生成命名空间
using System.Collections.Generic;
using System.Linq;
using System.Text;
using System.Net.Sockets;                  //需要导入的命名空间，Sockets 类在此命名空间
using System.Net;                          //需要导入的命名空间，IP 地址等类在此命名空间
namespace TestUdp{
    class Program
    {
        static void Main(string[] args) //程序的入口
        {
            int length;                         //定义整型变量，用来存放接收到的字节数
            byte[] bytes = new byte[1024];      //定义长度为 1024 的字节数组
            Socket socketSend =new Socket(AddressFamily.InterNetwork,
                    SocketType.Dgram, ProtocolType.Udp);     //创建一个 Socket 对象
            //将本机 IP 地址和端口与套接字绑定，为接收做准备
            IPEndPoint myHost = new IPEndPoint(IPAddress.Any,8000);
            socketSend.Bind(myHost);                          //绑定本地主机
            //定义远程 IP 地址和端口，为发送数据做准备
```

```
20              IPEndPoint remote = new IPEndPoint(IPAddress.Parse("192.168.1.101"), 8000);
21              EndPoint remoteHost = (EndPoint)remote;        //从 IPEndPoint 得到 EndPoint 类型
22              Console.Write("输入发送的信息：");
23              string str = Console.ReadLine();
24              bytes = System.Text.Encoding.Unicode.GetBytes(str);   //字符串转换为字节数组
25              //向远程终端发送信息
26              socketSend.SendTo(bytes, bytes.Length, SocketFlags.None, remoteHost);
27              while (true)                                          //进入循环接收信息状态
28              {
29                  Console.WriteLine("等待接收...");
30                  //从本地绑定的 IP 地址和端口接收远程终端的数据，返回接收的字节数
31                  length = socketSend.ReceiveFrom(bytes, ref remoteHost);
32                  //字节数组转换为字符串
33                  str = System.Text.Encoding.Unicode.GetString(bytes, 0, length);
34                  Console.WriteLine("接收到信息：{0}", str);
35                  if (str == "Q")                          //如果收到的消息是"Q"，则跳出给循环
36                  {
37                      break;
38                  }
39                  Console.Write("输入回送信息（Q 退出）：");
40                  str = Console.ReadLine();                   //获取用户输入信息
41                  bytes = System.Text.Encoding.Unicode.GetBytes(str);//转换成字节数组
42                  socketSend.SendTo(bytes, bytes.Length, SocketFlags.None, remoteHost);
43              }
44              socketSend.Close();                              //关闭套接字
45              Console.WriteLine("对方已经退出了，请按回车键结束。");
46              Console.ReadLine();                              //等待用户输入
47          }
48      }
49  }
```

代码第 14 行和第 15 行定义无连接的套接字对象，第 17 行将本地主机 IP 地址和端口号与套接字绑定，不妨将该主机叫做主机 A。第 20 行定义远端主机的 IP 地址和端口，为发送做准备，将此主机叫做主机 B。通信 A 主机的 IP 地址是自动获取本机的 IP 地址，需要指定通信 B 主机的 IP 地址。这里 B 主机用的是同一局域网内的“192.168.1.101”。如果想实现通信效果，需要把程序中出现的 IP 地址“192.168.1.101”改为 A 主机的 IP 地址（假设为“192.168.1.100”），然后编译。在 A、B 主机上同时运行，首先在 A 主机上运行程序运行结果如图 12-6 所示。

运行程序后，出现提示输入信息，输入并发送后一直处于等待状态，直到 B 主机发送消息后。如图 12-7 所示。

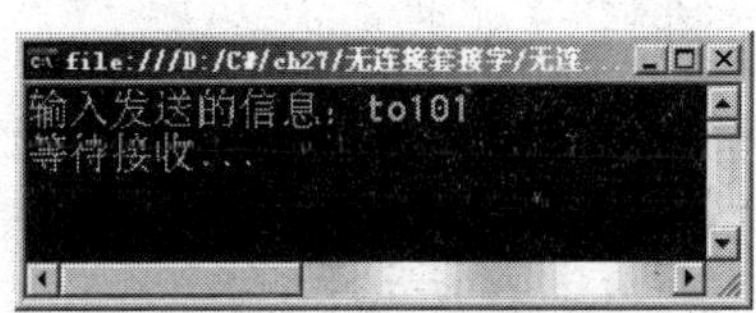

图 12-6　在 A 主机上运行效果图

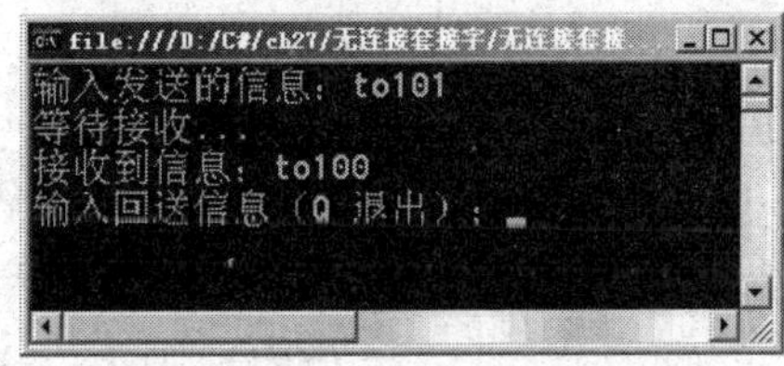

图 12-7　收到 B 主机上发回的消息后的运行效果图

作者心得：

这个程序只是一个简单的无连接的套接字的示例，显得相当笨重，只能等到对方有回应才能继续执行后面的程序。后面的章节将会完善这种连接方式。如果读者不方便测试，可以把程序中出现的 IP 地址换成本机 IP 地址，或者是特殊的回送地址 127.0.0.1。该地址总是指向本地主机，一般在调试程序时使用此地址。

12.3 C#套接字的助手类

为了简化 Socket 编程，C#在 System.Net.Sockets 名称空间下提供了套接字助手类。这些类提供了易于使用的属性和方法，从而降低了套接字编程的难度。在套接字助手类中，TcpListener 类和 TcpClient 类专门用于 TCP 协议编程开发，UdpClient 类是用于 UDP 协议编程开发的类。下面进入本节的学习。

12.3.1 TcpListener 类：处理连接请求

TCP 助手类简化了网络编程中面向连接的套接字的开发操作，不过操作连接步骤并没有改变，首先需要进行侦听，然后接受客户端连接。

（1） 侦听。TcpListener 类用于在阻塞同步模式下侦听和接收传入的连接请求。该类有 3 种重载形式的构造方法，如下所示。

```
TcpListener(int port);                        //参数表示端口号，将当前 IP 地址和传入的端口号进行绑定
TcpListener(IPAddress address，int port);     //使用本地 IPAddress 对象和指定的端口号进行绑定
TcpListener(IPEndPoint iep);                  //绑定本地 IPEndPoint 对象
```

第二种形式的构造方法是将 TcpListener 与本地 IPAddress 对象和指定的端口号进行绑定。例如下面代码所示。

```
TcpListener tcpListener =new TcpClient("192.168.1.100",8000);
```

第三种构造方法与本地 IPEndPoint 进行绑定，即允许制定本地 IP 地址和端口号，该端口号用于侦听传入的连接尝试。第三种形式的构造方法是第二种形式构造方法的变形，输入参数用 IPEndPoint 类的实例代替两个参数：IP 地址和端口号。例如下面代码所示。

```
TcpListener tcpListener=new TcpListener(new IPEndPoint("192.168.1.100",8000));
```

作者心得：

构造方法的第一种重载形式只有一个参数，代表端口号，是将当前 IP 地址作为服务器的 IP 地址，将 TcpListener 与指定的本地端口号进行绑定。这种形式的构造方法只在.NET Framework 1.0 的时候可以使用，以后的各个版本都不支持这种构造方法。

（2） 接受连接。创建 TcpListener 类的实例后，就可以接受客户端连接请求了。下面列

出了 TcpListener 类的常用方法。

- AcceptTcpClient：接收一个客户端连接并将其送给一个 TcpClient 对象。
- Start：开始侦听。该方法被调用后，先把自己的 LocalEndPoint 和底层的 Socket 对象绑定起来，然后调用底层的 Socket 对象的 Listen()方法开始侦听来自客户端的请求。
- Stop：用于停止侦听请求，关闭底层的 Socket 对象。

AcceptTcpClient()方法返回一个 TcpClient 对象，可以通过该对象发送和接收数据。例如下面代码所示。

```
TcpClient newClient=tcpListener.AcceptTcpClient();
```

程序执行到 AcceptTcpClient()时，会处于阻塞状态，直到有客户端连接请求到达。一旦有客户端请求连接，就创建一个 TcpClient 对象，然后利用这个 TcpClient 对象与请求连接的这个客户端进行通信。如果要侦听多个客户端，可以将 AcceptTcpClient 放在循环内，例如下面代码所示。

```
While(true)
{
    TcpClient newClient= tcpListener.AcceptTcpClient();
    //其他处理语句
}
```

在第 12.2.2 节介绍面向连接的套接字的时候，服务器端的代码如下所示。

```
Socket s = new Socket(AddressFamily.InterNetwork, SocketType.Stream, ProtocolType.Tcp);
s.Bind(new IPEndPoint(IPAddress.Parse("127.0.0.1"), 8000));  //绑定服务器和 Socket 对象
s.Listen(15);                                                  //侦听连接请求
```

用套接字助手类可以简化成下面所示的代码。

```
TcpListener tc= new TcpListener(IPAddress.Parse("127.0.0.1"),80);
Tc.Start();                                                    //启动侦听
```

12.3.2　TcpClient 类：提供客户端连接

TcpClient 类为 TCP 网络服务提供客户端连接，该类封装了在客户端的连接。建立服务器端的连接需要执行以下步骤。

（1） 创建 TcpClient 类的对象，在进行连接前必须创建该对象。该类有 4 种形式的构造方法可以用来创建 TcpClient 类的对象，构造方法如下所示。

```
TcpClient();                        //无参数构造方法，直接创建 TcpClient 对象
Tcpclient(IPEndPoint iep);          //参数为 IPEndPoint 类的对象，指定本地的 IPEndPoint 类对象
TcpClient(string host,int port);    //参数为 IP 地址和端口号，用来指定远程设备
TcpClient(AddressFamily);           //用指定的 AddressFamily 对象初始化 TcpClient 类的实例
```

构造方法的第一种重载形式创建了一个新的 TcpClient 对象。该构造方法没有输入参数，没有指定连接地址和端口号，不过必须在 Connect()方法中指定服务器的 IP 地址和端口号信息。例如下面代码所示。

```
TcpClient client=new TcpClient();           //创建 TcpClient 对象
client.Connect("192.168.1.100",8000);       //与指定设备进行连接
```

第二种形式的构造方法将套接字与本地 IP 和端口进行绑定，使用这种格式时，需要先创

建一个 IPEndPoint 对象指定本地的 IPEndPoint 类对象。当设备中装有多个网卡时，一般使用这种构造方法确定使用哪个 IP 地址。例如下面代码所示。

```
IPEndPoint iep=new IPEndPoint(IPAddress.Parse("192.168.1.100"),8000);    //创建 IPEndPoint 对象
TcpClient client=new TcpClient(iep);                                      //创建 TcpClient 对象
client.Connect("192.168.1.100",8000);                                     //连接另外一台主机
```

第三种构造方法可以直接指定远程设备，而且不需要使用 Connect()方法。远程设备的地址可以用字符串形式的主机名或 IP 地址，如果用主机名，则 TcpClient 会自动将其解析为 IP 地址。例如下面代码所示。

```
TcpClient client=new TcpClient("192.168.1.100",8000);
```

构造方法的第四种重载形式使用指定的族初始化 TcpClient 类的实例。例如下面代码所示。

```
TcpClient client = new TcpClient (AddressFamily.InterNetwork);
```

（2）一旦创建了 TcpClient 对象，就可以使用该对象的属性和方法在本地和远程设备之间传送数据了，使用 Connect()方法就可以实现与远程设备建立 TCP 连接。除了 Connect()方法以外，TcpClient 类还有以下常用属性和方法。

- LingerState：获取或设置套接字保持的时间。
- NoDelay：获取或设置向 TCP 缓冲区发送或接收数据的延迟时间。
- ReceiveBufferSize：获取或设置 TCP 接收缓冲区的大小。
- ReceiveTimeout：获取或设置套接字接收数据的超时时间。
- SendBufferSize：获取或设置 TCP 发送缓冲区的大小。
- SengTimeout：获取或设置套接字发送数据的超时时间。
- Close()：关闭 TCP 连接。
- GetStream()：获取能够发送和接收数据的 Stream 对象。

在第 12.2.2 节介绍面向连接的套接字的时候，服务器端的代码如下所示。

```
Socket s = new Socket(AddressFamily.InterNetwork,SocketType.Stream, ProtocolType.Tcp);
s.Connect(new IPEndPoint(IPAddress.Parse("127.0.0.1"), 8000));    //向服务器发送连接请求
```

使用 TcpClient 类改进后的代码如下所示。

```
TcpClient tc = new TcpClient();                 //创建 TcpClient 对象
tc.Connect("127.0.0.1",8000);                   //向服务器发送连接请求
```

12.3.3 UdpClient 类：发送和接收数据报

UDP 助手类的唯一类——UdpClient 类，用于在阻塞同步模式下发送和接收无连接 UDP 数据报，该类的 Send()方法可以实现发送数据报、Receive()方法可以实现接收数据报等。该类有 6 种类型的构造方法，分别如下所示。

```
UdpClient();                                  //创建一个没有指定地址和端口号的 UdpClient 类对象
UdpClient(int port);                          //创建一个指定端口号的 UdpClient 类对象
UdpClient(string remoteHost, int port);       //创建一个指定远程主机和端口号的 UdpClient 类的实例
UdpClient(IPEndPoint iep);                    //创建一个指定 IPEndPoint 对象的 UdpClient 类的实例
UdpClient(AddressFamily family);//指定使用的网络类型
UdpClient(int port, AddressFamily family);    //指定使用的端口号网络类型
```

构造方法的第一种重载形式创建一个没有指定地址和端口的 UdpClient 类对象，需要在 Connect()方法中指定要连接的主机地址和端口号信息。例如下面代码所示。

```
UdpClient udpClient = new UdpClient();                    //创建 UDP 助手类对象 udpClient
udpClient.Connect("162.168.1.100",9000);                  //连接主机 162.168.1.100
```

构造方法 UdpClient(Int32)，创建一个指定端口号的 UdpClient 类的实例。使用这种方式创建的对象同样需要调用 Connect()方法时指定连接信息。例如下面代码所示。

```
UdpClient udpClient = new UdpClient(8000);            //创建对象 udpClient 并指定端口号为 8000
```

构造方法 UdpClient(String, Int32)和 UdpClient(IPEndPoint iep)类似，都是创建一个指定远程主机和端口号的 UdpClient 类的实例，并且与本地 IP 地址和端口号进行绑定。例如下面所示的代码。

```
UdpClient udpClient = new UdpClient("192.168.1.100",8000); //创建对象 udpClient 并指定端口号为
8000
```

UdpClient udpClient = new UdpClient(new IPEndPoint("192.168.1.100",8000));

构造方法 UdpClient(AddressFamily family)，参数 family 确定侦听器是使用 IPv4 版本地址还是使用 IPv6 版本地址。本章第一节已经介绍，传递枚举值 InterNetwork 时使用 IPv4 地址。若要使用 IPv6 地址，则需传递枚举值为 InterNetworkV6。

```
UdpClient udpClient = new UdpClient(AddressFamily.InterNetwork);      //使用 IPv4 版本地址
UdpClient(int port, AddressFamily family) //这种构造方法的重载形式相当于第二种和第五种的组合
```

创建一个指定端口号的 UdpClient 类的实例，并指定使用哪个版本的 IP 地址。

```
UdpClient udpClient = new UdpClient(8000,AddressFamily.InterNetwork);
```

12.4　网络流

在网络上传输数据时，使用的是网络流（NetworkStream）。在网络中数据也是以连续流或者数据流的形式进行传输的。为了处理这种流，.NET 中引入了 NetworkStream 类（在 System.NET.Sockets 名称空间中）该类用于在阻塞模式下通过网络套接字发送和接收数据。NetworkStream 类有 4 种形式的构造方法，其中常用形式如下所示。

```
NetWorkStream networkStream=new NetworkStream(Socket socket);      //Socket 对象作为参数。
```

一旦构造一个 NetworkStream 对象，就不需要使用 Socket 对象。也就是说，关闭连接前就一直使用 NetworkStream 对象发送和接收网络数据。下面列出了 NetworkStream 类提供的常用属性。

- CanRead：如果 NetworkStream 支持读操作，该属性值为真。
- CanSeek：NetworkStream 不支持随机访问，所以该属性总为假。
- CanWrite：如果 NetworkStream 支持写操作，该属性值为真。
- DataAvailable：有数据可读时该属性值为真。

通过属性 DataAvailable，可以迅速查看在套接字缓冲区中是否有数据等待读出。注意，NetworkStream 不支持对数据的随机访问。下面列出了 NetworkStream 类常用的方法。

- BeginRead()：启动一个异步 NetworkStream 读操作。

- BeginWrite()：启动一个异步 NetworkStream 写操作。
- Close()：关闭 NetworkStream 对象。
- EndRead()：结束一个异步 NetworkStream 读操作。
- EndWrite()：结束一个异步 NetworkStream 写操作。
- Flush()：从 NetworkStream 中取走所有数据。
- Read()：从 NetworkStream 中读取数据。
- ReadByte()：从 NetworkStream 中读取一个字节的数据。
- Write()：向 NetworkStream 写数据。
- WriteByte()：向 NetworkStream 写一个字节的数据。

在服务器和客户端建立连接后，双方就可以进行通信了。无论是服务器还是客户端，发送和接收数据的方法都是一样的。一般有两种发送数据的方法：使用 Socket 类的 Send()方法或者使用 NetworkStream 类的 Write()方法。

前面已经介绍了使用 Socket 类的 Send()方法发送数据，下面介绍另一种发送数据的方法。使用 NetworkStream 类的 Write()方法发送数据。如果创建了 NetworkStream 对象，就可以直接使用该对象发送数据。例如下面代码所示。

```
Socket socket=new Socket(AddressFamily.InterNetwork,SocketType.Stream,ProtocolType.Tcp);
NetworkStream netstream=new NetworkStream(socket);                    //创建网络流对象
string message= "发送的数据";                                          //设置发生数据的信息
byte[] bytes=System.Text.Encoding.Unicode.GetBytes(message);          //转化为字节流
netstream.Write(bytes,0,bytes.Length);                                //写入缓存
```

与套接字的 Send()方法不同，NetworkStream 对象的 Write()方法返回值为 void。因为该方法能保证将字节数组中的数据全部发送到 TCP 缓冲区中（一次不成功就自动多次发送）。与套接字的 Send()方法相同的是，发生数据前，都必须先将发送的数据转换为字节数组，然后使用 Send()或 Write()将数据发送出去。实际上，这个字节数组的数据并不是直接发送到远程服务器，而是发送到了 TCP 缓冲区中。

作者心得：

NetworkStream 类提供了很多实用的属性和方法，如发送的全部是单行文本信息，创建 NetworkStream 对象后，使用 StreamReader 类和 StreamWriter 类的 ReadLine()和 WriteLine()方法更简单，而且也不需要编程进行字符串和数组之间的转换。所以在编程开发中，一般使用 NetworkStream 类发送和接收数据。注意，在网络数据传输完成后，需要用 Close()方法关闭 NetworkStream 对象。

12.5 多线程

线程是指运行中的程序的调度单位。例如，打字员可以在看资料的同时打字，这里的看资料和打字都可以看作是线程。这些同时发生的事情不仅节约了时间，而且提高了效率。同样，在操作系统程序中也可以同时执行多个操作，进而提高程序的运行效率，加快运行速度。这就是下面将要讲到的多线程的应用。

12.5.1 多线程的应用

C#类库中提供了用来定义和使用多线程的类。C#多线程的使用是通过 System.Threading 命名空间提供的类、枚举、委托和接口来实现的。System.Threading 命名空间中的 Thread 类是 C#多线程的主要支持，但 Visual Studio 2008 默认并没有加入该命名空间，使用线程的时候需要手动加入。如表 12-2 所示，列出了 Thread 类的属性和方法。

表 12-2　列出 Thread 类的属性和方法

属性及方法	说　明
CurrentThread	获取正在运行的线程
IsAlive	获取表示当前线程的状态
Name	读取/设置线程的名称
Priority	获取/设置线程的优先级
ThreadState	获取包含当前线程状态的值
Start()	运行线程
Sleep()	休眠线程
Abort()	终止线程
Join()	禁止调用线程
Interrupt()	终止处于 Join，Sleep 状态的线程
uspend()	挂起线程
Resume()	恢复挂起线程

多线程看似是一种很复杂的东西，用起来也很麻烦，但却非常有用，尤其是在网络编程中。多线程可以提高效率这是不容置疑的。可能有些读者认为，现在的计算机运行很快，一些软件可以不考虑效率问题，但是有些交互的问题计算机运行再快也不能解决，例如下面的程序。

范例 12.5
TestThread.sln

TestThread.sln 本范例使用多线程，套接字进行监听，实现了将 IPEndPoint 对象的 IP 地址和 IP 地址所属系列进行输出的功能。

（光盘\code\ch12\TestThread\TestThread.sln）

（1） 创建一个 Windows 窗体应用程序。

（2） 在窗体上添加两个按钮和一个文本框。

（3） 添加“监听”的单击事件，代码如下所示。

```
01  private void btnListen_Click(object sender, EventArgs e)
02  {
03      Socket s = new Socket(AddressFamily.InterNetwork, SocketType.Stream, ProtocolType.Tcp);
04      IPAddress ip = IPAddress.Parse("127.0.0.1");        //创建一个 IP 地址
05      IPEndPoint server = new IPEndPoint(ip, 8000);       //使用端口 8000
06      s.Bind(server);                                     //套接字和本地 IP 地址/端口绑定
07      s.Listen(10);                                       //默认最大链接数为 10
08      s.Accept();                                         //接受客户端发出的连接请求
09  }
```

代码第 3 行实例化一个套接字对象，第 4 行创建一个 IP 地址对象，表示回环地址。第 6 行将套接字和 IP 地址为 127.0.0.1 的地址和端口为 8000 的地址进行关联，在本例中只是用来测试。第 7 行进行监听，第 8 行接受客户端发送的连接请求。

（4） 运行结果，如图 12-8 所示。因为这个程序没有使用多线程，单击“监听”按钮，执行移动等操作后就会变成如图 12-9 所示界面。

图 12-8 简单网络服务端软件用户界面

图 12-9 单击“监听”按钮后移动这个窗体的效果

通过上面的图片可以发现窗体已经完全空白了，其原因在于界面的线程被暂停。如果使用多线程，就不会出现这样的情况。

（5） 一般应用程序中是不允许出现这种情况的，现在使用多线程进行改进，修改后的代码如下所示。

```
01  Socket socket;                                              //定义套接字。
02  private void btnListen_Click(object sender, EventArgs e)
03  {
04      socket = new Socket(AddressFamily.InterNetwork, SocketType.Stream, ProtocolType.Tcp);
05      IPAddress ip = IPAddress.Parse("127.0.0.1");            //创建一个 IP 地址
06      IPEndPoint server = new IPEndPoint(ip, 8000);           //使用端口 8000
07      try
08      {
09          socket.Bind(server);            //套接字和本地 IP 地址/端口绑定
10          socket.Listen(10);                                  //默认最大链接数为 10
11          Thread thread = new Thread(new ThreadStart(Proccess));//定义线程
12          thread.Start();                                     //开启线程
13      }
14      catch (Exception ex)
15      {
16          MessageBox.Show("服务器启动失败！" + ex.Message);
17      }
18  }
19  private void Proccess()                                     //自定义方法
20  {
21      socket.Accept();                                        //接受客户端发出的连接请求
22  }
```

更改后的代码使用了多线程，需要添加对 System.Threading 命名空间的引用。在第 11 行定义线程对象，将 19 到 22 行自定义用于接收客户端发送信息的方法添加到委托。第 12 行开启线程。再次运行应用程序，单击“监听”按钮，移动窗体等操作就不会再出现图 12-9 所示的完全变白效果。

作者心得：

在 C#的 Windows 应用程序中，界面的显示和代码的处理在同一进程中。如果代码没有执行完毕，界面将进入假死状态，直到代码处理完成。即在代码处理中，界面将完全不能操作。使用多线程就能够解决这个问题，让其他线程来处理代码，界面上可以继续其他的操作，这样可以让用户拥有更好的体验。

12.5.2 线程的特性

线程像生命体一样也有生老病死，从未开始的线程到线程的开启、运行再到线程的休眠、暂停、终止等状态和生命体的生命周期，出生、成长、休息、死亡等类似。关于线程的生命周期，请参考如图 12-10 所示的内容。

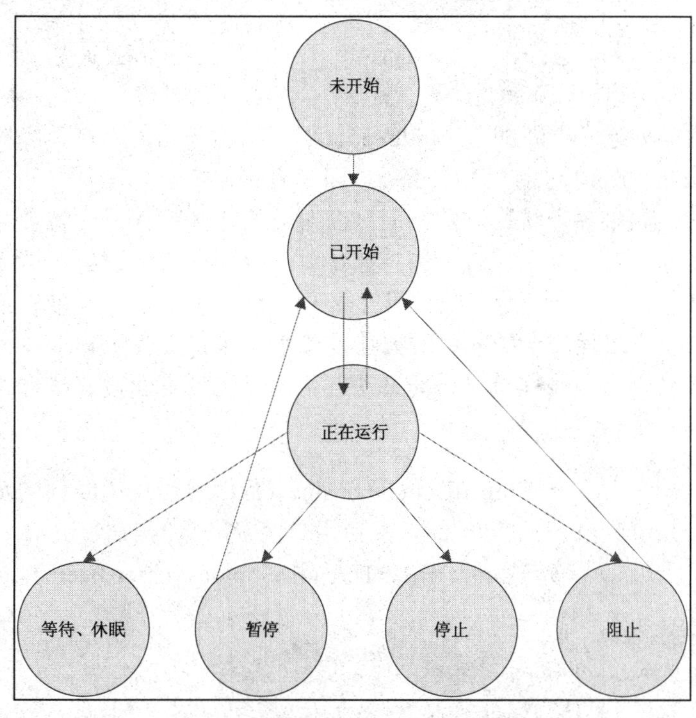

图 12-10　显示了线程的生命周期

从图 12-10 中可以看出线程最初处于未开始状态。调用 Start()方法时，首先进入开始状态，然后进入运行状态。通过调用 Sleep()方法或者 Join()方法可以暂停/阻塞线程。调用 Sleep()方法，意味着线程将不再得到 CPU 时间。

这两种暂停线程的方法是有区别的。Sleep()方法可以使线程进行休眠，在休眠的过程中不再执行线程内容直到休眠时间过期。Sleep()的休眠时间是以毫秒进行计算的，线程之间不能够相互调用 Sleep()方法，只有在线程内才可以调用。在早期版本中使用 Suspend()方法可以使其他线程进行休眠，然后使用 Resume()方法来恢复被休眠的线程，不过在.NET3.5 中这种方法已经过时。

如果创建多个线程并要执行，操作系统为每个线程指定优先级，从而决定执行线程的顺序。在默认情况下，优先级被指定为 Normal。可以通过 Priority 属性获取并设置线程的优先级。在 C#中，使用枚举定义线程的优先级，如表 12-3 所示，列出了其成员。

表 12-3 ThreadPriority 枚举成员

成　员	说　明
Highest	最高
AboveNormal	中高
Normal	普通
BelowNormal	较低
Lowest	最低

注意，在设置线程的优先级之前，确保线程的状态为运行。请看下面的代码示例。

```
void Task()
{
    Thread objthread=new Thread(new ThreadStart(Task));          //创建新线程
    objthread.Start();                                           //启动线程
    objthread.Priority=ThreadPriority.Highest;                   //设置优先级为高
}
```

首先利用线程类创建一个新线程 objthread，然后调用 Start()方法让线程开始执行。随后设置线程 objthread 的 Priority 属性为 Highest，即为最高。

线程是并发的，如果多个线程试图访问一个对象的方法或代码，就会产生一些问题。可能会将冲突的数据存储在文件中或执行错误的计算，原因在于线程的不同步。线程安全性涉及保护类的成员和代码，以便不会被同时几个线程中断。被保护、不被中断的线程，称这个类线程是安全的。设置线程安全的简单的方法是使用 lock 关键字。lock 关键字提供同步、锁死机制，确保每次只有一个线程可以访问方法或代码。例如下面设置线程的例子，代码如下所示。

范例 12.6 ThreadDemolock.sln ThreadDemolock.sln 本范例对比使用线程同步锁，实现工厂车间先生产产品，然后用户消费产品的功能。

（光盘\code\ch12\ThreadDemolock\ThreadDemolock.sln）

```
using System;                                          //系统默认生成命名空间
using System.Collections.Generic;
using System.Linq;
using System.Text;
using System.Threading;                                //导入线程类所在命名空间
namespace ThreadDemolock                               //自定义命名空间“ThreadDemolock”
{
    class Program
    {
        static void Main(string[] args)
        {
            Console.WriteLine("先生产后消费，每天增加一吨，月生产--消费量：");
            Thread.CurrentThread.Name = "主线程，生产量";  //设置当前线程名字为主线程
```

```
14                Program p = new Program();                        //定义类的实例
15                Thread objthread = new Thread(new ThreadStart(p.DOTask));//创建新线程
16                objthread.Name = "子线程，消费量：";               //为新创建线程命名
17                objthread.Start();                                //运行线程
18                p.DOTask();                                       //调用 DOTask 方法
19                Console.Read();
20            }
21            public    void DOTask()                                 //自定义方法
22            {
23                //lock (this)                                       //同步锁定
24                {
25                    for (int i = 1; i <=30; i++)                  //循环输入信息
26                    {
27                        Console.WriteLine(Thread.CurrentThread.Name + i.ToString() +    "吨");
28                    }
29                }
30            }
31        }
32    }
```

代码第 13 行设置主线程名称，第 15 行创建新的子线程，将自定义的 DOTask 方法加入到委托中。第 17 行启动子线程，第 18 行在主线程中调用 DOTask 方法。运行程序，结果如图 12-11 所示。

从运行结果中可以看到，先是生产，后是消费，整个顺序非常合理。如果去掉第 23 行，即不加同步锁定 lock(this)。再次运行程序，将出现运行结果混乱，结果如图 12-12 所示。

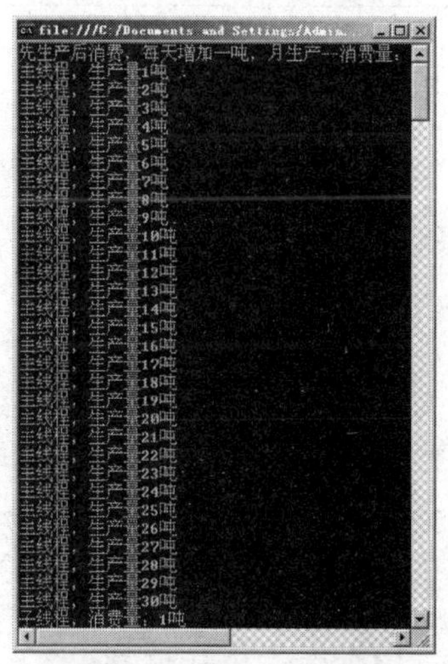

图 12-11　使用 lock 关键字设置线程的安全性

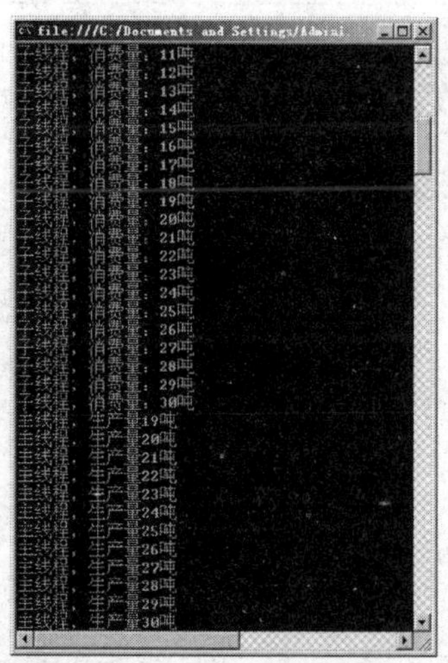

图 12-12　不加 lock 的运行结果

注意，由于篇幅原因，图 12-12 显示的只是部分线程。从上述没有同步线程程序的运行效果中可以看出，运行结果混乱，所以线程的执行顺序不能连贯起来。

12.5.3 利用多线程进行 TCP 通信——服务器端设计

在前面已经介绍，在面向连接的套接字技术中，服务器端和客户端进行连接并通信时，

服务器端首先要建立一个套接字，并且创建一个 IPEndPoint 对象，然后使用 Bind()方法将所创建的套接字与 IPEndPoint 对象进行绑定，之后使用 Listen()方法侦听，最后使用 Accept()方法接收客户端的连接请求。服务器端设计步骤如下所示。

范例 12.7
TcpServer.sln

TcpServer.sln 本范例通过 TCP 实现服务器端的多线程侦听，和下一节的范例共同完成服务器和客户端的连接、通信的功能。
（光盘\code\ch12\Tcp 多线程通信\TcpServer\TcpServer.sln）

（1） 打开 Visual Studio 2008，新建工程，并为解决方案命名为“TcpServer”。在主窗体上添加 2 个 GroupBox，3 个 Button，2 个 RichTextBox。分别设置属性，如表 12-4 所示。

表 12-4 各个控件属性设置表

控　件	属　性	值
RichTextBox（显示信息框）	Name	rtfShowMessage
	ReadOnly	true
	Dock	Fill
RichTextBox（发送信息框）	Name	rtfSendMessage
	Dock	Fill
GroupBox	Text	显示信息
GroupBox	Text	发送信息
Button	Text	启动服务器
	Name	btnStart
Button	Text	发送
	Name	btnSendMessage
Button	Text	关闭
	Name	btnClose
Lable	Text	“”（空）
Form	Text	服务器

属性设置完毕后，设计界面效果如图 12-13 所示。

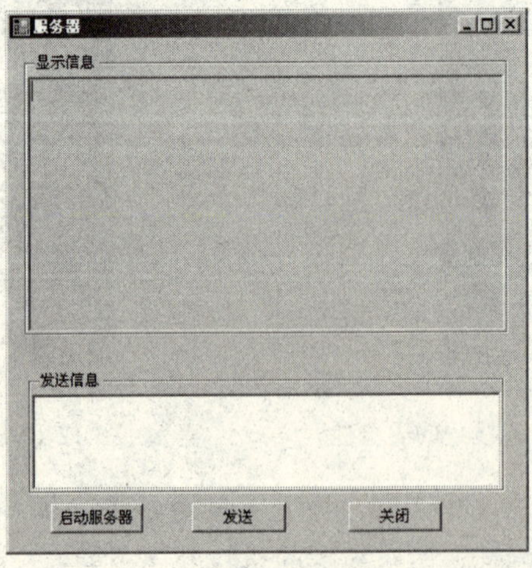

图 12-13 服务器端界面设计效果

（2） 首先导入以下命名空间。在本程序中用了套接字类和 IP 地址类，所以要添加其所在命名空间。

```
using System.Net.Sockets;    //网络套接字所在命名空间
using System.Net;            //IP 地址和 IPEndPiont 类所在命名空间
using System.Threading;      //线程所在命名空间
using System.IO;             //输入输出流命名空间
```

（3） 定义变量，用来获取和保存一些必要信息。

```
IPAddress HostIP;                        //用于获取和保存本机 IP 地址
IPEndPoint point;                        //定义 IP 和端口号
Socket socket;                           //定义套接字
bool flag = true;                        //是否继续的标志
Socket acceptedSocket;                   //定义接收套接字
```

（4） 为了调用控件，声名委托 SetTextCallback 和要加入到委托链的 SetText()方法。代码如下。

```
delegate void SetTextCallback(string text);     //声明委托 SetTextCallback
private void SetText(string text)               //声明将要加入委托的方法
{
    rtfShowMessage.AppendText(text + "");
}
```

（5） 进程所要调用的方法用于显示对方发过来的信息。下面是定义 Proccess()的方法。

```
01  private void Proccess()                    //自定义 Proccess()方法，用来处理发送过来的信息
02  {
03    if (acceptedSocket.Connected)        //判断连接状态
04    {
05        while (flag)
06        {
07            byte[] receiveByte = new byte[64];              //定义接收数据的字节数组
08            acceptedSocket.Receive(receiveByte, receiveByte.Length, 0);  //将接收信息保存
09            string strInfo = Encoding.BigEndianUnicode.GetString(receiveByte);//转换整字符串
10            this.Invoke(new SetTextCallback(SetText), new object[] { strInfo });
11        }
12    }
13  }
```

代码第 1 行到第 13 行自定义方法 Proccess()，该方法的作用是一直接收其他主机发送的消息。代码第 3 行判断连接状态，如果已经处于连接状态，则进行侦听。代码第 5 行进入循环，如果标志值为 true 一直处于接收状态，代码第 8 行是接收客户端发送的信息。

（6） “启动服务器”按钮的单击事件可以实现使服务器处于侦听状态。代码如下所示

```
private void btnStart_Click(object sender, EventArgs e)          //启动服务器事件
{
    string hostName = Dns.GetHostName();                         //获得主机名
    IPAddress[] me = Dns.GetHostAddresses(hostName);             //获取 IP 地址列表
    HostIP = me[0];                                              //取第一个 IP 地址
    try
    {
        point = new IPEndPoint(HostIP, Int32.Parse("8000"));//实例化终结点
        socket = new Socket(AddressFamily.InterNetwork,
            SocketType.Stream, ProtocolType.Tcp);                //实例化套接字
        socket.Bind(point);
```

```
12          socket.Listen(50);                                       //最大连接数量
13          acceptedSocket = socket.Accept();                        //接受客户端连接
14          Thread thread = new Thread(new ThreadStart(Proccess));
15          thread.Start();                                          //启动线程
16          label1.Text = "服务器已有连接！";
17      }
18      catch (Exception ex)
19      {
20          MessageBox.Show("服务器启动失败！" + ex.Message);
21      }
22  }
```

代码第 3 行获取主机名，第 4 行获取 IP 地址。对于多网卡主机对应多个 IP 地址，GetHostAddresses()方法返回所有 IP 地址的一个数字，这里只取 me[0]，代表只获取第一个 IP 地址。代码第 14 行定义新线程，并将 Proccess()方法添加到委托中。第 15 行启动新线程。在这里使用了多线程来完成数据接收的任务，因为网络工作与界面工作在不同的线程中。使用多线程可以避免程序界面进入假死状态。

（7） “发送”按钮的单击事件用来向客户端发送信息。代码如下所示。

```
01  private void btnSendMessage_Click(object sender, EventArgs e)      //发送信息事件
02  {
03      try
04      {
05          Byte[] sendByte = new Byte[64];                              //定义字节数组
06          string sendStr = "服务器端说：" + rtfSendMessage.Text + "\n";//设置发送信息内容
07          rtfShowMessage.AppendText("  " + sendStr);                   //在控件中显示信息
08          sendByte = Encoding.BigEndianUnicode.GetBytes(sendStr.ToCharArray());
09          acceptedSocket.Send(sendByte, sendByte.Length, 0);           //使用 Send()方法发送消息
10      }
11      catch (Exception ex)
12      {
13          MessageBox.Show(ex.Message);                                 //异常提示信息
14      }
15  }
```

代码第 6 行设置发送到客户端的内容，第 7 行在用于显示信息的文本框中显示要发送的消息内容，用来提示发送端发送的情况。第 9 行利用套接字的 Send()方法发送消息。

（8） “关闭”按钮的单击事件主要用来释放和关闭一些连接，如下所示。

```
private void btnClose_Click(object sender, EventArgs e)
{
    try                                              //捕获异常
    {
        socket.Close();                              //将套接字关闭
        acceptedSocket.Close();
    }
    catch (Exception ex)                             //抛出异常
    {
        MessageBox.Show(ex.Message);                 //显示异常信息
    }
```

```
12          finally                                   //清除异常
13          {
14              Close();
15          }
16      }
```

代码第 1 行到第 16 行是“关闭”按钮的的单击事件，关闭应用程序时需要关闭当前 Socket 连接，代码第 5 行和第 6 行将 Socket 对象关闭。用于接收信息的套接字和用于发送信息的套接字关闭的时候可能会出现异常，因此需要加上异常处理方法。

服务器端到目前为止已经创建完毕，等下一节创建完客户端一块进行演示。

12.5.4 利用多线程进行 TCP 通信——客户端设计

客户端与服务器端连接并进行通信，首先要创建一个套接字，然后使用套接字（Socket）类的 Connect 方法建立套接字与远程服务器之间的连接。执行以下步骤即可完成客户端的设计。

范例 12.8
TcpClient.sln

TcpClient.sln 本范例通过 TCP 实现客户端的连接请求，完成与服务器端连接、通信的功能。

（光盘\code\ch12\Tcp 多线程通信\TcpClient\TcpClient.sln）

（1） 打开 Visual Studio 2008，新建工程，并为解决方案命名为“TcpClient”。在主窗体上添加 2 个 GroupBox、3 个 Button、2 个 RichTextBox、2 个 Lable 和 1 个 TextBox。然后分别对其设置属性，如表 12-5 所示。

表 12-5　各个控件属性设置表

控　件	属　性	值
RichTextBox（显示信息框）	Name	rtfShowMessage
	ReadOnly	true
	Dock	Fill
RichTextBox（发送信息框）	Name	rtfSendMessage
	Dock	Fill
GroupBox	Text	显示信息
GroupBox	Text	发送信息
Button	Text	请求连接
	Name	btnStart
Button	Text	发送
	Name	btnSendMessage
Button	Text	关闭
	Name	btnClose
Lable	Text	“”（空）
Lable	Text	请输入服务器 IP:
TextBox	Name	txtIP
	Text	192.168.1.100
Form	Text	客户端

属性设置完毕后，设计界面效果如图 12-14 所示。

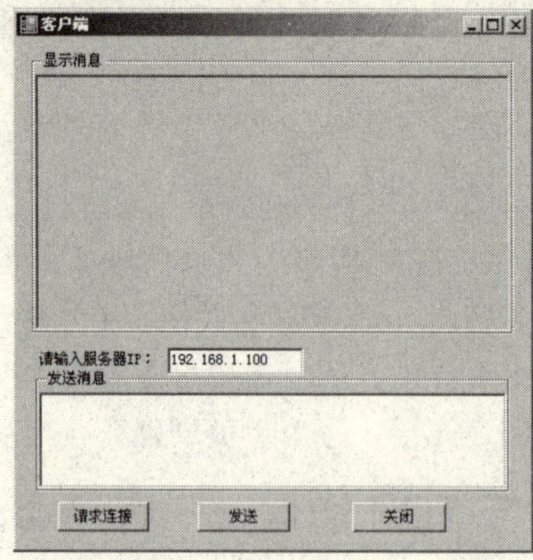

图 12-14　客户端界面设计效果

（2）首先导入命名空间。本程序用到了套接字类、IP 地址类、线程类、文件输入输出类和正则表达式类。这些类所在命名空间都需要手动加入。加入后的代码如下所示。

```
using System.Net.Sockets;
using System.Net;
using System.Threading;
using System.IO;
using System.Text.RegularExpressions;
```

（3）定义变量，用来获取和保存一些必要信息。

```
IPAddress HostIP;                    //获取和设置主机 IP 地址
IPEndPoint point;                    //定义 IP 和端口号
Socket socket;                       //定义套接字
bool flag = true;                    //是否继续的标志
```

（4）为了调用控件，声名委托 SetTextCallback 和要加入到委托链的 SetText()方法。代码如下。

```
delegate void SetTextCallback(string text);          //声名委托
private void SetText(string text)                    //自定义方法，添加显示信息文本框中信息
{
    rtfShowMessage.AppendText(text + "\r\n");
}
```

（5）进程所要调用的方法用于显示对方发过来的信息。下面定义的是 Proccess()方法。

```
private void Proccess()
{
    if (socket.Connected)                                        //判断是否处于连接状态
    {
        while (flag)                                             //是否接收信息的标志
        {
            byte[] receiveByte = new byte[64];
            socket.Receive(receiveByte, receiveByte.Length, 0);  //接收信息
            string strInfo = Encoding.BigEndianUnicode.GetString(receiveByte);//对字符进行编码
            //用指定的参数列表执行新实例话的 SetTextCallback(SetText) 委托。
            this.Invoke(new SetTextCallback(SetText), new object[] { strInfo });
```

```
        }
    }
}
```

（6） 在“请求连接”按钮的单击事件如下所示。

```
01  private void btnStart_Click(object sender, EventArgs e)  //“请求连接”事件
02  {
03      if (txtIP.Text == "")                          //判断是否输入服务器 IP
04      {
05          return;                                    //没有输入的话，直接返回
06      }
07      btnStart.Enabled = false;                  //发送以后，“发送”按钮处于不活动状态
08      string hostName = Dns.GetHostName();       //获取主机名
09      IPAddress[] me = Dns.GetHostAddresses(hostName);//主机对于 IP 地址
10      HostIP =   me[0];                          //取第一个 IP 地址，当作单网卡处理
11      try
12      {
13          point = new IPEndPoint(HostIP, 8000);          //为终结点赋值
14          socket = new Socket(AddressFamily.InterNetwork, SocketType.
15              Stream, ProtocolType.Tcp);                 //实例化套接字
16          socket.Connect(point);                         //套接字连接指定终结点
17          Thread thread = new Thread(new ThreadStart(Proccess));//定义一个线程
18          thread.Start();                                //启动线程
19      }
20      catch (Exception ex)
21      {
22          MessageBox.Show("服务器没有开启!\r\n" + ex.Message);      //显示异常信息
23      }
24      label1.Text = "与服务器连接成功";
25  }
```

代码第 3 行首先检查 IP 地址输入框内是否为空。如果为空直接返回，不做任何处理，不为空则执行下面的代码。代码第 16 行用套接字类的 Connect()方法向服务器端发送连接请求。如果不使用多线程，该语句会阻塞调用该方法的线程，直到与服务器建立连接才能继续执行。

（7） “发送”按钮的单击事件是用来向服务器端发送信息。这与服务器端的发送事件要实现的功能相同，代码如下所示。

```
private void btnSendMessage_Click(object sender, EventArgs e)
{
    try
    {
        Byte[] sendByte = new Byte[64];
        string sendStr ="客户端说： " + this.rtfSendMessage.Text + "\n";        //设置发送信息
        rtfShowMessage.AppendText(sendStr + "\r\n");                          //在控件中显示信息
        sendByte = Encoding.BigEndianUnicode.GetBytes(sendStr.ToCharArray());
        socket.Send(sendByte, sendByte.Length, 0);                       //使用 Send()方法发送消息
    }
    catch (Exception ex)
    {
        MessageBox.Show(ex.Message);
```

```
        }
    }
```

（8） 结束连接时要关闭当前 Socket 连接。“关闭”按钮的单击事件主要是释放和关闭一些连接，代码如下所示。

```
private void btnClose_Click(object sender, EventArgs e)          //“关闭”按钮的单击事件
{
    try
    {
        socket.Close();                                          //关闭套接字
    }
    catch (Exception ex)                                         //抛出异常
    {
        MessageBox.Show(ex.Message);
    }
    finally
    {
        Close();                                                 //关闭窗体异常
    }
}
```

客户端和服务器端设计完毕，分别在不同的主机上运行程序。笔者在 IP 地址为“192.168.1.100”的主机上运行服务器，在同一局域网内的其他主机上运行客户端。首先在服务器端启动服务器，然后在客户端输入服务器端 IP，然后单击“请求连接”按钮。此时服务器端将提示“服务器已有连接”，客户端提示“与服务器连接成功”。此时可以进行发送与接收消息，服务器端运行结果如图 12-15 所示。运行客户端程序，运行结果如图 12-16 所示。

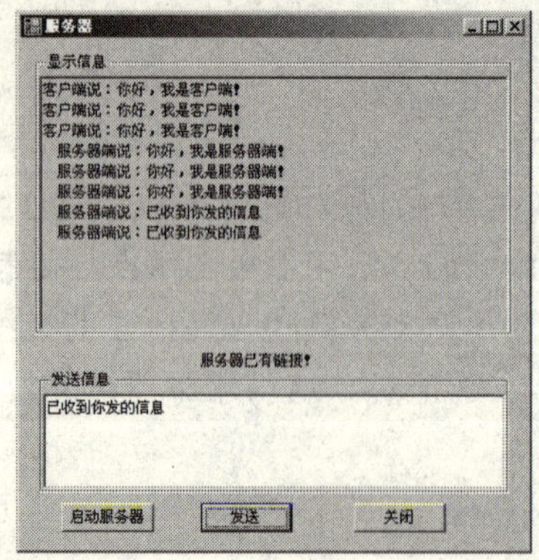

图 12-15　服务器端运行效果图

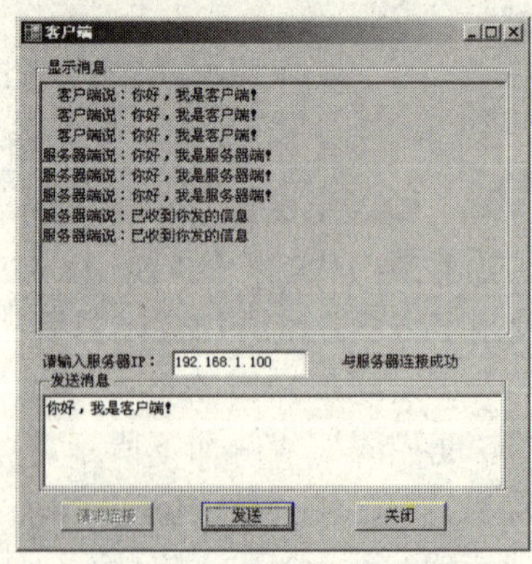

图 12-16　客户端运行效果图

作者心得：

在程序中，如果用户输入的 IP 地址不正确，将引发异常。为了减少输入错误，可以使用 IPAddress 类中的静态方法 TryParse()判断输入的 IP 地址是否合法，TryParse()方法返回值是一个布尔型，也可利用这则表达式来验证文本框内数据是否符合正确的 IP 地址的范围。

实训 12.1——验证注册码

现在本章知识已经讲解完毕，在前面介绍的网络通信基础上利用套接字助手类结合网络流的知识进行开发一个验证注册码的程序。

1. 需求分析与界面设计

应用程序一般提供多种购买或注册的方式，其中使用注册码注册的尤为常见。例如购买 Windows 操作系统、Visual Studio、Dreamwave、Cfree，以及各种杀毒软件。使用注册码又有多种方式，一种是使用软件内部的验证机制进行验证，一种是提交到提供商服务器进行验证。本实训开发类似后一种的程序。

客户端安装应用程序时需要输入注册码，然后提交进行验证。所以我们设计的客户端有输入注册码和提交按钮即可，客户端设计如图 12-17 所示。

服务器端用来接收客户端发送的消息，并进行验证。为了能够直观地看到客户端发送的注册码已经系统处理情况，添加一个用来显示信息的文本框。设计界面如图 12-18 所示。

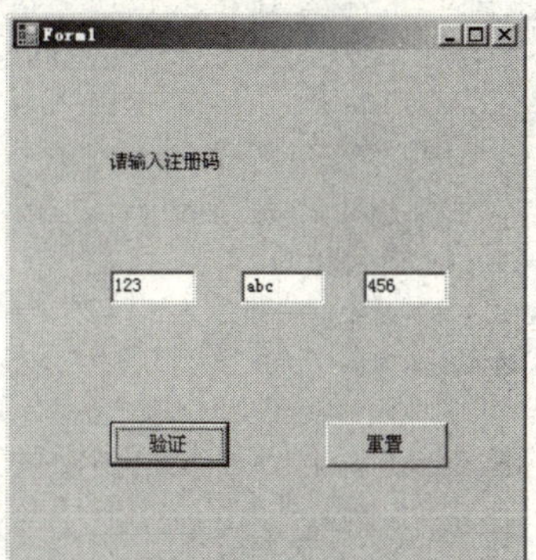

图 12-17　客户端设计效果图

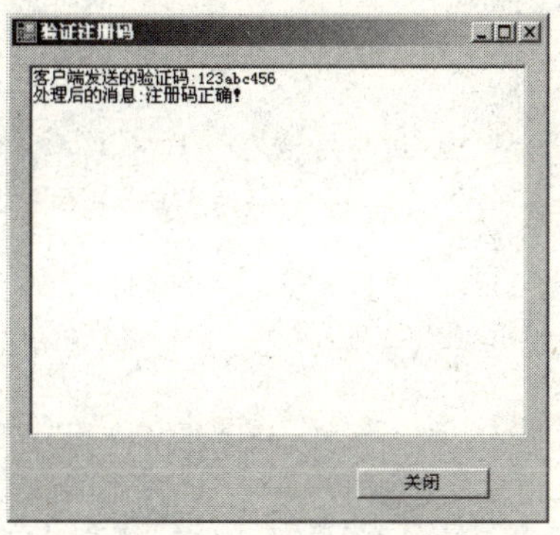

图 12-18　服务器端设计效果图

2. 客户端设计

下面的代码演示了客户端的设计。

表 12-6　客户端实现的文件描述

文　件	功　能
RegistrationCodeClient.sln	该文件实现了提供用户在客户端输入注册码，并将客户端输入的注册码以字节流的形式发送到服务器端。

程序清单 12.1-1：RegistrationCodeClient.sln

```
using System;                    //系统默认生成命名空间
using System.Collections.Generic;
using System.ComponentModel;
using System.Data;
using System.Drawing;
```

```
06  using System.Linq;
07  using System.Text;
08  using System.Windows.Forms;
09  using System.Net.Sockets;                          //Socket 类所在命名空间
10  using System.Net;                                  //IP 地址等类用到的命名空间
11  namespace RegistrationCodeClient                   //自定义命名空间“RegistrationCodeClient”
12  {
13      public partial class Form1 : Form
14      {
15          public Form1()                             //窗体类的构造方法
16          {
17              InitializeComponent();                 //系统自动生成的初始化方法
18          }
19          private void btnSend_Click(object sender, EventArgs e)//验证按钮单击事件
20          {
21              string msg = "";                       //定义空字符串
22              if (textBox1.Text != "" && textBox2.Text != "" && textBox3.Text != "")
23              {
24                  msg = textBox1.Text + textBox2.Text + textBox3.Text;//获取注册码
25              }
26              else
27              {
28                  MessageBox.Show("请输入注册码");   //提示信息
29                  return;                            //注册码为空直接返回
30              }
31              TcpClient client=new TcpClient();      //创建 TcpClient 对象
32              client.Connect("127.0.0.1",8000);      //与指定设备进行连接
33              NetworkStream streamToServer = client.GetStream();
34              byte[] buffer = Encoding.Unicode.GetBytes(msg);  //把字符串转化为字节数组
35              streamToServer.Write(buffer, 0, buffer.Length);        //发往服务器
36          }
37          private void btnClear_Click(object sender, EventArgs e)       //清空输入框
38          {
39              textBox1.Text = "";
40              textBox2.Text = "";
41              textBox3.Text = "";
42          }
43      }
44  }
```

代码第 9 行和第 10 行添加本程序用到的命名空间，第 19 行到第 36 行是验证注册码的单击事件，第 22 行判断用户是否输入验证码。本实训主要使用套接字助手类来完成客户端和服务器之间的通信，第 31 行创建客户端连接对象，第 32 行连接指定 IP 和端口号的主机。本处使用“127.0.0.1”表示在同一台主机中测试，读者可以将 IP 改为其他主机，并将服务器段放在另一台主机中即可完成远程测试。

第 33 行定义与远程主机连接的网络流，第 34 行定义 byte 数组并把注册码字符串转化为可以发送的字节流。第 35 行将注册码字节数组发送到服务器。

3. 服务器端设计

下面的代码演示了服务器端的设计。

表 12-7 服务器端实现的文件描述

文 件	功 能
RegistrationCodeServer.sln	该文件实现了侦听客户端连接请求，接收客户端发送的字节数组，并对注册码进行验证的功能。

程序清单 12.1-2：RegistrationCodeClient.sln

```
using System;                                    //系统默认生成命名空间
using System.Collections.Generic;
using System.ComponentModel;
using System.Data;
using System.Drawing;
using System.Linq;
using System.Text;
using System.Windows.Forms;
using System.Net.Sockets;                        //Socket 类所在命名空间
using System.Net;                                //IP 地址等类用到的命名空间
namespace RegistrationCodeServer                 //自定义命名空间“RegistrationCodeServer”
{
    public partial class Form1 : Form
    {
        public Form1()                           //窗体类的构造方法
        {
            InitializeComponent();               //系统自动生成的初始化方法
        }
        private void Form1_Load(object sender, EventArgs e)  //窗体加载事件
        {
            byte[] btServerReceive = new byte[256];          //定义 byte 数组
            string strServerReceive = "";                     //定义空字符串
            TcpListener tcpListener = new TcpListener(IPAddress.Parse("127.0.0.1"), 8000);
            tcpListener.Start();                              //启动侦听
            TcpClient tcpClient = tcpListener.AcceptTcpClient();//提供客户端连接对象
            NetworkStream ns = tcpClient.GetStream();         //获取客户端发送的网络流
            int intReceiveLength = ns.Read(btServerReceive, 0, btServerReceive.Length);
            strServerReceive = UnicodeEncoding.Unicode.GetString(btServerReceive, 0,
                        intReceiveLength);    //读取传递过来的值
            textBox1.Text = textBox1.Text + "客户端发送的验证码："
                    + strServerReceive + "   ";
            if (strServerReceive == "123abc456")  //验证注册码字符串。
            {
                strServerReceive = "注册码正确！";
            }
            else
            {
                strServerReceive = "注册码错误！";
            }
            textBox1.Text += "处理后的消息: " + strServerReceive + "   ";
            MessageBox.Show(strServerReceive);  //提示信息
            tcpClient.Close();            //关闭连接
            tcpListener.Stop();           //停止侦听器
```

```
44                }
45            }
46    }
```

服务器端运行时就要进行侦听，在所有窗体加载的事件中进行侦听，代码第 19 到第 44 行是窗体的加载事件。该事件主要是进行侦听，然后接受客户端的连接，并将信息进行处理。第 23 行定义处理连接请求的对象，第 24 行开启侦听，第 25 行和第 26 行接受客户端连接，并获取客户端发送的注册码字节流信息。

第 28 行和第 29 行根据第 27 行获取字节长度将传递过来的注册码字节转化成字符串。第 32 行判断注册码是否与指定注册码相同。第 42 行关闭连接，第 43 行关闭侦听器。

首先运行服务器端程序，这使服务器端进入侦听阶段，一直等待客户端的连接请求。然后启动客户端程序，在客户端界面中的注册码文本框中分别输入：123、abc、456 然后单击“验证”按钮，这时服务器端将接收到客户端的连接请求和客户端发送的注册码信息，然后进行处理，如果验证码正确将提示：注册码正确。

在实训中主要是用到套接字助手类进行客户端和服务器之间的通信，在上面的运行结果中可以看到服务器端启动后一直在等待客户端的连接，直到客户端发送连接请求后服务器端才显示正常，这就是典型的单线程问题，读者模仿第 12.5.1 节的范例在服务器端使用多线程，解决这个问题。

从注册码的验证中可以看到只能是默认的验证码才可以进行验证，这和实际情况不太吻合，可以使用提前自动生成的注册码放到文件或数据库中然后进行验证。不过这不是本章要介绍的重点，当然读者也可以使用一定的规则，例如，只有 9 位的注册码并且后三位是前三位顺序的颠倒，中间三位必须是字面等。

读者借鉴本实训中客户端向服务器端发送注册码的代码，完成在服务器端处理注册码后的结果返回到客户端，如果注册码正确客户端可以进入下一步，如果不正确则一直提示用户输入正确的验证码。

12.6 疑难解答

1. 平时浏览的网页是网络编程的范围吗？

答：上网浏览的网页是使用 HTTP 协议进行传输的，属于网络通信的应用层。关于这部分内容会在下一章介绍。本章主要讲解的是网络通信的传输层。

2. 每台电脑都只有一个 IP 吗？

答：不是，一台电脑的 IP 数是由这台电脑的网卡数量决定的，一个网卡可以获得一个 IP 地址，一台电脑可以安装多个网卡。

3. 使用端口时应注意哪些内容？

答：一种端口完成一种服务，当需要定义多种服务时，要特别注意不要重复使用同一个端口号。从 1 到 1023 的端口号大部分已经被系统所占用，所以不要使用。从 1024 到 65535 的端口号可以使用。

4. 在进行通信之前服务器端需要进行那些操作？

答：首先建立套接字并绑定本地 IP 地址和端口号，然后进行侦听网络上的连接请求，如果有连接请求则建立网络连接，建立网络连接后就可以进行网络通信了。

5. 在进行通信之前客户端需要进行哪些操作？

答：客户端也需要建立一个与本地 IP 地址和端口号进行绑定的套接字，然后向指定服务器发生连接请求。如果服务器正在侦听，则可以建立连接。建立连接后，就可以使用 Send()方法发送消息，使用 Receive()方法接收消息了。

6. 是否处于远端的计算机就是服务器，而处于本地的计算机就是客户机？

答：不是，服务器端和客户端与物理位置没有关系，也不是一成不变的，服务器和客户机只是一个相对的概念。能够侦听网络并能接受其他主机发送的连接请求的主机就是服务端，发送连接请求的一端就可以看做客户端。

7. 套接字助手类可以和套接字混用吗？即一端使用套接字一端使用套接字助手类？

答：可以的。套接字助手类只是对套接字进行了封装，没有从本质上改变套接字。而且通信双方互不影响，不受编程语言甚至操作系统的影响，只要一端可以进行侦听，一端发送连接请求就可以建立连接。

8. 为什么同一多线程程序，在不同的电脑上运行结果不同？

答：多线程程序的运行结果是不固定的，它和系统、环境有很大关系，例如 CPU 的占用率，但是多线程原则性的结果是肯定改变不了的。

9. 客户端和服务器连接后，只能用套接字的 Send()方法发送信息吗？

答：不是的，可以使用 Socket 类的 Send()方法发送，也可以使用 NetworkStream 类的 Write()方法实现发送信息，该方法会将字节数组中的数据全部发送到 TCP 缓冲区中。

10. 在使用即时聊天工具时，是怎么实现不同客户机之间进行通信的？

答：不同的聊天工具使用的方式也不尽相同，最原始方式是：当客户机 A 要向客户机 B 发送信息时，先向服务器端请求 B 的 IP 地址信息，服务器端将 B 的信息发送给 A，同时让 B 进行侦听，这时 A 向 B 发送连接请求进行连接。

12.7 上机题

1. 编写一个应用程序，实现获取本机 IP 地址的功能。

2. 创建一个客户端和一个服务器端，使用面向连接的套接字，建立客户端和服务器端的连接。

3. 使用面向无连接的套接字实现在客户机中发送一个整型数，从服务器端可以求出该数的平方数。

4. 使用套接字助手类开发一个服务器端和一个客户端，服务器端可以接受客户端发送的连接请求，并且能够读取客户端发送的数值，计算出该数值对应的周长信息后，将该信息显示出来。

5. 使用网络流开发一个求平均数的程序，客户端向服务器发送 5 个数值，在服务器端中计算出它们的平均数，然后显示出来。

6. 使用多线程计算从 1 到 10000 的和，让其中一个线程计算从 1 到 5000，另一个计算从 5001 到 10000。

7. 开发一个客户端和服务器端应用程序，在服务器端可以将窗体的控件向不同的方向移动，客户端可以控制移动控件的颜色，服务器端运行效果图如图 12-19 所示，客户端如图 12-20 所示。

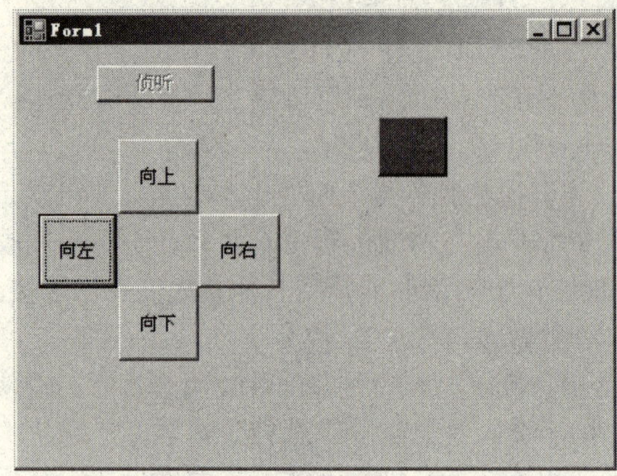

图 12-19　服务器端运行效果图

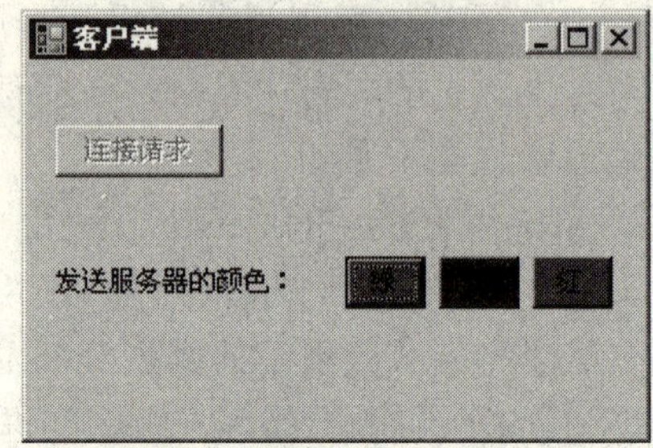

图 12-20　客户端运行效果图

第13章 ASP.NET开发

随着 Internet 在全球的普及，Web 应用程序越来越受欢迎，而且在设计功能上也越来越强大。Web 应用程序不再仅仅是作为共享文档的中央资源，同时还可以进行交互式使用，用以购买物品、计算税款以及发送和接收电子邮件。本章将要讲解使用 ASP.NET 创建基于浏览器的 Web 应用程序，其中包括 HTML 控件、Web 控件和 ASP.NET 中几个常用的内置对象等内容。

本章的学习重点

- ASP.NET 应用程序的开发。
- HTML 控件。
- 服务器端常用控件。
- 验证控件。
- ASP.NET 常用对象。
- 用户控件。

13.1 ASP.NET 简介

通过前面学习的 Windows 桌面应用程序，读者应该对 Visual Studio 2008 开发工具灵活应用，在此基础上学习开发 ASP.NET 应用程序就会很快上手。本节首先创建一个 ASP.NET，然后对其进行分析，使读者对开发 Web 应用程序有宏观的认识。

13.1.1 创建第一个 ASP.NET 应用程序

Visual Studio 的集成开发环境中提供了大量 Web 控件，使编写 ASP.NET 应用程序所见即所得，从而简化了开发。而封装的这些控件中，有些与为 Windows 应用程序所提供控件的用法和功能类似，例如：按钮、文本框、标签、树形菜单等。

在很多网站都有用户注册和登录功能，用户登录网站后一般会提示欢迎信息。下面创建第一个 ASP.NET 网站项目实现这种功能，实现步骤如下所示。

范例 13.1
Default.aspx

Default.aspx 在这里演示了最基本的 ASP.NET 应用程序的创建过程，实现了模拟网站用户登录功能。

（光盘\code\ch13\ WebSite1\ Default.aspx）

（1） 启动 Visual Studio 2008 程序。在 Visual Studio 2008 的“文件”菜单下，选择“新建”|“网站”命令，将打开“新建网站”对话框，如图 13-1 所示。

（2）在新建网站对话框中选择“ASP.NET 网站”模板。位置选择“文件系统”，浏览路径选择：D:\C#\Web\WebSiteExample，语言选择 Visual C#。

（3） 单击“确定”按钮，将进入开发主界面。

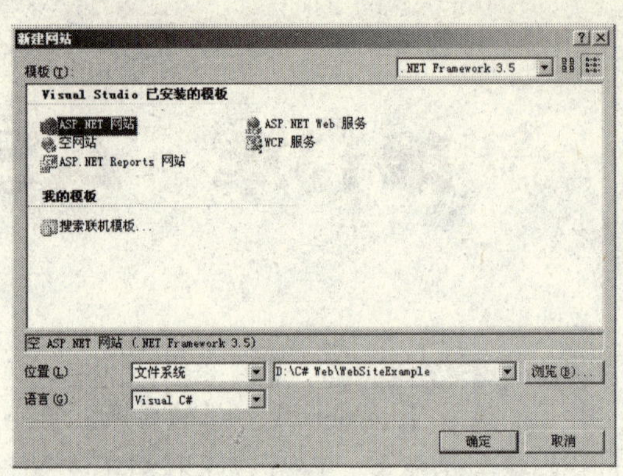

图 13-1 “新建网站”对话框界面

（4）在工具箱的标准组中添加 1 个 Lable 并设置 Text 属性为“请输入您的姓名：”，然后添加 1 个 TextBox 和 1 个 Button，并将 Button 的 ID 属性设置为 btnOK、Text 属性设置为“确定”，界面如图 13-2 所示。

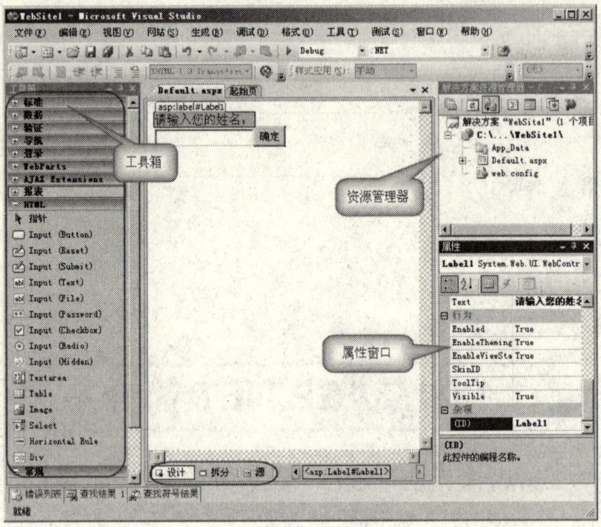

图 13-2 WebSiteExample 网站的工作界面

图 13-2 为 Visual Studio 2008 开发 ASP.NET 的界面，最上面为标题栏，然后是菜单栏、工具栏。在左侧的工具箱中集成了大量的控件并进行了分类。中间的空白区域为工作区，在工作区中 ASP.NET 提供了 3 种设计模式，分别是：设计、拆分、源。用户可以在工作区中设计自己的界面，最右边是解决方案管理器和属性窗口。

作者心得：

在这里添加控件设置属性基本和 Windows 应用程序相同，但是需要注意的是，在 Windows 应用程序中表示控件的唯一标识是 Name 属性，而在 ASP.NET 中使用的则是 ID 属性。

（5） 在窗体设计器的底部选择“源”，工作区将切换到 HTML 的源代码工作界面。如图 13-3 所示。

（6） 切换到设计视图然后双击“确定”按钮，将进入到后台设计界面。如图 13-4 所示。

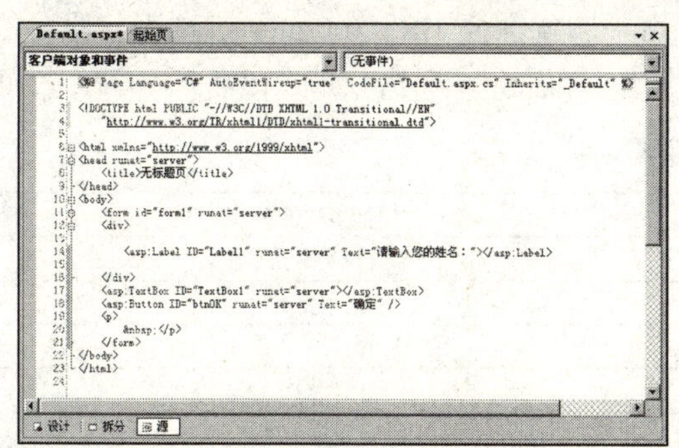

图 13-3 源视图

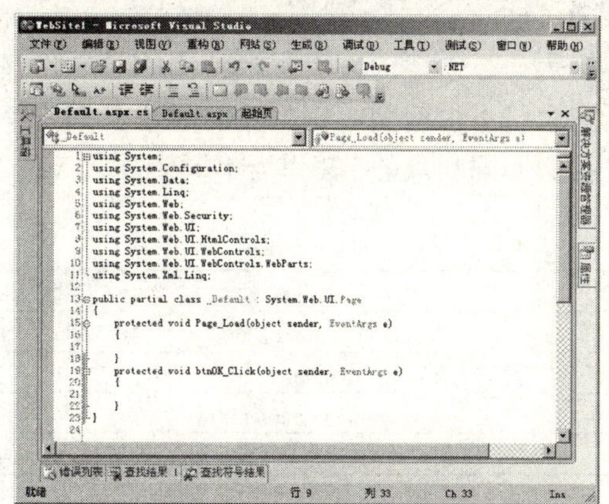

图 13-4 后台设计界面

（7） 在 btnOK_Click 事件中添加如下代码：

```
Label1.Text = "欢迎：" + TextBox1.Text;     //将文本框的值显示到标签中。
```

（8） 接下来浏览该网站。按 F5 键或者单击工具栏中的运行按钮运行网站，如图 13-5 所示。

（9） 单击其中“确定”按钮，页面如图 13-6 所示。

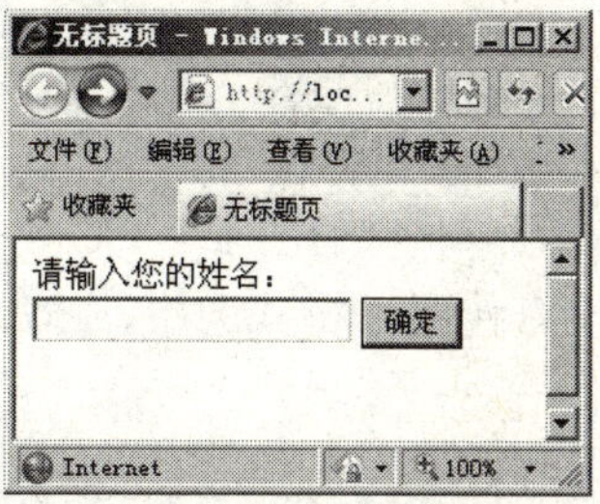

图 13-5 运行程序效果

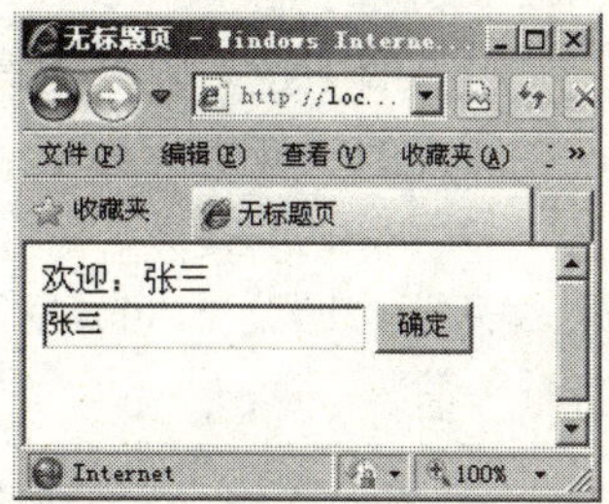

图 13-6 单击“确定”后的效果

图 13-3 显示的源视图和图 13-4 显示的后台代码没有关系。源视图显示的只是设计界面对应的 HTML 标识，和前台界面是同一个文件，而后台代码是使用 C#语言实现的逻辑功能。每个 ASP.NET 使用了两种不同的文件一个是.aspx 文件，一个是.aspx.cs 文件：

（1） 扩展名为 aspx 的文件，涵盖了所有表示代码，包括 HTML 和服务器控件。

（2） .aspx.cs 文件包含了所有的功能性代码，被称为后台文件，含有 C#语言代码的类、方法和事件处理程序。

作者心得：

创建 Web 窗体或 ASP.NET 页面时，Visual Studio 2008 会自动创建 aspx 文件和 aspx.cs 文件。以这种方式保持代码和“后台编码”的独立，是组织代码的重要方式。同时它使代码更易维护，并允许 Web 页面设计器和 C#开发人员对同一个页面中的不同元素同时进行处理。

13.1.2 设置 Web 服务器

上一节创建的应用程序使用的是文件夹系统，在本机上完成了运行浏览。如果想使其他用户也可以访问到，则需要创建基于 HTTP 的网站，这就需要 IIS（Internet 信息服务器）的支持。不同版本的 IIS 作为不同版本的 Windows 操作系统的一部分，如表 13-1 所示。

表 13-1　IIS 版本说明

操作系统	支持的 IIS 版本
Windows 2000	IIS 5.0
Windows XP	IIS 5.1
Windows Server 2003	IIS 6.0
Windows Vista	IIS 7.0

IIS 安装过程本身是一个相当简单的操作。在没有安装任何必要软件的情况下，建议开发人员安装.NET Framework 3.5 或 Visual Studio 2008 之前安装 IIS。因为它们的安装可对 IIS 进行配置，以便其能够处理 ASP.NET 文件。这些对于.NET 中的 Web 应用程序来说非常重要。如果没有安装，执行下面的步骤完成安装。

（1）　选择“开始”|“设置”|“按钮面板”命令，打开“控制面板”窗口。

（2）　在该窗口中，双击“添加/删除程序”图标，打开“添加/删除程序”窗口。

（3）　在出现的窗口中选择“添加/删除 Windows 组件”选项，将弹出“Windows 组件向导”对话框，如图 13-7 所示。

（4）　在组件的下拉列表框中选中“应用程序服务器”选项，并双击。

（5）　在弹出的“应用程序服务器”对话框中，将会显示本机所安装的组件。笔者所使用机器上已安装“ASP.NET”、“Internet 信息服务（IIS）”、“启用网络 COM+访问”组件，如图 13-8 所示。如果“Internet 信息服务（IIS）”项没有选中，将其选中，然后单击“确定”按钮进行安装。

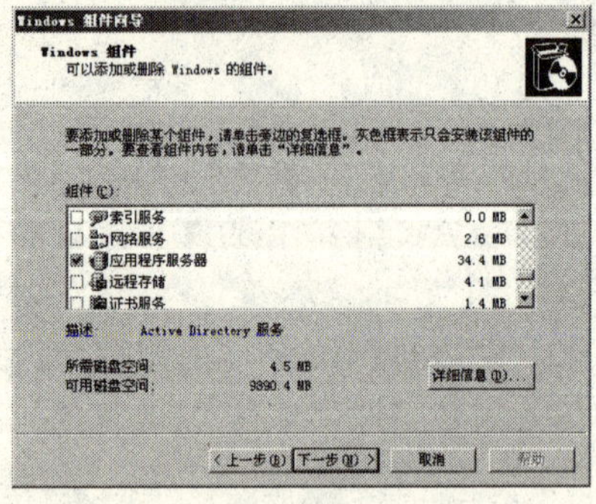

图 13-7　Windows 组件向导

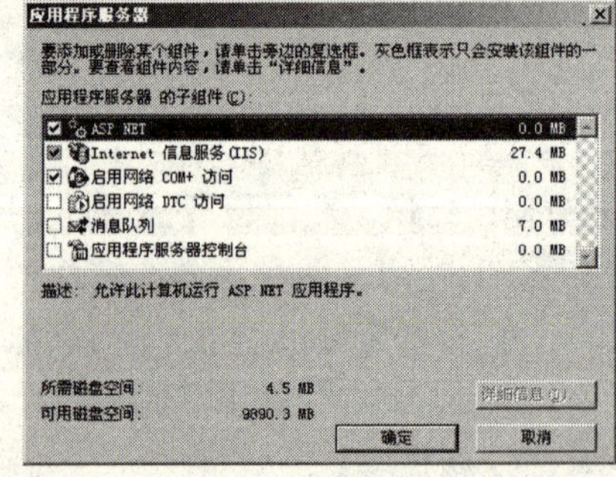

图 13-8　应用程序服务器

作者心得：

不同版本的操作系统 IIS 位置稍有不同，在有些版本的操作系统“Windows 组件向导”对话框的组件下拉列表框中包含“Internet 信息服务（IIS）”项。同样可以使用上述方法完成 IIS 的安装。

安装 IIS 之后，可以查看 ISM（Internet 服务器管理器），检查安装是否成功。ISM 是一个主要的管理工具，开发人员可以用其配置 IIS Web 服务器软件。要运行这个控制平台可以选择“开始”|“运行”命令，在弹出的“运行”对话框中输入 inetmgr 命令，然后单击“确定”按钮，也可以利用控制面板中管理工具组中的 Internet 信息服务（IIS）管理器快捷键，然后会出现一个如图 13-9 所示的界面。

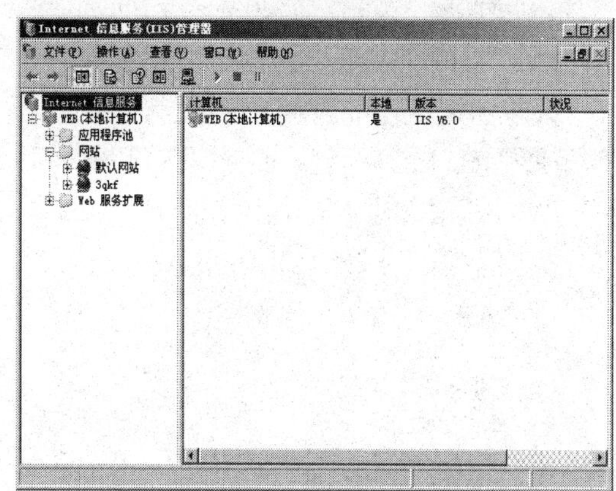

图 13-9　Internet 信息服务管理器

一个 IIS 站点其实就是 IIS Web 应用程序，Visual C#通过使用 HTTP 协议与该站点通信。IIS 是一个常用工具，在以后的 Web 开发中将会多次用到。

安装完毕 IIS，创建 ASP.NET 网站时在图 13-1 所示的“新建网站”对话框的位置列表框中选择 HTTP，这样其他主机就可以访问创建的网站项目了。例如浏览刚才的网站时，地址栏显示的是：

http://localhost:1315/WebSite1/Default.aspx

将 localhost 改为本机 IP，如果本机 IP 是 192.168.1.100，在同一网段的其他主机只要输入地址就可访问到刚才创建的网站了。

http:// 192.168.1.100:1315/WebSite1/Default.aspx

13.2　ASP.NET 控件

范例 13.1 中用到的控件是 ASP.NET 中的服务器端控件，除此之外还有 HTML 控件。控件的使用大大加快了开发 Web 应用程序的速度。本节就来结合常用的 HTML 控件和服务器端控件使用 Visual Stidio.NET 2008 开发环境进行开发。

13.2.1　使用 HTML 控件

在图 13-3 的源视图界面中可以看到很多代码使用“<>”括起来。那就是 HTML（HyperText Markup Language，超文本标记语言）。HTML 文件标记可以通过编写标记加入图片、声音、动画、影视等内容。这种文件的后缀定为 HTM 或 HTML。HTML 语法结构如下所示。

<标记　标记的属性=“值”> 标记内容 </标记>

从上面的语法结构中可以看出，HTML 标记成对出现，以“<标记 >”开头，以“</标记 >”结尾。不过 HTML 标记中也有少数几个不是成对出现的，如
、<hr/>等。HTML 都是一些特定的标记，常见的标记如下所示。

- <HTML>：HTML 文件开始标记。
- <HEAD>：HTML 头部标记。
- <TITLE>：浏览器标题标记。
- <BODY>：文本主体标记。
- <STYLE>：样式表标记。
- <META>：浏览信息标记。

- <TABLE>：文本表格标记。
- <TR>：表格列，设定表格的列。
- <TD>：表格栏，设定表格的栏。

这些标记语言非常简单，大部分从字面上可以看出每个标签的作用。例如，每个页面都需要使用<HTML>标签，说明遵守超文本协议，正文放在<BODY>标签中。现在来看一个使用 HTML 标记的页面，代码如下所示。

```
<html>
<head>
    <title>标题</title>
</head>
<body>
    欢迎使用 HTML 标记语言
</body>
</html>
```

将上述代码保存成 htm 格式的文件，使用浏览器进行浏览，结果如图 13-10 所示。

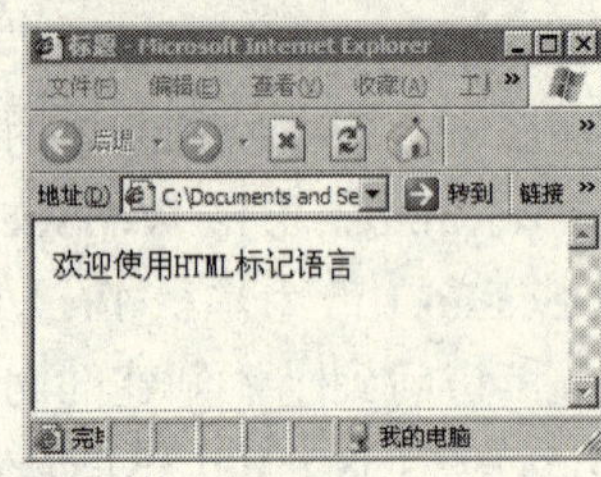

图 13-10　简单的 HTML 标签语言

Visual Studio 2008 将常用的 HTML 标记做出 HTML 控件，在工具栏的 HTML 组中可以看到。这些严格上说算不上控件，仅仅只是 HTML 标记，不过这里我们还是称作 HTML 控件。常用的 HTML 控件已经对应的标记如表 13-2 所示。

表 13-2　常用的 HTML 控件

HTML 控件	控件名称	对应的标记	示例效果
Input(Button)	普通按钮	<input id = “Button1” type = “button” value = “button” />	确定
Input(Reset)	重置按钮	<input id = “Reset1” type = “reset” value = “reset” />	重置
Input(Submit)	提交按钮	<input id = “Submit1” type = “submit” value = “submit” />	提交
Input(Text)	文本框	<input id = “Text1” type = “text” />	请输入内容
Input(File)	上传文件控件	<input id = “File1” type = “file”/>	浏览...
Input(Password)	密码框	<input id = “Password1” type = “password”/>	••••••••
Input(Checkbox)	复选框	<input id = “Checkbox1” type = “checkbox”/>	□乒乓球，□足球
Input(Radio)	单选按钮	<input id = “Radio1” type = “radio” />	○男 ○女
Input(Hidden)	隐藏域	<input id = “Hidden1” type = “hidden”/>	用来记录或者与其他控件值进行比较，在窗体中看不到。
Textarea	文本域	<textarea id="TextArea1" cols="20" name="S1" rows="2"></textarea>	请输入您对本站的建议或意见
Image	图片框	<img src = “” />	
Select	下拉列表	<select id="Select1" name="D1"> <option></option> </select>	中国 中国 其他
Horizontal Rule	横线	<hr />	如图 13-11 中欢迎注册下面的一条横线。
Div	层	<div></div>	用来控制页面布局。新创建的页面中都包含该标签。

这些控件的使用和其他控件一样，只要拖放到窗体然后设置对应的属性即可。下面使用 HTML 控件构建注册页面，步骤如下所示。

范例 13.2 Default.aspx 本范例全部使用 HTML 控件，实现了网站注册页面的 Default.aspx 搭建。
（光盘\code\ch13\WebSite2\Default.aspx）

（1） 启动 Visual Studio 2008 程序。新建网站项目并为站点命名为 WebSite2。

（2） 在设计界面中输入“欢迎注册”，然后从工具箱的 HTML 控件组中添加 Horizontal Rule，将会看到一条横线。

（3） 添加一个 9 行 2 列的表格，在表格的第一列使用文字进行说明，第二列中添加 1 个 Input(Text)和 2 个 Input(Password)用来提供用户输入用户名、密码和验证密码。然后添加 3 个 Input(Checkbox)和 2 个 Input(Radio)控件，用来提供用户选择喜欢的运动和性别。

（4） 添加一个 9 行 2 列的表格，在表格中分别使用 Input(Text)、Input(Password)、Input(Checkbox)、Input(Radio)、Textarea、Select 控件提供用户输入用户名、密码、喜欢的运动、性别、个人简介、所在国家等信息。

（5） 添加一个 Textarea 提供用户输入个人简介，添加一个 Select 控件提供用户选择所在国家。然后再添加一个 Input(Submit)控件和一个 Input(Reset)控件，为用户提供提交和重置功能。设计界面如图 13-11 所示。

按下 F5 键，编译并运行该解决方案，与此同时，也保存了所有文件。在运行界面中输入注册信息，如图 13-12 所示。

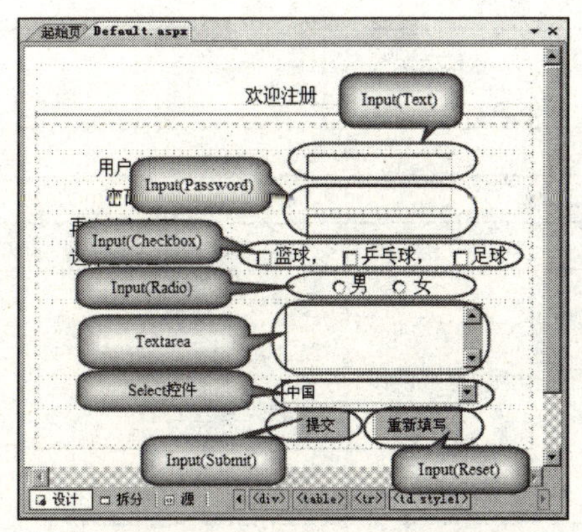

图 13-11 注册功能的设计界面

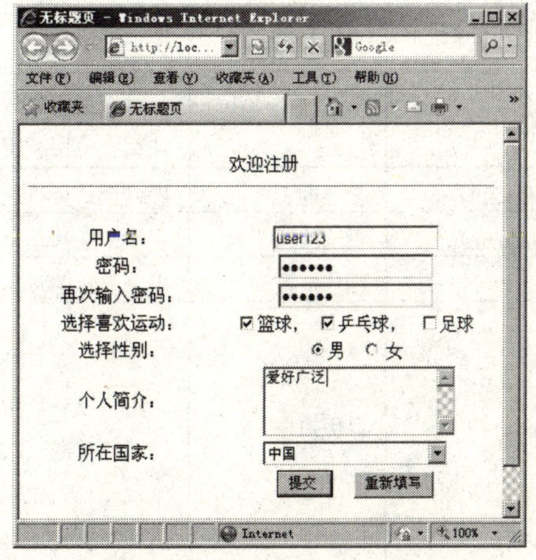

图 13-12 注册界面运行结果

作者心得：

当拖动控件和设置控件的属性时，IDE 会自动生成相应源代码，这些代码可在 HTML 视图中看到。如果想设置更多属性，在这个视图中，可以利用智能感知列出元素的属性快速开发。

13.2.2 服务器控件

ASP 时代主要使用 HTML 标签，ASP.NET 带来了服务器端控件，服务端控件有时候虽然没有 HTML 标签灵活和高效，但是众多的服务器端控件使用起来非常方便，而且功能种类远远超过 HTML 控件。

ASP.NET Web 服务器控件是 ASP.NET 网页上的对象。在向浏览器请求页和呈现标记时，将运行这些对象。Web 服务器控件是 ASP.NET 中服务器控件中除 HTML 控件之外的另一大类服务器控件。它不仅包含传统的文本框控件、按钮控件、日历控件、下拉列表框控件等，而且还包括众多的数据源控件、验证控件以及导航控件和登录控件等。

前面所说的使用控件创建应用程序向创建 Windows 应用程序一样，那里指的是服务器控件。范例 13.1 中所使用的控件就是服务器端控件，可以很方便的创建各种事件。服务器端常用控件如表 13-3 所示。

表 13-3 Web 服务器端控件

控 件	中文名称	描 述	示例效果
Lable	标签	显示静态文本内容，例如范例 13.1 中显示的欢迎信息。	欢迎光临
TextBox	文本框	用来提供用户输入	文本框
Button	按钮	提供了单击和双击事件，一般用于执行命令。	搜索
LinkButton	超链接按钮	具有超链接功能的按钮。	转跳
ImageButton	图片按钮	不仅可以显示图片而且可以像按钮一样进行编程。	
DropDownList	下拉列表	用于显示一列数据，多用于与数据源绑定。	省份 省份 北京 上海
ListBox	列表框	可以提供单选和多选的列表框，一般与数据源控件结合使用，用来显示数据库中的信息。	请选择商品： 笔记本 投影仪 打印机
CheckBox	复选框	提供用户可以选择多项。	☑ 我同意
RadioButton	单选按钮	在多个选择项中用户只可以选择一项。	○未绑定 ○绑定
Image	图片框控件	用来显示图片。	如图 13-26 所示的图片显示效果。
Calendar	日历控件	用来显示日历，用户可以选择某一天，也可以浏览其他日期。	< 2009年11月 > 日 一 二 三 四 五 六 25 26 27 28 29 30 31 1 2 3 4 5 6 7 8 9 10 11 12 13 14 15 16 17 18 19 20 21 22 23 24 25 26 27 28 29 30 1 2 3 4 5
FileUpload	上传文件控件	用于上传文件。	浏览...
GridView	网格控件	服务器端重要的显示数据的控件，功能非常强大。	如图 14-16 所示的表格。
SqlDataSource	Sql 数据源控件	数据源控件，常和 GridView 等控件结合使用。从数据库读取数据所为其他显示控件的数据源。	作为数据源，在窗体中不显示。

文件上传在互联网上应用非常广泛，例如，分享自己的源代码到开源网站，上传自己的身份证扫描图片到需要验证的网站等。虽然使用 HTML 控件也能实现用户上传的功能，但是比较麻烦。在 Visual Studio 2008 中已经提供了文件上传的控件，可以非常容易地实现上传，该控件就是上传控件，即 FileUpload。下面介绍一个具体的范例。

范例 13.3 Default.aspx 本范例使用服务器端控件，实现了将本地文件上传到服务器的功能。
Default.aspx （光盘\code\ch13\FileUploadControl\Default.aspx）

（1） 启动 Visual Studio 2008 应用程序，创建一个新的网站，命名为 FileUploadControl。

（2） 在 Default.aspx 的设计窗体中添加一个标签控件，将其 Text 属性设置为“您未选择上传文件”。添加一个 FileUpload 控件和一个 Button 按钮控件。将 Button 按钮的 Text 属性设置为“确定”。

（3） 在 Default.aspx.cs 的 Button1_Click()方法下添加如下所示的代码。

```
protected void Button1_Click(object sender, EventArgs e)            //“上传”按钮的单击事件
{
    //指定上传的服务器路径
    string savePath = @"C:\Documents and Settings\All Users\Documents\user\";
    //上传之前需要验证服务器相同位置上是否有相同的文件存在
    if (FileUpload1.HasFile)                                        //判断是否上传成功
    {
        string fileName = FileUpload1.FileName;                     //得到上传文件的文件名
        savePath += fileName;                                       //上传路径
        FileUpload1.SaveAs(savePath);                               //保存文件
        Label1.Text = "文件上传成功" + fileName;                    //提示上传文件名信息
    }
    else
    {
        Label1.Text = "文件上传不成功";                             //通知上传失败信息
    }
}
```

（4） 按下快捷键 Ctrl+F5，执行程序，运行的效果如图 13-13 所示。

（5） 单击“浏览”按钮，选择所要上传的文件。单击“确定”按钮，出现“文件上传成功 ktv.txt”提示，如图 13-14 所示。

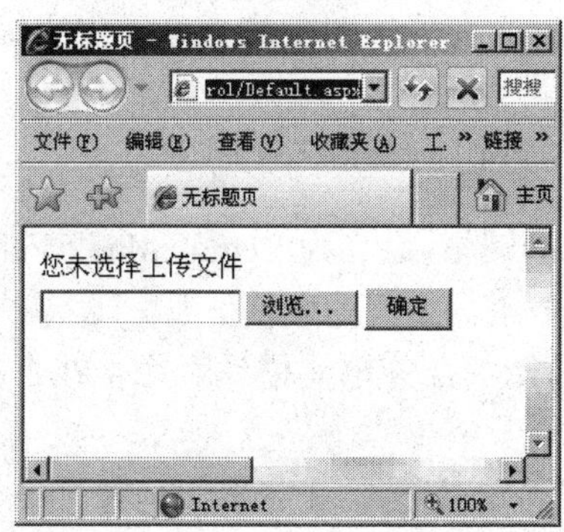

图 13-13 未上传时的页面效果

图 13-14 上传成功的页面效果

本程序实现的核心过程是首先判断 FileUpload 控件的 HasFile 属性是否为 true。若为 true，则表示 FileUpload 控件已经确认上传文件存在。否则，就不存在。然后再判断文件类型是否符合要求，接着调用 SaveAs()方法实现上传。最后，利用 FileUpload 控件的属性获取与上传文件相关的信息。

13.2.3 验证控件

在创建 Web 窗体时，通常对一些用户输入的信息进行验证和约束。例如，用户必须填写某个特定的字段，例如用户名，或者应该使用某种特定的格式，例如邮箱地址。在以前，这种验证处理必须使用后台代码或脚本完成，但 ASP.NET 提供的验证控件，能够自动执行这项任务。

ASP.NET 中有许多可用的验证控件，这些控件基本上都可以见名知意。验证控件是一种新型的 Web 服务器控件，其用来验证服务器控件中的用户输入，且可以在验证失败的情况下显示用户自定义的消息。常用的验证控件有 RangeValidator、CompareValidator、RequiredField Validator 控件，下面对这几个验证控件和常用属性进行讲解。

范围验证控件即 RangeValidator 控件，其作用是测试用户输入的值是否在程序给定的范围内，也可以检查对字母、数字和日期限定的范围。该控件重要的三个属性如下所示。

- ControlToValidate 属性：该属性包含需要验证的值。
- MinimumValue 属性：该属性定义有效范围的最小值。
- MaximumValue 属性：该属性定义有效范围的最大值。

比较验证控件即 CompareValidator 控件，该控件将一个控件的值与另外一个控件的值进行比较，或者与该控件的 ValueToCompare 属性中的确定值进行比较。CompareValidator 控件有如下 3 个重要的属性。

- ControlToValue 属性：需要验证的控件名。
- ControlToCompare 属性：需要比较的控件名。
- Operator 属性：用来比较操作，如同“等于”。

验证输入是否为空的控件，即 RequiredFieldValidator 控件，其验证页面的某项内容用户输入是否为空。在使用该控件之前需要先在该控件的 ControlToValidate 属性框中输入验证的控件名。验证控件会判断页面控件的值是否为空，若不为空则表示有效。

下面创建学生信息管理系统登录验证范例，操作步骤如下。

范例 13.4 Default.aspx 本范例使用验证控件，实现了对学生登录学生成绩查询 Default.aspx 系统时是否输入用户名和密码的验证功能。

（光盘\code\ch13\RequiredFieldValidator\Default.aspx）

（1）启动 Visual Studio 2008 应用程序，创建一个新的网站，命名为 RequiredFieldValidator。

（2） 在 Default.aspx 文件的设计页面上，插入一个 4 行 3 列的表格。

（3） 右击表格的第一行，在弹出的快捷菜单中选择“合并单元格”命令，在合并后的单元格中输入“学生成绩查询系统”。

（4） 在表格的第二行第一个表格中输入“用户名”，在第二个表格中拖拉一个文本框控件，将该文本框控件的 ID 属性修改为 tbName。

（5） 在第三个表格中添加一个 RequiredFieldValidator 控件，将验证控件的 ControlToValidate 属性设置为 tbName，并设置 ErrorMessage 属性为“用户名不能为空”。

（6） 在表格的第 3 行，在第一个表格中输入“密码”。在第二个表格中添加一个文本框控件，将该文本框控件的 ID 属性修改为 tbPwd。第三个表格中添加一个 RequiredFieldValidator 控件，将控件的 ControlToValidate 属性设置为 tbPwd，并设置 ErrorMessage 属性为“密码不能为空”。

（7）　右击表格的第四行，在弹出的快捷菜单中选择“合并单元格”命令。在合并后的单元格中添加一个按钮控件，将该按钮控件的 Text 属性修改为“确定”，ID 属性修改为 btOK。

（8）　在表格的下方拖拉一个标签控件，修改该控件的 ID 为 lbInput。调整控件布局，调整好后的布局如图 13-15 所示。

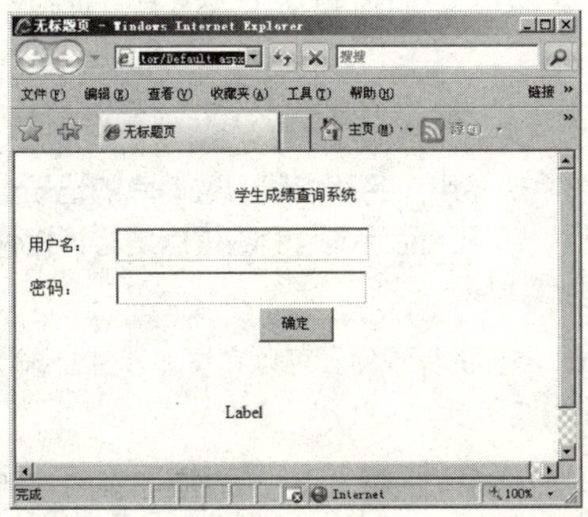

图 13-15　RequiredFieldValidator 控件的页面布局

添加控件之后的主要源代码如下所示。

```
<tr>
    <td >用户名：<br /></td>
    <td ><asp:TextBox ID="tbName" runat="server" Height="24px"
        Width="228px"></asp:TextBox></td>                <!--定义用于输入用户名的文本框-->
    <td><asp:RequiredFieldValidator ID="RequiredFieldValidator1"<!--定义验证控件的 ID 属性-->
        runat="server" ControlToValidate="tbName" ErrorMessage="用户名不能为空">
        <!--属性 ErrorMessage 表示错误信息，属性 ControlToValidate 表示要验证控件的 ID -->
      </asp:RequiredFieldValidator>                                  <!--验证控件结束标志-->
</td></tr>
<tr>
    <td>密码：<br /></td><td ><asp:TextBox ID="tbPwd" runat="server"
        Height="24px" Width="225px"></asp:TextBox></td>       <!--定义用于输入密码的文本框
-->
    <td ><asp:RequiredFieldValidator ID="RequiredFieldValidator2"
        runat="server" ControlToValidate="tbPwd" ErrorMessage="密码不能为空">
        <!--属性 ControlToValidate 表示要验证控件的 ID-->
    </asp:RequiredFieldValidator></td>
</tr>
```

（9）　在 Default.aspx.cs 文件中输入以下代码。

```
protected void btOK_Click(object sender, EventArgs e)   //“确定”按钮的单击事件
{
    if ((tbName.Text == "zhangsan")&&(tbPwd.Text == "123456"))       //判断用户名密码
    {
        lbInput.Text = "您已经成功登录系统";                   //在标签上显示的登录成功信息
    }
    else
    {
```

```
09                lbInput.Text = "您的输入有误，请重新输入你的用户名和密码";//在标签上显示信息
10            }
11        }
```

代码第 3 行判断用户名和密码是否正确，这里指定的用户名为 zhangsan，密码为 123456。如果输入正确，则在页面中提示“您已经成功登录系统”，否则提示“您的输入有误，请重新输入您的用户名和密码”。代码第 5 行和第 9 行设置标签的提示信息。

作者心得：

一般登录系统需要将用户名和密码跟数据库的记录进行比较，现在还没有学习数据库的相关知识，而且本范例的重点是验证控件，所有设计和默认的用户名、密码进行比较。

（10） 按下快捷键 Ctrl+F5，执行程序，可以在文本框中不输入任何内容，直接单击“确定”按钮，运行效果如图 13-16 所示。

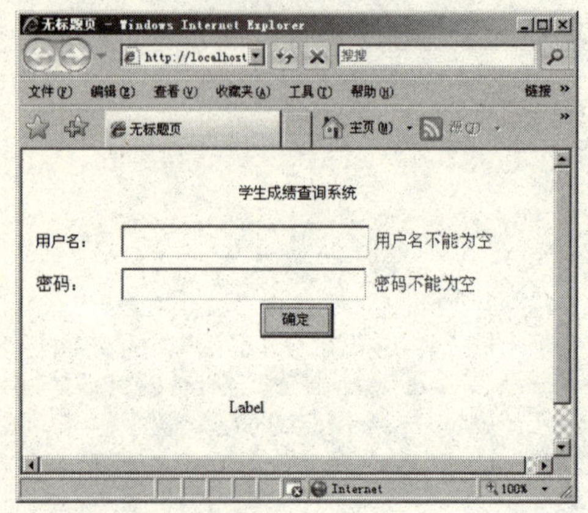

图 13-16　用户名和密码为空时验证控件提示信息

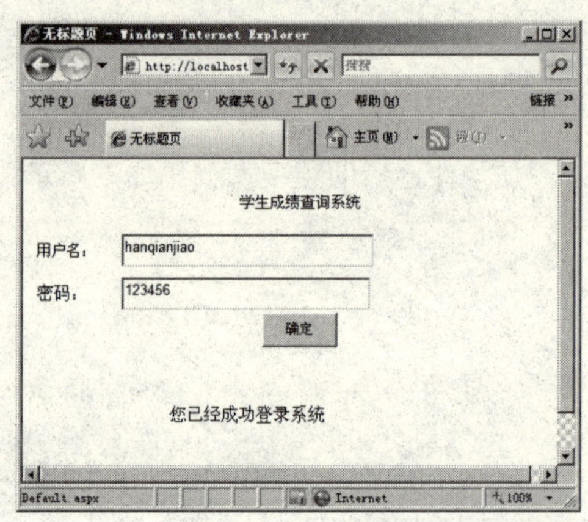

图 13-17　输入信息通过验证控件验证

当单击“确定”按钮后，如果用户名和密码都为空，验证控件中将提示“用户名不能为空”和“密码不能为空”，这说明用户名和密码未通过验证控件的验证。验证控件是在客户端执行的，不用调用服务器端处理，无需刷新页面。但是自定义验证控件要用服务器端代码实现。

输入正确的用户名和密码，运行该程序，效果如图 13-17 所示。从图 13-17 中可以看到，当输入正确的用户名和密码后，标签 lbInput 将显示出“您已经成功登录系统”的提示，说明用户名和密码通过了验证控件的验证。

作者心得：

需要注意的是，ASP.NET 提供的验证控件并不能在所有的浏览器上运行。如果使用非微软的浏览器，可能会无法显示部分控件，甚至页面无法响应。从技术上来说，验证控件属于一种 Web 服务器类控件，但这种控件有很多新内容，因此可以完全独立地对待这种控件。

13.3 ASP.NET 常用对象

本节将介绍 ASP.NET 中几个常用的内置对象，这些对象主要有 Response 对象、Request 对象、Server 对象、Application 对象、Sessions 对象和 Cookie 对象。这些对象都是全局的，不必事先声明就可以直接使用。本节将逐一介绍。

13.3.1 Response 对象

Response 对象提供对当前页输出流的访问，用于动态地响应客户端请求，并将动态生成的响应结果返回到客户端浏览器中，使用 Response 对象可以直接发送信息给浏览器、重定向浏览器到另一个 URL。本节首先介绍 Response 对象的基本属性和方法，然后通过实例来介绍如何输出文本文件以及如何利用 Response 对象重新定向链接。

Response 对象是 HttpResponse 类的一个对象，与一个 HTTP 相对应，通过该对象的属性和方法可以控制如何将服务器端的数据发送到客户端浏览器。Response 对象常用的属性和方法如下所示。

- Buffer 属性：该属性用来设置是否在服务器端开启缓存功能。当 Buffer 属性设置为 true 时，启用服务器端缓存功能。开启此功能后，服务器会将整个页面处理后再传给客户端浏览器。如果 Buffer 属性设置为 false，服务器端缓存功能将关闭，用户看到的页面肯能不是连续的。
- Write()方法：该方法用于向浏览器发送指定文本内容。
- Redirect()方法：该方法用于将客户端重定向到新指定的地址。

Response 对象的 Write()方法用于将信息写入 HTTP 输入内容流，输出到客户端显示。该方法有多种形式的重载方法，最常用的就是参数为字符串型的重载形式。Write()方法的重载形式如下所示。

```
01    public void Write(string);                    //将字符串输出到客户端显示
02    public void Write(char[], int, int);
03    public void Write(object);
04    public void Write(char);                      //将一个字符输出到客户端显示
```

第 1 行的重载是将字符串作为参数，完成将字符串写入到流中从而显示到客户端。第 2 行的重载方法的第一参数表示字符数组，第二个参数表示开始位置，第三个参数表示写入的字符数，该充值方法完成将一个字符数组中指定位置和指定个数的字符输出。第 3 行的重载形式是将 object 类型的参数输出。第 4 行参数是一个字符，完成将该字符参数输出到客户端。可见，通过 Write()方法可以把数组、字符串、对象，或者一个字符输出显示。

Redirect()方法产生一个将重定向 URL 作为链接包含的自动响应正文可以将用户客户端重定向到新的 URL，任何在页中显式设置的响应正文内容都将被忽略。但该方法并不向客户端发送该页设置的其他 HTTP 标题。其语法定义如下所示。

```
public void Redirect(string url);
public void Redirct(String url,Bool endResponse);
```

其中，参数 URL 为重要新定向的目标地址，第二个参数 endResponse 指示当前页的执行是否应终止。例如代码 Response.Redirect(“http://www.google.cn”)可以把页面重新定向到谷歌的主页上。下列示例利用 Response 对象重新定向链接，示例中在页面上提供一个文本框。在用户输入希望访问的网址后，单击“访问”按钮，会将当前页面重新定向到输入的网址中。首先看 aspx 页面中“确定跳转”按钮的布局代码，如下所示。

```
<asp:Button ID="Button1" runat="server" CssClass="blueBtn" OnClick="Button1_Click" Text="确定跳转" /></td>
```

在浏览器地址栏中输入网站，单击“转向”按钮或者按回车键就可以转到指定页面，在网页中也有很多地方需要这种转向。创建可以实现跳转的页面，代码如下所示。

范例 13.5
Redirct.aspx.cs

Redirct.aspx.cs 在这里演示了使用 Response 对象的 Redirect()方法，实现任意跳转到指定页面的功能。
（光盘\code\ch13\Redirct\Redirct.aspx.cs）

```
01    protected void Button1_Click(object sender, EventArgs e)       //“确定跳转”按钮的单击事件
02    {
03        if((TextBox1.Text!="")&&(TextBox1.Text.IndexOf("http://.")>=0))  //判断 URL 是否合法
04        {
05            //如果目标网址不为空，并且包含链接字符串，则重新转向到文本框中的地址
06            Response. Redirect (TextBox1.Text);                    //转向指定页面
07        }
08    }
```

以上是按钮的单击事件，代码第 3 行判断输入的内容是否合法，如果输入的内容通过了检查，则执行第 6 行代码将页面重新定向到目标网址。运行程序如图 13-18 所示。

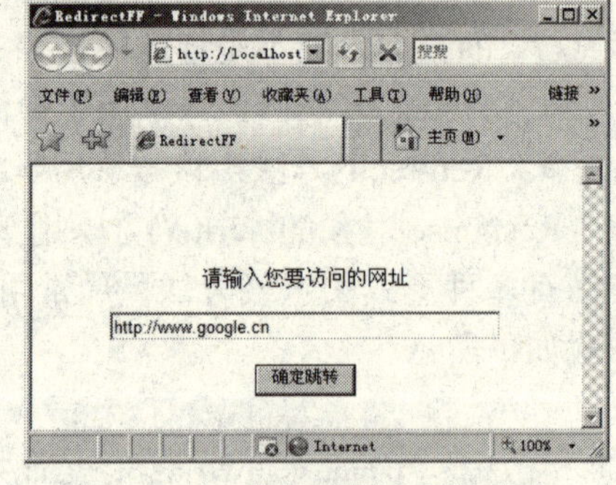

图 13-18　跳转到所请求的网站

当单击“确定跳转”按钮时，页面自动跳转到谷歌网站。浏览器中就会显示谷歌主页。本例主要利用 Response 对象的 Redirect()方法实现了重定向功能。

13.3.2 Request 对象

Request 对象提供了对当前页请求的访问，其中包括请求标题、Cookie、客户端证书、查询字符串等。通过 Request 对象还可以读取客户端浏览器已经发送的内容，可以了解客户端的机器、浏览器等信息。

Request 对象实际上是操作 System.Web 命名空间的 HttpRequest 类。当客户端发送请求浏览 ASP.NET 页面信息的时候，服务端将客户端所发送的请求信息放置在 Request 对象中，Request 对象包含了服务端 IP、客户端机器信息、浏览器信息、post()和 get()的请求方法等。Request 对象常用属性定义如下所示。

- UserAgent：该属性用于返回用户浏览器版本等信息。
- UserLanguages：该属性用于返回用户所使用的语言。
- UserHostName：该属性用于返回用户的 DNS 名称。
- UserHostAddress：该属性用于返回用户的 IP 地址。
- QueryString：该属性用于收集来自请求 URL 地址中“？”后面的数据。
- Browser：该属性用来返回用户浏览器信息和操作系统信息。
- ServerVariables：该属性用来获取服务器端的相关信息。

平时上网的时候，经常会遇到注册、登录、查询等一些需要服务端与客户端相互交互数据的功能。Request 对象用来获取从客户端提交的数据，所以也可以使用 Request 对象获取客户端表单的信息。数据的提交方式有 POST 和 GET，获取相对应的方式为 Form 和 QueryString 的集合。下面分别对其进行介绍。

下面通过一个例子来演示如何在用户通过 post()方法提交表单信息时获取客户端表单信息。

范例 13.6
Request.sln

Request.sln 本范例包括两个文件，一个是提交页（RequestQue.aspx）一个接收页（GETMessge.aspx），实现了用户输入注册信息时，系统返回填写信息让用户确认的功能。

（光盘\code\ch13\Request\Request.sln）

（1） 编写客户端的表单，<form>标签下代码如下所示。

```
<form id="form2" method="post" action=GETMessage.aspx><!--指定以 post 方法提交到
GETMessge.aspx 页面-->
    <div style="text-align: center">
        <p> 用户名：<input type="text" name="textfield"> </p>            <!--用户名文本框-->
        <p> 密   码：<input type="password" name="tfpassword"> </p><!--用户名文本框-->
        <p>性别：<input type="radio" name="radiobutton" value="男">男<input
            type="radio" name="radiobutton1" value="女">女</p>           <!--性别的单选按钮-->
        <p><input type="submit" name="Submit"   value="提交" id="Submit1"
            onclick="return Submit1_onclick()">                         <!--提交按钮-->
        <input type="reset" name="Reset" value="重置"></p>              <!--重置按钮-->
</div></form>
```

在 form 标签中去掉 runat="server"，否则表单不会正确的提交到 GETMessage.aspx 页面。表单中的 action 值定义为 GETMessage.aspx 页面，这样当前用户提交的数据会执行 GETMessage.aspx 页面。在 GETMessage.aspx 页面中的 GETMessage.aspx.cs 文件的功能是用来读取 Request.aspx 页面表单中的信息的。

（2） 在 Page_Load 事件中加入如下代码。

```
protected void Page_Load(object sender, EventArgs e)           //页面的加载事件
{
    Response.Write("<h4> 利用 Request 对象获取客户端表单信息</h4><hr>");
    NameValueCollection coll = Request.Form;                    //指定为 Form 方式
    string[] ayy = coll.AllKeys;                                //获取 key 对应的值
    for (int i = 0; i < ayy.Length; i++)                        //使用循环获取表单信息
    {
        Response.Write(ayy[i] + "=");                           //在页面显示
        string[] ayy1 = coll.GetValues(ayy[i]);
        for (int j = 0; j < ayy1.Length; j++)
        {
            Response.Write(Server.HtmlEncode(ayy1[j]));  //打印表单信息到页面
        }
        Response.Write("<br>");                                 //输出换行符
    }
}
```

运行程序，结果如图 13-19 所示。填上适当信息，单击“提交”按钮，GETMessge.aspx 页面获取 RequestQue.aspx 页面提交的表单信息，结果如图 13-20 所示。

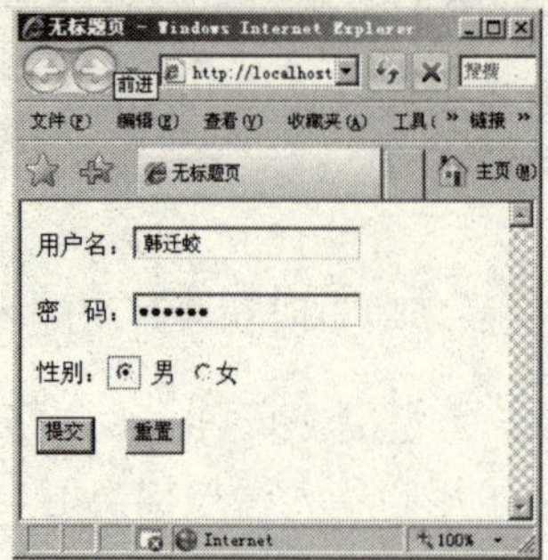

图 13-19 RequestQue.aspx 页面提交表单信息

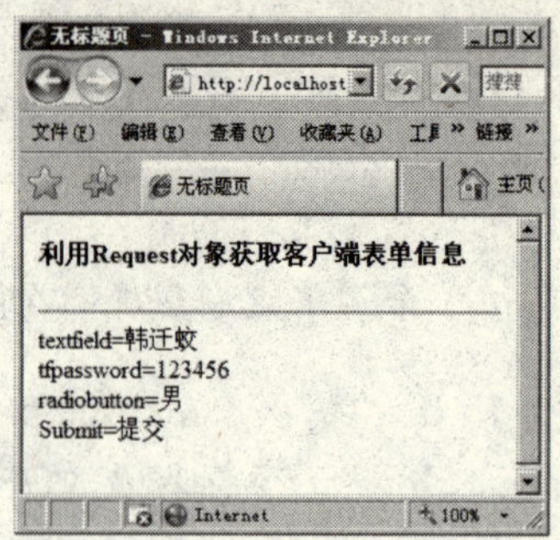

图 13-20 提交后的界面

在上面的实例中，使用的是 form()方法提交的表单，如果采用 get()方法提交表单，客户端把提交方法改成 get()方法，其他代码不变。在客户端使用 Request 对象的 QueryString 属性获取包含在 URL 中的客户端表单信息。例如，程序中的代码可以获取客户端表单文本框的当前值，也就是用文本框的 Name 属性值来获取文本框的内容，代码如下所示。

```
string    str =Request.QueryString["textfiled"].ToString();
```

当然客户端通过 post()方法提交数据时，也可以通过 Request 对象的 Form 属性获取包含在 URL 中的客户端表单信息。

13.3.3 Server 对象

Server 对象是对服务器信息的一种封装，是 ASP.NET 特有的对象之一。使用该对象可以完成许多有关服务器端的高级功能，如获取服务器端计算机名称等。本节首先介绍 Server 对象的属性和方法，然后介绍 Server 对象 HTML 和 URL 的编码进行解码操作。

Server 对象操作的是 System.Web 命名空间中的 HttpServerUtility 类，其提供许多对服务器上的方法和属性的访问。Server 对象的常用属性有 MachineName 和 ScriptTimeout，解释如下所示。

- MachineName：获取服务器的计算机名称。
- ScriptTimeout：获取和设置请求超时的时间（以秒计）。

MapPath()方法的语法定义如下。

```
public string MapPath(string path);
```

其中，path 是 Web 服务器上的虚拟路径。返回值是与 path 相对应的物理文件路径，MapPath()是一个常用的方法。例如，获取要上传文件控件的物理文件路径，代码如下所示。

```
this.FileUpload1.SaveAs(Server.MapPath("up") + "\\" + filename);
```

Transfer()方法有不同的重载形式，如下所示。

```
public void Transfer(string path);
public void Transfer(string path,bool preserverForm);
```

path 是服务器上要执行新页的 URL 路径。preserverForm 如果为 true，则保存 QueryString 和 Form 集合，如果 preserverForm 的值为 false，将不保存 QueryString 和 Form 集合，仅用于页面之间的传值。

用 Server 对象编码的方法为 HtmlEncode()，解码的方法为 HtmlDecod()。下面的代码在窗体加载事件（Page_Load）中演示了编码和解码的过程，代码如下所示。

```
01  void Page_Load(object sender, System.EventArgs e)                    //窗体加载事件
02  {
03      String strHtmlContent;
04      strHtmlContent=Server.HtmlEncode("<B>HTML 内容</B>"); //对客户端脚本编码
05      Response.Write(strHtmlContent);                                   //页面打印编码后的字符
06      Response.Write("<P>");                                            //在页面打印
07      strHtmlContent=Server.HtmlDecode(strHtmlContent);                 //进行解码
08      Response.Write(strHtmlContent);                                   //在页面打印解码后的
09  }
```

代码第 4 行使用 HtmlEncode()方法将字符串“<B>HTML 内容</B>”编码，然后在第 5 行将编码后的值输出，第 7 行利用 HtmlDecode()方法将把编码后的结果译码还原，第 8 行将还原后的值输出到页面。运行上述示例输出结果可以发现，编码后的 HTML 标注变成了“<B>HTML 内容</B>”。这是因为<B>变成了“<B>”，对应的结束标记</B>变成了“</B>”。

13.3.4 Application 对象

Application 对象实际上操作 System.Web 命名空间中的 HttpApplicationState 类。Application 对象可以产生一个全部的 Web 应用程序都可以存取的变量。因此，可以在不同的用户间共享数据。Application 对象是 Page 对象的成员，其生命周期结束标志是关闭 IIS 或使用 Clear()方法清除。

Application 对象是一个集合对象，并在整个 ASP.NET 网站中可用。不同的用户在不同的时间都有可能访问 Application 对象的变量，因此 Application 对象提供了 Lock()方法用于锁定对 HttpApplicationState 变量的访问，以避免访问同步造成的问题。在对 Application 对象的变量访问完成后，需要调用 Application 的 UnLock()方法取消对 HttpApplicationState 变量的锁定。如下所示代码，用 Lock()方法和 UnLock()方法实现了对 Application 对象的修改操作。

```
Application.Lock();                          //Lock()方法锁定，之后可以对 Application 对象操作
Application.[“Online”]=21;                   //在名为 Online 的 Application 变量中保存整型变量 21
Application[“count”]=Convert.ToInt32(Application[“count”])+1;//在名为 count 的 Application 中加 1
Application.UnLock();                        //UnLock()方法解锁
```

首先用 Application 对象的 Lock()方法解锁，然后把 count 值加 1，最后用 UnLock()方法上锁，以避免访问同步出现统计不准确的问题。

Application 对象的 3 个事件分别如下所示。

```
void Application_Start(object sender, EventArgs e)
    {
        //在应用程序启动时运行的代码
    }
    void Application_End(object sender, EventArgs e)
    {
        //在应用程序关闭时运行的代码
    }
    void Application_Error(object sender, EventArgs e)
    {
        //在出现未处理的错误时运行的代码
```

```
}
void Session_Start(object sender, EventArgs e)
{
    //在新会话启动时运行的代码
}
```

以上 3 个 Application 对象事件的功能都在全局应用程序类 Global.asax 文件中定义，可以直接对全局 Application 对象的 3 个事件进行编程。利用 Application 对象可以存取变量，访问 Application 对象变量的方法，代码如下所示。

```
Application["变量名"]=变量值;
变量=Application["变量名"];
```

Application 对象用来存储变量或对象，一般在网页再次被访问时所存储的变量或对象的内容还可以被重新调用出来使用，可以在各个用户间共享。

网页计数是每个网站必备的功能，通过 Application 对象可以实现一个简单的网页访问计数。下面通过一个示例来介绍如何制作网页计数统计器。

范例 13.7 Application.sln

Application.sln 本范例使用 Application 对象实现对网站进行浏览人数统计的功能。

（光盘\code\ch13\Application\Application.sln）

（1） 计算网站总访问量的客户端（Default.aspx）主要代码如下所示。

```
<td>您是第<%=Application["counter"]%>位访问者</td>
```

上面代码的作用是获取名为 counter 的 Application 变量中保存的值。

（2） 网站所对应的 Global.asax 文件中的事件，代码如下所示。

```
<%@ Application Language="C#" %>
<%@ Import Namespace="System" %>
<%@ Import Namespace="System.Collections" %>
<%@ Import Namespace="System.ComponentModel " %>
<%@ Import Namespace="System.Web"%>
<%@ Import Namespace="System.Web.SessionState" %>
<%@ Import Namespace=" System.IO " %>
<script RunAt="server">
  void Application_Start(object sender, EventArgs e)          //在应用程序启动时
  {
      int count = 0;                                          //定义整型变量 count，用于保存访问量
      StreamReader srd;                                       //定义流读取类对象
      string file_path = Server.MapPath("counter.txt"); //取得文件的实际路径
      srd = File.OpenText(file_path);                         //打开文件进行读取
      while (srd.Peek() != -1)                                //判断是否读到文件结束
      {
          string str = srd.ReadLine();
          count = int.Parse(str);
      }
      srd.Close();                                            //关闭流读取对象
      object obj = count;                                     //将读取的 count 赋给 object 类型的 obj
      Application["counter"] = obj; //将从文件中读取的网站访问量存放在 Application 对象中
  }
  void Application_End(object sender, EventArgs e)            //在应用程序关闭时运行的代码
```

```
25          {
26              int Stat = 0;
27              Stat = (int)Application["counter"];
28              string file_path = Server.MapPath("counter.txt");
29              StreamWriter srw = new StreamWriter(file_path, false);     //定义写入流
30              srw.WriteLine(Stat);
31              srw.Close();                                               //关闭
32          }
33          void Application_Error(object sender, EventArgs e)
34          {
35              // 在出现未处理的错误时运行的代码
36          }
37          void Session_Start(object sender, EventArgs e)
38          {
39              // 在新会话启动时运行的代码
40              Application.Lock();
41              int Stat = 0;                                  //数据累加
42              Stat = (int)Application["counter"];  //获取 Application 对象中保存的网站总访问量
43              Stat += 1;
44              object obj = Stat;
45              Application["counter"] = obj;
46              //将数据记录写入文件
47              string file_path = Server.MapPath("counter.txt");
48              StreamWriter srw = new StreamWriter(file_path, false);     //定义写入流
49              srw.WriteLine(Stat);                                       //写入信息
50              srw.Close();                                               //关闭吸入流
51              Application.UnLock();                                      //解锁
52          }
53      </script>
```

代码第 1 到 8 行是系统导入的命名空间，第 9 到 23 行是系统启动时执行的方法，其中第 22 行把从文件中读取到的浏览人数存入 Application 对象中。代码第 40 行到第 50 行首先锁定统计，然后获取 Application 对象中的访问量并将其写入文件。

运行结果如图 13-21 所示，每运行一次，Application 对象的访问总和就会加 1。即每当有一个用户访问一次网站，统计出来的访问量的总和就会加 1，实现统计网站访问量的功能。

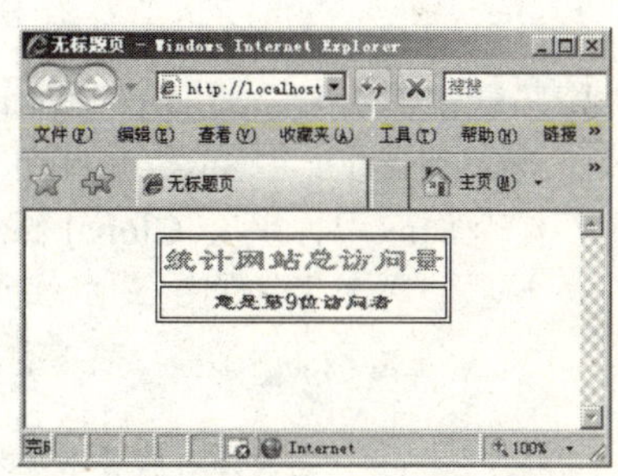

图 13-21 统计网站的总访问量

作者心得：

当页面每次加载的时候，系统自动调用 Application_Start(object sender, EventArgs e)事件把网站访问的总量放在 Application 对象的变量中存储。当会话运行的时候自动调用 Session_Start(object sender, EventArgs e)事件实现访问数量累加，会话结束以后触发 Application_End(object sender, EventArgs e)事件把访问数量写入日志。

13.3.5 Session 对象

Session 是一种会话级变量，类似一种存在于服务器的临时变量。Session 对象存在于浏览器与服务器之间，每一台运行着的用户客户端浏览器都有一个唯一的 SessionID 值，只要客户端浏览器与服务器建立连接，服务器会自动为每个客户端浏览器分配一个 SessionID。只要浏览器不关闭，当前会话就一直有效。

作者心得：

为了直观地理解“客户端浏览器”，举一个明显的例子，即一个客户端同时打开两个浏览器，浏览同一个页面时，其 SessionID 都是不同的。

下面是 Session 对象的几个常用方法。

- Abandon：调用该方法用于消除用户 Session 对象并释放其所占用的资源。调用 Abandon()方法会发出 Session_OnEnd 事件。
- Add：该方法向会话状态集合添加项。
- Clear：该方法用来清除会话状态所有值。
- CopyTo：该方法将当前会话状态值的集合复制到一个一维数组中。
- RemoveAll：该方法清除所有会话状态值。

Session 对象是有时间限制的。通过它的 TimeOut 属性可以设置超时时间。Session 对象的超时单位为分钟，要是在设定的时间限制内容，客户端对页面没有任何操作，Session 将超时。可以通过 Web.config 文件设置 Session 的 Timeout 默认值，代码如下所示。

```
<sessionState Mode="InProc" stateConnectionString="tcpip=127.0.0.1"
    sqlConnectionString="data source=127.0.0.1;user id=sa;password= sa"
    cookieless="false" timeout="20">                    <!--设置有效时间为 20 分钟-->
```

这里把 timeout 的值设成 20，Visual Studio 在项目配置文件 Web.config 中对 Session 对象进行了默认值设置，设置有效时间为 20 分钟。

Session_Start 和 Session_End 是 Session 对象的两个重要事件，两个 Session 对象事件的功能都在全局应用程序类 Global.asax 文件中定义，可以直接对 Session 对象的两个事件进行编程。下面是两个事件的定义，代码如下所示。

```
void Session_Start(object sender, EventArgs e)
{
    //在新会话启动时运行的代码
}
void Session_End(object sender, EventArgs e)
{
    //添加结束会话代码
}
```

作者心得：

只有在 Web.config 文件中的 sessionState 模式设为 InProc 时，才会引发 Session_End 事件。如果会话模式设置为 StateServer 或 SQLServer，则不会引发该事件。

对于一个用户，每次访问 Session 对象都是唯一的，Session 对象保存当前用户会话，只要 Session 没有超时、Abandon()方法没有被调用，或者关闭当前浏览器，那么 Session 中的信息就不会丢失。Session 对象为每个会话创建信息，不能在不同用户之间相互传递。

13.3.6 Cookie 对象

Cookie 对象实际上是 System.Web 命名空间中 HttpCookie 类的对象。Cookie 对象用来保存 Web 应用程序中用户的相关信息。当用户访问某个站点时，该站点可以利用 Cookie 保存用户的首选项或其他信息。Cookie 对象是由服务器向浏览器端发送的消息，客户端会把这些 Cookie 信息保存起来，用于在服务器端和浏览器端进行传递。Cookie 对象不属于 Page 类，所以用法与 Application 和 Session 对象不同。

ASP.NET 包含两个内部 Cookie 集合：Request 对象的 Cookies 集合和 Response 对象的 Cookies 集合。其中，Request 对象的 Cookies 集合包含由客户端传输到服务器的 Cookie，这些 Cookie 以 Cookie 表头的形式传输。下列代码创建了一个名为 LisView 的 Cookie，并设置 Cookie 的值为当前时间，如下所示。

```
HttpCookie   MyCoo=new HttpCookie("LisView");       //定义一个 HttpCookie 对象
DateTime   now=DateTime.Now;                        //定义一个时间对象
MyCoo.Value=now.ToString();                         //取出当前时间赋给 MyCoo
Mycoo.Expires=now.AddHours(1);                      //设置过期时间为 1 小时
Response.Cookies.Add(Mycoo);
```

为了得知一个浏览器是否接收 Cookie 的方法，要先编写一个 Cookie，然后再读取这个 Cookie。若不能读取这个 Cookie，则该浏览器不接收 Cookie。

下面通过一个范例来进一步了解 Cookie 对象，该范例主要通过设置 Cookie 的过期时间，然后将数据保存到 Cookie 对象中。创建示例的具体步骤如下。

范例 13.8
Login.aspx

Login.aspx 本范例使用 Cookie 对象实现对登录网站的用户登录名和密码进行保存的功能，省去用户再次登录时重复输入密码。（光盘\code\ch13\Cookie\Login.aspx）

（1） 新建一个网站，将其命名为 Cookie，默认的主页面为 Default.aspx。

（2） 将默认主页面 Default.aspx 重命名为 Login.aspx。

（3） 在 Login.aspx 的设计视图下，添加 2 个 TextBox 控件、1 个 RadioButtonList 控件、2 个 Button 控件，分别设置其属性。

（4） 在“登录”按钮，即 btnlogin_Click 事件下添加如下所示代码。

```
protected void btnlogin_Click(object sender, EventArgs e)        //登录按钮的单击事件
{
    string name = "hhh";                                         //设置用户名
    string password = "123456";                                  //设置密码
    if (this.txtname.Text == name && this.txtpassword.Text == password)
    {
        //根据用户选择的值设置 Cookie 的过期时间
        if (this.RadioButtonList1.SelectedValue.ToString() == "1") //判断是否选择单选按钮 1
        {                                                        //过期时间为 1 天
            this.Response.Cookies["UserName"].Expires = DateTime.Now.AddDays(1);
```

```
11                this.Response.Cookies["PassWord"].Expires = DateTime.Now.AddDays(1);
12            }
13            if (this.RadioButtonList1.SelectedValue.ToString() == "2") //判断是否选择单选按钮 2
14            {                                                         //过期时间为 1 个月
15                this.Response.Cookies["UserName"].Expires = DateTime.Now.AddMonths(1);
16                this.Response.Cookies["PassWord"].Expires = DateTime.Now.AddMonths(1);
17            }
18            if (this.RadioButtonList1.SelectedValue.ToString() == "3") //判断是否选择单选按钮 3
19            {                                                         //过期时间为半年
20                this.Response.Cookies["UserName"].Expires = DateTime.Now.AddYears(1 / 2);
21                this.Response.Cookies["PassWord"].Expires = DateTime.Now.AddYears(1 / 2);
22            }
23            if (this.RadioButtonList1.SelectedValue.ToString() == "4") //判断是否选择单选按钮 4
24            {                                                         //过期时间为 1 年
25                this.Response.Cookies["UserName"].Expires = DateTime.Now.AddYears(1);
26                this.Response.Cookies["PassWord"].Expires = DateTime.Now.AddYears(1);
27            }
28            //将用户输入的用户名保存到 Cookie 中
29            this.Response.Cookies["UserName"].Value = this.txtname.Text;
30            this.Response.Cookies["PassWord"].Value = this.txtpassword.Text;
31            Response.Write("用户登录成功！并将用户登录的用户名和密码保存到 Cookie 中！");
32        }
33        else
34        {
35            Response.Redirect("Login.aspx");  //如果用户名和密码不正确，则转向 Login 页面
36        }
37    }
```

代码第 5 行判断用户输入的用户名和密码是否正确，如果输入正确则根据用户选择的 Cookie 有效日期进行保存 Cookie。代码第 8 行、第 13 行、第 18 行和第 23 行分别判断用户选择保存的时间。第 29 行和第 30 行将用户信息写入 Cookie 中。按下 F5 键运行，结果如图 13-22 所示。

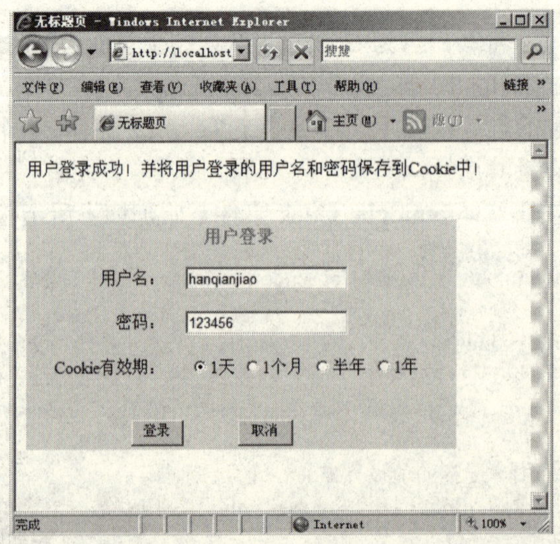

图 13-22 用 Cookie 保存用户登录信息

作者心得：

使用这种方式保存用户信息可以做到保存较长时间的功能，不过这种方式也有弊端，例如，如果客户端清除 Cookie 后，保存的信息将会丢失。由于这种方式将信息保存在客户端，所以有一定的安全隐患。

13.4　ASP.NET 的用户控件

ASP.NET 提供多种功能强大的用户控件库，用户可以根据需要面向用户控件的对象编程。另外，ASP.NET 还可以根据需要自定义控件，以实现功能复用。本节主要介绍用户自定义控件及其创建过程和使用方法。

利用 Web 控件可以快速开发 Web 应用程序。在内置控件不能满足所有需求的情况下，用户控件就产生了。用户控件可以在不同的网页中重复使用。创建用户控件要比创建自定义控件方便得多，因为可以重用现有的控件。用户控件实现了创建具有复杂用户界面元素的控件的功能。

用户控件与 ASP.NET 页十分相像，用户控件包含若干控件（一个 TextBox 控件和两个 Button 控件）以及处理按钮的 Click 事件和页面 Load 事件的代码。但是，用户控件除了控件以外不包含标记，没有@Page 指令，但包含一个@Control 指令。使用用户控件的步骤如下所示。

（1） 首先在网页中创建@Register 指令，在其中包括以下内容。

```
<%@ Register Src="../Controls/DataPager.ascx" TagName="DataPager" TagPrefix="uc1" %>
```

以@Register 指令开始，属性 Src 定义调用的用户控件文件的虚拟路径。属性 TagPrefix 将前缀与用户控件相关联。属性 TagName 将名称与用户控件相关联。

作者心得：

Src 属性值既可以是相对路径，也可以是绝对路径。为灵活使用，建议使用相对路径。带字号（ ~ ）表示应用程序的根目录，用户控件不能位于 App_Code 目录中。

（2） 在网页主体中，请在 form 元素内部声明用户控件元素。

（3） 如果用户控件公开公共属性，请以声明方式设置这些属性。

用户控件包含示例如下所示。

```
<%@ Page Language="C#"%>
<!--设置用户控件的 TagPrefix 属性、TagName 属性和 Src 属性-->
<%@ Register TagPrefix="uc" TagName="Spinner" Src="~\Controls\Spinner.ascx" %>
<html><body><form runat="server">
    <uc:Spinner id="Spinner1" runat="server" MinValue="1" MaxValue="10" />     <!--调用用户控
件-->
</form></body>
```

在浏览网站时，读者应该发现一个问题：在很多网站中，为了保持页面的连续感，保持页面首尾内容和风格，需要设置相似的界面。下面将使用自定义控件的方法，建立一个网页的头部，其设计的具体步骤如下。

范例 13.9 Header.ascx　本范例自定义一个用户控件，实现了新闻网站导航栏的功能。

Header.ascx

（光盘\code\ch13\UserControl\Header.ascx）

（1） 启动 Visual Studio 2008 应用程序，创建一个新的网站，命名为 UserControl。

（2）右击“解决方案资源管理器”中的 UserControl 项目，在弹出的快捷菜单中选择“添加新项”命令，打开“添加新项”对话框。在该对话框中，选择“Web 用户控件”选项，将其命名为 Header.ascx，如图 13-23 所示。

（3） 单击“添加”按钮，可以得到 Header.ascx 文件的源视图代码，代码如下所示。

```
<%@ Control Language="C#" AutoEventWireup="true" CodeFile="Header.ascx.cs"
    Inherits="Header"%>
```

（4） 在设计视图下，添加一个 3 行 4 列的表，合并其最后一行。

（5） 在表的第一行和第二行的表格中输入相应的文字，作为网页导航，设计完毕浏览效果如图 13-24 所示。

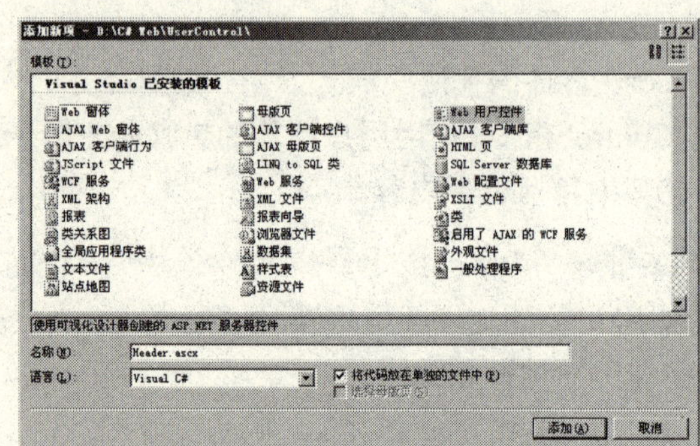

图 13-23　添加用户自定义控件

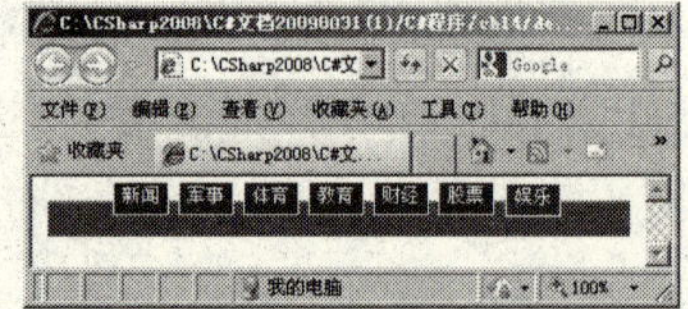

图 13-24　导航栏的浏览效果

下面是设计好用户自定义控件以后，对应的 HTML 源代码，如下所示。

```
<table>
    <tr>
        <td >新闻</td>
        <td >军事</td>
        <td >体育</td>
        <td >教育</td>
        <td >财经</td>
        <td >股票</td>
        <td >娱乐</td>
    </tr>
</table>
```

可以看到上述代码中没有标签<html>、<head>、<body>和<form>，这些标签是不允许存在于用户自定义控件中的。原因在于用户控件只是一个网页中的片段而已，不具备完整的网页格式。所以，用户自定义控件必须放置到已有的可执行页面中才能运行。

实训 13.1——查看旅游景点

通过本章，读者可以学到开发 ASP.NET 应用程序的步骤以及 HTML 控件、常用服务器端控件以及 ASP.NET 的常用对象，本节使用以上知识创建一个 ASP.NET 程序。

1. 需求分析和界面设计

互联网上无奇不有，将自己整理、创造的东西与其他网友一块分享充满了乐趣，本实训就来创建一个旅游景点介绍的网站，介绍旅游景点的名称和图片，为喜欢旅游的朋友提供一些参考和帮助。

在本页面中为了使用户体验更好，设计了三种查看旅游景点图片的方式，第一种就是使用下拉列表框将所有旅游景点名称填充到下拉列表框中，用户可以选择某个景点，然后单击“确定”按钮查看旅游景点的图片。

但是如果旅游景点太多的话，下拉列表框在屏幕中并不能完全显示各个景点，使用滚动条在庞大的选择项中找需要的景点名称是十分不友好的。第二种方式解决了这个问题，用户在文本框中输入旅游景点后单击文本框后面的搜索图片按钮即可将旅游景点显示出来。第三中显示方式是一个一个查看，用户选择“下一张”或“上一张”按钮进行浏览。

使用 Visual Studio 2008 创建 ASP.NET 网站项目，在窗体中添加控件并设置属性，控件属性设置表如表 13-4 所示。

表 13-4 控件属性表

控 件	属 性	值
Label1	Text	查看旅游景点
Label2	ID	lblName
DropDownList	ID	DropDownList1
	TabIndex	0
Button1	ID	btnOK
	Text	确定
	TabIndex	1
TextBox1	ID	txtName
	TabIndex	2
Button2	ID	btnNext
	Text	上一张
Button3	ID	btnLast
	Text	下一张
ImageButton1	ImageURL	～/Image/s5.png
Image	ID	Image1

通过设置以上控件属性，设计界面如图 13-25 所示。

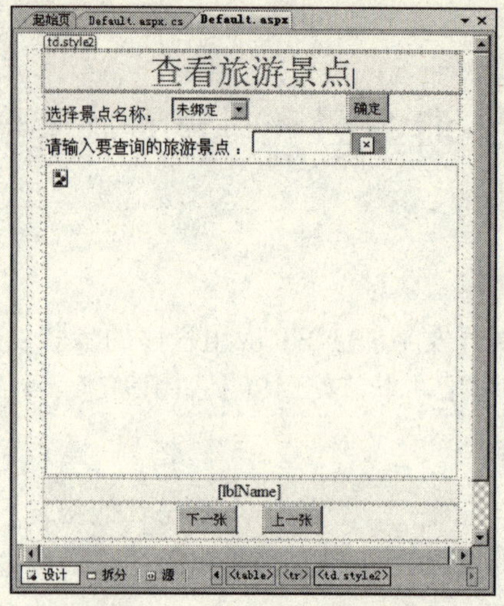

图 13-25　通讯录界面设计图

2.　查看旅游景点功能设计

由于还没有学习数据访问相关知识，在这里我们使用数组设置默认值的方式来实现对图片文件的访问。使用表 13-5 中的文件来实现首页功能设计。

表 13-5　首页文件描述

文　件	功　能
Default.aspx	在首页的前台使用了文本框、按钮、下拉列表等控件进行布局，在首页的后台使用多个数组完成了保存图片名称和路径的功能。

程序清单 13.1-1：Default.aspx

```
private string[] shanImage = new string[5];                 //定义数组用来保存图片路径
private string[] shanName = new string[5];                  //定义数组用来保存旅游景点名称
private static int currentIndex = 1;                        //定义静态变量用于保存当前索引
protected void Page_Load(object sender, EventArgs e)        //页面加载事件
{
    shanName[0] = "泰山";                                   //初始化旅游景点名称数组
    shanName[1] = "嵩山";
    shanName[2] = "华山";
    shanName[3] = "北岳恒山";
    shanName[4] = "南岳衡山";
    shanImage[0] = @"image\taishan.jpg";                    //对应的图片路径数组
    shanImage[1] = @"image\songshan.jpg";
    shanImage[2] = @"image\huashan.jpg";
    shanImage[3] = @"image\beiyue.jpg";
    shanImage[4] = @"image\nanyue.jpg";
    if (!IsPostBack)                                        //判断是否首次加载本页面
    {
        this.Image1.ImageUrl = shanImage[0];                //设置显示图片
        this.lblName.Text = shanName[0];                    //显示旅游景点名称
        this.DropDownList1.Items.Clear();                   //清空下拉列表框的选项
        foreach (string name in shanName)                   //遍历旅游景点名称
```

```
22                {
23                    this.DropDownList1.Items.Add(name);//加载到 DropDownList 中
24                }
25            }
26        }
27        protected void btnNext_Click(object sender, EventArgs e)//查看下一张
28        {
29            int i = currentIndex;
30            SetIndex((i+1)%5);
31            this.Image1.ImageUrl = shanImage[i];          //设置显示图片
32            this.lblName.Text = shanName[i];              //显示旅游景点名称
33        }
34        protected void btnLast_Click(object sender, EventArgs e)//查看上一张
35        {
36            int i = currentIndex;
37            SetIndex((i + 4) % 5);
38            this.Image1.ImageUrl = shanImage[i];          //设置显示图片
39            this.lblName.Text = shanName[i];              //显示旅游景点名称
40        }
41        private static void SetIndex(int i)               //设置当前索引
42        {
43            currentIndex = i;
44        }
45        protected void btnOK_Click(object sender, EventArgs e)//"确定"按钮
46        {
47            int index = this.DropDownList1.SelectedIndex;     //选择的 DropDownList 选项
48            this.Image1.ImageUrl = shanImage[index];          //设置显示图片
49            this.lblName.Text = shanName[index];              //显示旅游景点名称
50        }
51        protected void ImageButton1_Click(object sender, ImageClickEventArgs e)
52        {
53            for (int i = 0; i < 5; i++)
54            {
55                if (shanName[i] == txtName.Text)              //判断用户查找的旅游景点是否存在
56                {
57                    this.Image1.ImageUrl = shanImage[i];  //设置显示图片
58                    this.lblName.Text = shanName[i];      //显示旅游景点名称
59                }
60            }
61        }
```

代码第 1 行和第 2 行分别定义字符串数组用来保存旅游景点图片地址和名称，图片和名称是对应的，也就是说旅游景点图片数组的第一个元素和景点名称的第一个元素是同一个旅游景点信息。所以在第 3 行定义静态变量用来保存当前图片和景点名称索引。第 6 行到第 15 行在窗体加载时为数组赋值。第 18 行为图片框设置旅游景点图片，第 19 行为标签设置旅游景点名称。第 20 到第 24 行先清空下拉列表框然后将旅游景点填充到下拉列表框中。

第 27 到 33 行是“下一张”按钮的单击事件，在该事件中实现在图片框中和标签中显示下个景点名称，其中第 30 行调用自定义方法 SetIndex，使用参数(i+1)%5 设置当前索引为下一个图片。第 34 行到第 40 行“上一张”按钮的单击事件与“下一张”按钮的类似。

第 45 行到第 50 行是用户选择下拉列表中的某一景点名称后单击“确定”按钮的事件，该事件获取用户所有项的索引设置图片框的图片和标题的显示值。第 51 行到第 61 行是图片按钮的单击事件，用户在文本框中输入景点名称后，在该事件中判断景点名称是否在数组中已经存在，如果存在就找到对应的图片和景点名显示到界面中。

运行程序，运行结果如图 13-26 所示。

图 13-26　查看旅游景点页面图

每个景点都只有图片和地点，读者可以为每个景点，每个图片进行说明。使用上面的技术进行扩展是非常容易的，在实训中定义了两个数组，一个用来保存景点名称，一个用来保存图片路径。如果要实现上面的技术，只需要再加个用来保存说明的数组即可，注意顺序要保持一致。在界面上可以使用 Lable 标签在下边或者右边进行显示。

如果需要添加很多旅游景点，在程序中需要加很多数组，而且不容易维护。由于还没有讲解数据存储方法的知识，显然这一点很难做到。这里主要是使用 Web 服务器端空间来设计一个常见的 Web 应用框架。等读者学习了文件的读写、XML 的操作或者数据库的访问，再回过来修改本范例使之成为可供其他人访问的 Web 应用程序。

13.5　疑难解答

1. 从本章第一个范例中我看到有两个代码窗口，这是怎么回事呢？

答：ASP.NET 中将后台与前台进行分离，从前台源视图下看到的代码是页面布局代码，而后台代码视图中显示的代码则是功能代码。将前台和后台进行分离，是从 ASP 到 ASP.NET 的最大改进。

2. 在 HTML 中是否可以光写体标记，而不写头标记？

答：这是可以的，HTML 语言是一种非常宽松的语言，当只有体标记时，就只对页面中的内容进行操作。也由于 HTML 程序需要浏览器解析执行，在浏览器中是有很大容错性的，所以有时在 HTML 中写错标记也能正确运行。

3. HTML 控件也有文本框按钮等控件，和服务端控件有什么区别吗？

答：HTML 控件严格上说是一种标记，称不上控件。如果不与脚本语言结合使用就没有事件和方法。服务器端控件类似与 Windows 窗体控件，具有更强大的功能，但是性能却没有 HTML 控件高。

4. 我在开发中怎么确定使用 HTML 控件还是服务器端控件呢？

答：HTML 控件性能较高，服务器端功能更强大，而且具有更强大的面向对象特征。如果用户对性能要求不是很苛刻的话，可以选择使用服务器端控件，这样能提高开发效率。如果对性能要求很高的话，可以使用 HTML 控件结合 JavaScript 等脚本语言。

5. 我看到服务器端控件和前面使用的 Windows 窗体控件的有很大的相似性，使用方式是否完全相同？

答：不是完全相同的。这两者之间虽然很相似，但是服务器端控件的定义方式等更像 HTML 标记语言，而且服务器端控件的属性和方法没有 Windows 窗体控件的丰富，所有使用方式也不完全相同。

6. 验证控件是服务器端控件，每次刷新都向服务器端发送请求吗？

答：不是的。验证控件的出现就是为了减少对服务器的压力，在客户端能够完成验证，虽然是服务器端控件，但是不会回发，和 JavaScript 的工作方式一样，在客户端完成。

7. 从一个页面转到另一个页面有几种方式？

答：有多种方式可以实现，主要包括三类，一是 HTML 语言中的跳转：超链接标签、提交表单；二是 ASP.NET 语言中的跳转：Response 对象的 Redirect()方法、Server 对象的 Transfer()方法等；三是脚本语言中的跳转语句：例如 location.href="Default.aspx"等。

8. 在网站开发中使用什么方式保存用户信息？

答：一般使用 Session 保存，Session 可以为每个访问的客户端分配一个唯一的 Session 编号。Session 运行在服务器端，这样更加安全，这就是使用 Session 的最最根本原因。

9. 关闭浏览器后 Session 销毁吗，如果我开发一个网站不想让用户每次都登录应该怎么办？

答：这时可以选择 Cookie 对象，Cookie 保存在客户端。客户端如果不清除缓存的话下次就可以不用登录了。

10. 平时需要使用自定义控件吗？

答：这要根据实际需要，ASP.NET 允许开发人员自定义控件并用在 Web 开发中，使用自定义可以最大化地达到想要的功能，例如，增加某个控件的属性、调整所提交的 HTML 输出等。总之如果你在开发中发现使用现有控件不能很好地完成想要的功能，这时就可以开发自定义控件来解决。

13.6 上机题

1. 借鉴本章第一个范例，开发一个简单的 ASP.NET 应用程序，并使用 Lable 显示：“现在开始学习 ASP.NET”，运行效果如图 13-27 所示

2. 开发一个网站应用程序，至少使用两种方式，实现跳转到指定页面。

3. 开发一个网站应用程序，使用比较验证控件，验证两次用户输入的密码是否一致，运行效果图如图 13-28 所示。

图 13-27 简单的 ASP.NET 程序

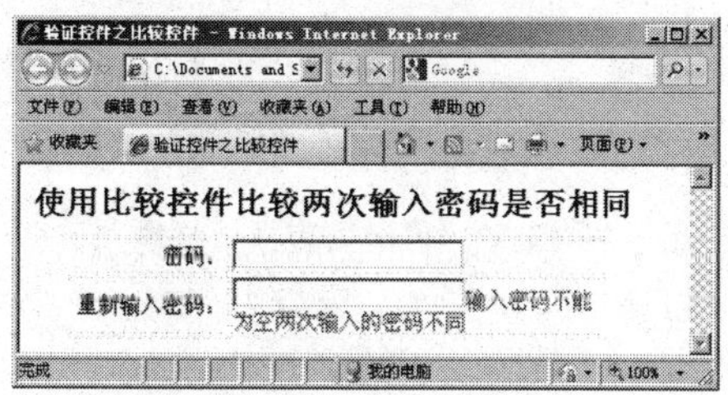

图 13-28 使用比较控件运行效果图

4. 使用 RangeValidator 控件验证用户在文本框中输入的成绩是否在 0～100 之间，并将验证结果显示在页面上，如果输入 120 后，运行效果如图 13-29 所示。

5. 使用 RequiredFieldValidator 控件验证用户输入的成绩是否为空，如果为空则提示错误消息，运行效果如图 13-30 所示。

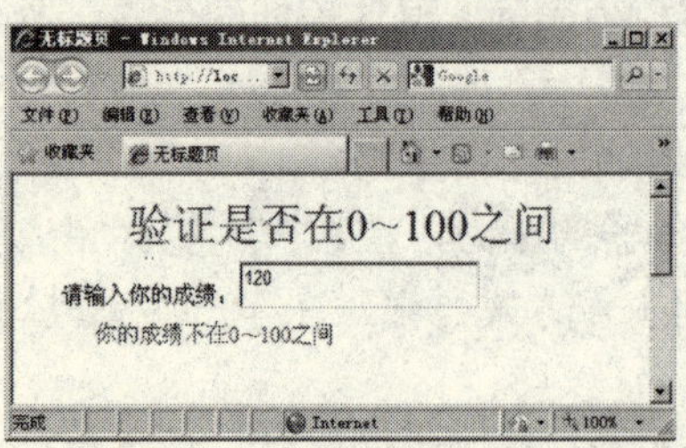

图 13-29　使用验证范围控件效果图

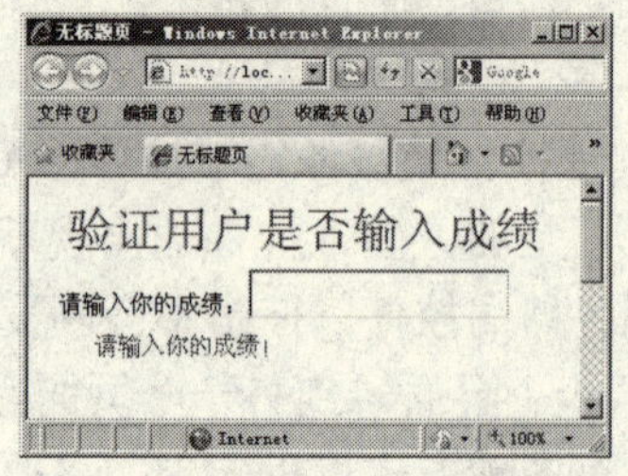

图 13-30　验证用户输入的是否为空

6. 开发一个类似于购物网的应用程序，使用 Cookie 保存用户所选择的商品信息，当用户结账时可以将所选信息列出来，运行效果如图 13-31 所示。

7. 开发一个员工管理系统，管理员登录网站后使用 Session 进行保存用户登录信息。

8. 设计一个班级留言版，实现提供给浏览者留言的功能。运行效果如图 13-32 所示。

9. 创建一个网站程序，在页面中包括一个图片框和两个按钮，单击按钮可以浏览不同的球星照片。运行效果如图 13-33 所示。

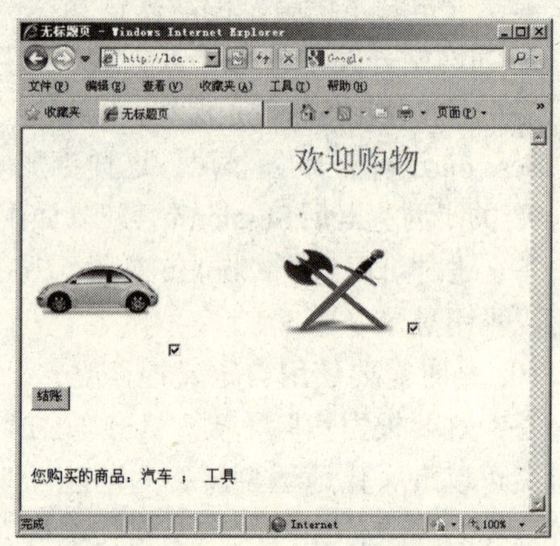

图 13-31　购买商品效果图

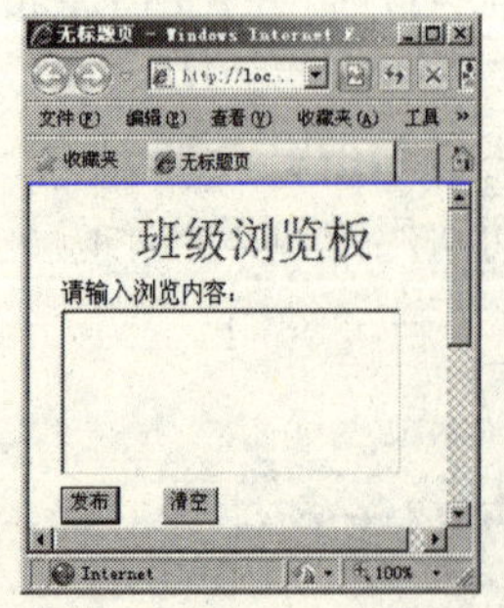

图 13-32　班级留言板效果图

图 13-33　浏览球星效果图

第14章 数据库访问

数据库作为数据存储的仓库使用极其广泛，几乎在所有的商业管理软件中都离不开对数据库的操作。ADO.NET 是一组数据访问服务的类，在 ADO.NET 3.5 中，SQL 数据提供程序使用统一的 SQL 数据访问模型，实现对各种使用 SQL 语句的数据库的数据访问支持，例如：Oracle、SQL Server、DB2、Access 等。通过本章的学习，将了解和掌握数据库访问的知识。

本章的学习重点

- 数据访问模型 ADO.NET 的简介。
- 数据库基础知识。
- 结构化查询语言。
- 数据源的连接对象 SqlConnection。
- 数据源的交互对象 SqlCommand。

14.1 ADO.NET 简介

ADO.NET 是在 ADO（ActiveX Data Objects）基础上发展的新一代数据存取技术，是微软.NET 平台下推出的新的数据访问模型。ADO.NET 设计了一系列对各类数据的访问形式，并提供了对应的类。类中提供了与对应数据交互的属性和方法。开发人员可以通过这些属性和方法，对各种数据进行存取操作。

ADO 即 ActiveX 数据对象是一个 COM 组件库，是一组优化的访问数据库的专用对象集。在.NET 之前的软件一般使用 ADO 对象，这些组件有许多版本。在 3.5 版本中，ADO 主要包含 Connection、Command、Recordset 和 Field 对象。打开与数据库的连接，把一些数据选出来，放在记录集中。这些数据由字段组成，接着处理这些数据，并在服务器上进行更新，然后关闭连接。ADO 中还包括断开连接的记录集的概念。如果不适合让连接打开相当长的时间，便可以使用该概念。

数据访问模型有多种，如 ODBC、DAO、RDO、OLE DB、ADO 和 ADO.NET。ADO.NET 是在.NET 平台下重新设计的数据访问模型。ADO.NET 是为微软.NET Framework 编程人员提供数据访问服务的对象模型，是.NET Framework 中不可缺少的一部分。数据访问模型使程序能够连接各种不同的数据源、执行查询命令以及存储、操作和更新数据。从数据库结构的角度来看 ADO.NET 模型，如图 14-1 所示。

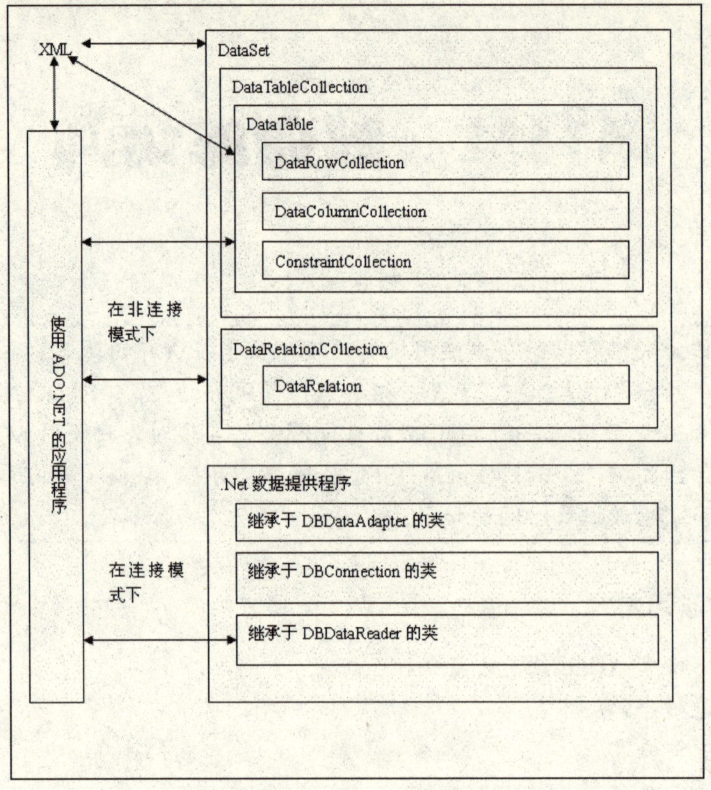

图 14-1　ADO.NET 模型

通过图 14-1 可以总结出以下几点。

- 对数据模型的所有访问必须通过连接来完成，而连接的实现是数据库提供程序的一部分。
- DataSet 和 DataTable 可以在非连接的模式下工作。在这个模式下，所有数据的装载和保存操作都使用 adaptor 对象来完成。
- DataSet 是关系数据的缓存，在应用程序执行的过程中，当前应用程序域承载这个缓存。可以使用来自数据库的数据填充 DataSet，然后断开连接，使用 DataSet 中的数据。最后如果需要保存对数据的修改，那么再次连接到数据库。
- DataReader 类允许在连接模式下工作。

14.2　数据库基础

所谓数据库，是用来存储结构化数据的。关系数据模型是当今比较流行的数据模型，以关系模型为基础的数据库是关系数据库。本节主要首先讲解数据库对象如表、视图、约束等，然后介绍创建数据库的过程。

14.2.1　数据库简介

关系数据库基于关系模型系统，而关系模型系统是目前最为流行的一种数据模型。关系数据库以表的表现形式组织数据，以关系的数学理论为基础。关系数据库的查询可用最高级的语言来描述，这大大提高了查询效率。关系数据库的常用基本对象有表、记录、字段、关系、索引、视图和存储过程等，如下所示。

1. 表

表用于存储数据，其以行列方式组织，可以使用 SQL 从中获取、修改和删除资料。表是关系数据库的基本元素。在关系数据库中，所有的数据都是以表的形式进行存储的。表在程序开发中随处可见，如学生表等。表具有直观、方便和简单的特点。表是一个二维结构，行和列的顺序并不影响表的内容。如表 14-1 所示。

表 14-1　学生表

学　号	姓　名	性　别	班　级
01001	张三	男	1 班
01002	李四	女	1 班
01003	王二	男	1 班

2. 记录

表中的每一行被称作记录或者实体。在表 14-1 中，每个学生占据一行是一个记录，描述了一个学生的情况。

3. 字段

表中的每一列被称作属性或者字段，在一般情况下，字段和列所指的内容是相同的，每一列包含由列名所表示的一部分信息。在表 14-1 中，如“学号”一列就是一个字段。

4. 关系

关系是一个从数学中来的概念，表示表中记录之间存在的关联。关系是指二维表，表可以用来表示数据，也可以用来表示数据之间的关系。在数据库中，关系是建立在两个表之间的连接。以表的形式表示其间的连接，使数据的处理和表达有更大的灵活性。关系数据库中存在 3 种类型的关系：一对一关系、一对多关系和多对多关系。

5. 索引

索引是一种特殊类型的数据库对象，与表有着密切的关系。索引用来提高表中数据的查询速度。索引可以是唯一的，也可以是不唯一的。主索引是表中的一列和多列的组合，作为表中记录的唯一标识。

6. 视图

视图是由 SELECT 语句构成的，给予选择查询的虚拟表，其内容是通过选择查询来定义的。用于限制用户看到和修改的数据量，从而简化资料的表达。

7. 存储过程

存储过程是经过编译的 SQL 程序。在该过程中可以嵌入条件逻辑、传递参数、定义变量和执行其他编程任务。

14.2.2 使用 SQL Server Management Studio 创建数据库

数据库是用来存储数据的。当需要组织和管理存储在数据库中的数据时，通常会利用一些专用软件来完成，这类软件称为数据库管理系统。下面介绍如何在数据库管理系统 Micrsoft

SQL Server 2005 中，用 SQL Server Management Studio 来创建一个名为 XS 的数据库。

（1） 首先启动 SQL Server Management Studio，出现“连接到服务器”对话框，如图 14-2 所示。其中的服务器名称因机器而异。

（2） 选择所需的服务器，单击“连接”按钮，弹出数据库的管理界面。右击左边窗体的“数据库”选项，在弹出的快捷键菜单中选择“新建数据库”命令，如图 14-3 所示。

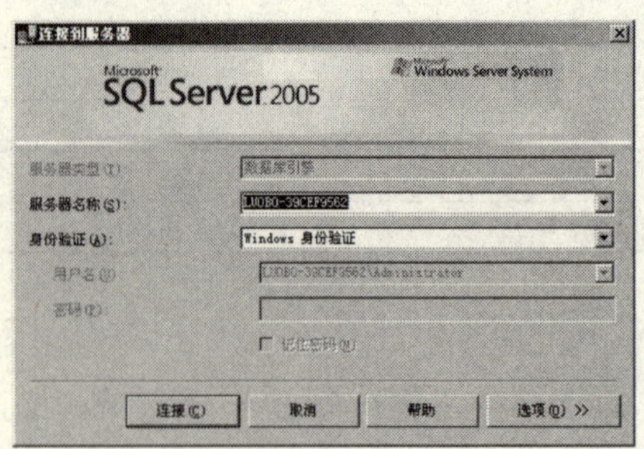

图 14-2 “连接到服务器”对话框

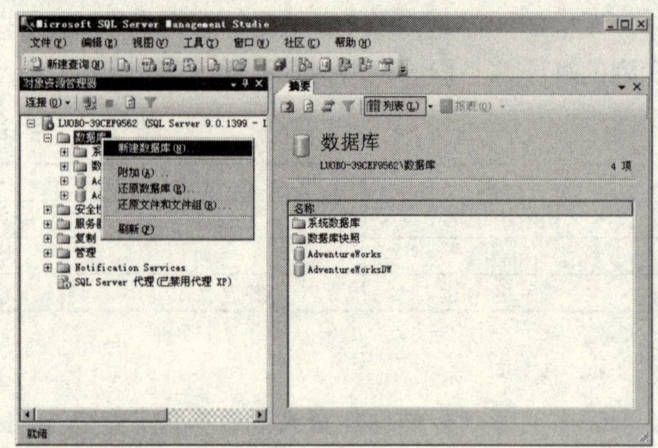

图 14-3 新建数据库

（3） 在弹出的“新建数据库”对话框中，在“数据库名称”文本框中输入 XS，如图 14-4 所示。

（4） 设置完毕后，单击“确定”按钮，就可以看到如图 14-5 所示的窗口。新建的 XS 数据库出现在“对象资源管理器”中。

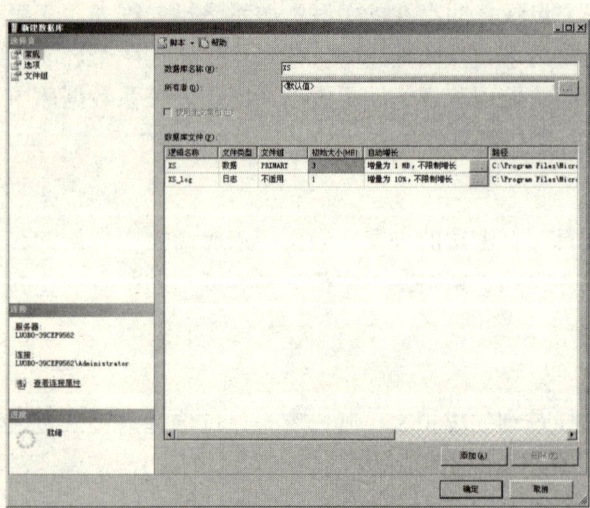

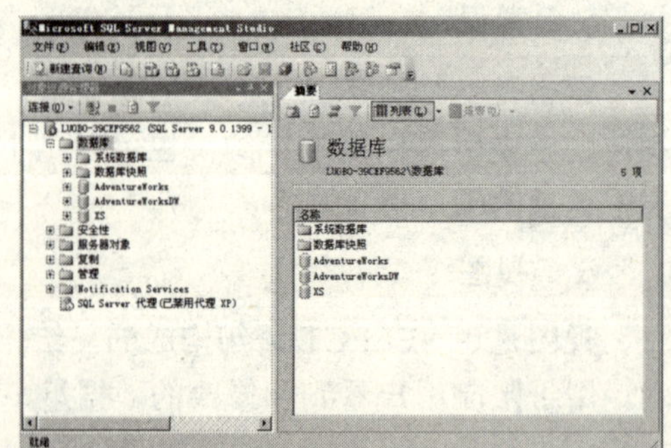

图 14-4 输入数据库名称　　图 14-5 创建新数据库后的界面

在图 14-5 中，可以看到新建的数据库 XS 库。但是当展开 XS 数据库时，看到该数据库中没有数据。如果要在数据库中创建数据库对象的表、记录、字段、关系、索引、视图和存储过程等，可以使用同样的步骤在 SQL Server Management Studio 2005 中创建。

作者心得：

新建数据库成功之后，如果数据库节点中不出现该数据库，可以单击工具栏上面的“刷新”按钮或者是重新连接来获取数据库列表。

14.2.3 使用 SQL 语句创建数据库

14.2.2 节介绍了使用 SQL Server Management Studio 工具来创建数据库。除此之外，还可以通过 SQL 语句，直接在代码窗口创建新的数据库。创建数据库的 SQL 语句如下所示。

```
CREATE DATABASE database_name;
```

其中，database_name 为新建的数据库名称。创建数据库的详细语法如下所示。

```
CREATE DATABASE database_name          --创建数据库 database_name
[ON                                    --ON 子句指定数据库的文件和文件组
[PRIMARY]                              --指定数据库主文件
(    [NAME =logical_file_name]         --数据库逻辑名
 [, FILENAME = 'physical_file_name.mdf ']  --物理名，包括路径和文件名
 [, SIZE =size ]                       --数据文件的初始大小
 [, MAXSIZE = (max_size|UNLIMITED)]    --指定主文件的最大大小
 [, FILEGROWTH = growth_increment] --指出主文件的每次增量
)[, ...n]
[, FILEGROUP filegroup_name            --指定数据库文件组
(    [NAME =logical_file_name]         --文件组在数据库中的逻辑名
 [, FILENAME = 'physical_file_name.mdf ']  --文件组的物理名
 [, SIZE =size ]                       --文件组的初始大小
 [, MAXSIZE = (max_size|UNLIMITED)]    --指定文件组的最大大小
 [, FILEGROWTH = growth_increment] --指出文件组的每次增量
)[, ...n] ]]
[LOG ON                                --事务日志文件
(    [NAME =logical_file_name]         --事务日志逻辑名
 [, FILENAME = 'physical_file_name.mdf ']  --事务日志物理名
 [, SIZE =size ]                       --事务日志文件的初始大小
 [, MAXSIZE = (max_size|UNLIMITED)]    --指定事务日志文件的最大大小
 [, FILEGROWTH = growth_increment] --指出事务日志文件的每次增量
)[, ...n] ]
```

ON 子句指出了数据库的文件和文件组。其中，PRIMARY 用来指定主文件，LOG ON 子句用于指定数据库事务日志文件的属性，关键字 UNLIMITED 指定文件一直增长到磁盘变满为止。

完成 SQL 语句创建数据库的过程，首先需要启动一个查询窗口。下面的范例将通过 SQL 语句创建一个名为 XS 的数据库，完成的步骤如下所示。

范例 14.1
Xs.sql

Xs.sql 在这里我们演示了在 Management Studio 中使用 SQL 语句的形式创建 XS 数据库的过程。
（光盘\code\ch14\xs.sql）

（1） 启动 SQL Server Management Studio 之后，单击工具栏中的“新建查询”按钮，在接口的右侧会出现一个新的查询窗口，如图 14-6 所示。

（2） 在查询窗口中，添加创建 XS 数据库的 SQL 语句。SQL 代码如下所示。

```
01    create database XS                      --数据库名
02    on
03    (name=N'XS',                            --数据的逻辑文件名
04    FILENAME=N'E:\SQL\XS.MDF',              --物理文件名
05    SIZE=10MB,                              --初始大小为 10MB
06    FILEGROWTH=1MB)                         --自动增量
07    LOG ON
08    (NAME=N'XS_log',                        --日志文件的逻辑文件名
09    filename=N'E:\SQL\ XS_log.LDF',         --日志文件的物理文件名
10    SIZE=5MB,                               --初始大小为 5MB
11    FILEGROWTH=1MB)                         --自动增量
12    GO
```

上面代码中第 1 行指定创建数据库的名称，第 3 行是数据库的逻辑文件名，第 4 行指定数据库存储位置即物理文件名，第 5 行指定数据库的初始大小为 10MB，第 6 行指定当数据库中数据超过初始大小时，数据库容量每次增长 1MB。第 7 行和第 11 行是对数据库日志文件的设置。在数据库日志文件中存储对数据库的操作等信息。

作者心得：

逻辑文件名是数据库创建后被引用时所使用的名称，物理文件名是操作数据系统在创建物理文件时所使用的路径和文件名。物理文件所在路径不要设在磁盘根目录下，且所在路径必须已经存在。

（3） 语句添加完毕之后，单击“执行”按钮，执行 SQL 语句。执行完毕后，在窗体的下半部分，会提示本次执行 SQL 语句的结果消息，如图 14-7 所示。

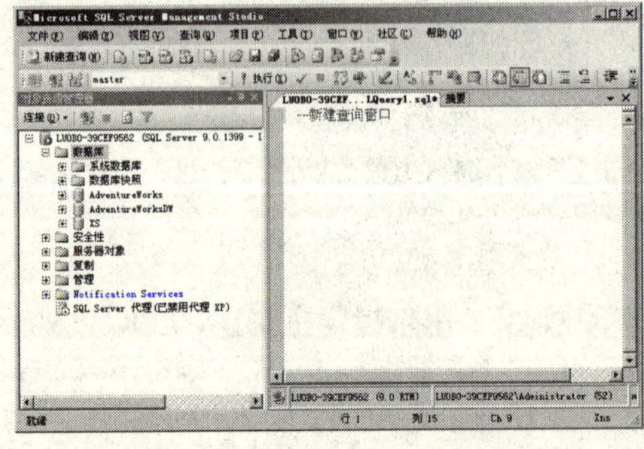

图 14-6 “新建查询”界面

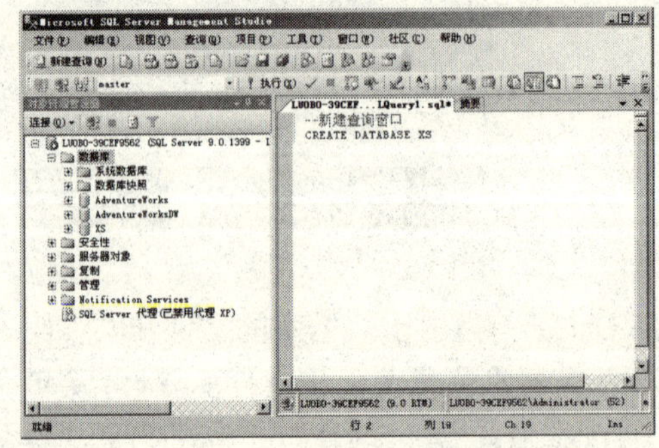

图 14-7 SQL 语句的执行结果

查询分析器窗口在数据库操作中是一个重要部分，该功能可以运行在任何 SQL 脚本来操作数据库，适合开发人员在熟悉 SQL 语法之后，直接编辑代码进行查询。

14.3 结构化查询语言——SQL 语言

结构化查询语言（Structured Query Language，SQL）是一种数据库查询和编程语言，是

一个通用的、功能极强的关系数据库语言。其用于查询、操作、定义和控制关系型数据库中的数据，是目前使用最为广泛的一种关系型数据库查询语言。SQL 语言由数据定义语言（DDL）、数据控制语言（DCL）和数据操纵语言（DML）构成。

14.3.1 数据定义语言

数据定义语言（DDL，Data Definition Language）用来定义数据的结构，如创建、修改或者删除数据库对象，如表、视图、索引、约束等。常用的数据定义语言有 CREATE、ALTER、DROP。下面以表对象为例，介绍数据定义语言的 3 个语句。

1. CREATE：创建新的数据库或对象

尽管创建每个对象的 CREATE 语句的确切语法各不相同，但可以创建的对象范围和创建每个对象的 CREATE 语句的基本语法类似。在数据库 XS 中创建学生档案表（xsda）的代码如下所示。

```
CREATE DATABASE XS   -                      -创建数据库：XS
CREATE TABLE xsda(                          --创建学生表
      学号 varchar(20)   NOT NULL,          --学号列
      姓名 varchar(20)   NOT NULL,          --姓名列
      性别 bit   NULL,                      --性别列
      班级 varchar(20)   NULL               --班级列
)
```

以上代码创建了一个名为 XS 的数据库，并在该数据库下创建学生表。该表一共有 5 列，用来保存学号、姓名、性别、班级及备注信息。

2. ALTER：修改已有的数据库或对象

CREATE 语句是创建一个新的对象，而 ALTER 语句可以用来更改对象，例如，使用 ADD 关键字为现有数据表添加新字段，ADD 关键字的意思是添加，为数据表进行添加新字段时格式为：ADD 字段名 类型。下面的代码是在 XS 数据库的学生档案表（xsda）中添加籍贯字段。

```
Use XS                          --指明对 XS 数据库操作
go
ALTER TABLE xsda                --对学生表进行修改
ADD 籍贯 NVARCHAR(50)           --添加班级列
```

以上代码是对 XS 数据库中的学生表进行修改操作，添加一个类型为 NVARCHAR(20) 的班级列。

3. DROP：删除数据库中的对象

以下代码使用 DROP 命令对 XS 数据库中的学生档案表（xsda）进行删除操作。

```
Use XS
Go
DROP TABLE xsda                 --删除学生表
```

需要注意的是，SQL 中的关键词不区分大小写，但运算符必须是英文状态下的。

14.3.2 数据控制语言

数据控制语言（Data Control Language ，DCL）是由 3 个用来管理特定数据库上的用户

与角色的安全权限级别的命令组成的。其中，GRANT 命令授予用户或角色的权限集合，DENY 命令显式地限制一个权限集合，REVOKE 命令用于撤销一个对象上的权限集合。

1. GRANT：向用户账户授予运行某种 SQL 命令的权限

以下这个语句将在学生表上的 SELECT 权限授予用户 teacher1 用户。

```
GRANT SELECT ON 学生 TO teacher1
```

通过将权限以逗号分隔符隔开，多个权限就可以应用于同一个对象上。如以下语句所示。

```
GRANT SELECT，INSERT,UPDATE ON 学生 TO teacher2
```

以上代码实现将对学生表的查询、插入、更新操作权限授予用户 teacher2。注意，在权限应用到对象之前，要先定义用户与角色。

2. DENY：阻止以具有权限拒绝运行某种 SQL 的用户

即使用户通过角色设置的关系拥有了某种权限，DENY 命令也可以用来明确地拒绝该用户执行这个权限。使用语法如下所示。

```
DENY DROP ON 学生 TO teacher2
```

这行代码表示拒绝用户 teacher2 对学生表拥有 INSERT（插入）权限。

3. REVOKE：从用户账户中完全删除运行 SQL 命令的权限

一旦为用户赋予权限，日后常常需要撤销之前授予的权限。用 REVOKE 命令就能够撤销以前赋予的权限。以下语句将从 teacher2 用户删除更新权限。

```
REVOKE UPDATE ON 学生 FROM teacher
```

14.3.3 数据操纵语言

数据操纵语言（Data Manipularion Language， DML）包括了 SQL 的核心命令，在编程中对数据库的操作几乎离不开数据操纵语言。数据操纵语言包括用于检索数据的 SELECT 语句，修改数据库中数据的 UPDATE 语句，向数据库中添加数据的 INSERT 语句和从表中删除数据的 DELETE 语句。

1. SELECT：检索数据库中的数据

SELECT 语句返回用指定的条件在一个数据库中查询的结果，返回的结果被看作记录的集合。SELECT 语句包含很多内容，这里只简单介绍常用的语法格式，如下所示。

```
SELECT <expression list> [TOP <n>] FROM <expression1>
[WHERE <condition list>]
[ORDER BY <expression2> [DESC|ASC]]
```

expression list 是一组以逗号分隔的表达式、预测列或仅预测列；n 代表返回的行数，可选；expression1 参数是用于指定一个或多个表达式；condition list 是一个限制条件，用于限制从列表返回的值，可选；expression2 是一个返回标量值的表达式；DESC|ASC 表示排列顺序，可选。

以下语句是查询学生表中的学生学号和姓名。

```
SELECT 学号,姓名 FROM 学生
```

2. UPDATE：修改数据库中数据

UPDATE 语句用于创建一个更新查询，根据指定的条件更改指定表中的字段值。UPDATE 语句不生成结果集，而且当使用更新查询更新记录之后，不能取消这次操作。语法格式如下所示。

```
UPDATE <table> SET <expression>
[WHERE <condition list>]
```

table 参数用于指定表的名称，其中包含要更改的数据。expression 参数为一个表达式，用来计算要插入更新记录中特定字段的值。condition list 参数为一个表达式，用来指定被更新的记录。只有符合表达式的记录才会被更新。

以下语句是更新学生表中姓名为李四的学生的姓名为张三。

```
UPDATE 学生
SET 姓名 ='张三'
WHERE 姓名 ='李四'
```

3. INSERT：向数据库中添加数据

INSERT 语句用于向数据库中添加数据。语法格式如下所示。

```
INSERT [INTO] table (column1[,column2,…])
VALUES(values[,values2,…])
```

需要注意的是列的个数必须与值的个数一致，并一一对应。使用 Insert 语句，插入一行记录，代码如下所示。

```
INSERT  INTO  学生 (学号,姓名)
VALUES  (001,'王二')
```

代码中没有向性别、班级列添加数据，是允许的，因为备注列可以为空。执行此操作后，这一行性别、班级列为空。

4. DELETE：从表中删除数据

DELETE 语句用来删除已知表中的行。所有满足 WHERE 子句中条件的行都将被删除。DELETE 语句格式如下所示。

```
DELETE  [FROM]  {table|view}
[WHERE <condition list>]
```

其中，table|view 表示对表或视图进行操作。condition list 参数为一个表达式，用来指定被更新的记录。只有符合表达式的记录才会被删除。

在插入成功的基础上进行操作，姓名为王二的列将被删除。操作代码如下所示。

```
DELETE  FROM 学生
WHERE  姓名 ='王二'
```

14.4　数据源连接

通过前面对 ADO.NET 数据访问模型和数据库基础知识的讲解，读者应该对这些内容有所了解。作为一个软件开发人员，可能会和不同种类的数据库打交道，如 SQL、Access、Oracle

等。本节以比较常用的 SQL Server 为例，介绍连接数据库方面的知识，通过本节读者可以学到连接数据库方式和连接字符串的常用属性。

14.4.1 操作数据库的示例

无论是 B/S 结构应用程序还是 C/S 结构应用程序都离不开与数据库的结合，所以应用程序对数据库的操作显得格外重要。本节就以实例的形式介绍对数据库的操作，使读者对数据库编程有个了解，后面的章节会详细介绍每个知识点。

前面已经介绍了一些数据控件，如第 9.3 节讲解的 DataGridView 和第 13.2.3 节讲解的 GridView 控件。下面创建 ASP.NET 应用程序，读取第 14.2 节创建的学生（XS）数据库中学生档案（xsda）表中的数据，并将其显示到 GridView 控件中，创建步骤如下所示。

范例 14.2 Default.aspx

Default.aspx 在这里演示了使用向导的方式连接数据库，实现了在页面中查询学生信息，并能够修改、更新数据到数据库。（光盘\code\ch14\ADOTest\Default.aspx）

（1） 启动 Visual Studio 2008 应用程序，新建一个网站，命名为 ADOTest。

（2） 在 Default.aspx 的设计页面上拖入一个 GridView 控件，在属性窗口中选择 DataSourceID 的属性为“新建数据源”，将打开图 14-8 所示的“数据源配置向导”对话框。

（3） 在“应用程序从哪里获取数据”列表框中选中“数据库”选项，然后单击“确定”按钮，将打开图 14-9 所示的“配置数据源”对话框。

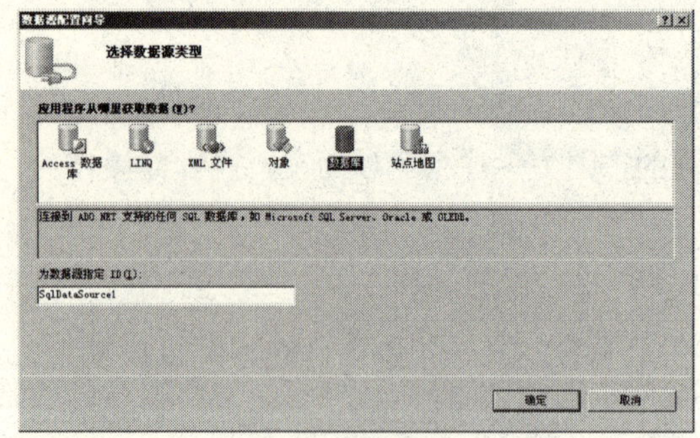

图 14-8 “数据源配置向导”对话框

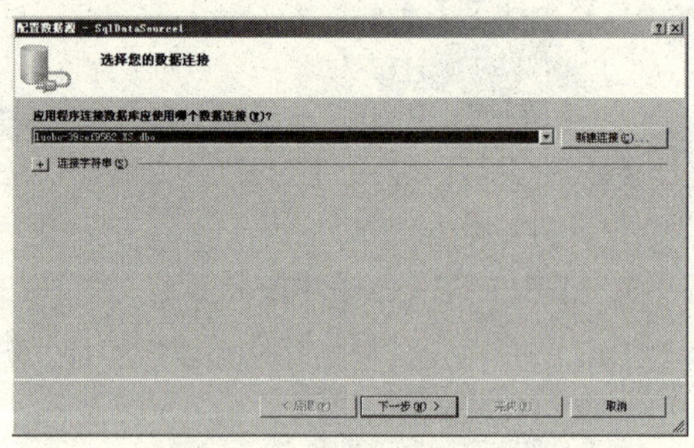

图 14-9 “配置数据源”对话框

（4） 在“配置数据源”对话框中单击“新建连接”按钮，将弹出如图 14-10 所示的“选择数据源”对话框。

（5） 在“选择数据源”对话框中选择 Microsoft SQL Server 选项，然后单击“确定”按钮，将弹出图 14-11 所示的“添加连接”对话框。在该对话框中填上数据库所在的服务器名和需要连接的数据库。本处输入服务器名为 127.0.0.1，数据库选择的是 XS，如图 14-11 所示。

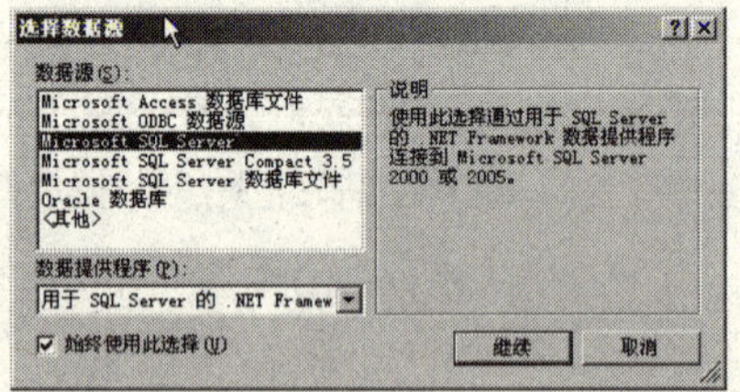

图 14-10 “选择数据源”对话框

（6） 在“添加连接”对话框中单击“测试连接”按钮，如果提示连接成功这时单击“确定”按钮就回到图 14-9 所示的“配置数据源”对话框。在“新建连接”下拉列表框中将会出现一个选择项 39cef9562.XS.dbo。其中，39cef9562 为服务器名，XS 为数据库名，dbo 为架构名。单击“下一步”按钮，打开“配置数据源”对话框，如图 14-12 所示。

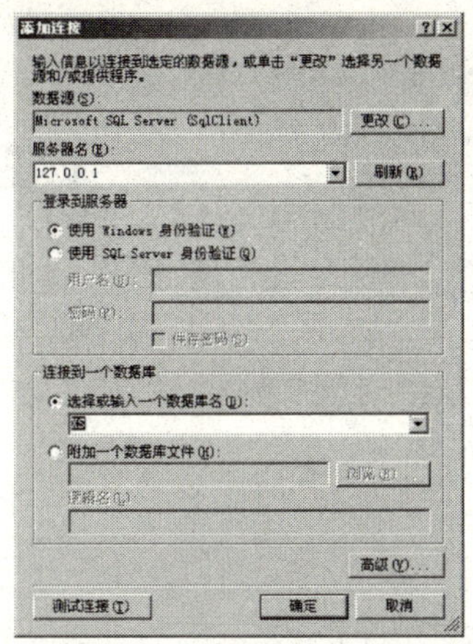

图 14-11 “添加连接”对话框

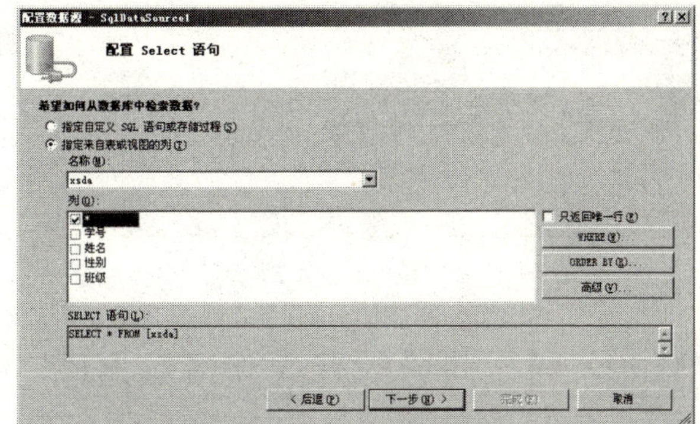

图 14-12 “配置 Select 语句”对话框

（7） 在“配置数据源”对话框的“列”列表框中选择所要绑定的字段，此处选择所有字段。单击“下一步”按钮，将打开如图 14-13 所示的“测试查询”对话框。

（8） 在“测试查询”对话框中单击“完成”按钮，将回到设计视图，设计视图如图 14-14 所示。从图中可以看到 GridView 控件的列名就是学生档案表中的字段名。数据库中的性别字段使用 bit 类型，true 表示男生，false 表示女生，系统已经将该字段自动转换为复选框。

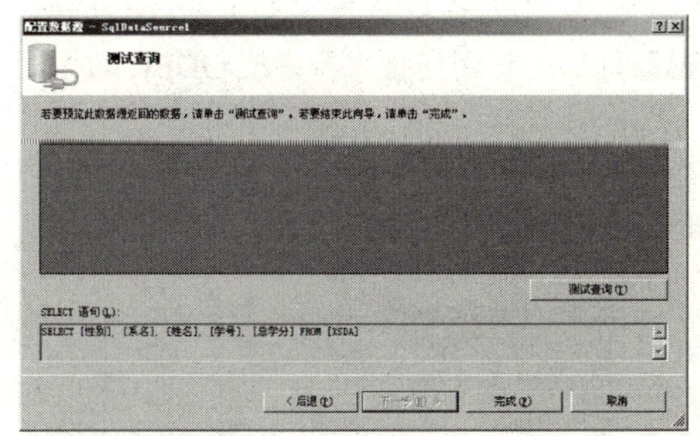

图 14-13 “测试查询”对话框

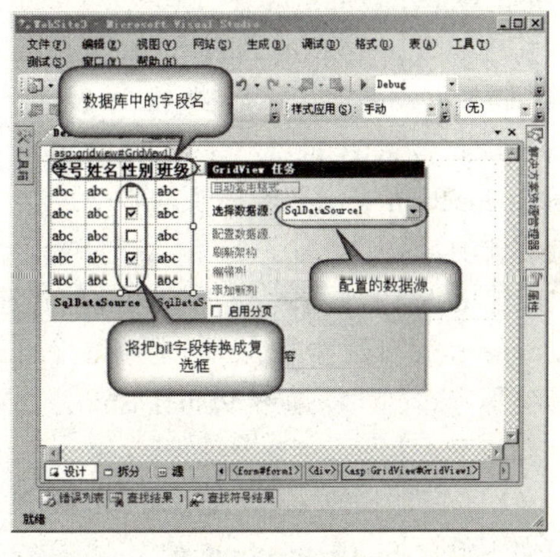

图 14-14 配置 GridView 控件

（10） 在属性窗口中选择 Columns 属性，将弹出图 14-15 所示的字段绑定对话框。图中的左上部显示的是可供选择的 7 种数据绑定列类型。选择 CommandField 节点下的“编辑、更新、取消”节点，单击“添加”按钮后，将在窗口的左下部创建一个与之对应类型的数据绑定列，然后单击“确定”按钮即可完成绑定。

至此，本示例就全部完成。运行程序运行结果如图 14-16 所示。

上面的程序实现了从数据库中读取、更新数据的功能。单击记录右边的“编辑”按钮，可以实现对记录的更新操作。在接下来的几小节将重点介绍使用连接对象连接数据库的详细知识，在 14.5 节中重点介绍对数据库操作的知识。

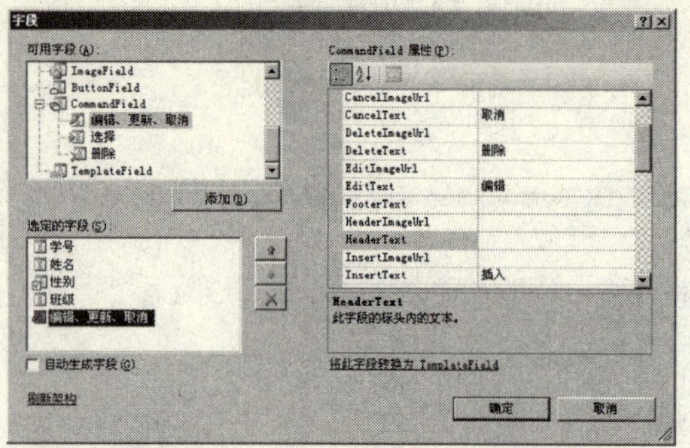

图 14-15　配置数据绑定列

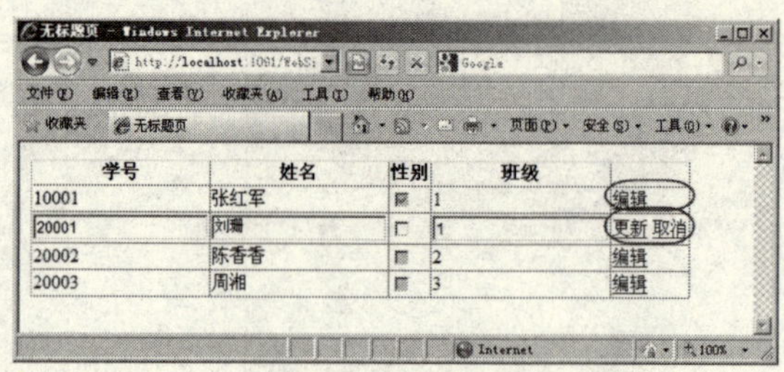

图 14-16　GridView 控件的运行结果

14.4.2 通过向导的方式连接数据库

14.4.1 节演示了连接数据库并对其操作的过程，本节将详细介绍关于连接数据库方面的知识。要连接到数据源，首先必须创建一个 Connection 对象，该对象用来与特定的数据源进行连接。Connection 对象的属性为将要连接的数据提供程序、数据源和数据库以及连接时所使用的字符串。.NET 框架提供了以下 4 数据库连接方式，如下所示。

- System.Data.OleDb.OleDbConnection
- System.Data.SqlClient.SqlConnection
- System.Data.Odbc.OdbcConnection
- System.Data.OracleClient.OracleConnection

其中，System.Data.OleDb.OleDbConnection 用于大多数的数据库连接。System.Data.SqlClient.SqlConnection 是微软开发的专门用于针对 SQL Server 数据库的连接。System.Data.OracleClient.OracleConnection 是针对 Oracle 数据库的连接。System.Data.Odbc.OdbcConnection 表示到数据源的唯一连接，该数据源是通过使用连接字符串或 ODBC 数据源名称创建的。

以连接 SQL Server 数据库为例创建连接。首先需要创建连接对象 SqlConnection。创建 SqlConnection 有两种方法：一是通过 Visual Studio 2008 开发环境中的图形化工具创建，二是通过编程方式创建。通过 Visual Studio 2008 创建的步骤如下。

（1） 在默认情况下，Visual Studio 2008 的工具箱中不包含 SqlConnection 对象，需要右击工具箱，在弹出的快捷菜单中选择“选择项”命令，将出现如图 14-17 所示的“选择工具箱项”对话框。

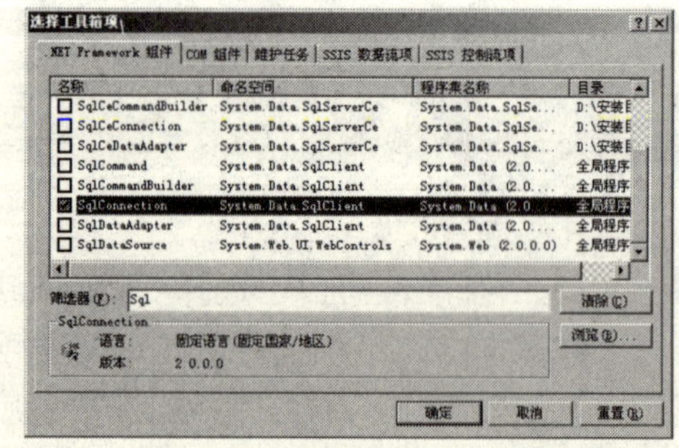

图 14-17　“选择工具箱项”对话框

（2） 在“选择工具箱项”对话框中，找到 SqlConnetion 对象，选中并单击“确定”按钮，工具箱中将出现 SqlConnection 控件。添加后的效果如图 14-18 所示。

（3） 双击工具箱上的 SqlConnection 控件，在窗体的底部托盘中将会出现生成的对象 sqlConnection1。添加后的效果如图 14-19 所示。

（4） 选中 sqlConnection1，在属性窗口选择 sqlConnection1 的 ConnectingString 属性，

在其下拉列表中选择“新建连接”项，将弹出“添加链接”对话框。如上一节的图 14-11 所示。

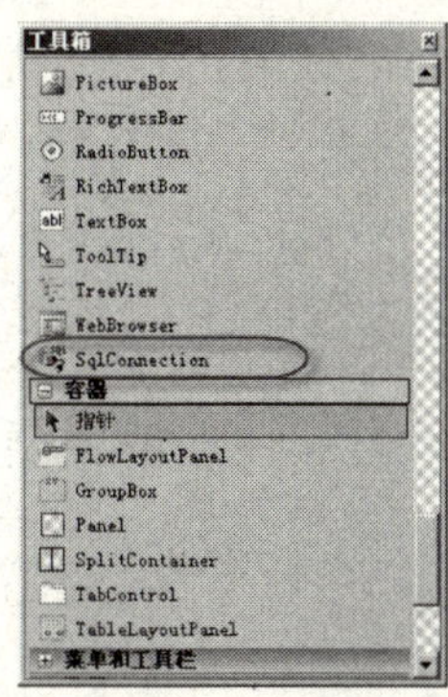

图 14-18　添加后工具箱上将出现该控件

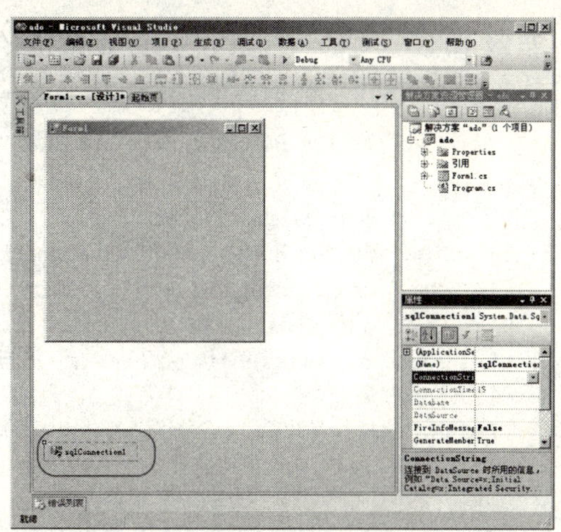

图 14-19　添加 SqlConnection 对象后的界面

（5）　在“添加链接”对话框中的服务器名文本框里面填上要连接的数据库名，然后选择或输入要连接的数据库名。单击“确定”按钮即可完成设置。

作者心得：

读者可以从属性窗口中查看 sqlConnection1 控件的 ConnectionString 属性，其值为：Data Source=CAFDF222297D4A2;Initial Catalog=XS;Integrated Security=True。以上用向导做的结果就是为 ConnectionString 属性赋值。在以后的开发中可以直接为该属性赋值，省去繁琐的设置步骤。

14.4.3　通过编程方式连接数据库

14.4.2 节通过 Visual Studio 2008 创建了 SqlConnection 对象，下面介绍用代码的形式创建 SqlConnection 对象。虽然通过 Visual Studio 2008 创建 SqlConnection 对象易于实现，但用代码方式创建 SqlConnection 对象更灵活、更常用。

1.　SqlConnection 的构造方法

使用 SqlConnection()构造方法，通过创建 SqlConnection 类的新实例来创建 SqlConnection 对象。SqlConnection 类的构造方法有两种重载形式，代码如下所示。

```
public SqlConnection();                              //不带参数的重载
public SqlConnection(string connectionString);       //带有参数的重载
```

第 2 个重载方式的参数是连接字符串，该字符串中包含指定服务器、数据库和连接方式。可用这两种形式的构造方法创建 SqlConnection 对象。

下面以 SqlConnection 为例来说明连接数据源的过程。SqlConnection 是专门帮助应用程序连接到 SQL Server 数据库的类库。Visual Studio 2008 新建的项目默认不含有此命名空间，用到 SqlConnection 类的成员时需要加入此类所在的命名空间，在代码开头加入以下语句即可。在连接数据库之前需要指定数据库连接字符串，然后调用 SqlConnection 的 Open()方法打开数据库连接。

范例 14.3
TestConn.sln

TestConn.sln 本范例使用连接对象，实现了连接本地服务器中的学生数据库的功能。

（光盘\code\ch14\ TestConn \ TestConn.sln）

```
01  using System.Data.SqlClient;                            //导入命名空间
02  SqlConnection con=new SqlConnection();                  //创建一个 SqlConnection 对象
03  string conConnectionString="Data Source=(local);"+
04      "Initial Catalog=XS;Integrated Security=SSPI";      //设置连接字符串的属性
05  con.ConnectionString= conConnectionString;          //将字符串的值赋给 ConnectionString 属性
06  con.Open();                                         //打开连接
07  //在此执行一些数据库操作
08  con.Close();                                        //关闭数据库连接
```

代码第 2 行创建一个 SqlConnection 对象。第 3 行和第 4 行设置连接字符串，下一节将对连接字符串进行详细讲解。第 4 行设置连接对象的 ConnectionString 属性，该属性是 Connection 对象最重要的属性，包含建立连接所需的信息，而且是以字符串的形式提供的，故称其为连接字符串。根据所使用的.NET Framework 数据提供程序的不同，包含在连接字符串中的值也会不同。

第 6 行将数据库连接对象打开，连接数据源以后并不可以使用，需要显式地打开连接才能与数据源进行交互。第 8 行是关闭数据库连接，在数据库操作完成以后，要记得调用 SqlConnection 对象的 Close()方法，确保关闭数据库的连接，以释放占用的资源。

14.4.4 连接字符串

无论是通过向导的方式连接数据库还是通过编程的方式连接数据，都需要对连接对象（SqlConnection）的连接字符串（ConnectionString）属性进行设置。该属性包括建立连接数据库所需要的信息，并以字符串的形式提供。根据所使用的.NET Framework 数据提供程序的不同，连接字符串包含的信息也不同。连接字符串的常用参数如下所示。

- Data Soure：服务器名称。
- Initial Catalog 或 Database：要打开的数据库的名称。
- Integrated Security：此参数值如果为 true 或 sspi，表示数据源使用当前身份验证的 Windows 身份验证。如果此参数的值为 false，则必须制定连接数据库的用户名（User ID）和密码（Password）。此参数默认为 false。
- Connection Timeout：在数据源终止尝试和返回错误之前，连接到服务器所需等待的时间。
- User ID：要使用的数据源登录账户。
- Password：和 User ID 对应，表示要使用的数据源登录密码。
- Pooling：连接池。如果设置该值为 true，表示使用连接池，否则不使用连接池。此参数默认为 true。

在 14.4.3 节创建的连接数据库的字符串如下所示。

```
string conConnectionString="Data Source=(local);Initial Catalog=XS;Integrated Security=SSPI";
```

根据本节介绍的连接字符串的属性可知，Data Source=(local)表示连接的数据库，（local）

表示连接本地数据库服务器，Initial Catalog=XS 表示要打开 XS 数据库，Integrated Security=SSPI 表示通过 Windows 验证打开通往本地计算机上的 SQL Server 的连接。连接字符串一般都是这样的格式，各个关键字和值用分号隔开。

14.4.5 使用连接池

每次建立到数据源的连接时，都需要占用一定的时间和内存。因为多用户应用程序往往需要多个连接，所以连接数据源可能会耗费大量资源。为了最大程度地降低打开连接的成本，ADO.NET 使用一种称为连接池的优化技术。该技术将同一连接字符串所建立的连接一起放入连接池中，从而可以在不重建连接的情况下，再次使用该连接，这样可以有效地降低重复打开和关闭连接数据库所占用的资源。

使用连接池非常简单，在连接字符串中设置 Pooling 为 true 即可。默认情况下该值为 true，所以默认情况下是使用连接池的。下面的例子直观地说明了连接池能够提高应用程序的性能。代码如下所示。

范例 14.4 TestPooling.sln

TestPooling.sln 在这里演示模拟 100 个客户端同时访问服务器的数据库，通过比较发现使用连接池实现节省时间的功能。

（光盘\code\ch14\ TestPooling \ TestPooling.sln）

```
using System;                                                  //系统生成命名空间
using System.Collections.Generic;
using System.Linq;
using System.Text;
using System.Data.SqlClient;                                   //添加连接对象所在命名空间
namespace TestPooling                                          //自定义命名空间“TestPooling”
{
    class Program
    {
        static void Main(string[] args)
        {
            string ConnectionString = " Data Source=(local);Initial Catalog=xs; "+
                            "Integrated Security=SSPI";         //设置连接字符串
            SqlConnection sqlConnection1 = new SqlConnection(ConnectionString);
            long startTicks = DateTime.Now.Ticks;              //记录开始时刻
            Console.WriteLine("正在连接请等待...");
            for (int i = 1; i <= 100; i++)                     //执行 100 打开关闭操作
            {
                sqlConnection1.Open();                         //打开连接
                sqlConnection1.Close();                        //关闭连接
                Console.Write("第"+i+"次连接");                 //提示信息
            }
            long endTicks = DateTime.Now.Ticks;                //记录结束时刻
            Console.WriteLine("\n 打开一百次用时：" + (endTicks - startTicks) + "ticks.");
            sqlConnection1.Dispose();                          //释放连接对象
            Console.ReadLine();
        }
    }
}
```

代码第 12 行和第 13 行定义连接字符串，没有对 Pooling 进行设置说明该属性使用默认值，即使用连接池。第 14 行使用指定的连接字符串定义连接对象，第 17 行到第 22 行循环 100 次的打开关闭连接。第 24 行计算所用时间，并输出。上述代码的运行结果如图 14-20 所示。

如果不使用连接池，只需要修改连接字符串中的 Pooling 属性为 false，将以下代码替换程序中第 12 行和第 13 行即可。

```
String ConnectionString = "Data Source=(local);"+
    "Initial Catalog=XS;Integrated Security=SSPI;Pooling=false";        //设置连接字符串
```

再次运行程序，结果如图 14-21 所示。

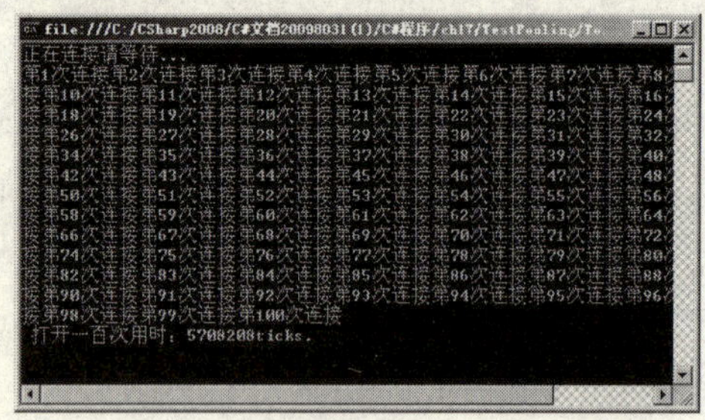

图 14-20　使用连接池的程序输出结果

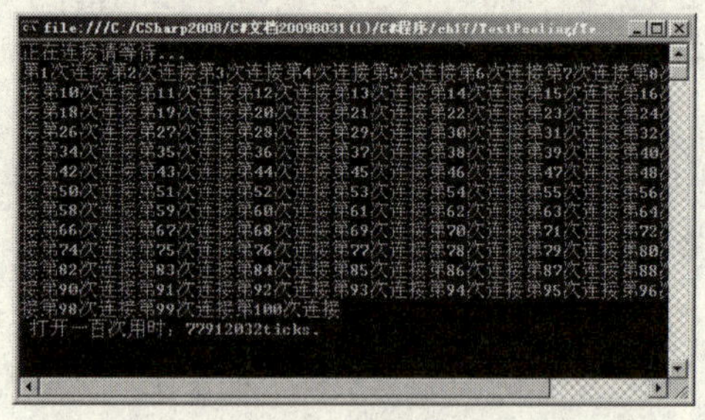

图 14-21　不使用连接池的程序输出结果

通过运行的结果，可以很明显地发现，不使用使用连接池打开和关闭数据库连接 100 次用时是使用连接池所用时间的十倍之多，从第二次运行时也可以发现，输出连接次数相对缓慢。这中间会因机器不同、所处理的应用程序不同造成的差异，可以忽略不计。

作者心得：

在使用连接池的情况下，池中集中存放了一些被使用的连接以响应所有的请求。应用程序可以尽快关闭任何未使用的连接。因此，对于随后的请求，ADO.NET 可以有效地提供未使用的连接，这对于应用程序性能的提升大有裨益。

14.5　与数据库交互

当数据库连接建立以后，就可以针对数据库执行一系列的操作，而一个单独的 SqlConnection 对象是无法从数据库检索数据的，更无法修改数据。本节就来讲解对数据库进行操作的对象 SqlCommand 以及该对象常用的方法和属性。

14.5.1　使用 SqlCommand 对象

ADO.NET 提供了 SqlCommand 对象使人们能在建立数据源连接之后，直接访问数据库中的数据。从本质上来讲，SqlCommand 对象包含了操作数据库所需的 SQL 语句。一个 SqlCommand 对象可以包含纯文本的 SQL 语句，也可以包含存储过程。.NET 为数据库提供了相应的 SqlCommand 类。

与 Connection 对象类似，创建 Command 同样有编程和非编程两种方式。非编程方式就是通过 Visual Studio 2008 的工具创建。在 ADO.NET 对象模型中，Command 对象代表了与数据源之间的交互。.NET 框架提供了以下几种数据库交互的方式。

- System.Data.OleDb.OleDbCommand；
- System.Data.SqlClient.SqlCommand；
- System.Data.Odbc.OdbcCommand；
- System.Data.OracleClient.OracleCommand。

其中，System.Data.OleDb.OleDbCommand 用于大多数的数据库交互，System.Data.SqlClient.SqlCommand 是微软开发的专门用于针对 SQL Server 数据库的交互。System.Data.OracleClient.OracleCommand 是 Oracle（甲骨文）公司开发的针对 Oracle 的交互。System.Data.Odbc.OdbcCommand 表示与 Odbc 数据源的数据库进行交互。下面以 SqlCommad 为例，分别介绍两种方式的创建方法。

1. 用向导创建 SqlCommand 对象

在 14.4 节中，笔者用向导创建 SqlConnection 对象，在此基础上创建 SqlCommand 对象。与 SqlConnection 对象一样，在默认情况下，SqlCommand 对象不会包含在 Visual Studio 2008 的工具箱中。但可以通过右击任意选项卡，在弹出的快捷菜单中选择“选择项”命令来手动加入。在弹出的“选择工具箱”对话框中，找到 SqlCommand 对象，选中并单击“确定”按钮。之后便可以在工具栏中看到 SqlCommand 控件，可以对其拖动使用。

2. 用编程方式创建 SqlCommand 对象

与向导方式一样，编程方式也与创建 Connection 对象相一致，只需按照如下所示进行实例化。

```
SqlCommand cmd = new SqlCommand                    //初始化 SqlCommand 类的新实例。
```

以上代码只是实例化一个 SqlConnection 对象，并不能完成任何功能。一是未指定关于连接的任何信息；二是未指定要执行的 SQL 命令。另外，在使用 SqlComammd 对象之前，要先创建 SqlConnection 对象。因为只有先与数据库进行连接以后，才能与数据库交互，执行 SQL 命令。

根据以上所述，要使用 Command 完成一定的功能，需要执行以下的步骤。

（1） 指定连接信息，设置连接字符串。

（2） 创建 SqlConnection 对象。

（3） 创建 SqlCommand 对象。

（4） 指定待执行的 SQL 命令。

在创建 SqlCommand 对象时一旦建立连接，就有必要创建一个新的 SqlCommand 对象并指定连接信息。实例化 SqlCommand 对象时常用的方式如下所示。

```
1.SqlCommand testCommand=new SqlCommand();              //定义 SqlCommand 对象
testCommand.Connection=testConnection;                  //设置连接对象
2.SqlCommand testCommand=new SqlCommand("SQL 语句",  testConnection);
3.SqlCommand testCommand=testConnection.CreateCommand();
```

第一种方式，使用无参数的构造方法来创建 SqlConnection 对象的新实例，然后设置适当的属性。第二种方式使用带参数的构造方法，并指定查询字符串和 SqlConnection 对象。第三种方式调用 SqlConnection 对象的 CreateCommand()右击方法。

14.5.2 设置 SqlCommand 对象属性

SqlCommand 对象是应用程序与数据源进行交互的工具，开发人员可以通过为 SqlCommand 对象指定必要的属性来执行 SqlCommand 对象以得到检索结果。SqlCommand 对象提供了一些属性，在设置属性时，首先要检查其语法的正确性。只有在 SqlCommand 对象被执行时，才会对这些属性执行最后的验证。SqlCommand 对象的一些属性如表 14-2 所示。

表 14-2 SqlCommand 对象的常用一些属性

属　性	描　述
CommandText	表示要执行的 SQL 语句或存储过程
CommandTimeout	在结束执行命令并生成错误之前所需等待的时间
CommandType	指示如何解释 CommandText 属性，其默认值是 Text
Connection	Command 对象要使用的 Connection
Parameters	Parameters 集合
Transaction	执行命令所处的事务
UpdateRowSource	确定当 Commmand 被 DataAdapter 或 TableAdapter 的 Update()方法使用时，结果如何应用于 DataRow

执行 SQL 语句就是对 SqlCommand 对象的属性执行设置，设置 SqlConnection 属性的方式有两种：一是通过 Visual Studio 2008 设置；二是通过编程方式设置。前者在本章学习的过程中已反复提到，所以本节主要向读者介绍后者，请看下面的范例。

范例 14.5
TestCommand.sln

TestCommand.sln 本范例通过设置 SqlCommand 对象的属性，实现查询学生数据库（xs）中学生档案（xsda）表信息的功能。

（光盘\code\ch14\TestCommand\TestCommand.sln）

```
using System;                                          //系统默认添加的命名空间
using System.Collections.Generic;
using System.Linq;
using System.Text;
using System.Data;                                     //手动添加的命名空间
using System.Data.SqlClient;                           //手动添加的命名空间
namespace TestCommand                                  //自定义命名空间“TestCommand”
{
    class Program
    {
        static void Main(string[] args)                //主方法，程序的入口
        {
            string connectionString = "Data Source=(local);Initial Catalog=XS;"+
                "Integrated Security=SSPI;";           //设置连接字符串
            //使用连接字符串，创建 SqlConnection 对象 con
            SqlConnection con = new SqlConnection(connectionString);
            //创建 SqlCommand 对象 cmd
            SqlCommand cmd = new SqlCommand("select * from XSDA", con);
            cmd.CommandTimeout = 30;                   //尝试执行任务等待时间
            cmd.CommandType = CommandType.Text;
        }
    }
}
```

代码第 5 行和第 6 行引用 SqlCommand 类和 SqlCommand 类所在命名空间，第 13 行到第 14 行设置连接字符串，连接本地的 XS 数据库。第 16 行创建连接对象，第 18 行创建 SqlCommand 对象，并且指定要执行的 SQL 语句和连接对象，第 19 行和第 20 行设置 SqlCommand 的属性。CommandType 代表要执行的类型，枚举值 CommandType.Text 指定要执行命令的文本内容，即要执行的是 SQL 语句。

14.5.3 用 SqlCommand 命令执行 SQL 语句

前面介绍了 SqlCommand 对象以及该对象的创建，创建 SqlCommand 对象之后，就可以对数据库执行相关的命令。SqlCommand 类提供了一些方法来执行命令，SqlCommand 类提供的方法如表 14-3 所示。

表 14-3 可以执行 SqlCommand 命令的方法

方 法	描 述
Cancel	取消命令的执行
CreateCommand	取消 SqlParameter 对象的新实例
ExecuteScalar	执行命令并返回查询结果集中第一行的第一列。忽略额外的列或行
ExecuteNonQuery	执行 SQL 命令并将受影响的行数返回
ExecuteReader	执行命令并返回一个 DataReader
ExecuteXmlReader	执行命令并生成一个 XmlReader 对象
Prepare	在 SQL Server 实例上创建命令的一个准备（预编译）版本
ResetCommandTimeout	将 CommandTimeout 属性设置为默认值

SqlCommand 对象提供了多种完成对数据库操作的方法，常用的方法有 ExecuteNonQuery()方法、ExecuteReader()方法和 ExecuteScaler()方法，下面逐一进行介绍。

1. ExecuteNonQuery()方法

ExectueNonQuery()方法还可以执行对数据库的添加、删除、更新等操作，例如向数据库中插入一行记录或删除符合条件的记录等。ExecuteNonQuery()方法用处非常广泛，该方法执行 SQL 语句的结果，不返回命令执行的表数据，仅返回 SQL 命令或存储过程所影响的行数的值。如果返回结果大于 0 说明执行操作成功，如果返回结果为 0 说明没有执行操作。

2. DataReader 对象和 ExecuteReader()方法

SqlDataReader 对象从 SqlCommand 对象中返回一个只读数据流。在使用 SqlDataReader 对象时，在任何给定的时刻，内存中只有一行数据，这样就大大减少了系统开销。因此，DataRader 对象非常适用于无需访问缓存中的数据的情况，而 SqlCommamd 对象的 ExecuteReader()方法提供了只向前的、顺序的快速读取数据库中数据的方法。该方法根据提供的 SELECT 语句，返回一个可以顺序读取的 SqlDataReader 对象，开发人员也可以使用 Read()方法循环依次读取每个记录中各字段（列）的内容。

如上所述，要创建 SqlDataReader 对象，就需要执行 SqlCommand 对象的 ExecuteReader()方法。该方法允许执行返回同一个或多个结果集的查询，具体步骤如下。

（1） 打开一个数据库连接。

（2） 创建并初始化一个 SqlCommand 对象。

（3） 调用 ExecuteReader()方法。

（4） 将 ExecuteReader()方法的返回值赋给一个 SqlDataReader 对象。

（5） 利用循环结构调用 SqlDataReader 的 Read()方法，从结果集中读取行。

（6） 每执行一次循环，即获取希望在当前行中所处理的列的值。

（7） 循环结束以后，释放或关闭 SqlDataReader 对象。

（8） 释放 SqlCommand 对象。

（9） 关闭数据库连接。

一般 SqlDataReader 对象总是和 SqlCommand 对象一起使用的。

3. ExecuteScalar()方法

开发人员有时可能需要执行返回单一值的数据库命令或方法。SqlCommand 提供了 ExecuteScalar()方法来执行命令并获得标量结果。该方法返回结果集中了第一行第一列的值。如果 SQL 语句或存储过程返回一个完整的结果集，多余的行和列就会被忽略。下面是执行返回标量结果的查询的具体步骤。

（1） 打开一个数据库连接。

（2） 创建并初始化一个 SqlCommand 对象。

（3） 对该 SqlCommand 对象调用 ExecuteScalar()方法。

（4） 将 ExecuteScalar()方法的返回值转换为适当的数据类型。

（5） 释放 SqlCommand 对象。

（6） 关闭数据库连接。

下面的范例使用上面介绍的步骤来执行查询学生档案表中的人数。

范例 14.6 TestExecuteSQL.sln TestExecuteSQL.sln 本范例使用 SqlCommand 对象的 ExecuteScalar 方法来执行操作 SQL 语句，实现查询学生档案表中总记录的功能。

（光盘\code\ch14\TestExecuteSQL\TestExecuteSQL.sln）

```
using System;                                          //系统默认添加的命名空间
using System.Collections.Generic;
using System.Linq;
using System.Text;
using System.Data.SqlClient;                           //添加命名空间
using System.Data;                                     //添加命名空间
namespace TestExecuteSQL                               //自定义命名空间“TestExecuteSQL”
{
    class Program
    {
        static void Main(string[] args)                //程序的入口
        {
            string aConnectionString = "Data Source=(local);"+
                "Initial Catalog=XS;Integrated Security=SSPI;"; //定义连接字符串
            //创建连接对象
            SqlConnection connection = new SqlConnection(aConnectionString);
            connection.Open();                         //打开连接
            SqlCommand command = new SqlCommand(
                "SELECT COUNT(*) FROM XSDA",connection);    //创建 Command 对象
            int numResults = (int)command.ExecuteScalar(); //将值赋给整型变量 numResults
```

```
21                  Console.WriteLine("学生档案表中的总行数："+numResults);//在屏幕上输出行数
22                  connection.Close();                              //关闭连接
23                  Console.Read();                                  //等待用户输入
24              }
25          }
26      }
```

代码第 13 行和第 14 行定义连接数据库的连接字符串，第 16 行使用该字符串创建连接对象，第 18 行到第 19 行使用 SQL 语句和连接对象创建 SqlCommand 命令，第 20 行执行操作，并返回计算的学生档案表中的总行数。运行程序，结果如图 14-22 所示。

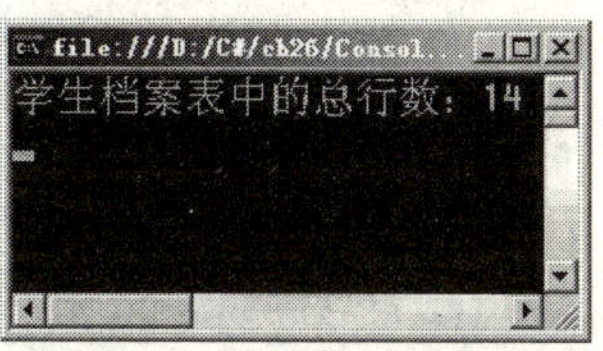

图 14-22　查询数据库的结果

ExecuteScalar()方法允许执行返回标量的 SQL 语句或存储过程，该方法的返回值类型为 object。通常需要将返回值转换为相应的数据类型，以获得更高的执行效率。

作者心得：

在程序中操作数据库一般有三种形式：查询符合指定条件的结果集，这时可以使用 ExecuteReader()方法进行读取；向数据库中添加、删除或更新记录，这时可以使用 ExecuteNonQuery()方法执行，根据返回受影响行数判断是否执行成功；如果要执行返回单一值的数据库命令，如统计表中总记录等，这时可以使用 ExecuteScalar()方法。

14.6　DataSet 对象

DataSet 是从数据库中检索的数据在内存中的缓存。从某种程度上讲，DataSet 可被看做一个简化的包含表与表间关系的关系型数据库。需要注意的是，DataSet 总是和数据源断开连接的，其并不知道所包含的数据来自何处，甚至所包含的数据可能来自多个数据源。

14.6.1　DataSet 概念

在 ADO.NET 中，一旦有数据存在，DataSet 就可以修改、增加或删除数据并把修改后的数据传回相关联的数据库中。DataSet 与数据库相比无法存放那么多的数据，也可能不便于查询，但其可以在脱机环境中很好地工作。

ADO.NET 断开连接的模型所使用的主体类为 System.Data.DataSet。当应用程序查看和操纵 DataSet 中的数据时，DataSet 没有必要与数据源一直保持连接状态，只有在对数据源读取或写入数据时，才使用数据库服务器资源。DataSet 存储数据的方式类似于关系数据库，都是使用具有层次关系的表、行、列的对象资源。另外，还可以为 DataSet 中的数据定义关系和约束。

DataSet 对象包含一个或多个表，每个表都分别由一个 DataTable 对象表示。DataTable 对象包含一些集合，这些集合描述表中的数据，并在内存中缓存这些数据。DataTable 对象具有 Columns 集合、Rows 集合和 Constraints 集合。通过 Columns 集合可以访问 DataTable 中的列。Constraints 集合可以对 DataTable 中的列定义约束，以规定在表中可以存放哪些数据。DataSet 对象的成员除了包含以上的一些对象外，还包括一些属性、方法等。DataSet 对象的主要公共方法有以下几个。

- AcceptChange：提交自加载 DataSet 或上次调用 AcceptChanges 以来对其进行的所有更改。
- Clear：该方法用来清除 DataSet 对象中所有的数据，释放 DataSet 对象。
- Dispose：释放占用的资源。
- Equals：确定两个 Object 实例是否相等。
- GetChanges：该方法返回自上次加载 DataSet 对象或执行 AcceptChanges 后，对该数据集进行的所有更改。返回类型为 DataSet 类型。
- HasChanges：该方法表示自上次加载 DataSet 对象或执行 AcceptChanges 后，数据集是否发生更改。
- Merge：该方法将指定的数据集类型的数组合并到当前的 DataSet 中。
- ToString：返回包含 Component 名称的字符串。

14.6.2 创建 DataSet 对象

在数据库编程领域 DataSet 对象使用非常广泛。本节将介绍如何使用 Visual Studio 2008 图形化界面和编程方式创建 DataSet 对象。

1. 使用 Microsoft Visual Studio 2008 创建 DataSet

默认情况下，DataSet 控件在工具箱的数据选项卡下，可以将其直接拖动到窗体中。使用 Visual Studio 2008 开发环境中的向导来创建 DataSet 对象的步骤如下所示。

（1） 使用 Visual Studio 2008 创建一个 Windows 桌面应用程序，从工具箱中拖动一个 DataSet 控件到组件托盘上。此时将显示图 14-23 所示的“添加数据集”对话框。

（2） 在“添加数据集”对话框中选择“非类型化数据集”的单选按钮，然后单击“确定”按钮。此时将会添加一个非类型化数据集到组件托盘，添加效果如图 14-24 所示。这样就成功创建了 DataSet 对象。

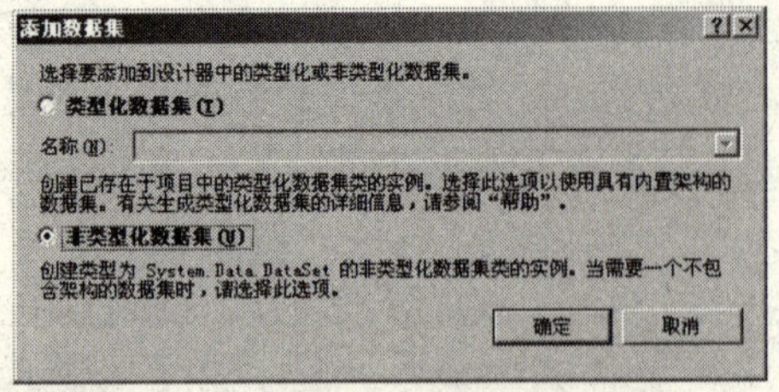

图 14-23 “添加数据集”对话框

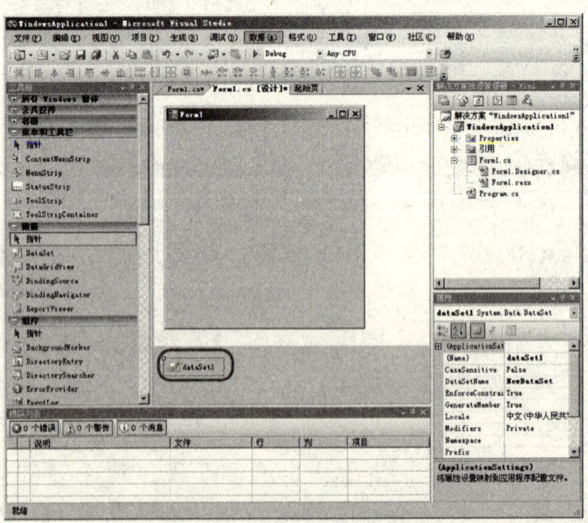

图 14-24 非类型化数据集

2. 通过编程方式创建 DataSet

除上述使用向导的方式创建 DataSet 外，开发人员也可以通过调用 DataSet()构造方法来创建 DataSet 的实例。例如下面的代码创建一个 DataSet 对象。

```
DataSet mydata=new DataSet(“data”);
```

14.6.3 使用 DataSet 对象读取 XML 中的数据

DataSet 对象在编程中使用非常广泛，为了对数据源操作方便往往将数据表或者 XML 文档中的内容读取到 DataSet 对象中进行处理。使用 DataSet 类的 ReadXml()方法可以把 XML 文档转换成 DataSet 对象。将 XML 转换成为 DataSet 以后，可以再将其加载到数据库或者作为 GridView 等控件的数据源显示在页面中。DataSet 类的 ReadXml()方法有多种重载形式，最常用的就是从文件和数据流中读取，对应的构造方法如下所示。

- ReadXml(String filename)，字符串类型的参数表示 XML 文件的路径，该方法实现将指定的 XML 文件数据读入 DataSet 对象中。
- ReadXml(Stream stream)，参数表示 XML 数据流，该方式实现将指定的 XML 数据流读取到 DataSet 对象中。

下面的范例使用 ReadXml()方法把 XML 文档中的数据读取到到 DataSet 中，然后将 DataSet 中的数据显示到控制台上。这里使用的 XML 文档是操作后的 XML 文档。请看下面的读取过程。

范例 14.7 ReadXMLExample.sln　ReadXMLExample.sln() 本范例使用 SqlCommand 对象的 ExecuteScalar()方法来执行操作 SQL 语句，实现查询学生档案表中总记录的功能。

（光盘\code\ch14\ ReadXMLExample\ReadXMLExample.sln）

```
using System;                                   //系统默认添加的命名空间
using System.Collections.Generic;
using System.Linq;
using System.Text;
using System.Data;                              //DataSet 类所在命名空间
using System.IO;                                //文件操作所在命名空间
namespace ReadXMLExample                        //自定义命名空间“ReadXMLExample”
{
    class Program
    {
        static void Main(string[] args)
        {
            DataSet myDataSet = new DataSet();  //新建一个 DataSet 对象
              string filename = "Students.xml";
              if (File.Exists(filename))        //判断指定文件是否存在
              {
                  myDataSet.ReadXml(filename);  //读取 XML 文件到 DataSet 对象中
                  //显示 myDataSet 对象中的数据
                  for (int i = 0; i < myDataSet.Tables[0].Rows.Count; i++)
                  {
                      string num = myDataSet.Tables[0].Rows[i]["num"].ToString();//学号
```

```
22                          string name = myDataSet.Tables[0].Rows[i]["name"].ToString();//姓名
23                          string score = myDataSet.Tables[0].Rows[i]["score"].ToString();//分数
24                          Console.WriteLine("学号 = {0}，  姓名 = {1}，  总学分= {2}",
25                                  num, name, score);                  //输出结果
26                      }
27                  }
28                  else
29                  {
30                      Console.WriteLine("XML 文档不存在，请检查！");
31                  }
32                  Console.Read();
33              }
34          }
35      }
```

代码第 5 行引用 System.Data 命名空间，该命名空间包括 DataSet 类，第 6 行引用 System.IO 命名空间，该命名空间包括 File 类，本范例中使用该类检查 XML 文档是否存在。第 17 行使用 ReadXml()方法将可执行文件目录下的 Students.xml 文件中的数据读取到 DataSet 对象中。第 19 行到第 26 行循环将 DataSet 中的数据输出到控制台中，myDataSet.Tables[0]表示 myDataSet 中的第一个 Tables 对象，Rows[i]["num"]表示第 i 行的 num 列的值。

运行程序，运行结果如图 14-25 所示。

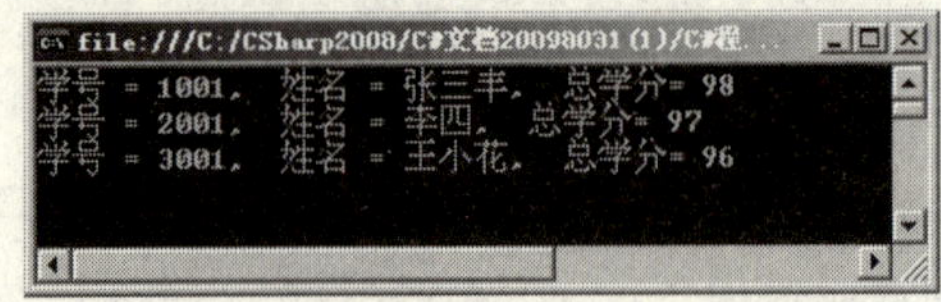

图 14-25　读取到 DataSet 中的结果

14.7　DataAdapter 对象

DataSet 对象不直接和数据库进行交互，而是通过使用 DataAdapter 与数据库进行交互。DataAdapter 可用于从数据库或者其他数据源中查询数据并填充到 DataSet 中的 DataTable 对象中。本节就来介绍 DataAdapter 对象和 DataTable 对象的使用。

在 ADO.NET 中，DataSet 是数据在内存中的表现形式，并提供了独立于数据源的关系编程模型。正因为如此，DataSet 可以包含一个或多个数据源的数据，但 DataSet 不提供任何直接加载数据源中数据的功能。然而 ADO.NET 引入 DataAdapter，可以使用 DataAdapter 对象控制与现有数据源的交互。

DataAdapter 使用.NET Framework 数据提供程序的 Connection 对象连接至数据源，并使用 Command 对象从数据源中检索数据并将所做的更改返回数据源。DataAdapter 仅在确定需要填充 DataSet 对象时，才使用数据库连接。在完成操作之后，将释放所有的服务器资源。Visual Studio 2008 可以使用拖动控件的方式创建 DataAdapter，也可以通过编程的方式创建，使用拖动控件的方式创建 DataAdapter 的步骤如下所示。

（1） 与 SqlConnection 控件一样，在默认情况下，Visual Studio 2008 的工具箱中不包含 SqlDataAdapter 控件。可以右击工具箱，在弹出的快捷菜单中选择“选择项”命令，在弹出如图 14-17 所示的“选择工具箱项”对话框中选择 SqlDataAdapter 控件，然后单击“确定”按钮即可将其添加到工具箱中。添加完毕后，通过 Visual Studio 2008 创建 DataAdapter 的步骤如下所示。

（2） 在工具箱中拖动一个“SqlDataAdapter”控件到窗体设计器中，此时将启动如图 14-26 所示的“数据适配器配置向导”对话框，在该对话框中单击“新建连接”按钮，将弹出图 14-11 所示的“添加连接”对话框，选择服务器名和要连接的数据库（本处选择本地服务器，数据库选择 XS），在“添加连接”对话框单击“确定”按钮将返回到图 14-26 所示界面，此时创建一个连接本地服务器上 XS 数据库的连接对象。

（3） 在“数据适配器配置向导”对话框中单击“下一步”按钮，将弹出图 14-27 所示的“选择命令类型”对话框，本初选择“使用 SQL 语句”单选按钮。

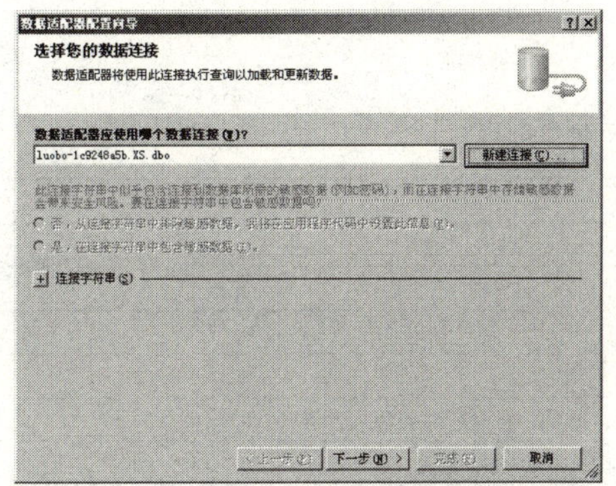

图 14-26　“数据适配器配置向导”对话框

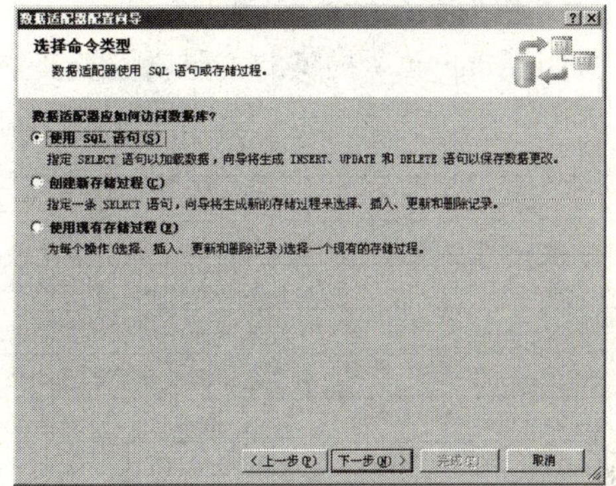

图 14-27　“选择命令类型”对话框

（4） 在“选择命令类型”对话框中单击“下一步”按钮，将弹出如图 14-28 所示的“生成 SQL 语句”对话框。例如输入的“select * from xsda”，表示查询学生档案表中的所有记录。

（5） 在“生成 SQL 语句”对话框中单击“完成”按钮。Visual Studio 2008 将把 SqlDataAdapter 对象添加至组件托盘上。如图 14-29 所示。

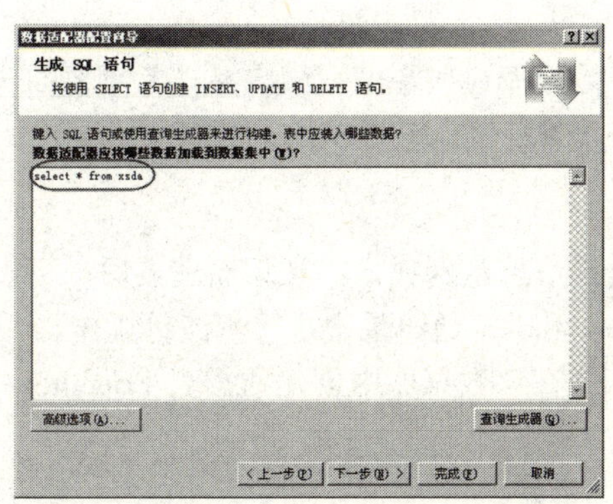

图 14-28　“生成的 SQL 语句”对话框

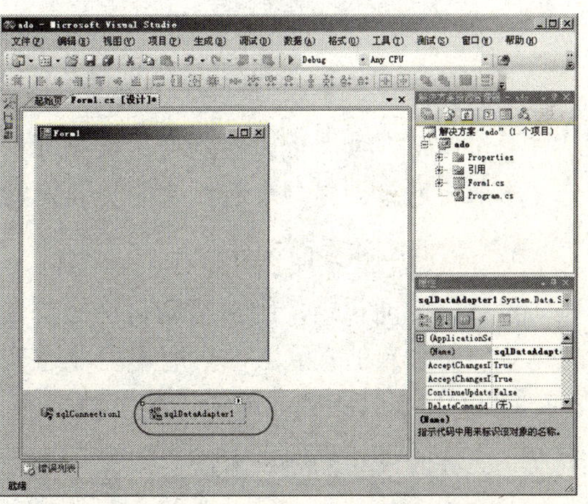

图 14-29　将 SqlDataAdapter 添加至组件托盘上

以上是使用向导创建 SqlDataAdapter 对象，同样也可以使用代码来创建 SqlDataAdapter 对象。代码如下所示。

```
SqlDataAdapter dataAdapter = new SqlDataAdapter(testCommand);// testCommand 表示创建的连接对象
```

参数表示连接对象。SqlDataAdapter 构造方法支持 4 种重载，上面所使用的重载形式允许在构造方法中指定带有有效连接的命令。其他 3 种可用的重载如下。

- SqlDataAdapter()：设置 SqlDataAdapter 的一个空实例。
- SqlDataAdapter(string commandText,SqlConnection connection)：第一个参数表示执行的命名字符串，第二个参数表示连接对象。该方法允许指定用于填充 DataSet 或 DataTable 的命令和填充时将用到的连接。
- SqlDataAdapter(string commandText, string connectionString)：第一个参数表示执行的命名字符串，第二个参数表示连接字符串。该重载形式允许将命令和相关连接都作为字符串来指定。

DataAdapter 所提供的主要属性及其描述，如表 14-4 所示。

表 14-4 DataAdapter 的主要属性

属　性	描　述
SelectCommand	在数据源中检索数据的数据命令
InsertCommand	在数据源中插入数据的数据命令
UpdateCommand	在数据源中更新数据的数据命令
DeleteCommand	在数据源中删除数据的数据命令
TableMappings	DataTableMapping 对象的集合，决定 DataSet 中的行与数据源之间的关系
UpdateBatchSize	决定批进程支持，指出在批处理中可执行的命令的数量

上表中的前 4 个属性，用于从数据源中检索数据并将数据存回数据源。SelectCommand 返回数据源中的数据。InsertCommand、UpdateCommand 和 DeleteCommand 用于管理对数据源的所做的更改。

实训 14.1——创建通讯录

通过本章，读者可以学到连接数据库的知识，数据库连接在编程中也是非常重要的一部分。本节将通过创建一个通讯录的实训来熟悉使用 ADO.NET 连接 SQL 数据库。

1. 数据库和界面设计

设计一个通讯录，用来帮助自己维护朋友的通讯信息。例如，当认识新朋友时，可以向通讯录中添加新的联系人。当朋友更改通信方式时，可以在通讯录中进行修改等操作。

在 SQL Server 数据库中，建立数据库 Friends 并在该数据库中创建数据表 Friendtbl。表的各个字段属性设置如表 14-5 所示。

表 14-5 数据库字段设置表

列　名	数据类型	允许空
ID（主键）	Int	否
Name	nvarchar(20)	是
Age	Int	是
Tel	nvarchar(20)	是
Mail	nvarchar(20)	是

打开 Visual Studio 2008，创建一个 Windows 窗体应用程序，取名为“ManageAddress”。从“工具箱”中添加 1 个 GroupBox 控件、5 个 Label 控件、8 个 Button 控件、5 个 TextBox 控件到窗体中。然后分别设置属性，具体设置如表 14-6 所示。

表 14-6 控件属性表

控　件	属　性	值
Form	Name	FrmShow
	Text	通讯录
GroupBox	Name	grbShow
	Text	我的朋友
Label1	Name	lblID
	Text	编号
Label2	Name	lblName
	Text	姓名
Label3	Name	lblAge
	Text	年龄
Label4	Name	lblTel
	Text	联系电话
Labe5	Name	lblMail
	Text	电子邮件
Button1	Name	btnFirst
	Text	最前
Button2	Name	btnBack
	Text	前一个
Button3	Name	btnNext
	Text	后一个
Button4	Name	btnEnd
	Text	最后
Button5	Name	btnCreate
	Text	新建
Button6	Name	btnAdd
	Text	添加
Button7	Name	btnAdit
	Text	编辑
Button8	Name	btnDelete
	Text	删除
TextBox1	Name	txtID
TextBox2	Name	txtName
TextBox3	Name	txtAge
TextBox4	Name	txtTel
TextBox5	Name	txtMail

设置完毕，界面如图 14-23 所示。

从设计界面图中可以看出本程序的大体功能，通过几个文本框可以显示在数据库中一条记录，可以通过下面的“添加”、“修改”、“删除”按钮执行增加、修改、删除操作。通过“前一条”、“后一条”按钮可以遍历其他数据。后面将介绍如何利用代码实现这些功能。

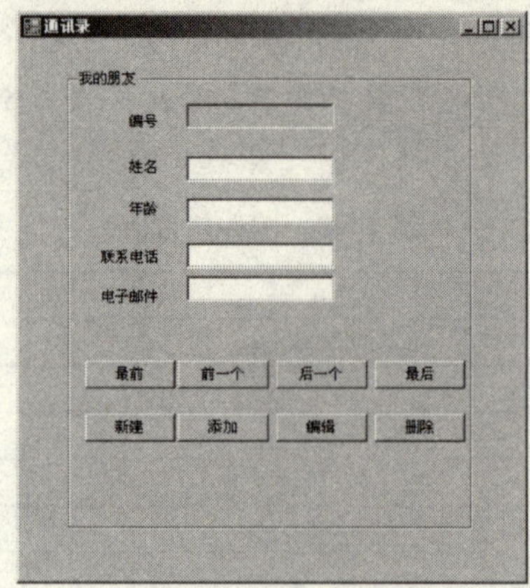

图 14-23　通讯录界面设计图

2. 数据库操作类设计

操作数据库的很多地方都是重复的工作，如果需要修改，那么将是一件庞大的工程。虽然本实训很小但多处都用到同样的操作数据库的代码。所以设计数据库操作类来操作数据库。实现本程序的功能代码非常简单，这里把数据库操作部分封装在类 Operate 中，方便以后修改等操作。

我们使用表 14-7 中的文件来实现数据库操作类的代码。

表 14-7　数据库操作文件描述

文　件	功　能
Operate.cs	定义 Operate 类，该类中包括 4 个方法，分别完成用来创建连接、执行 SQL 语句、返回数据集单条记录某列的值、返回一个 Table 数据集的功能。

程序清单 14.1-1：Operate.cs

```
using System;                                    //系统默认生成命名空间
using System.Collections.Generic;
using System.ComponentModel;
using System.Data;
using System.Drawing;
using System.Text;
using System.Windows.Forms;
using System.Data.SqlClient;
namespace ManageAddress                          //自定义命名空间“ManageAddress”
{
    class Operate
    {
        public SqlConnection conn()              //定义连接方法，返回的是连接对象
        {
            //数据库连字符串
            string con = "data source=(local);initial catalog=Friends;
                    integrated security=sspi";           //定义连接字符串
            SqlConnection conn = new SqlConnection(con); //创建连接对象
            return conn;                                 //返回连接对象
        }
        public bool OPSQL(string SQLcmd)             //单条记录的增删改操作
```

```
        {
            SqlConnection con = conn();                    //创建连接
            con.Open();                                    //打开连接
            SqlCommand cmd = new SqlCommand(SQLcmd, con);
            bool succ = true;                              //操作是否成功的标志
            try
            {
                cmd.ExecuteNonQuery();                     //执行传入的命令
            }
            catch (Exception e)                            //抛出异常
            {
                MessageBox.Show("操作有误！");              //操作失败信息
                succ = false;                              //把标志设为失败操作
            }
            return succ;                                   //返回操作结果
        }
        public string FiledValue(string sqlcmd)            //查询单条记录
        {
            string count = "";
            SqlConnection con = conn();                    //创建连接
            con.Open();                                    //打开连接
            SqlCommand cmd = new SqlCommand(sqlcmd, con);
            try
            {
                SqlDataReader rs = cmd.ExecuteReader();    //执行命令
                if (rs.Read())                             //读取数据
                {
                    count = rs[0].ToString();//读取查询结果的第一列的值
                }
            }
            catch (Exception e)                            //抛出异常
            {
                MessageBox.Show("操作有误！");              //操作失败提示
            }
            return count;                                  //返回数据集单条记录第一列的值
        }
        public DataTable GetDataTable(String str, String TableName)
        {
            DataSet ds = new DataSet();                    //定义数据集 ds
            SqlDataAdapter da = new SqlDataAdapter(str, conn());
            try
            {
                da.Fill(ds, TableName);                    //使用 da 中的数据填充 ds
                return ds.Tables[0];                       //返回表集
            }
            catch
            {
                return new DataTable();                    //返回一个空的 DataTable 对象
            }
        }
    }
}
```

代码第 8 行导入命名空间 SqlClient，因为在程序中使用的 SqlConnection 类、SqlCommand 类、SqlDataAdapter 类在此命名空间中。第 13 行到第 20 行定义方法 conn，用来创建连接，返回一个 SqlConnection 对象。第 21 到第 35 行定义方法 OPSQL，用来执行一个不返回数据集的 SQL 语句，并返回一个布尔值：ture 为执行成功，false 为执行失败。

第 38 行到第 57 行，定义方法 FiledValue()，是用来查询单条记录的值。返回数据集单条记录某列的值，参数是要执行的 SQL 语句。第 58 到第 71 行，定义方法 GetDataTable()，该方法返回一个 Table 的数据集。第一个参数 str 表示 SQL 的查询语句，第二个参数为指定的数据表名。

该类封装了一些与数据库交互操作的方法，在主窗体将会用到该类。使用该类的好处是可以集中管理与数据库的交互操作，方便以后的维护。例如，如果在后来的使用中修改数据库的连接信息等，可以方便地在此类中更改。

3. 对通讯录的操作

前面已经完成了界面的创建、数据库的设计以及数据库操作类的设计，可以看出本程序的作用和设计思想。下面利用前面数据库操作类结合界面实现通讯录的功能。我们使用表 14-8 中的文件来实现对通讯录的操作。

表 14-8 操作通讯录文件描述

文 件	功 能
FrmMain.cs	本文件是用户界面中“添加”、“修改”、“删除”按钮的对应功能，通过调用数据库操作类，实现了新增通讯记录和对已有通讯录进行修改、删除的功能。

程序清单 14.1-2：FrmMain.cs

```
private void btnAdd_Click(object sender, EventArgs e)    //向通讯录添加数据
{
    if (txtName.Text != "" && txtAge.Text!= "" && txtTel.Text != ""
            && txtMail.Text != "")//输入项控制，检输入项是否为空
    {
        //邮件输入项验证
        if ((!this.txtMail.Text.Contains("@")) || (!this.txtMail.Text.Contains(".")))
        {
            MessageBox.Show("输入正确的邮箱地址!", "警告",
                MessageBoxButtons.YesNo, MessageBoxIcon.Warning);
            return;
        }
        else
        {
            string sql = "insert into Friendtbl(name,age,tel,mail) values('" +
                        txtName.Text + "','" +txtAge.Text + "','" +txtTel.Text + "',
                            '" + txtMail.Text + "')";     //插入的 SQL 语句
            if (op.OPSQL(sql))              //调用 OPSQL()方法，执行 sql 语句
            {
                ClearText();                //插入成功后清空文本框
                MessageBox.Show("新建成功！"); //显示成功操作信息
            }
            else
            {
```

```
25                        MessageBox.Show("创建失败！");//弹出对话框提示失败信息
26                    }
27                }
28            }
29            else
30            {
31                MessageBox.Show("请填写详细信息！");      //提示用户输入信息
32            }
33        }
34        public void ClearText()                                 //自定义清空文本框方法
35        {
36            txtID.Text = "";                              //清空显示 ID 的文本框
37            txtName.Text = "";                            //清空显示姓名的文本框
38            txtAge.Text = "";                             //清空显示年龄的文本框
39            txtTel.Text = "";                             //清空显示电话的文本框
40            txtMail.Text = "";                            //清空显示电子邮箱的文本框
41        }
42        private void btnAdit_Click(object sender, EventArgs e)  //修改数据
43        {
44            string sql = "update   Friendtbl   set name='"+txtName.Text+"',
45                age="+ txtAge.Text+",tel='"+txtTel.Text+"',mail='"+txtMail.Text+"'
46                where id="+txtID.Text;                          //定义更新字符串
47            if (op.OPSQL(sql))                                      //判断操作是否成功
48            {
49                ClearText();                                    //调用清空文本框方法
50                MessageBox.Show("修改成功！");
51            }
52            else { MessageBox.Show("修改失败！"); }
53        }
54        private void btnDelete_Click(object sender, EventArgs e)     //删除数据
55        {
56            string sql = "delete from Friendtbl   where id=" + txtID.Text;
57            if (op.OPSQL(sql))                      //判断是否成功执行定义的 sql 语句
58            {
59                ClearText();                                    //如果成功，清空文本框
60                MessageBox.Show("删除成功！");
61            }
62            else { MessageBox.Show("删除失败！"); }             //显示提示失败信息
63        }
```

代码第 1 行到第 33 行是“添加”按钮的单击事件，可以实现向数据库中插入一条数据。第 3 行在插入之前进行检查输入的数据是否为空，第 7 行检查用户输入数据的合法性。第 14 行到第 17 行定义插入字符串，该事件主要是使用 insert 命令向数据库添加一条记录。第 18 行调用 Operate 类的 OPSQL()方法执行该 sql 语句。注意在添加完毕后要清空文本框的内容，另外清空文本框中内容在编辑、删除事件中也用到。为了使代码更简洁，这里将其封装在 ClearText()方法中。该方法在第 34 到第 41 行定义。

第 42 行到第 53 行是“编辑”按钮的单击事件，该事件对已有数据进行编辑，然后在第 47 行调用数据库操作类的 OPSQL()方法执行更新操作。如果更新成功，弹出对话框提示修改成功并清空文本框。如果更新不成功，则弹出对话框提示修改失败。

第 54 行到第 63 行是“删除”按钮的单击事件，第 56 行定义删除语句，对当前显示数据进行删除操作。如果删除成功提示删除成功信息，如果删除失败则在第 62 行提示删除失败信息。

4. 查看通讯录中的记录

上面讲解了对通讯录的操作，现在讲解对修改后的数据进行查看。我们使用表 14-9 中的文件来实现“学生模型”代码。

表 14-9 学生模型的实现文件描述

文　件	功　能
FrmMain.cs	本文件通过调用数据库操作类，实现了查询数据库中最前面、最后面以及上一条、下一条记录的功能。

程序清单 14.1-3：FrmMain.cs

```
private void btnFirst_Click(object sender, EventArgs e) //显示最前面的一条数据
{
    DataTable dt= op.GetDataTable("select top 1 * "+
        "from,Friendtbl order by id asc""Friendtbl");          //执行查询命令
    Settxt(dt);  //调用自定义方法 Settxt()，为文本框赋值
}
private void Settxt(DataTable dt)  //自定义方法，从传入的参数 dt 中获取数据
{
    txtName.Text = dt.Rows[0]["name"].ToString();      //在文本框中显示姓名字
    txtID.Text = dt.Rows[0]["id"].ToString();          //在文本框中显示 ID 字段
    txtAge.Text = dt.Rows[0]["age"].ToString();        //在文本框中显示年龄字段
    txtTel.Text = dt.Rows[0]["tel"].ToString();        //在文本框中显示电话字段
    txtMail.Text = dt.Rows[0]["mail"].ToString(); //在文本框中显示邮件字段
}
private void btnBack_Click(object sender, EventArgs e) //前一条数据
{
    if (txtID.Text != "")                              //判断 ID 文本框是否为空
    {           //要执行的 SQL 语句
        string iddd = op.FiledValue("select top 1 id from Friendtbl order by id");
        int idd = int.Parse(txtID.Text) - 1;           //将 ID 转换成整型后减 1
        DataTable dt = op.GetDataTable("select   * from Friendtbl "
            "where id=" + idd, "Friendtbl");
        if (Convert.ToInt32(dt.Rows[0]["id"]) < int.Parse(iddd))//是否超出范围
        {
            MessageBox.Show("数据超出操作范围");
            return;                                    //直接返回
        }
        Settxt(dt);                                    //调用显示信息方法
    }
    else
    {
        MessageBox.Show("操作有误！ ");
    }
}
private void btnNext_Click(object sender, EventArgs e)//后一条数据
{
    if (txtID.Text != "")                              //判断 ID 文本框是否为空
    {
```

```
39                  int idd = int.Parse(txtID.Text) + 1;
40                  DataTable dt = op.GetDataTable("select   * from Friendtbl where id="
41                          + idd, "Friendtbl");                          //查询下一条记录
42                  Settxt(dt);                                          //调用显示信息方法
43              }
44              else
45              {
46                  MessageBox.Show("操作有误！");
47              }
48          }
```

代码第 1 行到第 6 行，是显示第一条记录的按钮事件，该事件主要是在第 3 行到第 4 行调用数据库操作类的 GetDataTable()方法查询数据库的第一条数据。第 5 行调用自定义方法 Settxt()，使用查询到的数据集完成为文本框赋值的功能。

显示最后一条记录的事件如此类似，只要把 SQL 语句中最后的 asc 改成 desc 就完成了对查询最后一条记录。

代码第 15 行到第 34 行定义“前一个”记录的事件，执行该事件时首先要判断前面是否还有数据。例如，当前显示第一条信息，如果不进行检查，直接执行“前一个”事件，将会报错，因为前面已经没有任何数据。第 19 行到第 22 行首先获取本条记录的 ID，然后使用 ID 减 1，再次查询是否有数据。“后一个”按钮的单击事件在第 35 行到第 48 行实现，与“前一个”事件一样，执行该事件时首先要判断后面是否还有数据。

运行程序，可以通过单击“新建”按钮向程序数据库中添加信息。添加信息以后即可浏览，如图 14-24 所示。

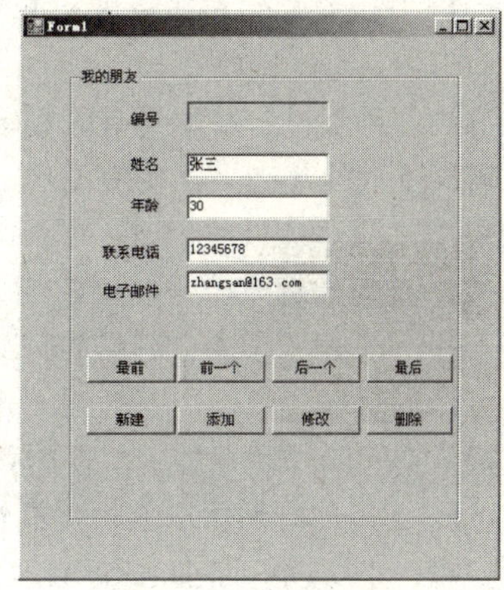

图 14-24　浏览数据图

该实训实质上就是实现对数据库的增、删、查、改操作，其实一些常见到的管理系统最基本的也是这些知识。通讯录用来记录朋友的基本信息：姓名、年龄、电话、电子邮箱。本实训为了让通讯录更加简单，只设计了几个属性字段，读者可以根据自己的需要添加更多内容。

在查看联系人时不方便，需要读者添加 DataGridView 控件来显示所有联系人。如果使用向导的方式不用编写代码就可以完成，读者可以借鉴本章 14.4.1 的范例，操作基本相同。

如果联系人很多的话，使用列表的形式就会把所有联系人显示出来，这样不容易查找某个联系人。读者可以使用搜索的方式实现。例如完成按照姓名进行查询，设计搜索按钮的查询语句如下所示。

```
Select * from friendtdl where name like ‘文本框中用户输入的姓名’
```

如果用户记不清用户名的话可以使用模糊查找功能，将上面的查询语句更改为以下即可。

```
Select * from friendtdl where name like ‘%文本框中用户输入的姓名%’
```

14.8 疑难解答

1. 本章介绍了两种方式创建数据库，分别是使用向导和使用 SQL 语句，我在创建数据库的时候使用哪种方式呢？

答：使用这两种方法都可以，刚开始接触数据库的话，使用向导的方式可能更简单。随着对数据库的了解和对 SQL 语句的深入，使用 T-SQL 语句会感到更自由。

2. 看了本章的内容，感觉挺多的，ADO.NET 的知识在开发中重要吗？

答：非常重要，ADO.NET 是程序连接数据库的通道，几乎所有的 ERP、网站都离不开对数据的存取，本书不是专门介绍 ADO.NET 的书，不过使用本章的内容可以解决常用的对数据库的增、删、改、查的功能。

3. 既然 C/S 结构的程序和 B/S 结构的程序都可以使用 ADO.NET 连接数据库，在这两种结构中使用有区别吗？

答：可以说是基本没有区别的，尤其在多层架构中。三层架构就可以在数据库层和业务逻辑层不变的基础上，实现 C/S 结构和 B/S 结构互换，可以看出 C/S 结构和 B/S 结构使用 ADO.NET 的知识是相同的。

4. 连接数据库时需要创建连接对象，是使用向导的方式还是选择代码的方式？

答：在 14.4 节中创建数据库连接的地方可以看到，使用向导的方式显得很繁琐，但是向导可以提示你一步一步怎么往下走，你会发现连接字符串中每个属性具体的意义。如果你对连接数据库的知识熟悉了，使用代码的方式效率更高。

5. 连接池既然可以大幅提高性能，我是否可以尽量多的创建连接池？

答：不可以，连接池占用较多的资源，要根据连接并发数确定连接池的数量。

6. 使用连接池需要注意什么吗？

答：既然连接池占用很多资源，就要合理利用。使用完毕可以立即将多余的连接池关闭。但是关闭前需要确保没有其他连接正在使用此连接。

7. 每次查询数据库的时候都需要设置 CommandType 属性吗？

答：SqlCommand 类的 CommandType 属性默认是执行 SQL 语句的，如果你要执行 SQL 语句，不设置这个属性也可以。如果要处理存储过程必须设置 CommandType 属性为：CommandType.StoredProcedure。如果要处理表，必须设置 CommandType 属性为：CommandType.TableDirect。

8. ADO.NET 中的 SqlDataAdapter 对象和 DataSet 对象的有什么关系？

答：我们知道数据库将数据存储在磁盘中，DataSet 可以看做数据库，但是它存放数据的地方不是物理磁盘而是系统内存。SqlDataAdapter 对象一个中间的桥梁，连接数据库和 DataSet，实现将数据库和 DataSet 之间的数据传输。

9. DataSet、DataTable、DataRow 和 DataColumn 有什么关系吗？

答：我们知道数据库有多个表组成，每个表有多个列，而且每个表中可以有多条记录，每个记录就是一行。DataSet、DataTable、DataRow 和 DataColumn 分别对应数据库、数据表、行和列，只不过这些对象是在内存中存在的。

10. 本章以操作 SQL Server 数据库为了进行讲解的 ADO.NET 知识，如果我想使用 Access 数据库或者 Oracle 数据库，本章学习到的知识能用到吗？

答：可以的，.NET 平台提供了相同的方式使操作 SQL Server 数据库、Access 数据库和 Oracle 数据库，除了数据库本身差异所带来的很小的不同外，大部分都类似。操作 Access 数据库只需要将 Sql 换成 OleDb，如果操作 Oracle 数据库只需要将 Sql 换成 Oracle 即可。

14.9 上机题

1. 使用 SQL Server Management Studio 的向导方式创建一个学校数据库，并在该数据库中创建一个教师表。

2. 使用标准的 SQL 语句在学校数据库中添加一个学生表，该表中包括学生姓名、性别、年龄和籍贯四个字段。

3. 创建一个 Windows 窗体应用程序，在新建的窗体中添加一个 DataGridView，实现在窗体加载的时候，DataGridView 能够显示学生表中的所有记录，运行效果如图 14-25 所示。

Form1

学生信息：

	ID	姓名	性别	年龄
	1	张三	☑	12
	2	李四	☐	11
	3	小强	☐	12
	4	李1	☑	11
▶	5	ton	☐	12
*			☐	

图 14-25　学生信息窗体

4. 创建一个控制台应用程序，实现在连接学校数据库的功能。

5. 创建一个控制台应用程序，比较在程序中使用连接池和不使用连接池的区别。

6. 使用 SqlCommend 对象的 ExecuteScalar()方法，查询教师表中所有的记录的总数。

7. 将学生表中的所有记录读取到 DataSet 对象中，并将 DataSet 对象中的记录循环输出到控制台中。运行效果如图 14-26 所示。

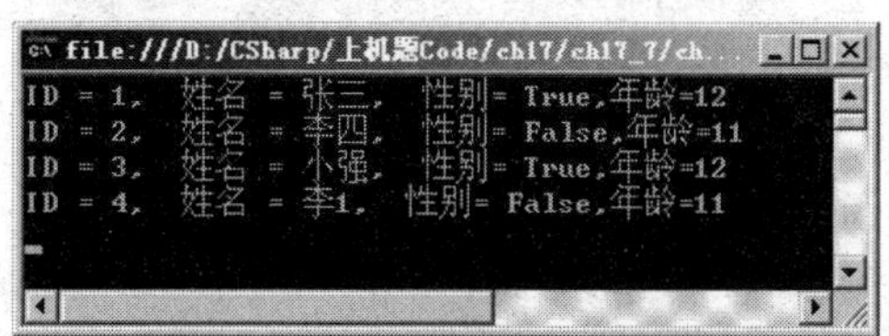

图 14-26　查询到的信息内容

8. 编写一条插入数据的 SQL 语句，实现将姓名为李雷雷的学生插入到数据库中，李雷雷的性别、年龄、籍贯分别为男、12、北京。

9. 为学校图书馆创建一个数据库，要求能够存储图书信息、借阅信息以及读者信息。

10. 为学校图书管开发一个图书维护程序，要求能够实现查看读者信息，界面如图 14-27 所示；能够查看借阅信息，界面如图 14-28 所示；能够查看图书信息，界面如图 14-29 所示；

能够将新书信息插入到数据库中，添加图书信息界面如图 14-30 所示。

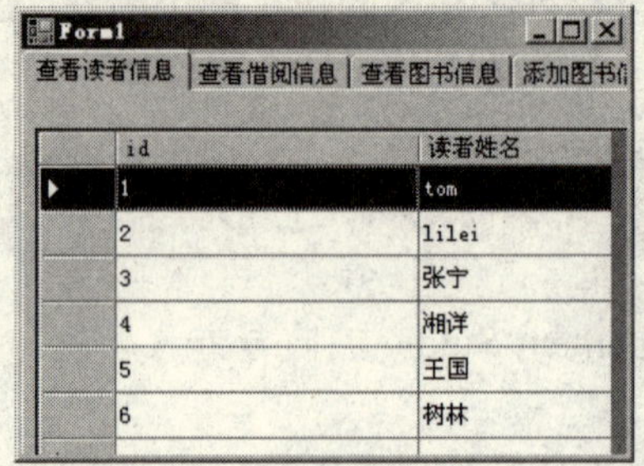

图 14-27　查看读者界面

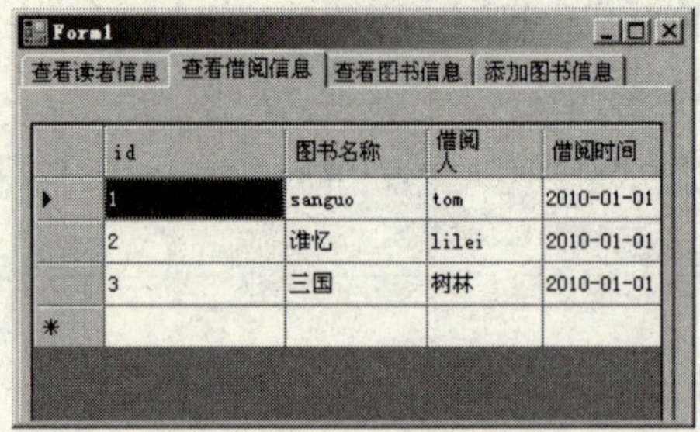

图 14-28　查看借阅信息界面

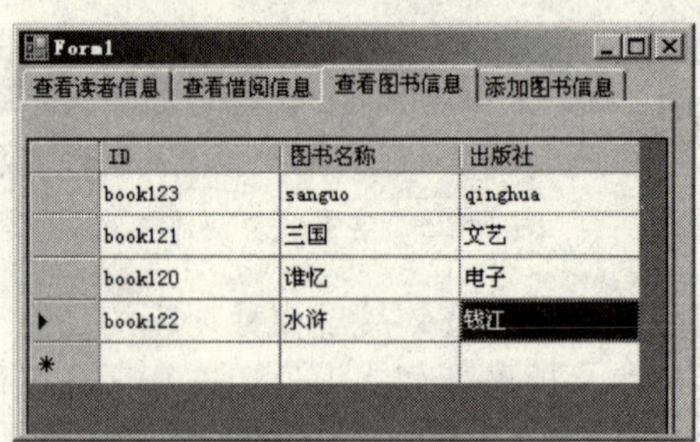

图 14-29　查看图书信息界面

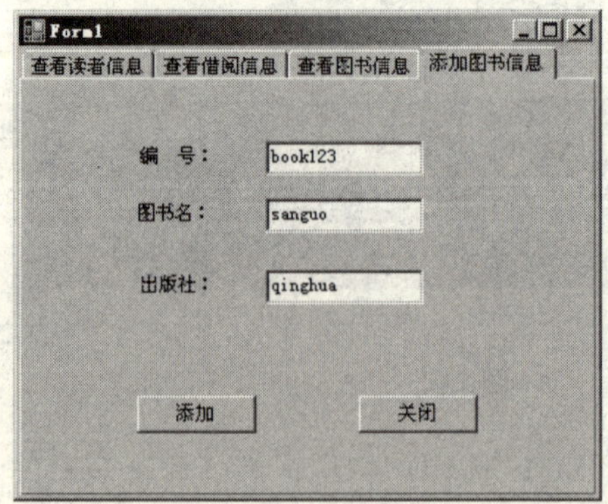

图 14-30　添加图书信息界面

第15章　LINQ查询语言

一种语言的发展是一个不断完善的过程。C#语言以优雅、简洁的特性受到众多程序员的青睐。在 C# 3.0 中添加了众多新语法特性，其中 LINQ 尤其引人注目。本章从 LINQ 的概念和相关新特性开始讲解，然后讲解 LINQ 的查询语法、LINQ to SQL 操作数据库、LINQ to XML 操作 XML 文件，最后演示 LINQ 在项目开发中的应用。

本章的学习重点

- LINQ 语法。
- 新特性扩展。
- 创建 LINQ 程序。
- 使用 LINQ 查询。
- LINQ to SQL。

15.1　LINQ 介绍

LINQ是一项新技术，同时需要很多新特性的支持，像隐式局部变量、扩展方法、Lambda表达式等，了解这些新特性有助于了解LINQ的本质。本节首先介绍LINQ概念，然后介绍这些新特性的特点，最后使用这些新知识来完成一个LINQ的例子。

15.1.1　LINQ 概述

存储数据有多种方式，如内存、数据文件、数据库等。在传统的.NET编程中，数据源不同，获取的方式也不尽相同。而C#3.0语言中的LINQ可以用统一的方式获取不同数据源的数据，简化了C#程序对各种数据源的操作，加快了程序员的开发效率。

LINQ全称Language Integrated Query，即语言级查询语言，是一组可以实现使用面向对象的语言直接查询关系型数据库的技术，LINQ的出现使查询类、方法等成为一种语法构成。使用传统的排序、分组和筛选等操作需要编写大量代码，而LINQ用非常少的代码就可以完成。

LINQ中包括LINQ to SQL、LINQ to XML、LINQ to Objects等特性，在这些特性的基础上，使用查询表达式模式可以查询关系数据库、XML文档、ADO.NET数据集以及集合中的数据。而对以上数据源的查询操作使用相同的查询表达式即可完成。

System.Linq命名空间提供了使用LINQ进行查询的类和接口。使用Visual Studio 2008创建新项目的时候，系统会为每个文件自动引入LINQ的命名空间，而无需手动添加。

15.1.2 隐式局部变量

在使用LINQ时经常使用var来定义变量，此处用到的就是隐式局部变量。隐型局部变量看上去非常像JavaScript中的变量定义方法。但与JavaScript不同，C# 3.0中以var申明的类型依然是强类型，所以无法在定义变量后试图改变变量的类型。隐式局部变量有以下特点。

（1） 定义变量时不用指定具体类型。对于强类型的语言来说，定义一个变量需要给出该变量的类型。隐型局部变量使程序员无需输入变量类型，而让编译器来推测变量类型，从而提高编程效率。例如下面使用var定义变量。

```
var i = 0;                                   //定义整型变量 i 并赋值为 0
var str = "abc";                             //定义字符串变量 str 并赋值为 abc
var csharpIsaGoodLanguage = true;            //定义 bool 类型变量并赋值为 true
```

（2） 减少书写量，提高可读性。在平时写代码的过程中要经常定义一些局部变量，若变量的类型名称定义很长，再加上泛型的引入，使程序员在写类型名称时需要键入非常多的字符才能完成，请看下面的代码。

```
//定义并实例化 Dictionary<string, List<PersonUseAutoProprty>>类型的变量
Dictionary<string, List<PersonUseAutoProprty>> personByGroup=
    new Dictionary<string, List<PersonUseAutoProprty>>();
//返回 Dictionary<string, List<PersonUseAutoProprty>>.Enumerator 类型的变量
Dictionary<string, List<PersonUseAutoProprty>>.Enumerator personByGroupEnumerator=
    personByGroup.GetEnumerator();
```

冗长的类型名称使代码很不清晰，并且大大地增加了出现笔误的可能性。使用C# 3.0提供的新关键字var可以减少书写量，提高可读性。例如，使用var修改上面的代码。

```
//定义 Dictionary<string, List<PersonUseAutoProprty>>类型变量并实例化
var personByGroup = new Dictionary<string, List<PersonUseAutoProprty>>();
//定义 IEnumerator 类型变量并赋给 personByGroup.GetEnumerator()的返回值
var personByGroupEnumerator = personByGroup.GetEnumerator();
```

（3） 可以使用var定义任何类型的变量。值类型、引用类型、集合、泛型等都允许出现在任何局部变量的定义中，包括foreach循环体定义中，例如下面的代码。

```
var array = new int[] { 1, 2, 3, 4, 5, 6, 7 };//定义包含元素 1 到 7 的 int 类型的静态数组
foreach (var i in array)                        //遍历数组
{
    Console.WriteLine(i.ToString());                //输出
}
```

使用隐式局部变量是需要注意，以var申明的类型依然是强类型，所以无法在定义变量后试图改变变量的类型。由于变量类型是通过“=”后面的表达式推导而出的，因此以var申明的变量必须立即赋值，否则编译器将会因为无法判断类型而引发编译时错误，下面的代码将引发编译时错误。

```
var str = "abc";           //定义 str 变量，赋值为字符串
str = "def";               //正确
str = 0;                   //错误，无法将类型 int 隐式转换为 string
```

```
var str1;                       //错误，隐式类型的局部变量必须已初始化
str1 = "abc";
```

var只能定义局部变量，不能定义类字段、方法、参数类型等，也不能用于定义方法的返回类型。下面的代码将引发编译时错误。

```
class Program
{
    private var _field = "something";       //错误，上下文关键字 var 只能出现在局部变量声明中
    public var Do(var parameter)            //错误，上下文关键字 var 不能作为方法参数
    {}
}
```

作者心得：

使用 var 定义变量时，编译器根据"="后面的表达式推算出该变量的类型，所以隐型局部变量特性仅仅是减少了书写类型的工作。在实际应用中，如果能很好地利用隐型局部变量，就可以较大地提高编程速度。

15.1.3 扩展方法

对于开发人员来说，一般都遇到过这种情况，需要为一个类型添加一些方法，但却没有源代码或者不允许修改源代码。例如，需要对系统的int类型添加一个自定义的方法，这时就会变得束手无策。因为对于以往的C#版本来说，一种类型中有多少种方法在编译时是确定的，编译成程序集后将无法再添加、删除或修改其中的成员。而C#3.0的扩展方法可以对已经存在的类型注入方法，无需修改已存在类型的源代码，使程序更灵活、更容易扩展。例如由于以前技术有限，汽车出厂后就没有办法增加其他功能，现在使用某种技术可以增加汽车的导航等功能，这种技术就类似于扩展方法。

扩展方法虽然原理简单，使用起来也不复杂，但是实现Linq中最重要的基础技术之一。扩展方法可以为类、结构、接口、枚举等添加扩展方法，而不需要修改源代码并重新编译。例如，为int类型添加一个自定义的Add()扩展方法，从而实现下面的功能。

```
int a = 1;                  //定义整型变量 a
int b = a.Add(2);       //调用自定义的 Add()方法
```

上面的这种方式更符合"为a加上2"这样的语义，但是由于没有办法去修改类型int的源代码，也就没有办法为int类型添加Add()方法。

在C# 3.0中有了扩展方法，这一切都变得非常容易。为一个类型定义扩展方法，首先需要定义一个静态的类，然后在静态类中定义一个静态的方法。方法的第一个参数为带this关键字的被扩展对象类型的形参，然后就可以在代码中，像普通类型的方法一样使用这个扩展方法了。例如，下面的范例实现为整型添加Add()的方法。

范例 15.1 ExtensionMethodsDemo.sln　　ExtensionMethodsDemo.sln 在这里使用扩展方式完成了对 int 类型添加 Add()方法，并实现为两个整型求和的功能。

（光盘\code\ch15\ExtensionMethodsDemo \ExtensionMethodsDemo.sln）

```
01  using System;                                   //系统生成命名空间
02  using System.Collections.Generic;
03  using System.Linq;
04  using System.Text;
05  namespace ExtensionMethodsDemo                  //自定义命名空间“ExtensionMethodsDemo”
06  {
07      class Program
08      {
09          static void Main(string[] args)
10          {
11              int a = 1;                          //定义整型变量
12              int b = a.Add(2);           //也可以像其他方法一样调用 IntHelper.Add(a, 2)
13              Console.WriteLine(b.ToString()); //显示结果
14              Console.Read();
15          }
16      }
17      static class IntHelper                          //静态类
18      {   // 第一个参数为带 this 关键字的被扩展的对象类型的形参
19          public static int Add(this int i, int number)   //静态方法
20          {
21              return i + number;                      //方法体
22          }
23      }
24  }
```

代码第17行到第19行定义静态的IntHelper类，该类是一个抽象的且密封的类，这样的类型不能继承也不能被实例化，只能作为静态方法的容器。第19行定义静态方法Add()，其中第一个参数使用this关键字，表示可以被扩展的对象。代码第12行处实现了a.Add(2)方式的调用。扩展方法是一种特殊的静态方法，可以像普通的静态方法一样调用。这时候第一个带this的参数可传入相应类型的对象，使用IntHelper.Add(a, 2)依然可以实现。

运行程序，在控制台中输出结果为：3。

作者心得：

为某个类型添加扩展方法后，其派生类型都会拥有该扩展方法，例如，给 object 添加一个获取类型名的扩展方法。代码如下所示。

在其他 object 类的派生类中就可以使用 GetFullName()方法，例如以下代码。

```
int a = 1;                                    //System.Int32 类型，派生于 object
string fullnameofa = a.GetFullName(); //在其派生类的对象中调用扩展方法
```

扩展方法和普通的静态方法调用是一样的。在这中间，编译器完成了从对象的扩展方法调用到静态方法调用的转换，从而使程序员可以像类的成员方法一样调用扩展方法。扩展方法虽然原理简单，使用起来也不复杂，但是实现Linq中最重要的基础技术之一。在.NET 3.5类库中，添加了众多的扩展方法，例如下面的代码。

```
int[] intarray = { 5, 8, 3, 1, 3, 9 };              //定义静态数组
int sum = intarray.Sum();                           //调用扩展方法
```

这里的Sum()方法即为IEnumerable<T>的扩展方法。除此之外还有用来筛选的Where()方法、从集合中提取字段的Select()方法和将集合中的元素根据指定的属性进行排序等众多方法，这里只介绍几个典型的扩展方法。

```
1、IEnumerable<T>.Where<TSource>(this IEnumerable<TSource> source, Func<TSource, bool>
predicate)
```

该方法的TSource表示source中的元素的类型，第一个参数source是要筛选的IEnumerable<(Of <(T>)>)，第二个参数predicate用于测试每个元素是否满足条件的函数。该方法实现只要给定相应的判断条件就可以进行元素的筛选。

```
2、IEnumerable<T>.Select<TSource, TResult>(this IEnumerable<TSource> source, Func<TSource,
TResult> selector)
```

参数source是一个值序列，表示要对该序列调用转换函数，参数selector表示应用于每个元素的转换函数。该方法可以从集合中提取字段组成新的集合。

```
3、IEnumerable<T>.OrderBy<TSource, TKey>(this IEnumerable<TSource> source, Func<TSource,
TKey> keySelector)
```

参数source表示一个要排序的值序列，参数keySelector用于从元素中提取键的函数，参数comparer表示一个用于比较键的IComparer<(Of <(T>)>)。该方法将集合中的元素根据指定的属性进行排序。

15.1.4 Lambda 表达式

在C#3.0之前，用一个变量来表示方法可以使用委托。但是使用委托相对来说比较繁琐，例如使用委托时需要定义委托类型定义方法体，再初始化委托对象。Lambda表达式可以以较为简单的方式定义匿名委托。Lambda表达式是C#3.0中添加的又一项全新的语法，使用Lambda表达式可以在代码中内联方法或委托。

在介绍lambda表达式之前，先来看一个用于求指定整型数列中偶数元素的范例。下面的范例使用了前面的隐式变量和扩展方法。

范例 15.2 LambdaDemo.sln

LambdasDemo.sln 该范例通过使用隐式局部变量定义泛性列表实现了求一组数据中偶数的功能。

（光盘\code\ch15\LambdaDemo \LambdaDemo.sln）

```
static void Main(string[] args)
{
    var intarray = new List<int> { 2, 5, 3, 12, 54, 17, 82 };    //使用 var 变量获取整型数组
    var evenintarray = new List<int>();                          //定义隐式变量用来存放偶数数组
    foreach (var i in intarray)                                  //遍历数组
    {
        if (i % 2 == 0)                                          //判断是否为偶数
        {
            evenintarray.Add(i);                                 //将偶数添加到偶数数组中
        }
    }
```

```
12          foreach (var i in evenintarray)                    //遍历数组
13          {
14              Console.WriteLine(i);                          //打印偶数
15          }
16          Console.Read();
17      }
```

代码第3行定义隐式局部变量intarray然后使用整数列表进行实例化。第4行定义一个用来存放偶数数组的变量。第5行到第11行使用一个循环将整数数组中的偶数添加进偶数数组。然后在第12到第14行打印偶数。

运行程序，运行结果如图15-1所示。

接下来，使用 Lambda 表达式对上面的范例进行修改，首先介绍一下 Lambda 表达式的语法格式如下。

```
(参数列表) =>{方法体}
```

例如 n => n % 2 == 0 表示返回参数是否能被 2 整除，可以看出这一行表达式就可以完成代码第 7 行到到 10 行的 if 块的功能，而且只要配上不同的筛选条件，便可实现不同的筛选操作。另外这种方式更容易读懂开发人员的意图。请看图 15-2 所做的图示。

图 15-1　输出的所有偶数结果

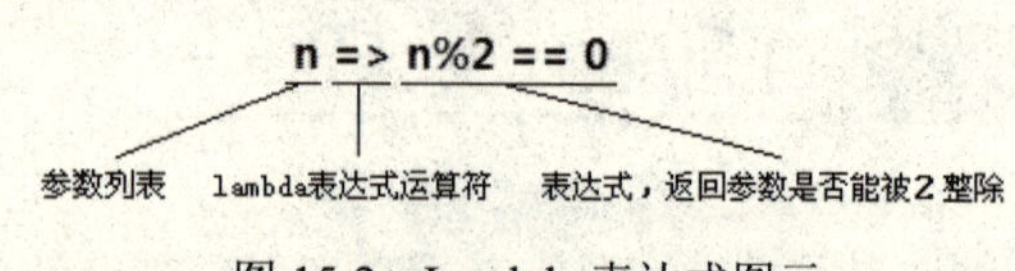

图 15-2　Lambda 表达式图示

在使用Lambda表达式时需要注意以下几点。

1. 参数列表只有一个参数时，括号可以省略，无参数或参数个数大于 1 时需要使用括号，如()=> true。若无参数，永远返回true。

2. 参数列表可以不带类型，不带类型的参数将自动推测类型。若带有类型需要使用括号，如(int n) => n%2 == 0。

3. 方法体有多行，需要使用大括号，如下面所示的代码。

```
(a, b) => {
if(a >=0 && b >= 0)
    return a == b;
    return false;
}                          //如果 a、b 都大于零，则返回是否相等，否则返回 false
```

使用 Lambda 表达式对上面的范例进行修改，请看范例第 15.3。

范例 15.3
LambdaDemo2.sln

LambdaDemo2.sln 该范例使用了泛性委托和扩展方法对上一个范例进行修改，实现了求一组数据中偶数的功能。

（光盘\code\ch15\ LambdaDemo2\ LambdaDemo2.sln）

```
01    public delegate bool FindCondition(int number);      //定义委托
02    static class ExtendMethod
03    {
04        //筛选扩展方法，参数 list 被筛选对象，参数 func 筛选条件。
05        public static List<int> FindItems(this List<int> list, FindCondition func)
06        {
07            List<int> result = new List<int>();//筛选结果
08            foreach (var i in list)
09            {                                            //遍历被筛选对象
10                if (func(i))                             //判断筛选条件是否成立
11                {
12                    result.Add(i);                       //添加到筛选结果
13                }
14            }
15            return result;                               //返回筛选结果
16        }
17    }
18    class Program
19    {
20        static void Main(string[] args)                  //主方法
21        {
22            var intarray = new List<int> { 2, 5, 3, 12, 54, 17, 82 };          //定义整形数组
23            var evenintarray = intarray.FindItems(n => n % 2 == 0);
25            foreach (var i in evenintarray)
26            {
27                Console.WriteLine(i);                                          //打印偶数
28            }
29            Console.Read();
30        }
31    }
```

代码第1行定义一个返回值为布尔型的委托，第2行到第17行定义静态类，其中第5行定义静态方法，第一个参数使用方法this修饰。表示该方法是扩展方法。第23行调用扩展方法进行筛选，传入的参数是Lambda表达式。该程序与前面的代码运行结果一致，但新的代码比原来的代码扩展性要好，例如，如果要改成使用其他条件进行筛选，只需要修改第23行的参数即可。

15.1.5 第一个 LINQ 程序

有了前面介绍的隐式局部变量、Lambda表达式与扩展方法，再看LINQ就显得不会太陌生，因为LINQ是在这些新技术的基础上实现的。例如，使用Lambda表达式和第15.1.3节提到的IEnumerable<T>的扩展方法，实现筛选结构体数组中的年龄大于20岁的人员名单，并将所有人员按照年龄进行排序。返回值再调用Orderby()方法对所有查询到的数据按照年龄排序。最后调用Select()方法，只将结果集中的姓名查询出来。

```
var result = array
    .Where<Person>(p => p.Age > 20)           //筛选条件
    .OrderBy<Person, int>(p => p.Age)         //排序
    .Select<Person, string>( p => p.Name);          //提取类型
```

Where()、OrderBy()、Select()方法就是前面第15.1.3节中所讲的IEnumerable<T>中的扩展方法，参数就是Lambda语法。通过以上可以看出使用扩展方法与lambda表达式，虽然可以简单地实现各种在语言层面的数据查询但是这样的语法依然显得有点冗长。于是C# 3.0提出了对这类查询方法的简化写法，这就是LINQ。使用LINQ语法对上面的程序进行改写，代码如下所示。

```
var resultLinq = from p in array
            where p.Age > 20
            orderby p.Age
            select p.Name;                //定义的 LINQ 查询语句
```

上面代码其实是一行，为了突出这句LINQ语句的功能，将where、orderby、select关键字分别占用一行，关于这些关键字在15.2节进行详细介绍。对比上面使用的扩展方法和Lambda表达式的代码，可以看到有很大的相似性。其实LINQ就是一些新技术的改进。不过LINQ的出现简化了很多操作，尤其是对不同数据源的统一查询。

下面的范例实现对Person结构体中的对象进行操作。打开Visual Studio 2008创建一个控制台应用程序，并为解决方案命名为FristLinq，该范例的具体介绍如下所示。

范例 15.4
FristLinq.sln

FristLinq.sln 该范例使用 LINQ 对一个泛性列表对象进行查询，实现了查询显示所有的年龄大于20岁的人员名单并将所有人员按照年龄进行排序。

（光盘\code\ch15\ FirstLinq\FirstLinq.sln）

```
using System;                                          //系统生成默认空间
using System.Collections.Generic;
using System.Linq;                                     //LINQ 所在命名空间
using System.Text;
namespace FirstLinq                                    //自定义命名空间“FirstLinq”
{
    class Program
    {
        static void Main(string[] args)                //主方法
        {
            var array = new List<Person>
            {
                new Person{ Name = "Tom", Age= 21},
                new Person{ Name = "Jim", Age= 32},
                new Person{ Name = "Jerry", Age=25},
                new Person{ Name = "Herry", Age=18},
                new Person{ Name = "Bob", Age = 27}
            };                                         //定义匿名类型为元素的泛型集合
            var resultLinq = from p in array
                        where p.Age > 20
                        orderby p.Age
                        select p.Name;                 //定义的 LINQ 查询语句
            foreach (var i in resultLinq)              //遍历结果集
            {
                Console.WriteLine(i);                  //打印结果
            }
```

```
27                  Console.Read();
28              }
29              struct Person                           //定义 Person 结构体
30              {
31                  public string Name;                 //结构中的 Name 成员
32                  public int Age;                     //结构中的 Age 成员
33              }
34          }
35      }
```

代码第3行是引用的Linq所在命名空间，该命名空间是Visual Studio 2008中默认新增的。第29行到第33行定义Person结果体，该结构体中包括Name和Age两个成员，用来表示姓名和年龄。第11行到第18行定义局部隐式变量并使用一个泛性列表进行实例化。变量array相当于一个数据源。第19行到第22行定义LINQ查询语句，从数据源array中查询所有年龄大于20岁的人姓名，并且按照年龄进行排序，orderby默认是按照升序排序。第23行到第26行将查询结果循序输出到屏幕。运行程序，结果如图15-3所示。

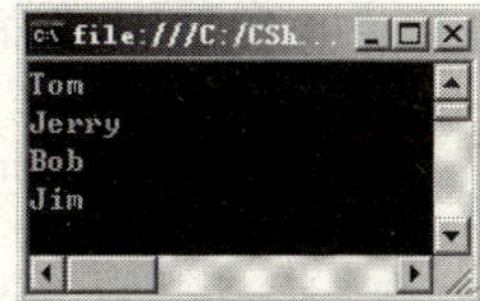

图 15-3　打印数据集合

15.2　LINQ 语法与特性

观察上一节范例中的 LINQ 语句，会发现该语句其实就是由一些关键字组成，如 from、in、where、select 等，这些关键字最终将被转换为相应的扩展方法。为了简化 LINQ 语句而添加的关键字被称为查询操作符。在 LINQ 中查询操作符如表 15-1 所示。

表 15-1　LINQ 查询操作符

查询操作符	描　述
from，in	From 和 in 关键字一起使用，用于定义一个 LINQ 语句，并从一个数据集合中查询一个子集。
where	定义从原始集合中筛选子集的条件。
select	定义从原始集合中提取的新子集的类型与内容。
join，on	join 和 on 关键字一起使用，用于实现集合之间的按字符连接查询，这在关系数据库中经常使用。
orderby，ascending，descending	orderby 关键字用于对结果数据集合进行排序，ascending 表示正序排序，descending 表示逆序排序。
group，by	group 和 by 一起使用，用来对结果数据集合进行按指定字段的分组、聚集操作。

15.2.1　指定数据源和元素

所有LINQ语句都以from…in…开始，该语句指定了要查询的数据源。Select子句一般用在最后指定结果集中包含哪些元素。语法如下所示。

```
from n in source
select n;
```

from 后跟原始集合中的元素变量，in 后面跟被查询的原始数据集合。类似于代码 foreach

(int n in source)，这里的 n 和 source 就相当于上面 LINQ 语句中的 n 和 source。所有的 LINQ 语句需要以 select 或 group 子句结尾，select 表示从原始数据中筛选什么数据，具体语法为 select 后直接跟组成结果集合的元素表达式，例如上一节的 select p.Name，表示只筛选对象 p 的 Name 字段。group 子句将会在下一节讲解。

范例 15.5 使用 LINQ 语言的 from 子句和 select 子句实现了查询结构体对象集合中的元素，请看下面的范例。

范例 15.5
LinqFromDemo.sln

LinqFromDemo.sln 该范例使用 LINQ 语法的 from 子句和 select 子句实现了查询结构体集合中的数据并判断年龄是否大于 30 岁。

（光盘\code\ch15\ LinqFromDemo\LinqFromDemo.sln）

```
01  using System;                                      //系统自动生成默认空间
02  using System.Collections.Generic;
03  using System.Linq;                                 //添加 LINQ 所在命名空间
04  using System.Text;
05  namespace LinqFromDemo                             //自定义的命名空间“LinqFromDemo”
06  {
07      class Program
08      {
09          static void Main(string[] args)
10          {
11              var array = new List<Person>            //定义数据源
12              {
13                  new Person{ Name = "Tom", Age= 21,City="NewYork",Sex="Male"},
14                  new Person{ Name = "Jim", Age= 32,City="Washington",Sex= "Male"},
15                  new Person{ Name = "Jerry", Age=25,City="NewYork",Sex= "Male"},
16                  new Person{ Name = "Herry", Age=18,City="London",Sex= "Male"},
17                  new Person{ Name = "Bob", Age = 27,City="NewYork",Sex= "Male"}
18              };
19              var result = from p in array            //筛选集合
20                      select new { Name = p.Name, City = p.City, Ifyoung = p.Age < 30 };
21              foreach (var i in result)               //遍历结果集合
22              {
23                  Console.WriteLine(i.Name + "\t" + i.City + "\t" + i.Ifyoung);    //打印结果
24              }
25              Console.Read();
26          }
27      }
28      struct Person                                  //定义结构体 Person
29      {
30          public string Name;                        //字符串类型的 Name 成员
31          public int Age;                            //定义年龄成员
32          public string City;                        //定义所在城市
33          public string Sex;                         //定义性别
34      }
35  }
```

代码第28行到第34行定义Person结构体，该结构体中包含姓名、年龄、所在城市和性别成员字段，其中年龄字段是整型，可以对该字段进行算术运算。第11行到第18行定义一个隐式局部变量，并且使用结构体集合进行初始化，第19到第20行定义LINQ的查询语句，array表示集合列表，p表示结果体对象，该语句实现查询结构体对象的姓名和城市，筛选条件是人的年龄必须小于30岁。第21行到第24行循环遍历输出所查询到的集合，如图15-4所示。

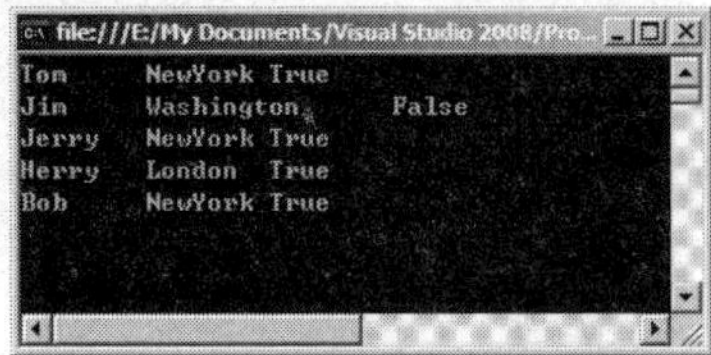

图 15-4 使用 LINQ 获取数据集合

作者心得：

在前面出现了扩展方法的方法名和 LINQ 语言的关键字是使用相同的单词。注意，扩展方法中的 Where 等方法首字母是大写的，而 LINQ 语言中的 where，from 等关键字是小写的。虽然 Visual Studio 2008 编译器可以智能提示，不过一定要清楚这两者这不是一回事。

15.2.2 分组与聚集操作

group by 关键字用于对结果数据的分组与聚集操作，和 SQL 语句中的 group by 类似，可以把某组数据进行分组。group 后跟组成结果集合的元素表达式，然后是 by 及分组的对象。因为 LINQ 语句中必须包含 from 子句，所以 group 子句与 by 子句不可以单独出现。语法如下所示。

```
from 元素 in 集合
group 元素 by 元素属性;
```

下面的范例使用LINQ语言的group子句和by子句实现了对结果集按照指定字段进行分组的操作。代码如下所示。

范例 15.6 LinqFromDemo.sln

LinqFromDemo.sln 该范例使用 LINQ 语法的 group 子句和 by 子句实现了将集合中的所有 Penson 结构体对象按照所在城市进行分组的功能。（光盘\code\ch15\ LinqGroupbyDemo \ LinqGroupbyDemo.sln）

```
using System;                                        //系统生成命名空间
using System.Collections.Generic;
using System.Linq;                                   //添加 LINQ 所在命名空间
using System.Text;
namespace LinqGroupbyDemo                            //自定义命名空间“LinqGroupbyDemo”
{
    class Program
    {
        static void Main(string[] args)
        {
            var array = new List<Person>             //定义数据源
            {
                new Person{ Name = "Tom", Age= 21,City="NewYork",Sex="Male"},
                new Person{ Name = "Jim", Age= 32,City="Washington",Sex= "Male"},
                new Person{ Name = "Jerry", Age=25,City="NewYork",Sex= "Male"},
```

```
16                      new Person{ Name = "Herry", Age=18,City="London",Sex= "Male"},
17                      new Person{ Name = "Bob", Age = 27,City="NewYork",Sex= "Male"}
18                  };
19                  var result = from p in array                              //分组数据
20                               group p by p.City;
21                  foreach (var citygroup in result)                         //遍历组
22                  {
23                      Console.WriteLine("================================");
24                      foreach (var p in citygroup)                          //遍历组内的数据
25                      {
26                          Console.WriteLine(p.City + "\t" + p.Name + "\t" + p.Age); //打印结果
27                      }
28                  }
29                  Console.ReadLine();
30              }
31          }
32          struct Person                                   //定义结构体 Person
33          {
34              public string Name;                         //字符串类型的 Name 成员
35              public int Age;                             //定义年龄成员
36              public string City;                         //定义所在城市
37              public string Sex;                          //定义性别
38          }
39      }
```

代码第11行到第18行定义隐式局部变量，使用一个包括五个结构体对象的列表进行赋值。第19行和第20行定义隐式局部变量保存使用LINQ语句查询的结果。在该LINQ语句中使用group p by p.City完成将所有元素根据所在城市进行分组后放入新的集合，所以赋值后的result变量包括分组后的元素集合。第21行循序输出集合所有组，第23行实现将每组集合使用一行等号线分开。第24行到第27行是一个内部循序，实现将每一组集合中的元素输出。代码第26行的输出语句中包括转义字符“\t”，表示使用table键将字符串分开。

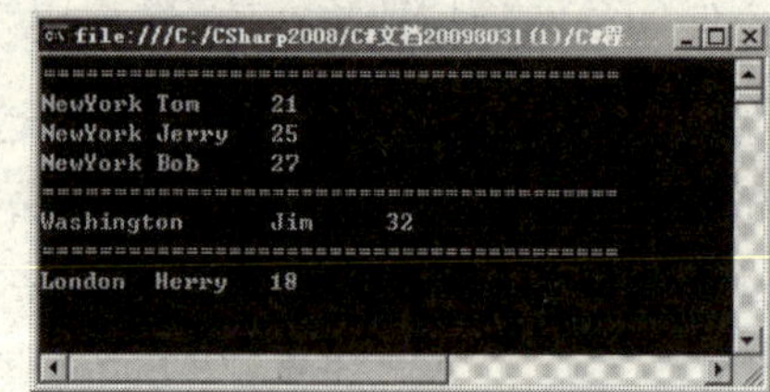

图 15-5　集合分组输出效果图

运行程序，结果如图15-5所示。

作者心得：

如果没有添加 group 子句与 by 子句，运行程序时将出错，错误信息为：查询正文必须以 Select 子句或 Group 子句结尾。所以在使用 LINQ 查询时要注意这一点。

15.2.3 Join 查询

Join与on关键字用于按一定规则连接多个数据集合，从中查到相应的数据。语法为join后跟另一个数据集合中的元素变量，接着跟on关键字与另一个数据集合。这类似于SQL中Join语句的功能，但是用法和关键字不全部相同。

Join与on关键字用于按一定规则连接多个集合。在关系型数据模型中，数据实体间的连接使用十分广泛。下面的范例使用Join子句实现对不同数据集合进行联合查询的功能，代码如下所示。

范例 15.7 LinqJoinDemo.sln

LinqJoinDemo.sln 该范例使用 LINQ 语法的 Join 子句与 on 子句实现将 Person 数据集和 City 数据集按照城市名进行联合查询的功能。（光盘\code\ch15\LinqJoinDemo\LinqJoinDemo.sln）

```
using System;                                           //系统生成命名空间
using System.Collections.Generic;
using System.Linq;                                      //添加 LINQ 所在命名空间
using System.Text;
namespace LinqJoinDemo                                  //自定义命名空间“LinqJoinDemo”
{
    class Program
    {
        static void Main(string[] args)
        {
            var array = new List<Person>                //定义数据源
            {
                new Person{ Name = "Tom", Age= 21,City="NewYork",Sex="Male"},
                new Person{ Name = "Jim", Age= 32,City="Washington",Sex= "Male"},
                new Person{ Name = "Jerry", Age=25,City="NewYork",Sex= "Male"},
                new Person{ Name = "Herry", Age=18,City="London",Sex= "Male"},
                new Person{ Name = "Bob", Age = 27,City="NewYork",Sex= "Male"}
            };
            var zipcode = new List<City>                //定义数据源
            {
                new City{ CityName = "NewYork", ZipCode="01234"},
                new City{ CityName = "Washington", ZipCode="54321"},
                new City{ CityName = "London", ZipCode="65678"}
            };
            var result = from p in array
                join c in zipcode                       //连接另一个集合
                on p.City equals c.CityName             //连接条件
                select new { Name = p.Name, ZipCode = c.ZipCode };//结果集合元素
            foreach (var i in result)                   //遍历结果集合
            {
                Console.WriteLine(i.Name + "\t" + i.ZipCode);      //打印结果
            }
            Console.ReadLine();
        }
    }
    struct Person                                       //定义结构体 Person
    {
        public string Name;                             //字符串类型的 Name 成员
        public int Age;                                 //定义年龄成员
        public string City;                             //定义所在城市
        public string Sex;                              //定义性别
    }
    struct City                                         //定义结构体 City
```

```
44          {
45                  public string CityName;
46                  public string ZipCode;
47          }
48      }
```

代码第36行到第42行定义Person结构体，第43行到第47行定义City结构体，该结构体中包含城市名和邮政编码两项。代码第11行到第24行分别定义两个数据集合，第25行到第28行定义LINQ语句，将array与zipcode两个集合按array集合中City字段与zipcode集合中CityName相等的条件进行连接。代码第29行到第32行将查询到的新集合循环输出，输出的内容为姓名和邮政编码。

运行程序，结果如图15-6所示。

图 15-6　数据集连接

15.2.4 筛选条件和排序操作

where关键字对集合进行筛选，符合条件的元素将出现在结果集合中，具体语法为where后直接跟条件语句，例如下面筛选男性数据的代码。

```
where p.Sex == "Male"
```

orderby关键字用于对数据集合按字段进行排序，具体语法为orderby后跟字段名称，后跟排序规则，ascending为升序，descending为降序，默认为升序。例如下面的代码按照年龄进行升序排序。

```
orderby p.Age
```

范例 15.8 使用 where 子句实现对数据集合按照一定条件进行筛选，请看下面的范例。

范例 15.8
LinqWhereDemo.sln

LinqWhereDemo.sln 该范例使用 LINQ 语法的 where 子句完成了筛选所有年龄大于 20 岁的男士数据元素的功能。

（光盘\code\ch15\LinqWhereDemo\LinqWhereDemo.sln）

```
using System;                                          //系统自动生成命名空间
using System.Collections.Generic;
using System.Linq;                                     //添加 LINQ 所在命名空间
using System.Text;
namespace LinqWhereDemo                                //自定义命名空间“LinqWhereDemo”
{
        class Program
        {
                static void Main(string[] args)
                {
                        var array = new List<Person>             //定义数据源
                        {
                                new Person{ Name = "Tom", Age= 21,City="NewYork",Sex="Male"},
                                new Person{ Name = "Jim", Age= 32,City="Washington",Sex= "Male"},
                                new Person{ Name = "Jerry", Age=25,City="NewYork",Sex= "Male"},
                                new Person{ Name = "Herry", Age=18,City="London",Sex= "Male"},
                                new Person{ Name = "Bob", Age = 27,City="NewYork",Sex= "Male"}
                        };
```

```
19              var result = from p in array          //筛选数组
20                           where p.Sex == "Male" && p.Age > 20
21                           select p;
22              foreach (var i in result)              //遍历结构集合
23              {
24                  Console.WriteLine(i.Name + "\t" + i.City);    //打印结果
25              }
26              Console.ReadLine();
27          }
28      }
29      struct Person                                   //定义结构体 Person
30      {
31          public string Name;                         //字符串类型的 Name 成员
32          public int Age;                             //定义年龄成员
33          public string City;                         //定义所在城市
34          public string Sex;                          //定义性别
35      }
36  }
```

代码第19行到第21行定义LINQ语句，使用where关键字进行筛选，该子句中有两个布尔表达式，使用C#语言中的&&（与运算符）连接，表示选取所有性别为男性并且年龄大于20岁的所有元素。后面使用select p，表示在上面选取的集合中只选p对象对应的所有字段。

运行程序，结果如图15-7所示。

使用orderby关键字对上述范例进行修改，将代码第19到21行的LINQ语句改为以下代码，实现对array程序集按照Age字段进行升序排序。

```
var result = from p in array
             orderby p.Age
             select p;
```

上面的代码非常简单，使用orderby子句替换了范例中的where子句。从前面的介绍中可以知道，如果在orderby子句后加上descending则表示将年龄进行降序排列。默认为升序排列。运行结果如图15-8所示。

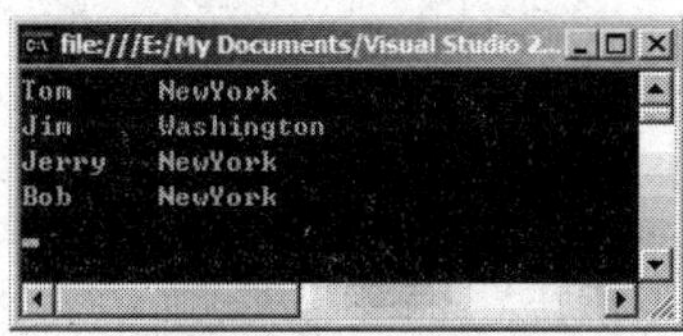

图 15-7　筛选数据

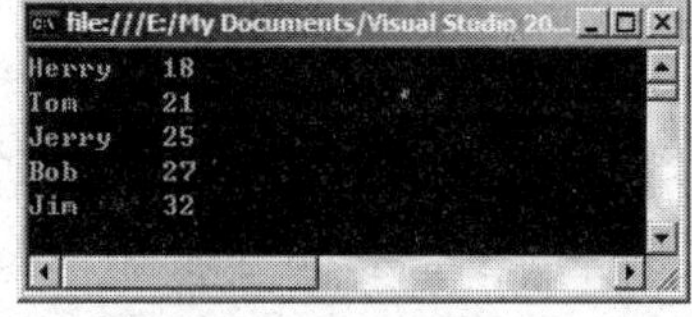

图 15-8　数据排序

除了以上这些LINQ查询操作符外，在具体查询过程中经常结合前面介绍过的扩展方法一起使用，如查询符合某个条件的元素个数，如下代码所示。

```
var result = (from p in array
              where p.City == "NewYork"
              select p).Count<Person>()
```

取得某个集合的反序集合，如下代码所示。

```
var result = (from p in array
              where p.City == "NewYork"
              select p).Reverse<Person>();
```

像这类的方法在实际应用中也非常广泛，而且经常一起组合使用。

作者心得：

where 子句起到了筛选限制的作用，又称为 LINQ 中的限制运算符，where 子句和 orderby 子句一样，都是可选的，另外这两个子句用法与 SQL 语言比较类似。

15.3 LINQ to SQL

前面讲解了LINQ的使用，完成查询内存中的数据集合的功能。前面已经说过LINQ帮助开发人员可以使用相同的方式来查询不同的数据集合，例如：XML、各种关系数据库、数据集合等。本节就来介绍使用前面介绍的LINQ查询语法实现查询数据库以及更新数据库、添加、删除数据信息的功能。

15.3.1 创建 LINQ to SQL 程序步骤

LINQ to SQL是一个内置的ORM(全称object relational mapper，对象相关映射)，作用是在关系数据库中的数据表和面向对象的程序中建立一个映射。从技术上说LINQ To SQL为SQL Server数据库提供的接口完成了这样的功能。在开发中使用Visual Studio 2008提供的O/R设计器可以帮助用户像拖动控件一样将表拖动到设计器中，设计器会自动将其转换成对应的类。

上一章的实训创建了Friend数据库。本节就使用这个数据库来创建一个LINQ to SQL的程序。创建步骤如下所示。

（1） 新建一个Windows控制台应用程序。

（2） 创建新项目后，选择“项目”菜单下的“添加新项”菜单项，将会弹出如图15-9所示的“添加新项”对话框，在该对话框中选择“LINQ to SQL类”模板，在名称文本框中输入FriendsDataClass.dbml。

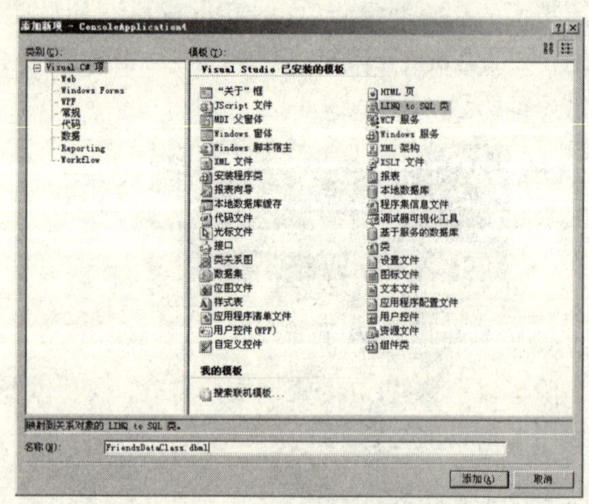

图 15-9 “添加新项”对话框

（3） 添加LINQ to SQL类后，在“视图”菜单中选择“服务器资源管理器”菜单项，这时在设计器左侧将会出现图15-10所示的“服务器资源管理器”窗口。

（4） 在“服务器资源管理器”窗口中右击数据库节点，在弹出的菜单中选择“添加连接”项。这时将会弹出“添加连接”对话框，和上一章图14-11相同。读者应该对添加连接比较熟悉了，在“添加连接”对话框中连接数据库选择Friends，该数据库是上一节实训中所创建的数据库。

（5） 添加完毕，服务器资源管理器中将会出现Friends数据库，如图15-11所示。展开Friends数据库，选择Friendtbl表并将其拖到O/R设计器窗口中。

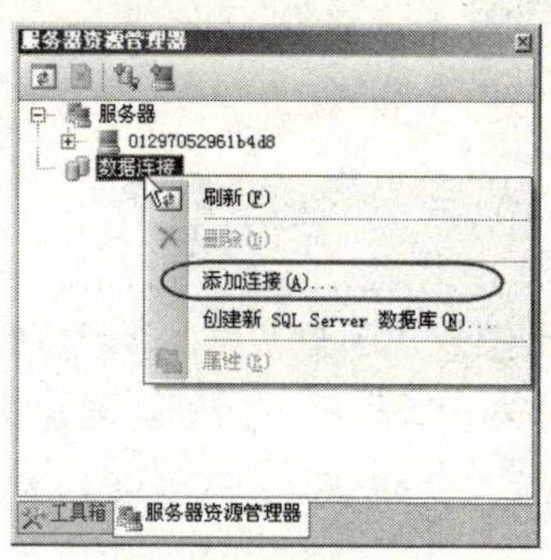

图 15-10　“服务器资源管理器”窗口

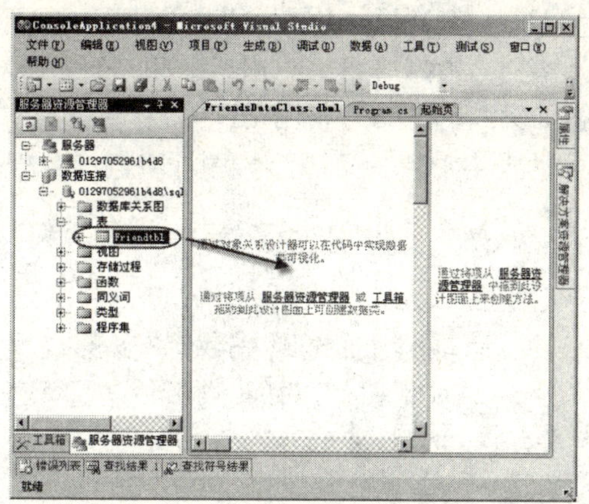

图 15-11　添加数据表界面

（6） 将Friendtbl表添加到O/R设计器中后，将会在O/R设计器中看到Friendtbl所对应的Friendtbl对象，在解决方案资源管理器中将显示对应的文件，文件在图15-12中已经标出。

（7） 通过上面的步骤即可完成把数据表映射成数据对象，这样在程序中就可以直接进行访问该表对应的字段。打开Program.cs文件，在本项目的主方法中进行访问，可以看到，Visual Studio 2008可以对字段进行智能感知，感知界面如图15-13所示。

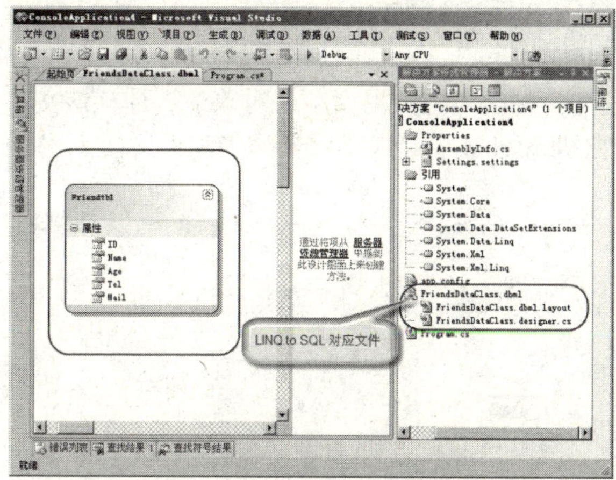

图 15-12　添加数据表后的设计器界面

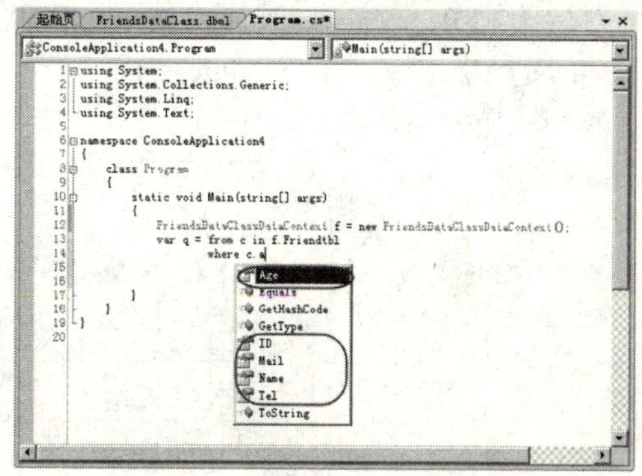

图 15-13　代码视图中的智能感知

（8） 在主方法中添加查询功能的语句，代码如下所示。

```
static void Main(string[] args)
{
    FriendsDataClassDataContext fContext = new FriendsDataClassDataContext();
    var result = from p in fContext.Friendtbl                    //筛选集合
                    select p;
    foreach (var i in result)                                    //遍历结果集合
    {
        Console.WriteLine(i.Name + "\t" + i.Mail   + "\t" + i.Tel );      //打印结果
    }
    Console.Read();
}
```

第3行出现的FriendsDataClassDataContext类是添加数据表后自动生成的类，在添加LINQ to SQL类时，数据库在LINQ中对应的名称是DataContext。该行代码相当于实例化添加的数据库对象，第4行到第5行使用LINQ进行查询，fContext是对应的数据库对象，那么Friendtbl为对象下面的表格对象。第6行到第9行将查询数据输出。

作者心得：

通过上面的代码我们发现要比第 14 章介绍的传统方式简单多了，而且在编译阶段就可以检查查询语法是否正确。不用担心因为数据库字段书写有误而造成的程序运行失败。

15.3.2 数据库对象和 LINQ 对象之间的映射

通过前面的学习我们知道数据库将数据存储在磁盘中，数据库中的表显示出来就是二维的表格。而面向对象的程序在处理数据（例如数组、集合、数据集等）时是将数据存储在内存中。没有出现LINQ To SQL之前，需要把数据库中的表数据和面向对象语言进行手动的映射，开发人员往往设计专门的Module层来实现。

上一节完成了创建“LINQ to SQL类”，该类的功能是将数据库中的对象等转换成对象模型。LINQ to SQL类文件的后缀是.dbml。从图15-12中可以看到该文件包括FriendsDataClass.dbml.layout 和 FriendsDataClass.designer.cs。其中后缀为.dbml.layout的文件是对应的XML文件，后缀为“.designer.cs”的文件包括对应数据库中各对象的属性，该文件和传统的多层架构中的Module层代码类似。在O/R设计器中完成了将数据表映射成C#对象的功能，转换关系如图15-14所示。

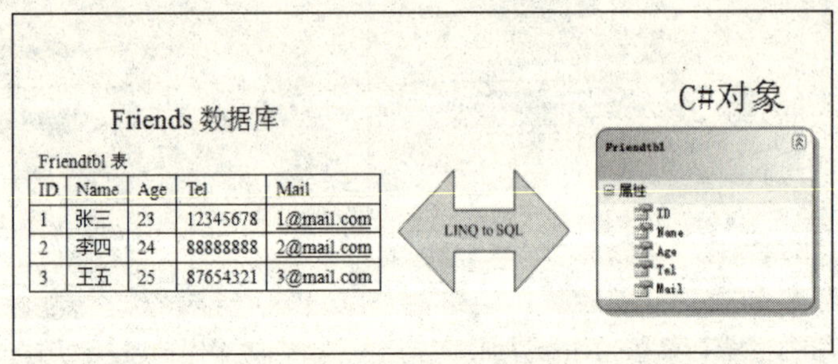

图 15-14　Friends 表通过 LINQ to SQL 映射成 C#中的对象

除了可以将数据库中的表拖放到O/R设计器中进行转换，还可以将数据库中的视图、存储过程、函数、列、关系等进行转换，数据库中对象和LINQ对象间的映射关系如表15-2所示。

表 15-2　数据库对象和 LINQ 之间的映射

数据库对象	LINQ 对象
数据库（database）	DataContext
表(table)	类和集合
视图(view)	类和集合
列(column)	属性
关系(relationship)	嵌套的集合
存储过程(Storage Process)	方法

从15.3.1节的操作我们可以看出数据库生成了DataContext类，而表（Friendtbl）则生成了对应的Friendtbl类，每个Friendtbl类实例化后的对象是相当于数据库中的一条记录。数据库中的列对应的是类中的属性。

15.3.3 LINQ to SQL 操作数据库

LINQ to SQL 不仅提供了方便的查询操作，而且提供了对数据库中数据的更改、删除、添加操作。LINQ to SQL 将面向关系的数据库对象映射成面向对象的 C#实体类。在程序中直接操作的是映射的实体类，LINQ to SQL 会对映射的类进行跟踪，也就是说对映射类的修改都会被 LINQ to SQL 记录。LINQ to SQL 操作数据库时经常用到的方法如表 15-3 所示。

表 15-3 LINQ to SQL 操作数据库常用方法

方 法 名	描 述
SubmitChange()	计算对数据集或对象的修改、添加、删除操作，并执行对应的命令更新到数据库中。
Single()	返回满足条件的唯一元素。如果有多个元素满足将会出错。
DeleteOnSubmit（TEntity entity）	参数 entity 表示实体对象，该方法的作用是将该实体设置为为待删除状态。
InsertAllOnSubmit(TEntity entity)	参数 entity 表示实体对象，该方法的作用是将处于等待插入状态的实体插入到 Tentity 中。

在插入操作时需要先调用InsertAllOnSubmit()方法设置待插入的实体，该方法并不是马上向数据库中插入数据，直到调用SubmitChange()方法后才将待插入实体插入到数据库中。同样删除数据时先调用DeleteOnSubmit()方法将实体设置为待删除状态，然后调用SubmitChange()方法执行删除操作。但是更新数据时没有更新方法，为实体属性赋值后直接调用SubmitChange()方法即可更新到数据库。

下面的范例使用LINQ to SQL中上面讲解的方法完成对Friends数据库中数据表记录的添加、删除、修改操作。

范例 15.9 LinqApplication.sln

LinqApplication.sln 该范例使用 LINQ to SQL 技术完成了对通讯录中联系人信息的添加、删除和修改操作的功能。

（光盘\code\ch15\ LinqApplication\LinqApplication.sln）

```
using System;                                              //系统自动生成命名空间
using System.Collections.Generic;
using System.Linq;                                         //LINQ 所在命名空间
using System.Text;
namespace LinqApplication                                  //自定义命名空间“LinqApplication”
{
    class Program
    {
        static void Main(string[] args)
        {
            FriendsDataClassesDataContext fContext = new FriendsDataClassesDataContext();
            Console.WriteLine("Friendtbl 表中的数据如下所示：");
            var result = from p in fContext.Friendtbl
                         select p;                         //筛选集合
            foreach (var i in result)                      //遍历结果集合
            {
                Console.WriteLine(i.Name + "\t" + i.Mail   + "\t" + i.ID );      //打印结果
            }
```

```
19                  Console.WriteLine("正在添加联系人李林...");
20                  Friendtbl ftbl = new Friendtbl();                //定义 Friendtbl 对象
21                  ftbl.ID = 4;                                     //设置 ID 属性
22                  ftbl.Name = "李林";                              //设置 Name 属性
23                  ftbl.Tel = "123";                                //设置 Tel 属性
24                  ftbl.Mail = "aaa";                               //设置 Mail 属性
25                  ftbl.Age = 23;                                   //设置 Age 属性
26                  fContext.Friendtbl.InsertOnSubmit(ftbl);         //插入
27                  fContext.SubmitChanges();                        //将插入信息更新到数据
28                  Console.WriteLine("添加完毕");
29                  Console.WriteLine("删除 ID 为 1 记录");
30                  Friendtbl ftbl2 = fContext.Friendtbl.Single(a => a.ID == 1);//查询 ID 为 1 的实体
31                  fContext.Friendtbl.DeleteOnSubmit(ftbl2);        //将实体设置为待删除状态
32                  fContext.SubmitChanges();                        //将等待删除状态的实体删除
33                  Console.WriteLine("更新李林的姓名为李林威");
34                  Friendtbl ftbl3 = fContext.Friendtbl.Single(a => a.Name == "李林");
35                  ftbl3.Name = "李林威";                           //修改该实体的 Name 属性
36                  fContext.SubmitChanges();                        //将更改后的信息更新到数据库
37                  Console.Read();
8               }
39          }
40      }
```

代码第11行定义FriendsDataClassDataContext类的实例，该类是LINQ to SQL映射数据库生成的类，第13行和第14行定义LINQ查询语句，查询Friendtbl类中所有的实体记录。第15行到第18行将记录输出。第20行定义Friendtbl类对象，第21行到第23行为该对象的属性进行赋值。第26行到第27行完成将定义的对象插入到数据库的操作。第30行调用Single()方法，参数是Lambda表达式，查询ID为1的实体，然后将其删除。第34行同样使用该方法查询实体中Name为“李林”的实体。第35行将其Name属性修改为“李林威”。

程序运行结果如图15-15所示。

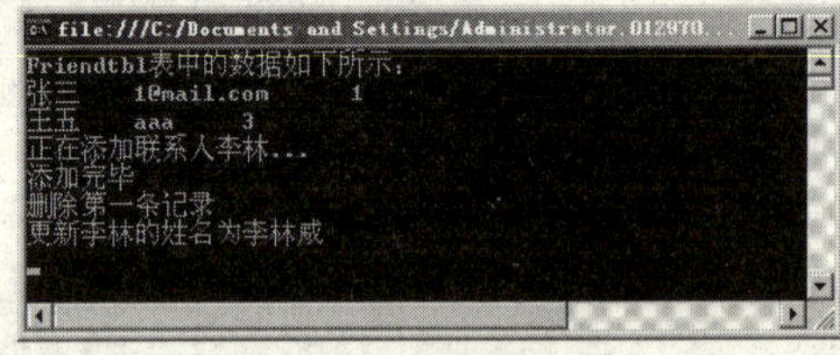

图 15-15 运行效果图

Single按照条件查询返回的记录必须是唯一的，如果数据库中有多条数据的Name字段是“李林”，则会发送错误。

作者心得：

将数据库中的对象映射成 C#语言模型后，如果再次修改数据库中的对象，映射的 C# 语言模型并没有随之改变。这时需要重新将数据库对象拖到 O/R 中建立映射关系。

15.4 LINQ to XML

本节将介绍LINQ to XML从文件中加载XML、将XML序列化为文件进行保存、使用LINQ查询XML树以及对XML文档中元素的添加删除等操作。

15.4.1 使用 LINQ to XML 创建 XML 文档

Linq to XML 是编程语言进行操作 XML 的一个接口（也可以说是操作 XML 的 API），通过该接口可以非常方便地读取并操作内存中的 XML 数据，并且 LINQ to XML 可以使用前面介绍的 LINQ 查询语法进行查询 XML 对象。LINQ to XML 中的类都在 System.Xml.Linq 命名空间中，该命名空间中常用的类如表 15-4 所示。

表 15-4　LINQ to XML 类中常用类

类　名	描　述
XObject 类	该类是多个类的抽象基类。
XDocument 类	表示 XML 文档类。
XAttribute 类	表示 XML 属性类。
XElement 类	表示 XML 元素类，是 LINQ to SQL 中最常用的类之一。
XName 类	元素（XElement）和属性（XAttribute）的统称。
XComment 类	表示 XML 注释类。
XNode 类	抽象类，表示 XML 树的节点。
Xdeclaration 类	该类用于创建 XML 文档开头的声明。

在LINQ to XML中有一种构造方式可以构造XML文档，在这里使用XDocument类、XElement类、XAttribute类的构造方法进行构造XML中的元素和属性。XML文档使用非常广泛，尤其是在数据交换和通信领域，例如下面的范例使用LINQ to XML实现了创建聊天信息的XML文档的作用。

范例 15.10
LinqToXmlCreate.sln

LinqToXmlCreate.sln该范例使用LINQ to XML的构造方式实现了创建聊天过程中进行数据传输的文档的功能。（光盘\code\ch15\ LinqToXmlCreate\ LinqToXmlCreate.sln）

```
using System;                                         //系统自动生成命名空间
using System.Collections.Generic;
using System.Linq;
using System.Text;
using System.Xml.Linq;                                //引入命名空间
namespace LinqToXmlCreate                             //自定义命名空间“LinqToXmlCreate”
{
    class Program
    {
        static void Main(string[] args)
        {
            string strNow = DateTime.Now.ToString("yyyyMMddhhmmss");
            //使用构造方式创建 xml 文档
            XDocument xmlLog = new XDocument(
                new XDeclaration("1.0", "utf-8", "no"),        //XML 文档的声明
```

```
16                          new XElement("messages",                    //根节点元素
17                              new XElement("msg_log",                 //msg_log 节点
18                                  new XAttribute("ID","100001"),      //ID 属性
19                                  new XAttribute("To", "Jeffy"),      //To 属性
20                                  new XElement("user", "Tom"),        //User 节点
21                                  new XElement("toDate", strNow),//toDate 节点
22                                  new XElement("message", "你好！")//message 节点
23                              ),
24                              new XElement("msg_log",                 //msg_log 节点
25                                  new XAttribute("ID", "100002"),     //ID 属性
26                                  new XAttribute("To", "Jeffy"),      //To 属性
27                                  new XElement("user", "Tom"),        //User 节点
28                                  new XElement("toDate", strNow),//toDate 节点
29                                  new XElement("message", "最近忙吗？")//message 节点
30                              )
31                          )
32                      );
33                      Console.WriteLine(xmlLog);
34                      Console.ReadLine();
35                  }
36              }
37          }
```

代码第5行引入LINQ to XML的命名空间System.Xml.Linq，第14行到第32行嵌套调用LINQ to XML中Xdocument类、Xelement类和Xattribute类的构造方法创建XML文档，其中第16行创建根节点，第18行创建msg_log节点，第18行到第22行是msg_log节点下的属性和元素。第24行到的31行创建另外一个msg_log节点。

运行程序运行结果如图15-16所示。

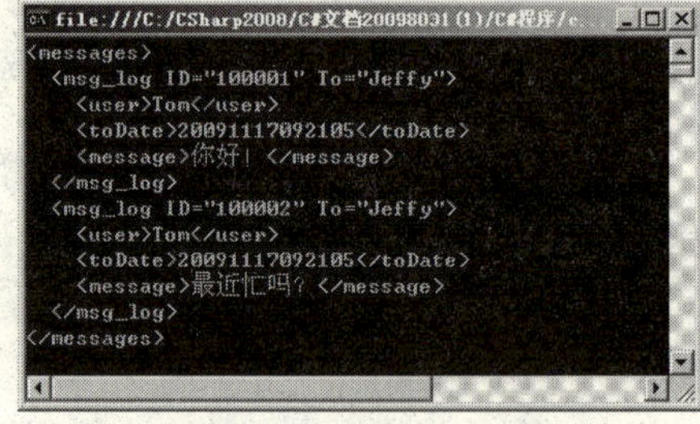

图 15-16　运行效果图

作者心得：

从运行效果图中我们可以看到显示结果就是一个标准的 XML 文档内容信息。在程序中的第 14 行到第 32 行其实是一行代码，但是为了能够直观地看到 XML 文档的效果，采用了类似于 XML 文档的缩进风格。

15.4.2 加载和查询 XML 文档

本章前面已经讲解了使用LINQ语法从数组、数据库等数据源中进行查询数据，使用同样的方法可以从XML文档中进行查询。LINQ to XML中Xdocument类表示XML文档对象，该类中包括很多方法，为操作XML提供了帮助。XDocument类中的常用方法如下所示。

- Load(string filename)，参数表示 XML 文件路径。该方法有多种重载形式，可以从文件、TextReader、XmlReader 中加载 Xdocument 对象。
- Save(string filename)，参数表示保存的 XML 文件路径，该方法表示将此 XDocument

对象序列化为文件。

- Descendants(XName xname)，参数表示元素或属性名称，该方法实现查找名字为 xname 的元素或属性。
- Element(XName xname)，参数表示元素名称，该方法实现获取参数指定的 Xname 对象的第一个子元素，如果参数为空表示获取 XML 文档的根节点。
- Attribute(XName name)，参数表示属性名称，该方法实现获取具有指定属性名的属性。

将15.4.1节创建的XML文档使用Xdocument类的Save()方法保存到本地，然后其他程序就可以访问，在本范例中使用上一节创建的XML文档进行查询。

范例 15.11
LinqToXmlSearch.sln

LinqToXmlSearch.sln该范例使用LINQ语法查询在文档中Tom所发送给其他人的所有消息。
（光盘\code\ch15\ LinqToXmlSearch \ LinqToXmlSearch.sln）

```
01  using System;                                   //系统自动生成命名空间
02  using System.Collections.Generic;
03  using System.Linq;
04  using System.Text;
05  using System.Xml.Linq;                          //引入命名空间
06  namespace LinqToXmlSearch                       //自定义命名空间“LinqToXmlSearch”
07  {
08      class Program
09      {
10          static void Main(string[] args)
11          {
12              XDocument xDoc = XDocument.Load("xmlLog.xml");  //加载 XML
13              //执行 linq 检索(xmlLOG)
14              var queryXML = from xmlLog in xDoc.Descendants("msg_log")
15                             //用户名是 Tom 的所有记录
16                             where xmlLog.Element("user").Value == "Tom"
17                             select new
18                             {
19                                 user = xmlLog.Element("user").Value,
20                                 time = xmlLog.Element("toDate").Value,
21                                 message = xmlLog.Element("message").Value,
22                                 toUser = xmlLog.Attribute("To").Value
23                             };                          //查找的元素和属性值
24              foreach (var x in queryXML)                //遍历结果集
25              {
26                  Console.WriteLine(x.user+" 在时间为："+x.time+
27                          "时，对"+x.toUser +"说："+x.message);     //输出信息格式
28              }
29              Console.ReadLine();
30          }
31      }
32  }
```

代码第14行到第23行定义LINQ查询语法，可以看出和前面介绍的从数组列表、数据库中查询语法相同，这就是所说的使用同样的方式实现对不同数据源的查询。第14行使用

XDocument的Descendants()方法查找所有的msg_log节点，第19到第21行使用Element()方法获取msg_log节点下指定的节点，第22行使用Attribute()方法获取msg_log节点下的To属性值。第24行到第28行将查询结果遍历输出。

运行程序运行结果如图15-17所示。

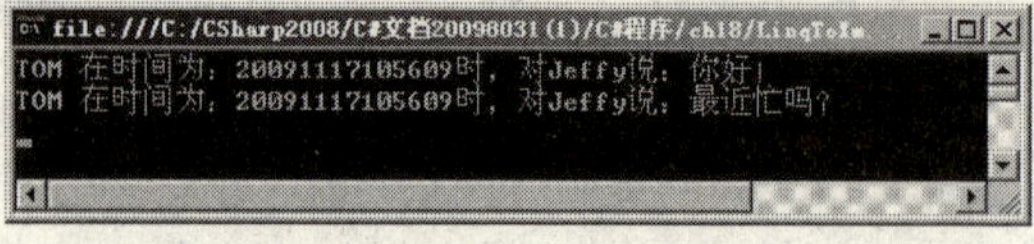

图 15-17　运行效果图

作者心得：

在 LINQ 语法中，select 子句中不可以像 SQL 语法中的 select 关键字一样可以跟多个字段，如果要查询多项，可以在 select 子句中创建一个对象，其他各项作为新对象的成员，例如第 17 到第 23 行。

15.4.3 使用 LINQ to XML 操作 XML 文档

操作XML文档其实就是对XML文档中元素和属性进行操作，XElement类包含了操作XML元素的方法，除了上一节使用的Element()方法和Attribute()方法外，还有以下方法经常使用。

- Add(Object content)，参数表示要添加的子节点，该方法实现将指定的内容添加为子级。
- Load(string filename)，参数表示 XML 文件路径，该方法从指定路径中加载 XML 文档的根元素。
- Save(string filename)，参数表示保存的 XML 文件路径将，该方法将元素序列化为文件保存到指定路径中。
- Remove()，如果不使用参数，表示将调用该方法的节点从父节点中移除。
- SetValue(Object value)，参数表示要设置的元素值，该方法实现将给元素赋值的功能。
- SetElementValue(XName name,Object value)，第一个参数表示元素名，第二个参数表示元素值，该方法实现为指定的子元素赋值的功能。
- SetAttributeValue (XName name,Object value)，第一个参数表示属性名，第二个参数表示属性值，该方法实现为节点的指定属性赋值的功能。

在前面创建的聊天记录XML文档中，如果Tom再向Lintao发送一条信息，应该将该信息记录到XML中，可以使用Xelement的Add()方法将信息添加到XML文档中。如果需要再将发给Jeffy的信息删除，可以使用Remove()方法将查询到的结果删除。

范例 15.12　LinqToXmlAdd.sln

LinqToXmlAdd 本范例使用 LINQ to XML 实现了对保存通信记录的 XML 文档中的节点进行添加和删除的功能。

（光盘\code\ch15\ LinqToXmlAdd \ LinqToXmlAdd.sln）

```
using System;                                    //系统自动生成命名空间
using System.Collections.Generic;
using System.Linq;
using System.Text;
using System.Xml.Linq;                           //添加 LINQ to XML 命名空间
namespace LinqToXmlAdd                           //自动生成命名空间“LinqToXmlAdd”
{
```

```
08          class Program
09          {
10              static void Main(string[] args)
11              {
12                  string strNow = DateTime.Now.ToString("yyyyMMddhhmmss");
13                  XElement xelement = XElement.Load("xmlLog.xml");//实例化 XM 文件
14                  //定义新的 XElement 对象
15                  XElement xmlLog = new XElement("msg_log",
16                                      new XAttribute("ID","100003"),  //ID 属性
17                                      new XAttribute("To", "Lintao"),  //To 属性
18                                      new XElement("user", "Tom"),    //User 节点
19                                      new XElement("toDate", strNow),//toDate 节点
20                                      new XElement("message", "Hello,Lintao")//message 节点
21                                  );
22                  xelement.Add(xmlLog);              //将新定义节点添加到 xelement 节点中
23                  Console.WriteLine("发送给 Lintao 信息后的 XML 文档为：");
24                  Console.WriteLine(xelement);     //输出到控制台中
25                  var queryXML = from xemsg in xelement.Descendants("msg_log")
26                                 where xemsg.Attribute("To").Value == "Jeffy"
27                                 select xemsg;        //使用 LINQ 查询发给 Jeffy 的消息
28                  queryXML.Remove();                  //移除消息
29                  Console.WriteLine("移除发给 Jeffy 的信息后的 XML：");
30                  Console.WriteLine(xelement);     //输出到控制台中
31                  xelement.Save("xmlLog.xml");     //保存到本地 XML 文件中
32                  Console.ReadLine();
33              }
34          }
35      }
```

代码第13行使用Xelement对象的Load()方法将参数指定的文件加载到对象xelement中，第15行到第21行定义一个新的msg_log节点信息，用来保存发送给Lintao的信息。第22行将新定义的节点保存到xelement对象中。第25行到第27行使用LINQ语法查询Jeffy接收到的信息，第28行将查询到的信息进行移除操作，代码第31行将节点信息保存到xmlLog.xml文件中。

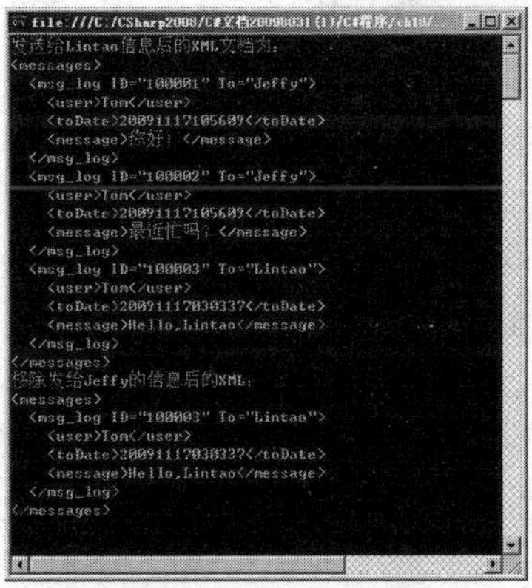

程序运行结果如图15-18所示。

图 15-18 运行效果图

在本地磁盘中查看 LinqToXmlAdd\bin\Debug\xmlLog.xml文件，结果如下所示。

```
<?xml version="1.0" encoding="utf-8"?>
<messages>
  <msg_log ID="100003" To="Lintao">
    <user>Tom</user>
    <toDate>20091117030337</toDate>
    <message>Hello,Lintao</message>
  </msg_log>
</messages>
```

作者心得：

在程序中进行操作 XML 文档的时候要区分大小写，例如查询 toDate 节点，如果将 toDate 拼写成 todate 或者 Todate 将不能匹配 XML 中的节点。

实训 15.1——图书管理

本章讲解了 Lambda 表达式、LINQ 查询语法、LINQ to SQL 对数据库的操作[0]以及 LINQ to XML 对 XML 文档的操作。利用这些知识可以操作常见的数据源。在本实训中，就利用这些知识完成对图书的管理工作。

1. 需求分析和界面设计

管理系统中最基本的就是数据的维护，包括对新信息的添加、对已有信息的修改和删除等操作。图书管理亦是如此，在使用系统时或者有新书加入管理范围时需要录入功能；数据信息发送更改，或者发现以前录入有误时需要进行修改；对已经失效的图书进行删除操作等。

对图书信息的存储离不开存储介质，此处选择使用SQL Server数据库，对数据库的操作有多种方式，这里选择本章介绍的LINQ to SQL实现。有以上分析可以发现本程序需要完成对数据的增删改功能，使用文本框、按钮和GridView控件的就可以完成，设计步骤如下所示。

（1） 使用Visual Studio 2008创建ASP.NET网站项目，在窗体中三个文本框和三个标签，用来提供用户输入图书的图书名称、图书作者和出版社信息。

（2） 在窗体上添加两个按钮，Text属性分别设置为“添加”、“清空”，用来执行添加新书操作和清空文本框。

（3） 添加GridView控件，添加编号、图书名称、作者、出版社列以及编辑删除命令列。并设置类的DataField字段分别为：ID、BookName、Author、Press。设计界面如图15-19所示。

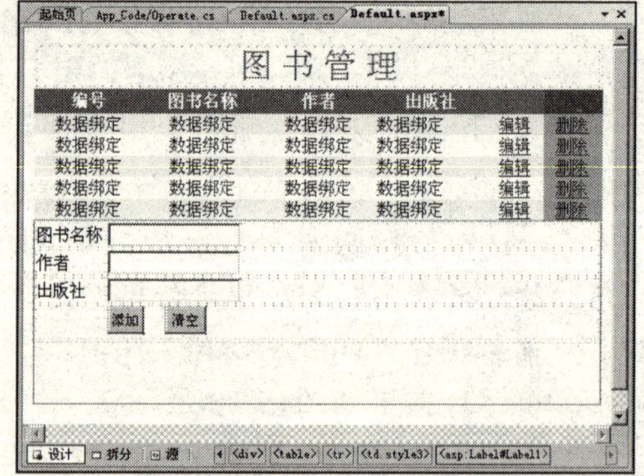

图 15-19 图书管理界面设计图

2. 数据库操作类

对数据的操作封装在类 Operate 中方便维护和修改，该类中包括数据的查询、修改、删除和添加，使用 LINQ to SQL 实现。使用表 15-5 中的文件来实现数据操作类的代码。

表 15-5 数据库操作类的实现文件描述

文 件	功 能
Operate.cs	定义 Operate 类，该类中包括用来查询结果集的 LinqBook()方法、用来按照 ID 更新数据的 LinqUpdateBook()方法、实现插入功能的 LinqInsertBook()方法和实现删除功能的 LinqDeleteBook()方法。

程序清单 15.1-1：Operate.cs

```
01  public class Operate                                          //自定义数据操作类
02  {
03      public Operate()                                          //构造方法
04      {
05      }
06      BooksDataContext bookDC = new BooksDataContext();
07      public IQueryable LinqBook()                              //查询所有记录
08      {
09          var book = from s in bookDC.Book select s;    //LINQ 查询语句
10          return book;                                          //返回结果集
11      }
12      public bool LinqUpdateBook(int id, string name, string author, string press)
13      {
14          Book book = bookDC.Book.Single(a => a.ID == id);//获取要更新的对象
15          book.BookName = name;                                 //设置图书名
16          book.Author   = author;                               //设置作者
17          book.Press = press;                                   //设置出版社
18          bookDC.SubmitChanges();                               //提交更新
19          return true;                                          //返回
20      }
21      public bool LinqInsertBook(string name, string author, string press)//插入
22      {
23          Book book = new Book();
24          book.BookName = name;                                 //设置图书名
25          book.Author = author;                                 //设置作者
26          book.Press = press;                                   //设置出版社
27          bookDC.Book.InsertOnSubmit(book);             //将实体插入到 TEnerty 中
28          bookDC.SubmitChanges();                       //执行插入操作
29          return true;
30      }
31      public bool LinqDeleteBook(int id)                    //根据 ID 删除实体的方法
32      {
33          Book book = bookDC.Book.Single(a => a.ID == id);//获取要删除的对象
34          bookDC.Book.DeleteOnSubmit(book);             //将 book 实体设置为等待删除
35          bookDC.SubmitChanges();                       //提交删除操作。
36          return true;
37      }
38  }
```

代码第6行定义BooksDataContext类的bookDC对象，该类是LINQ to SQL映射数据库生成的类，该类的实例中包括数据库的信息。第7行到第11行定义查询记录集的方法，其中第9行定义LINQ语句实现查询，第10将结果集返回。第12到第20行定义更新方法，第14行使用Lambda表达式根据传入的ID查询对应的实体第15行到第17行设置该实体的图书名称、图书作者、出版社属性，第18行提交更新到数据库中。

第21行到第30行定义插入方法，将传入的参数作为实体属性插入到数据库，其中只插入了图书名称、作者和出版社，并没有设置ID属性，是因为在数据库中ID是自动增长的。此处虽然没有设置ID属性但是ID的值默认为0。第31行到第37行定义删除方法，第33行根据传入的ID查找对应的实体，第34行将实体设置为删除状态，第35行提交到数据库进行删除操作。

3. 实现图书管理功能

我们使用表 15-6 中的文件来图书管理页面后台代码。

表 15-6 图书管理页面后台代码文件描述

文 件	功 能
Default.aspx.cs	该页面是图书管理页面的后台代码，该页面包含页面的加载事件、GridView 控件的编辑、删除事件以及添加、清楚按钮的单击事件。该代码处理数据调用 Operate 类定义的方法。

程序清单 15.1-2：Default.aspx.cs

```
using System;
using System.Configuration;
using System.Data;
using System.Linq;
using System.Web;
using System.Web.Security;
using System.Web.UI;
using System.Web.UI.HtmlControls;
using System.Web.UI.WebControls;
using System.Web.UI.WebControls.WebParts;
using System.Xml.Linq;
public partial class _Default : System.Web.UI.Page
{
    Operate operateData = new Operate();
    protected void Page_Load(object sender, EventArgs e)//窗体加载事件
    {
        if (!this.IsPostBack)                       //判断是否回发
        {
            bindData();                             //调用自定义方法绑定数据源
        }
    }
    private void bindData()                         //自定义方法
    {
        this.GridView1.DataSource = operateData.LinqBook();//设置数据源
        this.GridView1.DataBind();                  //将数据源绑定到控件
    }
    protected void GridView1_RowEditing(
            object sender, GridViewEditEventArgs e)    //编辑事件
    {
        this.GridView1.EditIndex = e.NewEditIndex;  //设置要编辑行的索引
        bindData();                                 //绑定数据源
    }
    protected void GridView1_RowUpdating(
            object sender, GridViewUpdateEventArgs e)  //更新事件
    {
        int id = Convert.ToInt32(this.GridView1.DataKeys[e.RowIndex].Value);
        TextBox tbBookName = (TextBox)
            this.GridView1.Rows[e.RowIndex].Cells[1].Controls[0];//获取图书名
        TextBox tbAuthor = (TextBox)
            this.GridView1.Rows[e.RowIndex].Cells[2].Controls[0];//获取作者
```

```
41            TextBox tbPress = (TextBox)
42                this.GridView1.Rows[e.RowIndex].Cells[3].Controls[0];//获取出版社
43            string bookName = tbBookName.Text;  //获取更改后的图书名
44            string author = tbAuthor.Text;              //获取作者
45            string press = tbPress.Text;                //获取出版社
46            operateData.LinqUpdateBook(id, bookName, author, press);//更新方法
47            this.GridView1.EditIndex = -1;              //设置为-1 表示不对任何行编辑
48            bindData();                                      //绑定数据源
49        }
50        protected void GridView1_RowCancelingEdit(
51                    object sender, GridViewCancelEditEventArgs e)    //取消编辑事件
52        {
53            this.GridView1.EditIndex = -1;                   //设置编辑行索引
54            bindData();                                      //绑定数据源
55        }
56        protected void Button1_Click(object sender, EventArgs e)//添加按钮单击事件
57        {
58            operateData.LinqInsertBook(this.TextBox1.Text,
59                    this.TextBox2.Text, this.TextBox3.Text);//调用自定义插入方法
60            bindData();                                      //绑定数据源
61            this.TextBox1.Text = "";                         //清空文本框
62            this.TextBox2.Text = "";
63            this.TextBox3.Text = "";
64        }
65        protected void GridView1_RowDeleting(object sender,
66                    GridViewDeleteEventArgs e)       //删除行事件
67        {
68            int id = Convert.ToInt32(this.GridView1.DataKeys[e.RowIndex].Value);
69            operateData.LinqDeleteBook(id);                  //调用删除方法
70            bindData();                                      //绑定数据源
71        }
72    }
```

代码第14行定义Operate类的对象operateData，该类是前面定义的LINQ to SQL操作数据的类。窗体加载事件的第19行调用自定义的bindData()方法，该方法在第22行到第26行定义，其中第24行调用Operate类的LinqBook()方法查询数据集并作为数据源赋给GridView。第56行到第64行是“添加”按钮的单击事件，该事件主要是完成调用插入方法，第58行和第59行调用LinqInsertBook()方法将用户在文本框中输入的图书信息作为调用LinqInsertBook()方法的参数。

第27行到第32行是单击GridView控件上的编辑按钮触发的事件，第30行设置当前行为可编辑行，此时该行将出现内置的文本框，可以对已有信息进行修改。修改完毕单击本行后面的更新则将数据更新到数据库。第33行到第49行定义“更新”事件，该事件中首先获取该条记录的各字段值然后将其作为方法LinqUpdateBook()的参数。第47行设置可编辑行为-1表示取消GridView中行的可编辑状态。

运行程序，运行结果如图15-20所示。

在文本框中输入图书信息，然后单击“添加”按钮，将会把该条图书信息添加到数据库，同事 GridView 中将会显示。单击 GridView 控件中的编辑按钮，将可以修改信息，如图 15-21 所示。

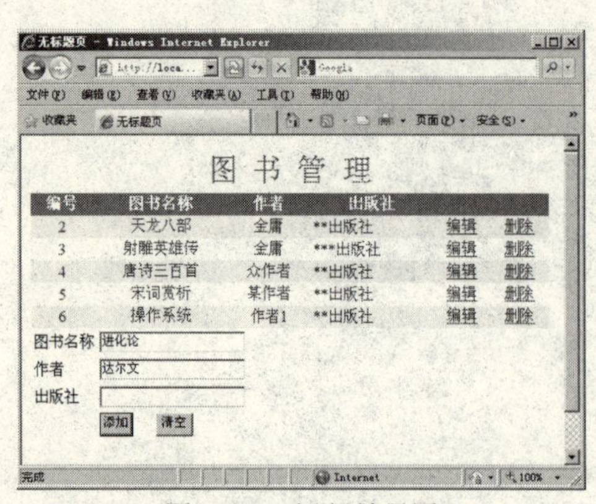

图 15-20　运行效果图

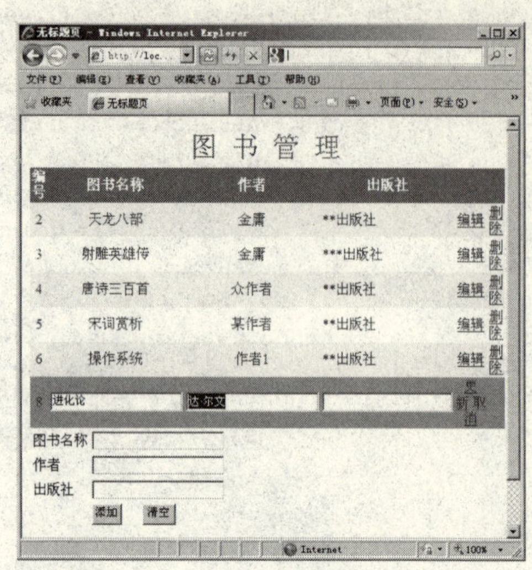

图 15-21　可编辑状态的 GridView

在文本框中修改信息后，单击该条记录后面的“更新”按钮，即可把修改后的信息更新到数据库中，并且GirdView从可编辑状态转换到正常状态。

以上实现了对图书信息的基本管理，现在要求增加图书的外借功能。首先要分析有什么需求，增加借书功能就需要有借阅人，这时添加一个借阅人数据表，使用该表记录借阅人信息。如果发生借阅关系，需要进行记录，可以将借书人编号保存到图书信息表中，这时就需要在原来表的基础上添加一列用来保存借阅人的编号，空表示没有人借阅。

在前台需要添加借阅界面，用来操作读者借书事务。在该界面中首先需要能够选择图书或者查找图书，找到读者所借阅图书。然后能够确定读者，也可以通过下拉列表等方式选择，这个可以根据数据量的大小来确定，如果数据量较大，则可以使用编号或者搜索功能。设计界面如图15-19所示。

关于图书借阅界面，只需要完成上面分析的两点即可，确定借阅者和所借图书。图15-19只供参考，读者可以设计更方便操作的界面。

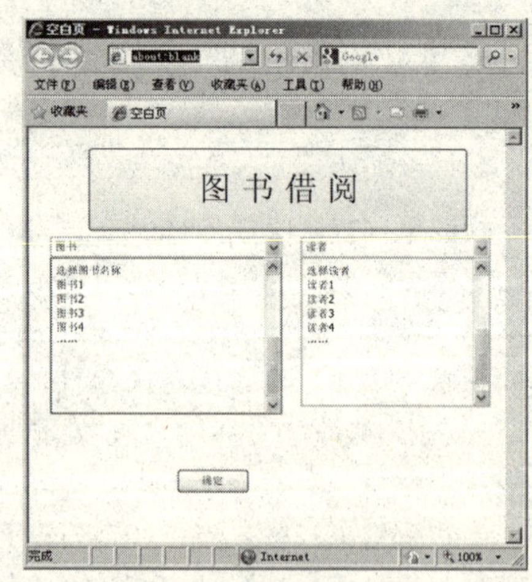

图 15-19　图书借阅设计图

15.5　疑难解答

1. 隐式局部变量和 JavaScript 中的定义关键字相同，C#中的隐式局部变量是否也是弱类型？

答：C#中的隐式局部变量是强类型，而 JavaScript 中使用 var 定义的变量是弱类型。虽然都是使用 var 关键字进行定义，但是有本质的区别。

2. 看到 LINQ 语法规则，和标准的 SQL 语句有些类似，但是我 SQL 基础不是很好，可以很快学好 LINQ 吗？

答：可以的，LINQ 语法虽然和 SQL 语句有些类似，但是还是有很大差别的。LINQ 语法是一个全新的语法，只要经常使用是很容易学会的。

3. 在 LINQ to SQL 映射实体类后，我能否对 dbml 文件中某个表的某个字段进行过滤？

答：不可以，因为 dbml 文件只是一个映射关系，它没有这样的过滤功能。

4. 我对数据表建立映射关系后，再在数据表中添加一个字段，能否不重新建立映射而使数据表中结构与实体类数据结构一致？

答：可以通过修改 dbml 文件下的 designer.cs 文件实现，不过对 designer.cs 文件修改不慎容易引发其他错误，应该特别注意。

5. 我开发的项目中有很多的表，是不是需要把每个表都拖到 O/R 设计器中映射对应的实体类？

答：是的，因为一个表对应一个实体类，如果程序中需要操作每一个表，就需要为每一个表创建实体类。

6. 我编写了一个 LINQ 程序，可以进行查询功能，修改或删除时时出错，提示需要创建主键，这时怎么回事？

答：使用 LINQ to SQL 对数据库进行修改或删除操作时，要求数据表必须有主键，在表中添加主键后应该可以。

7. LINQ 在项目开发中效率如何？

答：对程序员来说使用 LINQ 更加方便，还可以减少拼写错误的概率。另外 LINQ 可以用更少的代码完成项目开发，在项目开发中明显提高效率。

8. LINQ 和 ADO.NET 比较哪个运行效率更高？

答：LINQ 本质是对 ADO.NET 的封装，运行效率不会超过 ADO.NET，不过 LINQ 的查询效率已经非常令人满意了。

9. 使用 LINQ to SQL 在编译阶段就可以检查数据库字段是否拼写正确，这是怎么实现的呢？

答：使用 O/R 设计器建立映射关系后，数据库中的字段就被映射到实体类中，这时编辑器就可以获取数据库中的字段，从而可以完成拼写检查。

10. 本章查询数据库的 LINQ 语句和查询 XML 的语句格式相同，这是否就是所说的用统一的方式获取不同数据源的数据？

答：对，本章使用 LINQ 语句实现了查询数据列表、数据库和 XML 文档，从这些查询语句中可以看到使用的 LINQ 语法语法，这也是 LINQ 强大的地方之一。

15.6　上机题

1. 使用扩展方式完成了对 float 类型添加 Avge()，并实现求两个 float 类型数的平均数。

2. 创建应用程序，实现筛选一组数据中所有奇数的功能。

3. 使用 Labda 表达式，实现获取一个数据列表中所有 10 的倍数的功能。

4. 创建应用程序，首先定义一个商品类，该类中商品 ID、商品名称、进货日期、所属类别、零售价格和进价六个属性。然后在主方法中实例化 5 个商品对象并添加到列表中，使用 LINQ 语法查询所有商品信息。

5. 使用 LINQ 语法中的 group by 关键字，查询所有商品信息并按照商品类别进行分组。

6. 使用 LINQ 语法中的 orderby 关键字，查询所有商品信息并按照商品的进货日期进行排序。

7. 在数据库中创建一个客户关系管理数据库，该数据库中包括一个客户信息表，该表中包括客户 ID、客户名称、客户公司名称、加入日期和消费金额五个字段。使用 LINQ to SQL 查看客户表中的所有数据，查询界面如图 15-20 所示。

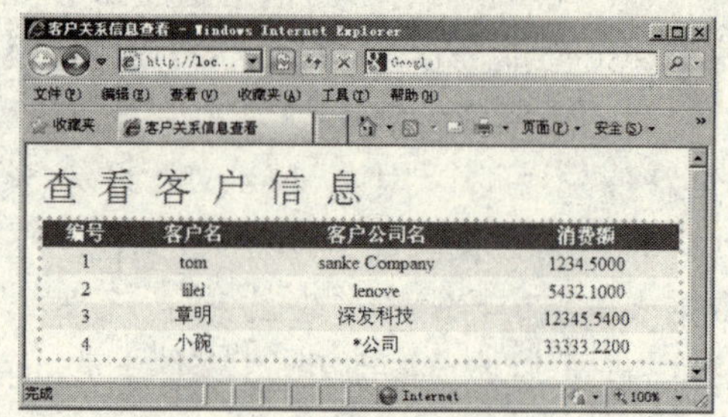

图 15-20　查看客户信息界面

8. 使用 LINQ to SQL，查询客户信息表中的客户信息，并将该客户姓名为“章明”的用户消费进行更改为：2989，修改界面如图 15-21 所示。

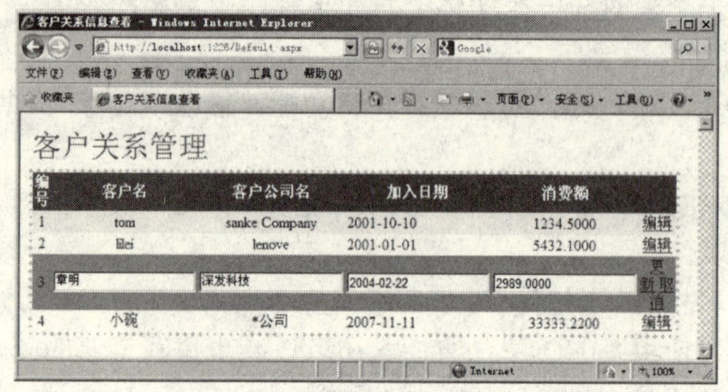

图 15-21　修改客户消费金额界面

9. 创建一个 XML 用来文档保存图书信息，XML 文档中需要包括图书编号、图书名称、作者、出版社四个节点信息。

10. 创建应用程序，使用 LINQ to XML 查询第 9 题创建的 XML 文档中的图书信息，并将查询结果输出。加载 XML 文档界面如图 15-22 所示，解析的 XML 文档如图 15-23 所示。

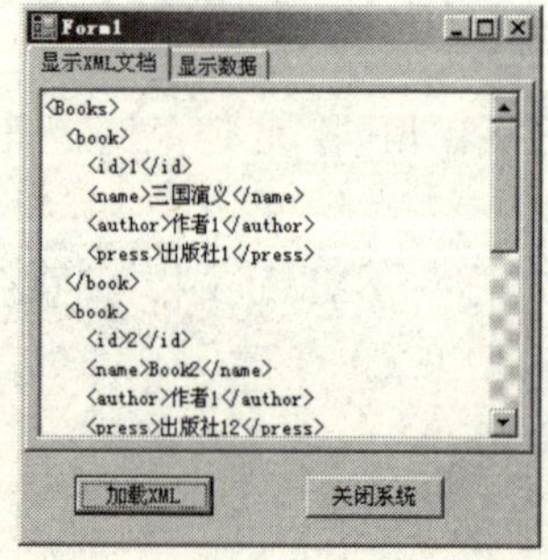

图 15-22　显示 XML 文档

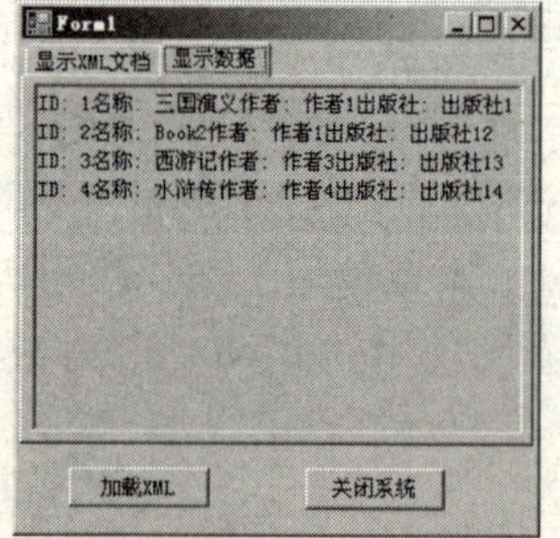

图 15-23　解析 XML 文档

第16章 基于C/S的在线考试系统

在现今的生活中相信每个人都经历过无数的考试，例如，在学校阶段不仅需要完成各学科的考试，还要完成英语等级考试、计算机等级考试等。随着社会的发展，考试也逐渐自动化、电子化。使用电子化的考试方式，可以实现自动阅卷，大大减轻了老师的负担。在本章中就来开发一个学生在线考试、自动阅卷的系统。

本章的学习重点

- 了解在线考试系统的基本需求。
- 学会如何分析和设计数据库。
- 熟悉使用 Visual Studio 2008+SQL Server 开发工具。
- 学会使用 C#进行数据库的编程开发。

16.1 系统分析

16.1.1 需求分析

快捷电脑公司是一个计算机培训中心，近年来培训了很多计算机学生。有些学生在平时已经掌握了计算机基本操作，但是在计算机等级考试的在线考试环节中往往失利。公司领导为了帮助所有参加培训的学生适应在线考试环节，决定开发一套能够模拟计算机在线考试的系统。

根据快捷电脑公司的需求，可以知道在线考试系统中有两种用户，分别是管理员和考生。考生试凭借自己唯一的凭证可以登录考试中心，考试系统能够自动生成试卷。在答题过程中系统可以提示考试结束时间，考生提交试卷后可以立即查看考试成绩。教师登录服务器端后，可以设置考试题目、考试信息、系统信息，另外教师可以查看各考生的考试成绩和各题得分情况。

16.1.2 功能分析

计算机在线考试系统是 C/S 结构，C 表示客户端（Client），S 表示服务器端（Server）。考生可以在客户端进行答题，管理员或教师可以在服务端进行查看考试情况、设置考试参数等。可以看出本考试系统共有两种角色，分别为参加考试的考生和具有管理功能的教师。

对于参加考试的考生，进入系统后可以获取一份随机产生的试题，在考试系统中可以完成答题功能，考试结束后能够查看本次考试成绩。

教师进入考试系统的服务端后，首先可以添加考试试题，设置试卷的题型和分值，另外可以录入和维护考试信息、系统信息等。除此之外教师还可以按照考生的考试号来查询考生考试得分以及考生各题得分情况。

16.2 系统设计

16.2.1 绘制用例图设计系统功能

从前面的系统分析中可以知道在线考试系统一共包含两种用户角色，分别为考生和教师。下面就来分析这两种角色所对应的用例图。

考生登录客户端考试系统后可以获取随机试题进行答题，提交试卷后可以查看本次考试成绩，考生用例图如图 16-1 所示。

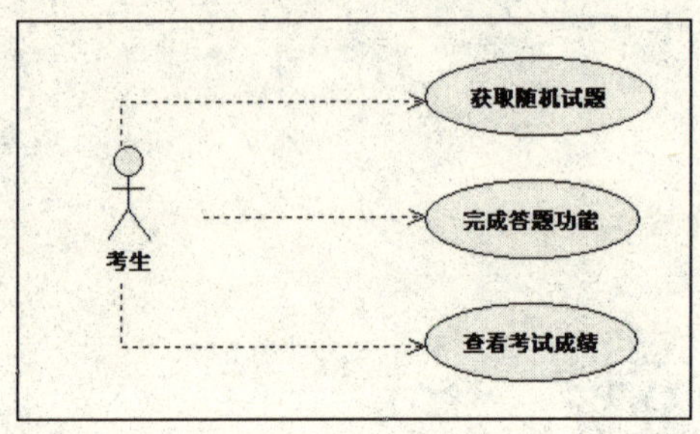

图 16-1　考生用例图

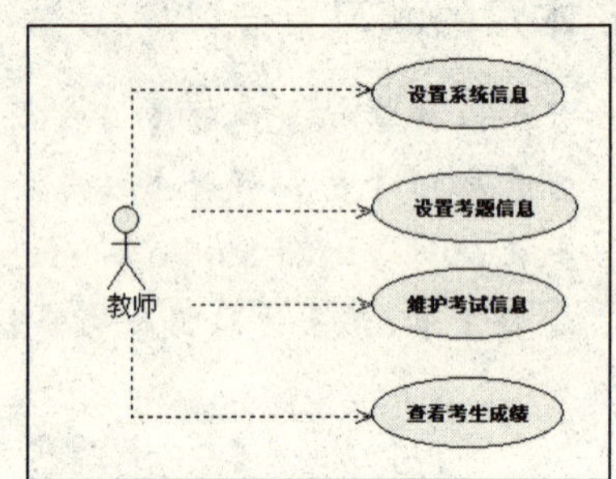

图 16-2　教师用例图

教师作为考试系统的管理员，在考试系统后台可以对考试系统、考题信息进行设置，也可以查看考生考试成绩，当然最重要的是可以对考题信息进行设置。教师用例图如图 16-2 所示。

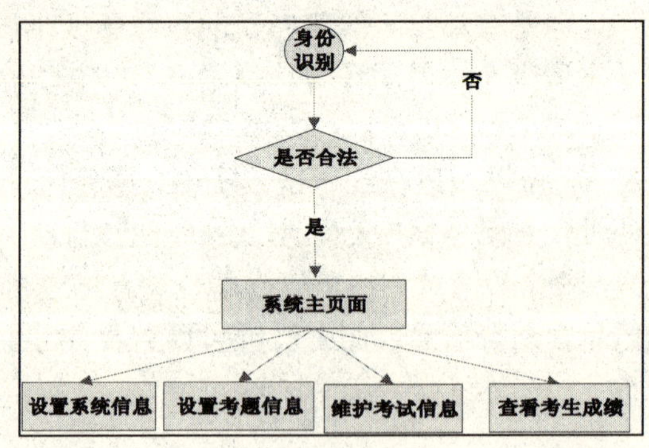

图 16-3　系统流程图

16.2.2 绘制系统流程图

在考试系统的服务器端可以查看考生信息、考题答案等重要信息，所以要对服务器端进行严格管理，非授权用户不可以登录服务器端。教师输入自己的账号和密码，如果合法则可以进入后台管理界面，如果不合法则不可以进入。系统流程图如图 16-3 所示。

16.3　数据库分析与设计

在线考试系统中对数据的安全性和稳定性要求较高，本系统采用 SQLServer 2005 来作为本系统的数据库。其中数据库名称为 db_ExamSys.mdf，本系统中包含多张表，用来储存不同的信息，详细信息如图 16-4 所示。

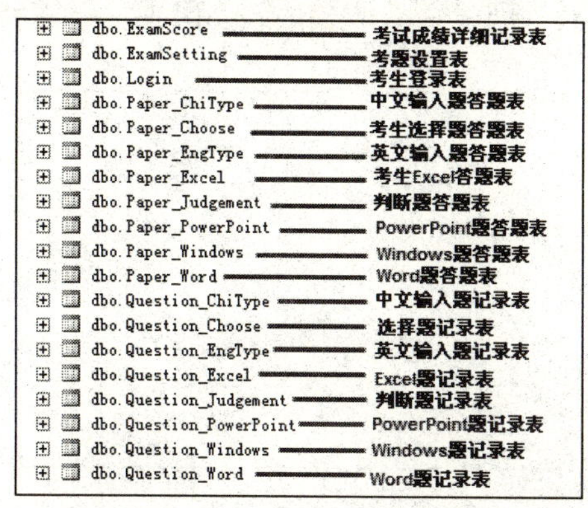

图 16-4　数据库 db_ExamSys.mdf 中的所有数据表

16.3.1　数据库概念设计

本系统比较复杂，需要保存的信息很多，所以需要规划多个实体。本系统中最基本的实体有管理员登录信息实体、考生信息实体、考试信息详细记录实体、考试记录实体、考生选择题答题实体和选择题信息实体。

快捷电脑公司有多个管理员，而且每个管理员的权限不尽相同，所以就需要创建管理员信息表，来保存管理员登录信息以及权限信息。管理员信息实体 E-R 图如图 16-5 所示。

本考试系统可以供多个考生同时在线考试，为了记录每个考试的考号、姓名、成绩等信息，需要创建考生信息表。考生信息实体 E-R 图如图 16-6 所示。

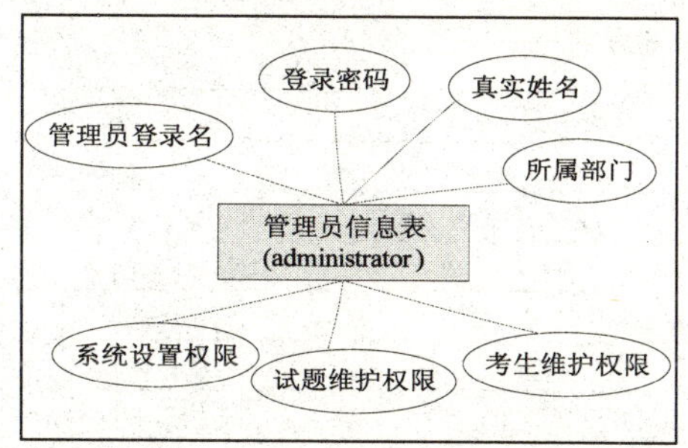

图 16-5　管理员信息实体 E-R 图

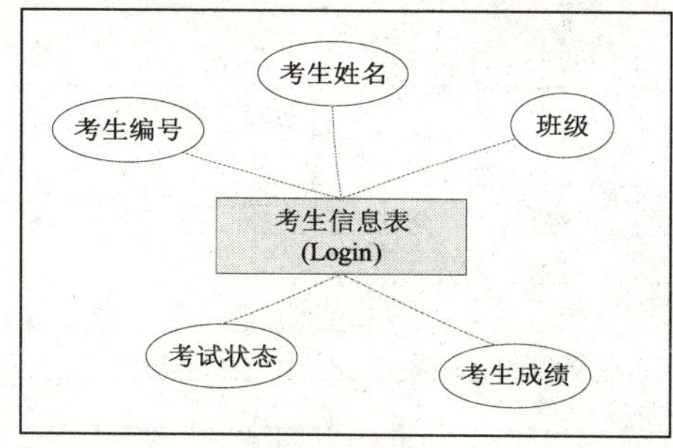

图 16-6　考生信息实体 E-R 图

为了方便统计考生每个题型得分情况，需要创建考生成绩详细记录表来保存考生的每个题型得分信息。考生成绩详细记录实体 E-R 图如图 16-7 所示。

不同时间不同阶段的考试可能不太相同，为了灵活控制试卷上各考题的比例，这时就来创建考题设置表来保存各考题数量、分值等信息。考题设置表实体 E-R 图如图 16-8 所示。

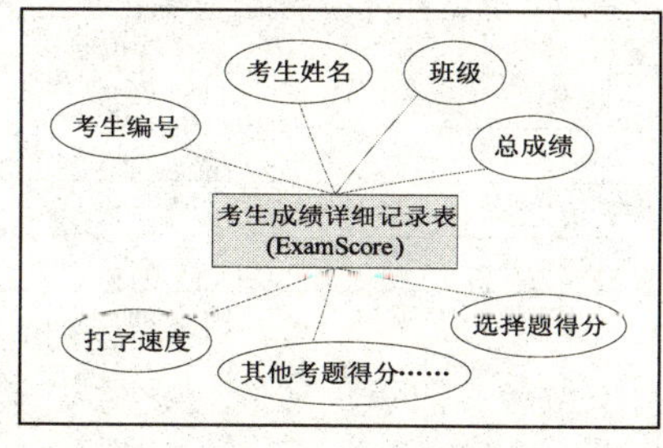

图 16-7　考生成绩详细记录实体 E-R 图

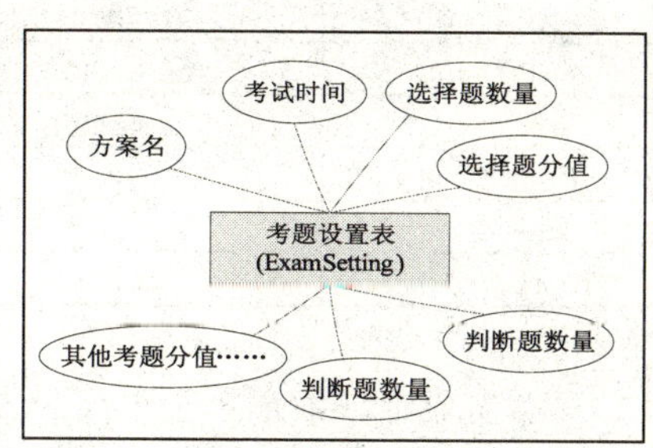

图 16-8　考题设置实体 E-R 图

考生每做完一种类型的题目，系统就要将答案保存起来，这时就需要创建考生选择题记录表来保存考生所做的选择题的答案。考生选择题记录实体 E-R 图如图 16-9 所示。

每种类型的题目都在发生变化，管理员需要将失去意义的考题从题库中删除并添加一些新题目。创建选择题记录表，用来记录选择题信息，选择题信息实体 E-R 图如图 16-10 所示。

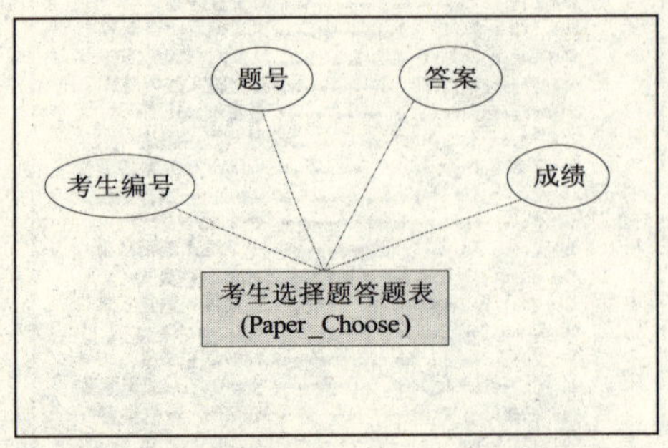

图 16-9　考生选择题实体 E-R 图

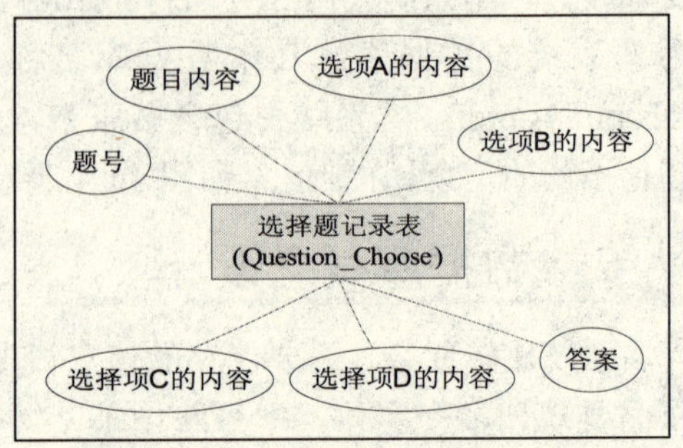

图 16-10　选择题记录实体 E-R 图

16.3.2 数据库逻辑结构设计

根据设计好的各实体 E-R 图创建数据库的逻辑结构，数据库各表的结构如下。

（1） 管理员登录信息表用来记录管理员登录信息和管理权限，表中包含的字段有管理员登录名、登录密码、真实姓名等字段。该表的逻辑结构如表 16-1 所示。

表 16-1　管理员登录信息表

字 段 名	数据类型	是否主键	描　述
UserID	Varchar(16)	是	管理员登录名
PWD	Varchar(16)	否	登录密码
Name	Varchar(16)	否	真实姓名
Department	Varchar(16)	否	所属部门
Poewer1	Int	否（默认值为 0）	系统设置权限
Power2	Int	否（默认值为 0）	试题维护权限
Power3	Int	否（默认值为 0）	考生维护权限

（2） 考生信息表用来记录考生的考号、姓名、班级和考生状态等信息，其中状态值为 0 表示未考试，1 表示正在开始，2 表示已交卷。该表的逻辑结构如表 16-2 所示。

表 16-2　考生信息表

字 段 名	数据类型	是否主键	描　述
SNO	Varchar(10)	是	考生编号
Name	Varchar(16)	否	姓名
Class	Varchar(8)	否	班级
State	Int	否（默认值为 0）	考生状态
Score	Float	否（默认值为 0）	成绩

（3） 考生成绩详细记录表用来记录考生的每种题型得分，表中的信息包括考生编号、班级、总成绩以及各题型成绩信息。该表的逻辑结构如表 16-3 所示。

表 16-3　考生成绩详细记录

字 段 名	数据类型	是否主键	描　述
SNO	Varchar(10)	是	考生编号
Class	Varchar(8)	否	班级
Total_Score	Float	否（默认值为 0）	总成绩
EngTypeSpeed	Float	否（默认值为 0）	英文打字速度
EngTypeScore	Float	否（默认值为 0）	英文打字得分
ChiTypeSpeed	Float	否（默认值为 0）	汉字打字速度
ChiTypeScore	Float	否（默认值为 0）	汉字打字得分
ChooseScore	Float	否（默认值为 0）	选择题得分
JudgementScore	Float	否（默认值为 0）	判断题得分
WindowsScore	Float	否（默认值为 0）	Windows 题得分
WordScore	Float	否（默认值为 0）	Word 题得分
ExcelScore	Float	否（默认值为 0）	Excel 题得分
PowerPoingScore	Float	否（默认值为 0）	PowerPoint 题得分

（4）　考题设置表用来保存试卷中的各个题型以及各题型的数量、分值等信息，该表的逻辑结构如表 16-4 所示。

表 16-4　考题设置表

字 段 名	数据类型	是否主键	描　述
SchemeName	int	是	方案名
TestTime	int	否	考试时间
JudgementAmount	int	否	判断题数量
JudgementValue	Float	否	判断题分值
SelectAmount	int	否	选择题数量
SelectValue	Float	否	选择题分值
WordValue	Float	否	Word 题分值
ExcelValue	Float	否	Excel 题分值
PowerPointValue	Float	否	PowerPoint 题分值
WindowsValue	Float	否	Windows 题分值
ChiTypeValue	Float	否	汉字输入题分值
EngTypeValue	Float	否	英文输入题分值
MaxChiTypeWords	int	否	汉字题每行汉字数
MaxEngTypeWords	int	否	英文题每行字符数

（5）　考生所做选择题答题表用来保存考生所做的所有选择题答案和该题所得分数等信息。该表的逻辑结构如表 16-5 所示。

表 16-5　考生所做选择题答题表

字 段 名	数据类型	是否主键	描　述
SNO	Varchar(10)	是	考生编号
CNO	Varchar(8)	是	试卷题号
Answer	Float	否	答案
Score	Float	否（默认值为 0）	成绩

（6）　选择题信息表用来保存试卷中所有选择题信息，包括选择题的题号、题干、各选项内容以及答案信息，该表的逻辑结构如表 16-6 所示。

表 16-6　选择题信息表

字 段 名	数据类型	是否主键	描　述
CNO	Varchar(10)	是	题号
Content	Varchar(8)	否	题目内容
KeyA	Float	否	选项 A 的内容
KeyB	Float	否	选项 B 的内容
KeyC	Float	否	选项 C 的内容
KeyD	Float	否	选项 D 的内容
Answer	Float	否	答案

16.3.3 创建数据库及数据表

创建数据库 db_ExamSys.mdf，其 SQL 语句代码如下。

```
CREATE DATABASE db_ExamSys
```

创建管理员信息表 administrator，包含管理员登录名、登录密码、真实姓名、所属部门、系统设置权限、试题维护权限和考试维护权限七个字段。SQL 语句代码如下。

```
CREATE TABLE [dbo].[administrator](
 [UserID] [varchar](16) NOT NULL,
 [PWD] [varchar](16) NOT NULL,
 [name] [varchar](16) NOT NULL,
 [department] [varchar](40) NOT NULL,
 [power1] [int] NULL CONSTRAINT [DF_administrator_power1]   DEFAULT (0),
 [power2] [int] NULL CONSTRAINT [DF_administrator_power2]   DEFAULT (0),
 [power3] [int] NULL CONSTRAINT [DF_administrator_power3]   DEFAULT (0),
  CONSTRAINT [PK_administrator] PRIMARY KEY CLUSTERED ([UserID] ASC)[PRIMARY]
) ON [PRIMARY]
```

创建考生信息表 Login，包括考生编号、姓名、班级、考试状态和得分五个字段，SQL 语句代码如下。

```
CREATE TABLE [dbo].[Login](
 [SNO] [varchar](10) NOT NULL, ,
 [Name] [varchar](16) NOT NULL,
 [Class] [varchar](8) NOT NULL,
 [State] [int] NULL CONSTRAINT [DF_StudentsScore_State]   DEFAULT (0),
 [Score] [float] NULL CONSTRAINT [DF_Login_Score]   DEFAULT (0),
  CONSTRAINT [PK_StudentsScore] PRIMARY KEY CLUSTERED ([SNO] ASC)
) ON [PRIMARY]
```

创建考试成绩详细记录表 ExamScore，包括考生编号、班级、总成绩、英文打字速度、英文打字得分、汉字打字速度、汉字打字得分、选择题得分、判断题得分、Windows 题得分、Word 题得分、Excel 题得分、PowerPoint 题得分十三个字段，SQL 语句代码如下。

```
CREATE TABLE [dbo].[ExamScore](
 [SNO] [varchar](10) NOT NULL,
 [Class] [varchar](8) NULL,
 [Total_Score] [float] NULL CONSTRAINT [DF_ExamScore_Total_Score]   DEFAULT (0),
```

```
[EngTypeSpeed] [float] NULL CONSTRAINT [DF_ExamScore_EngTypeSpeed]  DEFAULT (0),
[EngTypeScore] [float] NULL CONSTRAINT [DF_ExamScore_EngTypeScore]  DEFAULT (0),
[ChiTypeSpeed] [float] NULL CONSTRAINT [DF_ExamScore_ChiTypeSpeed]  DEFAULT (0),
[ChiTypeScore] [float] NULL CONSTRAINT [DF_ExamScore_ChiTypeScore]  DEFAULT (0),
[ChooseScore] [float] NULL CONSTRAINT [DF_ExamScore_ChooseScore]  DEFAULT (0),
[JudgementScore] [float] NULL CONSTRAINT [DF_ExamScore_JudgementScore] DEFAULT (0),
[WindowsScore] [float] NULL CONSTRAINT [DF_ExamScore_WindowsScore] DEFAULT (0),
[WordScore] [float] NULL CONSTRAINT [DF_ExamScore_WordScore]  DEFAULT (0),
[ExcelScore] [float] NULL CONSTRAINT [DF_ExamScore_ExcelScore]  DEFAULT (0),
[PowerPoingScore] [float] NULL CONSTRAINT[DF_ExamScore_PowerPoingScore]DEFAULT(0),
 CONSTRAINT [PK_ExamScore] PRIMARY KEY CLUSTERED ([SNO] ASC)
) ON [PRIMARY]
```

创建考题设置表 ExamSetting，包括方案名、考试时间、判断题数量、判断题分值、选择题数量、选择题分值、Word 题分值、Excel 题分值、PowerPoint 题分值、Windows 题分值、汉字输入题分值、英文输入题分值、汉字题每行汉字数、英文题每行字符数十四个字段，SQL 语句代码如下。

```
CREATE TABLE [dbo].[ExamSetting](
 [SchemeName] [int] NOT NULL,
 [TestTime] [int] NOT NULL,
 [JudgementAmount] [int] NOT NULL,
 [JudgementValue] [float] NOT NULL,
 [SelectAmount] [int] NOT NULL,
 [SelectValue] [float] NOT NULL,
 [WordValue] [float] NOT NULL,
 [ExcelValue] [float] NOT NULL,
 [PowerPointValue] [float] NOT NULL,
 [WindowsValue] [float] NOT NULL,
 [ChiTypeValue] [float] NOT NULL,
 [EngTypeValue] [float] NOT NULL,
 [MaxChiTypeWords] [int] NOT NULL,
 [MaxEngTypeWords] [int] NOT NULL,
 CONSTRAINT [PK_ExamSetting] PRIMARY KEY CLUSTERED ([SchemeName] ASC)
) ON [PRIMARY]
```

创建考生选择题答题表 Paper_Choose，包括考生编号、题号、答案和成绩四个字段，SQL 语句代码如下。

```
CREATE TABLE [dbo].[Paper_Choose](
 [SNO] [varchar](10) NOT NULL,
 [CNO] [varchar](5) NOT NULL,
 [Answer] [varchar](5) NOT NULL,
 [Score] [float] NULL CONSTRAINT [DF_Paper_Choose_Score]  DEFAULT (0),
 CONSTRAINT [PK_Paper_Choose] PRIMARY KEY CLUSTERED (
 [SNO] ASC,
 [CNO] ASC)
) ON [PRIMARY]
```

创建选择题记录表 Question_Choose，包括选择题题号、题干、选择项以及答案四个字段，SQL 语句代码如下。

```
CREATE TABLE [dbo].[Question_Choose](
 [CNO] [varchar](5) NOT NULL,
 [Content] [varchar](400) NOT NULL,
 [KeyA] [varchar](200) NOT NULL,
 [KeyB] [varchar](200) NOT NULL,
 [KeyC] [varchar](200) NULL,
 [KeyD] [varchar](200) NULL,
 [Answer] [varchar](5) NOT NULL,
 CONSTRAINT [PK_ChooseQuestion] PRIMARY KEY CLUSTERED ([CNO] ASC)
) ON [PRIMARY]
```

16.4 公共类设计

在线考试系统由客户端和服务器端组成，而客户端和服务器端在不同的电脑上运行，这样就需要建立各自的数据库连接类。客户端主要完成出题、保存考生答案的功能。服务器端则需要完成管理员对题目的添加、修改、删除操作，而这些操作需要执行相同功能的代码，所以将这些功能代码封装在同一个类中。本系统的公共类以及功能如表 16-7 所示。

表 16-7 公共类以及功能

文　件	功　能
TestingData.cs	服务器端数据库连接类，该类在 ExamServer.CommonClass 命名空间下。TestingData 实现了为服务器端获取连接字符串的功能。
Help.cs	服务器端数据操作帮助类，该类在 ExamServer.Subject 命名空间下，完成对考试题目的添加、修改和删除操作。
Tester.cs	客户端数据库连接类，在 ExamClient.CommonClass 命名空间下，该类中不仅定义了获取连接字符串的方法，还定义了常用公共变量。

16.4.1 服务器端数据库连接类

将连接信息保存到配置文件中，可以在不修改程序的基础上直接更改连接字符串，这样可以很方便地应对各种可能出现的变动。在配置文件（App.config）中的 configuration 节点下添加连接服务器和数据库的方法。配置信息如下所示。

```
01  <configuration>
02  <connectionStrings>
03      <add name="ServerConnStr" connectionString=
04          "Data Source=.\sqlexpress;Initial Catalog=db_ExamSys;Integrated Security=True"
05      providerName="System.Data.SqlClient"/>
06  </connectionStrings>
07  </configuration>
```

代码第 2 行到第 7 行定义 connectionStrings 节点，该节点中包括一个子节点，第 3 行到第 5 行定义了连接字符串，该字符串中指定了服务器和数据库，Data Source=.\SQLEXPRESS 代表使用的是精简版的 SQL Server 数据库引擎，在安装 Visual Studio 2008 时，默认安装了 SQL Express（精简版的 SQL Server）。第 4 行 Integrated Security=True 说明数据源使用当前身份验证的帐户凭证。

从配置文件中读取信息的 ConfigurationManager 类在命名空间 System.Configuration 下。

在 Visaul Studio 2008 中并没有默认添加命名空间 System.Configuration 所在的程序集 System.Configuration.dll，所以需要收到添加该程序集。

在资源管理器中右击“引用”文件夹节点，在弹出的快捷菜单中选择“添加引用”菜单项，将弹出“添加引用”对话框，如图 16-11 所示。在“添加引用”对话框的浏览选项卡中找到本地的 System.Configuration.dll 程序集，然后单击“确定”按钮即可。

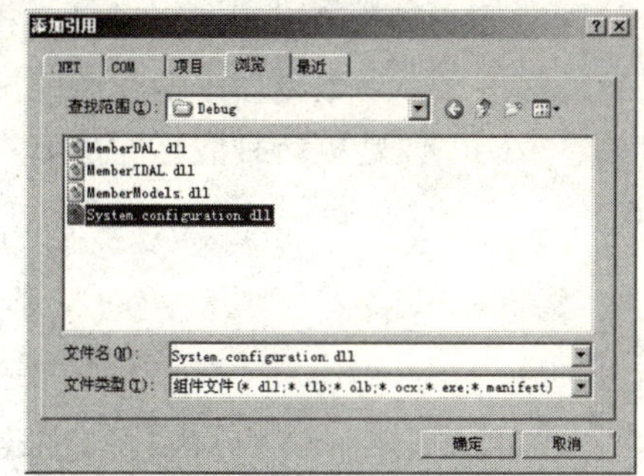

图 16-11　“添加引用”对话框

添加完毕对 System.Configuration.dll 程序集的引用就可以编写数据库连接类，服务器端获取连接字符串的公共类 TesterData 的代码如下所示。

范例 16.1
TestingData.cs

TestingData.cs 该类在 ExamServer 项目的 CommonClass 文件夹下，完成了从 web.config 文件中获取连接字符串的功能。
（光盘\ch16\Exam\ExamServer\CommonClass\TestingData.cs）

```
01  using System;                                        //系统自动生成命名空间
02  using System.Collections.Generic;
03  using System.Text;
04  using Microsoft.Win32;
05  using System.Linq;
06  using System.Configuration;                          //获取配置文件所在命名空间
07  namespace ExamServer.CommonClass                     //所在命名空间“ExamServer.CommonClass”
08  {
09      public static class TestingData                  //定义 TestingData 类
10      {
11          public static string loginUser = "未知";             //定义并初始化登录用户名
12          public static string LoginUserID = "未知";           //定义并初始化登录用户 ID
13          public static string PWD = "no";                     //定义并初始化登录用户密码
14          public static string Unit = "未登录";                //部门
15          public static bool Power1 = false;                   //系统设置权
16          public static bool Power2 = false;                   //试题维护权
17          public static bool Power3 = false;                   //学生维护权
18          public static string GetConnectionString()           //获取连接字符串
19          {
20              string connectionString = ConfigurationManager.ConnectionStrings[
21                          "ServerConnStr"].ConnectionString;//从配置文件中读取连接信息
22              return connectionString;                         //返回连接字符串
23          }
24      }
25  }
```

代码第 6 行引用 Stytem.Configuration 命名空间，该命名空间中包含从配置文件中获取信息的类。第 7 行定义命名空间，使用该类时需要使用此命名空间限定。第 11 行到第 17 行定义服务器端使用到的变量，其中第 15 行到第 17 行定义三个权限标志，分别表示管理员是否有系统设置权、试题维护权、学生维护权。第 18 行定义 GetConnectionString()方法，用来获取连接信息。其中第 20 行和第 21 行从配置文件的 ConnectionStrings 节点中获取连接信息。

16.4.2 设置考试试题类

管理员在后台可以添加新试题，也可以对已有试题进行修改或删除操作，而操作后的结果最终都将保存到数据库中。在本考试系统中包括选择题、判断题、打字题、Word 题等。题目虽然多样，但是更新到数据库的方式类似。

范例 16.2 SubjectHelp.cs

SubjectHelp.cs 该类在 Subject 文件夹下，完成了对考试题目的添加、修改和删除操作。

（光盘\ch16\Exam\ExamServer\Subject\SubjectHelp.cs）

```
namespace ExamServer.Subject                          //所在命名空间"ExamServer.Subject"
{
    class Help                                        //定义 Help 类
    {
        public void ShowMessage(string Msg, int flag) //处理消息的方法
        {
            switch (flag)
            {
                case 1: MessageBox.Show(Msg, "提示", MessageBoxButtons.OK,
                        MessageBoxIcon.Error); break;//表示错误信息
                case 2: MessageBox.Show(Msg, "提示", MessageBoxButtons.OK,
                        MessageBoxIcon.Information); break;//表示提示信息
            }
        }
        public void Add(BindingSource bs)             //添加数据
        {
            try
            {
                bs.AddNew();                          //向基础列表中添加新项
            }
            catch (ConstraintException)               //处理异常类 ConstraintException
            {
                this.ShowMessage("该题号已存在!", 1);
            }
            catch (NoNullAllowedException)     //处理异常类 NoNullAllowedException
            {
                this.ShowMessage("试题内容不能为空!", 1);
            }
            catch (SqlException ex)                   //处理异常类 SqlException
            {
                this.ShowMessage("无法添加试题信息!原因是:" + ex.Message, 1);
            }
            catch                                     //不明异常
            {
                this.ShowMessage("有错误存在,不能进行添加!", 1);
            }
        }
        public void Del(BindingSource bs)             //删除数据
        {
            try
```

```
41                  {
42                      bs.RemoveCurrent();                         //从列表中移除当前项
43                  }
44                  catch (SqlException ex)                         //处理异常类 SqlException
45                  {
46                      this.ShowMessage("无法保存试题信息!原因是:" + ex.Message, 1);
47                  }
48                  catch                                           //不明异常
49                  {
50                      this.ShowMessage("有错误存在,不能进行保存!", 1);
51                  }
52              }
53              public void Save(SqlDataAdapter da, DataSet ds, BindingSource bs,string dsName)
54              {
55                  try
56                  {
57                      bs.EndEdit();                               //将更改更新到基础数据源
58                      da.Update(ds, dsName);                      //执行操作数据库
59                  }
60                  catch (ConstraintException)                     //处理异常类 ConstraintException
61                  {
62                      this.ShowMessage("该方案编号已存在!", 1);
63                  }
64                  catch (NoNullAllowedException)      //处理异常类 NoNullAllowedException
65                  {
66                      this.ShowMessage("参数信息不能为空!", 1);
67                  }
68                  catch (SqlException ex)             //处理异常类 SqlException
69                  {
70                      this.ShowMessage("无法保存信息!原因是:" + ex.Message, 1);
71                  }
72                  catch(Exception ee)                 //不明异常
73                  {
74                      this.ShowMessage("有错误存在,不能进行保存!原因是:" + ee.Message, 1);
75                  }
76              }
77          }
78      }
```

代码第 1 行是定义该类所在的命名空间，第 5 行到第 14 行定义了处理消息的方法，该方法可以根据传入参数的不同显示不同的对话框。第 15 行到第 37 行定义了 Add()方法，该方法完成向数据库中添加数据的功能。第 38 行到第 52 行定义了 Del()方法，该方法完成了从数据列表中删除指定项的功能。第 53 行到第 76 行定义 Save()方法，该方法可以将对题目的修改更新的数据库中。在 Add()、Del()、Save()方法中大量使用 try-catch 语句用来捕获异常，在对数据库操作过程中容易发生各种错误，所以使用不同的异常类来处理。

16.4.3 客户端数据库连接类

添加完毕对 System.Configuration.dll 程序集的引用，就可以编写数据库连接类，客户端获取连接字符串的在公共类 Tester 中。

范例 16.3 Tester.cs

Tester.cs 该类是客户端数据库连接类，在 ExamClient 项目的 CommonClass 文件夹下，完成了获取连接字符串的功能。（光盘\ch16\ Exam\ExamClient\CommonClass\Tester.cs）.

```
01  using System;                                  //系统自动生成命名空间
02  using System.Collections.Generic;
03  using System.Text;
04  using Microsoft.Win32;
05  using System.Linq;
06  using System.Configuration;                    //获取配置文件所在命名空间
07  namespace ExamClient.CommonClass               //所属命名空间“ExamClient.CommonClass”
08  {
09      class Tester                                   //数据库连接类
10      {
11          public static string Sno = "未知";             //考生编号
12          public static string Name = "no";              //考生姓名
13          public static string Class = "未登录";         //班级
14          public static string TestTime = "0";           //考试时长
15          public static string SelectAmount = "0";       //选择题数
16          public static string SelectValue = "0";        //选择题分值
17          public static string JudgementAmount = "0";    //判断题数量
18          public static string JudgementValue = "0";     //判断题分值
19          public static string ChiTypeValue = "0";       //汉字输入分数
20          public static string MaxChiTypeWords = "0";    //一行汉字数
21          public static string MaxEngTypeWords = "0";    //一行字符数
22          public static string EngTypeValue = "0";       //英文类型分值
23          public static string WordValue = "0";          //word 题分值
24          public static string ExcelValue = "0";         //Excel 题分值
25          public static string PowerPointValue = "0";    //PPT 题分值
26          public static string WindowsValue = "0";       //Windows 题分值
27          public static float ChooseScore = 0;           //选择题得分
28          public static float JudgementScore = 0;        //判断题得分
29          public static float WordScore = 0;             //Word 题得分
30          public static float ExcelScore = 0;            //Excel 题得分
31          public static float PowerPointScore = 0;       //PPT 题得分
32          public static float WindowsScore = 0;          //Windows 题得分
33          public static float ChiTypeScore = 0;          //汉字输入题得分
34          public static float EngTypeScore = 0;          //英文输入题得分
35          public static string GetConnectionString()     //获取连接字符串
36          {
37              string connectionString = ConfigurationManager.ConnectionStrings[
38                      "ServerConnStr"].ConnectionString;     //从配置文件中读取连接信息
39              return connectionString;                       //返回连接信息
40          }
41      }
42  }
```

代码第 7 行定义 Tester 所在的命名空间，第 11 行到第 34 行定义公共变量，用来保存考生、试题、考生得分等信息，这些变量在在线考试窗体中大量使用。通过注释可以看出这些变量完成的功能，有助于理解程序的设计。第 35 行定义 GetConnectionString()方法，该方法用来获取配置文件（App_Config）中的连接字符串。

16.5　考试信息设置模块

考试信息包括考生信息和试题信息。在考生考试之前管理员需要在服务器端添加考生信息，这样考生在考试的时候才可以根据自己的考号和姓名进行登录，另外管理员还需要在服务器端设置考题信息，保证数据库中的考题完整。考试信息需要在服务器端设置，因此本模块在 ExamServer 项目中。本模块包含的文件以及功能如表 16-8 所示。

表 16-8　公共类以及功能

文　件	功　能
frmMain.cs	服务器端管理主窗体，该窗体是服务器端的 MDI 窗体，用来快速导航各模块的其他窗体。
frmStuInfo.cs	考生信息设置窗体，该窗体中以列表的形式显示所有学生信息，并且在该窗体中可以对考生信息进行添加、删除、修改操作。
frmChoose.cs	选择题维护窗体，该窗体列出了所有选择题题干、选择项和答案，实现了对选择题进行添加、修改和删除的功能。

16.5.1　服务器端管理主窗体

管理员登录系统后将会看到图 16-12 所示的主窗体，该窗体中包括系统设置、试题维护、考生维护、信息查询四组菜单。使用这些菜单可以快速地定位窗体，方便管理员操作。

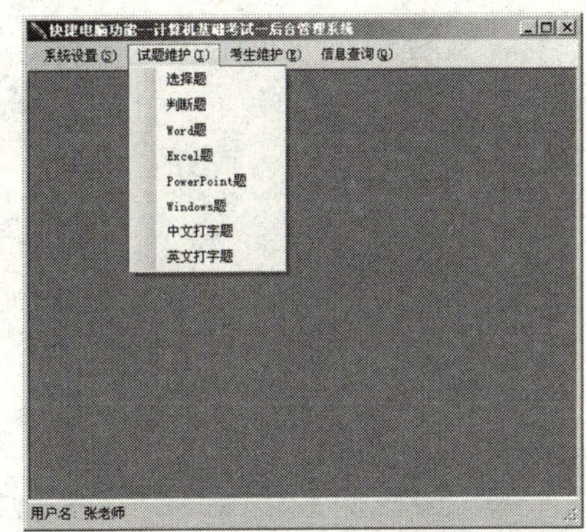

图 16-12　服务器端管理主窗体

在主界面的状态栏中显示管理员姓名，菜单栏把后台管理系统的所有功能分为四组，例如图 16-12 中所示的试题维护菜单包括选择题、判断题、Word 题、Excel 题、PowerPoint 题、Windows 题、中文打字题、英文打字题。表 16-9 列出了所有的菜单项以及菜单项对应的窗体。

表 16-9　主窗体菜单对应窗体

菜　单	子 菜 单	对应窗体
系统设置	考场监视	frmTestMonitor.cs
	考试参数	frmSetParam.cs
	清空考场	后台执行，无对应窗体
	清空临时数据	后台执行，无对应窗体
	更改密码	frmChangePassword.cs
	用户管理	frmUserManagement.cs
	退出	后台执行，无对应窗体
试题维护	选择题	frmChoose.cs
	判断题	frmJudgement.cs
	Word 题	frmWord.cs
	Excel 题	frmExcel.cs
	PowerPoint 题	frmPowerPoint.cs
	Windows 题	frmWindows.cs
	中文打字题	frmChineseType.cs
	英文打字题	frmEnglishType.cs

（续表）

菜　　单	子 菜 单	对应窗体
考生维护	重新考试	frmReExam.cs
	二次考试	frmReLogin.cs
	试卷复查	frmPaaperRecheck.cs
	考生信息维护	frmStuInfo.cs
信息查询	班级成绩	frmClassScorQuery.cs
	详细成绩查询	frmStudentScoreQuery.cs
	试卷信息	frmSubjectQuery.cs
	考生信息查询	FrmStudentInfoQuery.cs

16.5.2 考生信息维护

在主窗体中选择“考生维护”菜单下的“考试信息维护”菜单项将打开如图 16-13 所示的考生信息窗体，在该窗体中管理员可以对学生信息进行维护。

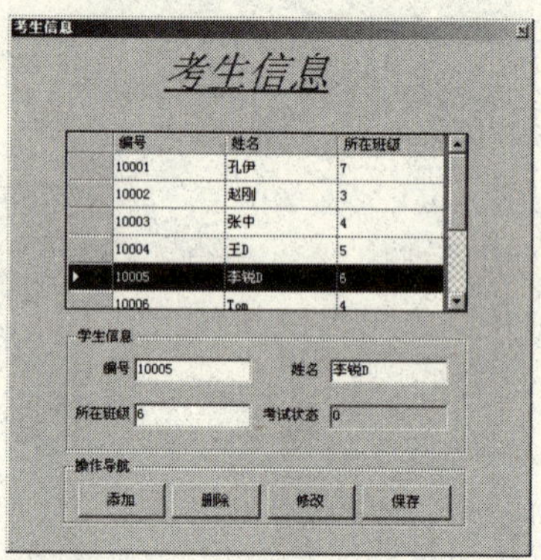

图 16-13　考生信息窗体

在添加或修改考生信息时，“编号”、“姓名”和“所在班级”文本框是必填内容，在删除考试信息时一旦删除将无法恢复，需要用户谨慎操作。无论是添加还是删除操作均要点击“保存”按钮保存操作结果。

范例 16.4
frmStuInfo.cs

frmStuInfo.cs 在加载的时候可以显示所有考试信息，另外在该窗体还可以对考生信息进行添加、修改、删除操作。

（光盘\ch16\Exam\ExamServer\Student\frmStuInfo.cs）

```
private void frmStuInfo_Load(object sender, EventArgs e)        //窗体加载事件
{
    conn.Open();                                                //打开链接
    this.daLogin.Fill(this.dsLogin.Login);                      //使用 SqlDataAdapter 填充
    conn.Close();                                               //关闭连接
}
private void bAdd_Click(object sender, EventArgs e)             //添加按钮单击事件
{
    this.AddLogin(bsLogin);
    this.stateTextBox.Text = "0";                               //考生状态文本框设置显示“0”
}
public void AddLogin(BindingSource bs)                          //添加数据
```

```
13    {
14        try
15        {
16            bs.AddNew();                                          //添加新项
17        }
18        catch (ConstraintException)                               //违反约束所触发的异常
19        {
20            this.ShowMessage("该编号已存在!", 1);
21        }
22        catch (NoNullAllowedException)                            //插入空值是所触发的异常
23        {
24            this.ShowMessage("编号,姓名与班级不能为空!", 1);
25        }
26        catch
27        {
28            this.ShowMessage("有错误存在,不能进行添加!", 1);
29        }
30    }
31    private void bSave_Click(object sender, EventArgs e)          //保存按钮单击事件
32    {
33        this.SaveLogin(daLogin, dsLogin, bsLogin);                //调用保存数据方法
34    }
35    public void SaveLogin(SqlDataAdapter da, DataSet ds, BindingSource bs)//保存数据
36    {
37        try
38        {
39            bs.EndEdit();                                     //将挂起的操作应用于基础数据源
40            da.Update(ds, "Login");                           //执行保存操作
41        }
42        catch (ConstraintException)                           //违反约束所触发的异常
43        {
44            this.ShowMessage("存在相同的编号,不能进行保存!", 1);
45        }
46        catch (NoNullAllowedException)                        //插入空值是所触发的异常
47        {
48            this.ShowMessage("编号,姓名与班级不能为空!", 1);
49        }
50    }
51    private void bDel_Click(object sender, EventArgs e)       //删除按钮单击事件
52    {
53        this.DelLogin(bsLogin);
54    }
55    private void bEdit_Click(object sender, EventArgs e)      //编辑按钮单击事件
56    {
57        this.SaveLogin(daLogin, dsLogin,bsLogin);
58    }
59    public void DelLogin(BindingSource bs)                    //删除数据
60    {
61        bs.RemoveCurrent();                                   //从列表中删除当前项
62    }
```

代码第 7 行到第 11 行是“添加”按钮的单击事件，该事件调用 AddLogin()方法将管理员在文本框中输入的信息插入到数据库中，AddLogin()方法在第 12 行到第 30 行定义，其中第

16 行调用 BindingSource 对象的 AddNew()方法完成添加数据的功能，除此之外该对象的 EndEdit()方法可以完成将更改的数据源应用于基础数据源，例如代码第 39 行、第 40 行使用 SqlDataAdapter 对象将更改的数据源更新到数据库中。代码第 51 行到第 54 行是删除按钮的单击事件，该事件调用自定义的 DelLogin()方法完成删除功能，该方法 59 行到第 62 行定义，其中第 61 行代码调用 BindingSource 对象的 RemoveCurrent()方法将当前项从列表中删除。

16.5.3 试题维护

在主窗体中选择“试题维护”菜单下的“选择题”菜单项将打开如图 16-14 所示的选择题维护窗体，在该窗体加载时将显示题库中所有的选择题信息。管理员通过窗体底部的命令按钮可以完成对选择题的添加、删除、修改操作。

管理员在添加或修改选择题时，“题号”、“答案”和选择题的四个选择项内容必须填写。在执行添加或者删除操作时均要点击“保存”按钮保存修改后的操作结果。

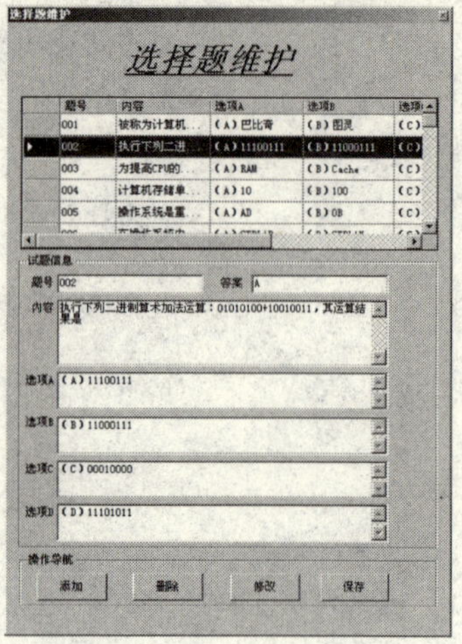

图 16-14　选择题维护界面

范例 16.5 frmChoose.cs　frmChoose.cs 该窗体实现了对选择题信息进行维护的功能，包括对选择题的添加、修改和删除操作。
（光盘\ch16\Exam\ExamServer\Subject\frmChoose.cs）

```
private Help help = null;
private void frmChoose_Load(object sender, EventArgs e)        //窗体加载事件
{
    help = new Help();                                           //实例化公共类对象
    conn.ConnectionString = CommonClass.TestingData.GetConnectionString();
    da.Fill(ds.Choose);                                          //填充
}
private void bAdd_Click(object sender, EventArgs e)             //添加按钮单击事件
{
    help.Add(bs);
}
private void bDel_Click(object sender, EventArgs e)             //删除按钮单击事件
{
    help.Del(bs);
}
private void bSave_Click(object sender, EventArgs e)            //保存按钮单击事件
{
    try
    {
        help.Save(da, ds, bs, "Choose");                         //调用保存方法
    }
    catch (ConstraintException)                                  //违反约束所引发的异常
    {
        help.ShowMessage("该题号已存在!", 1);
    }
```

```
26          catch (NoNullAllowedException)                          //插入的内容为空
27          {
28              help.ShowMessage("试题内容及要求不能为空!", 1);
29          }
30          catch (SqlException ex)                                 //SQL 引发异常
31          {
32              help.ShowMessage("无法添加试题信息!原因是:" + ex.Message, 1);
33          }
34          catch                                                   //其他异常
35          {
36              help.ShowMessage("有错误存在，不能进行添加!", 1);
37          }
38      }
```

代码第 1 行定义试题公共类对象，试题公共类已经在第 16.4.2 节讲解，该类中包括 Add()、Del()和 Save()方法用来新增试题、删除试题和保存修改的试题。代码第 2 行到第 7 行是窗体加载事件，在该事件中完成将获取数据源的功能，其中第 5 行调用 TestingData 类的 GetConnectionString()方法获取连接字符串。第 16 行到第 38 行是保存按钮的单击事件，当管理员添加或者删除试题后需要执行此事件进行保存。

16.6　学生考试模块

所有学生必须正确输入自己的考试编号和姓名才可以进入考试系统。进入考试系统后，考生可以查看考试规则、题型说明以及题目分值等信息。这时考试还看不到试题，当然也不计入考试时间。考生单击“开始考试”按钮后方可进行考试。本模块包含的文件以及功能如表 16-10 所示。

表 16-10　公共类以及功能

文　件	功　能
frmLogin.cs	登录窗体，考生在登录窗体中输入正确的考号和姓名后才能进入考试系统。该窗体在 ExamClient 项目下的 Login 文件夹中。
LoginHelp.cs	登录窗体数据处理类，LoginHelp 类能够验证考生输入登录的信息。该类在 ExamClient 项目下的 Login 文件夹中。
StudentReadme.cs	帮助窗体，考生登录时将弹出该窗体，在考试时也可以随时查看该窗体。StudentReadme 窗体在 ExamClient 项目下的 OtherForm 文件夹中。
frmMain.cs	考试主窗体，考生在该窗体中进行考试。frmMain 窗体中包括选择题、判断题、打字题、Word 题、Excel 题、PPT 题和 Windows 题。
TesterHelp.cs	考试助手类，在考试窗体中对所有数据库的操作都封装在了 TesterHelp 类中。该类在 ExamClient 项目下的 CommonClass 文件夹中。

16.6.1　登录考试系统

在使用本考试系统前，每个考生都需要一个考生编号，凭借考生编号和姓名进入考试系统。输入考生编号和姓名的窗体如图 16-15 所示。

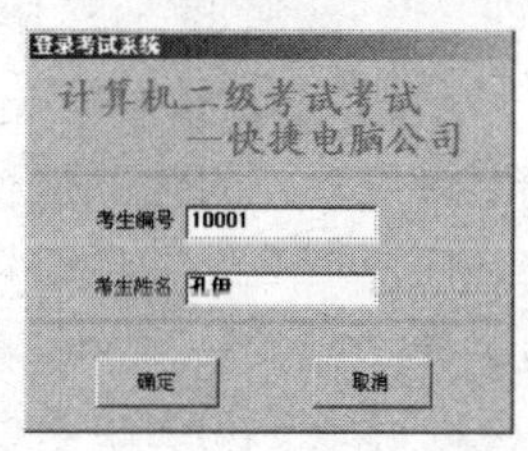

图 16-15　登录界面

在登录考试系统时，需要通过查询数据库来判断考生输入的信息是否正确，当考生输入的编号和姓名匹配时，才能正常进入在线考试系统。

范例 16.6 frmLogin.cs

frmLogin.cs 该窗体用来判断考生输入的信息是否正确，考生输入正确信息后可以进入考试主窗体。（光盘\ch16\ Exam\ExamClient\Login\ frmLogin.cs）.

```
01  private bool Check(string str1, string str2)                    //检查考生是否输入登录信息
02  {
03      str1 = str1.Trim();                                         //去除空格
04      str2 = str2.Trim();                                         //去除空格
05      if (str1 == "" || str2 == "")                               //如果有一项为空
06      {
07           MessageBox.Show("请输入考生编号和姓名！！");
08          return false;                                           //返回
09      }
10      return true;
11  }
12  private void bOk_Click(object sender, EventArgs e)              //确定按钮单击事件
13  {
14       LoginHelp help = new LoginHelp();                          //定义登录帮助类
15      string Sno = tbSno.Text.Trim();                             //获取考生输入的编号
16      string Name = tbName.Text.Trim();                           //获取考生输入的姓名
17      if (Check(Sno, Name))                                       //检查是否输入
18      {
19          if (help.Query(Sno, Name))                              //检查是否输入正确
20          {
21              help.ShowMessage("登录成功，祝你考试顺利！", 2);
22                this.Visible = true;                              //隐藏窗体
23                OtherForm.StudentReadme frm = new ExamClient.OtherForm.StudentReadme();
24              frm.ShowDialog();                                   //显示考试说明窗体
25                frmMain frmMain = new frmMain();                  //定义考试主窗体
26                frmMain.ShowDialog();                             //显示考试主窗体
27                this.Close();                                     //关闭窗体
28          }
29          else
30          {
31              help.ShowMessage("你输入的编号或姓名有误，或已经提交试卷！", 2);
32              return;                                             //如果不合法则返回
33          }
34      }
35  }
```

代码第 12 行到第 35 行是“确定”按钮的单击事件，第 17 行调用自定义的 Check()方法判断考生输入的信息是否为空，该方法的定义在第 1 行到第 11 行，传入 Check 的两个参数分别是用户输入的考生编号和姓名，如果有一个为空则返回 false。第 19 行调用 LoginHelp 类的 Query()方法检查考生输入的信息是否正确，在下一节将介绍该类。第 23 行到第 26 行先后定义考生说明类和考生主窗体类，说明用户输入的信息正确后将打开这两个窗体。

16.6.2 登录的数据处理类

在登录窗体中需要对考生输入的考生编号和姓名进行判断，而在登录窗体中并没有定义查询数据库的方法，而是调用 LoginHelp 类的 Query()方法。在 LoginHelp 类封装了查询用户信息和处理消息类的方法，供登录窗体调用。

范例 16.7
LoginHelp.cs

LoginHelp.cs 登录窗体数据处理类，LoginHelp 类能够验证考生输入考生编号和姓名是否正确。
（光盘\ch16\Exam\ExamClient\Login\LoginHelp.cs）

```
namespace ExamClient.Login                                  //所在命名空间“ExamClient.Login”
{
    class LoginHelp                                         //登录助手类
    {
        public void ShowMessage(string Msg, int flag)//消息处理类
        {
            switch (flag)              //判断标志，1 表示错误信息，2 表示提示信息
            {
                case 1: MessageBox.Show(Msg, "提示", MessageBoxButtons.OK,
                                    MessageBoxIcon.Error);          //错误信息
                    break;                                          //跳出 switch
                case 2: MessageBox.Show(Msg, "提示", MessageBoxButtons.OK,
                                    MessageBoxIcon.Information);    //提示信息
                    break;                                          //跳出 switch
            }
        }
        public string GetConnectionString()                 //获取连接字符串的类
        {
            string ConnectionString = CommonClass.Tester.GetConnectionString();
              return ConnectionString;                      //返回连接信息
        }
        public bool Query(string Sno, string Name)          //执行查询的方法
        {
            SqlConnection conn = new SqlConnection(this.GetConnectionString());//连接对象
            SqlCommand cmd = new SqlCommand();              //定义 SqlCommand 对象
            cmd.Connection = conn;                          //定义连接属性
            cmd.CommandType = CommandType.StoredProcedure;//定义执行类型为存储过程
            cmd.CommandText = "Tester_Login";               //设置要执行的存储过程
            (cmd.Parameters.Add("@Sno", SqlDbType.VarChar, 16)).Value=Sno;//考生编号
            (cmd.Parameters.Add("@Name", SqlDbType.VarChar, 16)).Value = Name;//姓名
            try
            {
                cmd.Connection.Open();                      //打开连接//执行查询操作
                    SqlDataReader dr = cmd.ExecuteReader
(CommandBehavior.CloseConnection);
                if (dr.HasRows)                             //判断是否为空
                {
                    dr.Read();                              //读取结果集的第一行
```

```
38                  CommonClass.Tester.Sno = dr["Sno"].ToString();       //获取编号
39                  CommonClass.Tester.Name = dr["Name"].ToString();   //获取姓名
40                  CommonClass.Tester.Class = dr["Class"].ToString();   //获取班级
41                      return true;                                      //返回成功标志
42              }
43              else
44              {
45                  return false;                                         //返回失败标志
46              }
47          }
48          catch (SqlException ex)                                       //异常处理
49          {
50              ShowMessage("登录失败，原因是："+ex.Message, 1);
51              return false;                                             //返回失败标志
52          }
53      }
54    }
55 }
```

上述代码中，第 22 行到第 55 行定义 Query()方法，该方法实现了验证用户输入的考号和姓名是否正确的功能。其中第 24 行定义数据库连接类，实例化连接对象的输入参数是 this.GetConnectionString()方法的返回值。GetConnectionString()方法在第 17 行到第 21 行定义，该方法的功能是调用公共类 Tester 中的连接方法。第 28 行设置要执行的存储过程。本系统中用到的所有存储过程都在数据库 db_ExamSys.mdf 中，在光盘的位置："\ch16\Exam\数据库\db_ExamSys.mdf"。

16.6.3 进入考试界面

在登录页面中，输入正确的考生信息，单击"确定"按钮，就会打开如图 16-16 所示的"考生必读"对话框，在该对话框中显示考试过程中的注意事项。

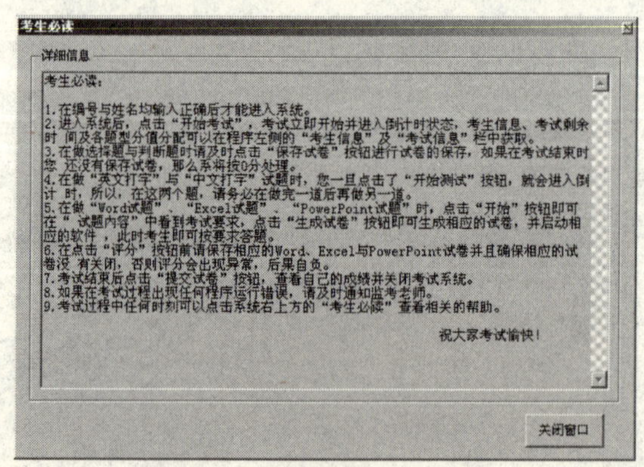

图 16-16 "考生必读"对话框

在"考生必读"对话框中单击"关闭窗口"按钮将把该窗口关闭，同时将显示图 16-17 所示的考生考试主界面。在该界面的上部可以看到考生编号、姓名、班级信息，在主界面的左侧是开始考试、结束考试按钮、剩余时间提示，主界面的中央是答题区域。

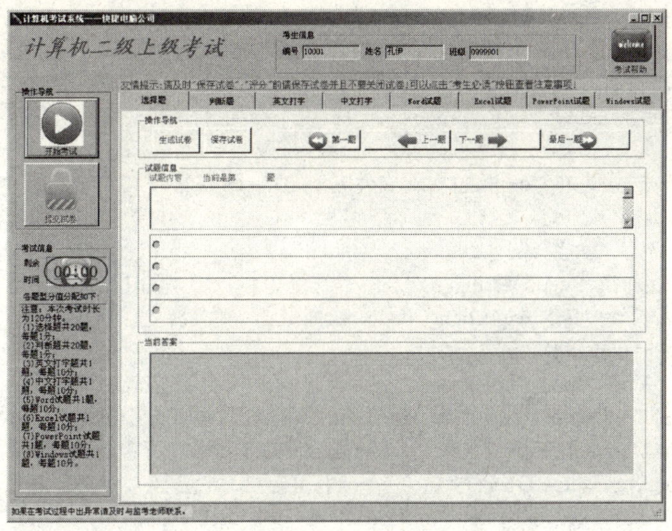

图 16-17　考试主界面

通过主界面考生可以看到该考试一共包括选择题、判断题、英文打字题、中文打字题、Word 试题、Excel 题、PowerPoint 试题、Windows 试题。窗体加载事件中需要初始化题目类型和分值，并显示到窗体中。

范例 16.8
frmMain.cs

frmMain.cs 考试窗体的加载事件完成了从数据库中查询考试题型和考题分值等信息，并将查询结果显示到提示栏中的功能。（光盘\ch16\Exam\ExamClient\frmMain.cs）.

```
private CommonClass.TesterHelp help = null;
private void frmMain_Load(object sender, EventArgs e)          //窗体加载事件
{
        help = new ExamClient.CommonClass.TesterHelp();         //实例化助手类
        help.Query();                                           //查询考题设置
        this.Init();                                            //初始化界面方法
}
private void Init()                                             //初始化界面
{
       string tipstr = "";                                      //用来记录提示信息
       tipstr = "注意：本次考试时长为" + CommonClass.Tester.TestTime.ToString() + "分钟\n";
       tipstr += "(1)选择题共" + CommonClass.Tester.SelectAmount.ToString() + "题，" +
            "每题" + CommonClass.Tester.SelectValue.ToString() + "分；\n";
       tipstr += "(2)判断题共" + CommonClass.Tester.JudgementAmount.ToString() + "题，" +
            "每题" + CommonClass.Tester.JudgementValue.ToString() + "分；\n";
       tipstr += "(3)英文打字题共" + CommonClass.Tester.EngTypeValue.ToString() + "分；\n";
       tipstr += "(4)中文打字题共" + CommonClass.Tester.ChiTypeValue.ToString() + "分；\n";
       tipstr += "(5)Word 试题共" + CommonClass.Tester.WordValue.ToString() + "分；\n";
       tipstr += "(6)Excel 试题共" + CommonClass.Tester.ExcelValue.ToString() + "分；\n";
       tipstr += "(7)PowerPoint 试题共" + CommonClass.Tester.PowerPointValue.ToString() + "分\n";
       tipstr += "(8)Windows 试题共" + CommonClass.Tester.WindowsValue.ToString() + "分。";
       tbSno.Text = CommonClass.Tester.Sno.ToString() ;              //给编号文本框赋值
```

```
23          tbName.Text = CommonClass.Tester.Name.ToString();              //给姓名文本框赋值
24          tbClass.Text = CommonClass.Tester.Class.ToString();            //给班级文本框赋值
25          lTip.Text = tipstr;                                            //显示各类型分值信息
26          time = Int32.Parse(CommonClass.Tester.TestTime) * 60;          //将分钟转换成秒
27      }
28      // Query 方法是在 CommonClass 文件夹下的 TesterHelp 文件下定义的
29      public bool Query()                                   //初始化题目的分值信息
30      {
31          this.GetConnectionString();                       //获取连接字符串
32          conn = new SqlConnection(ConnectionString); //实例化连接对象
33          cmd = new SqlCommand();                           //实例化空的执行命令对象
34          cmd.Connection = conn;                      //设置连接属性
35          cmd.CommandType = CommandType.Text;//设置执行命令的类型
36          cmd.CommandText = "select * from ExamSetting";//设置查询字符串，从考题设置表中查询
37          cmd.Connection.Open();             //打开连接，设置连接对象伴随 dr 的关闭而关闭
38          dr = cmd.ExecuteReader(CommandBehavior.CloseConnection);//执行查询
39          if (dr.HasRows)
40          {
41              dr.Read();                            //读取数据
42              CommonClass.Tester.TestTime = dr["TestTime"].ToString();           //设置考试时长
43              CommonClass.Tester.SelectAmount = dr["SelectAmount"].ToString(); //选择题数量
44              CommonClass.Tester.SelectValue = (dr["SelectValue"]).ToString();   //选择题分数
45              CommonClass.Tester.JudgementAmount = dr["JudgementAmount"].ToString();//判断题数
46              CommonClass.Tester.JudgementValue = dr["JudgementValue"].ToString();//判断题分数
47              CommonClass.Tester.WordValue = dr["WordValue"].ToString();        //word 题分数
48              CommonClass.Tester.ExcelValue = dr["ExcelValue"].ToString();      //Excel 题分数
49              CommonClass.Tester.PowerPointValue = dr["PowerPointValue"].ToString();//PPT 分数
50              CommonClass.Tester.WindowsValue = dr["WindowsValue"].ToString();//Windows 分数
51              CommonClass.Tester.ChiTypeValue = dr["ChiTypeValue"].ToString(); //汉字输入分数
52              CommonClass.Tester.EngTypeValue = dr["EngTypeValue"].ToString(); //英文输入分数
53              CommonClass.Tester.MaxChiTypeWords = dr["MaxChiTypeWords"].ToString();
54              CommonClass.Tester.MaxEngTypeWords = dr["MaxEngTypeWords"].ToString();
55              return true;
56          }
57          else
58          {
59              return false;
60          }
61      }
```

代码第 2 行到第 7 行定义了窗体加载事件，该事件中的第 5 行调用 Query()方法，该方法实现了查询考题类型和分值的功能，Query()方法是在 CommonClass 文件夹下的 TesterHelp 文件下定义的，第 29 行到第 61 行给出了该代码的定义，第 36 行定义查询字符串，从考题设置表（ExamSetting）中查询考题的类型和分值等信息，第 41 行到第 54 行查询各试题的分值和数量等信息，其中第 53 行表示汉字打字题中每行显示最多的汉字数，第 54 行表示英文打字中每行显示的最多因为字符数。在窗体加载事件的第 6 行调用 Init()方法，该方法在第 8 行到第 27 行定义，完成将在 Query()方法中查询的试题信息显示到窗体中。

16.6.4 开始考试

在考试主界面中单击“开始考试”按钮即可进入考试时间，一旦开始考试就不可以返回，除非交卷。所以在开始考试前，考生需要确认各种信息无误。

范例 16.9
frmMain.cs

frmMain.cs 开始考试事件完成为考生新建一个空的成绩单，并开始倒计时的功能。
（光盘\ch16\Exam\ExamClient\frmMain.cs）.

```
01  private void bStartTest_Click(object sender, EventArgs e)              //开始考试事件
02  {
03          help.ShowMessage("考试已进入倒计时,请抓紧时间答题!", 2);//显示提示信息
04          help.CreateExamScore();                                          //新建一个考生成绩单
05          bStartTest.Enabled = false;                                      //开始按钮设置为不可活动
06          this.tcSubjects.Enabled = true;                                  //选项卡为可活动
07          tTime.Enabled = true;                                            //设置计数器运行
08          bSubmit.Enabled = true;                                          //交卷按钮为可活动状态
09  }
10  public void CreateExamScore()                                             //添加成绩信息
11  {
12          if (cmd.Connection.State == ConnectionState.Open)                //判断是否与连接数据库
13          {
14                  cmd.Connection.Close();                                  //关闭连接
15          }
16          cmd.CommandType = CommandType.StoredProcedure;                   //设置执行类型为存储过程
17          cmd.CommandText = "insert_ExamScore";                            //存储过程名
18          cmd.Parameters.Clear();                                          //清除存储过程中的参数
19          (cmd.Parameters.Add("@SNO", SqlDbType.VarChar, 10)).Value = CommonClass.Tester.Sno;
20          (cmd.Parameters.Add("@Class", SqlDbType.VarChar, 8)).Value = CommonClass.Tester.Class;
21          cmd.Connection.Open();                                           //打开连接
22          cmd.ExecuteNonQuery();                                           //执行存储过程
23  }
```

代码第 1 行到第 9 行是“开始考试”按钮的单击事件，第 3 行调用帮助类的消息处理方法，提示用户此时已经开始考试。第 7 行代码设置计时器开始工作。第 4 行调用帮助类的 CreateExamScore()方法，实现为考生新建一个空成绩单的功能。该方法在第 10 行到第 23 行列出，第 17 行设置调用存储过程名称，第 18 行清除存储过程中的参数，避免上次执行存储过程参数干扰。

16.6.5 生成随机选择题

开始考试后并没有显示试题，这时需要考生单击“生成试卷”按钮，此时将随机生成选择题。考生可以看到当前选择题题号、选择题题目、选择题选项以及所选答案区域，生成的随机选择题界面如图 16-18 所示。

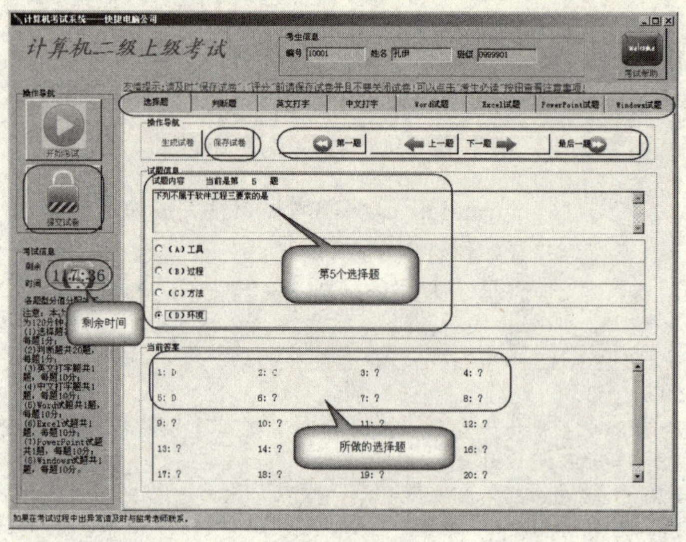

图 16-18　选择题界面

用户单击“生成试卷”按钮后，该按钮变灰色，同时“保存试卷”按钮变为可活动。这时调用 TesterHelp 类的生成选择题方法，该方法代码如下所示。

范例 16.10 TesterHelp.cs　　TesterHelp.cs 生成选择题的 Choose()方法通过从数据库中查询试题信息实例化对应的数组，完成使用数组保存各题信息的功能。（光盘\ch16\Exam\ExamClient\CommonClass\TesterHelp.cs）.

```
public bool Choose()                                              //生成选择题
{
     string sno=CommonClass.Tester.Sno;                           //获取考生编号
    int rows = 0;
    string cmdSql = "select * from Question_Choose";              //设置查询选择题的 SQL 命令
    int MaxAmount = Int32.Parse(CommonClass.Tester.SelectAmount);//选择题数量
    string[] Cno = RandomCno(MaxAmount, "Choose", cmdSql);        //获取随机的题号数组
    DataTable dt = ds.Tables["Choose"];
    DataRow Row = null;
    Choose_Cno = new string[MaxAmount];                           //实例化选择题题号数组大小
     Choose_Content = new string[MaxAmount];                      //实例化选择题内容数组大小
     Choose_KeyA = new string[MaxAmount];                         //实例化选项 A 数组大小
     Choose_KeyB = new string[MaxAmount];                         //实例化选项 B 数组大小
     Choose_KeyC = new string[MaxAmount];                         //实例化选项 C 数组大小
     Choose_KeyD = new string[MaxAmount];                         //实例化选项 D 数组大小
     Choose_Answer = new string[MaxAmount];                       //实例化答案数组大小
    Choose_StuKey = new string[MaxAmount];                        //实例化所选项数组大小
    if (cmd.Connection.State == ConnectionState.Open) //判断连接状态
    {
        cmd.Connection.Close();
    }
    cmd.Parameters.Clear();                                       //清空参数
    cmd.CommandType = CommandType.StoredProcedure;                //定义执行存储过程
    cmd.CommandText = "insert_Paper_Choose";                      //执行插入选择题的储存过程
```

```
25          cmd.Parameters.Add("@SNO", SqlDbType.VarChar, 10);        //考生编号
26          cmd.Parameters.Add("@CNO", SqlDbType.VarChar, 5);         //题号
27          cmd.Parameters.Add("@Answer", SqlDbType.VarChar, 5);      //答案
28          cmd.Parameters.Add("@Score", SqlDbType.Float);            //得分
29          cmd.Connection.Open();                                    //打开连接
30          try
31          {
32              while (rows < MaxAmount)                              //循序所有的选择题
33              {
34                  Row = dt.Select("Cno=" + Cno[rows])[0];
35                  Choose_Cno[rows] = Row["Cno"].ToString();         //获取题号
36                  Choose_Content[rows] = Row["Content"].ToString(); //获取选择项内容
37                  Choose_KeyA[rows] = Row["KeyA"].ToString();       //获取选择项 A 的内容
38                    Choose_KeyB[rows] = Row["KeyB"].ToString();     //获取选择项 B 的内容
39                    Choose_KeyC[rows] = Row["KeyC"].ToString();     //获取选择项 C 的内容
40                    Choose_KeyD[rows] = Row["KeyD"].ToString();     //获取选择项 D 的内容
41                    Choose_Answer[rows] = Row["Answer"].ToString();//获取获取答案
42                  Choose_StuKey[rows] = "?";
43                  cmd.Parameters["@SNO"].Value = CommonClass.Tester.Sno;//考号
44                  cmd.Parameters["@CNO"].Value = Choose_Cno[rows];      //题号
45                  cmd.Parameters["@Answer"].Value = "?";                //所选答案
46                  cmd.Parameters["@Score"].Value = 0;                   //得分
47                  cmd.ExecuteNonQuery();                                //执行存储过程
48                  rows++;                                               //下一行
49              }
50              return true;                                              //返回成功标志
51          }
52          catch
53          {
54              ShowMessage("生成试卷时出错！", 2);
55              return false;                                             //返回失败标志
56          }
57          finally
58          {
59              cmd.Connection.Close();
60          }
61      }
    }
```

代码第 5 行定义 SQL 语句，从 Question_Choose 表中查询试题信息。第 10 行到第 17 行根据选择题的个数实例化选择题题号数组、选择题内容数组、选择项数组、正确答案数组、考生所选项数组的大小。第 35 行到第 42 行使用查询到结果为这些数组赋值，这样就完成了使用这些数组保存试题相关信息的功能，避免考生在做题的过程中时查询数据库。

生成前台界面调用 Choose()方法为数组赋值，通过这些数组可以将选择题信息显示到窗体中，显示效果如图 16-2 所示。

范例 16.11
frmMain.cs

frmMain.cs 生成试卷按钮的单击事件完成了调用 Choose()方法，并将选择题信息显示到窗体的功能。（光盘\ch16\Exam\ExamClient\frmMain.cs）.

```
01  private void bStartChoose_Click(object sender, EventArgs e)  //生成选择题
02  {
03      if (help.Choose())                                        //实例化选择题
04      {
05          CurChooseRow = 0;                                     //当前题号
06          MaxAmountChoose = Int32.Parse(CommonClass.Tester.SelectAmount); //选择题总数
07          this.ShowChoose(CurChooseRow);                        //显示选择题内容和选择项
08          this.ShowNo(lChooseNo, CurChooseRow);                 //显示当前题号
09          this.lvAnswers(MaxAmountChoose, lvChoose);            //显示考生所选答案区域
10          bSaveChoose.Enabled = true;                           //保存按钮为活动状态
11          tlpChoose.Enabled = true;                             //命令按钮所在面板为活动状态
12          tlpChooseKeys.Enabled = true;                         //选择项所在面板为活动状态
13      }
14      bStartChoose.Enabled = false;
15  }
16  public void ShowChoose(int i)                                 //显示选择题
17  {
18      tbChooseContent.Text = help.Choose_Content[i].ToString();//选择题题目
19      rbKeyA.Text = help.Choose_KeyA[i].ToString();             //选项 A
20      rbKeyB.Text = help.Choose_KeyB[i].ToString();             //选项 B
21      rbKeyC.Text = help.Choose_KeyC[i].ToString();             //选项 C
22      rbKeyD.Text = help.Choose_KeyD[i].ToString();             //选项 D
23  }
24  private void ShowNo(Label lNo, int no)                        //在传入的标签上显示题号
25  {
26      no += 1;                                                  //题号
27      lNo.Text = no.ToString();                                 //显示到标签中
28  }
29  private void lvAnswers(int MaxAmount, ListView lv)            //显示考生所选答案区域
30  {
31      int i = 0;
32      ListViewItem[] lvi = new ListViewItem[MaxAmount];         //定义列表视图项数组
33      while (i < MaxAmount)                                     //循环所有的试题
34      {
35          lvi[i] = new ListViewItem();                          //实例化视图列表项
36          lvi[i].Text = (i + 1).ToString() + ": ?";             //设置 Text 属性
37          lvi[i].ForeColor = Color.Blue;                        //设置字体颜色
38          lv.Items.Add(lvi[i]);                                 //添加到 ListView 中
39          i++;                                                  //自加 1，表明进入下一题
40      }
41  }
```

代码第 1 行到第 15 行是“生成试卷”按钮的单击事件，其中第 3 行调用生成选择题的 Choose()方法，第 7 行调用 ShowChoose()方法将选择题显示到界面中，该方法在地 16 行到第 23 行定义，完成将 Choose()方法中赋值的选择题题目数组和选择项数组显示到界面中。第 9 行调用 lvAnswers()方法，显示考生所选答案区域，该方法在第 29 行到第 41 行定义，设置考生没有做的题目答案是“？”。第 8 行调用 ShowNo()方法，实现在标签上显示当前题号。

16.6.6 考生答题

通过图 16-18 所示的界面可以看到，在选择题界面中有“第一题”、“上一题”、“下一题”、“最后一题”按钮，通过这些按钮可以定位到不同的选择题。在选择题答题区域可以选择不同的选择项。选择完毕在下面的答题区域中将看到所选的答案。

范例 16.12
frmMain.cs

frmMain.cs 该代码段提供了考生选择不同的选择项，并完成了将考生选择的答案显示到答题区域中的功能。
（光盘\ch16\Exam\ExamClient\frmMain.cs）

```
private void rbKeyA_Click(object sender, EventArgs e)                //选项 A
{
      if (rbKeyA.Checked)                                            //如果选中
      {
          help.Choose_StuKey[CurChooseRow] = "A";  //保存到学生答题数组中，下标为题号
          lvChoose.Items[CurChooseRow].Text = (CurChooseRow + 1).ToString() + ": A";//显示
          lvChoose.Items[CurChooseRow].ForeColor = Color.Red;//设置字体为红色
      }
}
private void rbKeyB_Click(object sender, EventArgs e)          //选项 B
{
      if (rbKeyB.Checked)                                      //如果选中
      {
            help.Choose_StuKey[CurChooseRow] = "B";            //保存到数组中，下标为题号
            lvChoose.Items[CurChooseRow].Text = (CurChooseRow + 1).ToString() + ": B";
            lvChoose.Items[CurChooseRow].ForeColor = Color.Red;//设置字体为红色
      }
}
private void rbKeyC_Click(object sender, EventArgs e)          //选项 C
{
      if (rbKeyC.Checked)                                      //如果选中
      {
            help.Choose_StuKey[CurChooseRow] = "C";            //保存到数组中，下标为题号
            lvChoose.Items[CurChooseRow].Text = (CurChooseRow + 1).ToString() + ": C";
            lvChoose.Items[CurChooseRow].ForeColor = Color.Red;//设置字体为红色
      }
}
private void rbKeyD_Click(object sender, EventArgs e)          //选项 D
{
      if (rbKeyD.Checked)                                      //如果选中
      {
            help.Choose_StuKey[CurChooseRow] = "D";            //保存到数组中，下标为题号
            lvChoose.Items[CurChooseRow].Text = (CurChooseRow + 1).ToString() + ": D";
            lvChoose.Items[CurChooseRow].ForeColor = Color.Red;//设置字体为红色
      }
}
private void bChooseFir_Click(object sender, EventArgs e)      //第一个选择题
{
      this.ShowChoose(0);                                      //显示第一个选择题
      this.ShowNo(lChooseNo, 0);                               //显示题号
```

```
41    }
42    private void bChoosePre_Click(object sender, EventArgs e)    //上一个选择题
43    {
44        CurChooseRow--;                                          //题号减 1,表示上一题
45        if (CurChooseRow < 0)                                    //判断是否到了第一题
46        {
47            CurChooseRow = 0;
48        }
49        ShowChoose(CurChooseRow);                                //显示指定选择题
50        this.ShowNo(lChooseNo, CurChooseRow);
51    }
52    private void bChooseNext_Click(object sender, EventArgs e)   //下一个选择题
53    {
54        CurChooseRow++;                                          //题号加 1,表示下一题
55        if (CurChooseRow >= MaxAmountChoose)                     //判断是否越界
56        {
57            CurChooseRow = MaxAmountChoose - 1;
58        }
59        ShowChoose(CurChooseRow);                                //显示指定选择题
60        this.ShowNo(lChooseNo, CurChooseRow);
61    }
62    private void bChooseLast_Click(object sender, EventArgs e)   //最后一个选择题
63    {
64        CurChooseRow = MaxAmountChoose - 1;                      //最后一个题号
65        ShowChoose(CurChooseRow);                                //显示指定选择题
66        this.ShowNo(lChooseNo, CurChooseRow);                    //在标签上显示题号
67    }
```

代码第 1 行到第 36 行是考试选择不同的选项所触发的事件，其中第 3 行判断选择项 A 是否被选中，第 5 行表示将 A 保存到考生答题数组中，第 6 行和第 7 行表示在答案区域的列表视图对应的题号后显示红色的 A，选择项 B、C、D 的处理事件和 A 类似。第 39 行到第 41 行是“第一个题”按钮的单击事件，在该事件调用 ShowChoose()方法，传入参数为 0 表示显示第一个选择题。另外“上一题”、“下一题”、“最后一题”按钮的单击事件都是在调用 ShowChoose()方法时传入不同的参数实现的。

16.6.7 保存选择题结果

为选择题选择不同的选项后并没有把答案保存到数据库中，而是保存在数组中。这样就要求考生在做完选择题时需要单击“保存试卷”按钮来保存所做的题目。为了防止出现意外，考生也可以每做几道题就进行保存。

范例 16.13 frmMain.cs

frmMain.cs“保存试卷”按钮的单击事件完成调用帮助类的 SavePaperChoose()方法，从而实现保存所做选择题答案的功能。（光盘\ch16\Exam\ExamClient\frmMain.cs）

```
private void bSaveChoose_Click(object sender, EventArgs e)//将已经做好的题保存
{
    try
    {
```

```
            help.SavePaperChoose();                        //调用保存方法保存所做的选择题答案
            help.ShowMessage("选择题试卷保存成功!", 2);
        }
        catch
        {
            help.ShowMessage("选择题试卷保存失败!", 1);
        }
}
public void SavePaperChoose()                              //保存选择题
{
    CommonClass.Tester.ChooseScore = 0;                    //初始化选择题得分
    if (cmd.Connection.State == ConnectionState.Open) //判断是否与连接数据库
    {
        cmd.Connection.Close();                            //关闭连接
    }
    try
    {
        cmd.CommandType = CommandType.StoredProcedure;//设置执行类型为存储过程
        cmd.CommandText = "update_Paper_Choose";       //调用记录考生答案的储存过程
        cmd.Connection.Open();                         //打开连接
        for (int i = 0; i < Int32.Parse(CommonClass.Tester.SelectAmount); i++)
        {
            cmd.Parameters.Clear();
            (cmd.Parameters.Add("@SNO", SqlDbType.VarChar, 10)).Value =
                        CommonClass.Tester.Sno;                 //编号
            (cmd.Parameters.Add("@CNO", SqlDbType.VarChar, 5)).Value =
                        this.Choose_Cno[i].ToString();          //题号
            (cmd.Parameters.Add("@Answer", SqlDbType.VarChar, 5)).Value =
                        this.Choose_StuKey[i];                  //选择的选项
            cmd.Parameters.Add("@Score", SqlDbType.Float);
            if (Choose_StuKey[i] == Choose_Answer[i])           //如果选择项正确
            {
                cmd.Parameters["@Score"].Value = float.Parse(
                            CommonClass.Tester.SelectValue);     //选择题分值
                CommonClass.Tester.ChooseScore += float.Parse(
                            cmd.Parameters["@Score"].Value.ToString());//加本题得分
            }
            else
            {
                cmd.Parameters["@Score"].Value = 0;      //如果选择项不正确得分为 0
            }
            cmd.ExecuteNonQuery();                         //执行存储过程
        }
        cmd.Connection.Close();                            //关闭连接
          cmd.CommandType = CommandType.StoredProcedure; //设置执行类型为存储过程
        cmd.CommandText = "update_ExamScore_Choose";        //更新选择题得分
        cmd.Parameters.Clear();                             //清空存储过程参数
        (cmd.Parameters.Add("@SNO", SqlDbType.VarChar, 10)).Value =
                    CommonClass.Tester.Sno;                 //编号
        (cmd.Parameters.Add("@ChooseScore", SqlDbType.Float)).Value =
                    CommonClass.Tester.ChooseScore;//选择题得分
        cmd.Connection.Open();                              //打开连接
```

```
57                  cmd.ExecuteNonQuery();                          //执行存储过程
58              }
59              catch (SqlException ex)
60              {
61                  ShowMessage("保存选择题试卷时出错,原因是:" + ex.Message, 1);
62              }
63              finally
64              {
65                  cmd.Connection.Close();                         //关闭连接
66              }
67          }
```

代码第 5 行调用 TesterHelp 类的 SavePaperChoose()方法，实现保存考生做题的答案，该代码在第 13 行到第 67 行定义，其中第 23 行设置执行的存储过程为 update_Paper_Choose，第 28 行到第 38 行分别设置该存储过程的考生编号、题号、选择项、本题得分参数。第 50 行设置执行 update_ExamScore_Choose，该存储过程完成将考生选择题答案保存到 ExamScore_Choose 表中。第 61 行调用自定义的消息处理方法，弹出错误提示对话框，其中第 1 个参数表示显示的信息，第 2 个参数表示显示的对话框类型。

16.6.8 结束考试

考生完成所有试题后，可以在主窗体中单击“交卷”按钮完成交卷功能，这时将弹出如图 16-19 所示的成绩对话框，该对话框中包括考生总成绩以及各题型对应的成绩。

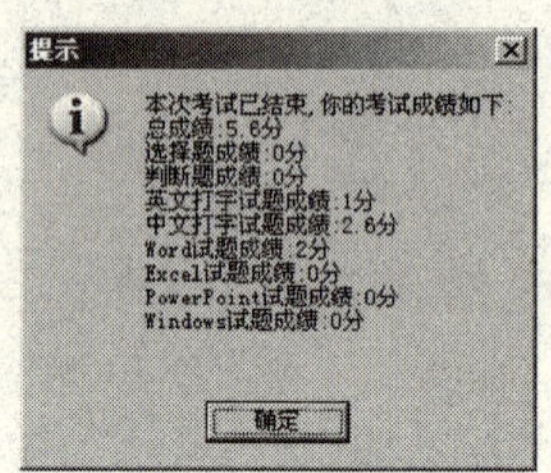

图 16-19　成绩对话框

在交卷事件中调用显示成绩的方法 ShowScore()，该方法将每种题型的得分加一块得出总成绩，然后依次显示每种题型得分。在弹出的得分对话框中，考生单击“确定”按钮将退出考试系统。

范例 16.14　frmMain.cs

frmMain.cs“保存试卷”按钮的单击事件完成调用帮助类的 SavePaperChoose()方法，从而实现保存所做选择题答案的功能。（光盘\ch16\Exam\ExamClient\frmMain.cs）

```
private void bSubmit_Click(object sender, EventArgs e)          //交卷事件
{
    if (MessageBox.Show("你真的准备交卷吗?", "提示", MessageBoxButtons.YesNo,
        MessageBoxIcon.Question) == DialogResult.Yes)  //提示信息
    {
        HelpGrade UpdateState = new HelpGrade();        //实例化 HelpGrade 对象
        UpdateState.TestingFinished();                  //调用结束考试方法
        this.ShowScore();                               //显示成绩
        IsFinished = true;                              //设置结束标志
        Application.Exit();                             //关闭应用程序
    }
}
private void ShowScore()                                //显示成绩
{
    float score = CommonClass.Tester.ChiTypeScore +
```

```
16                  CommonClass.Tester.EngTypeScore +
17                  CommonClass.Tester.ChooseScore;                    //打字输入题和选择题分数
18          score += CommonClass.Tester.JudgementScore +
19                  CommonClass.Tester.WordScore +
20                  CommonClass.Tester.ExcelScore;               //判断题、Word 题和 Excel 题分数
21          score += CommonClass.Tester.PowerPointScore +
22                  CommonClass.Tester.WindowsScore;             //PPT 题、Windows 题分数
23          string msg = "本次考试已结束,你的考试成绩如下:\n";
24          msg += "总成绩:" + score.ToString() + "分\n";
25          msg += "选择题成绩:" + CommonClass.Tester.ChooseScore.ToString() + "分\n";
26          msg += "判断题成绩:" + CommonClass.Tester.JudgementScore.ToString() + "分\n";
27          msg += "英文打字试题成绩:" + CommonClass.Tester.EngTypeScore.ToString() + "分\n";
28          msg += "中文打字试题成绩:" + CommonClass.Tester.ChiTypeScore.ToString() + "分\n";
29          msg += "Word 试题成绩:" + CommonClass.Tester.WordScore.ToString() + "分\n";
30          msg += "Excel 试题成绩:" + CommonClass.Tester.ExcelScore.ToString() + "分\n";
31          msg += "PowerPoint 试题成绩:" + CommonClass.Tester.PowerPointScore.ToString() + "分\n";
32          msg += "Windows 试题成绩:" + CommonClass.Tester.WindowsScore.ToString() + "分";
33          help.ShowMessage(msg, 2);                          //调用消息处理方法
34      }
```

代码第 1 行到第 12 行是提交按钮的单击事件。第 3 行和第 4 行询问考生是否交卷，如果考生选择“确定”才执行交卷操作，这样可以防止考生不小心交卷。代码第 7 行执行 TestingFinished()方法，该方法将考生状态更改为已交卷。第 8 行调用 ShowScore()方法，该方法用来显示考生本次考生所得分数。ShowScore()方法在第 13 行到第 34 行定义，第 15 行到第 22 行将各种题型得分加在一块，得出总成绩。第 33 行调用 ShowMessage()方法，显示考生得分信息。

代码第 6 行调用 HelpGrade 类的 TestingFinished()方法，实现了更改考生状态为结束考试状态。该方法是在 GradePaper 文件夹下 HelpGrade 文件中定义的，代码如下所示。

范例 16.15
HelpGrade.cs

HelpGrade.cs 本文件的 TestingFinished()方法在完成考试时调用，实现了设置考生考生状态的功能。

（光盘\ch16\Exam\ExamClient\GradePaper\HelpGrade.cs）

```
public void TestingFinished()                               //结束考试方法
{
    string cmdstr = "update login set state=2 where Sno=@SNO";//定义更新语句，更改考生状态
    SqlConnection conn = new SqlConnection(CommonClass.Tester.GetConnectionString());
    SqlCommand cmd = new SqlCommand(cmdstr, conn);//定义 SqlCommand 对象
    cmd.CommandType = CommandType.Text;
    (cmd.Parameters.Add("@SNO", SqlDbType.VarChar, 10)).Value = CommonClass.Tester.Sno;
    try
    {
        cmd.Connection.Open();                          //打开连接
        cmd.ExecuteNonQuery();                                  //执行更新语句
    }
    catch (SqlException ex)
    {
```

```
15            ShowMessage("更新考试状态时出错！" + ex.Message, 2);
16        }
17        finally
18        {
19            conn.Close();                              //关闭连接
20        }
21    }
```

代码第 3 行定义用来更新 Login 表中考生状态的 SQL 语句，更新条件是 Sno 编号等于指定的考生编号，第 7 行将公共变量中保存的考生编号作为参数进行赋值，CommonClass.Tester.Sno 表示 CommonClass 命名空间的 Tester 类中的 Sno 变量。第 10 行和第 11 行用于打开连接并执行更新操作，第 19 行在 finally 语句块中将连接对象关闭。

16.7 服务器端查询模块

教师根据考试成绩可以得知学生的掌握情况，根据考试试卷详细得分信息可以得知学生哪里没有掌握好，从而可以有针对性地调整授课内容。教师登录管理系统后，可以查看考生考试信息以及考试各考题信息。本模块包含文件以及对应功能如表 16-12 所示。

表 16-12　公共类以及功能

文　件	功　能
frmStudentInfoQuery.cs	考生信息查询窗体，在该窗体中可以查看指定考生编号、姓名、班级、考试状态以及成绩信息。
frmStudentScoreQuery.cs	详细成绩查询窗体，在该窗体中可以查看指定考生的总成绩和各个题型得分情况。
HelpScoreQuery.cs	详细成绩查询的数据处理类，该类中包括详细成绩查询方法和消息处理方法。

16.7.1 考生成绩查询

在主窗体中选择“信息查询”菜单下的“考生信息查询”菜单项，将打开如图 16-20 所示的考试信息查询窗体，管理员在该窗体中输入考生考号后，单击“开始检索”按钮可以查看考生的考试状态和成绩等信息。

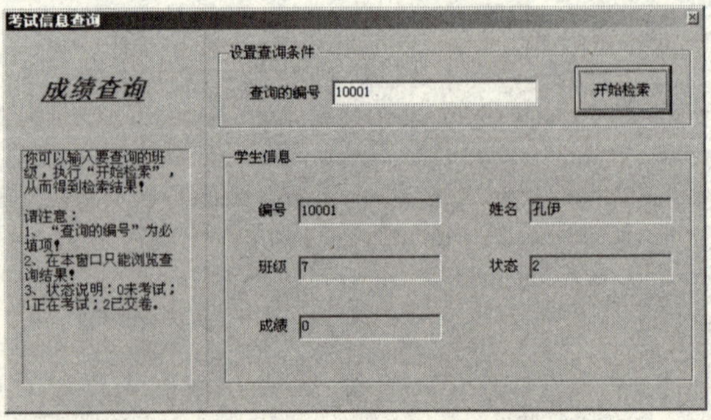

图 16-20　考试信息查询窗体

在考试信息查询窗体中查询考生信息时，“查询的编号”文本框为必填项，在本窗口只能浏览查询结果。状态文本框中显示的数字 2 表示该考生已经交卷，另外 0 表示未考试，1

表示正在考试。

范例 16.16
FrmStudentInfoQuery.cs

FrmStudentInfoQuery.cs 该窗体用来判断考生输入的信息是否正确，考生输入正确信息后可以进入考试主窗体。（光盘\ch16\Exam\ExamServer\Query\FrmStudentInfoQuery.cs）.

```
private void bQuery_Click(object sender, EventArgs e)           //“开始检索”按钮单击事件
{
    string sno = tbValue.Text.Trim();                           //获取文本框的值
    if (sno == "")                                              //判断是否为空
    {
        stuInfo.ShowMessage("编号不能为空!", 1);                  //调用消息处理方法
        tbValue.Focus();                                        //使文本框获得焦点
        return;                                                 //返回
    }
    stuInfo.Query(sno);                                         //查询该编号考试成绩信息
    tbSno.Text = stuInfo.Sno;                                   //设置编号文本框的值
    tbName.Text = stuInfo.Sname;                                //设置姓名文本框的值
    tbClass.Text = stuInfo.sClass;                              //设置班级文本框的值
    tbState.Text = stuInfo.State;                               //设置考试状态文本框的值
    tbScore.Text = stuInfo.Score;                               //设置成绩文本框的值
}
public void Query( string QueryValue)                           //查询方法，参数表示考试编号
{
    this.GetConnectionString();                                 //获取连接信息
    conn = new SqlConnection(ConnectionString);                 //创建连接对象
    cmd = new SqlCommand();                                     //定义执行命令
    cmd.Connection = conn;                                      //设置连接属性
    cmd.CommandType = CommandType.StoredProcedure;//设置执行存储过程
    cmd.CommandText = "Select_LoginBySNO";                      //执行的存储过程名
    cmd.Parameters.Add("@SNO", SqlDbType.VarChar, 10);//参数类型
    cmd.Parameters[0].Value = QueryValue;                       //为参数赋值
    try
    {
        cmd.Connection.Open();                                  //打开连接
        dr = cmd.ExecuteReader(CommandBehavior.CloseConnection);//执行操作
        if (dr.HasRows)                                         //判断是否有数据
        {
            dr.Read();                                          //读取
            Sno = dr["SNO"].ToString();                         //读取考生编号
            Sname = dr["Name"].ToString();                      //读取考生姓名
            sClass = dr["Class"].ToString();                    //读取考生班级
            State = dr["State"].ToString();                     //读取考生状态
            Score = dr["Score"].ToString();                     //读取考生成绩
        }
        else
        {
            ShowMessage("没有查到对应的学生信息！", 2);
        }
```

```
44          }
45          catch (SqlException ee)
46          {
47              ShowMessage("查询失败！原因是：" + ee.Message, 1);
48          }
49      }
```

代码第 1 行到第 16 行是“开始检索”按钮的单击事件，该事件主要是调用 HelpStudentInfoQuery 类的 Query()方法实现查询考生考试信息的功能。第 17 行到第 49 行实现了定义 Query()方法，该方法的参数表示考生编号，第 30 行表示连接对象随着 DataReader 对象的关闭而自动关闭。第 34 行到第 38 行将读取到的考生信息赋给该对象的属性，在“开始检索”按钮的单击事件中直接从这些属性中取得考生的相关信息，并将其显示到对应文本框中。

16.7.2 查看考生各题得分

在主窗体中选择“信息查询”菜单下的“详细成绩查询”菜单项，将打开如图 16-21 所示的详细成绩查询窗体，在该窗体中可以查看指定考生的各个题型得分情况。

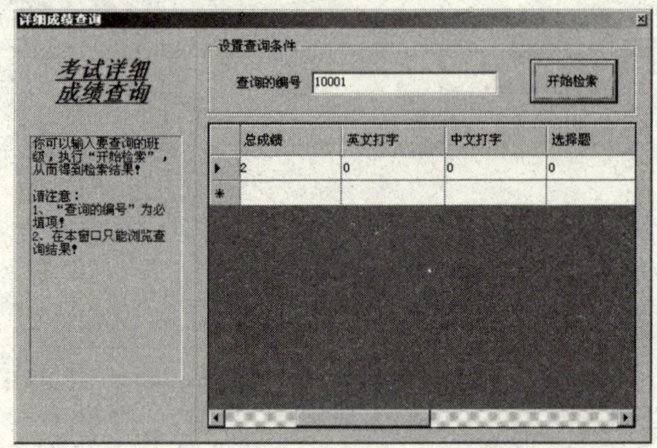

图 16-21　详细成绩查询窗体

在详细成绩查询窗体中输入考生编号后，单击“开始检索”按钮，将从数据库中获取考生考试的详细信息。在本窗口只能浏览查询结果，不可以对浏览到的结果进行修改。

范例 16.17　frmStudentScoreQuery.cs

frmStudentScoreQuery.cs 该窗体中可以根据考生的考生查看考生的各个题型得分情况。

（光盘\ch16\ Exam\ExamServer\ Query\frmStudentScoreQuery.cs）.

```
private void bQuery_Click(object sender, EventArgs e)          //开始检索按钮单击事件
{
     HelpScoreQuery scoreQuery = new HelpScoreQuery();   //定义查询成绩类对象
    int i = 0;
    if (tbValue.Text.Trim() == "")                                  //判断用户输入是否为空
    {
        scoreQuery.ShowMessage("查询值不能为空！", 1);           //消息处理类
        tbValue.Focus();                                             //使文本框得到焦点
        return;                                                      //返回重新输入
```

```
10          }
11          DataSet ds = scoreQuery.Query(tbValue.Text, 0);   //调用查询方法
12          bsQueryScore.DataSource = ds;                      //作为 bsQueryScore 的数据源进行填充
13          bsQueryScore.DataMember = "ExamScore";             //设置 BindingSource 绑定数据源的列表
14          dgvReexam.DataSource = bsQueryScore;               //填充 DataGridView
15          if (ds.Tables["ExamScore"].Rows.Count > 0)         //判断是否为空
16          {
17              for (i = 0; i < dgvReexam.ColumnCount - 1; i++)    //循环 DataGridView 的每一列
18              {
19                  dgvReexam.Columns[i].Width = 95;           //设置列宽
20              }
21          }
22          else
23          {
24              scoreQuery.ShowMessage("查询结果为空!", 2);
25          }
26      }
```

代码第 1 行到第 26 行是“开始检索”按钮的单击事件，在该事件中首先定义成绩查询的数据处理类对象。第 4 行定义整型变量 i 用来记录查询结果集中的列。第 5 行到第 10 行判断考生编号文本框是否为空，如果为空则调用消息处理方法，向用户提示错误信息。第 15 行到第 21 行读取结果集中的所有记录，并填充到 DataGridView 对象中。

第 7 行和第 11 行分别调用 HelpScoreQuery 类的 ShowMessage()方法和 Query()方法，来完成相应的功能，该类在 ShowMessage.cs 文件中定义。

范例 16.18
HelpScoreQuery.cs

HelpScoreQuery.cs 成绩查询的数据处理类，该类的 Query()方法完成了根据指定考号返回详细成绩结果集的功能。（光盘\ch16\Exam\ExamServer\Query\HelpScoreQuery.cs）.

```
class HelpScoreQuery
{
    public void ShowMessage(string Msg, int flag)          //消息处理方法
    {
        switch (flag)                                      //判断消息标志
        {
            case 1: MessageBox.Show(Msg, "提示", MessageBoxButtons.OK,
                        MessageBoxIcon.Error);
                break;                                     //跳出 switch 语句
            case 2: MessageBox.Show(Msg, "提示",
                        MessageBoxButtons.OK, MessageBoxIcon.Information);
                break;                                     //跳出 switch 语句
        }
    }
    public DataSet Query(string QueryValue,int flag)       //查询符合条件的结果集
    {
        SqlConnection conn = new SqlConnection(
                CommonClass.TestingData.GetConnectionString());//定义连接对象
        SqlCommand cmd = new SqlCommand();                 //定义执行命令对象
```

```
20            cmd.Connection = conn;                                  //设置连接属性
21            cmd.CommandType = CommandType.StoredProcedure;//设置执行查询类型为存储过程
22            SqlDataAdapter da = new SqlDataAdapter();              //定义 SqlDataAdapter
23            da.SelectCommand = cmd;                                //设置查询命令
24            switch (flag)                                          //判断按班级还是考生编号查询
25            {
26                case 0: cmd.CommandText = "Select_ReExamScoreBySNO";//按编号查询
27                    cmd.Parameters.Add("@SNO", SqlDbType.VarChar, 10);
28                    cmd.Parameters[0].Value = QueryValue;          //设置参数
29                    break;                                         //按编号
30                case 1: cmd.CommandText = "Select_ReExamScoreByClass";//按班级查询
31                    cmd.Parameters.Add("@Class", SqlDbType.VarChar, 8);
32                    cmd.Parameters[0].Value = QueryValue;          //设置参数
33                    break;                                         //按班级
34            }
35            try
36            {
37                DataSet ds = new DataSet();                        //定义数据集
38                da.Fill(ds, "ExamScore");                          //填充数据集
39                return ds;                                         //返回数据集
40            }
41            catch (SqlException ex)                                //处理异常
42            {
43                MessageBox.Show(ex.Message, ex);                   //弹出异常信息
44            }
45        }
46    }
```

代码第 15 行到第 45 行定义了 Query()方法，该方法有两个参数，第一个表示查询关键字，第 2 个表示查询标志，如果标志为 0 表示查询某考生的详细成绩，如果标志为 1 表示查询指定班级内所有考生的详细成绩信息，该方法返回类型为 DataSet。代码第 24 行到第 34 行使用 switch 语句来判断执行查询班级的存储过程还是执行查询考生的详细考试信息。代码第 38 行使用 SqlDataAdapter 将查询到的数据填充到结果集中。

第17章　旅游网站系统

随着人们生活水平的不断提高，消费开始呈现多样化，而旅游消费额每年都在增加。人们在出游前一般都先确定旅游景点，在网络上可以足不出户查询各地旅游景点信息，所以从互联网上获取信息成为人们首选的方式。在本章中我们就来开发一个旅游网站，满足广大旅游爱好者对旅游信息的查询。

本章的学习重点

- 了解旅游系统的基本需求。
- 了解如何绘制用例图。
- 学会如何分析和设计数据库。
- 学会如何使用 Visual Studio 2008+SQL Server 工具进行开发。
- 学会使用 ASP.NET 进行数据库的开发。

17.1　系统分析

17.1.1　需求分析

一个景点发布系统，必须由两部分组成，分别是系统前台和系统后台。其中系统后台供旅游网站管理者使用，用来管理各地旅游景点信息、旅游景点分类、用户信息以及用户评论信息。前台提供给普通浏览者使用，喜欢旅游的人们可以从互联网上方便地浏览各地的旅游信息，并且能够对景点信息发布自己评论，达到多个用户自由交流的目的。

17.1.2　功能分析

旅游信息网站分为前台和后台两个部分，其中前台是一个公共的平台，所有互联网上的用户都可以进行访问。旅游信息网站的后台则只提供给管理员身份的用户使用。在该系统中根据权限将用户分成三种角色，分别为普通用户、注册用户和管理员。

对于普通用户，可以自由地浏览各旅游景点信息、各地区旅游景点信息列表以及查看注册用户发表的评论信息等内容。

对于注册用户，除了具有普通用户的所有功能外，还可以在登录系统后对各旅游景点信息发表自己的见解和看法。

对于管理员，主要是登录网站后台对网站信息进行管理维护。管理员除了拥有注册的所有功能外，还可以对系统用户进行管理、对评论信息进行管理、对景点信息以及景点类型信息进行管理。

17.2 系统设计

17.2.1 绘制用例图设计系统功能

从前面的系统分析中知道景点系统一共包含三种用户角色，分别为普通用户、注册用户和管理员。下面就来分析这三个角色所对应的用例图。

普通用户仅仅能浏览景点、查看分类景点列表和查看用户评论，普通用户用例图如图 17-1 所示。

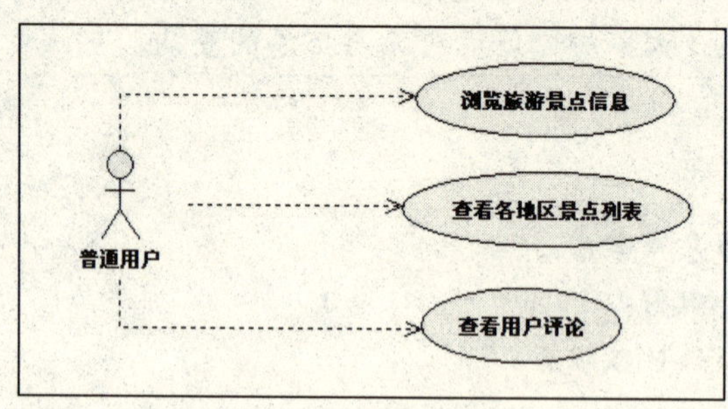

图 17-1 普通用户用例图

注册用户除了拥有普通用户的所有功能外，还可以对景点发表评论，注册用户用例图如图 17-2 所示。

管理员拥有了注册用户的全部功能，还可以对所有的景点信息、景点类型、用户以及用户评论进行统一管理。管理员用例图如图 17-3 所示。

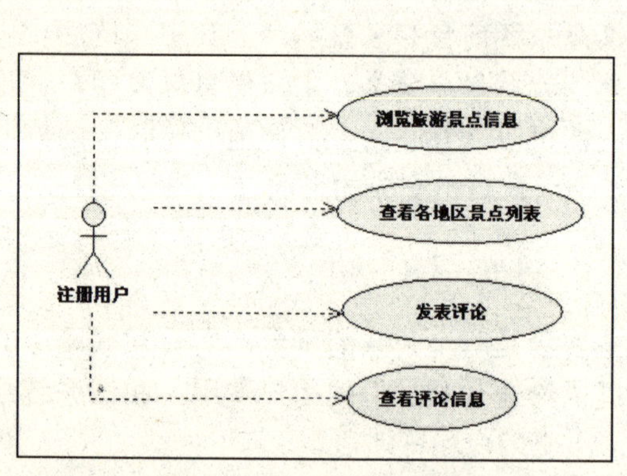

图 17-2 注册用户用例图

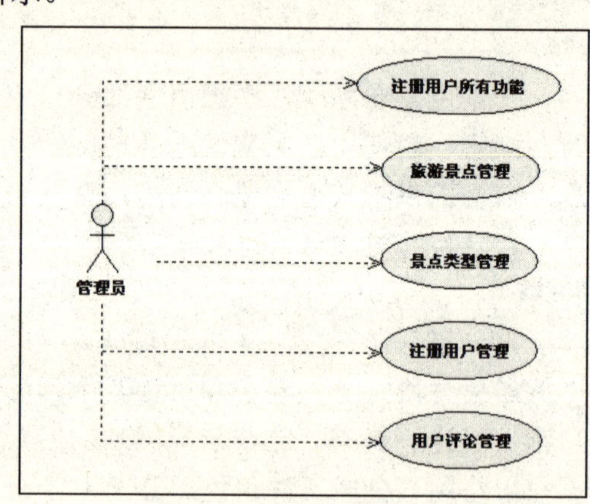

图 17-3 管理员用例图

17.2.2 绘制系统流程图

普通用户进入本系统后，将首先打开系统首页。在系统首页中，用户可以选择自己喜欢的版块，选择指定板块后将显示该板块的所有景点。注册用户登录后可以发表评论，管理员可以进入系统后台，在系统后台中可以对用户、景点内容、景点类型和评论进行管理。系统流程图如图 17-4 所示。

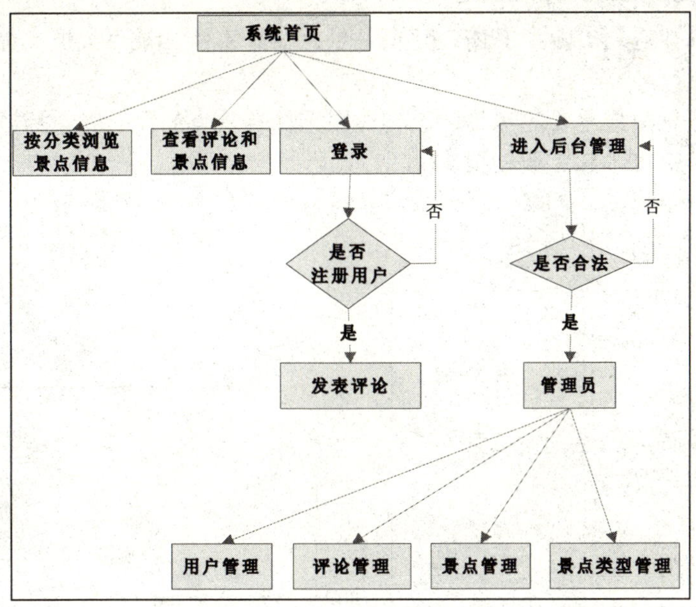

图 17-4　系统流程图

17.2.3 开发工具和开发技术的选择

本系统的开发工具如下所示。

- 系统开发平台：.NET Framework 3.5。
- 系统开发工具：Visual Studio 2008。
- 数据库管理软件：Microsoft SQL Server Management Studio 2005。

运行本系统的服务器端环境如下所示。

- Web 服务器：Microsoft IIS 6.0 或以上版本。
- 浏览器：IE7.0、IE8.0。
- 操作系统：Windows 2000/Windows XP/Windows 2003/Windows Vista。

客户端浏览建议使用 IE8.0，分辨率使用 1280×1024 像素。

17.3 数据库分析与设计

为了保证系统的稳定性和安全行，采用 SQLServer 2005 来做为本系统的数据库。其中数据库名称为 db_TRAVELNEWS.mdf，一共包含 4 张表，用来储存不同的信息，详细信息如图 17-5 所示。

图 17-5　数据库 db_TRAVELNEWS.mdf 中的所有数据表

17.3.1 数据库概念设计

本系统一共设计规划出四个实体，分别是景点信息实体、景点类型实体、浏览者评论实体和用户信息实体。

保存景点的信息是最重要的实体，该实体用来保存景点的发布者、标题、景点内容、发布日期等。景点信息实体 E-R 图如图 17-6 所示。

为了方便浏览者阅读、管理员管理，对景点按照不同的类型进行分类。景点信息类型实体 E-R 图如图 17-7 所示。

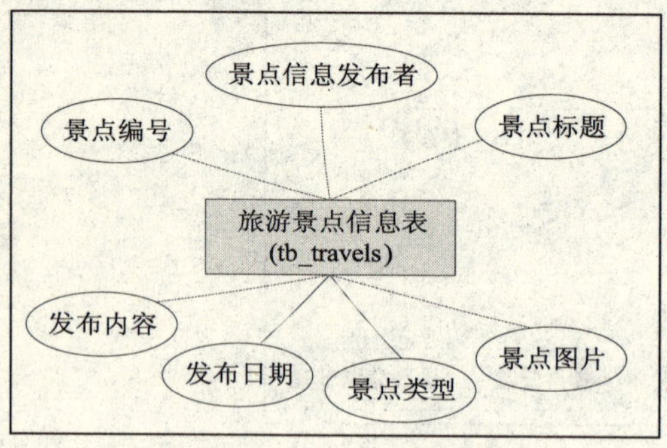

图 17-6　景点信息实体 E-R 图

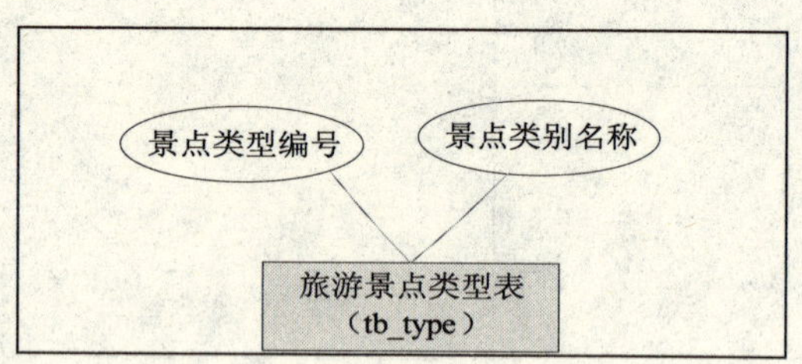

图 17-7　景点类型实体 E-R 图

浏览者可以对每条信息进行评论，发表浏览者的见解。因此创建景点评论表。景点评论实体 E-R 图如图 17-8 所示。

普通浏览者可以进行注册，管理员登录后台需要进行身份验证，这时就需要一个表来储存，将普通用户和管理员存在一个表中可以使用不同权限标志将其分别开。用户实体 E-R 图如图 17-9 所示。

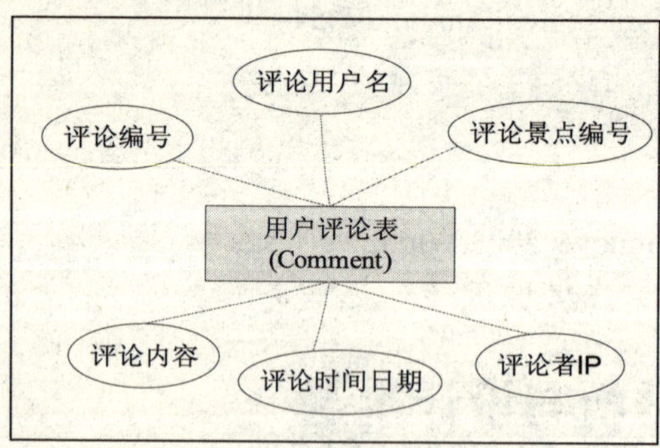

图 17-8　景点评论实体 E-R 图

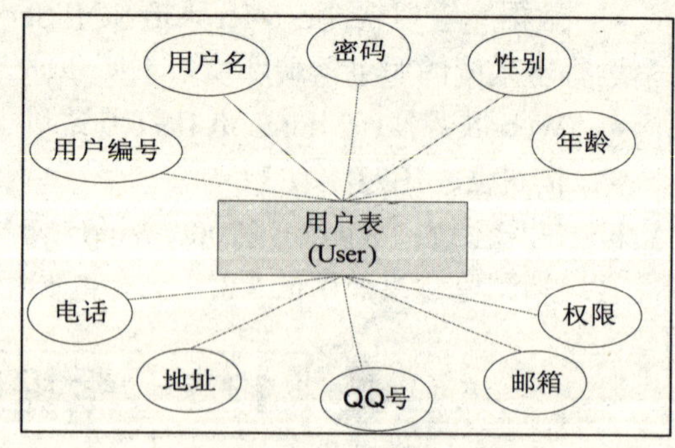

图 17-9　用户实体 E-R 图

17.3.2 数据库逻辑结构设计

根据设计好的各实体 E-R 图创建数据库的逻辑结构，数据库各表的结构如下。

（1）景点信息表主要用于保存景点信息。表中包含的字段有景点 ID 编号、景点发布人、景点标题、景点类型、景点内容、景点发布日期和景点图片名称。其中，景点 ID 编号是主键。该表的逻辑结构如表 17-1 所示。

表 17-1 景点信息表

字段名	数据类型	是否主键	描述
Travel_ID	Int	是（自动递增）	编号
Travel_name	Varchar(50)	否	发布者
Travel_subject	Varchar(50)	否	景点标题
Travel_type	Varchar(20)	否	景点类型
Travel_content	text	否	景点内容
Travel_date	datatime	否	发布时间
newtravel_image	Varchar(200)	否	景点图片

（2）景点类型表主要用于保存景点类型的信息。表中的字段有景点类型 ID 和景点类型名称。该表的逻辑结构如表 17-2 所示。

表 17-2 景点类型表

字段名	数据类型	是否主键	描述
typeid	Int	是（自动递增）	景点类型编号
typename	Varchar(20)	否	景点类型名称

（3）评论表主要用于保存用户对景点的评论。表中的字段有评论 ID、评论用户名、评论景点编号、评论内容、评论者 IP 和评论时间。该表的逻辑结构如表 17-3 所示。

表 17-3 用户评论表

字段名	数据类型	是否主键	描述
comment_id	Int	是（自动递增）	评论编号
comment_name	Varchar(20)	否	评论者用户名
comment_newsid	Int	否	评论景点编号
comment_content	Text	否	评论内容
comment_ip	Varhar(20)	否	评论者 IP
comment_time	datatime	否	评论时间

（4）用户信息用来存储注册用户和管理员的个人信息。表中主要包含的字段有用户 ID、用户名、登录密码、用户权限等信息。其中，用户 ID 列设为主键和标识列，该表的逻辑结构如表 17-4 所示。

表 17-4 用户信息表

字段名	数据类型	是否主键	描述
User_ID	int	是（自动递增）	用户编号
User_name	Varchar(20)	否	用户名
User_Pass	Varchar(50)	否	登录密码
User_sex	Varchar(50)	否	性别
User_age	Int	否	年龄
User_phone	Varchar(50)	否	电话
User_add	Varchar(50)	否	住址
User_qq	Varchar(50)	否	QQ 号
User_admin	int	否	权限
User_mail	Varchar(50)	否	邮箱

17.3.3 创建数据库及数据表

创建数据库 News.mdf，其 SQL 语句代码如下。

CREATE DATABASE db_travelnews

创建旅游景点表 tb_travels，包含 ID 编号、景点信息发布人、景点标题、景点类型、景点内容、景点发布日期和图片名称七个字段。其 SQL 语句代码如下。

```
CREATE TABLE [tb_travels](
        [travel_ID] [int] IDENTITY(1,1) NOT NULL,
        [travel_name] [varchar](50) NULL,
        [travel_subject] [varchar](50) NULL,
        [travel_type] [varchar](20) NULL,
        [travel_content] [text] NULL,
        [travel_date] [datetime] NULL,
        [newtravel_image] [varchar](200)] NULL,
 CONSTRAINT [PK_news] PRIMARY KEY CLUSTERED ([travel _ID] ASC)
) ON [PRIMARY] TEXTIMAGE_ON [PRIMARY]
```

创建景点类型表 tb_type，包含景点类型 ID 和景点类型名称两个字段。其 SQL 语句代码如下。

```
CREATE TABLE [tb_type](
        [typeid] [int] IDENTITY(1,1) NOT NULL,
        [typename] [varchar](20) NOT NULL,
 CONSTRAINT [PK_newstype] PRIMARY KEY CLUSTERED ([typeid] ASC)
) ON [PRIMARY]
```

创建景点评论信息表 tb_comment，包含评论 ID、评论用户、评论景点编号、评论内容、评论者 IP 和评论时间六个字段。其 SQL 语句代码如下。

```
CREATE TABLE [tb_comment](
        [comment_id] [int] IDENTITY(1,1) NOT NULL,
        [comment_name] [varchar](20) NULL,
        [comment_newsid] [int] NULL,
        [comment_content] [text] NULL,
        [comment_ip] [varchar](20) NULL,
        [comment_time] [datetime] NULL,
 CONSTRAINT [PK_comment] PRIMARY KEY CLUSTERED ([comment_id] ASC)
) ON [PRIMARY]
```

创建用户表 tb_user，包含用户 ID、用户名、登录密码、用户权限和用户其他基本信息字段。其 SQL 语句代码如下。

```
CREATE TABLE [tb_users](
        [user_id] [int] IDENTITY(1,1) NOT NULL,
        [user_name] [varchar](20) NULL,
        [user_pass] [varchar](50) NULL,
        [user_sex] [varchar](50) NULL,
        [user_age] [int] NULL,
        [user_phone] [varchar](50) NULL,
        [user_add] [varchar](50) NULL,
        [user_qq] [varchar](50) NULL,
```

```
        [user_admin] [int] NULL,
        [user_mail] [varchar](50) NULL,
        CONSTRAINT [PK_users] PRIMARY KEY CLUSTERED (  [user_id] ASC)
) ON [PRIMARY]
```

17.4　公共类设计

旅游门户网站需要对数据库进行基本操作，几乎每个模块都需要连接数据库，所以将数据库连接方法封装到公共类中供其他方法调用。为了使网站风格统一，在前台和后台管理页面分别使用不同的母版页。本系统的所有公共类以及功能如表 17-5 所示。

表 17-5　公共类以及功能

文　件	功　能
conn.cs	数据库连接公共类，该类中静态方法完成配置文件中获取连接字符串，并根据此连接字符串创建连接对象。
TravelMasterPages.master	旅游网前台母版页，该文件中包括网站 Logo、导航、版权信息等内容，前台每个页面都包含此母版页。
AdminMasterPages.master	旅游网后台母版页，该文件中包括网站后台 Banner、树形导航、版权信息等内容，后台管理模块中的每个页面都包含此母版页。

17.4.1 数据库连接类

将连接信息保存到配置文件中，不仅可以方便修改，而且还可以有效地防止网络上其他非法用户窃取。在配置文件（Wpp.config）中的 configuration 节点下添加连接服务器和数据库的方法。配置信息如下所示。

```
01    <configuration>
02    <connectionStrings>
03        <add name="newsConnectionString" connectionString=
04            "Data Source=.\SQLEXPRESS;AttachDbFilename=|dataDirectory|\news.mdf;
05            Integrated Security=True;Connect Timeout=30;User Instance=True"
06        providerName="System.Data.SqlClient"/>
07    </connectionStrings>
08    </configuration>
```

代码第 4 行指定了服务器和数据库，Data Source=.\SQLEXPRESS 代表使用的是精简版的 SQL Server 数据库引擎，在安装 Visual Studio 2008 时，默认安装了 SQL Express（精简版的 SQL Server）。AttachDbFilename=|dataDirectory|\news.mdf 代表连接的是项目下 App_Data 下的 news.mdf 数据库，这样在移动项目时会很方便。第 5 行 Integrated Security=True 说明数据源使用当前身份验证的帐户凭证。

在程序中读取 App.config 中的信息需要引用命名空间 System.Configuration，下面的代码完成了从配置信息中获取连接字符串的功能。

范例 17.1
conn.cs

conn.cs 该类在 App_Code 文件夹下，完成了从 web.config 文件中获取连接字符串，并创建连接对象，最后将其返回的功能。（光盘\ch17\News\App_Code\conn.cs）

```
01  public class conn                                                              //数据库连接类
02  {
03      public static SqlConnection createconn()                                   //连接方法
04      {
05          string connectionString = ConfigurationManager.
06              ConnectionStrings["newsConnectionString"].ConnectionString;      //获取连接信息
07          SqlConnection con = new SqlConnection(connectionString);               //创建连接对象
08          return con;                                                            //返回连接对象
09      }
10  }
```

代码第 1 行定义 conn 类，该类中包括一个返回值为连接对象的方法，该方法在第 3 行到第 9 行定义。第 5 行到第 6 行从配置文件的 ConnectionStrings 节点中读取连接字符串，第 7 行声明并实例化连接对象。将连接信息放在 conn 类中，这样在其他页面用到连接信息的时候就可以直接调用该类的 createconn()方法即可。

17.4.2 前台母版页

为了使浏览者更容易浏览不同地区的旅游景点信息，在前台每个页面中都加入地区导航栏，这样对用户来说更加友好。前台母版页效果如图 17-10 所示。

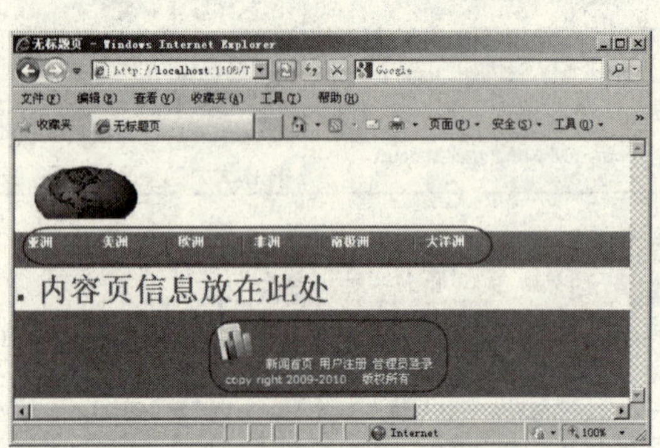

图 17-10 前台母版页效果图

在中国每个网站都需要有备案等信息，所以将版权、备案等信息加入到母版页中。这些信息虽然不多，但是如果每个页面都加入的话，修改起来还是挺繁杂的。

范例 17.2 TravelMasterPages.master

TravelMasterPages.master 该页面主要包括两个控件：DataList 和 SqlDataSource，使用这两个控件实现了从数据库中获取地区数据并以列表的形式显示出来。

（光盘\ch17\News\ TravelMasterPages.master）

```
<asp:DataList ID="ds2" runat="server" RepeatDirection="Horizontal"
    Width="500px" DataSourceID="SqlDataSource1">
    <ItemTemplate>
    <li ><a href="showtype.aspx?typename=<%# Eval("typename") %>"
        class="nav"><%# Eval("typename") %></a></li>
</ItemTemplate>
</asp:DataList>
<asp:SqlDataSource ID="SqlDataSource1" runat="server"
    ConnectionString="<%$ ConnectionStrings:newsConnectionString %>"
    SelectCommand="SELECT top 8 [typename] FROM [tb_type]">
</asp:SqlDataSource>
<asp:ContentPlaceHolder id="ContentPlaceHolder1" runat="server">
<!—其他页面内容相当于在 ContentPlaceHolder 标签内-->
</asp:ContentPlaceHolder>
<div id="footer"><img src="images/footer_logo.gif" alt="" title="" />
```

```
16        <a href="default.aspx" target="_blank">网站首页</a>
17        <a href="register.aspx" target="_blank">用户注册 </a>
18        <a href="login.aspx" target="_blank">管理员登录</a><br />
19    </div>
```

代码第 1 行到第 7 行是对 DataList 控件属性的设置，其中第 2 行设置数据源为 SqlDataSource1，该数据源在第 8 行到第 11 行定义的。代码第 12 行是 ContentPlaceHolder 控件，即占位符控件，该控件定义了可替换内容的区域，然后在内容页中定义可替换的内容。第 15 行到第 19 行底部版权信息的设置。由于篇幅限制，这里只有部分代码，读者可以从光盘中查看完整的代码。在前台其他页面都将使用本母版页，后面不再一一说明。

17.4.3 后台母版页

为了简化操作、统一风格、方便修改和维护，后台母版页封装了所有后台页面中公共部分，后台母版页的效果图如图 17-11 所示。

从后台目标也中可以看出，后台使用 TreeView 进行导航，这样方便管理员选择不同类别的模块进行管理维护。本处使用本地 XML 文件作为 TreeView 数据源，这样直接修改 XML 文档就可以完成菜单节点信息的修改。

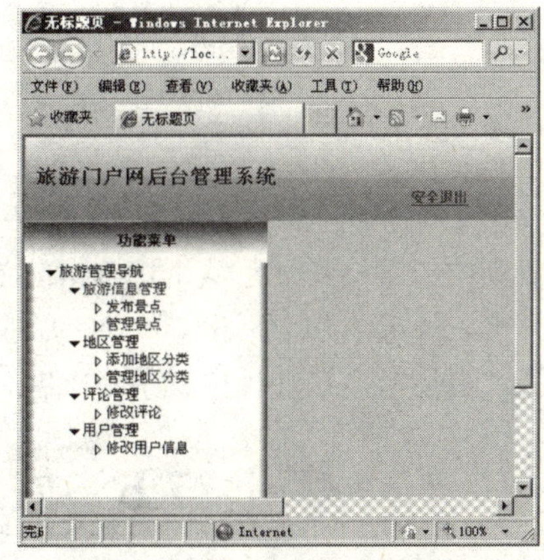

图 17-11 后台母版页效果图

范例 17.3 AdminMasterPages.master

AdminMasterPages.master 该页面使用控件 TreeView 和 XmlDataSource 实现了从配置文件中获取数据并将其显示到树形菜单中的功能。

（光盘\ch17\News\admin\AdminMasterPages.master）.

```
01    <asp:TreeView id="TreeView1" runat="server"
02        datasourceid="XmlDataSource1" ImageSet="News" NodeIndent="10"
03        Width="180px">        <%--定义 XmlDataSource1 作为 TreeView 控件的数据源--%>
04        <databindings>
05            <asp:treenodebinding datamember="TREENODES" textfield="text"/>
06            <asp:treenodebinding datamember="treenode" textfield="text" <%--节点文本--%>
07            NavigateUrlField="NavigateUrl"/> <%--获取节点 treenode 文本，和超链接域--%>
08        </databindings>
09    </asp:TreeView>
10    <asp:xmldatasource id="XmlDataSource1" runat="server"
11        datafile="～/App_Data/AdminTreeView.xml"/>          <%--数据源控件--%>
```

代码第 1 行到第 9 行定义 TreeView 控件，设置 XmlDataSource1 作为数据源，第 10 行和第 11 行定义 xmldatasource 控件，设置 datafile 属性为“～/App_Data/AdminTreeView.xml”。表示使用 App_Data 文件夹下的 AdminTreeView.xml 文件作为数据文件，该 XML 文件如下所示。

```
<?xml version="1.0" encoding="UTF-8"?>
<TREENODES text="旅游管理导航">
```

```
03          <treenode text="旅游信息管理" NavigateUrl="editTravelNews.aspx">
04                <treenode text="发布景点" NavigateUrl="addTravelNews.aspx" />
05                <treenode text="管理景点" NavigateUrl="editTravelNews.aspx"/>
06          </treenode>
07          <treenode text="地区管理" NavigateUrl="editTravelType.aspx">"
08                <treenode text="添加地区分类" NavigateUrl="addTravelType.aspx" />
09                <treenode text="管理地区分类" NavigateUrl="editTravelType.aspx"/>
10          </treenode>
11          <treenode text="评论管理" NavigateUrl="EditComment.aspx">
12                <treenode text="修改评论" NavigateUrl="EditComment.aspx"/>
13          </treenode>
14          <treenode text="用户管理" NavigateUrl="EditUser.aspx">
15                <treenode text="修改用户信息" NavigateUrl="EditUser.aspx" />
16          </treenode>
17    </TREENODES>
```

第 1 行声明 XML 文件版本和编码信息。第 3 行到第 16 行包括后台树形菜单中所有节点和节点的超链接地址。从上述 XML 文件中可以看到所有代码都放在<TREENODES>节点下，而且<treenode>节点下还有节点，形成了节点的嵌套结构。TreeView 控件的节点允许有多层嵌套。直接修改该文档中的节点信息，即可完成对后台树形菜单的修改。

17.5　旅游景点信息管理模块

从前面对系统的分析可以看出，普通用户可以浏览旅游景点列表和旅游景点的详细内容，管理员登录后台管理系统后可以发布新景点信息、修改已有景点内容以及删除景点信息。本节首先从网站首页开始介绍，然后依次介绍旅游景点信息的读取、修改、删除等操作。本模块包含的页面以及功能如表 17-6 所示。

表 17-6　公共类以及功能

文　件	功　能
default.aspx	旅游网站首页，该页面包括各大洲的代表图片、最新发布的旅游信息、用户评论信息等内容。
Readnews.aspx	该页面是旅游景点信息的详细页面，该页面中包括旅游景点对应的图片、详细内容、发布时间以及用户对该景点的评论。
AddTravenews.aspx	旅游景点信息的添加页面，该页是后台页面，在 Admin 文件夹下，通过该页面可以添加旅游景点内容、图片等信息。
EditTravenews.aspx	旅游景点信息的添加页面，该页面也是后台页面，管理员在该页面中可以编辑各景点信息。

17.5.1　设计网站首页

浏览者在浏览器的地址栏中输入地址，首先看到的是旅游门户网站首页，该页面中包括网站 Logo、导航栏、各地区景点代表图片、用户评论等，首页效果图如图 17-12 所示。

在首页导航栏中显示不同地区，通过该导航栏可以按照地区进行查看旅游景点列表。网页中间部分是各大洲的典型图片，后面的内容是本地区新加入的旅游景点。右边是登录网站的快捷入口和用户的最新评论。最下边是本网站的版权信息，通过下面的超链接可以快速返回首页、打开注册和登录页面。

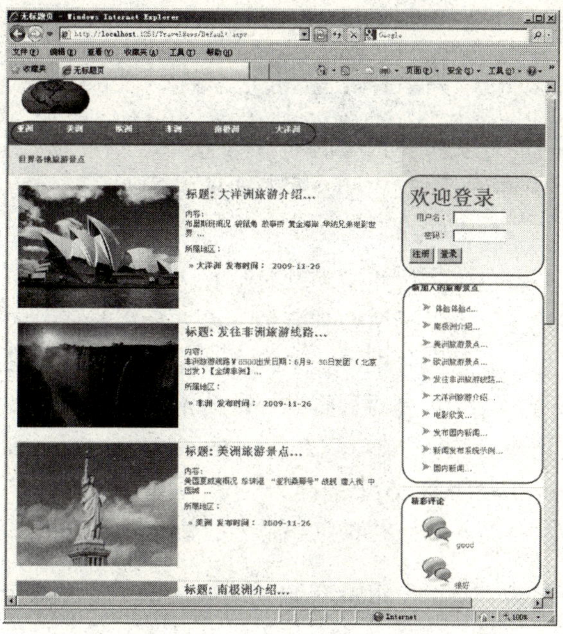

图 17-12　网站首页

下面就来完成网站首页的前台布局，新建网站后将默认添加一个 Default.aspx 页面，在该页面中添加一个 DataList 控件，用来显示景点信息，然后添加一个 SqlDataSource 控件用来作为 DataList 的数据源。具体设计如下所示。

范例 17.4
default.aspx

default.aspx 该页面使用 DataList 控件和 SqlDataSource 等控件完成了在首页的主体部分显示旅游景点信息的功能。（光盘\ch17\News\default.aspx）

```
<asp:DataList ID="DataList1" runat="server" DataSourceID="SqlDataSource2" Width ="90%">
    <ItemTemplate>                                          <!—设置 DataList 中的项-->
    <div class="thumb"><a href="Readnews.aspx?travel_id=<%# Eval("travel_id")%>">
        <img src="images/<%# Eval("travel_type") %>.jpg "/></div>    <!—加载图片-->
       <h2>标题:
        <asp:Label ID="comment_nameLabel" runat="server"
                Text='<%# Eval("travel_subject") %>'>              <!—显示标题-->
        </asp:Label></a></h2>内容: <p>
        <asp:Label ID="comment_ipLabel" runat="server"
                Text='<%# Eval("travel_content") %>'></asp:Label></p><!—景点内容-->
        所属地区：<p class="details"><a href="">&raquo;
        <asp:Label ID="comment_timeLabel" runat="server"
                Text='<%# Eval("travel_type") %>'></asp:Label>     <!—所属地区-->
        发布时间：<asp:Label ID="comment_contentLabel" runat="server"
                 Text='<%# Eval("travel_date") %>'></asp:Label></a></p><!—发布时间-->
    </ItemTemplate>
    <ScparatorTcmplatc> <hr stylc="font-sizc: xx-small; vertical-align: bottom;
        color: moccasin" /></SeparatorTemplate>
</asp:DataList>                                          <!—DataList 的结束标志-->
<asp:SqlDataSource ID="SqlDataSource2" runat="server" <!—SqlDataSource 控件-->
        ConnectionString="<%$ ConnectionStrings:newsConnectionString %>"
```

```
22          SelectCommand="select a.travel_id,travel_subject=substring(travel_subject,0,15)+
23               '...', a.travel_type, travel_content=substring(travel_content,0,100)+'...',
24               travel_date=convert(varchar(10),getdate(),120) from tb_travels,
25                (select distinct travel_type,max(travel_id) as travel_id
26               from tb_travels group by travel_type) as a
27               where a.travel_id = tb_travels.travel_id">              <!—查询语句-->
28      </asp:SqlDataSource>
```

代码第 1 行定义了 DataList 控件并设置数据源 ID 为 SqlDataSource2。第 3 行和第 4 行设置图片路径和图片的超链接地址，为了节省资源，将显示在首页中图片保存到了本地文件夹下，只在数据库中保存图片命名。其中<%# Eval("travel_id") %>表示从数据源的 travel_id 列读取数据。代码第 20 行到第 28 行是对数据源控件的定义，其中第 22 行到第 27 行设置查询语句，从数据库中查询符合条件的记录，第 22 行的 travel_subject=substring(travel_subject,0,15)表示只获取 travel_subject 字段的前 15 个字符。

首页的右边用来显示新加入的旅游景点和用户的最新评论信息。设计代码如下所示。

范例 17.5 default.aspx 该代码段完成了使用两个 DataList 分别用来显示

default.aspx 最新加入的景点列表和用户评论信息的功能。

（光盘\ch17\News\default.aspx）

```
<h2>新加入的旅游景点</h2><ul>
<asp:DataList ID="DataList3" runat="server" RepeatDirection="Vertical"
        DataSourceID="SqlDataSource4">
    <ItemTemplate>
        <li><img src="images/right1.gif" />
        <a href="Readnews.aspx?travel_id=<%# Eval("travel_id")%>">
                <%# Eval("travel_subject")%></a></li>
    </ItemTemplate>
</asp:DataList></ul>
<asp:SqlDataSource ID="SqlDataSource4" runat="server"
    ConnectionString="<%$ ConnectionStrings:newsConnectionString %>"
    SelectCommand="SELECT travel_id,travel_subject=substring(travel_subject,0,40)+'...',
        [travel_date] FROM [tb_travels] ORDER BY [travel_date] DESC">
</asp:SqlDataSource>
<h2>精彩评论</h2><ul>
<asp:DataList ID="DataList2" runat="server" RepeatDirection="Vertical"
        DataSourceID="SqlDataSource3">
    <ItemTemplate>
        <li><img src="images/icon4.png" alt="" title="" class="left_img" />
        <a href="Readnews.aspx?travel_id=<%# Eval("comment_newsid") %>"
                class="nav"><%# Eval("comment_content")%></a></li>
    </ItemTemplate>
</asp:DataList></ul>
<asp:SqlDataSource ID="SqlDataSource3" runat="server"
    ConnectionString="<%$ ConnectionStrings:newsConnectionString %>"
    SelectCommand="SELECT top 5 comment_ID,comment_newsid,comment_content
        from tb_comment order by comment_ID desc">
</asp:SqlDataSource>
```

代码第 2 行到第 9 行定义和设置 DataList 控件的属性，该控件用来显示新加入的旅游景点，其中第 6 行设置超链接页面，当浏览者单击某条记录的时候可以转到相应的内容页面（Readnews.aspx）。第 10 行到第 13 行定义了 SqlDataSource，该控件的 SelectCommand 属性指定从 tb_travels 表中进行查询。第 24 行到第 28 行设置从评论表中查询数据的命令，实现了查询用户最新评论的功能。

在首页中用户可以进行登录系统，在首页中输入正确的用户名和密码然后单击登录按钮即可完成登录。“登录”按钮的单击事件如下所示。

范例 17.6
default.aspx.cs

default.aspx.cs 在首页的后台定义，实现了验证用户输入用户名和密码是否合法的功能。

（光盘\ch17\News\default.aspx.cs）

```
01  protected void btnlogin_Click(object sender, EventArgs e)       //登录按钮单击事件
02  {
03      SqlConnection con = conn.createconn();                      //创建连接对象 con
04      con.Open();                                                 //打开连接
05      string name = this.txtName.Text.Trim();                     //获取从文本框中输入的用户名
06      string pass = this.txtPass.Text.Trim();                     //获取从文本框中输入的密码
07      string cmdtext = "select * from users where user_name='" + name +
08          "' and user_pass='" + pass + "'";                       //查询命令文本
09      SqlCommand cmd = new SqlCommand(cmdtext, con);              //创建执行对象
10      int i = Convert.ToInt32(cmd.ExecuteScalar());           //执行查询操作，并返回受影响行数
11      if (i > 0)                                              //如果数据库中有此记录
12      {
13          Session["user_name"] = name;                        //把用户名保存在 Session 对象里面
14          Response.Write("欢迎你：  "+name);                   //显示欢迎信息到页面
15          this.txtName.Enabled = false;
16          this.txtPass.Enabled = false;
17      }
18      else                                                    //登录失败信息
19      {
20          Response.Write("<script language=javascript>alert('登录失败！');</script>");
21      }
22      con.Close();                                            //关闭连接
23  }
```

代码第 3 行调用 connn 类的静态方法 createconn()来创建连接对象。第 7 行和第 8 行查询数据库中是否存在 user_name 字段和文本框中输入的用户名相等并且 user_pass 列等于输入的密码的记录。如果满足条件，可以正常登录，并将用户信息保存到 Session 中。如果没有满足条件的记录，提示登录失败。第 20 行使用 Response 的 Write()方法输出到前台一行 javascript 脚本，用来显示一个提示对话框。

17.5.2 景点详细信息显示页面

通过单击首页旅游景点列表中的超链接或最新添加景点超连接，将转到旅游景点详细内容页面（Readnews.aspx），该页面中包括旅游景点标题、景点图片、景点介绍、所在地区、发布时间以及发表评论按钮等内容。该页面效果图如图 17-13 所示。

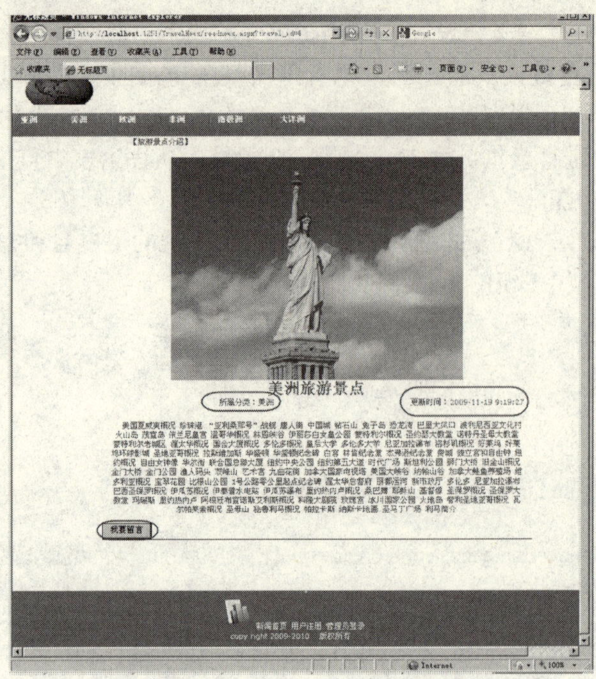

图 17-13　景点详细信息页面

该页面中的旅游景点标题、景点介绍、所属地区和更新时间都是使用标签来显示的，对应标签 ID 分别是 lblTitle、lblContent、lblNewsType 和 lblNewsDate。窗体加载事件（Page_Load）的代码如下所示。

范例 17.7
Readnews.aspx.cs

Readnews.aspx.cs 窗体加载事件通过从数据库中读取景点信息，然后赋予相应标签的 Text 属性，实现了显示详细内容的功能。（光盘\ch17\News\ Readnews.aspx.cs）

```
public static string imagePath;                                    //定义静态变量
protected void Page_Load(object sender, EventArgs e)               //页面加载事件
{
    if (Convert.ToInt32(Request.QueryString["travel_id"])== 0)//判断传入的 travel_id 是否为空
    {
        Response.Write("<script>alert('该景点不存在！');</script>");//提示信息对话框
    }
    else
    {
        SqlConnection con = conn.createconn();  //调用 conn 类的静态方法创建连接对象
        con.Open();                             //打开连接
         int travelID = Convert.ToInt32(Request.QueryString["travel_id"]);//获取传入的 ID 编号
         string strSql = "select travel_id,travel_subject,travel_type,travel_content, travel_date,
             newtravel_image " +"from tb_travels where travel_id=" + travelID + " ";
        SqlCommand cmd = new SqlCommand(strSql, con); //创建操作对象
        SqlDataReader rd = cmd.ExecuteReader();        //执行查询命令，把结果保存到 rd
        if (rd.Read())                                 //判断是否为空
        {
            lblTitle.Text = rd["travel_subject"].ToString();      //标题
```

```
20                  lblContent.Text = rd["travel_content"].ToString();  //内容
21                  lblNewsType.Text = rd["travel_type"].ToString();  //所属地区
22                  lblNewsDate.Text = rd["travel_date"].ToString();  //发布日期
23                  imagePath = rd["newtravel_image"].ToString();     //图片地址
24              }
25              con.Close();                                          //关闭连接
26          }
27      }
```

代码第 1 行定义静态的字符型变量，用来保存查询到的景点图片路径。第 4 行判断传入的 travel_id 是否为空，如果为空则提示该景点信息不存在，不进行任何查询操作。链接到该页面时使用："Readnews.aspx?travel_id="的方式即可将 ID 编号传入到该页面，在该页面中使用 Request.QueryString["travel_id"]的方式进行接收。第 19 行到第 22 行将查询到的各字段值赋给对映的那个标签的 Text 属性，第 23 行将图片路径赋给 imagePath 变量。

通过以上代码就可以完成显示旅游景点详细信息的功能。如果用户直接浏览该界面，则弹出对话框提示景点信息不存在。在旅游信息浏览页面中单击发布评论按钮可以转到评论页面，这时用户可以发布评论。

范例 17.8
Readnews.aspx.cs

Readnews.aspx.cs 发布评论信息的单击事件完成了跳转到评论页面的同时将 ID 编号一块传到评论页面的功能。（光盘\ch17\News\ Readnews.aspx.cs）

```
01  protected void btnNews_Click(object sender, EventArgs e)// "发表评论"按钮单击事件
02  {
03      string commentUrl= "Comment.aspx?travel_id=" + (Request.QueryString["travel_id"]);
04      Response.Redirect(commentUrl);                    //转跳
05  }
```

代码第 3 行定义字符串，用来保存评论的 URL 地址，其中 travel_id 是获取浏览该页面时所传过来的编号。第 4 行代码调用 Response 对象的 Redirect()方法，跳转到定义的评论页面。

17.5.3 添加旅游景点信息

为了方便管理，管理员在后台可以对旅游信息进行管理。使用用户名和密码都为 admin 的用户登录后台系统后，在左侧导航栏中单击"旅游景点管理"节点下的"发布景点"节点，将打开如图 17-14 所示的发布景点信息页面。

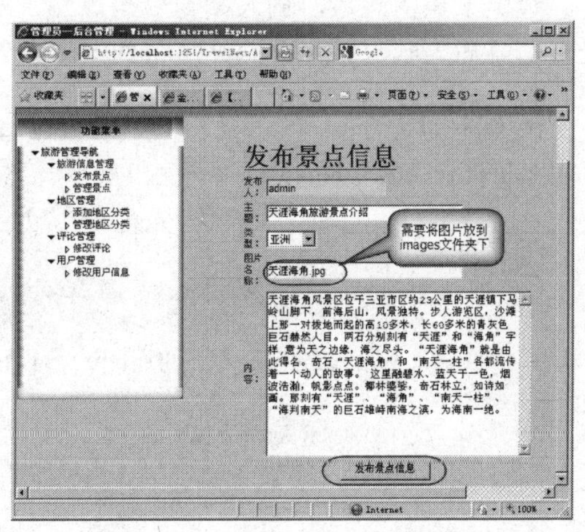

图 17-14　发布景点信息页面图

从发布景点页面中可以看出发布人文本框默认填写的是登录系统的管理员。景点所属地区可以通过选择下拉列表框中的值进行选定，发布主题、景点图片名称、内容介绍信息需要手动填写。发布景点信息的加载页面代码如下所示。

范例 17.9
AddTravenews.aspx.cs

AddTravenews.aspx.cs 发布评论信息的单击事件完成了转跳到评论页面的同时将 ID 编号一块传到评论页面的功能。（光盘\ch17\News\ Admin\AddTravenews.aspx.cs）

```
01  protected void Page_Load(object sender, EventArgs e)     //窗体加载事件
02  {
03      if (!IsPostBack)                                      //判断是否被首次加载
04      {
05          DropDownListBand();                               //调用自定义方法绑定下拉列表
06      }
07  }
08  private void DropDownListBand()                           //和 DropDownList 控件进行绑定
09  {
10      SqlConnection con = conn.createconn();        //调用 conn 类中的静态方法，连接数据库
11      con.Open();                                           //打开连接
12      string cmdstr = "select typename from newstype";     //定义 SQL 语句，查询景点地区
13      SqlDataAdapter sda = new SqlDataAdapter();            //定义 SqlDataAdapter 对象 sda
14      //初始化具有查询命令为 cmdstr 的 SelectCommand 实例
15      sda.SelectCommand = new SqlCommand(cmdstr, con);
16      DataSet ds = new DataSet();                           //定义 DataSet 对象 ds
17      sda.Fill(ds);                                         //填充 ds
18      this.dropdownType.DataSource = ds;//把 DataSet 中的数据作为 dropdownType 的数据源
19      this.dropdownType.DataTextField = "typename";        //数据源中字段
20      this.dropdownType.DataValueField = "typename";
21      this.dropdownType.DataBind();                         //绑定数据源
22  }
```

代码第 3 行判断页面是否被首次加载，页面首次加载时 IsPostBack 的值为 false。执行第 5 行的 DropDownListBand()方法。再次刷新页面时 IsPostBack 变为 true，不再执行 if 语句里面的其他代码。代码第 10 行调用自定义数据库连接类 conn 的静态方法 createconn()创建连接。第 13 行定义 SqlDataAdapter 对象 sda 用来填充 DataSet 的实例对象 ds，第 18 行将 ds 作为下拉列表框的数据源，第 19 行将下拉列表框的 DtaTextField 属性和字段 typename 进行绑定，这样可以在下拉列表框中显示所有类型名称。

选定景点信息后，输入标题、景点图片名和景点内容，单击“发布景点信息”按钮，将景点信息插入到数据库中，“发布景点信息”按钮的单击事件代码如下所示。

范例 17.10
AddTravenews.aspx.cs

AddTravenews.aspx.cs 发布景点信息事件实现了将管理员输入的景点信息和当前时间一块插入到 tb_travels 表的功能。（光盘\ch17\News\ Admin\AddTravenews.aspx.cs）

```
protected void btnaddnews_Click(object sender, EventArgs e)  //发布事件
{
    if ((this.txtSubject.Text == "") || (this.txtContent.Text == ""))//判断标题和内容是否为空
    {
        Response.Write("<script> alert('主题或内容不能为空！');</script>");
    }
    else
    {
        string s = this.txtContent.Text;                      //如果发表内容太短，出现提示
```

```
10              if (5>s.Length)
11              {
12                  Response.Write("<script>alert('输入的景点内容太少！');</script>");
13              }
14              else
15              {
16                  SqlConnection con = conn.createconn();//调用 conn 类中的静态方法，建立连接
17                  con.Open();                                    //打开连接
18                  string name = this.txtName1.Text.Trim();       //获取发布人
19                  string subject = this.txtSubject.Text.Trim();  //获取标题
20                  string content = this.txtContent.Text.Trim();  //获取内容
21                  string type = this.dropdownType.SelectedValue;      //下拉列表框中显示的值
22                  string cmdtext = "insert into tb_travels"+
23                      "(travel_name,travel_subject, travel_type, travel_content,travel_date,
24                      newtravel_image) "+" values ('" + name + "','" + subject + "','" + type +
25                      "','" + content + "',getdate(),‘”+this.txtImagePath.Text+”’)"; //定义插入语句
26                  SqlCommand cmd = new SqlCommand(cmdtext, con);
27                  try
28                  {
29                      cmd.ExecuteNonQuery();                     //执行插入命令
30                      this.txtSubject.Text = "";                 //清空文本框
31                      this.txtContent.Text = "";
32                  }
33                  catch (Exception Error)
34                  {
35                      Response.Write(Error.ToString());                  //抛出错误信息
36                  }
37                  con.Close();                                           //关闭连接
38                  Response.Write("<script>alert('发布成功！');</script>"); //提示信息
39              }
40          }
41      }
```

代码第 18 行到第 20 行获取文本框中值，程序中 txtName1.Text.Trim()的作用是检查文本框中输入信息两端是否有空格。如果有，则将其两端空格去掉。这样可以避免用户误输入空格带来的不必要的麻烦。第 22 行到第 25 行定义插入语句，执行该语句即可实现插入操作。不过在此之前要确保各变量已经赋值。另外在数据库中，除上述字段外，还包括其中发布的时间和图片名。发布日期在发布的时候自动获取当前系统的日期，故无需手动填写，代码中 getdate()的作用就是获取当前系统时间。图片放在 images 文件夹中，数据库中只存放图片名称，使用查询到的图片名称即可加载图片。

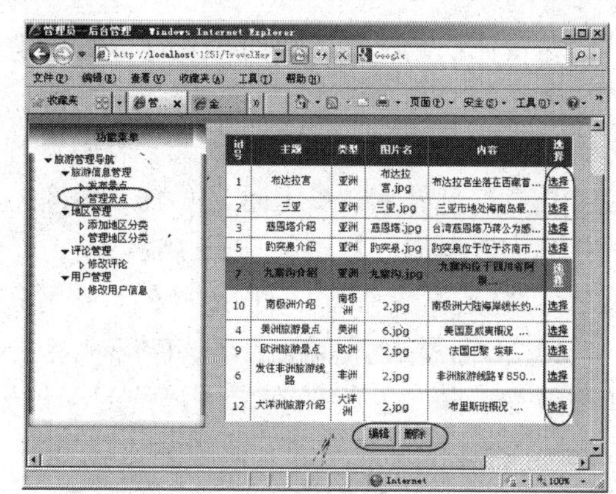

图 17-15　景点信息的管理页面

17.5.4 加载管理景点信息页面

发布信息后，如果发现发布的景点信息有误，可以在景点管理页面进行修改或删除操作。在树形导航栏中选择“旅游信息管理”节点下的“管理景点”节点将打开如图 17-15 所示的

管理页面。

在 admin 文件夹下新建 EditTravenews.aspx 文件，完成对景点信息的编辑功能，在初始化加载该页面的事件中加入以下代码。

范例 17.11
AddTravenews.aspx.cs

AddTravenews.aspx.cs 发布景点信息事件实现了将管理员输入的景点信息和当前时间一块插入到 tb_travels 表的功能。（光盘\ch17\TravelNews\Admin\EditTravenews.aspx.cs）

```
01  protected void Page_Load(object sender, EventArgs e)
02  {
03      if (!IsPostBack)                        //判断是否首次加载
04      {
05          DropDownListBand();                 //和 DropDownList 控件进行绑定
06          GridViewBind();                     //和 GridView 控件进行绑定
07      }
08  }
09  private void GridViewBind()                 //和 GridView 控件进行绑定方法
10  {
11      SqlConnection con = conn.createconn();//调用 conn 类中的静态方法，连接数据库
12      con.Open();                             //打开连接
13      string cmdstr =
14          "select travel_id, travel_name, travel_subject, travel_type, travel_content, travel_date,"+
15          " newtravel_image from tb_travels order by travel_date desc";   //SQL 命令
16      SqlDataAdapter sda = new SqlDataAdapter(); //定义 SqlDataAdapter 对象 sda
17      sda.SelectCommand = new SqlCommand(cmdstr, con);
18      DataSet ds = new DataSet();                     //定义 DataSet 对象 ds
19      sda.Fill(ds);                                   //填充 ds
20      this.GridView1.DataSource = ds;  //把 DataSet 中的数据作为 GridView1 的数据源
21      this.GridView1.DataBind();                      //绑定数据源
22      con.Close();                                    //关闭连接
23  }
24  protected void GridView1_SelectedIndexChanged(object sender, EventArgs e)
25  {
26      int travelId = Convert.ToInt32(this.GridView1.SelectedRow.Cells[0].Text);//第一行为 id 列
27      ViewState["travel_id"] = travelId;              //记录选择的记录的 travelId
28  }
```

在窗体初始化事件中的第 6 行调用自定义的 GridViewBind()方法来填充 GridView 控件，该方法在第 9 行到第 23 行定义。第 11 行调用静态方法建立连接对象，第 13 行到第 15 行定义查询的 SQL 语句，从 tb_travels 表中查询，并按照时间倒序排序，这样可以使最新发布的旅游景点信息显示在最上面。第 16 行和第 17 行建立数据适配器，使用 SqlCommand()获取数据并赋给数据适配器对象 sda 的 SelectCommand 属性，直到使用数据适配器填充数据集 ds。第 20 行将数据集作为 GridViewI 的数据源进行填充。

第 24 行到 28 行是选择 GridView1 控件的不同行时触发的事件，选择一条记录后，状态即被改变。第 27 行保存该条记录的标识值可以为后面操作传值。GridView1.SelectedRow.Cells[0].Text 的意思是获取被选中记录的第一列的值，在此程序中即为 travelId 列。视图状态 ViewState 是保存特定值和控件值的方法。

17.5.5 编辑旅游景点信息

在景点信息的管理界面中单击每条记录后面的“选择”按钮，将选择该记录，单击“删除”按钮可以把当前记录删除，单击“编辑”按钮可以修改当前记录，修改界面如图 17-16 所示。

在景点信息的管理界面中单击“编辑”按钮时将把该记录的发布人、主题、所属地区、景点内容以及景点图片加载到相应的文本框中，然后供管理员修改。管理员修改后单击“更新”按钮将把修改后的信息更新到数据库中。

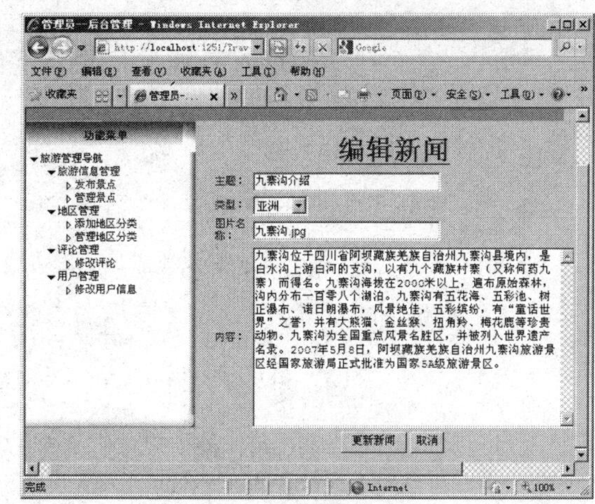

图 17-16 修改景点信息的界面

范例 17.12 AddTravenews.aspx.cs 完成编辑景点信息事件。

AddTravenews.aspx.cs （光盘\ch17\TravelNews\Admin\EditTravenews.aspx.cs）

```
protected void btnedit_Click1(object sender, EventArgs e)              //编辑按钮单击事件
{
    if(Convert.ToInt32(ViewState["travel_id"])==0)                   //检查是否选中某条记录
    {
        Response.Write("<script>alert('你还没有选择要更新的数据！');</script>");
    }
    else
    {
        SqlConnection con = conn.createconn();//调用 conn 类中的静态方法，连接数据库
        con.Open();                                                   //打开连接
        int travelid = Convert.ToInt32(ViewState["travel_id"]);//获取选择行的标识列
        string str ="select travel_id,travel_subject,travel_type,travel_content," +
            "newtravel_image from tb_travels where travel_id=" +travelid + " ";    //SQL 命令
        //利用前面的连接对象和 SQL 命令创建 SqlCommand 对象
        SqlCommand cmd = new SqlCommand(str, con);
        SqlDataReader rd = cmd.ExecuteReader();                       //执行
        if (rd.Read())                                                //判断是否执行成功
        {//将从数据库中读取的数据显示到对应的文本框中
            txtSubject.Text = rd["travel_subject"].ToString();
            txtContent.Text = rd["travel_content"].ToString();
            this.dropdownType.Text = rd["travel_type"].ToString();
            this.txtImagePath.Text = rd["newtravel_image"].ToString();
        }
        con.Close();                                                  //关闭连接
        this.panel2.Visible = true;                                   //面板 2 显示
        this.panel1.Visible = false;                                  //面板 1 隐藏
    }
}
protected void btnUpdata_Click(object sender, EventArgs e)            //更新按钮单击事件
{
    string s = this.txtContent.Text;                                  //获取内容长度
```

```
32          if (5 > s.Length)
33          {
34              Response.Write("<script>alert('内容体太少！');</script>");
35          }
36          else
37          {
38              SqlConnection con = conn.createconn();  //调用 conn 类中的静态方法，连接数据库
39              con.Open();                                                   //打开连接
40              int newsid = Convert.ToInt32(ViewState["travel_id"]);//获取选择行的 travel_id
41              string str = "update tb_travels set travel_subject = '" + this.txtSubject.Text +
42                  "' ,travel_content= '" + txtContent.Text + "',travel_type='" +
43                  this.dropdownType.SelectedValue + "',travel_date='" + DateTime.Now +
44                  "',newtravel_image='" + txtImagePath.Text + where travel_id=" + newsid + "";
45              //利用前面的连接对象和 SQL 命令创建 SqlCommand 对象
46              SqlCommand cmd = new SqlCommand(str, con);
47              cmd.ExecuteNonQuery();                                        //执行
48              con.Close();                                                  //关闭
49              GridViewBind();                                               //绑定 GridView
50              Response.Write("<script>alert('更新成功！');</script>");
51              this.panel1.Visible = true;                                   //显示面板 1
52              this.panel2.Visible = false;                                  //隐藏面板 2
53          }
54      }
```

第 3 行检查 GridView 控件中是否已经有记录被选中，如果有选中记录则进行查询。第 12 行到第 13 行把获取到视图保存的 travelid 值作为查询条件，查询 tb_travels 表中对应的记录。第 17 行判断是否查到对应记录，如果是则在第 20 行到第 22 行为空间赋值。

代码第 41 行到第 44 行定义更新语句，其中 update 命令可以把修改好的数据更新到数据库。景点内容标题、景点所属地区、景点内容和景点图片名是对应文本框中修改后的值，更新条件是景点 ID 等于用户选择的景点编号。

范例 17.13
AddTravenews.aspx.cs

AddTravenews.aspx.cs 在景点信息的管理界面中单击“删除”按钮时将执行删除景点信息事件，该事件实现了将指定数据从数据库中删除的功能。

（光盘\ch17\TravelNews\Admin\EditTravenews.aspx.cs）

```
protected void btndelt_Click1(object sender, EventArgs e)              //删除按钮单击事件
{
    if (Convert.ToInt32(ViewState["travel_id"]) == 0)
    {
        Response.Write("<script>alert('你还没有选择要删除的数据！');</script>");
    }
    else
    {
        //在“删除”按钮上添加属性，在删除操作前询问用户是否删除
        btndelt.Attributes.Add("onClick", "javascript:return    confirm('确定删除吗？');");
        SqlConnection con = conn.createconn();//调用 conn 类中的静态方法，连接数据库
        con.Open();                                                         //打开连接
        int travelid = Convert.ToInt32(ViewState["travel_id"]);            //保存选中行的标识列
```

```
14              string str = "delete from news where travel_id=" + travelid + ""; //删除命令
15              SqlCommand cmd = new SqlCommand(str, con);     //创建 SqlCommand 对象
16              cmd.ExecuteNonQuery();                          //执行 SQL 命令
17              con.Close();                                    //关闭连接
18              GridViewBind();                                 //绑定 GridView
19          }
20      }
```

代码第 3 行判断是否选中某一列，Convert.ToInt32(ViewState["travel_id"]) == 0 表示没有选中记录。第 10 行的作用是单击“删除”按钮时弹出提示框。第 14 行定义删除语句，删除条件是景点 id 等于传递过来的编号。第 18 行调用自定义的绑定事件，从而达到更新删除记录后刷新列表。

17.6 旅游景点类型管理

如果旅游景点过多就需要按照某种标准进行分类，本旅游系统中按照大洲进行分类，这样一定程度上方便管理员管理、用户浏览。最主要的是能够对分类进行管理，例如美洲分为北美和南美、将南极洲删除或者是将分类改为按照纬度等标准划分，本节将介绍旅游景点所属类型的管理操作。

本模块包含的页面以及功能如表 17-7 所示。

表 17-7 公共类以及功能

文　件	功　能
addTravelType.aspx	该页面是旅游景点类型的添加页面，在该页面可以检测某个类型是否存在，如果不存在可以将其添加到数据库中。
editTravelType.aspx	该页面是旅游景点类型的列表显示与编辑页面，在该页面中可以修改、删除旅游景点类型。

17.6.1 添加景点类型

如果希望从后台可以添加景点类型，首先在根目录的 Admin 文件夹中添加旅游景点类型管理页面（AddTravelType.aspx）。旅游景点类型管理页面如图 17-17 所示。

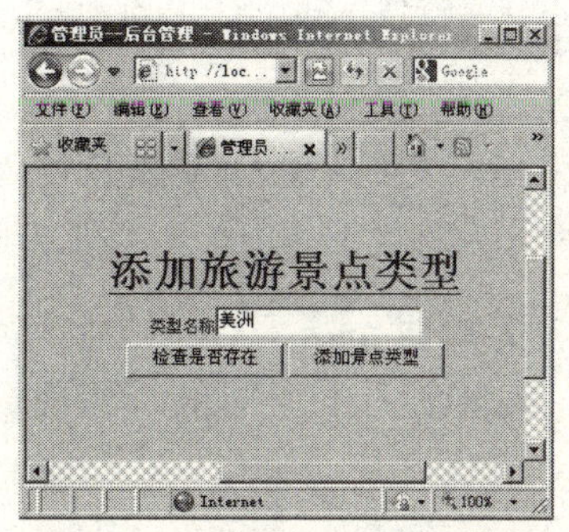

图 17-17 添加旅游景点类型界面

如果系统中有两个名称相同的类别名，将是一个非常大的失误，为了防止旅游景点类型名称重复，当新添加类型时，先单击“检查是否存在”按钮进行检查。

范例 17.14
AddTravelType.aspx

AddTravelType.aspx 检查旅游景点类型是否存在按钮的单击事件主要是完成对用户输入的类型名称进行查询，如果数据库中已有此类型说明不能添加。

（光盘\ch17\News\admin\AddTravelType.aspx）

```
protected void btnCheck_Click(object sender, EventArgs e)          //检查景点类型是否存在
{
```

```
03          if (this.txtName.Text != "")                                  //判断是否为空
04          {
05              SqlConnection con = conn.createconn();//调用 conn 类中的静态方法，连接数据库
06              con.Open();                                               //打开连接
07              string cmdtext = "select typename from tb_type where typename='"+
08                  "" + this.txtName.Text + "'";
09              SqlCommand cmd = new SqlCommand(cmdtext, con);            //创建执行对象
10              SqlDataReader dr = cmd.ExecuteReader();                   //创建数据阅读器对象
11              if (dr.Read())                                            //判断是否为空
12              {
13                  Response.Write("<script language=javascript>alert('景点类型存在！');" +
14                      "</script>");                                     //提示信息对话框
15              }
16              else
17              {
18                  Response.Write("<script language=javascript>alert('景点类型不存在！');" +
19                      "</script>");                                     //提示信息对话框
20              }
21              dr.Close();                                               //关闭
22              con.Close();                                              //关闭连接
23          }
24          else                                                          //如果为空，弹出重新输入对话框
25          {
26              Response.Write("<script language=javascript>alert('请输入景点类型！');</script>");
27          }
28      }
```

代码第 3 行判断旅游景点类型文本框中的信息是否为空。如果为空，则执行第 26 行弹出提示重新输入信息的对话框。如果不为空，则执行第 5 行到第 22 行，第 7 行定义 SQL 语句，查询类型表（tb_type）中是否存在用户输入的类型名称。第 10 执行查询命令并将结果读取到 SqlDataReader 对象中，第 11 行执行判断语句，判断语句如果为真，则说明数据库中有相同数据，否则没有该景点类型，即可以插入。

当管理员新输入的类型不存在时，可以通过单击“添加景点类型”按钮，将输入的类型名称添加到数据库中。该按钮的单击事件代码如下所示。

范例 17.15
AddTravelType.aspx

AddTravelType.aspx 添加景点类型的单击事件完成了将管理员输入的类型名称添加到类型表（tb_type）中的功能。（光盘\ch17\News\admin\AddTravelType.aspx）

```
protected void btnaddtype_Click(object sender, EventArgs e)  //添加类型事件
{
    try                                                       //捕获异常
    {
        string typename=this.txtName.Text;                    //获取文本框中输入的类型名称
        string sqlcmd = "insert into newstype(typename) values('" + typename + "')";//插入命令
        SqlConnection con = conn.createconn();  //调用 conn 类中的静态方法，连接数据库
        con.Open();                                           //打开连接
        SqlCommand cmd = new SqlCommand(sqlcmd, con);         //创建执行对象
        if (typename != "")                                   //判断输入是否为空
```

```
11                {
12                    cmd.ExecuteNonQuery();                                  //执行命令
13                    con.Close();                                            //关闭连接
14                    Response.Write("<script language=javascript>alert('该类型添加成功！');"+
15                        "</script>");
16                    this.txtName.Text = "";                                 //清空文本框
17                }
18                else                                            //如果为空，则弹出提示信息对话框
19                {
20                    Response.Write("<script language=javascript>alert('请输入类型名称！');"+
21                        "</script>");
22                }
23            }
24            catch                                                           //抛出异常
25            {
26                Response.Write("<script language=javascript>"+
27                    "alert('添加类型失败或该类型已经存在！');</script>");
28            }
29        }
```

在执行插入操作时可能出现异常，所以将插入代码段放入到第 3 行开始的 try 语句中，如果出现异常则执行第 26 行和第 27 行的提示失败信息。第 5 行获取管理员在文本框中输入的景点类型，并将其保存到字符串变量 typename 中。第 6 行设置插入命令文本，其中 insert 命令可以完成插入操作。为了防止用户检查完毕以后不小心删除文本信息再执行插入操作，或者插入以后再次执行插入操作带来不必要的麻烦，所以在插入之前的第 10 行要检查文本框是否为空。第 12 行执行插入操作，执行完毕将提示成功插入对话框，并将文本框清空。

17.6.2 编辑景点类型

在左侧树形菜单中单击“地区管理”节点下的“管理地区分类”节点，将打开旅游景点类型管理页面，该设计页面效果如图 17-18 所示。

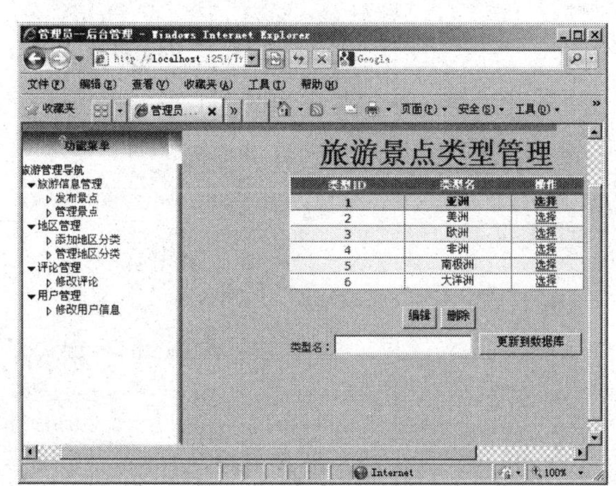

图 17-18　景点类型管理页面

在 admin 文件夹下新建 editTravelType.aspx 文件，完成对景点类型的编辑功能，在初始化加载该页面的事件中加入以下代码。

范例 17.16
editTravelType.aspx.cs

editTravelType.aspx.cs 景点类型管理页面的加载事件中调用 GridViewBind()方法，完成了显示景点类型列表的功能。

（光盘\ch17\TravelNews\Admin\editTravelType.aspx.cs）

```
protected void Page_Load(object sender, EventArgs e)
{
    if (!Page.IsPostBack)
```

```
04          {
05              GridViewBind();                                  //填充 GridView
06          }
07      }
08      private void GridViewBind()                                  //填充 GridView 控件
09      {
10          SqlConnection con = conn.createconn(); //调用 conn 类中的静态方法，连接数据库
11          con.Open();                                          //打开连接
12          string cmdstr = "select * from newstype";
13          SqlDataAdapter sda = new SqlDataAdapter();//定义 SqlDataAdapter 对象 sda
14          sda.SelectCommand = new SqlCommand(cmdstr, con);
15          DataSet ds = new DataSet();                          //定义 DataSet 对象 ds
16          sda.Fill(ds);                                        //填充 ds
17          this.GridView1.DataSource = ds;          //把 DataSet 中的数据作为 GridView1 的数据源
18          this.GridView1.DataBind();                           //绑定数据源
19          con.Close();                                             //关闭连接
20      }
21      protected void GridView1_SelectedIndexChanged(object sender, EventArgs e)  //状态改变
22      {
23          int typeId = int.Parse(this.GridView1.SelectedRow.Cells[0].Text);    //第一行为 id 列
24          ViewState["typeid"] = typeId;                                     //记录选择的记录的 id
25      }
```

代码第 1 行到第 7 行是窗体的加载事件，在该事件中调用 GridViewBind()方法填充 GridView，该方法在第 8 行到第 20 行定义。代码第 13 行到第 16 行建立数据适配器对象和 DataSet 对象，并使用数据适配器填充数据集 ds。第 17 行使用数据集作为 GridView1 控件的数据源，即可实现显示数据的功能。在 GridView 列表中选择一条记录后，状态即被改变，此时保存该条记录的标识值可以为后面操作传值。代码第 21 行到第 25 行是选择 GrieView 中的行事件，其中第 24 行将获取的 ID 保存到视图状态中。

选择某行记录后单击“删除”按钮即可将该条记录删除，单击“编辑”按钮，将把该条记录的景点类型名称填充到文本框中，修改完毕单击“更新到数据库”即可完成更新。

范例 17.17
editTravelType.aspx.cs

editTravelType.aspx.cs 在景点类型管理页面可以对已有景点类型名称进行删除和更新操作。

（光盘\ch17\TravelNews\Admin\editTravelType.aspx.cs）

```
protected void btndel_Click(object sender, EventArgs e)                      //删除
{
    if (Convert.ToInt32(ViewState["typeid"]) == 0)                         //判断类型 Id 是否为空
    {
        Response.Write("<script>alert('你还没选择要删除的景点类型！')</script>");
    }
    else
    {
        btndel.Attributes.Add("onclick", "javascript:return confirm('确定删除吗？')");
        int id = Convert.ToInt32(ViewState["id"]);                         //获取类型 Id
        SqlConnection con = conn.createconn();                             //创建连接对象
        con.Open();                                                        //打开连接
        string cmdtext = "delete from   tb_type   where typeid= " + id + "";
```

```
            SqlCommand cmd = new SqlCommand(cmdtext, con);              //创建执行对象
            cmd.ExecuteNonQuery();                                      //执行命令
            GridViewBind();                                             //绑定 GridView
            Response.Write("<script>alert('删除成功！ ')</script>");      //提示信息
        }
    }
    protected void btnedit_Click(object sender, EventArgs e)            //编辑按钮单击事件
    {
        if (Convert.ToInt32(ViewState["typeid"]) == 0)                  //判断是否为空
        {
            Response.Write("<script>alert('你还没选择要更新的景点类型！ ')</script>");
        }
        else
        {
            int id = Convert.ToInt32(ViewState["typeid"]);          //获取选择列的 typeid
            SqlConnection con = conn.createconn();  //调用 conn 类中的静态方法，连接数据库
            con.Open();                                                 //打开连接
            string cmdtext = "select typeid, typename from tb_stype where typeid= " + id + "";
            SqlCommand cmd = new SqlCommand(cmdtext, con);//创建执行对象
            SqlDataReader dr = cmd.ExecuteReader(); //执行 cmdtext 语句，并把结果保存到 dr 中
            if (dr.Read())                                              //判断是否为空
            {
                this.TextBox1.Text = dr["typename"].ToString();         //在文本框中显示
            }
            con.Close();                                                //关闭连接
        }
    }
    protected void btnUpdata_Click(object sender, EventArgs e)      //更新事件
    {
        if (Convert.ToInt32(ViewState["typeid"]) == 0)              //判断保存的类型 ID 是否为空
        {
            Response.Write("<script>alert('你还没选择要更新的景点类型！ ')</script>");
        }
        else
        {
            if (this.TextBox1.Text == "")                               //判断文本框是否为空
            {
                Response.Write("<script>alert('景点类型不能为空！ ')</script>");
            }
            else                                    //类型 ID、文本框都不为空，则执行更新操作
            {
                int id = Convert.ToInt32(ViewState["id"]);              //获取类型 ID
                SqlConnection con = conn.createconn();                  //创建连接对象
                con.Open();                                             //打开连接
                string cmdtext = "update newstype set typename='"" +
                    "this.TextBox1.Text + "' where typeid= " + id + "";
                SqlCommand cmd = new SqlCommand(cmdtext, con);          //创建执行对象
                cmd.ExecuteNonQuery();                                  //执行更新操作
                GridViewBind();                                         //绑定 GridView
                this.TextBox1.Text = "";                                //清空文本框
                Response.Write("<script>alert('更新成功！ ')</script>");  //提示更新成功信息
            }
```

```
66         }
67     }
```

代码第 3 行判断视图状态中是否有 ID 值，因为在选择行时将把 ID 保存到视图状态中。Convert.ToInt32(ViewState["news_id"]) ==0 表示没有选中记录。如果不等于 0，则表示选中了某一景点类型。第 13 行定义删除命令，将传入 ID 的所在列删除。第 20 行到第 40 行是“编辑”按钮的单击事件，第 22 行获取选择行的 ID 编号。第 31 行定义 SQL 查询命令，根据 ID 查询 tb_stype 表中的类型名称。第 41 行到 67 行是更新类型名称事件，第 58 行使用 update 命令把修改好的数据更新到数据库。更新完毕后，在第 62 行调用 GridViewBind()方法来绑定 GridView 控件。此时，在 GridView 控件中可以看到修改后的数据。

17.7 用户评论模块

在本旅游网站中只是简单展示各旅游景点信息显然不能够满足浏览者的需求，能够让喜欢旅游的用户进行交流，并对各个景点信息进行评论是非常重要的，这样还可以让浏览者看到更多评论信息，为用户出行提供方便。

本模块包含的页面以及功能如表 17-8 所示。

表 17-8 公共类以及功能

文　件	功　能
Comment.aspx	评论页面，在该页面登录系统的用户可以发表评论信息，如果用户没有登录可以在此页面快速登录。
Readnews.aspx	评论信息的显示页面，该页面在上面显示旅游景点信息，下面显示用户的评论信息。
EditComment.aspx	评论信息的后台管理页面，管理员在该页面中可以对用户发表的评论信息进行集中查看、修改和删除操作。

17.7.1 发布评论内容

在浏览旅游景点信息页面可以单击评论按钮对本景点信息进行评论。单击评论按钮时将该条景点 ID 传到旅游景点评论页面（Comment.aspx），已登录用户在该页面中发表评论，评论页面如图 17-19 所示。

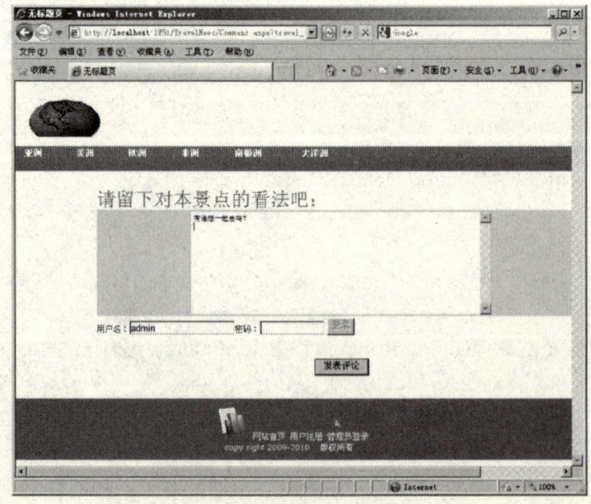

图 17-19 景点评论页面

如果用户已经登录，则在该页面的用户名文本框中显示用户名，并且用户名、密码文本框出入不可更改状态。用户成功登录后，可以对阅读的景点发表评论。在文本框中输入评论内容，单击“发表评论”按钮即可。“发表评论”按钮的单击事件如下所示。

范例 17.18 Comment.aspx.cs

Comment.aspx.cs“发表评论”按钮的单击事件主要完成对用户输入的评论信息插入到评论表中的功能。

（光盘\ch17\TravelNews\Comment.aspx.cs）

```
protected void btnaddcommnet_Click(object sender, EventArgs e)     //发表评论
{
    if (Session["user_name"] == null)                               //判断用户是否登录
    {
        Response.Write("<script language=javascript>alert('请登录！');</script>");
    }
    else
    {
        if (this.txtComment.Text.ToString() == "")                  //判断评论是否为空
        {
            Response.Write("<script>alert('你还没说话呢！！！');</script>");
        }
        else
        {
            SqlConnection con = conn.createconn();                  //创建连接对象 con
            con.Open();                                             //打开连接
            int newsID = Convert.ToInt32(Request.QueryString["travel_id"]);//获取 travel_id
            string name = Session["user_name"].ToString();          //获取用户名
            string ip = GetIP();                                    //调用获取 IP 地址的方法
            string comment = this.txtComment.Text.Trim();           //输入评论文本框内的信息
            string cmdtext = "insert into tb_comment (comment_name,"+
              " comment_newsid, comment_content, comment_ip,comment_time) "+
              "values('" + name + "','" + newsID + "','" + comment + "','" + ip + "',getdate())";
            SqlCommand cmd = new SqlCommand(cmdtext, con);//创建 SqlCommand 对象
            if (newsID != 0)                                        //判断传来的值是否合法
            {
                cmd.ExecuteNonQuery();                              //执行插入操作
                con.Close();                                        //关闭连接
                Response.Redirect("readnews.aspx?travel_id=" + newsID + "");//跳转
            }
            else
            {
                Response.Write("<script>alert('请选择某条景点进行评论！');</script>");
            }
        }
    }
}
protected string GetIP()                                            //获取本地 IP 地址
{
    string hostName = Dns.GetHostName();                            //获得主机名
    IPAddress[] me = Dns.GetHostAddresses(hostName);                //获取 IP 地址列表
    HostIP = me[0];                                                 //取第一个 IP 地址
```

```
43          return HostIP.ToString();                                   //返回获得的 IP 地址
44      }
```

代码第 3 行判断用户是否登录，第 9 行判断用户是否输入评论内容。当这两项都满足要求时，执行第 15 到第 34 行的代码。其中第 21 到第 23 行定义插入语句，插入数据库中的数据包括用户名、景点 ID（comment_newsid）、评论用户的 IP 地址和发表评论的时间。其中，发表评论时间需要使用当前系统时间，使用 getdate()方法即可。评论用户的 IP 地址可以通过调用自定义方法 GetIP()获得，该方法在第 38 行到第 44 行定义。第 40 行获取主机名第 41 行根据主机名获取 IP 地址。

17.7.2 后台查看评论信息

有些用户可能重复发表同一评论或者发表广告等不良信息，需要管理员及时修改或删除，所以在后台增加评论管理功能。景点评论管理页面如图 17-20 所示。

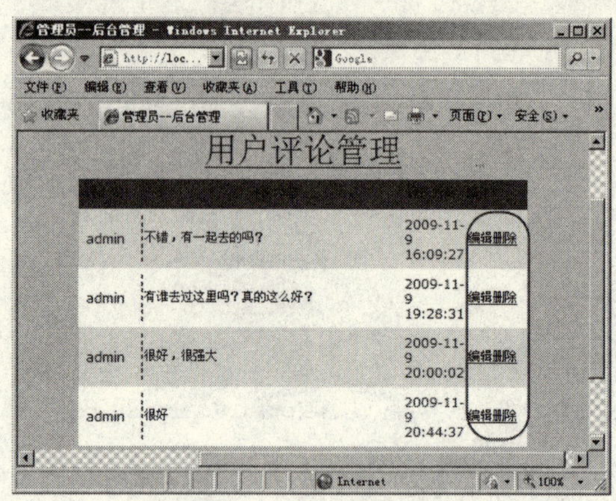

图 17-20 景点评论管理界面

范例 17.19
EditComment.aspx.cs

EditComment.aspx.cs 在评论管理页面中评论信息使用 DataList 控件进行显示，在页面加载事件中实现了对 DataList 控件的填充。

（光盘\ch17\TravelNews\admin\EditComment.aspx.cs）

```
protected void Page_Load(object sender, EventArgs e)    //加载事件
{
    if (!Page.IsPostBack)                               //判断是否首次调用
    {
        DataListBand();                                 //自定义绑定 DataList
    }
}
private void DataListBand()
{
    SqlConnection con = conn.createconn();//调用 conn 类中的静态方法，连接数据库
    con.Open();                                         //打开连接
    string cmdStr = "select comment_id, comment_name, comment_content, " +
        " comment_ip, comment_time from tb_comment";    //SQL 命令
    SqlDataAdapter sda = new SqlDataAdapter();          //定义 SqlDataAdapter 对象 sda
    //初始化具有查询命令为 cmdStr 的 SelectCommand 实例
    sda.SelectCommand = new SqlCommand(cmdStr, con);
    DataSet ds = new DataSet();                         //定义数据集对象 ds
    sda.Fill(ds);                                       //填充 ds
    this.DataList1.DataSource = ds;                     //填充后的 ds 作为 DataList1 的数据源
    this.DataList1.DataBind();                          //绑定
    con.Close();                                        //关闭连接
}
```

代码第 5 行调用自定义方法 DataListBand()，该方法用来填充 DataList 控件，在第 8 行到第 22 行定义。其中第 12 行到第 13 行定义查询语句，从评论表（tb_comment）中查询评论编号、评论人、评论内容、评论 IP 以及评论时间。第 19 行将查询的数据集作为数据源填充到 DataList 控件，即可实现显示数据的功能。

17.7.3 管理评论信息

在景点信息评论管理页面中，每条评论信息后面都有“编辑”和“删除”按钮，单击“编辑”按钮评论信息将会出现可编辑状态，此时后面的按钮变成了“更新”和“取消”。编辑界面如图 17-21 所示。

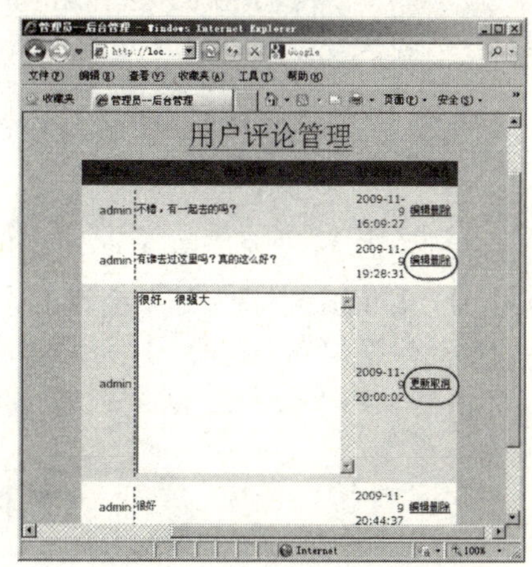

图 17-21 评论信息的编辑界面

单击“编辑”按钮时，可以对评论内容编辑，但是评论人和评论时间列都不可编辑。此时触发 DataList1_EditCommand 事件，对评论内容编辑完毕，单击“更新”按钮触发 DataList1_UpdateCommand 事件，单击“删除”按钮触发 DataList1_DeleteCommand 事件。

范例 17.20 EditComment.aspx.cs

EditComment.aspx.cs 在评论管理页面中的 DataList1_DeleteCommand 事件中实现删除评论信息，在 DataList1_UpdateCommand 事件中实现更新评论信息的功能。（光盘\ch17\TravelNews\admin\EditComment.aspx.cs）

```
protected void DataList1_EditCommand(object source, DataListCommandEventArgs e)//编辑
{
    this.DataList1.EditItemIndex = e.Item.ItemIndex;//把选中行设为要编辑的选定项
    DataListBand();                                         //绑定 DataLIst
}
protected void DataList1_UpdateCommand(object source, DataListCommandEventArgs e)//更新
{
    SqlConnection con = conn.createconn();          //调用 conn 类中的静态方法，连接数据库
    con.Open();                                             //打开连接
    int id = (int)this.DataList1.DataKeys[e.Item.ItemIndex];
    string text=((TextBox)e.Item.FindControl("txtContent")).Text;//获得模板内部的控件值
    string cmdstr = "update comment set comment_content='" + text + "'
        where comment_id='"+" +id +"'" ;            //定义更新命令
    SqlCommand cmd = new SqlCommand(cmdstr, con);
    cmd.ExecuteNonQuery();                                  //执行更新命令
    this.DataList1.EditItemIndex = -1;              //取消选择项
    DataListBand();                                         //绑定 DataLIst
    con.Close();                                                //关闭连接
    Response.Write("<script>alert('更新成功！');</script>");
}
protected void DataList1_DeleteCommand(object source, DataListCommandEventArgs e)//删除
{
    SqlConnection con = conn.createconn(); //调用 conn 类中的静态方法，连接数据库
    con.Open();                                                 //打开连接
```

```
25          int id = (int)this.DataList1.DataKeys[e.Item.ItemIndex];          //获取索引号
26          string cmdstr ="delete from comment where comment_id='" + id + "'";
27          SqlCommand cmd = new SqlCommand(cmdstr, con);                     //执行对象
28          cmd.ExecuteNonQuery();                                           //执行删除
29          this.DataList1.EditItemIndex = -1;                               //取消选择项
30          DataListBand();                                                  //绑定 DataLIst
31          con.Close();                                                     //关闭连接
32          Response.Write("<script>alert('删除成功！');</script>");          //弹出对话框
33      }
```

代码第 3 行设置选中行处于编辑状态，其中 e.Item.ItemIndex 是 DataList 控件中选定项的索引号，EditItemIndex 是要编辑的索引号。第 6 行到第 20 行定义填充 DataList 控件的方法，第 10 行使用代码 DataList1.DataKeys[e.Item.ItemIndex]获取选中行的主键，第 11 行获取要更新评论信息的内容。第 16 行设置可编辑行的索引为-1 表示取消选中行的编辑状态。

17.8 用户管理模块

在 17.7 节介绍了发表评论模块，在发表评论时需要用户登录。对于普通浏览者来说，必须提供用户注册模块，这样才能够完成登录并正常使用评论系统。本节将介绍用户注册模块、普通用户和管理员登录模块以及验证码的使用。

本节包含的页面以及功能如表 17-9 所示。

表 17-9 公共类以及功能

文　件	功　能
Register.aspx	用户注册页面，在该页面中提供了用户注册功能。
image.aspx	生成验证码页面，在该页面中完成了生成随机验证码的功能。
login.aspx	管理员登录页面，该页面是管理员登录后台的唯一入口。
EditUser.aspx	用户信息编辑页面，管理员在该页面可以对用户的密码、权限等信息进行修改，也可以删除用户。

17.8.1 用户注册页面设计

在每个页面底部都有一个快速入口，在该入口中单击“用户注册”超链接可以跳转到用户注册页面。在该页面中用户需要输入用户名、密码、电子邮箱等信息。注册页面效果如图 17-22 所示

用户在注册页面填写信息无误后，单击“提交”按钮，可以进行注册，“提交”按钮的单击事件如下所示。

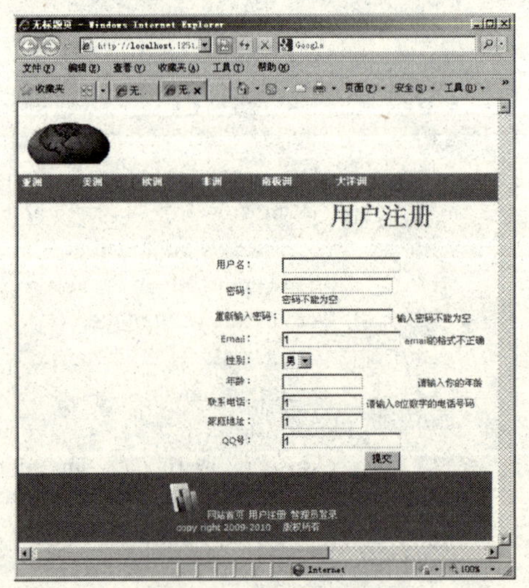

图 17-22 注册界面

范例 17.21
Register.aspx.cs

Register.aspx.cs 该页面实现了查找用户输入的用户名是否已经存在，如果不存在则将用户输入的用户名、密码等信息插入到数据库中的功能。

（光盘\ch17\TravelNews\Register.aspx.cs）

```
01 protected void btnreg_Click(object sender, EventArgs e)          //提交“按钮”单击事件
02 {
03     SqlConnection con = conn.createconn();                        //创建连接对象
04     con.Open();                                                   //打开连接
05     string name = this.txtName.Text;                              //获取用户姓名
06     string pass = this.txtPass.Text;                              //获取注册密码
07     string email = this.temail.Text;                              //获取注册 E-mail
08     string sex = this.dropsex.SelectedValue;                      //获取从下拉列表框中选择的性别
09     int age = Convert.ToInt32(this.tage.Text);                    //获取年龄
10     string phone = this.tphone.Text;                              //获取电话号码
11     string address = this.tadd.Text;                              //获取用户地址
12     string qq = this.tqq.Text;                                    //获取 qq 号码
13     string sql="insert into tb_users(user_name,user_pass,user_mail,user_sex," +
14         "user_age,user_phone,user_add,user_qq) values('"+name+"','"+pass+"'," +
15         "'"+email+"','"+sex+"','"+age+"','"+phone+"','"+address+"','"+qq+"')";//插入语句
16     SqlCommand cmd = new SqlCommand(sql, con);                    //创建执行对象
17     cmd.ExecuteNonQuery();                                        //执行插入命令
18     con.Close();                                                  //关闭连接
19     this.tadd.Text = "";                                          //插入成功后，清空地址本框
20     this.tage.Text = "";                                          //清空年龄本框
21     this.temail.Text = "";                                        //清空电子邮箱本框
22     this.txtName.Text = "";                                       //清空姓名本框
23     this.txtPass.Text = "";                                       //清空密码本框
24     this.tphone.Text = "";                                        //清空电话本框
25     this.tqq.Text = "";                                           //清空 QQ 号本框
26     Response.Write("<script>alert('恭喜您，注册成功！');</script>");//提示注册成功信息
27 }
```

代码第 3 行调用公共类的 creaeconn()方法创建连接对象，第 4 行将连接对象打开，第 5 行到第 12 行获取用户输入的注册信息，第 13 行到第 15 行定义插入语句，将用户输入信息插入到 tb_users 表中，第 17 行执行插入操作。通过以上代码浏览者便可以进行注册了。在本页面的前台使用验证控件验证了用户输入信息，所以在该事件中并没有对用户信息进行验证。

17.8.2 登录系统后台

用户注册之后，就可以登录景点发布系统。注册用户可以在发表评论页面和首页进行登录，也可以从登录页面（login.aspx）进行登录。登录页面如图 17-23 所示。

从管理员登录页面中可以看到，此页面提供用户和管理员登录的功能。其实，在设计数据库的时候就把普通用户和管理员放在同一个表（tb_users）中，通过整型字段 user_admin 来控制，管理员身份的用户，此字段设为 1，普通用户设为 0 或“”（空）。使用这种方式可以很方便地扩展本系统，例如设置多个具有不同权限的用户组。

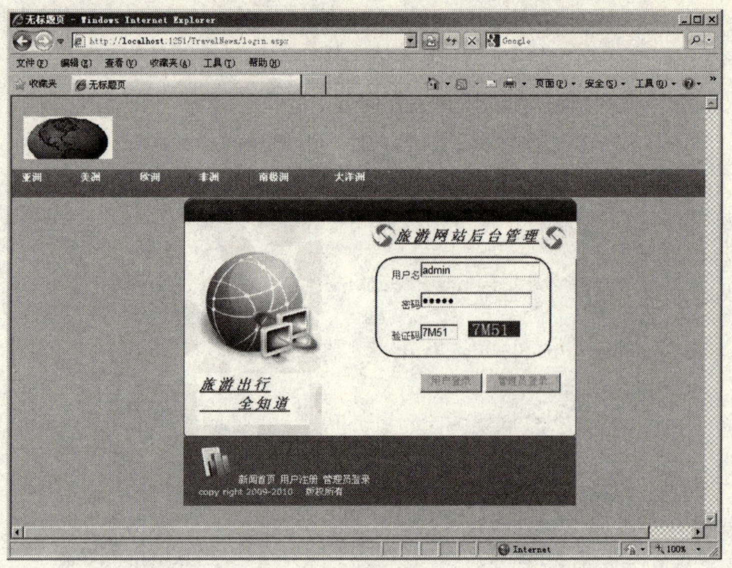

图 17-23 登录界面设计图

用户登录时要求输入正确的验证码。用于显示验证码的控件其实是一个图片按钮，通过图片按钮控件的 ImageUrl 属性实现显示不同的图片。产生验证码其实就是随机产生几个字符，然后利用 GDI+将其绘制出来。

范例 17.22
image.aspx.cs

image.aspx.cs 该页面利用第 12 章介绍的 GDI+画图技术，实现了将随机生成的验证码绘制成图片的功能。
（光盘\ch17\TravelNews\image.aspx.cs）

```
protected void Page_Load(object sender, EventArgs e)
{
    Session["image"] = this.GetCode(4);                  //将验证码存储到 session 中
    this.GetImg(Session["image"].ToString());            //生成图片
}
private void GetImg(string code)                         //生成图片
{
    Bitmap myPalette = new Bitmap(60, 20);               //定义一个位图
    Graphics gh = Graphics.FromImage(myPalette);         //定义绘图的实例
    Rectangle rc = new Rectangle(0, 0, 60, 20);          //定义一个矩形
    gh.FillRectangle(new SolidBrush(Color.Red), rc);     //填充矩形
    //在矩形内画出字符串
    gh.DrawString(code, new Font("宋体", 16), new SolidBrush(Color.White), rc);
    //将图片显示出来
    myPalette.Save(Response.OutputStream, System.Drawing.Imaging.ImageFormat.Jpeg);
    gh.Dispose();                                        //释放画板
    myPalette.Dispose();                                 //释放位图
}
private string GetCode(int num)                          //任意验证码
{
    //定义一个验证码数组
```

```
22          string[] source ={ "0", "1", "2", "3", "4", "5", "6", "7","8", "9", "a", "b", "c", "d", "e",
23                  "f", "g", "f", "i","j","k", "l", "m", "n", "o", "p", "q", "r", "s", "t", "u", "v", "w", "x",
24                  "y", "z" ,"A", "B","C", "D", "E","F","G", "H", "I","J", "K", "L", "M", "N", "O", "P",
25                  "Q", "R", "S","T","U", "V", "W", "X", "Y", "Z"   };
26          string code = "";                                   //定义用于存储随机码的变量 code
27          Random rd = new Random();                           //定义随机数生成器
28          for (int i = 0; i < num; i++)
29          {
30              code += source[rd.Next(0, source.Length)];      //产生随机码
31          }
32          return code;                                        //返回随机码
33      }
```

代码第 3 行调用 GetCode()方法获取随机产生的验证码，并将其保存到 Session["image"]中。代码第 4 行调用 GetImg()方法，根据产生的验证码生成图片。代码第 19 行到第 33 行定义获取验证码的方法，参数表示验证码长度，第 22 行到第 25 行定义随机生成的验证码的字符。第 6 行到第 18 行定义生成验证码的方法，参数传递四位随机码，第 13 行使用 Graphics 类的 DrawString()方法将传入的随机码画到红色矩形上，第 15 行使用位图类的 Save()方法将图片显示出来。

用户进入登录页面时可以看到，验证码显示为一个随机数，在登录页面显示验证码，只需在登录页面的加载页面事件中设置图片按钮的 ImageUrl 属性为 image.aspx 即可。在评论模块中已经介绍用户登录功能，这里只介绍管理员登录事件。“管理员登录”按钮的单击事件如下所示。

范例 17.23
login.aspx.cs

login.aspx.cs“管理员登录”按钮的单击事件实现了判断输入的管理员名和密码是否正确的功能，如果正确则可以进入后台管理界面。（光盘\ch17\TravelNews\login.aspx.cs）

```
protected void btnadmin_Click(object sender, EventArgs e)           //管理员登录
{
     //判断用户名和密码文本框是否为空
    if ((this.txtName.Text == "") || (this.txtPass.Text == "")||(this.txtVd.Text == ""))
    {
        Response.Write("<script>alert('用户名、密码和验证码不能为空!');</script>");
    }
    else
    {
        SqlConnection con = conn.createconn();                      //创建连接对象
        con.Open();                                                 //打开连接
        //用 SQL 语句确定用户名和密码是否正确
        string name = this.txtName.Text.ToString();//从用户名文本框中获得输入的用户名
        string pass = this.txtPass.Text.ToString();                 //获取密码
        string ima = this.txtVd.Text.ToString();                    //获取验证码
        if (ima == Convert.ToString(Session["image"]))              //与保存的随机码比较
        {
            string cmdtext = "select * from tb_users where user_name='" + name +
                "' and   user_pass='" + pass + "' and user_admin=1";   //查询语句
```

```
20                  SqlCommand cmd = new SqlCommand(cmdtext, con);        //创建执行对象
21                  int red = Convert.ToInt32(cmd.ExecuteScalar());       //执行命令并获取返回行数
22                  if (red > 0)                                          //判断是否有返回行
23                  {
24                      Session["admin_name"] = this.txtName.Text.ToString();     //保存用户名
25                      Response.Redirect("~/Admin/default.aspx");             //跳转到后台首页
26                  }
27                  else                                                  //用户名或密码错误
28                  {
29                      Response.Write("<script>alert('请和管理员联系!');</script>");//提示信息
30                  }
31              }
32              else
33              {
34                  Response.Write("<script>alert('图片验证错误，请注意大小写!');</script>");
35              }
36          }
37      }
```

代码第 4 行判断用户名是否已经输入用户名、密码以及验证码，如果有一项为空则不进行登录。第 16 行判断用户输入的验证码和保存在 Session 中的验证码是否一致，如果一致则进行登录，在第 18 行到第 19 行定义查询语句，第 24 行将查询到的用户名保存到 Session[“admin_name”]中，第 25 行转跳到管理后台的默认首页。

17.8.3 管理用户信息

管理员登录系统后，在左侧树形菜单中单击“用户管理”节点下的“修改用户信息”节点，将打开旅游景点类型管理页面，该页面效果图如图 17-24 所示

以管理员身份登录系统后进入用户管理页（EditUser.aspx），首先要在 GridView 中显示数据，在 Page_Load 事件中为 GridView 控件填充即可，填充代码如下所示。

范例 17.24
EditUser.aspx.cs

EditUser.aspx.cs 在 Page_Load 事件中调用自定义的 GridViewBind()方法，实现了加载用户列表的功能。（光盘\ch17\TravelNews\admin\EditUser.aspx.cs）

```
protected void Page_Load(object sender, EventArgs e)
{
    if (!Page.IsPostBack)                           //判断是否首次加载
    {
        GridViewBind();                             //调用 GridViewBind()方法绑定用户信息
    }
}
private void GridViewBind()                         //绑定 GridView 控件
{
    SqlConnection con = conn.createconn();          //调用 conn 类中的静态方法，连接数据库
    con.Open();                                     //打开连接
    string cmdstr = "select user_id, user_name, user_pass, user_mail, user_sex, " +
```

```
13              "user_age, user_phone, user_add, user_qq, user_admin from tb_users";
14          SqlDataAdapter sda = new SqlDataAdapter();  //定义 SqlDataAdapter 对象 sda
15          sda.SelectCommand = new SqlCommand(cmdstr, con);
16          DataSet ds = new DataSet();                          //定义 DataSet 对象 ds
17          sda.Fill(ds);                                        //填充 ds
18          this.GridView1.DataSource = ds;        //把 DataSet 中的数据作为 GridView1 的数据源
19          this.GridView1.DataBind();             //绑定数据源
20          con.Close();                           //关闭连接
21      }
```

代码第 5 行调用 GridView 控件的绑定方法 GridViewBind()，该方法在第 8 行到第 21 行实现，完成在加载时显示数据的功能。第 10 行和第 11 行调用 conn 中 createconn()方法连接数据库服务器，并使用 Open()方法打开数据库连接。第 12 行和第 13 行定义查询语句，从 users 表中查询所有记录。第 17 行使用 Fill 方法填充数据集，第 18 行设置 GridView 控件的数据源为 ds，从而完成填充 GridView 的功能。

在用户列表中，选择某个用户后单击“删除”按钮可以将用户信息删除。单击“编辑”按钮，会触发 GridView1_RowEditing 事件，该事件的作用是使选择的数据处于编辑状态，此时可以对文本框中的用户名等字段进行编辑。单击“更新”按钮，即可把修改结果更新到数据库中。

范例 17.25
EditUser.aspx.cs

EditUser.aspx.cs 本代码段实现了对显示在用户列表中的用户信息进行编辑、删除的功能。
（光盘\ch17\TravelNews\admin\EditUser.aspx.cs）

```
protected void GridView1_RowEditing(object sender, GridViewEditEventArgs e)
{
    this.GridView1.EditIndex = e.NewEditIndex;          //使选中行处于编辑状态
    GridViewBind();                                     //绑定 GridView 控件
}
protected void GridView1_RowUpdating(object sender, GridViewUpdateEventArgs e)
{
    SqlConnection con = conn.createconn();          //连接数据库
    //根据 GridView 控件选择行的主键，定义更新用户信息的字符串
    string sqlstr = "update users set user_pass='" +
        ((TextBox)(GridView1.Rows[e.RowIndex].Cells[5].Controls[0])).Text.Trim() +
        "',user_admin='" +
        ((TextBox)(GridView1.Rows[e.RowIndex].Cells[6].Controls[0])).Text.Trim()
        + "' where user_id='" + GridView1.DataKeys[e.RowIndex].Value.ToString() + "'";
    //声明 SqlCommand 命令对象执行更新操作
    SqlCommand cmd = new SqlCommand(sqlstr, con);
    con.Open();                                     //打开连接
    cmd.ExecuteNonQuery();                          //执行 ExecuteNonQuery()方法
    con.Close();                                    //关闭连接
    GridView1.EditIndex = -1;                       //取消编辑的状态
    GridViewBind();                                 //调用 GridViewBind()方法
    Response.Write("<script>alert('更新成功！');</script>");
}
```

```
24  protected void GridView1_RowDataBound(object sender, GridViewRowEventArgs e)
25  {
26      if (e.Row.RowType == DataControlRowType.DataRow)          //判断选中行的类型
27      {
28          if (e.Row.RowState == DataControlRowState.Normal||
29              e.Row.RowState == DataControlRowState.Alternate)//判断选中行的状态
30          {
31              ((LinkButton)e.Row.Cells[8].Controls[0]).Attributes.Add
32                  ("onclick", "javascript:return confirm('你确认要删除：\"" +
33                  e.Row.Cells[1].Text + "\"用户吗?')");             //添加单击属性
34          }
35      }
36  }
37  protected void GridView1_RowDeleting(object sender, GridViewDeleteEventArgs e)
38  {
39      string sqlstr = "delete from tb_users where user_id='"
40          + GridView1.DataKeys[e.RowIndex].Value.ToString() + "'";//等于删除命令
41      SqlConnection con = conn.createconn();                      //创建连接对象
42      con.Open();                                                  //打开连接
43      SqlCommand cmd = new SqlCommand(sqlstr, con);                //创建执行对象
44      cmd.ExecuteNonQuery();                                       //执行命令
45      con.Close();                                                 //关闭连接
46      GridViewBind();                                              //绑定 GridView
47      Response.Write("<script>alert('删除成功！');</script>");      //提示信息
48  }
```

代码第 10 行到第 14 行设置更新语句，其中第 11 行和第 13 行分别用来获取要更新的密码和用户权限信息。第 18 行执行使用 ExecuteNonQuery()更新语句，该方法返回受行数影响，返回值为 0 说明操作失败。第 20 行设置 GridView 语句结束编辑状态。第 21 行调用 GridViewBind()方法，重新显示更新后的数据。第 24 行到第 36 行定义，GridView1_RowDataBound 事件，当用户单击“删除”按钮时触发该事件，弹出一个对话框，询问管理员是否删除该用户信息。若在弹出对话框中单击“确定”按钮，会触发第 37 行到第 48 行定义的 GridView1_RowDeleting 事件，将用户数据记录从数据库中删除。